浙江省普通高校“十三五”新形态教材

电气控制与PLC应用技术

主　编　徐惠敏

副主编　周　标　何兴龄　邵金龙

ZHEJIANG UNIVERSITY PRESS
浙江大学出版社
·杭州·

图书在版编目（CIP）数据

电气控制与PLC应用技术 / 徐惠敏主编. -- 杭州 : 浙江大学出版社, 2022.8
ISBN 978-7-308-22546-5

Ⅰ. ①电… Ⅱ. ①徐… Ⅲ. ①电气控制②PLC技术 Ⅳ. ①TM571.2②TM571.6

中国版本图书馆CIP数据核字(2022)第065395号

电气控制与PLC应用技术
DIANQI KONGZHI YU PLC YINGYONG JISHU
主　编　徐惠敏

责任编辑　徐　霞
责任校对　秦　瑕
封面设计　春天书装
出版发行　浙江大学出版社
（杭州市天目山路148号　　邮政编码　310007）
（网址：http：//www.zjupress.com）
排　　版　杭州林智广告有限公司
印　　刷　广东虎彩云印刷有限公司绍兴分公司
开　　本　787mm×1092mm　1/16
印　　张　24.5
字　　数　597千
版 印 次　2022年8月第1版　2022年8月第1次印刷
书　　号　ISBN 978-7-308-22546-5
定　　价　69.00元

前言

FOREWORD

电气控制与PLC应用技术是综合了自动控制技术、计算机技术和通信技术等的一门综合性应用技术。PLC技术作为工业自动化的核心控制技术，具有可靠性高、编程方便、通用性强等特点，应用极为广泛。在应用型本科院校中的机械工程类、机器人工程类、电气自动化类和智能制造类等相关专业中，“电气控制与PLC”课程已经成为一门专业核心课程。因此本书是由编者结合人才培养和多年积累的PLC教学及实践经验编写的，注重理论联系实际，旨在使学生和工程技术人员能较快掌握电气控制与PLC应用技术。

本书分为上、下两篇：上篇为电气控制技术，内容包括第1～3章，主要介绍常用低压电器的结构、工作原理和选型，电气控制电路的基本环节，典型电气控制电路的分析，电气控制电路的设计方法等；下篇为可编程控制技术，内容包括第4～8章，主要介绍三菱FX_{3U}系列PLC的工作原理、内部编程元件及应用、PLC基本指令、步进指令和应用指令、PLC模拟量模块、通信和PLC应用系统的设计及工程应用案例等。本书以工程应用为主线，将知识点和应用案例有机融合，有利于教师开展教学和学生的自主性学习，进一步培养和提高学生的创新能力和工程应用能力。

本书充分适应“互联网+”的时代需求，同时结合编者多年教学方法和手段的改革成果。本书为新形态一体化教材，素材丰富，书中嵌入二维码，融入了120多个微课视频、仿真动画视频、拓展阅读等数字资源，将教材、课堂、数字资源三者融合，顺应教材与课堂融合、线上线下混合式教学的新趋势。

本书由徐惠敏担任主编，周标、何兴龄、邵金龙担任副主编。徐惠敏编写了第1章、第3章、第4章、第5.5节、第6章和第7章，并负责全书的组织、统稿、改稿和视频制作工作；周标编写了第2章，并制作了相关微课视频；张元祥参与编写了第5章，谭勇参与制作了第5章的微课视频；浙江科力车辆控制系统有限公司邵金龙参与编写了第7章的工程应用案例；浙江衢州杰晟热能科技有限公司工程师何兴龄参与编写了第8章。本书由校企双方人员合作编写而成，在内容中融入了源于生活和生产现场的案例，实现了产教融合。

由于编者水平和实践经验有限，书中难免有不足之处，敬请广大师生和读者批评指正，提出宝贵意见及建议。

编者

2022年3月

目 录

CONTENTS

上篇

电气控制技术

上篇

电气控制技术

电气控制技术在工业生产、科学研究、交通运输以及其他各个领域应用广泛，目前已经成为实现生产过程自动化的重要技术手段。尽管电气控制设备繁多、功能各异，但其控制原理、基本控制环节等都是类似的。本篇主要以电动机为控制对象，介绍在其控制过程中所用的低压电器元件、基本控制环节以及电气控制系统的分析方法和设计方法，为后续可编程控制技术的学习打好坚实的基础。

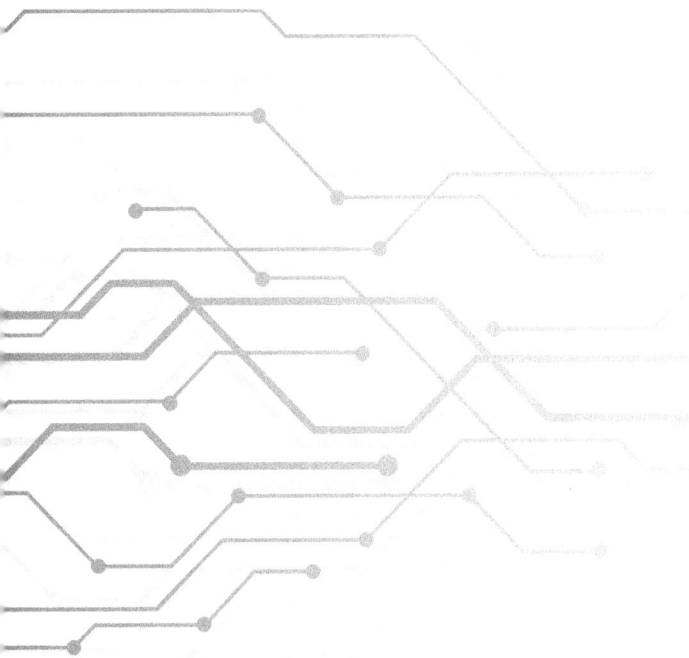

第1章

常用低压电器

知识点	●低压电器的功能和分类。 ●电磁机构的工作原理；吸力特性和反力特性；电弧的产生和灭弧措施。 ●接触器的结构、工作原理、型号表示和选择。 ●刀开关、组合开关和低压断路器的结构和工作原理。 ●继电器的结构和工作原理及选型。 ●主令电器的结构、工作原理和选择。
重点难点	◆重点：电磁式电器的结构和工作原理；各种继电器的工作原理；按钮、行程开关、微动开关和接近开关的结构和工作原理；低压断路器的工作原理和结构组成；各低压电器的图形画法和文字表示。 ◆难点：电磁机构的工作原理；继电器和接触器的工作原理和选用；时间继电器的工作原理和线圈及触点的图形画法；熔断器的选择方法。
学习要求	★熟练掌握电磁式电器的结构和工作原理；接触器的类型、结构及工作原理；继电器的结构和工作原理；熔断器、主令电器和低压开关类电器的结构和工作原理。 ★理解接触器、继电器、熔断器、主令电器和开关电器的主要参数、型号表示和选用原则。 ★了解各低压电器的作用和分类。
问题引导	☆什么是低压电器? ☆常用低压电器的工作原理有何不同? ☆如何根据控制系统要求合理选择低压电器?

1.1 接触器

1.1.1 低压电器概述

低压电器概述

电器是一种能根据外界的信号（机械力、电动力和其他物理量）和要求，手动或自动地接通、断开电路，以实现对电路或非电对象的切换、控制、保护、检测、变换和调节的元件或设备。电器的控制作用就是手动或自动接通/断开电路。

低压电器通常指工作在额定电压为交流1200V、直流1500V以下电路中，起通断、检测、变换、保护、控制或调节作用的电器。常用的低压电器主要有接触器、继电器、行程开关、按钮、熔断器、低压开关等。

1.低压电器的分类

低压电器种类繁多，用途广泛，构造各异，其分类方法很多，主要有以下几种分类方法。

（1）按工作原理分

低压电器按工作原理分类，可以分为电磁式电器、电子式电器和智能化电器三种。

①电磁式电器：依据电磁感应原理工作的电器，如交/直流接触器、电压/电流继电器、中间继电器等各种电磁式继电器等。

②电子式电器：采用集成电路或电子元器件构成的电器，如晶体管式时间继电器、光电耦合式交流固态继电器等。

③智能化电器：利用现代控制原理构成的电器。如智能接触器中内嵌单片机，具有断线、缺相、过流、过载等保护功能，还可以调节技术参数。智能断路器采用了微电子、计算机技术和新型传感器，可以独立采集运行数据，检测设备缺陷或故障后发出报警信号，以便采取措施，避免发生事故。

（2）按用途分

低压电器按用途分类，可以分为配电电器、控制电器、主令电器、保护电器和执行电器等。

①配电电器：用于供电系统的电能输送和分配的电器，如刀开关、组合开关、低压断路器、熔断器等。

②控制电器：用于各种控制电路和控制系统的电器，如接触器、继电器、电磁铁等。

③主令电器：用于在自动控制系统中发送控制指令的电器，如按钮、行程开关、接近开关、微动开关等。

④保护电器：用于保护电路及用电设备的电器，如熔断器、热继电器、避雷器、电压继电器、电流继电器等。

⑤执行电器：用于完成某种动作或传送功能的电器，如电磁铁、电磁离合器等。

⑥通信电器：带有计算机接口和通信接口，可与计算机网络连接的电器，如智能化断路器、智能化接触器等。

2.低压电器的型号表示

国产常用低压电器的型号表示如图1–1所示，其中1是类组代号，包括类别代号和组别代号，用汉语拼音字母表示，代表低压电器元件所属的类别，以及在同一类电器中所属组别。2是设计代号，用数字表示，代表同类低压电器元件的不同设计序列，具体字位数没有严格限制（其中两位和两位以上的首位数字根据功能可在下面几个数字中选择，5表示用于化工；6表示用于农业；7表示纺织用途；8表示防爆；9表示船用）。3是特殊派生代号，用一个字母表示。4是基本规格代号，用数字表示，代表同一系列产品中不同规格品种。5是派生代号，一般用汉语拼音字母表示，用一个字母表示。6是辅助规格代号，用字母表示，代表同一系列、同一规格产品中有某种区别的不同产品。7是特殊环境条件派生代号，用字母表示。

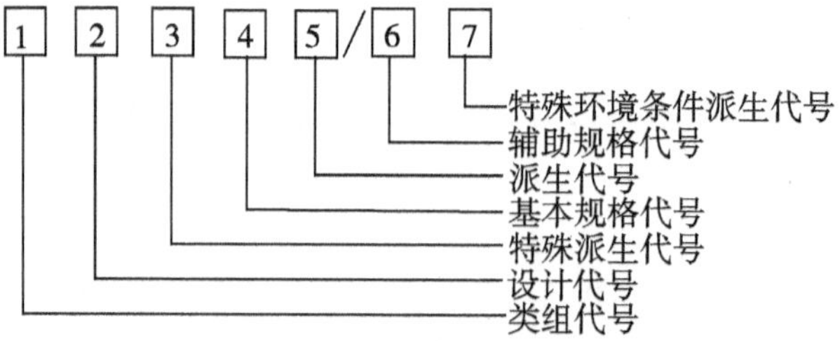

图1-1　低压电器产品型号表示

相关字母代号的含义可以查阅低压电器类组代号和低压电器派生代号表格得到，也可以查阅相应的生产厂家型号获得。其中，低压电器型号中的类组代号与设计代号的组合代表产品的系列，一般称为电器的系列号。同一系列的低压电器元件的用途、工作原理和结构基本相同，而规格和容量则根据需要可以有许多种。图1-2为接触器的型号表示。如CJ20是交流接触器的系列号，同属这一系列的接触器的结构和工作原理都相同，但额定电流有多种规格。

低压电器产品类组代号和派生代号

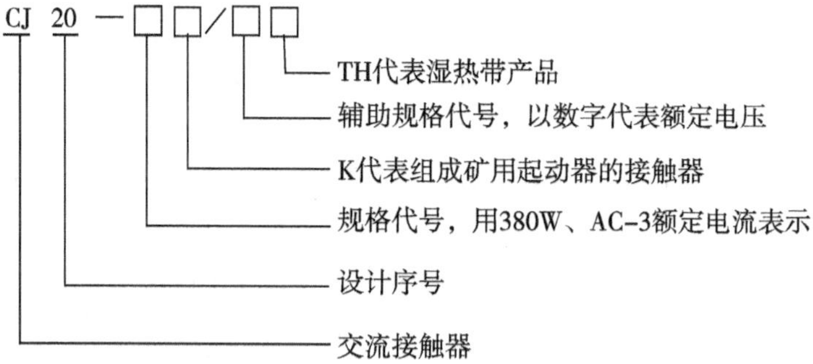

图1-2　接触器型号表示

1.1.2　电磁式电器原理

电磁式电器原理

一般情况下，低压电器由感受部分和执行部分组成，感受部分接收外界信号，通过转换、放大、判断做出有规律的反应，使执行部分动作，实现控制目的。电磁式电器，如接触器、继电器、时间继电器、电流继电器的感受部分是电磁机构，执行部分是触点系统，如果电压/电流过大，还需要采用灭弧系统，保证其工作安全可靠。

1.电磁机构

电磁机构主要由吸引线圈、铁心、衔铁三部分组成，如图1-3所示，铁心和衔铁之间存在空气隙。吸引线圈通以一定的电压或电流，产生磁场和电磁吸力，即将电能转换为磁能，衔铁在电磁吸力作用下产生机械位移与铁心吸合，带动衔铁上的触点动作，实现电路的分断。

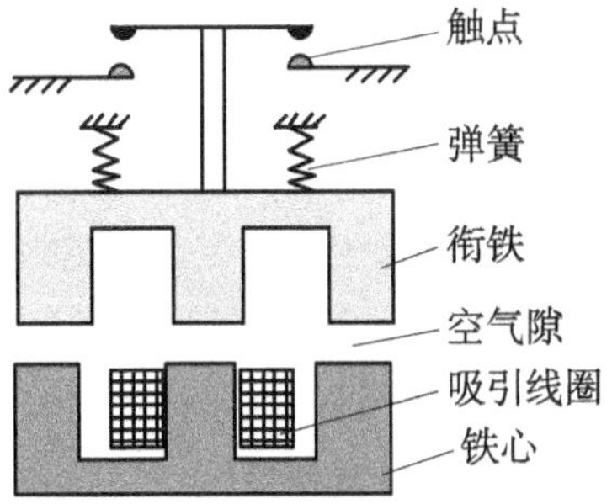

图1-3 电磁机构的组成

吸引线圈通入的电流可以是直流电也可以是交流电。通入直流电的线圈称直流线圈，通入交流电的线圈称交流线圈。直流线圈通电时，铁心不会发热，只有线圈发热，因此线圈做成无骨架、高而薄的瘦高型，以改善线圈自身散热，铁心和衔铁由软钢或工程纯铁制成。对于交流线圈，除线圈发热外，由于铁心中有涡流和磁滞损耗，铁心也会发热。为了改善线圈和铁心的散热情况，在铁心与线圈之间留有散热间隙，而且把线圈做成有骨架的矮胖型，铁心用硅钢片叠成，以减少涡流。

（1）电磁机构的结构形式

电磁机构的结构形式按衔铁的运动方式可分为直动式和拍合式，主要有五种结构形式，如图1-4所示，其中图（a）、图（b）、图（c）是直动式结构，用于交流接触器、继电器中；图（d）是沿棱角转动的拍合式铁心，主要应用于直流电磁机构；图（e）是绕轴转动的拍合式铁心，用于触点容量较大的交流电磁机构中。

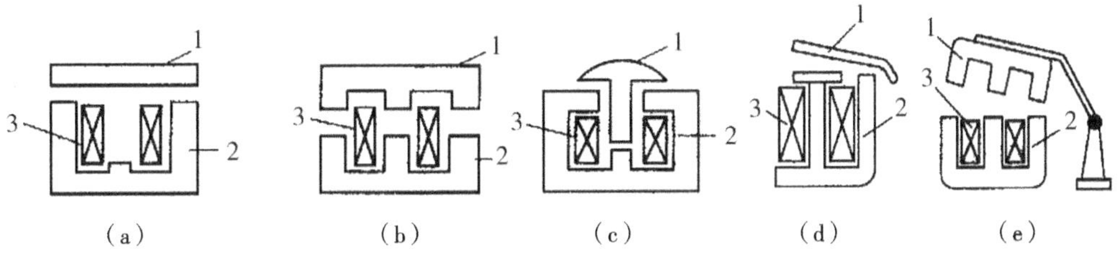

1—衔铁；2—铁心；3—吸引线圈。

图1-4 常用电磁机构的结构形式

（2）电磁机构的工作原理

电磁机构的工作原理如下：当吸引线圈通电时，产生磁场，磁通经过铁心、衔铁和空气隙形成闭合回路，电磁吸力克服弹簧的反作用力，使得衔铁与铁心闭合，由连接机构带动相应的触点动作，实现接通或断开电路的作用。作用在衔铁上的力有两个：电磁吸力和反力。电磁吸力由电磁机构产生，反力由复位弹簧和触点等产生。电磁机构的工作特性常用吸力特性和反力特性来表达。

①吸力特性。电磁机构的电磁吸力与很多因素有关，当铁心与衔铁端面互相平行，且空气隙较小时，电磁吸力F可按下式求得：

$$F=4B^2S\times10^5 \tag{1-1}$$

式中：F——电磁吸力（N）；B——空气隙磁感应强度（T）；S——吸力处端面积（m^2）。

当吸力处端面积S为常数时，电磁吸力F与B^2成正比，也可以认为F与空气隙磁通Φ^2成正比。电磁机构的吸力特性反映的是电磁吸力F与空气隙δ之间的关系，励磁电流的种类对吸力特性有很大影响，需要分别进行讨论。

交流电磁机构在衔铁未吸合时，磁路中因空气隙磁阻较大，维持同样的磁通所需的励磁电流比吸合后无空气隙时所需的电流大得多。因此，对于U型交流电磁机构，在线圈已通电但衔铁尚未动作时，励磁电流为吸合后的额定电流的5 ~ 6倍；对于E型交流电磁机构，则高达10 ~ 15倍。所以在交流电磁机构的线圈通电后，如果衔铁卡住不能吸合或交流电磁机构频繁工作，都将因线圈的励磁电流过大而烧坏线圈。交流电磁机构不适合要求可靠性高和频繁操作的场合。

交流电磁机构吸力特性

直流电磁机构在吸引线圈断电时，由于电磁感应现象，吸引线圈中将产生很大的反生电动势，其值可达线圈额定电压的10 ~ 20倍，使线圈因过电压而损坏。为此，经常需要在吸引线圈两端并联一个由放电电阻和二极管组成的放电电路。当吸引线圈正常工作时，二极管处于截止状态，放电电路不起作用；当吸引线圈断电时，放电电路导通，将原先存储在线圈中的磁场能量消耗到放电电阻上，不至于产生过电压。一般放电电阻的阻值为线圈直流电阻的6 ~ 8倍。

直流电磁机构吸力特性

②反力特性。电磁机构使衔铁释放的力大多利用弹簧的反力，由于弹簧的反力与机械变形的位移量x成正比，反力特性是反作用力与空气隙的关系曲线，可以采用式（1–2）计算。实际反作用力包括弹簧力、衔铁自身重力、摩擦阻力等。图1–5中所示曲线3即为反力特性曲线。

$$F=Kx \tag{1–2}$$

③反力特性与吸力特性的配合。为了保证衔铁能可靠吸合，反作用力特性必须与吸力特性配合，如图1–5所示。在整个吸合过程中，吸力都必须大于反作用力，即吸力特性曲线高于反力特性曲线，但不能过大或过小。吸力过大时，动、静触点接触时以及衔铁与铁心接触时的冲击力也大，会使触点和衔铁发生弹跳，导致触点熔焊或烧毁，影响电器的机械寿命；吸力过小时，会使衔铁运动速度降低，难以满足高操作频率的要求。因此，吸力特性与反力特性必须配合得当。

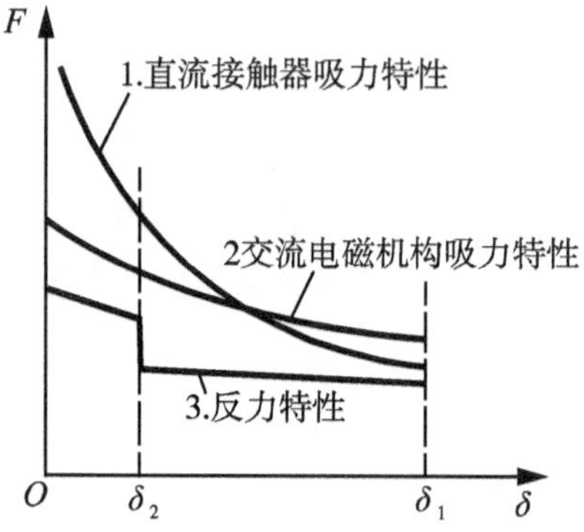

图1–5　吸力特性和反力特性

（3）交流电磁机构中短路环的作用

交流电磁机构在运行过程中，线圈中通入的交流电在铁心中产生交变的磁感应强度$B(t)=B_m\sin\omega t$，因此铁心与衔铁间的电磁吸力$F(t)=2B_m^2S\times10^5(1-\cos2\omega t)$，可知$F(t)$是一个周期函数，由直流分量和$2\omega$频率的余弦分量组成。虽然交流电磁机构中的磁感应强度B是正负交变的，但电磁吸力总是正的。因此每个周期内必然有某一段时间吸力小于反力，衔铁释放，当吸力大于反力时，衔铁吸合，会使衔铁产生振动，发出噪声并容易损坏铁心。

为消除这一现象，在交流接触器铁心和衔铁的两个不同端部各开一个槽，槽内嵌装一个由铜、康铜或镍铬合金材料制成的短路环，又称为减振环或分磁环，如图1-6所示。铁心装上短路环后，当线圈通以交流电时，线圈电流产生磁通Φ，Φ_1一部分穿过短路环，在环中产生感生电流，进而会产生一个磁通Φ_2，由电磁感应定律知，Φ_1和Φ_2的相位不同，即Φ_1和Φ_2不同时为零，则由Φ_1和Φ_2产生的电磁吸力F_1和F_2不同时为零，保证了铁心与衔铁在任何时刻的吸力始终大于反力，衔铁始终被牢牢吸住，消除了振动和噪声。

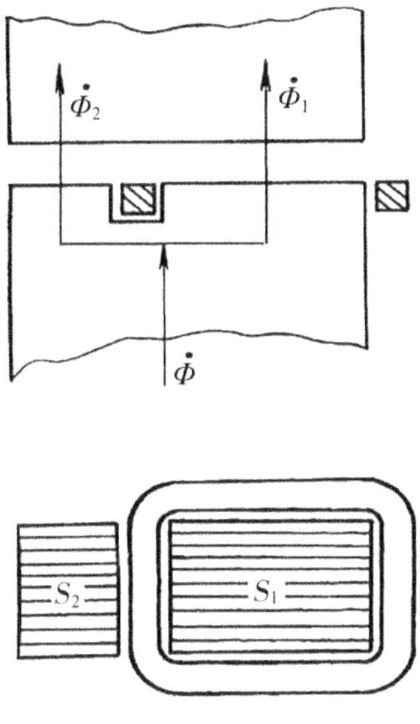

图1-6 单相交流电磁铁铁心的短路环

2.触点系统

触点亦称为触头，是电磁式电器的执行元件，用来接通或断开被控制电路。为减少对控制电路的影响，要求触点的导电和导热性能良好，因此触点材料通常采用铜、银、镍及其合金制成，有时也在铜触点表面电镀锡、银或镍。对于一些特殊用途的电器如微型继电器等，触点采用银质材料做成。

为使触点接触更紧密，消除开始接触时产生的有害振动，也可以在触点上装接触弹簧，以减小接触电阻。触点接触电阻的大小主要与触点的接触形式、接触压力、触点的材料及触点的表面情况等有关。

触点的分类方式有多种，按其所控制的电路可分为主触点和辅助触点。主触点用于接通或断开主电路，允许通过较大的电流；辅助触点用于接通或断开控制电路，只能通过较小的电流。按原始状态不同，可分为常开触点和常闭触点。常开触点也称为动合触点，当线圈未通电时，触点断开；当线圈断电时，触点闭合。常闭触点也称为动断触点，当线圈未通电时，触点闭合；当线圈通电时，触点断开。

触点按接触情况可分为点接触式、线接触式和面接触式三种，如图1-7所示。点接触常用于小电流电器中，如继电器触点和接触器的辅助触点。线接触式触点做成指形，接触区为一条直线，用于通电频繁、电流大的中等容量电器。面接触则适合较大电流、中小容量的接触器主触点。

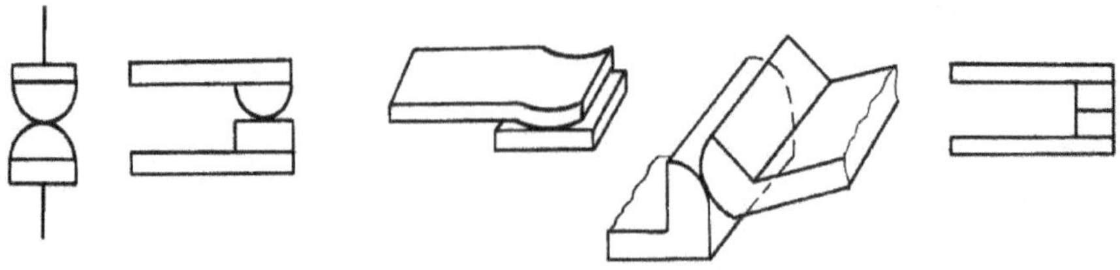

（a）点接触　　（b）线接触　　（c）面接触

图1-7　触点的三种接触形式

触点按结构形式划分，有桥式触点和指形触点两种，如图1-8所示。桥式触点在接通与断开电路时，由两个触点共同完成，对灭弧有利，一般采用点接触和面接触形式。指形触点在接通或断开时产生滚动摩擦，能去掉触点表面的氧化膜，从而减小触点的接触电阻。指形触点的接触形式一般采用线接触，适合动作频繁、电流大的场合。

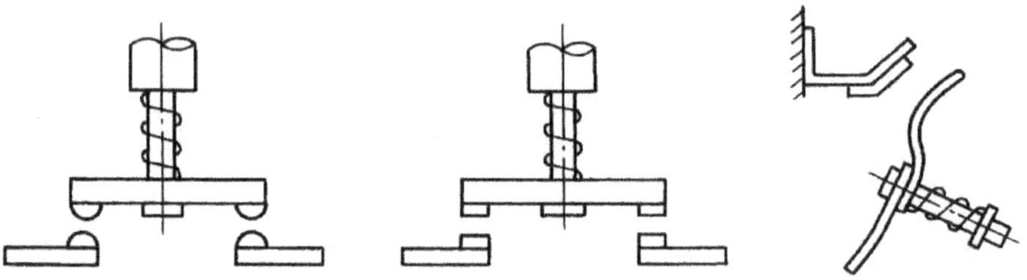

（a）点接触桥式触点　　（b）面接触桥式触点　　（c）线接触指形触点

图1-8　触点的结构形式

减小接触电阻的方法：①选用电阻系数小的材料，使触点本身的电阻尽量减小；②增加触点的接触压力，在触点上安装接触弹簧；③改善触点表面状况，尽量避免或减少触点表面氧化膜的形成，尽量保持触点清洁。

3.灭弧装置

在日常生活中，拔下插头经常会出现的弧光就是电弧。电弧产生的条件是在自然环境下断开电路时，被断开电路的电流或电压超过某一数值，一般在电流为0.25～1A、电压为12～20V时，触点间隙会产生电弧。因此，电弧实质上是触点间气体在强电场作用下产生的放电现象。电弧常常伴随着高温和强光，不仅会灼伤甚至烧损触点表面金属，降低电器使用寿命，还会延长电路的分断时间，甚至由于不能断开造成弧光短路或引起火灾等严重事故，因此必须采取措施迅速熄灭或减小电弧。

电弧的产生

（1）灭弧的基本方法

灭弧的基本方法有：

①快速拉长电弧，以降低电场强度，使电弧电压不足以维持电弧的燃烧，从而熄灭电弧。

②用电磁力使电弧在冷却介质中运动，降低弧柱周围的温度，使离子运动速度减慢、离子复合速度加快，从而使电弧熄灭。

③将电弧挤入绝缘壁组成的窄缝中以冷却电弧，加快离子复合速度，使电弧熄灭。

④将电弧分成许多串联的短弧，增加维持电弧所需的临极电压降。

由于交流电每半个周期电流要过零一次，因此其产生的电弧总是在电流过零时熄灭；而直流电流没有过零的特性，其产生的电弧相对不容易熄灭，因此一般还需附加其他灭弧措施。

（2）常用的灭弧装置

一般容量在10A以上的接触器中都装有灭弧装置。在交流接触器中，常用的灭弧装置有以下几种。

①电动力灭弧。在如图1–9所示的桥式双断口触点中，当触点断开电路时，在断口处产生彼此串联的电弧，电弧电流在两电弧之间产生如图1–9所示的磁场，根据左手定则，电弧电流将受到向外侧的电动力F的作用，使电弧向外运动并拉长，从而迅速冷却并灭弧。电动力灭弧常用于小容量的交流接触器中。

②纵缝灭弧。纵缝灭弧是利用灭弧罩内的下宽上窄的纵缝来实现的，如图1–10所示。由耐弧陶土、石棉水泥或耐弧塑料等材料制成的灭弧罩内每相有一个或多个纵缝，缝的下部较宽以便放置触点；缝的上部较窄，以便压缩电弧，使电弧与灭弧室壁有很好的接触。当触点分断时，电弧被外磁场或电动力吹入缝内，其热量传递给灭弧室壁，电弧被迅速冷却而熄灭。

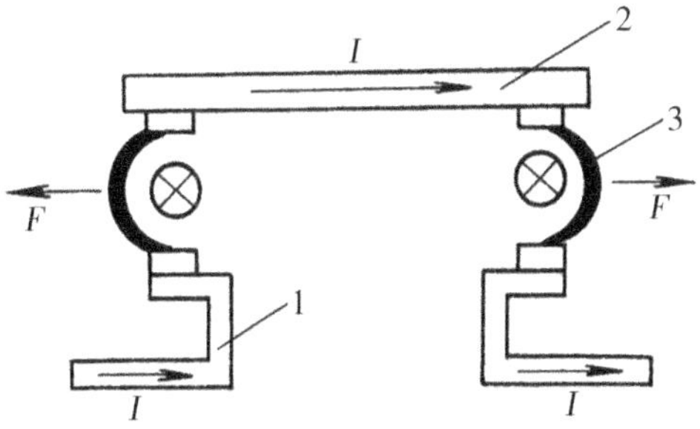

1—静触点；2—动触点；3—电弧。

图1–9　双断口电动力灭弧

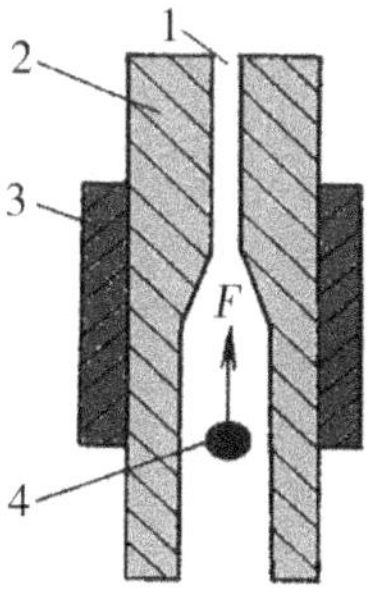

1—纵缝；2—介质；3—磁性夹板；4—电弧。

图1–10　纵缝灭弧

③栅片灭弧。栅片灭弧装置的结构及工作原理如图1–11所示。金属栅片由镀铜或镀锌铁片制成，栅片插在灭弧罩内，各片之间相互绝缘。当动触点与静触点分断时，在触点间产生电弧，电弧电流在其周围产生磁场。由于金属栅片的磁阻远小于空气的磁阻，因此电弧上部的磁通容易通过金属栅片而形成闭合磁路，这就造成了电弧周围空气中的磁场上疏下密。这一磁场对电弧产生向上的作用力，将电弧拉到栅片间隙中，栅片将电弧分割成若干个串联的短电弧。每个栅片成为短电弧的电极，将总电弧压降分成几段，栅片间的电弧电压都低于燃弧电压，同时栅片将电弧的热量吸收散发，使电弧迅速冷却，促使电弧尽快熄灭。栅片灭弧广泛应用于交流电器中。

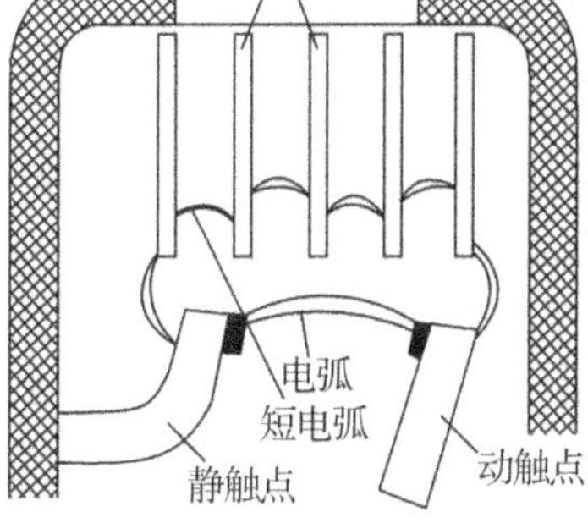

图1–11　栅片灭弧装置

④磁吹灭弧。为了加强弧区的磁场强度和获得较大的电弧运动速度，在触点电路中串入磁吹线圈，如图1-12所示。铁心固定在导磁夹板a和b之间，电流通过线圈产生磁通Φ，根据右手螺旋定则可知，该磁通从铁心通过导磁夹板b、夹板间隙到达导磁夹板a，在触点间隙形成磁吹线圈磁场4，图中的“+”表示Φ的方向是垂直纸面向里。触点间隙中的电弧也产生电弧电流磁场5，该磁场在电弧上方的磁场方向是垂直纸面向外，用“⊙”表示，电弧下方的磁场方向刚好相反，用“⊕”表示。两个磁场在触点处互相叠加后，在电弧下方的磁场强于上方的磁场，在下侧磁场的作用下，电弧在电动力F的作用下，将电弧吹离触点，进入灭弧罩后很快熄灭。电弧电流越大，该灭弧装置的灭弧能力越强，其被广泛应用于直流灭弧装置中。

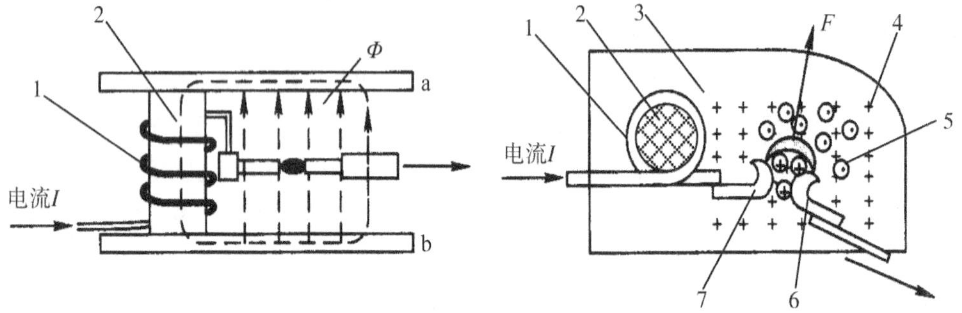

1—磁吹线圈；2—铁心；3—导磁夹板；4—磁吹线圈磁场；5—电弧电流磁场；6—动触点；7—静触点。

图1-12　磁吹灭弧装置

1.1.3　接触器

接触器是一种用于中远距离频繁地接通或断开交直流主电路及大容量控制电路的自动开关电器。其主要控制对象是交/直流电动机，也可以控制电焊机、电热设备和电容器组。接触器具有远程自动控制、欠电压保护、操作频率高、灭弧性能好、工作可靠等特点，是电力拖动控制系统中最重要也是最常用的控制电器。

接触器

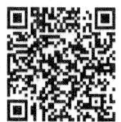

接触器的分类方式主要有以下两种。第一种是按主触点通过的电流种类来分，可以分为交流接触器和直流接触器。第二种是按用途来划分：①空气电磁式接触器，典型产品有CJ20、CJ21和CJ26系列等；②切换电容式接触器，专门用于低压无功补偿设备中，用于投入或切除并联电容器组，以调整用电系统的功率因数，典型产品有CJ16、CJ19系列等；③真空接触器，以真空为灭弧介质，适用于条件恶劣、危险的环境，典型产品有CKJ和EVS系列等；④智能化接触器，内装智能化电磁系统，能与数据总线及其他设备通信，且具备运行工况自动识别、控制和执行的能力，典型产品有西屋电气“A”系列、ABB公司AF系列等。在机床电气控制线路中，主要采用交流接触器。

1.交流接触器

（1）交流接触器的结构原理

交流接触器主要由电磁机构、触点系统、灭弧装置及辅助部件等组成。交流接触器的结构如图1–13所示。

（a）CJ10系列

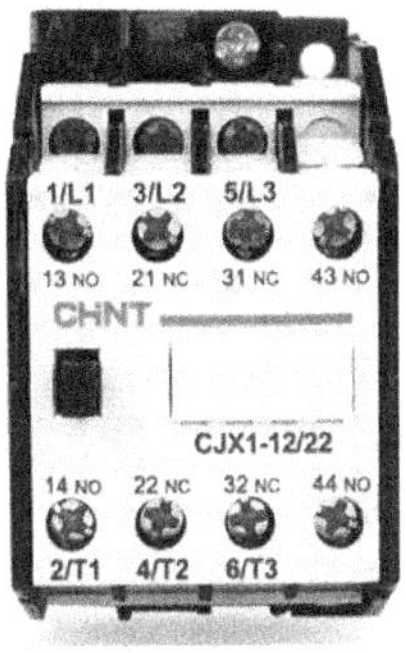

（b）CJX1系列

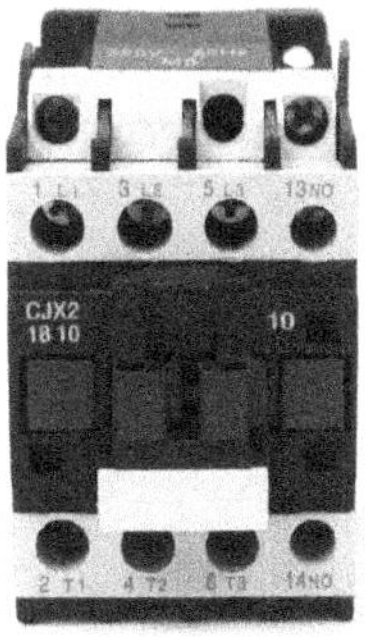

（c）CJX2系列

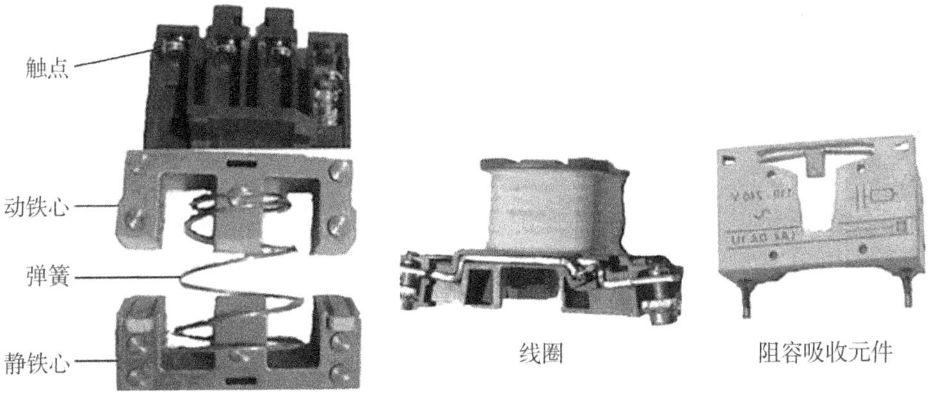

（d）CJX1系列接触器内部结构

图1–13　交流接触器的结构

①电磁机构。交流接触器的电磁机构由线圈、铁心和衔铁组成，用于产生电磁吸力，带动触点动作分断和接通电路。

②触点系统。接触器的触点按功能分为主触点和辅助触点，主触点用于接通和分断较大电流的主电路，体积较大，一般由三对常开触点组成；辅助触点用于接通和分断小电流的控制电路，体积较小，有常开触点和常闭触点两种形式。为了灭弧，小容量的接触器采用电动力吹弧和灭弧罩灭弧；大容量的接触器采用纵缝灭弧或栅片灭弧。

③辅助部件。交流接触器的辅助部件有反作用弹簧、缓冲弹簧、触点压力弹簧、传动机构及底座、接线柱等。反作用弹簧的作用是线圈断电后，推动衔铁释放，使各触点恢复原状态。缓冲弹簧的作用是缓冲衔铁在吸合时对静铁心和外壳的冲击力。触点压力弹簧的作用是增加动、静触点间的压力，从而增大接触面积，以减小接触电阻。传动机构的作用是在衔铁或反作用弹簧的作用下，带动动触点实现与静触点的接通或分断。

（2）交流接触器的工作原理

交流接触器是利用电磁吸力与弹簧反力配合动作，使触点接通或断开电路，其工作原理如图1-14所示。当接触器的线圈通电后，线圈中流过的电流产生磁场，使铁心产生足够大的电磁吸力，克服反作用弹簧的反作用力，将衔铁吸合，通过传动机构带动三对主触点和辅助常开触点闭合，辅助常闭触点断开。当接触器的线圈断电或电压显著下降时，由于电磁吸力消失或过小，衔铁在反作用弹簧的作用下复位，带动各触点恢复到原始状态，常闭触点闭合、常开触点断开。常用的CJ0、CJ10等系列的交流接触器在0.85～1.05倍的额定电压下，能保证可靠吸合。接触器的图形符号如图1-14（c）所示。

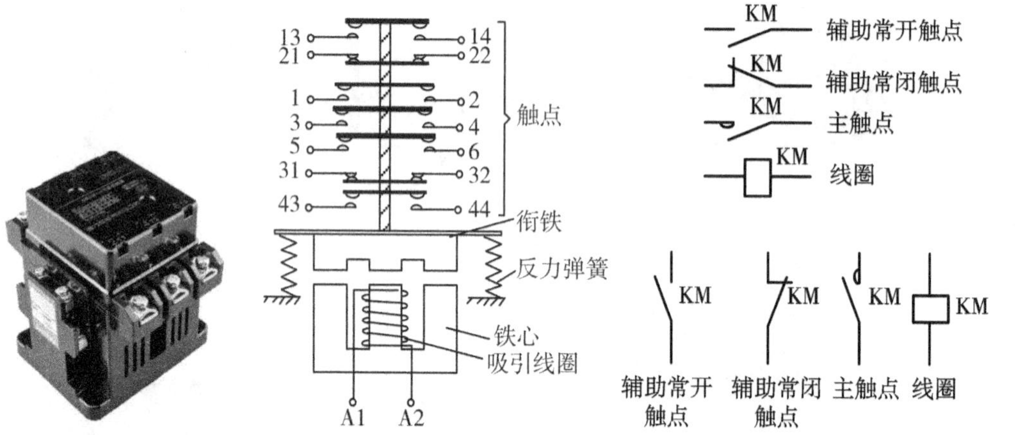

（a）接触器的外形　（b）接触器内部结构　（c）接触器图形符号

图1-14　交流接触器的结构及图形符号

2.直流接触器

直流接触器的结构及工作原理与交流接触器基本相同，也是由电磁机构、触点系统和灭弧装置三部分组成，但也有一些区别。

（1）电磁机构

直流接触器的电磁系统由线圈、铁心和衔铁组成。由于线圈通过的是直流电，铁心中不会因产生涡流和磁滞损耗而发热，因此铁心可用整块铸钢或铸铁制成，铁心端面也不需要嵌装短路环。为保证线圈断电后衔铁能可靠释放，在磁路中常垫有非磁性垫片，以减少剩磁影响。直流接触器线圈的匝数比交流接触器多，电阻值大，铜损大，是接触器中发热的主要部件。为使线圈散热良好，通常把线圈做成长而薄的圆筒形；且不设骨架，使线圈与铁心间距很小，以借助铁心来散发部分热量。

（2）触点系统

由于主触点接通和断开的电流较大，多采用滚动接触的指形触点，以延长触点的使用寿命。断开时做相反方向的运动，这样就自动清除触点表面的氧化膜，保证了可靠的接触。辅助触点的通断电流小，多采用双断点桥式触点，可有若干对。

（3）灭弧装置

直流接触器一般采用磁吹灭弧装置结合其他灭弧方法灭弧。磁吹灭弧是利用电弧在磁场中受力将电弧拉长，并使电弧在冷却的灭弧罩窄缝中运动，产生强烈的消电离作用，将电弧熄灭。这种灭弧装置利用电弧电流本身灭弧，电弧电流越大，灭弧能力越强。

直流接触器在电路图中的图形符号与交流接触器相同。

3.接触器的主要技术参数

（1）接触器的级数和电流种类

按接通与断开主电路电流种类不同，接触器分为直流接触器和交流接触器；按主触点个数不同，接触器分为两极、三极和四极接触器。

接触器的选用

（2）额定电压

接触器铭牌上的额定电压是指主触点的额定工作电压，其等级有：

直流接触器：110V、220V、440V、660V。

交流接触器：127V、220V、380V、500V、660V。

（3）额定电流

接触器铭牌上的额定电流是指在正常工作条件下，主触点中允许通过的长期工作电流，一般按下面等级制造。

直流接触器：40A、80A、100A、150A、250A、400A、600A。

交流接触器：10A、20A、40A、60A、100A、150A、250A、400A、600A。辅助触点的额定电流是5A。

接触器用于不同负载时，对主触点的接通和分断能力要求不同，按不同的使用条件来选用相应类别的接触器便能满足要求。按国家标准GB 14048—2018，控制电路中主触点和辅助触点的标准使用如表1-1所示。

表 1-1　控制电器触点的标准使用类别

触点	电流种类	使用类别	典型用途举例
主触点	交流	AC-1	无感或微感负载、电阻炉
		AC-2	绕线转子异步电动机的起动、分断
		AC-3	笼型异步电动机的起动、运转分断
		AC-4	笼型异步电动机的起动、反转制动、反向、点动
主触点	直流	DC-1	无感或微感负载、电阻炉
		DC-3	并励电动机的起动、点动和反接制动
		DC-5	串励电动机的起动、点动和反接制动
辅助触点	交流	AC-11	控制交流电磁铁
		AC-14	控制容量小于等于72V•A的电磁铁负载
		AC-15	控制容量大于72V•A的电磁铁负载
	直流	DC-11	控制直流电磁铁
		DC-13	控制直流电磁铁，即电感和电阻的混合负载
		DC-14	控制电路中有经济电阻的直流电磁铁负载

主触点达到的接通和分断能力为：AC-1和DC-1类允许接通和分断额定电流；AC-2、DC-3和DC-5类允许接通和分断4倍的额定电流；AC-3类允许接通6倍的额定电流和分断额定电流；AC-4类允许接通和分断6倍的额定电流。

（4）线圈的额定电压

线圈的额定电压是指电磁吸引线圈正常工作的电压值，常用的线圈额定电压等级有：

直流线圈：24V、48V、110V、220V、440V。

交流线圈：36V、110V、127V、220V、380V。

（5）动作值

动作值是指接触器的吸合电压与释放电压。行业标准规定接触器在额定电压85%以上时，应可靠吸合。释放电压不高于线圈额定电压的70%。

（6）接通与分断能力

接通与分断能力是指接触器主触点在规定条件下能可靠地接通和分断的电流值。在此电流值下，接通电路的主触点不应该发生熔焊、飞弧和过分磨损等。电路中超出此电流值的分断任务，则由熔断器和低压断路器等承担。

（7）机械寿命和电器寿命

接触器是频繁操作电器，必须有较长的机械寿命和电器寿命。机械寿命是指接触器在需要修理或更换机构零件前所能承受的无载操作次数。电器寿命是指在规定的正常工作条件下，接触器不需要更换的有载操作次数。

目前有些接触器的机械寿命已达1000万次以上；电器寿命是机械寿命的5% ～ 20%。

（8）操作频率

操作频率是指每小时内允许操作的最高次数。一般交/直流接触器的额定操作频率为600次/h、750次/h、1200次/h。

1.2 低压开关电器

低压开关电器又称为低压隔离器，是在正常或事故状态下，用于接通或断开用电设备和供电电网的电器。低压开关电器主要有开启式负荷开关、封闭式负荷开关、组合开关和低压断路器等四种类型。低压开关电器作为配电电器，主要起着隔离、转换、接通和分断电路控制的作用。例如，用作机床电路电源的引入开关，用作局部照明电路的控制开关，用于小容量电动机的起动、停止和正反转控制等。

1.2.1 刀开关

刀开关

1.开启式负荷开关

开启式负荷开关又称刀开关、胶盖闸刀开关或闸刀，是一种结构最简单的手动电器。在低压电路中，广泛用作照明电路和5.5kW以下的小容量动力电路的不频繁起动控制开关或用于电路与电源的隔离。刀开关的外形结构如图1-15所示，由动触点、静触点、胶盖、瓷底、熔丝接头和瓷柄等组成。由于刀开关内部安装了熔丝，所以当控制电路发生短路事故时，可以借助熔丝熔断而快速切断故障电路，保护电路中的其他电气设备。

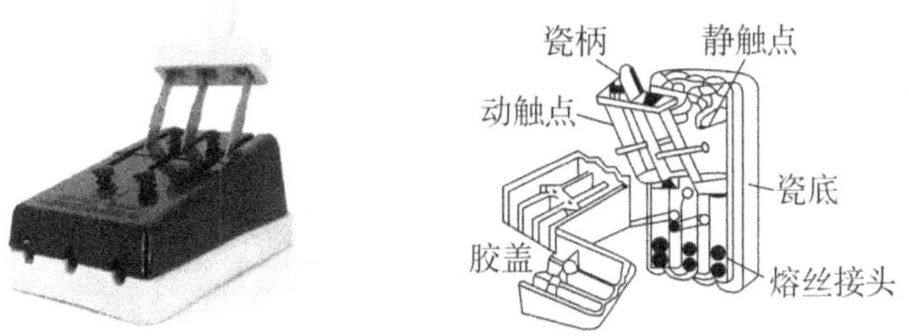

图1-15　刀开关的外形和结构

刀开关的种类很多，按刀开关的极数可分为单极、双极和三极，其图形表示符号如图1-16所示，文字符号统一用QS表示。

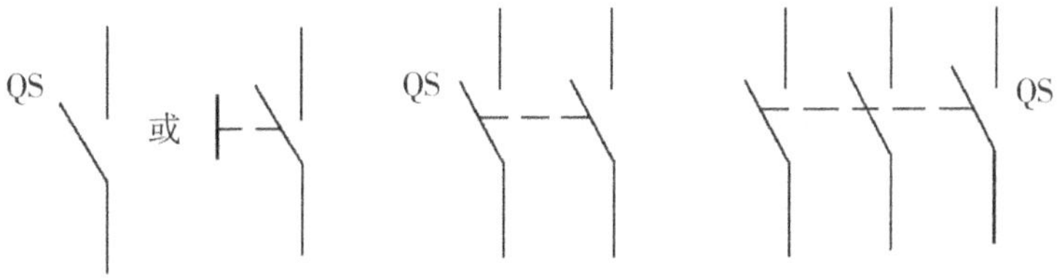

（a）单极　（b）双极　（c）三极

图1-16　刀开关的图形符号

开启式负荷开关在安装时要求垂直安放，为了使分闸后触点不带电，进线端在上端与电源线相连，出线端在下端与负载相接，要求在合闸状态时，手柄应该向上，拉闸时手柄朝下，不得倒装或平装，以防误合闸。保证开关断开时，动触点和熔丝上不带电，在换装熔丝时必须是安全状态。常用的开启式负荷开关为HK系列。

2.封闭式负荷开关

封闭式负荷开关又称铁壳开关，主要用于手动不频繁接通和分断负荷电路，也可以用作15kW以下电动机不频繁起动和停止的控制开关。封闭式负荷开关主要由触刀和夹座组成的触点系统、熔断器和速断弹簧组成，对于电流为30A以上的封闭式负荷开关，还必须装灭弧罩。常用的封闭式负荷开关有HH3、HH4系列，其中HH4系列封闭式负荷开关的外形、结构、图形符号如图1-17所示。

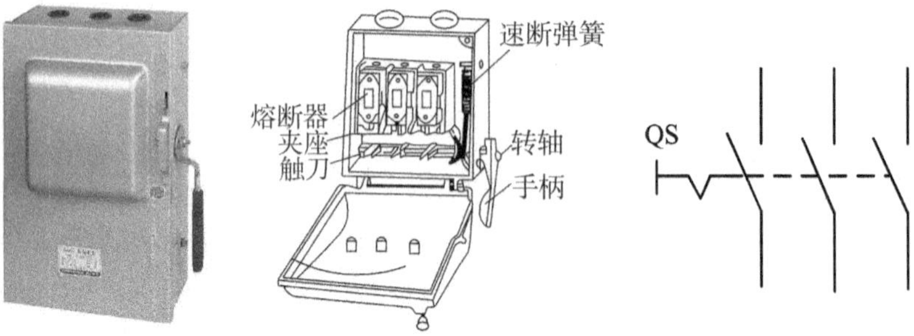

（a）外形　　（b）内部结构　　（c）图形符号

图1-17　HH4系列封闭式负荷开关

封闭式负荷开关的三把触刀固定在一根绝缘转轴上，由手柄完成分合闸的操作。在操作机构中，转轴与底座之间装有速断弹簧，使刀开关的接通与断开速度与手柄操作速度无关。封闭式负荷开关主要有两个特点：一是采用了储能分合闸机构，通过一根速断弹簧执行开关的合闸和分断，使开关的闭合和分断速度与操作速度无关，有助于改善开关性能和灭弧性能，提高开关的通断能力，延长其使用寿命；二是设置了机械联锁装置，使箱盖打开时不能合闸，合闸时，箱盖不能打开，确保了操作安全。

3.组合开关

组合开关又称转换开关，常用于交流50Hz、380V以下及直流220V以下的电气线路中，用作机床控制电路的电源引入开关，也可以作为5.5kW以下电动机直接起动、停止、反转和调速控制开关。

组合开关实际上就是由多节触点组合而成的刀开关，与普通闸刀开关的区别是组合开关用动触点代替闸刀，操作手柄在平行于安装面的平面内可左右转动。组合开关的外形和结构如图1-18所示，图中组合开关的三组静触点分别装在三层绝缘垫板上，并附有接线柱。三个动触点互相绝缘，与对应的静触点套在共同的绝缘杆上，绝缘杆的一端装有手柄，通过逆时针或顺时针转动手柄，带动三个动触点分别与三个静触点接触或分离，就可以完成三组触点间的开合或切换。

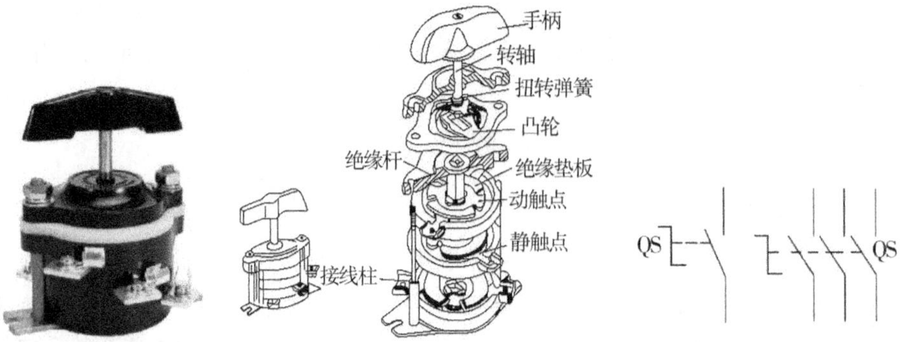

（a）外形　　（b）结构　　（c）图形符号

图1-18　Hz10-10/3型组合开关

组合开关的顶盖部分由转轴、凸轮、扭转弹簧和手柄等构成操作机构。由于组合开关内采用了扭转弹簧储能，可以使触点快速闭合或分断，保证开关在切断负荷电流时，迅速熄灭电弧，提高了开关的通断能力。组合开关具有多触点、多位置、体积小、操作方便、安装灵活等特点，常用的有HZ10系列。组合开关的图形符号如图1–18（c）所示。

一般组合开关根据电源种类、电压等级、所需的触点数、接线方式和负载的容量进行选用，常用组合开关的额定电流$I=$（1.5～2）I_e，其中I_e是电动机的额定电流。

1.2.2 低压断路器

低压断路器

低压断路器又称自动空气开关、空气开关或自动空气断路器。它相当于刀开关、熔断器、热继电器和欠电压继电器的组合，是一种既有手动开关作用又能自动进行失压、过载和短路保护的电器。低压断路器主要用于低压电路中分断和接通负荷电路，控制电动机的运行和停止等，具有多种保护功能、动作可调、分断能力高、操作方便安全等多个优点，是低压配电网络和电力拖动系统中常用的重要保护电器之一。低压断路器的外形如图1–19所示。

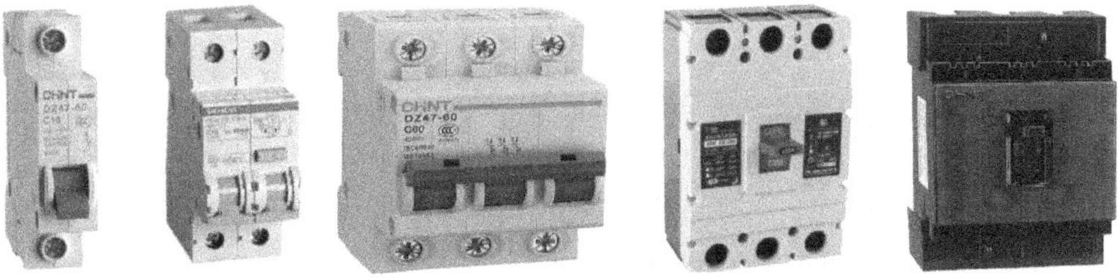

图1–19　低压断路器外形

低压断路器的类型多样，按结构形式分，可分为塑壳式、万能框架式和模数式三种；按控制极数分，可分为单极、双极、三极和四极等多种；按操作方式分，可分为直接手柄操作式、杠杆操作式、电磁铁操作式和电动机操作式等。目前使用最广泛的是按结构形式进行分类，其中万能框架式低压断路器主要用作配电网络的保护开关，而塑壳式低压断路器除用作配电网络的保护开关外，还用作电动机、照明线路的控制开关。在此重点介绍应用最广泛的塑壳式低压断路器。

1.低压断路器的工作原理

塑壳式低压断路器是通过模压绝缘材料制成的封闭型外壳将所有构件组装在一起，结构紧凑、安全可靠、轻巧美观，可以独立安装，主要用于电动机及照明系统的控制、供电线路的保护。常用的产品有DZ5、DZ10、DZ20等系列。

低压断路器由主触点、灭弧装置、自由脱扣机构、操作机构和各脱扣器组成，如图1–20所示。

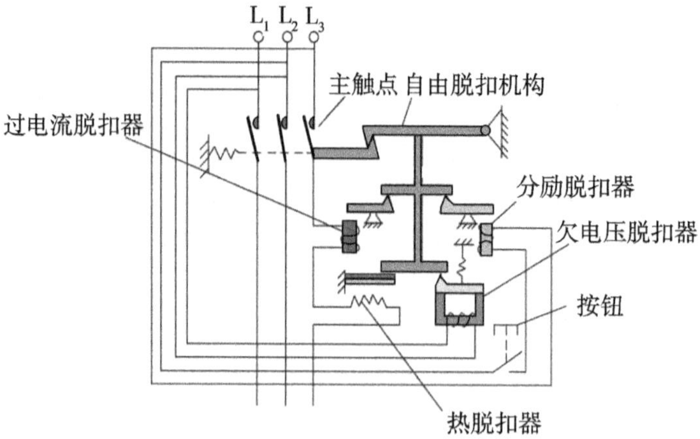

图1-20　低压断路器工作原理

（1）主触点及灭弧装置

主触点是低压断路器的执行元件，用于接通和分断主电路，装有灭弧装置便于快速分断电路。

（2）自由脱扣机构和操作机构

用于联系操作机构和主触点，实现断路器闭合和断开。

（3）脱扣器

脱扣器是低压断路器的感受元件，当电路故障时，感测故障信号，经过自由脱扣机构使主触点分断电路。按接受故障不同，常用的有以下四种脱扣器。

①过电流脱扣器。过电流脱扣器的线圈串接在主电路中，当电路发生短路或严重过载时，短路电流超过电磁脱扣器的瞬时脱扣整定电流，脱扣器的电磁吸力增加，将衔铁吸合，向上撞击杠杆，通过杠杆推动搭钩使自由脱扣机构脱开，主触点在弹簧力的作用下迅速断开，实现短路保护功能。低压断路器出厂时，过电流脱扣器的瞬时脱扣整定电流一般整定为$10I_N$（I_N为断路器的额定电流）

②热脱扣器。热脱扣器的线圈也串接于主电路中，当电路发生过载时，过载电流流过热元件产生一定的热量，双金属片受热向上弯曲后撞击杠杆，通过杠杆推动搭钩使自由脱扣机构脱开，主触点在弹簧力的作用下迅速断开，切断电路实现过载保护功能。

③欠电压脱扣器。欠电压脱扣器的线圈并接于主电路中，当电路电压下降或失去电压时，欠电压脱扣器的吸力减小或消失，衔铁被弹簧往上拉，向上撞击杠杆，使自由脱扣机构脱开，主触点迅速断开，实现欠电压保护功能。

④分励脱扣器。在按下起动按钮后，使分励电磁线圈通电，产生电磁吸力吸合衔铁，导致自由脱扣机构断开。所以分励脱扣器只能用于远距离跳闸，对电路不起任何保护作用。

2.低压断路器的图形符号

低压断路器的图形符号有两种：一种是完整符号，如图1-21（a）所示；另一种是为了绘制方便采用的简化符号，如图1-21（b）所示。

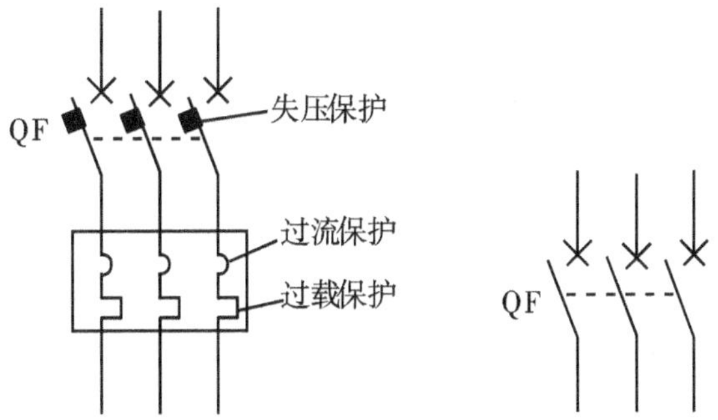

（a）完整符号　　　　（b）简化符号

图1–21　低压断路器的图形符号

3.低压断路器的主要参数

（1）额定电压

低压断路器的额定电压包括额定工作电压、额定绝缘电压和额定脉冲电压。

额定工作电压是指通断及使用类别相关的电压值，取决于电网的额定电压等级，我国电网的标准电压为交流220V、380V、660V、1140V以及直流220V、440V等。

额定绝缘电压是指断路器的设计电压值，一般为断路器的最大额定工作电压。在任何情况下，最大额定工作电压不能超过额定绝缘电压。

额定脉冲电压是指低压断路器工作时要承受系统中所产生的过电压，额定脉冲电压应大于或等于系统中出现的最大过电压峰值。

额定绝缘电压和额定脉冲电压决定了断路器的绝缘水平，是两项非常重要的性能指标。

（2）额定电流

低压断路器的额定电流指额定持续工作电流，也即过电流脱扣器能长期通过的电流，对于带有可调式脱扣器的低压断路器，则为可长期通过的最大工作电流。

（3）额定通断能力

额定通断能力就是指低压断路器在规定条件下能够接通和分断的最大电流值。

4.低压断路器的选用原则

漏电保护断路器

常用低压断路器主要技术数据

（1）类型的选择

低压断路器应根据线路和电气设备的额定电流以及保护的要求进行选用。例如，额定电流小，短路电路不大，可以选用塑壳式断路器；有漏电保护要求的，应选用漏电保护断路器；对于额定电流相当大的，应选择万能框架式断路器；控制和保护硅整流装置及晶闸管，应选用直流快速型断路器等。

（2）额定电压的选择

低压断路器的额定电压应大于等于线路额定电压。其中，欠电压脱扣器的额定电压应等于线路的额定电压。

（3）额定电流的选择

低压断路器及其过电流脱扣器的额定电流应等于或大于线路负载工作电流。此外，在配电电路中，为满足配电系统的选择性保护要求，上下级低压断路器的过电流保护特性不能相交。

（4）脱扣器的选择

①热脱扣器的整定电流应与所控制负载（比如电动机）的额定电流一致。

②欠电压脱扣器的稳定电压等于线路的额定电压。

③过电流脱扣器的整定电流I_z应大于或等于电路的最大负载电流。对于单台电动机，可按下式计算：

$$I_z \geqslant KI_q \tag{1-3}$$

式中：K——安全系数，可取1.5～1.7；I_q——电动机的起动电流（A）。

对于多台电动机来说，可按下式计算：

$$I_z \geqslant KI_{qmax}+\sum I_{er} \tag{1-4}$$

式中：K——安全系数，可取1.5～1.7；I_{qmax}——最大一台电动机的起动电流；$\sum I_{er}$——其他电动机的额定电流之和。

1.3 熔断器

熔断器

熔断器是一种利用电流的热效应原理工作的电流保护电器。在低压配电系统及用电设备中，将熔断器串联于被保护电路的首端，当电流超过规定值一定时间后，用它自身产生的热量使熔体熔化而分断电路，作为短路保护和严重过载保护。由于它具有分断能力较强、结构简单、价格便宜、使用维护方便、体积小、重量轻等优点，因此得到广泛应用。

1.3.1 熔断器的结构和工作原理

熔断器的保护特性

熔断器一般由熔体、熔管和填充材料三部分组成。熔断器的外形如图1–22所示。熔体是熔断器的核心组成部分，既是感测元件又是执行元件，串联安装在被保护电路中，常做成丝状、带状、片状或栅状。熔体的材料是由低熔点的金属材料（铅、锡、锌及其合金）和高熔点的金属材料（铜、银、铝及其合金）按一定的比例融合而成的。

图1-22　熔断器的外形

熔管是熔体的保护外壳，用于安装熔体，在熔体熔断时兼有灭弧作用。熔管用耐热绝缘材料制成，有填料式熔断器的熔管采用瓷、氧化铝电瓷和高频电瓷材料；无填料式熔断器的熔管材料为钢纸管、有机硅玻璃管。熔管的形状以方管形和圆管形为主，也有其他形状的熔管，如汽车用熔断器和自复式熔断器等。

常用的填料有石英砂（SiO_2）和氧化铝（Al_2O_3）。加填充材料是为了加速灭弧，提高熔断器的分断能力。目前，尽管氧化铝的性能优于石英砂，但由于石英砂的价格较为便宜，目前大多采用石英砂作为填料。

熔座是熔断器的底座，用于固定熔管和外接引线。

1.3.2　熔断器的类型

熔断器品种规格繁多，按结构形式不同，可以分为插入式、螺旋式、快速型、无填料封闭管式、有填料封闭管式和自复式等多种。

1.插入式熔断器（RC）

插入式熔断器由瓷座、瓷盖、动触点、静触点及熔丝等组成，使用时，将熔丝用螺钉固定在瓷盖上，然后插入瓷座。插入式熔断器的结构如图1-23所示。这种熔断器具有结构简单、价格低廉、熔丝更换方便等优点。一般用在交流50Hz、额定电压380V及以下，额定电流200A及以下的低压电路或分支电路中，作为电气设备的短路保护。

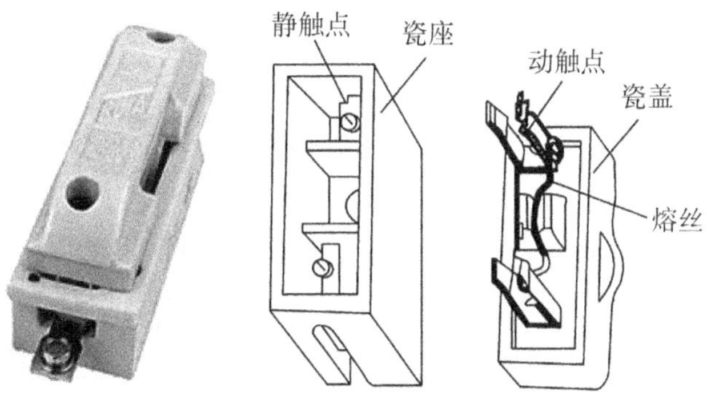

图1-23　RC1A系列插入式熔断器

2.螺旋式熔断器（RL）

螺旋式熔断器由瓷帽、熔断管、瓷套、底座、下接线端和上接线端等组成，如图1-24

所示。其特点是体积小、结构紧凑、熔断管更换方便，使用安全可靠、熔断快，分断能力强。由于熔断管内装有石英砂或惰性气体，有利于灭弧，具有较高的分断能力。螺旋式熔断器主要应用于照明、机床设备、控制箱、配电屏等场合，实现短路保护功能。

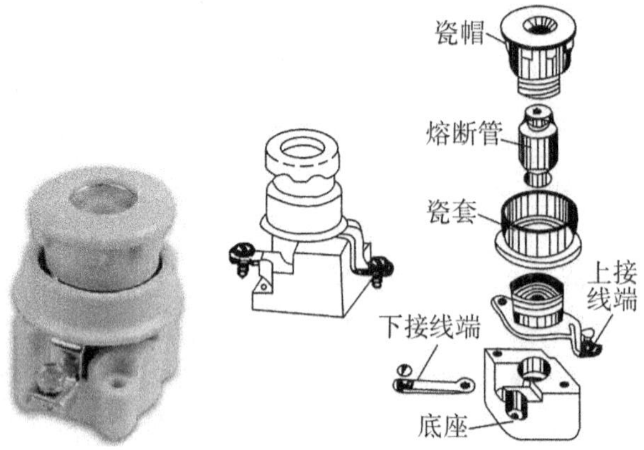

图1-24　RL1系列螺旋式熔断器

3.无填料封闭管式熔断器（RM）

无填料封闭管式熔断器主要由纤维熔管、变截面锌熔片、管夹及触刀等部分组成。RM10型熔断器的外形与结构如图1-25所示。该熔断器具有以下两个特点：一是采用变截面锌片作为熔体，将熔片冲制成宽窄不一的变截面是为了改善熔断器的保护性能；二是采用纤维管作为熔管，当熔片熔断时，纤维管内壁在电弧热量的作用下产生高压气体，压迫电弧，加强离子的复合，从而改善了灭弧的特性，使电弧熄灭。

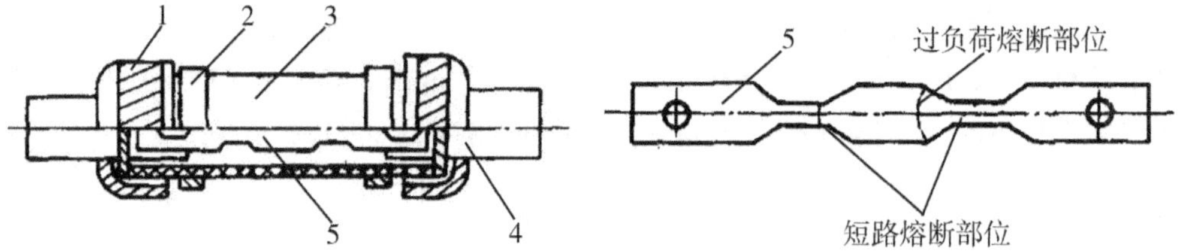

（a）外形　　（b）熔体结构

1—铜管帽；2—管夹；3—纤维熔管；4—触刀；5—变截面锌熔片。

图1-25　RM10系列无填料封闭管式熔断器

RM10系列无填料封闭管式熔断器适用于交流50Hz、额定电压380V或直流额定电压440V及以下电压等级的动力网络和成套配电设备中，作为导线、电缆及较大容量电气设备的短路和连续过载保护。

4.有填料封闭管式熔断器（RT）

有填料封闭管式熔断器由熔管、熔体、弹簧片和瓷底座等组成，其外形与结构如图1-26所示。其特点是熔管内装有石英砂作填料，用来冷却和熄灭电弧，分断能力强。一般应用于较大短路电流的电力输配电系统中。

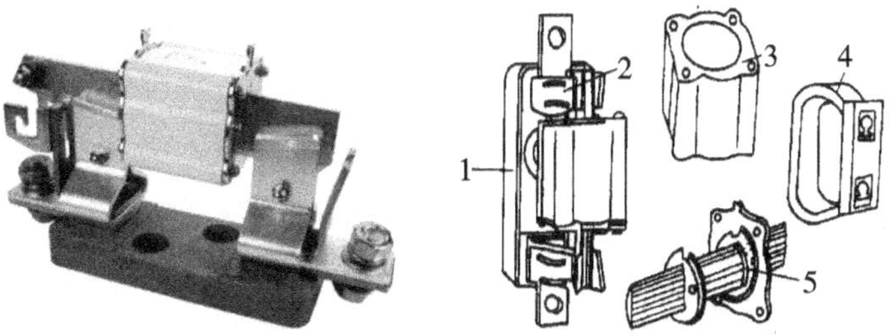

1—瓷底座；2—弹簧片；3—熔管；4—绝缘手柄；5—熔体。

图1–26　有填料密闭管式熔断器

常用的RT10型熔断器的熔体是栅状紫铜片，中间用锡桥连接，即在栅状紫铜熔体中部弯曲处焊有锡层，具有引燃栅，由于它的等电位作用可使熔体在短路电流通过时形成多根并联电弧，熔体上还有若干变截面小孔，可使熔体在短路电流通过时在截面较小的地方先熔断，形成多段短弧。在熔体周围填满了石英砂，由于冷却和狭沟的作用使电弧中的离子强烈复合，迅速灭弧。这种熔断器的灭弧能力很强，具有限流的作用，即在短路电流还未达到最大值时就能完全熄灭电弧。

该熔断器还配有熔断指示装置，熔体熔断后，显示出醒目的红色熔断信号。当熔体熔断后，可使用配备的专用绝缘手柄在带电的情况下更换熔管，装取方便，安全可靠。广泛用于短路电流较大的电力输配电系统中，作为电缆、导线和电气设备的短路保护及导线、电缆的过载保护。

5.快速熔断器（RS）

快速熔断器又叫半导体器件保护用熔断器，主要用于硅元件变流装置内部的短路保护。由于硅元件的过载能力差，因此要求短路保护元件应具有快速动作的特征。快速熔断器能满足这种要求，且结构简单、使用方便、动作灵敏可靠，因而得到了广泛应用。快速熔断器的典型结构如图1–27所示。熔断器的图形符号如图1–28所示。

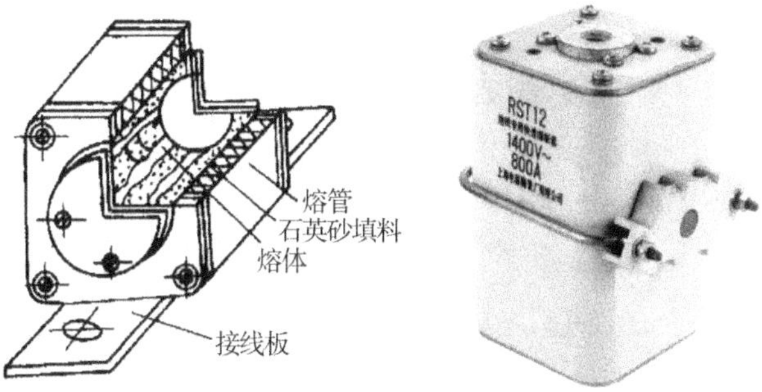

图1–27　快速熔断器的典型结构

图1–28　熔断器的图形符号

6.自复式熔断器（RZ）

自复式熔断器（PTC聚合物）是一种采用气体、超导体或液态金属钠等作为熔体的限流元件。在电路出现短路故障时，在电流产生的高温下，使熔体瞬间呈现高阻状态，从而限制了短路电流。当故障消失后，温度下降，熔体又恢复原先的低阻导电状态。如图1-29所示，内部的钠熔体在短路时出现高阻状态，类似断开回路。自复式熔断器具有限流作用显著、动作时间短、动作后不必更换熔体等优点，可以反复使用，能实现自动合闸。

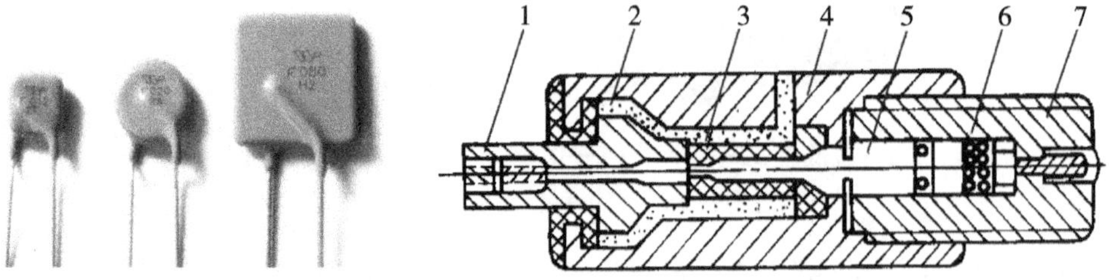

（a）TRF系列自复式保险丝　　（b）自复式熔断器结构

1—接线端子；2—云母玻璃；3—氧化铍瓷管；4—不锈钢外壳；5—钠熔体；6—氩气；7—接线端子。

图1-29　自复式熔断器

1.3.3　熔断器的主要技术参数

1.额定电压

熔断器的额定电压是指熔断器长期工作时和熔断后所能承受的电压。一般要求大于或等于所接电路的额定电压。

2.额定电流

熔断器的额定电流是指熔断器在长期工作制下，各部件温升不超过极限允许温升所能承载的电流值。习惯上，把熔管的额定电流简称为熔断器额定电流。这里要特别注意：同一种电流规格的熔管内可以装几种不同电流规格的熔体。

3.极限分断能力

熔断器的极限分断能力是指熔断器在规定的使用条件下，能可靠分断的最大短路电流值。

1.3.4　熔断器的选择

在选择熔断器时，一般应从以下几个方面进行考虑。

1.熔断器类型的选择

一般根据用途进行选择熔断器，如用作电网配电使用，可以选择螺旋式、无填料封闭管式和有填料封闭管式三种类型；作为硅整流元件保护用，只能选用快速型；供家庭使用，可以选择插入式、螺旋式和无填料封闭管式三种；用于大容量电路保护，应该选用螺旋式和有填料封闭管式，对于电池组和变压器，则考虑自复式，可以避免更换熔体。

确定熔断器类型时，还要根据保护对象的电流大小、使用环境、线路及负载要求，合理选出熔断器类型。例如，对于容量较小的照明线路或电动机的保护，宜采用RC1A系列插入式熔断器或RM10系列无填料封闭管式熔断器；对于短路电流较大的电路或有易燃气体的场合，宜采用具有高分断能力的RL系列螺旋式熔断器或RT系列有填料封闭管式熔断器；对于保护硅整流器件及晶闸管的场合，应采用快速熔断器（RS）系列。

2.熔断器额定电压和电流的选择

在明确熔断器类型以后，要具体确定型号时，应正确选择额定电压和额定电流。要求额定电压大于或等于线路的工作电压，额定电流的选择应考虑负载的特性。熔断器的额定电流必须大于或等于内部熔体的额定电流，否则，在正常工作下，熔断器自身结构会被烧毁、破坏，无法实现电路正常保护功能。熔体额定电流的选择，可参照表1-2进行。

表1-2　熔体额定电流

负载性质		熔体额定电流（I_{Te}）
电炉和照明等电阻性负载		$I_{Te} \geqslant I_N$（额定电流）
电容性负载		$I_{Te} \geqslant 1.6I_N$
单台电动机	线绕式电动机	$I_{Te} \geqslant (1 \sim 1.25) I_N$（电动机额定电流）
	笼型电动机（起动时间不长）	$I_{Te} \geqslant (1.5 \sim 2.5) I_N$
	起动时间较长的某些笼型电动机	$I_{Te} \geqslant 3I_N$或$I_{Te}=I_{st,max}/(1.6 \sim 2)$
	连续工作制直流电动机	$I_{Te}=I_N$
	反复短时工作制直流电动机	$I_{Te}=1.25I_N$
多台电动机并联		$I_{Te} \geqslant (1.5 \sim 2.5) I_{N,max}+\sum I_N$ $I_{N,max}$：最大一台电动机额定电流；$\sum I_N$：其他电动机额定电流之和

3.额定分断能力

熔断器的额定分断能力必须大于电路中可能出现的最大短路电流。

4.熔断器的上、下级配合

为防止越级熔断，出现扩大停电范围的情况，各级熔断器间应有良好的协调配合，使下一级熔断器比上一级熔断器优先熔断，满足保护性要求。在实际应用中，要求综合考虑上、下级（供电、支线）熔断器熔体的额定电流的比值不小于1.6 ∶ 1。

1.4　继电器

电磁式继电器

继电器是一种根据某种输入信号接通或断开小电流电路，使其自身的执行机构动作而接通或断开控制电路，实现远距离自动控制和保护的自动控制电器。继电器的输入量可以是电流、电压等电量，也可以是温度、时间、速度、压力等非电量或电路参数的变化；输出量则是触点的动作或者是电路参数的变化。继电器不直接控制电流较大的主电路，主要用于各种控制电路中进行信号传递、放大、转换、联锁等，通过接触器控制主电路和辅助电路中的器件或设备按预定的动作程序进行工作，实现自动控制和保护的目的。同接触器相比，继电器具有触点分断能力小、结构简单、体积小、重量轻、反应灵敏、动作准确、工作可靠等特点。

继电器应用非常广泛，种类繁多，分类方式也多种多样，其中按动作原理不同，分为电磁式、磁电式、感应式、电动式、光电式、压电式、电子式继电器，以及热继电器和时间继电器等；按激励量不同，分为电流、电压、中间、时间、速度、温度、脉冲、压力继电器等。继电器主要应用于控制电路中，一般额定电流不大于5A。

1.4.1　电磁式继电器

电磁式继电器的结构和工作原理与接触器类似，由电磁机构、触点系统和调节装置等组成。其不同之处主要体现在以下方面：①继电器触点容量小，无灭弧装置，也无主辅触点之分；②可以根据控制电路的需要，通过调节装置改变继电器的动作参数。

1.电流继电器

根据继电器线圈中电流的大小接通或断开电路的继电器叫作电流继电器。使用时，电流继电器的线圈串联在被测电路中，触点动作与否和线圈电流大小直接有关。为了使串入电流继电器线圈后不影响电路正常工作，电流继电器的线圈匝数少、导线粗、阻抗小，主要用于电流型保护和电流原则控制场合。

电流继电器的结构如图1-30（a）所示，一般分为欠电流继电器和过电流继电器两种，其结构和原理相同，只是吸合和释放值不同。

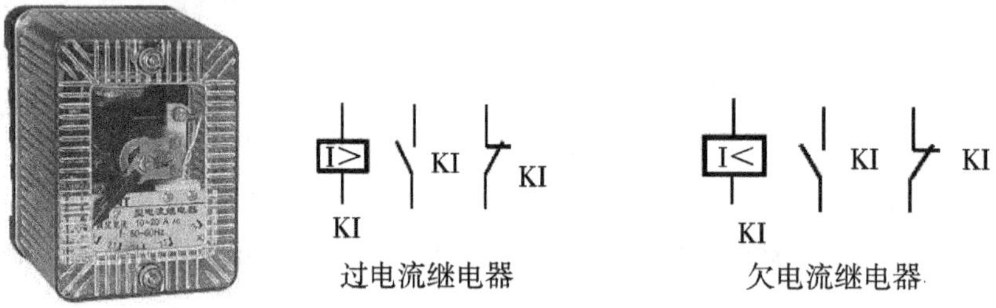

（a）电流继电器外形　　（b）电流继电器的符号

图1-30　电流继电器

（1）过电流继电器

过电流继电器是在继电器中的电流超过整定值时，引起动作的继电器。在电路正常工作时，始终是释放的；只有当电路发生过载或短路故障时，过电流继电器才吸合，吸合后立即使所控制的电路分断，具有短时工作的特点。主要用于频繁、重载起动场合，用作电动机过载和短路保护。

（2）欠电流继电器

欠电流继电器是在继电器的电流小于整定值时动作的继电器。在线圈电流正常时，欠电流继电器的衔铁与铁心始终是吸合的。它常用于直流电动机励磁电路和电磁吸盘的弱磁保护。交流电路不需要欠电流保护，所以产品中无交流欠电流继电器。

常用的欠电流继电器有JL14–Q等系列产品，这种继电器的动作电流为线圈额定电流的30%～65%，释放电流为线圈额定电流的10%～20%。因此，当通过欠电流继电器线圈的电流降低到额定电流的10%～20%时，继电器即释放复位，其常开触点断开、常闭触点闭合，给出控制信号，使控制电路做出相应的反应。

电流继电器在电路图中的图形符号如图1–30（b）所示。

2.电压继电器

反映输入量为电压的继电器叫电压继电器。使用时，电压继电器的线圈并联在被测量的电路中，根据线圈两端电压的大小而接通或断开电路。电压继电器的线圈匝数多、导线细、阻抗大，其外形如图1–31（a）所示。

电压继电器主要根据所接电路的电压变化，处于吸合或释放，用于实现电压保护。一般分为过电压、欠电压和零电压继电器。

过电压继电器是当电压大于其整定值时动作的电压继电器，主要对电路或设备实现过电压保护，其动作电压可在105%～120%额定电压范围内调整。由于直流电路一般不会出现过电压，所以产品中没有直流过电压继电器。

欠电压继电器是当电压降至某一规定范围时动作的电压继电器；零电压继电器是欠电压继电器的一种特殊形式，是当继电器线圈的电压降至接近0或消失时才动作的电压继电器。可见，欠电压继电器和零电压继电器在线路正常工作时，铁心与衔铁是吸合的，当电压降至低于整定值时，衔铁释放，带动触点动作，对电路实现欠电压或零电压保护。常用欠电压继电器的释放电压可在30%～50%额定电压范围内调节，零电压继电器的释放电压可在5%～25%额定电压范围内调节。

电压继电器的选择，主要依据继电器的线圈额定电压、触点的数目和种类进行。

电压继电器在电路图中的符号如图1–31（b）所示。

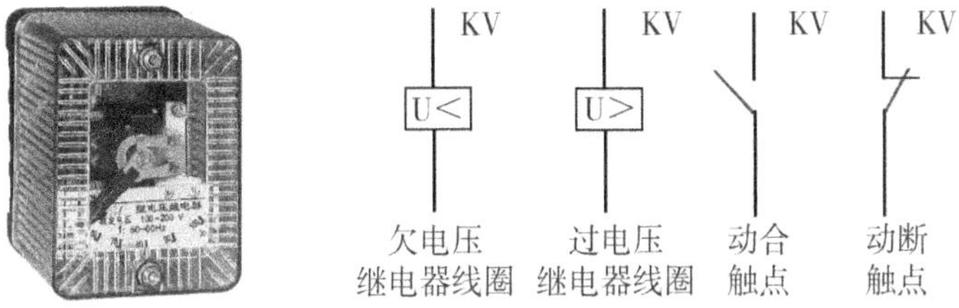

（a）CJ10系列外形　　（b）电压继电器的符号

图1–31　电压继电器

3.中间继电器

中间继电器实质上是一种电压继电器，是用来增加控制电路中的信号数量或将信号放大的继电器，如图1–32（a）、（b）所示。它具有触点数量较多、容量较大等特点，还能起到增加触点数量以及信号放大、传递的作用。

中间继电器的结构及工作原理与接触器基本相同，但中间继电器的触点对数多，且没有主辅之分，各对触点允许通过的电流大小相同，额定电流一般为5A。因此，对于工作电流小于5A的电气控制线路，可用中间继电器代替接触器实施控制。

中间继电器在电路图中的图形符号如图1-32（c）所示。

（a）中间继电器外形

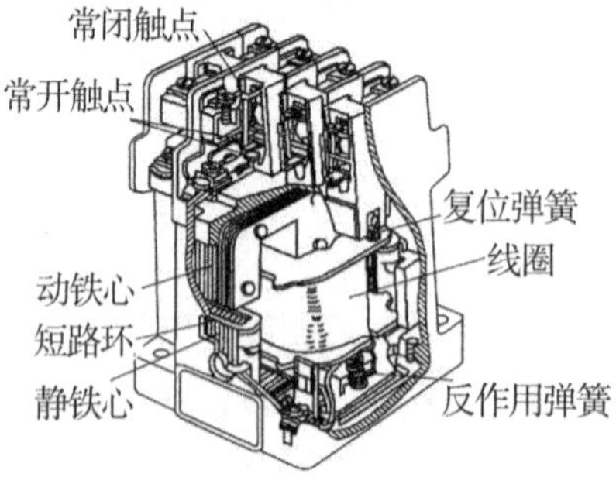

（b）中间继电器的结构

（c）中间继电器的图形符号

图1–32　中间继电器

4.电磁式继电器的选用

（1）使用类别的选用

继电器的典型用途是控制接触器的线圈，即控制交、直流电磁铁。按规定，继电器使用类别有AC–11控制交流电磁铁负载和DC–11控制直流电磁铁负载两种。

（2）额定工作电流与额定工作电压的选用

在对应使用类别下，继电器的最高工作电压为继电器的额定绝缘电压，继电器的最高工作电流应小于继电器的额定发热电流。选用继电器电压线圈的电压种类与额定电压值时，应与系统电压种类与电压值一致。

（3）工作制的选用

继电器工作制应与其使用场合工作制一致，且实际操作频率应低于继电器额定操作频率。

（4）继电器返回系数的调节

应根据控制要求来调节电压和电流继电器的返回系数。一般采用增加衔铁吸合后的气隙、减小衔铁打开后的气隙或适当放松弹簧等措施来达到增大返回系数的目的。

1.4.2　时间继电器

时间继电器是一种利用电磁原理或机械的动作原理实现触点延时接通和断开的自动控制电器，广泛用于需要按时间顺序进行控制的电气控制线路中。

时间继电器的分类方式有多种，按延时方式分为通电延时型和断电延时型两种。通电延时型时间继电器是指线圈通电时触点延时动作，线圈断电时触点瞬时复位；断电延时型时间继电器是指线圈通电时触点瞬时动作，线圈

时间继电器

断电时触点延时复位。

按工作原理不同，时间继电器又分为直流电磁式、空气阻尼式、晶体管式和数字式等，分别采用电磁阻尼原理、空气阻尼原理、电容的充放电原理及用晶振分频和可编程减法计数延时原理。其中，空气阻尼式时间继电器延时范围较大、结构简单、价格低，但延时误差大，适用于延时精度要求不高的场合。晶体管式和数字式时间继电器延时范围广、精度高、体积小、耐冲击振动、调节方便，适用于延时精度要求高的场合。目前在电力拖动线路中应用较多的是空气阻尼式时间继电器。下面主要介绍空气阻尼式时间继电器和电子时间继电器。

1. 空气阻尼式时间继电器

空气阻尼式时间继电器又称气囊式时间继电器，是利用气囊中的空气通过小孔节流的原理来获得延时动作的。根据触点延时的特点，可分为通电延时动作型和断电延时型两种。

（1）结构

JS7–A系列空气阻尼式时间继电器的外形和结构如图1–33所示，它主要由以下几部分组成。

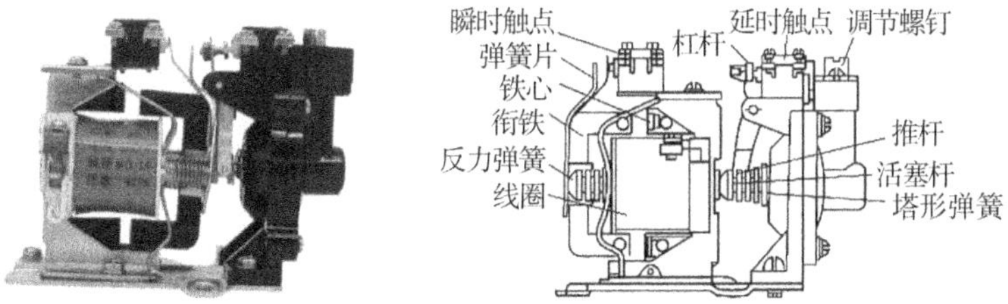

（a）外形　　（b）结构

图1–33　JS7–A系列空气阻尼式时间继电器的外形与结构

①电磁机构：由线圈、铁心和衔铁组成。

②触点系统：包括两对瞬时触点（一对常开触点、一对常闭触点）和两对延时触点（一对常开触点、一对常闭触点），瞬时触点和延时触点分别是两个微动开关的触点。

③延时机构：主要部分是空气室（为一空腔），由橡皮膜、活塞等组成。橡皮膜可随空气的增减而移动，顶部的调节螺钉可调节延时时间。

④传动机构：由推杆、活塞杆、杠杆及各种类型的弹簧等组成。

⑤基座：由金属板制成，用以固定电磁机构和空气室。

2.工作原理

（1）通电延时型时间继电器的工作原理

图1–34（a）为通电延时型时间继电器的结构，当线圈1通电后，铁心2产生吸力，衔铁3克服反力弹簧4的阻力与铁心吸合，带动推杆5立即随衔铁一起向上运动，压合微动开关16，使其常闭触点瞬时断开、常开触点瞬时闭合。同时活塞杆6在塔形弹簧8的作用下向上移动，带动与活塞12相连的橡皮膜10向上运动，运动的速度受进气孔14进气速度的限制。

由于此时橡皮膜下面形成空气较稀薄的空间，与橡皮膜上面的空气形成压力差，对活塞12的移动产生阻尼作用，活塞杆6带动杠杆7只能缓慢地移动。经过一段时间延时，活塞杆6才完成全部行程而压动延时微动开关15，使其常闭触点延时断开、常开触点延时闭合。当活塞杆6移动到与已吸合的衔铁接触时，活塞杆6停止移动。由于从线圈通电到触点动作需延时一段时间，因此这两对触点分别被称为延时闭合瞬时断开的常开触点和延时断开瞬时闭合的常闭触点。这种时间继电器延时时间的长短取决于进气的快慢，旋动调节螺钉13可调节进气孔14的大小，即可达到调节延时时间长短的目的。JS7-A系列时间继电器的延时范围有0.4 ～ 60s和0.4 ～ 180s两种。

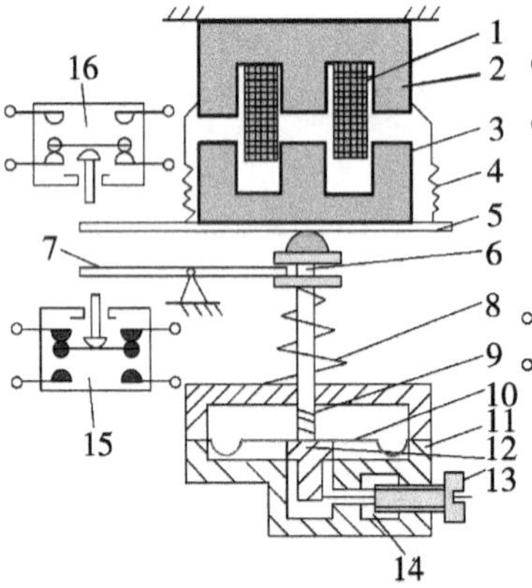

（a）通电延时型

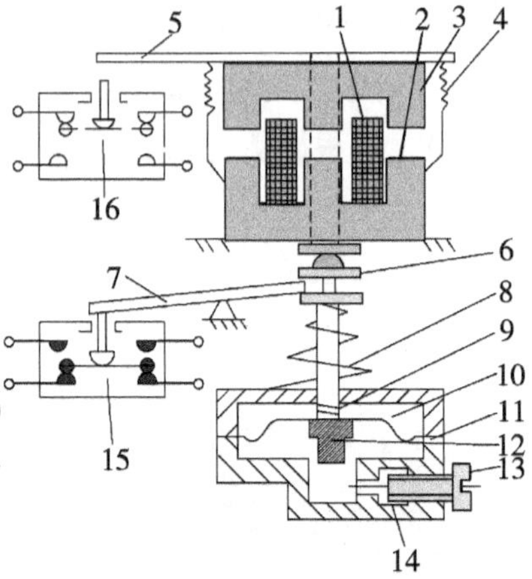

（b）断电延时型

1—线圈；2—铁心；3—衔铁；4—反力弹簧；5—推杆；6—活塞杆；7—杠杆；8—塔形弹簧；9—弱弹簧；10—橡皮膜；11—空气室壁；12—活塞；13—调节螺钉；14—进气孔；15、16—微动开关。

图1-34　JS7-A系列空气阻尼式时间继电器的结构

当线圈1断电后，电磁吸力消失，衔铁3在反力弹簧4的作用下释放，活塞杆6将活塞推向下端迅速复位，橡皮膜10下方的空气迅速排出，微动开关15和16在瞬间复位。因此断电时不延时。

（2）断电延时型时间继电器的工作原理

JS7-A系列断电延时型和通电延时型时间继电器的组成元件是通用的。如果将通电延时型时间继电器的电磁机构翻转180°安装即成为断电延时型时间继电器，如图1-34（b）所示。断电延时型时间继电器的工作过程，可以参照上述过程自行分析。

空气阻尼式时间继电器的优点是：延时范围较大（0.4 ～ 180s），且不受电压和频率波动的影响；可以做成通电和断电两种延时形式；结构简单、使用寿命长、价格低。其缺点是：延时误差大，难以精确地整定延时值，且延时值易受周围环境温度、尘埃等的影响。因此，对延时精度要求较高的场合不宜采用空气阻尼式时间继电器。

3.晶体管式时间继电器

晶体管式时间继电器也称为半导体时间继电器，具有机械结构简单、延时范围广、精度高、消耗功率小、调整方便及使用寿命长等优点，其应用越来越广泛。晶体管式时间继电器按结构可分为阻容式和数字式两类；按延时方式可分为通电延时型、断电延时型及带瞬动触点的通电延时型。

常用的JS20系列晶体管式时间继电器适用于交流50Hz、电压380V及以下或直流110V及以下的控制电路，作为时间控制元件，按预定的时间延时，周期性地接通或分断电路。JS20系列晶体管式时间继电器的外形和接线情况如图1-35所示。

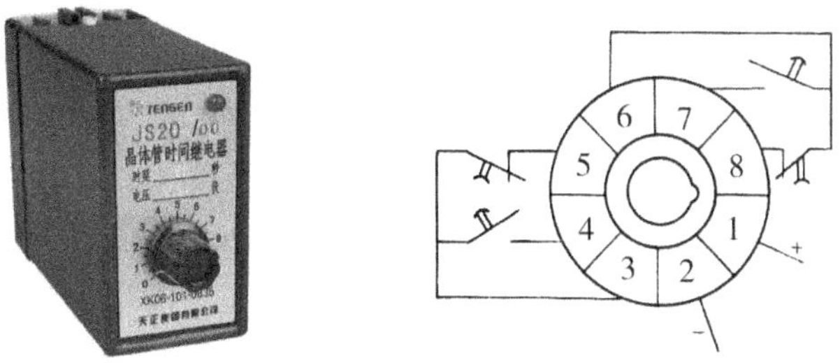

（a）外形　　　　　　（b）接线

图1-35　JS20系列晶体管式时间继电器的外形与接线

JS20系列晶体管式时间继电器的内部线路如图1-36所示。它由电源、电容充放电电路、电压鉴别电路、输出和指示电路五部分组成。电源接通后经整流滤波和稳压后的直流电经过RP1和R2向电容C2充电。当场效应管V6的栅源电压U_{gs}低于夹断电压U_{P}时，V6截止，因而V7、V8也处于截止状态。随着充电的不断进行，电容C2的电位按指数规律上升，当满足U_{gs}高于U_{P}时，V6导通，V7、V8也导通，中间继电器KA吸合，输出延时信号。同时电容C2通过R8和KA的常开触点放电，为下次动作做好准备。当切断电源时，继电器KA释放，电路恢复原始状态，等待下次动作。调节RP1和RP2即可调整延时时间。

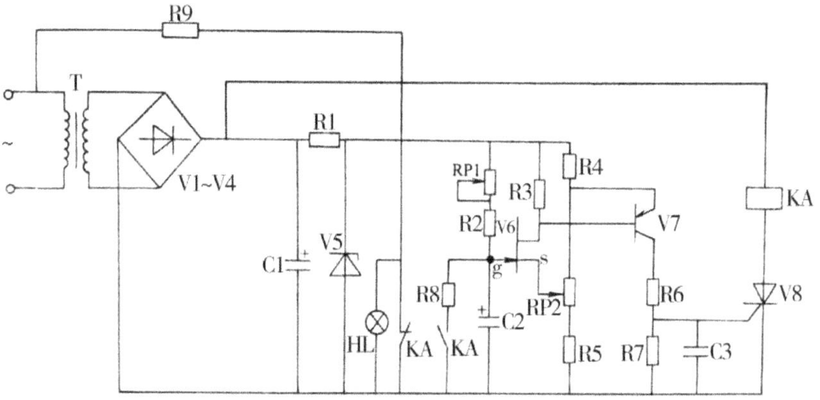

图1-36　JS20系列晶体管式时间继电器的内部线路

时间继电器在电路图中的图形符号如图1-37所示。

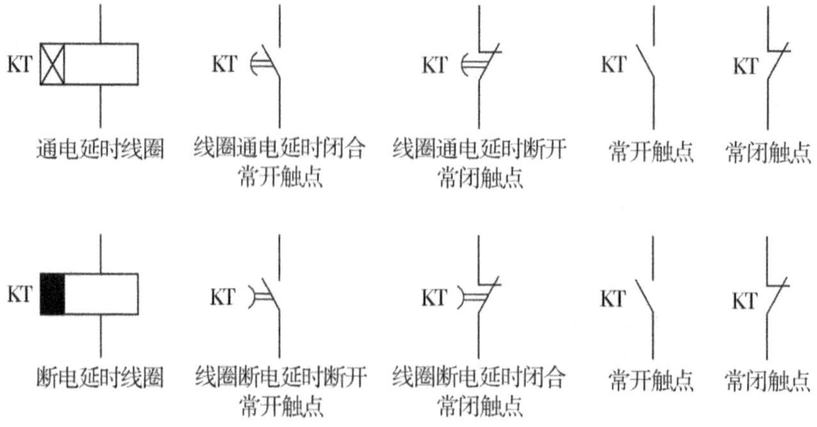

图1-37　时间继电器的图形符号

（3）时间继电器的选用

①类型的选择，应根据控制系统所提出的工艺要求和控制要求选用。对于延时准确度要求低、延时时间短的，可以选择空气阻尼式时间继电器；对于延时准确度高、延时时间长的，应选择晶体管式或数字式时间继电器。

②触点的数量和延时方式的选择，应依据电路控制要求，是否需要瞬时触点，需要通电延时还是断电延时等，参照时间继电器的主要参数，选择相应规格代号。

③额定电压的选择，应大于等于控制电路的额定电压。

④额定电流的选择，应大于等于控制电路的额定电流。

此外，还应考虑控制电路的可靠性、经济性、工艺安装尺寸等要求进行综合选用。

1.4.3　热继电器

热继电器

热继电器是一种通过加热元件加热后使双金属片弯曲，推动执行机构动作的保护电器，用于电动机或其他负载的长期过载保护、三相电流不平衡运行以及三相电动机的断相保护等。由于热继电器的发热元件具有热惯性，不能作为瞬时过载和短路保护。

热继电器的形式有多种，其中以双金属片式热继电器应用最多。热继电器按极数不同，可分为单极、两极和三极三种，其中三极热继电器又包括带断相保护装置的和不带断相保护装置的两种；按复位方式不同，可分为自动复位式和手动复位式。

1.不带断相保护装置的热继电器

（1）结构

热继电器的外形和结构如图1-38所示。它主要由加热元件、双金属片、触点、动作机构、电流整定装置、复位按钮和温度补偿元件等部分组成。

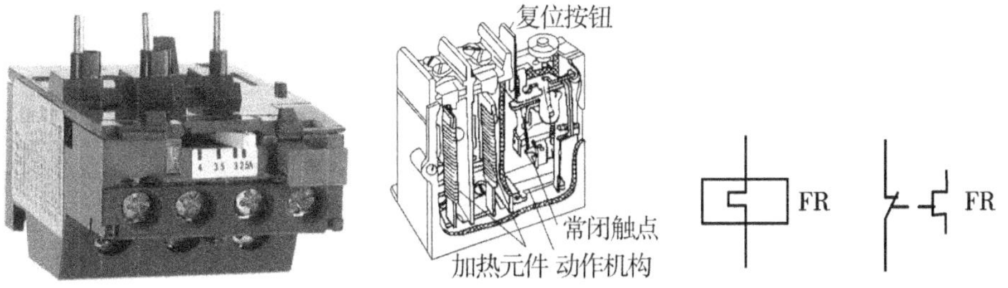

（a）外形　　（b）结构　　（c）图形符号

图1-38　热继电器结构

①加热元件。加热元件是热继电器的主要组成部分，由主双金属片和绕在外面的电阻丝组成。加热方式可采取直接加热、复合加热和间接加热等，将电阻丝直接与电动机定子绕组连接，直接感受电动机定子绕组的电流变化，可以是两相或三相结构。主双金属片是由两种热膨胀系数不同的金属片复合而成的，金属片的材料多为铁镍铬合金或铁镍合金。电阻丝一般用康铜或镍铬合金等材料制成。

②动作机构和触点系统。动作机构利用杠杆传递及弓簧式瞬跳机构来保证触点动作的迅速、可靠。触点为单断点弓簧跳跃式动作，一般为一对常开触点、一对常闭触点，常闭触点常串入控制回路，常开触点可接入信号回路。

③电流整定装置。通过旋钮和电流调节凸轮调节推杆间隙，改变推杆移动距离，可调节整定电流值。

④温度补偿元件。温度补偿元件也为双金属片，其受热弯曲的方向与主双金属片一致，能保证热继电器的动作特性在-20 ～ 40℃的环境温度范围内基本上不受周围介质温度的影响。

⑤复位机构。复位机构有手动和自动复位两种形式，可根据使用要求通过复位调节螺钉来自由调整选择。一般自动复位的时间不大于5min，手动复位时间不大于2min。

（2）工作原理

将热继电器的组成元件简化后，得到如图1-39所示的工作原理示意图。热继电器的三相加热元件分别串接在电动机的三相主电路中，常闭触点串接在控制电路的接触器线圈回路中。正常工作状态时，热继电器的主双金属片未发生弯曲变形，常闭触点闭合，常开触点断开。当电动机发生过载时，过载电流通过加热元件2发热，主双金属片1受热膨胀后向左弯曲，推动导板3向左运动，通过温度补偿双金属片4推动推杆6绕轴转动，从而推动触点系统动作，使常闭触点断开、常开触点闭合。由于常闭触点串接在接触器线圈回路中，断开后使接触器的线圈断电，主触点释放，使电动机断开电源，从而得到保护。

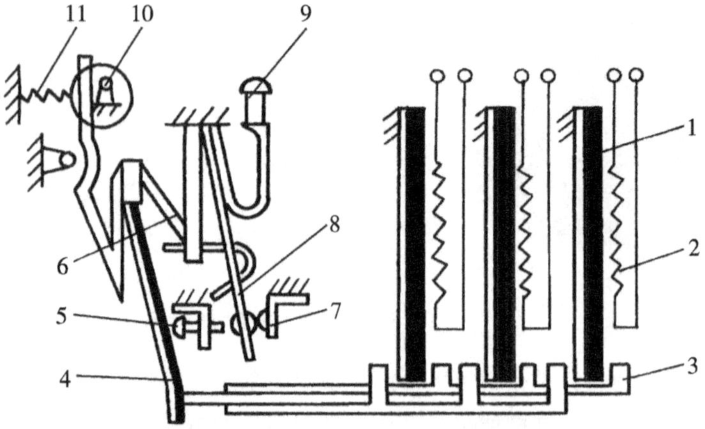

1—主双金属片；2—加热元件；3—导板；4—温度补偿双金属片；5—螺钉；6—推杆；
7—静触点；8—动触点；9—复位按钮；10—调节凸轮；11—弹簧。

图1-39 双金属片式热继电器结构原理

电源切除后，主双金属片1逐渐冷却恢复原位，于是动触点在失去作用力的情况下，靠弹簧11的弹性自动复位，也可以采用复位按钮9实现手动复位。整定电流调整装置采用调节凸轮10来调节整定电流的大小，使其与被保护电动机的额定电流相同。

这种热继电器也可采用手动复位，以防止故障排除前设备带故障再次投入运行。将复位调节螺钉向外调节到一定位置，使动触点弹簧的转动超过一定角度失去反弹性，此时即使主双金属片冷却复原，动触点也不能自动复位，必须采用手动复位。按下复位按钮，动触点弓簧恢复到具有弹性的角度，推动动触点与静触点恢复闭合。

当环境温度变化时，主双金属片会发生零点漂移，即加热元件未通过电流时主双金属片即产生变形，使热继电器的动作性能受环境温度影响，导致热继电器的动作产生误差。为补偿这种影响，设置了温度补偿双金属片，其材料与主双金属片相同。当环境温度变化时，温度补偿双金属片与主双金属片产生同一方向上的附加变形，从而使热继电器的动作特性在一定温度范围内基本不受环境温度的影响。

热继电器整定电流的大小可通过旋转电流整定旋钮来调节，旋钮上刻有整定电流值标尺。

2.带断相保护装置的热继电器

三相异步电动机的电源或绕组断相是导致电动机过热烧毁的主要原因之一。

对于定子绕组采用“Y”形连接的电动机，如果运行中发生断相，通过另外两相的电流会增大，而流过热继电器的电流就是流过电动机绕组的电流，普通结构的热继电器都可以对此做出反应。而定子绕组接成“△”形的电动机若运行中发生断相，流过热继电器的电流与流过电动机非故障绕组的电流的增加比例不相同，在这种情况下，电动机非故障相流过的电流可能超过其额定电流，而流过热继电器的电流却未超过热继电器的整定值，热继电器不动作，但电动机的绕组可能会因过载而烧毁。

对于定子绕组是三角形接法的电动机，正常情况下，线电流是相电流的$\sqrt{3}$倍，所以热继电器按电动机的线电流整定。当其中一相U相断电时，各绕组的电流情况如图1-40（a）

所示，线电流i等于相电流i_{P1}的$\sqrt{3}$倍。如果此时电动机仅为额定负载的58%，流过串联两绕组的电流i_{P1}和i_{P2}相等，仅为额定相电流的58%，所以没有断线的两相绕组，线电流正好等于额定线电流，此时热继电器不动作。但是流过跨接于全压下的一相绕组的相电流i_{P3}等于2倍的i_{P1}，为1.16倍的额定相电流，则该绕组内的电流已经超过额定值，有烧毁的危险。所以三角形接法的电动机必须采用如图1-40（b）所示的带断相保护装置的热继电器作为过载保护。因此，对定子绕组采用△形接法的电动机实行断相保护，必须采用三相带断相保护装置的热继电器。

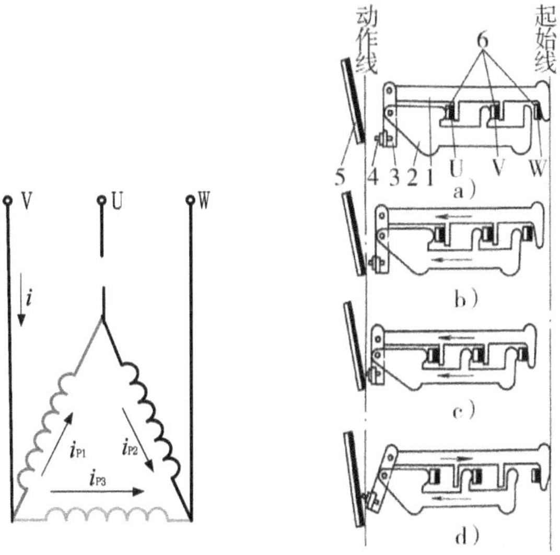

（a）三角形接法U相断开　　（b）差动式断相保护机构

1—上导板；2—下导板；3—杠杆；4—顶头；5—温度补偿双金属片；6—主双金属片。

图1-40　热继电器结构

3.热继电器的主要技术参数

热继电器的主要技术参数有：额定电压、额定电流、相数、加热元件、整定电流等。热继电器的额定电流是指可装入的加热元件的最大额定电流值。每种额定电流的热继电器可以装入几种不同整定电流的加热元件。热继电器的整定电流是指加热元件能够长期通过而不致引起热继电器动作的电流值。

4.热继电器的选用

常用的热继电器有JR20、JRS1、JR36和JR16等系列，其中JRS1和JS20系列具有断相保护、温度补偿、整定电流可调等功能，还能手动脱扣及手动断开常闭触点。在选用热继电器时可以参照如下要求：

① 必须了解被保护对象的工作环境、起动情况、负载性质、工作制以及电动机允许的过载能力。

② 选择时必须遵循的原则是：使热继电器的安-秒特性在电动机的过载特性之下，并尽可能地接近，甚至重合，同时使电动机在短时过载和起动瞬间时不受影响。

③ 一般情况下，常按电动机的额定电流进行选取，使热继电器的整定值为0.95 ～ 1.05倍电动机的额定工作电流。使用时，热继电器的旋钮应调到该额定值，否则将不能起到保护作用。

常见的选用情况如下：

① 对于三角形接法电动机，应选用带断相保护装置的热继电器。

② 对于频繁正/反转、起/制动的电动机，不宜采用热继电器来保护。

③ 一般情况下，可以选用两相结构的热继电器；对于电网均衡性差的电动机，宜选用三相结构的热继电器。

④ 在不频繁起动的场合，要保证热继电器在电动机起动过程中，不产生误动作。

⑤ 当电动机工作于重复短时工作制时，要注意确定热继电器的允许操作频率。

⑥ 对于工作时间短、间歇时间长的电动机，以及虽然长期工作，但过载可能性小的电动机，可以不装设过载保护。

1.4.4 速度继电器

速度继电器

速度继电器是反映转速和转向的继电器，其主要作用是以旋转速度的快慢为指令信号，与接触器配合实现对电动机的反接制动控制，故又称为反接制动继电器。速度继电器的转轴与被控电动机轴直接连接，当电动机制动后转速下降到一定值时，速度继电器将切断电动机的控制电路，实现制动。机床电气控制线路中常用的速度继电器为JY1型，其外形和结构如图1–41所示。

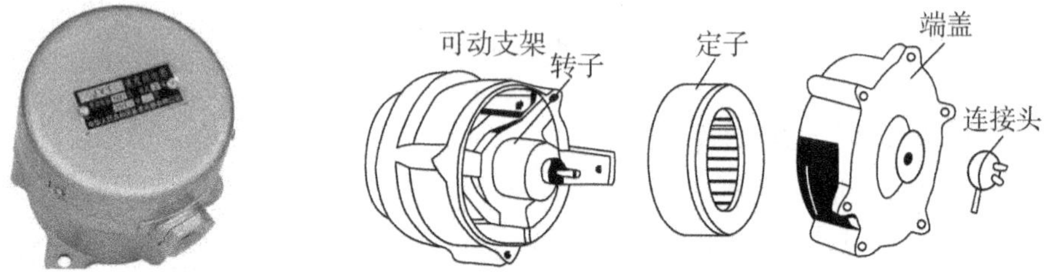

（a）JY1型速度继电器的外形　　（b）JY1型速度继电器的结构

图1–41　JY1型速度继电器的结构

JY1型速度继电器的结构原理如图1–42（a）所示。速度继电器是根据电磁感应原理制成的，主要由定子、转子、可动支架、触点系统及端盖等部分组成。转子是一个圆柱形永久磁铁，固定在转轴上；定子是一个笼型空心圆环，由硅钢片叠成，并装有笼型绕组，能做小范围偏转；胶木摆杆随定子偏转，用于触点的断开和闭合；触点系统由两组转换触点组成，一组在转子正转时动作，另一组在转子反转时动作。

（a）结构原理　　（b）触点系统结构　　（c）图形符号

1—转轴；2—转子；3—定子；4—绕组；5—胶木摆杆；6、9—动触点；7、8—静触点。

图1-42　速度继电器

速度继电器的工作原理：当电动机旋转时，带动与电动机同轴连接的速度继电器的转子旋转，相当于在空间中产生一个旋转磁场。在转子旋转磁场的作用下，速度继电器的定子笼型短路绕组中产生感应电流，感应电流与永久磁铁的旋转磁场相互作用，产生电磁转矩。在电磁转矩的作用下，定子随转子沿着同一方向偏转，与定子相连的胶木摆杆也随之偏转，偏转的角度与电动机的转速成正比。当定子偏转到一定角度时，胶木摆杆推动簧片，使速度继电器的触点动作，常闭触点断开，常开触点闭合。当电动机的转速下降到低于某一数值时，定子的电磁转矩减小，胶木摆杆恢复原状态，触点在簧片作用下复位。

一般速度继电器的触点系统结构，如图1-42（b）所示，胶木摆杆两侧各有一对常开和常闭触点，分别用于控制电动机正转和反转的反接制动控制。速度继电器在电路中的图形符号如图1-42（c）所示。速度继电器的动作转速一般为120r/min，复位转速约在100r/min以下。JY1型速度继电器的一般动作速度为150r/min，触点的复位速度为100r/min。在连续工作制中，能可靠工作在转速3000r/min以下。在反复短时工作制中，允许操作频率为每小时不超过30次。

速度继电器主要根据电动机额定转速大小、触点数量、电压和电流来选择。

固态继电器

1.5　主令电器

主令电器是一种在电气自动控制电路中用于发布操作指令或信号以接通或断开控制电路的电器，一般用于控制接触器、继电器或其他电气线路。主令电器应用广泛，种类繁多，常用的主令电器主要有按钮、行程开关、凸轮控制器 、主令控制器等几种类型。

1.5.1 按钮

按钮

按钮是一种在控制电路中以短时接通或断开小电流电路的电器。一般用于远距离手动控制接触器、继电器及其他电气控制线路，或者实现按钮之间的电气联锁电路中。由于按钮触点允许通过的电流较小，只能用于短时接通或分断交流电压为500V或直流电压440V、电流为5A及以下的电路中，所以按钮只能用于控制电路，不可以用于主电路。

1.按钮的结构和种类

按钮的结构组成如图1–43所示，一般由按钮帽、复位弹簧、桥式触点和外壳等组成。桥式触点有动、静触点，分别组成常开和常闭触点。操作时，将按钮帽往下按，桥式动触点5向下运动，常闭触点1、2先断开常开触点3、4后闭合，一旦操作人员的手指离开按钮帽，在复位弹簧6的作用下，桥式动触点5向上运动，恢复初始位置。在复位的过程中，常开触点先断开常闭触点后闭合。

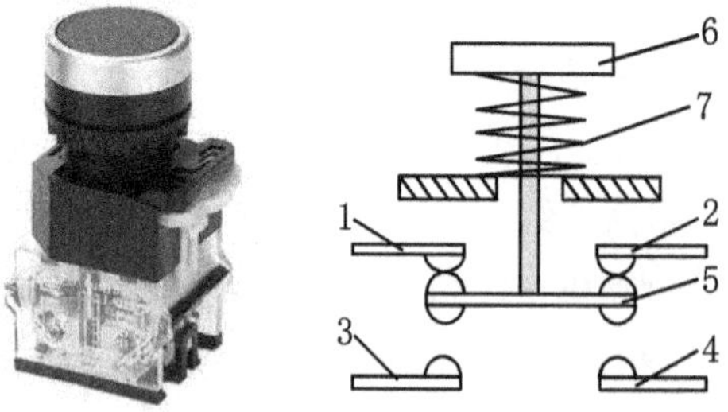

1、2—常闭触点；3、4—常开触点；5—桥式动触点；6—复位弹簧；7—按钮帽。

图1–43　按钮开关的结构与符号

按钮的种类繁多，有多种结构，其中按用途分，可以分为起动按钮、停止按钮和复合按钮。按结构形式分，按钮可分为按钮式、紧急式（也称为蘑菇头式）、自锁式、钥匙式、旋钮式、保护式等，如紧急式按钮装有红色突出在外的蘑菇形按钮帽，以便紧急操作；旋钮式要求用手旋转进行操作；指示灯式是在透明的按钮内装入信号灯，以作信号指示，信号灯的电压一般为6V、功率小于1W；钥匙式为使用安全起见，须用钥匙插入方可旋转操作。

此外为了便于操作人员识别，避免发生误操作，生产中用不同的颜色和符号标志来区分按钮的功能及作用。按钮按颜色分为红、绿、黑、白、黄、蓝等，有的还带指示灯。一般情况下，不同颜色的按钮代表不同的用途，其中绿色表示起动按钮，红色表示停止或紧急停止按钮，黄色表示应急或干预，其他颜色供不同场合使用，如点动、复位等。

按钮的图形符号如图1–44所示。

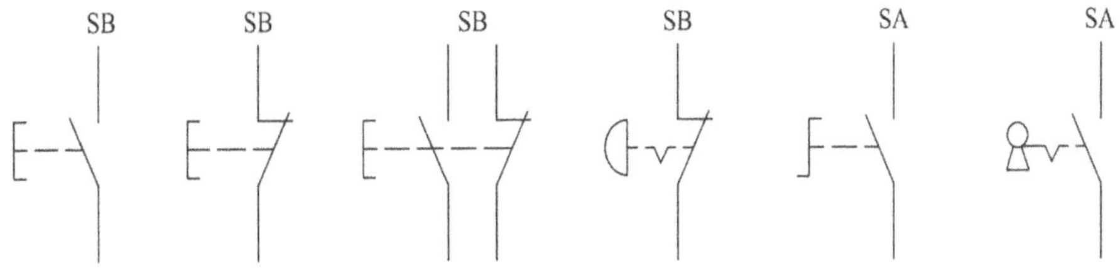

（a）常开 （b）常闭 （c）复合式 （d）紧急式 （e）旋钮式 （f）钥匙式

图1-44 按钮的图形符号

2.按钮的选用

（1）按钮类型的选择

按钮的主要技术参数有规格、结构形式、触点对数和颜色等。按钮的类型必须根据使用场合选择。首先，根据使用要求对按钮帽的形状和颜色进行选择，如果是用于紧急停止，应采用蘑菇头式按钮；如果要进行起动，应选择绿色平钮；如果需要停止，则应选用红色平钮等。其次应该根据控制回路的要求对按钮的数量和常开、常闭触点的数量进行选择。触点的数量可以是1常开、1常闭到6常开、6常闭的形式。

（2）额定电压和额定电流的选择

按钮的选择除了类型选择外，还应根据控制电路的额定电压和额定电流进行选择，要求按钮的额定电压（或电流）应等于或大于控制电路的工作电压（或电流）。通常采用的按钮规格：额定电压为交流500V，允许持续通过的电流为5A。

常用的按钮有LA18、LA19、LA20、LA25等系列。LA系列按钮的主要技术数据如表1-3所示。

表 1-3 LA 系列按钮的主要技术数据

型号	规格	结构形式	触点对数		按钮	
			常开	常闭	按钮个数	颜色
LA18-22	500V，5A	按钮式	2	2	1	红、绿、黑、白
LA18-22J		紧急式	2	2	1	红
LA18-44Y		钥匙式	4	4	1	黑
LA18-22X		旋钮式	2	2	1	黑
LA19-11J		紧急式	1	1	1	红
LA19-11D		带指示灯按钮式	1	1	1	红、绿、黄、蓝、白
LA19-11DJ		紧急式带指示灯	1	1	1	红
LA20-11		按钮式	1	1	1	红、绿、黄、蓝、白
LA20-22DJ		紧急式带指示灯	2	2	1	红
LA20-2K		开启式	2	2	2	白红或绿红
LA20-3K		开启式	3	3	3	白、绿、红
LA20-2H		保护式	2	2	2	白红或绿红
LA20-3H		保护式	3	3	3	白、绿、红

1.5.2 行程开关

行程开关主要包括位置开关、微动开关、接近开关等。

行程开关

1.行程开关

行程开关又称限位开关或位置开关，是将机械位移信号转变为电信号，控制机械运动的电器。按结构形式不同，行程开关可分为直动式、滚轮式、微动式等，主要用于机床、自动生产线和其他机械运动部件的位置或行程的检测和控制。

（1）结构及工作原理

行程开关的外形结构如图1–45所示，常见的有直动式和滚轮式。各系列行程开关的基本结构大体相同，都由触点系统、操作机构和外壳组成。行程开关的工作原理与按钮类似，但行程开关的触点动作是利用机械运动部件压到或者碰撞到行程开关的传动部件时，行程开关的内部触点动作，接通或者分断控制电路以实现电路的控制要求。

（a）JLXK1–311直动式　（b）JLXK1–111单滚轮式　（c）JLXK1–211双滚轮式

图1–45　JLXK1系列行程开关

①直动式行程开关。直动式行程开关结构简单，价格便宜，触点的分合速度取决于生产机械挡铁的移动速度。其结构如图1–46所示，由推杆、动/静触点、弹簧和外壳等部件组成。当运动部件的挡铁撞击行程开关的推杆时，推杆向下移动，弹簧被压缩，原先的常闭触点断开、常开触点闭合，因此直动式行程开关是靠运动部件的挡铁撞击行程开关的推杆发出控制命令的。当挡铁离开行程开关的推杆时，直动式行程开关可以通过弹簧马上自动复位。直动式行程开关的缺点是：其触点的通断速度取决于生产机械的运动速度。当运动速度低于0.4m/min时，触点通断太慢，电弧存在的时间过长，触点烧蚀严重，从而减少触点的使用寿命，也影响动作的可靠性及行程控制的位置精度。

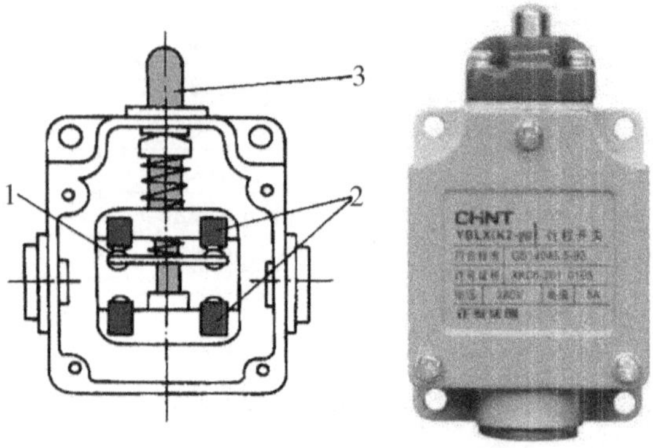

1—动触点；2—静触点；3—推杆。

图1–46　直动式行程开关

②滚轮式行程开关。为克服直动式行程开关的缺点，可以采用具有快速换接动作机构的滚轮式行程开关，其内部结构如图1–47所示。其工作过程为：当滚轮1受到向左的外力作用时，上转臂2向左下方转动，推杆4向右转动，并压缩右边的弹簧10，同时下面的小滚轮5也很快沿着擒纵件6向右转动，小滚轮5滚动又压缩弹簧9，当小滚轮5走过擒纵件6的中间点时，盘形弹簧3和弹簧9都使擒纵件6迅速转动，使动触点11迅速地与右边的静触点断开，与左边的静触点闭合。由于采用瞬时动作滚轮结构，减少了电弧对触点的损坏，保证了动作的可靠性和精确性，适用于低速运动的机械设备。

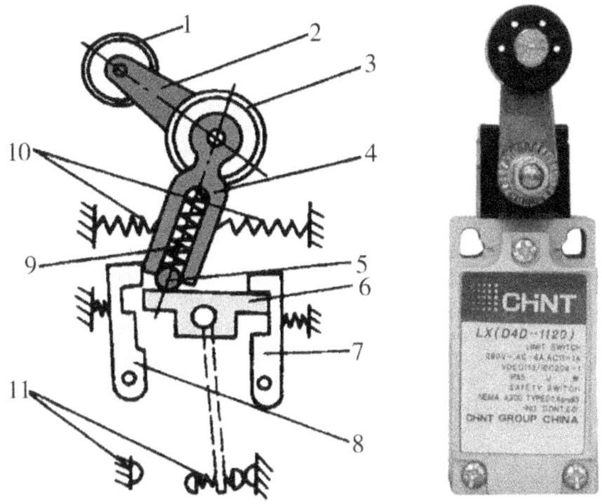

1—滚轮；2—上转臂；3—盘形弹簧；4—推杆；5—小滚轮；6—擒纵件；7—右边压板；
8—左边压板；9—弹簧；10—左、右弹簧；11—动、静触点。

图1–47 滚轮式行程开关

滚轮式行程开关动作后，复位方式有自动复位和非自动复位两种，单滚轮式行程开关可以依靠本身的恢复弹簧自动复位，但是如图1–45（c）所示的双滚轮式的行程开关不能自动复位。当挡铁推动双滚轮式行程开关的其中一个轮时，摆杆转动一定的角度，触点瞬时切换使开关动作；当挡铁离开滚轮后摆杆不会自动复位，触点也不复位。只有当运动部件返回，挡铁从相反方向碰动另一只滚轮后，摆杆回到原位置，才能使触点复位。这种行程开关具有“记忆”曾经被压动过的特性，在某些情况下可以使控制电路简化。

行程开关的图形符号如图1–48所示，对于复合触点则采用虚线连接常开常闭触点，说明它们之间有机械联动关系。

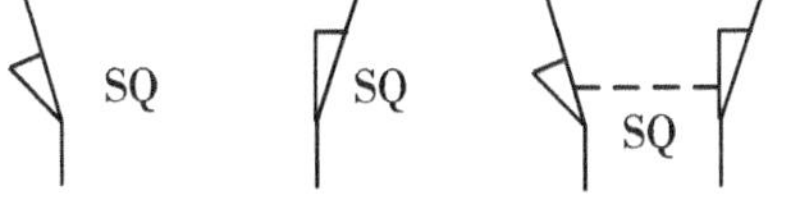

常开触点　常闭触点　复合触点

图1–48 行程开关的图形符号

（2）行程开关的选用

行程开关的类型应该根据使用场合进行选择，如生产机械的位置对行程开关的要求，是快速还是慢速，空间是否允许，控制对象对行程开关触点数量的要求等。此外需要根据控制电路的额定电压和额定电流要求进行选择，要求行程开关的额定电压/电流应等于或大于控制电路的工作电压/电流。

（3）行程开关的型号

常用的行程开关有LX19和JLXL1等系列，其型号及含义如下：

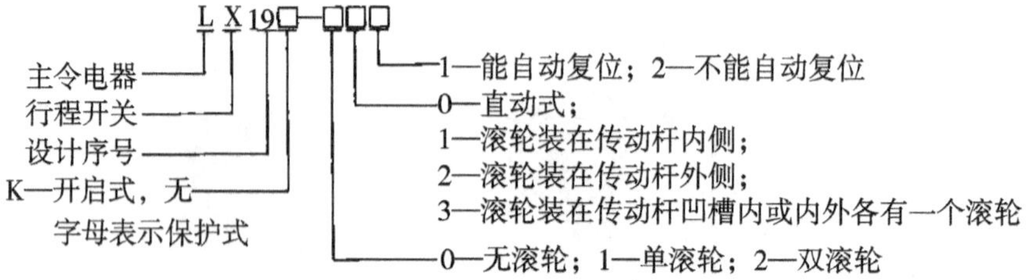

2.微动开关

微动开关是行程非常小的瞬时动作开关，其特点是操作力小、尺寸小且非常灵敏，一般用于机械、电子仪器和家用电器中作为限位保护和联锁等。

微动开关的结构如图1-49所示，由弓簧片、常开/常闭触点和推杆等组成，其工作原理是当推杆6被压下时，弓簧片2变形存储能量，当推杆6被压下一定距离时，弓簧片2瞬时动作，使其动触点5快速切换，常闭触点断开，常开触点闭合。当外力消失后，推杆6在弓簧片2的作用下迅速复位，触点复位。

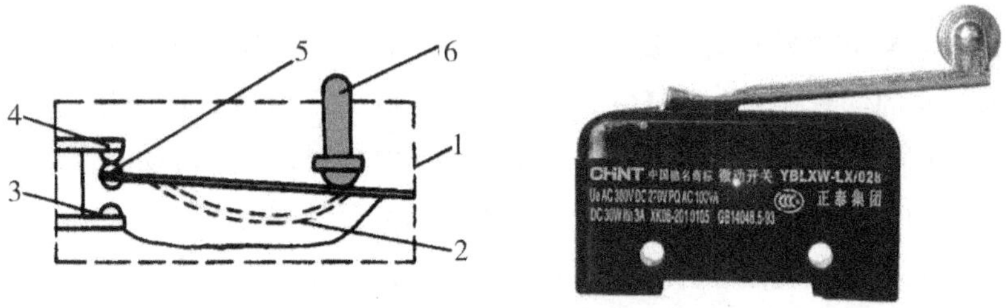

1—壳体；2—弓簧片；3—常开触点；4—常闭触点；5—动触点；6—推杆。

图1-49 微动开关

目前使用的微动开关有LXW1-11系列、LXW5-11系列、JW系列和LX31系列等。

3.接近开关

接近开关是一种无触点的行程开关，是一种非接触型检测开关，当物体与之接近到一定距离时，就发出动作信号。与行程开关相比，它克服了有触点位置开关可靠性差、使用寿命短和操作频率低的缺点，具有定位精度高、工作可靠、使用寿命长、功耗低、操作频率高以及能适应恶劣工作环境等优点。在电气控制线路中，接近开关可作为检测装置进行行程控制和限位保护，也可以用于高速计数、测速、金属检测、液面控制、零件尺寸检测、加工程序的自动衔接和用作无触点按钮等场合。

（1）接近开关的工作原理

接近开关根据工作原理的不同，可分为电感式、光电式、电容式、霍尔式、超声波型等多种类型，其外形如图1-50所示。

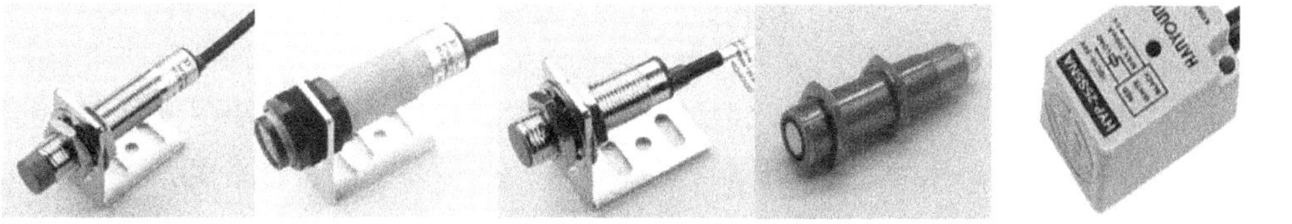

图1-50　接近开关的外形

接近开关是通过其感辨头与被测物体间介质能量的变化来取得信号的。其中高频振荡型接近开关的电路结构可以基本归纳为由感应头、振荡器、检测电路、稳压电源等组成，如图1-51所示。

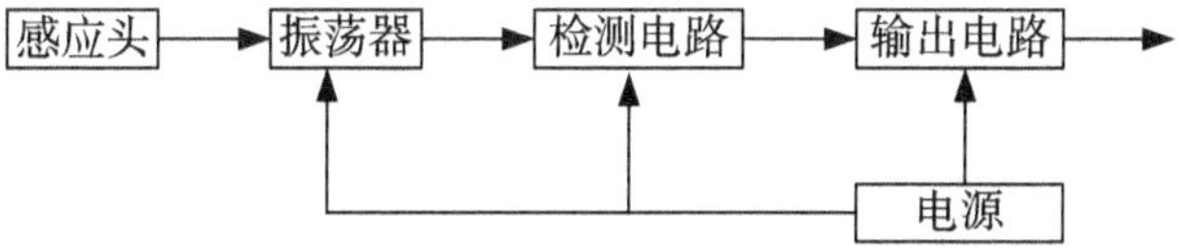

图1-51　接近开关原理

高频振荡型接近开关的工作原理为：当有金属物体靠近一个以一定频率稳定振荡的高频振荡器的感应头时，由于感应作用，该物体内部会产生涡流及磁滞损耗，以致振荡回路因电阻增大、能耗增加而使振荡减弱，直至停止振荡。检测电路根据振荡器的工作状态控制输出电路的工作，输出信号去控制继电器或其他电器，以达到控制的目的。

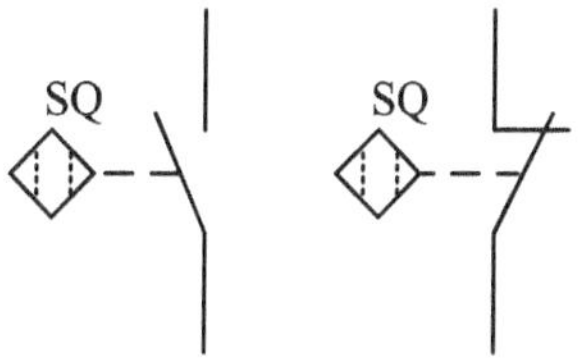

图1-52　接近开关的图形符号

接近开关的图形符号如图1-52所示。

（2）接近开关的选择

实际使用时，要根据具体的控制要求选择合适的接近开关。对于不同材质的检测体和不同的检测距离，应选用不同类型的接近开关，以使其在系统中具有高的性能价格比。为此，在选型中应遵循以下原则。

①当检测体为金属材料时，应选用高频振荡型接近开关。该类型接近开关对铁镍、A3钢类检测体，检测最灵敏；对铝、黄铜和不锈钢类检测体，其检测灵敏度就低。

②当检测体为非金属材料时，如木材、纸张、塑料、玻璃和水等，应选用电容型接近开关。

③金属体和非金属要进行远距离检测和控制时，应选用光电型接近开关或超声波型接近开关。

④当检测体为金属时，若检测灵敏度要求不高，可选用价格低廉的磁性接近开关或霍尔式接近开关。

1.5.3 万能转换开关和主令控制器

1.万能转换开关

万能转换开关是由多组相同结构的触点组件叠装而成的多挡位、控制多回路的主令电器，主要用作控制线路的转换及电气测量仪表的转换，也可用于控制小容量异步电动机的起动、制动、换向及调速等。由于万能转换开关触点挡数多、换接线路多、能控制多个回路，适应复杂线路的要求，故称为万能转换开关。

（1）结构与工作原理

万能转换开关主要由触点系统、操作机构、转轴、手柄、定位机构等部件组成。其外形及工作原理如图1–53所示。

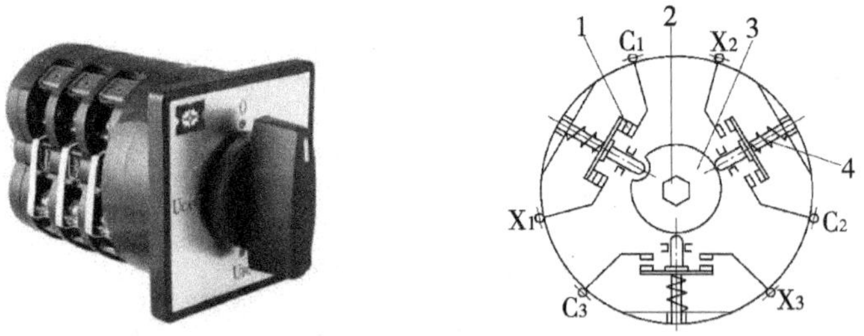

（a）外形　　（b）结构

1—触点；2—转轴；3—凸轮；4—触点弹簧。

图1–53　万能转换开关

万能转换开关的每层触点底座上均可装三对触点，由触点座中的凸轮经转轴控制三对触点的通断。操作时，手柄带动转轴和凸轮一起旋转，则凸轮即可推动触点接通或断开，如图1–53（b）所示。由于凸轮的形状不同，当手柄处于不同的操作位置时，触点的分合情况也不同，从而达到换接电路的目的。

（2）图形符号

万能转换开关在电路图中的图形符号如图1–54（a）所示。图中虚线表示操作挡位，有几个挡位就画几根虚线。实线与成对的端子表示触点，使用多少对触点就可以画多少对。在虚实线交叉的地方只要标黑点“•”，就表示实线对应的触点在虚线对应的挡位是接通的，不标黑点就意味着该触点在该挡位被分断。触点的通断也可用如图1–54（b）所示的触点分合表来表示。表中“×”表示触点闭合，空白表示触点分断。

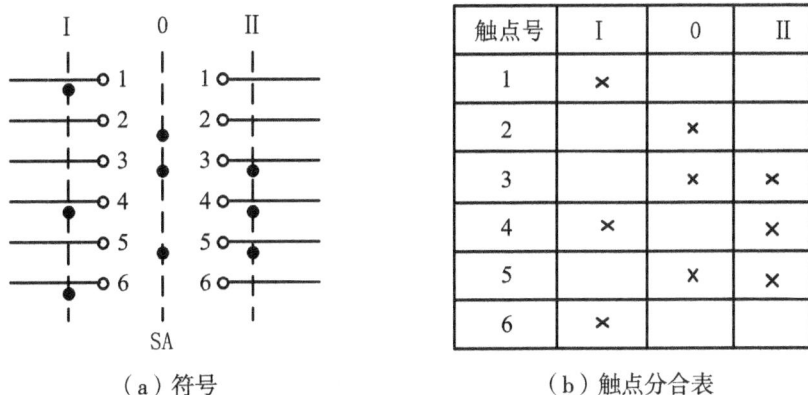

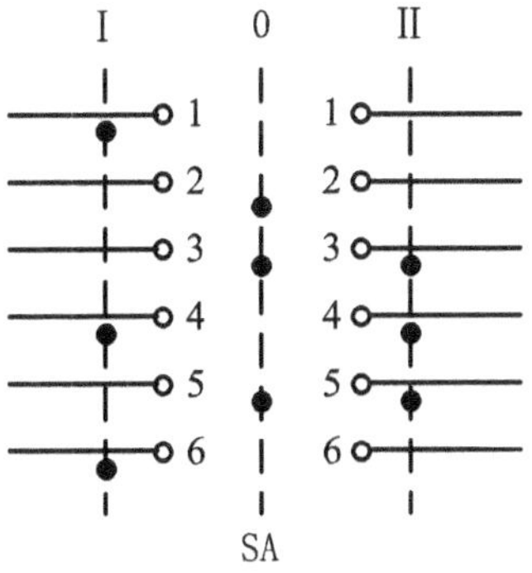

（a）符号

触点号	I	0	II
1	×		
2		×	
3		×	×
4	×		×
5		×	×
6	×		

（b）触点分合表

图1–54　万能转换开关的图形符号

（3）型号

LW5系列万能转换开关的型号及含义如下：

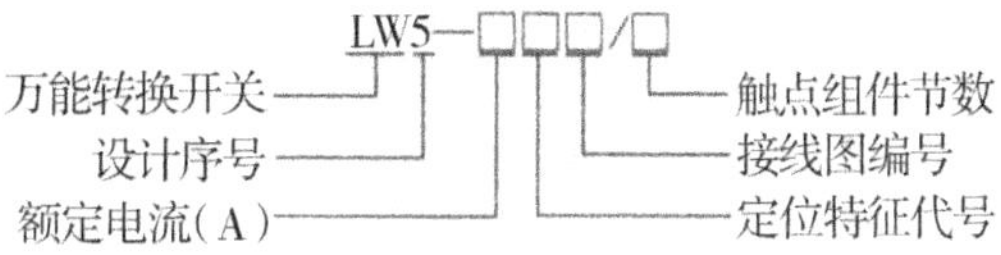

2.主令控制器

主令控制器是一种用于频繁切换复杂多路控制电路的主令电器。主令控制器也由触点系统、操作机构、转轴、齿轮减速机构、凸轮和外壳等部分组成。其动作原理和万能转换开关相同，都是靠凸轮控制触点的分合，不同形状的凸轮组合可以使触点按一定的顺序动作。

主令控制器按凸轮的结构形式分为凸轮调整式和非凸轮调整式两种。凸轮调整式主令控制器的凸轮由凸轮片和凸轮盘组成，均开有孔和槽，凸轮片装在凸轮盘上的位置可以调整，触点的分合顺序也可以调整。图1–55是某一层主令控制器的结构示意图。主令控制器主要由凸轮块、接线端子、静触点、动触点、支杆、转轴、小轮等部分组成。在图1–55（b）中，当转动手柄时，转轴与凸轮块一起转动，小轮始终被弹簧压在凸轮块上，当小轮碰上凸轮块凸起的部分时，静触点和动触点之间被凸轮块顶开，触点断开，分断控制电路；反之，当小轮碰上凸轮块凹下的部分时，静触点和动触点之间被弹簧压合，触点闭合，接通控制电路。

（a）外形　　　　　　　　　　　　（b）结构

1、7—凸轮块；2—接线端子；3—静触点；4—动触点；5—支杆；6—转轴；8—小轮。

图1-55　主令控制器

目前，常用的主令控制器有LK1、LK14、LK17、LK18系列等。主令控制器的图形符号与万能转换开关相同。

主令控制器的选用原则：

①按使用环境选择其防护型式，室内选用防护式，室外选用防水式。

②按操作位置数、控制电路数、触点闭合顺序、额定电压、额定电流来选择。

③控制电路数的选择：全系列主令控制器的控制电路数有2、5、6、8、16、24等规格，一般选择时要留有裕量，作为备用。

④在起重机控制电路中，根据磁力控制盘型号选择。

习题与思考

一、选择题

1.由于电弧的存在，将导致（　　）。

A.电路分断时间加长　　　　B.电路分断时间缩短

C.电路分断时间不变　　　　D.分断能力提高

2.交流接触器静铁心上设置短路环，目的是（　　）。

A.减少涡流　　　　B.减少磁带损耗

C.消除振动与噪声　　　　D.减少铁心发热

3.按下按钮使交流接触器KM线圈通电时，按钮中的触点动作顺序是（　　）。

A.常闭触点先断开　　　　B.常开触点先闭合

C.两者同时动作　　　　D.两者都不动作

4. 半导体器件的短路保护采用（　　）熔断器实现。

A.螺旋式　　　　B.填料密封式　　　　C.快速型　　　　D.自复式

5.电磁式交流接触器和交流继电器的结构区别是（　　）。

A.交流接触器有短路环，而交流继电器没有　　B.电磁机构不同

C.没有区别　　D.灭弧装置不同

6.中间继电器的电气文字符号是（　　）。

A.KM　　B.KA　　C.SQ　　D.KT

7. 热继电器是一种利用（　　）进行工作的保护电器。

A.电流的热效应原理　　B.监测导体发热的原理

C.监测线圈温度　　D.测量红外线

8.通电延时型时间继电器，动作情况是（　　）。

A.线圈通电时触点延时动作，断电时触点瞬时动作

B.线圈通电时触点瞬时动作，断电时触点延时动作

C.线圈通电时触点不动作，断电时触点瞬时动作

D.线圈通电时触点不动作，断电时触点延时动作

9.实际使用时，停止按钮的颜色一般是（　　）。

A.红色　　B.绿色　　C.黄色　　D.黑色

10.低压断路器中有多种脱扣器，其中（　　）可以实现远程操作功能。

A.自由脱扣器　　B.过电流脱扣器

C.热脱扣器　　D.分励脱扣器

二、判断题

1.交流接触器具有欠电压保护作用。（　　）

2.三相笼型异步电动机的电气控制线路，如果使用热继电器作过载保护，就不必再装设熔断器作短路保护。（　　）

3.对于三角形接法的电动机，应选择带断相保护的热继电器。（　　）

4.中间继电器有主触点和辅助触点，触点不够可以并联使用。（　　）

5.电弧实际上是触点间气体在强电场作用下产生的放电现象。（　　）

6.通常讲的熔断器的额定电流就是熔体的额定电流。（　　）

7.低压断路器在合闸之后，手柄的方向为朝上。（　　）

8.固态继电器是一种无触点的继电器。（　　）

9.欠电流继电器一般情况下衔铁处于释放状态，当电流超过规定值衔铁吸合。（　　）

10.当检测体为非金属材料时，如木材、纸张、塑料，应选用电容型接近开关。（　　）

三、思考题

1.开关设备通断时，触点间的电弧是如何产生的?

2.既然在电动机的主电路中装有熔断器，为什么还要装热继电器？装有热继电器是否就可以不装熔断器？为什么?

3.常用的灭弧装置有哪些？各有什么特点？

4.常用的主令电器有哪些？

5.线圈电压为220V的交流接触器，误接入380V交流电源会发生什么问题？为什么？

6.断电延时型时间继电器与通电延时型时间继电器有何区别？

7.画出下列低压电器元件的图形符号，并标出其文字符号。

（1）熔断器；（2）热继电器的常闭触点；

（3）复合按钮；（4）时间继电器的通电延时闭合常开触点；

（5）时间继电器的通电延时断开常闭触点；

（6）时间继电器的断电延时断开常开触点。

8.低压断路器中有哪几种脱扣机构？分别有什么功能？

9.交流接触器工作时为什么会有噪声和振动？为什么在铁心端面上装短路环后可以减少噪声和振动？

10.如果电动机的起动电流很大，起动时热继电器应不应该动作？为什么？

第2章

电气控制电路基本环节

知识点	●电气原理图及其绘制原则。 ●三相异步电动机的全压起动控制。 ●三相异步电动机的正反转控制。 ●三相异步电动机的降压起动控制。 ●三相异步电动机的制动控制。 ●三相异步电动机的顺序控制。
重点难点	◆重点：三相异步电动机的全压起动；正反转控制；降压起动控制；制动控制；顺序控制。 ◆难点：三相异步电动机正反转控制、降压起动控制和制动控制电路的分析方法。
学习要求	★熟练掌握三相异步电动机正反转控制、降压起动控制和制动控制电路的主电路与控制电路并进行分析。 ★理解电气原理图的绘制原则；三相异步电动机全压起动转控制（点动、多地控制、连续运行）电路；电气控制中的保护环节。 ★了解电气安装图、布置图的概念和绘制原则。
问题引导	☆电气控制系统图有哪些？绘制原则是什么？ ☆三相异步电动机的基本控制环节有哪些？ ☆如何设置电路保护环节？

由于现代电气控制系统中出现了许多新型电器元件和控制装置，使电气控制系统发生了很大的变化。虽然不同生产机械或自动控制装置的控制要求各不相同，但是，它们都是由一些基本控制环节和单元按照一定的控制原则和逻辑规律组合而成的。电气控制电路可以采用继电器–接触器控制或计算机控制实现，但由继电器、接触器和按钮等组成的电气控制线路具有线路简单、容易掌握、维修方便、价格低廉、运行可靠等优点，目前在各种生产机械的电气控制领域中仍是最基本的、应用十分广泛的方法，而且是其他控制方法的基础。

继电器–接触器电气控制技术是对电力拖动系统的起动、调速、制动等运行性能进行控制的一项控制技术，是通过将按钮、接触器、继电器、行程开关等有触点的低压电器按一定的要求组成的控制线路来实现的。由于机械装置或自动控制装置的生产工艺和生产过程不同，对机械或电气设备的自动控制线路的要求也不同。但是，无论是简单的，还是复杂的电气控制线路，都是按一定的控制原则和逻辑规律，由基本的控制环节组合而成的。因此，掌握各种基本控制环节以及一些典型线路的工作原理、分析方法和设计方法，对后续复杂电气控制线路的分析和设计具有重要意义。

2.1 电气控制系统图

电气控制系统是由电气控制元器件（如继电器、接触器、按钮等）和电气设备（如电动机）按一定的控制要求用电气连接线连接而成的。为了清晰地表达生产机械电气控制系统的结构、原理等原始设计意图，便于电气控制系统的安装、调试、使用和维护，将电气控制系统中各电器元件用一定的图形符号和文字符号来表示，再将其连接情况用一定的图形表达出来，这种图称为电气控制系统图。

为了正确合理地表达电气控制系统图，电器元件的图形符号和文字符号必须符合最新的国家标准。本书所用图形符号符合《电气简图用图形符号》（GB/T 4728—2018）的规定，文字符号符合《技术产品及技术产品文件结构原则》（GB/T 20939—2007）中的规定；电气制图参照《电气技术用文件的编制　第1部分：规则》（GB/T 6988.1—2008）进行绘制。常用低压电器的电气图形及文字符号见表2-1。

表 2-1　常用低压电器的电气图形及文字符号

类别	名称	图形符号	文字符号	类别	名称	图形符号	文字符号
	单级开关		SA		起动按钮		SB
	手动控制开关		SA		停止按钮	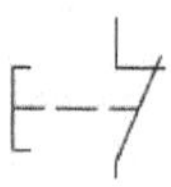	SB
	三级控制开关	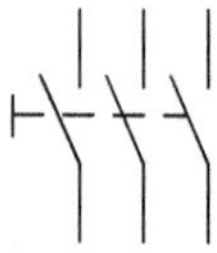	QS		复合按钮	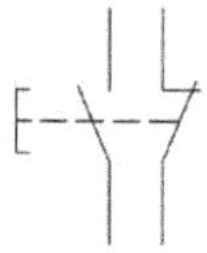	SB
开关电器	三相隔离开关	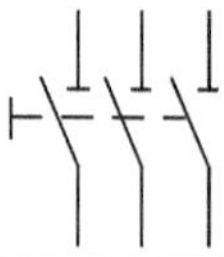	QS	控制按钮	急停按钮		SB
	三相负荷开关	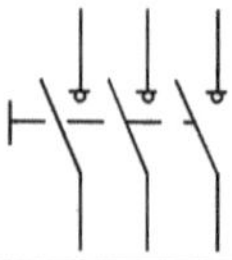	QS		钥匙型按钮		SA
	组合开关	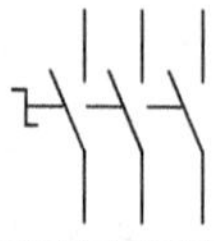	QS		旋钮		SA
	低压断路器	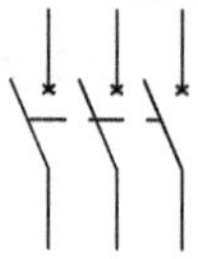	QF	接触器	主常开（动合）触点		KM

续表

类别	名称	图形符号	文字符号	类别	名称	图形符号	文字符号
开关电器	封闭式负荷开关	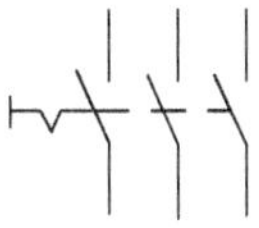	QS	接触器	辅助常开（动合）触点		KM
	主令控制器	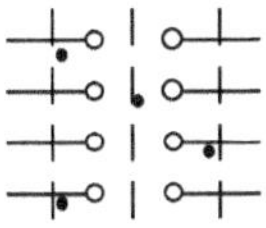	SA		辅助常闭（动断）触点		KM
位置开关	常开（动合）触点		SQ		接触器线圈	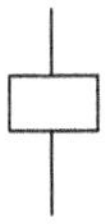	KM
	常闭（动断）触点		SQ	熔断器	熔断器		FU
	复合触点	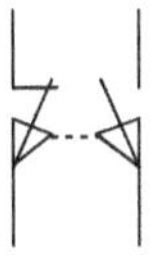	SQ	速度继电器	常闭（动合）触点		KS
	接近开关		SQ		常闭（动断）触点	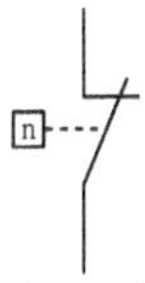	KS
时间继电器	通电延时线圈	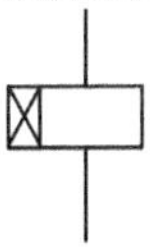	KT	热继电器	热元件	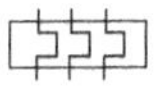	FR
	断电延时线圈	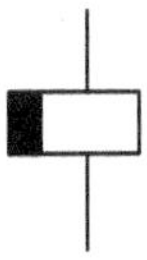	KT		常开（动合）触点		FR
	常开（动合）延时闭合	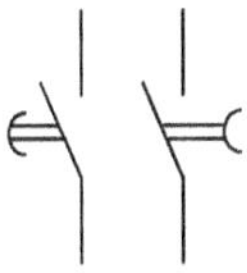	KT		常闭（动断）触点		FR
	常闭（动断）延时闭合	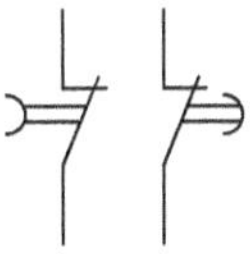	KT	中间继电器	中间继电器线圈	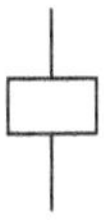	KA
	常开（动合）延时断开	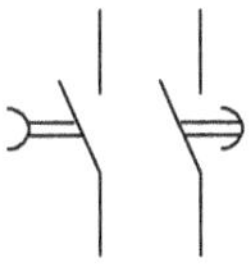	KT	电压继电器	过电压继电器线圈	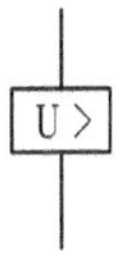	KV

续表

类别	名称	图形符号	文字符号
时间继电器	常闭（动断）延时断开	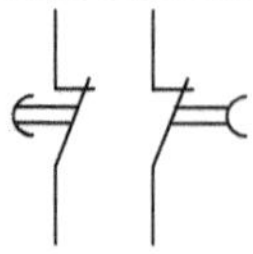	KT
	瞬时闭合的常开（动合）触点		KT
	瞬时断开的常闭（动断）触点		KT
灯	照明灯		EL
	信号灯		HL
交流电动机	三相笼型异步电动机		M
	三相绕线式异步电动机		M
	三相串励电动机	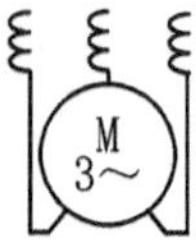	M
直流电动机	直流并励电动机	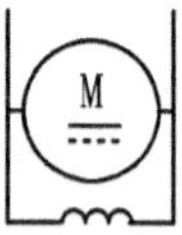	M
	直流串励电动机		M
	他励直流电动机	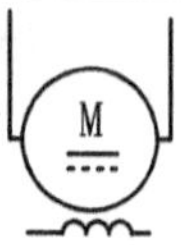	M
	步进电机		M

类别	名称	图形符号	文字符号
电压继电器	欠电压继电器线圈	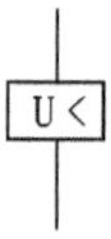	KV
电流继电器	过电流继电器线圈	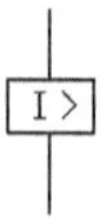	KI
	欠电流继电器线圈	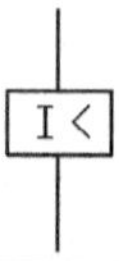	KI
电磁操作器	电磁铁	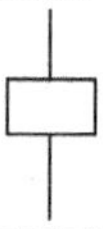	YA
	电磁吸盘	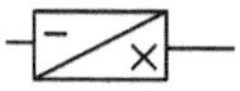	YH
	电磁离合器	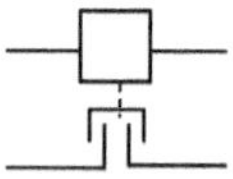	YC
	电磁制动器	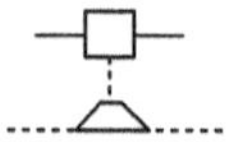	YC
	电磁阀	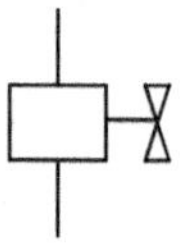	YV
信号装置	电铃、电喇叭、单击电铃、电动汽笛		HA
	蜂鸣器	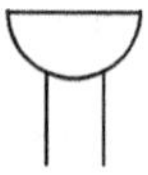	HA
	报警器		HA
电源	直流电	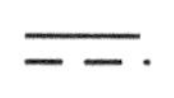	DC

续表

类别	名称	图形符号	文字符号	类别	名称	图形符号	文字符号
发电机	发电机	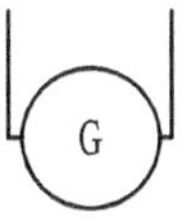	G	电源	交流电	～	AC
	直流测速发电机		TG		交直流电	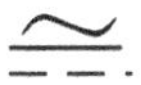	

电气控制系统图一般按作用可分为三大类：电气原理图、电器元件布置图和电气安装接线图。其中，电器元件布置图和电气安装接线图也可以统称安装图。

电气原理图

2.1.1 电气原理图

电气原理图是用来表示各电器元件中导电部件的连接关系和电气设备的工作原理的图形，要求采用国家标准规定的图形符号，依据各电器元件动作顺序等原则绘制，是电气控制线路中最重要的一种表示方法，具有结构简单、层次分明等优点。电气原理图表达所用电器元件的导电部件和接线端之间的关系，不考虑电器元件的实际安装位置和实际连线情况，也不反映电器元件的大小。CW6132型普通车床的电气原理图如图2-1所示。

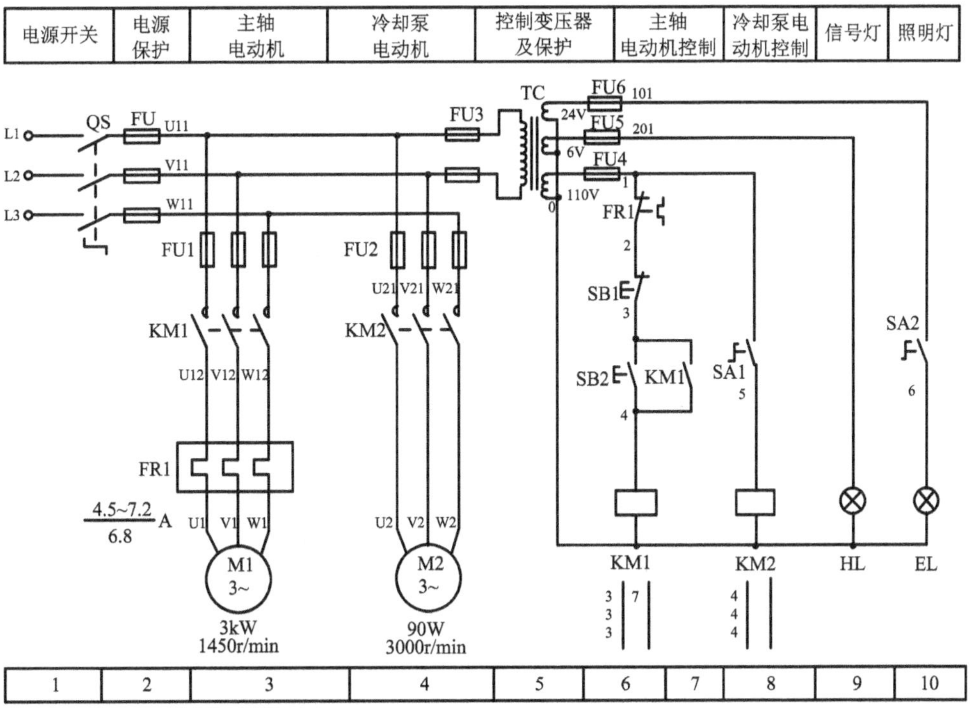

图2-1 CW6132型普通车床的电气原理图

电气原理图一般分为主电路、控制电路和辅助电路三部分。主电路是电气设备的驱动电路，是指电源到电动机绕组大电流通过的电路，由电动机以及与它相连的电器元件（如低压断路器、接触器的主触点、热继电器的加热元件和熔断器等）组成的线路，如图2-1中电动机M1和M2的控制。控制电路是流过小电流的电路，一般不超过5A，主要由接触器和继电器线圈、接触器辅助触点、继电器的触点和按钮等组成的电路。辅助电路包含照明电路、信号电路和保护电路等，如图2-1中变压器右侧的电路。

1.电气原理图的绘制原则

电气原理图采用图形符号详细表示电路组成和工作原理，是分析和设计电气控制系统图中必不可少的图纸，是绘制安装接线图的主要依据。因此，在进行电气原理图的绘制、分析、设计时有许多规定和注意事项，通常应遵循以下原则。

① 电气原理图中所有电器元件的图形符号和文字符号必须符合相关国家标准的规定。

② 电气原理图从整体上可分成主电路和辅助电路两部分。主电路用粗实线表示，画在图的左侧或上方；控制电路用细实线表示，画在图的右侧或下方。

③ 电气原理图中所有电器元件的触点状态均以未通电、未受外力的自然状态下画出。例如，对接触器和电磁式继电器来说，是在线圈没有通电状态下，动铁心未被吸合、触点未动作时的位置画出；对按钮、行程开关来说，是按不受外力作用时的状态画出等。

④ 无论是主电路还是控制电路，各电器元件在图上应按功能布置，原则上应按工作顺序排列，尽可能按动作先后顺序从左到右、从上到下依次排列，使连接线最短、程序清晰，为此电器元件的分布往往不能按实际位置表现。

⑤ 电气原理图中尽可能减少线条和避免线条交叉。对于有直接电联系的交叉导线，连接点要用黑圆点标出，无直接电联系的交叉导线在交叉处不能用黑圆点表示。

⑥ 电气原理图绘制时，各电器元件不画实际外形图，而是采用国家标准中规定的统一的图形符号和文字符号。电器元件采用展开画法，同一电器元件的各导电部件（如线圈和触点）按其在电路中的作用根据电路连接关系画出，可以不画在同一处，但它们的作用是相互关联的，必须用同一文字符号标注。

⑦ 对于电路中有多个同类型的电器，在同一电路中可以在文字符号后加注阿拉伯数字加以区分表示，如KM1、KM2等。

⑧ 电源线的画法。三相交流电源相序L1、L2、L3自上而下依次画出，中性线N和保护地线PE依次画在相线之下。直流电源的“+”端画在上面，“-”端画在下面，电源开关要水平画出。

一般情况下，要求主电路垂直于电源线绘制；控制电路垂直跨接在两条水平电源线之间，一般按照控制电路、照明电路和信号电路等依次垂直画在主电路的右侧。控制电路中的耗能元件（如接触器和继电器线圈、电磁铁线圈、照明灯、信号灯等）直接与下方水平电源线相接，控制触点接在上方电源水平线与耗能元件之间。为读图方便，一般应按照从左到右、自上而下的排列来表示操作顺序。

⑨ 电气原理图中的线路编号方法，即对电路中各个连接点用字母或数字编号。如在图

2–1中导线编有1、2、3等，这些编号要与电气安装接线图对应，便于电气安装、检修等。

· 主电路在电源开关的出线端按相序依次编号为U11、V11、W11。然后按从上到下、从左到右的顺序，每经过一个电器元件后编号要递增，如U12、V12、W12，U13、V13、W13等。单台三相交流电动机的三根引出线按相序依次编号为U、V、W；对于多台电动机引出线的编号，为了不引起误解和混淆，可在字母前用不同的数字加以区分，如1U、1V、1W，2U、2V、2W等。

· 控制电路编号按“等电位”原则，从上到下、从左到右用数字依次编号。编号时应遵循每通过一个电器元件后重新编号，编号要依次递增，但熔断器除外。控制电路编号的起始数字必须是1，其他控制电路编号的数字递增100，如图2–1所示照明电路的编号从101开始、指示电路的编号从201开始。

一般来说，电气原理图绘制要求层次分明，各电器元件以及触点安排要合理，既要做到所用元件、触点最少，耗能最少，又要保证电气控制线路可靠运行，节省连接导线，便于施工和维护。

2.电气原理图图面说明

（1）图面区域的划分

为了方便阅读和检索电气线路，通常将电气原理图的图面划分成若干区域，将一条支路划为一个图区并进行区域编号和功能说明，图区的编号采用阿拉伯数字，一般写在图形的下方，如图2–1所示，图纸下方的阿拉伯数字1、2、3等是图区编号。在图区对应的上方设有功能栏，用文字注明该栏对应电路或电器元件的功能，有利于理解电气原理图各部分电路的功能及全电路的工作原理。

（2）接触器和继电器触点的索引

对于已知接触器线圈位置查找触点位置的索引代号，可以在原理图中相应线圈的下方列出触点栏目，并在其下面注明相应触点的索引代号。在接触器线圈文字符号KM的下方画两条竖直线，分成左、中、右三栏，将受其控制而动作的触点所处的图区号按表2–2的规定表示，对没有使用的触点在相应的栏中用“×”标出或不标注任何符号。

表 2–2　接触器触点索引

栏　目	左　栏	中　栏	右　栏
触点类型	主触点所处的图区号	辅助常开触点所处的图区号	辅助常闭触点所处的图区号
举例：KM 3 | 8 | × 3 | × | × 3	表示3对主触点均在图区3	表示一对辅助常开触点在图区8，另一对未使用	表示2对辅助常闭触点均未使用

对于继电器，在电路图中，继电器线圈文字符号的下方画一条竖直线，分成左、右两栏，将受其控制而动作的触点所处的图号区按表2–3的规定表示，对没有使用的触点在相应的栏中用“×”标出或不标注任何符号。

表 2-3 继电器触点索引

栏 目	左 栏	中 栏
触点类型	常开触点所处的图区号	常闭触点所处的图区号
举例 KA1 4 | 9 4 | × 4 |	表示中间继电器KA的3对常开触点均在图区4	表示中间继电器KA的一对常闭触点在图区9，另一对未使用

（3）电气原理图中技术数据的标注

一般情况下，电气原理图中也要注明电器元件的数据和型号及导线的规格型号，但也可以在原理图的设备栏中集中说明，不在原理图内注明。电器元件的型号和数据一般用小号字体标注在电器元件文字符号的下方。如图2–1中的热继电器的数据标注，上行表示动作电流值的范围，下行表示整定值。

2.1.2 电器元件布置图

电气安装图和接线图

电器元件布置图是用来表明电气原理图中所有电器元件的实际位置，为电气控制设备的安装、维修提供必要的技术资料。一般电器元件布置图与安装接线图会组合在一起，既起到电气安装接线图的作用，又能清晰地表示出电器元件的具体位置和布置情况。

绘制电器元件布置图，应遵循以下原则：

①体积大和较重的电器元件应安装在电器安装板的下方，而发热元件应安装在电器安装板的上面。

②强电、弱电应分开，弱电应屏蔽，以防止外界干扰。

③需要经常维护、检修、调整的电器元件安装位置不宜过高或过低。

④电器元件的布置应考虑整齐美观、对称。外形尺寸与结构类似的电器安装在一起，以利于安装和配线。

⑤电器元件布置不宜过密，应留有一定间距。如用走线槽，应加大各排电器之间的间距，以利于布线和维修。

电器元件布置图根据电器元件的外形尺寸绘出，并标明各元器件间距尺寸。控制柜内电器元件与柜外电器元件应经接线端子板进行连接，在电器元件布置图中应画出接线端子板并按一定的顺序标出接线号。

2.1.3 电气安装接线图

电气安装接线图是按电气设备和电器元件在电气装置中的实际位置和实际接线来绘制的，主要用于电气设备和电器元件的安装配线和电气故障检修等。如图2–2所示为三相异步电动机起动、停止控制的电气安装接线图。

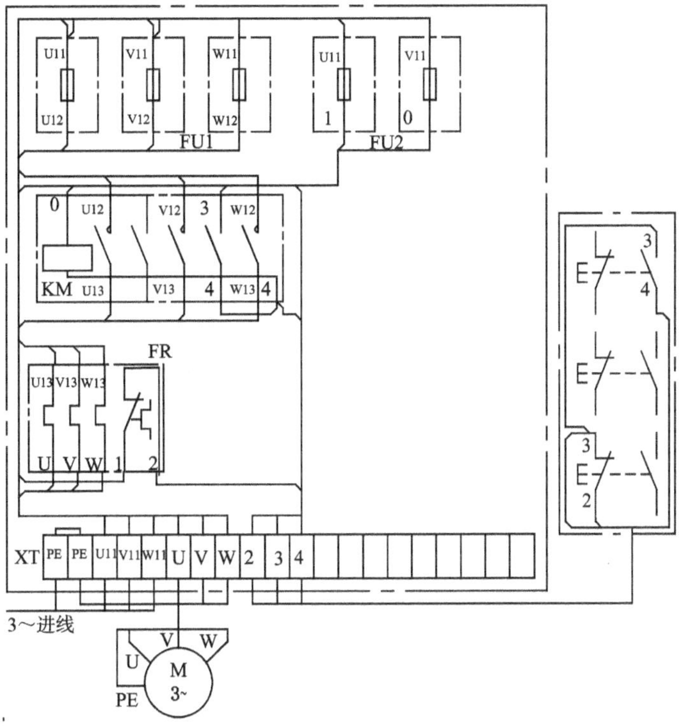

图2-2　三相异步电动机起动停止控制线路电气安装接线方式

绘制电气安装接线图时，应遵循以下原则：

①各电器元件均按实际安装位置绘出，元件所占图面按实际尺寸以统一比例绘制。

②同一电器元件的各带电部件要画在一起，并用点划线框起来，且要用统一规定的图形和文字符号表示。

③在控制柜内、外的电器元件之间的连接需通过接线端子板进行，各电器元件的图形符号和文字符号、数字符号以及端子板的编号应与电气原理图中的标号一致。

④接线图中的导线有单根导线、导线组和电缆之分，可用连续线或中断线来表示。走向相同的相邻导线可以合并绘成一股线，到达接线端子板或元器件连接点时，再分别画出。

电动机的全压起动控制

2.2 三相异步电动机的全压起动控制

三相异步电动机单向手动控制电路

2.2.1 三相异步电动机的连续运行控制电路

1.三相异步电动机单向全压起动连续运行控制

三相笼型异步电动机具有结构简单、坚固耐用和维修方便等特点，在工矿企业应用广泛，其起动方式分为全压起动和降压起动，采用全压起动时，电源电压全部直接加在定子绕组上，是一种简便、经济的起动方法。但全压起动时，电动机的起动电流将达到额定电流的4 ～ 7倍，会造成电网电压明显下降，特别是容量大的电动机的起动电流将对电网具有巨大的冲击，将直接影响同一电网中其他用电设备的正常运行，因此全压起动的方式一般用于小容量电动机的起动。另外也可根据电动机的起动频繁程度、供电变压器容量大小来确定允许全压起动的电动机的容量。对于起动频繁的场合，允许全压起动的电动机容量不大于变压器容量的20%；对于不经常起动的场合，全压起动的电动机容量不大于变压器容量的30%。通常容量小于10kW的笼型异步电动机可以采用全压起动方式。

三相异步电动机的单向连续运行控制电路如图2-3所示，由接触器、按钮、热继电器和熔断器等组成。主电路由电源开关QS、熔断器FU和FU1、接触器KM的主触点、热继电器FR的加热元件和电动机构成。控制回路由起动按钮SB2、停止按钮SB1、接触器KM的线圈及其辅助常开触点、热继电器FR的常闭触点和熔断器FU2组成。

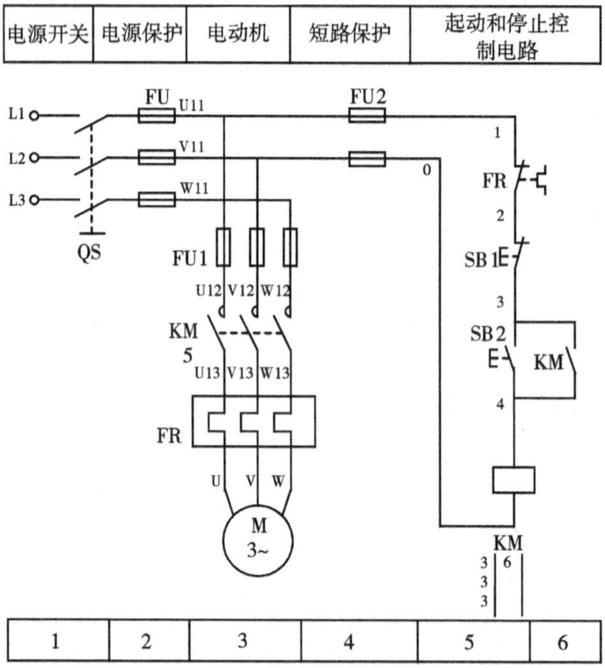

图2-3　三相异步电动机单向连续运行控制电路

2.电路工作原理

①合上电源开关QS。

②起动。按下起动按钮SB2（3-4），5区的接触器KM线圈得电，其在3区主电路中的主触点KM闭合，电动机在全压下直接起动并运行。同时与SB2并联的6区的接触器辅助常开触点KM（3-4）也闭合，使KM线圈经两条支路通电。当松开起动按钮SB2时，接触器KM线圈通过自身辅助常开触点保持通电，使电动机M连续运行。这种依靠接触器自身辅助常开触点保持接触器线圈通电的现象称为自锁。起自锁作用的辅助触点称为自锁触点。

③停止。按下停止按钮SB1，接触器KM线圈断电，其在3区主电路中的常开主触点KM断开复位，三相电源被切除，电动机停止运行。同时，接触器在控制电路中的辅助常开触点也复位，断开自锁。松开停止按钮SB1后，SB1在复位弹簧的作用下恢复到原来的常闭状态，但此时与起动按钮SB2并联的常开触点KM（3–4）已经断开，“自锁”解除，接触器线圈不能再依靠它来构成通电电路，只有再次按下起动按钮SB2，电动机才能重新起动运行。

3.保护环节

三相异步电动机的单向连续运行电路所具有的保护环节主要有：

①短路保护。主电路和控制电路分别由熔断器FU1和FU2实现短路保护。当控制电路和主电路出现短路故障时，能迅速有效地断开电源，实现对电器和电动机的保护。

②过载保护。由热继电器FR实现对电动机的过载保护。当电动机出现过载且超过规定时间时，引起电动机绕组过热，串联在主电路中的热继电器中的加热元件受热后使双金属片过热变形，推动导板，经过传动机构，使控制电路中的常闭触点FR断开，从而使接触器线圈断电，电动机停转，实现过载保护。

③欠压和失压保护。当电源电压由于某种原因下降时，电动机的转矩将显著下降，转速也随之下降，使电动机无法正常运转，严重时甚至引起电动机堵转而损坏或烧毁，采用具有自锁功能的控制线路可避免出现这种事故。因为当电源电压低于接触器线圈额定电压的85%时，接触器线圈磁通减弱，电磁吸力急剧下降或消失，衔铁就会在反作用力弹簧的作用下释放，自锁触点断开，同时接触器常开主触点也断开，使电动机断电停转，起到欠电压保护作用。

当电动机运行时，由于外界原因，突然断电后又重新供电，在未加防范时会造成危害。采用具有接触器自锁功能的控制电路，当电源电压恢复时，如果不重新按下起动按钮，电动机不会自行起动，可防止设备和人身事故发生。因此，具有自锁功能的接触器控制电路可以防止电动机的低压运行和电动机自起动现象，具有欠压和失压保护作用。

2.2.2 三相异步电动机的点动与连续运行控制电路

电动机的点动控制

在生产过程中，有些电气设备工作时不仅需要连续运行，同时还需要进行点动控制，如车刀与工件位置的调整、工作台的快速移动和设备的调试等，需要用点动控制电路来完成。点动控制是指按下按钮，电动机就通电运转；松开按钮，电动机就断电直至停转，是短时或瞬时工作的一种控制形式。

1.按钮控制的点动与连续运行电路

基本点动控制电路

按钮控制的点动与连续运行控制电路是在具有自锁功能的连续运行控制电路的基础上，增加了一个复合按钮SB3实现点动控制、按钮SB2实现连续运行的控制电路，如图2–4所示。当连续运行时，要采用接触器自锁控制线路；当实现点动控制时，把自锁电路解除。采用复合按钮，它工作时常开和常闭触点是联动的，当复合按钮被按下时，常闭触点先动作，常开触点随后动作；而松开按钮时，常开触点先动作，常闭触点再动作。

按钮控制的三相异步电动机的点动与连续运行电路的工作原理：

①先合上电源开关QS。

②连续控制。按下起动按钮SB2（3–5），5区的接触器KM线圈通电，3区的KM主触点闭合，7区的辅助常开触点KM（3–4）闭合实现自锁，电动机通电运行工作，松开按钮SB2，电动机保持运行状态实现连续运行；停止时，按下停止按钮SB1（2–3），5区的接触器KM线圈断电，3区的KM主触点断开，7区的辅助常开触点KM（3–4）断开自锁，电动机停止。

③点动控制。按下复合按钮SB3，7区的常闭触点SB3（4–5）先断开自锁电路，然后6区常开触点SB3（3–5）闭合，接通控制电路，5区的接触器线圈KM通电，3区的KM主触点闭合，电动机接通电源全压起动并运行。此时，虽然7区的辅助常开触点KM（3–4）闭合但不能形成自锁回路。松开复合按钮SB3，接触器KM线圈断电，其主触点断开，电动机断电停止运行。

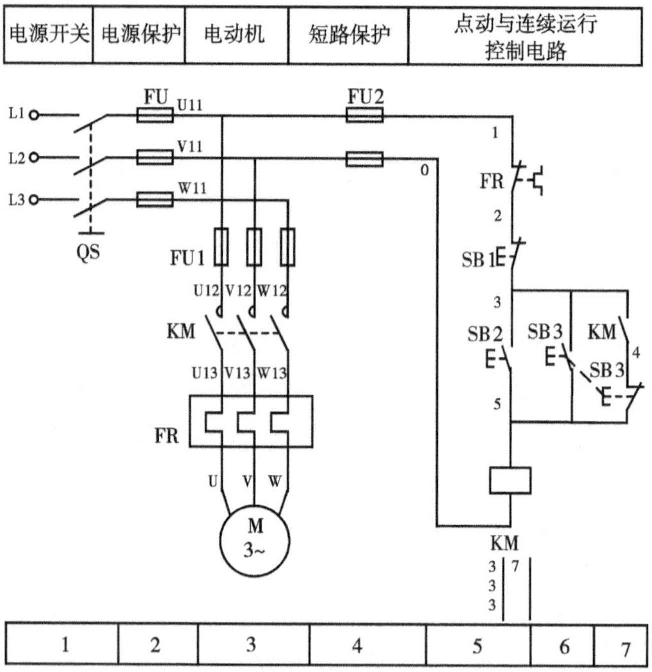

图2–4　三相异步电动机按钮控制的点动与连续运行电路

2.转换开关控制的点动与连续运行电路

图2–5是用转换开关SA断开或接通自锁回路，可以实现点动也可以实现连续运行的电路。当要求点动控制时，将6区的转换开关SA（4–5）断开，把接触器的自锁触点KM（3–4）断开，按下起动按钮SB2（3–5）就可以实现点动控制；当需要连续工作时，合上转换开关SA（4–5），接入自锁触点KM（3–4），按下起动按钮SB2（3–5）就可以实现连续运行。停止时，按下停止按钮SB1（2–3）即可。

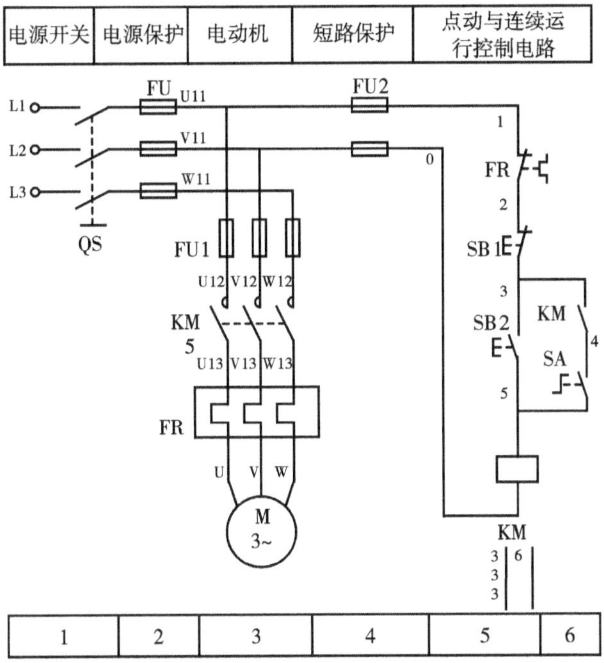

图2-5　三相异步电动机转换开关控制的点动与连续运行电路

3.中间继电器控制的点动与连续运行电路

图2-6是用中间继电器KA实现的既可以点动又可以连续运行的电路。

①合上电源开关QS。

②点动控制。按下点动按钮SB2控制中间继电器KA线圈通电，8区的常开触点KA（3-6）与SB3并联，控制6区的接触器KM线圈的通断电。点动时，按下按钮SB2（3-4），5区的中间继电器KA线圈通电，其在8区的常开触点KA（3-6）闭合，6区的接触器线圈KM通电，其在3区的主触点KM闭合，电动机全压起动并运行。7区的常闭触点KA（5-6）断开，断开接触器KM线圈的自锁电路，此时若松开按钮SB2，电动机M将停止运行。因此按钮SB2对电动机M进行点动控制。

③连续运行控制。连续运行时，按下按钮SB3（3-6），6区的接触器KM线圈通电，其辅助常开触点KM（3-5）闭合实现自锁，3区的主触点KM闭合，电动机通电并连续运行。停车时，只需按下按钮SB1即可。

通过上面三种电动机的点动与连续运行控制电路分析可知，点动与连续运行的关键是有无自锁环节。

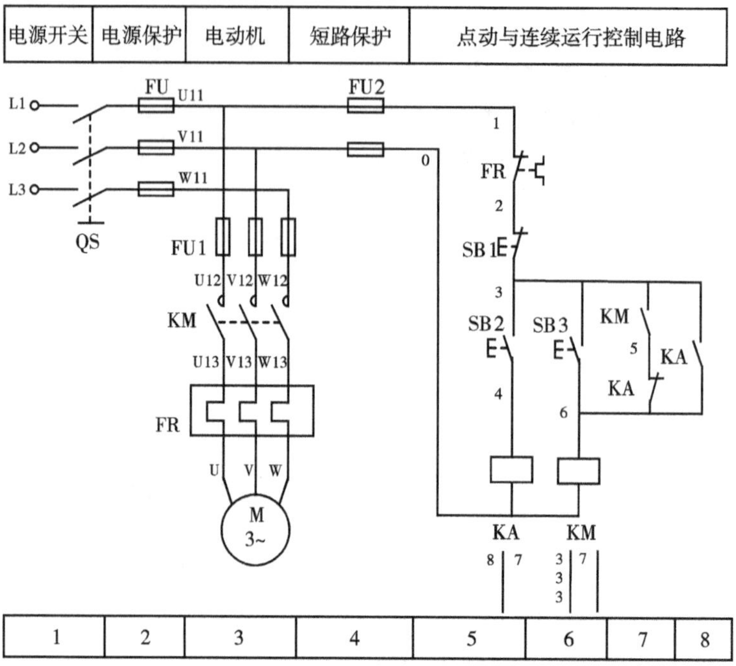

图2-6　三相异步电动机中间继电器控制的点动与连续运行电路

2.2.3　三相异步电动机的多地控制电路

上述三相异步电动机的控制电路只能对电动机在一个地点，用一套主令控制器进行操作。但在一些大型机床设备或流水线系统中，为了操作方便，操作人员常常需要在两个或两个以上的地点对设备进行多方位操作和控制，也就是多地控制。如重型龙门刨床有时在固定的操作台上控制，有时需要站在机床四周用悬挂按钮盒控制。

多地控制是采用多组起动按钮、停止按钮来进行的，这些按钮的连接原则是：起动按钮的常开触点要并联，停止按钮的常闭触点要串联。

图2-7所示是实现三相异步电动机三地控制的电路，将起动按钮并联连接，停止按钮串联连接，分别安装在三个地方，就可以实现甲、乙、丙三地控制。其中SB2和SB5为甲地的起动和停止按钮，SB1和SB3为乙地的起动和停止按钮，SB4和SB6为丙地的起动和停止按钮，控制接触器KM线圈的接通和断开，实现三地控制同一台电动机M的目的。

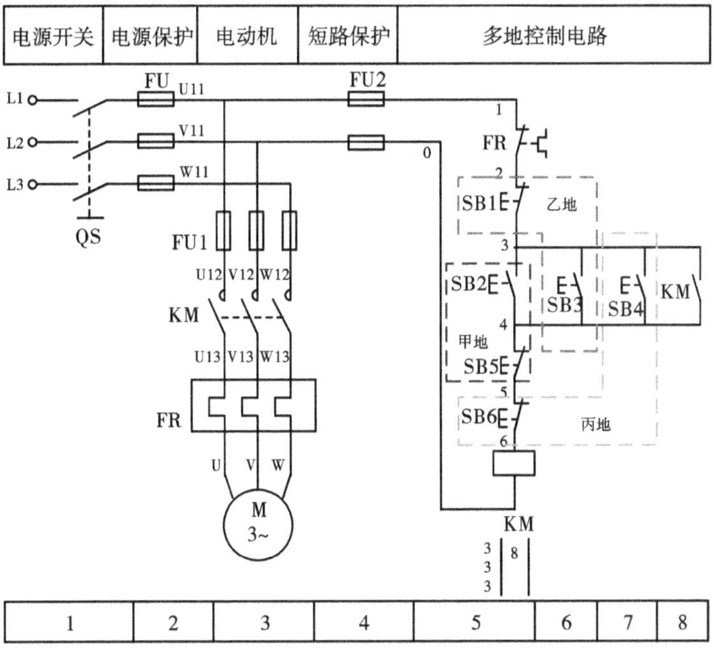

图2-7　三相异步电动机的三地控制电路

2.2.4　三相异步电动机的多条件控制电路

在大型机床或设备中，为了保证操作安全，通常要求当多个条件满足时，才能起动或停止。如在数控机床中，要求刀具和工件必须夹紧后，才能起动进行工件加工，如若刀具或工件没夹紧则可能出现安全事故。

三相异步电动机的多条件控制电路如图2-8所示，起动时，要求起动按钮SB2、SB5按下和行程开关SQ压下三个条件同时满足时，电动机M才能起动并运行。停止时，要求停止按钮SB1、SB3和SB4同时按下，电动机M才能停止运行。条件控制各触点的连接原则是：根据具体的条件要求，将常开触点串联，常闭触点并联或串联连接。

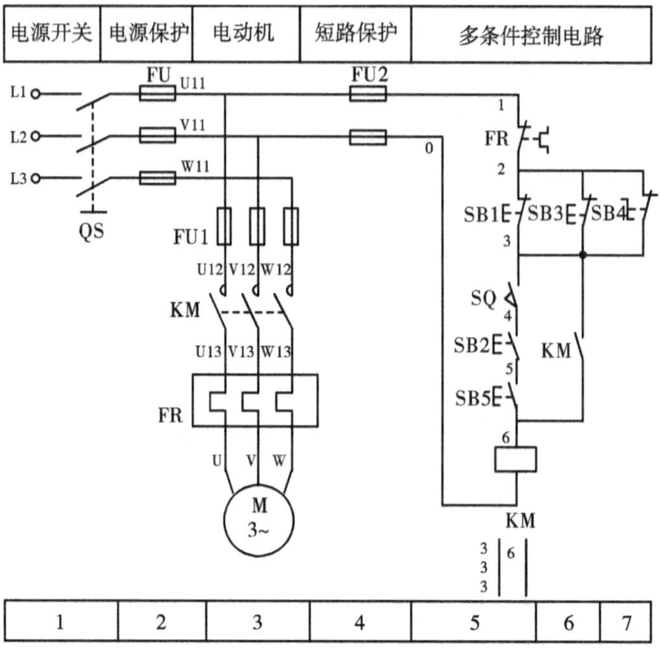

图2-8　三相异步电动机的多条件控制电路

2.3　三相异步电动机的正反转控制

电动机的正反转控制

在工业生产过程中，往往要求生产机械在运动过程中改变运动方向，如门的打开和关闭、工作台前进和后退、电梯的上升和下降等，要求电动机能实现正反转。对于三相异步电动机来说，其正反转控制可通过两个接触器改变电动机定子绕组的电源相序来实现。因此，电动机正反转控制电路的实质是两个方向相反的单向运行电路，即采用两个同型号、同规格和同容量的接触器改变电动机定子绕组的电源相序就可以实现正反转。

2.3.1　接触器互锁的正反转控制电路

电动机正反转的控制电路如图2-9所示。接触器KM1为正转接触器，控制电动机M正转；接触器KM2为反转接触器，控制电动机M反转。主电路是依据电动机工作原理，通过对调电动机三相电源线中的任意两根相线，即改变电动机电源的相序，实现电动机的正反转运行。SB1为正转起动按钮，SB2为反转起动按钮，SB3为停止按钮。当接触器KM1的三对常开主触点接通时，三相电源按L1、L2、L3相序接入电动机，电动机实现正转。当接触器KM2的三对常开主触点接通时，三相电源按L3、L2、L1相序接入电动机，电动机实现反转。

如图2-9所示为接触器互锁控制电路，该电路利用两个接触器的辅助常闭触点KM1和

KM2实现电气联锁，避免正转和反转两个接触器同时动作造成电源相间短路。即将正转接触器KM1的辅助常闭触点串联在反转接触器KM2的线圈电路中，又将反转接触器KM2的辅助常闭触点串联在正转接触器KM1的线圈电路中，这样两个接触器实现互相制约，使得任何情况下两个接触器的线圈都不会同时通电，该保护作用称为互锁或联锁，两对起互锁作用的触点称为互锁触点。

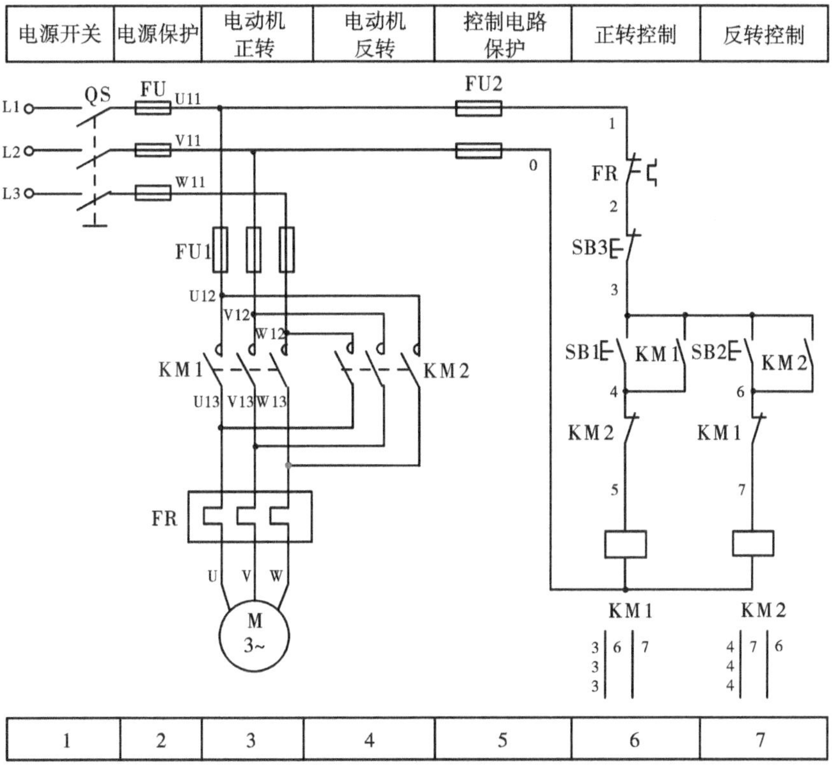

图2-9 接触器互锁的正反转控制电路

接触器互锁控制电路的工作过程如下：

①合上电源开关QS。

②正转控制。按下正向起动按钮SB1（3-4），6区的正转接触器KM1线圈通电，3区的主触点KM1和6区的自锁触点闭合，则7区的KM1的互锁触点断开反转接触器KM2的线圈电路，电动机M通正向电源相序开始正转，此时电动机不可能反转。

③反转控制。按下反向起动按钮SB2（3-6），7区的反转接触器KM2线圈通电，4区的主触点KM2和7区的自锁触点闭合，则6区的KM2的互锁触点断开正转接触器KM1的线圈电路，电动机M通逆向电源相序开始反转，此时电动机不可能正转。

④停止。按停止按钮SB3（2-3），正转接触器KM1（或反转接触器KM2）线圈断电，电动机M停转。

采用接触器互锁的控制线路的优点是工作安全可靠；缺点是在正转过程中要求反转，必须先按停止按钮解除互锁，才能按反转起动按钮使电动机反转；同理，在反转过程中要求正转，也必须先按停止按钮，然后才能按正转起动按钮使电动机正转。通常称这样的控制电路为“正–停–反”控制电路。这带来操作上的不方便。

2.3.2　按钮互锁的正反转控制电路

为了提高生产效率，减少辅助工时，往往要求直接实现电动机正反转的切换。图2–10是采用复合按钮互锁的正反转控制电路。

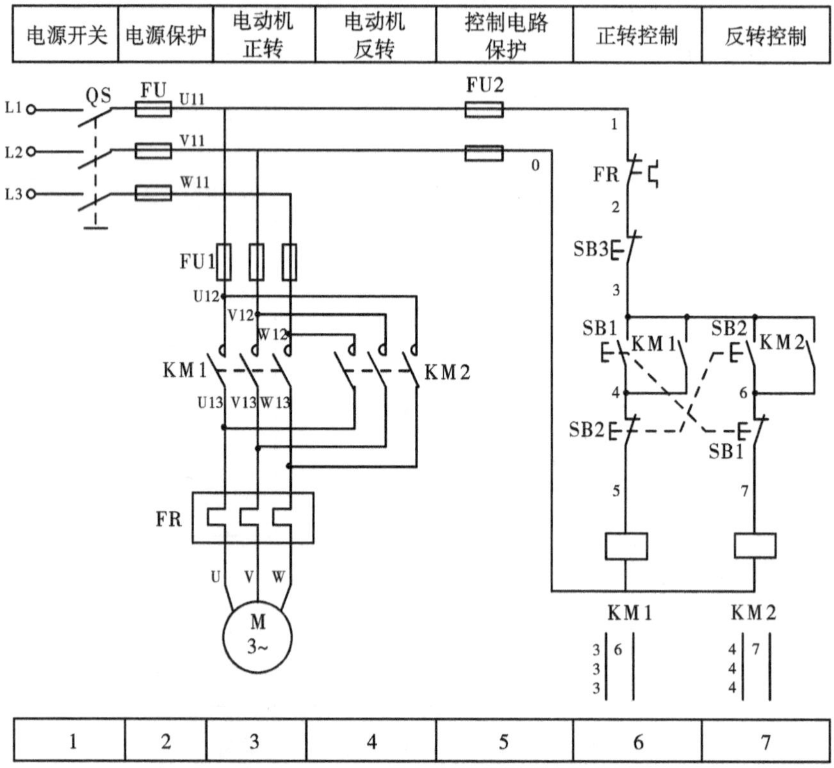

图2–10　按钮互锁的正反转控制电路

正转复合按钮SB1的常开触点用于正转接触器KM1线圈的瞬时通电，其常闭触点串联在反转接触器KM2线圈的电路中，用来使反转接触器KM2线圈断电释放。反转复合按钮SB2与SB1一样，这种互锁关系能自动保证一个接触器断电释放后，另一个接触器才能通电动作，避免因操作失误造成电源相间短路事故。

由于采用复合按钮互锁，当需要改变电动机转向时，直接按正转复合按钮SB1或反转复合按钮SB2就可以实现。停车时，只需按下停止按钮SB3即可。该控制线路的优点是操作方便，复合按钮具有“先断后合”的特点，可用来实现机械联锁。但是采用按钮实现切换并进行互锁，容易发生故障。

2.3.3 双重互锁的正反转控制电路

为增加控制电路的安全性，使之运行更加可靠、操作更加方便，可以采用图2–11所示的三相异步电动机双重互锁正反转控制电路。

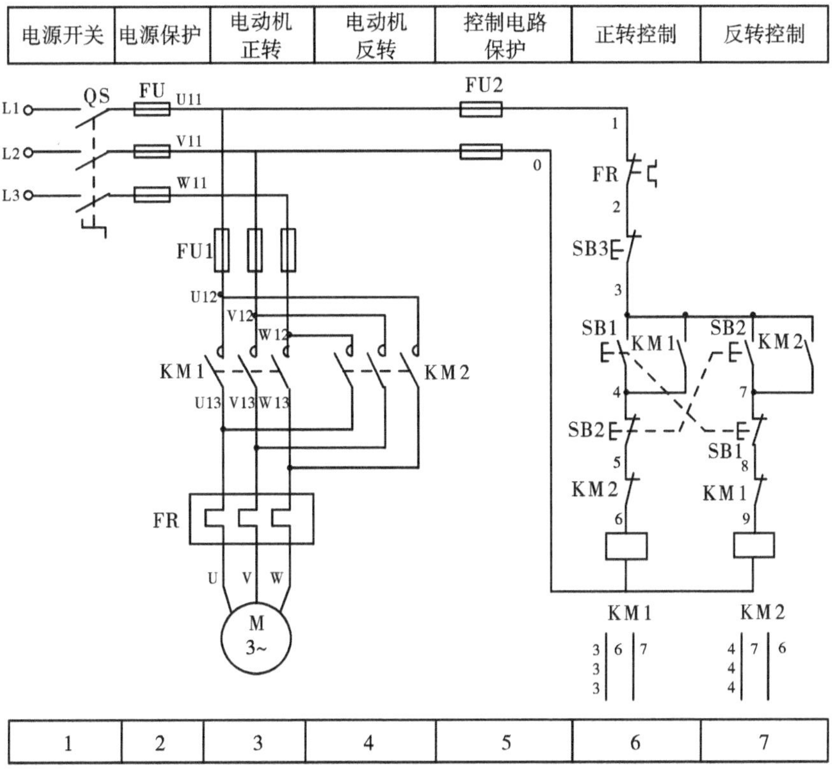

图2–11　三相异步电动机双重互锁正反转控制电路

其电路的工作过程如下：

①合上电源开关QS。

②正反转控制。按下正转起动按钮SB1（3–4），在7区的SB1（7–8）断开反转接触器KM2线圈电路实现第一重互锁，6区的正转接触器KM1线圈通电，6区的辅助常开触点KM1（3–4）自锁，在3区主电路中的三对常开主触点KM1闭合，电源按正转相序接通，电动机正转。与此同时，在7区与反转接触器KM2线圈串联的辅助常闭触点KM1（8–9）断开，实现第二重互锁，保证KM1线圈通电时，KM2线圈不能得电。若需要电动机由正转变为反转，直接按下反转起动按钮SB2（3–7），在6区的SB2（4–5）断开正转接触器KM1线圈电路实现第一重互锁，正转接触器KM1线圈失电，3区的常开主触点KM1断开，7区的辅助常闭触点KM1（8–9）闭合，7区的反转接触器KM2线圈通电，并通过在7区的辅助常开触点KM2（3–7）闭合实现自锁，在4区主电路中的主触点KM2闭合，电动机反转。同时，在6区与正转接触器KM1线圈串联的辅助常闭触点KM2（5–6）断开，实现第二重互锁，保证KM2线圈通电时，KM1线圈不能得电。

图2-11控制线路中采用了双重互锁，分别是接触器的电气互锁和复合按钮的机械互锁。这样一方面，可以保证其中一个接触器线圈通电吸合时，另一个接触器线圈不会得电吸合，避免发生主触点熔焊时引起的短路故障；另一方面，要改变电动机的运转方向时，可以直接通过正反转复合按钮进行切换，避免了先按下停止按钮，再使互锁触点复位的操作，简化了操作过程。

但是双重互锁控制电路在电动机换向过程中（正–反–停），是一种反接制动状态，会出现较大的反接制动电流和机械冲击。因此，这种控制线路适用于电动机容量较小、电动机转轴具有足够刚性的拖动系统。

2.3.4 自动往返循环控制电路

在某些生产机械中，电动机正反转的自动控制是最基本的控制，在此基础上许多部件的自动循环控制都可以通过电动机的正反转控制来实现，如自动门、铣床工作台、龙门刨床工作台等能在一定距离内前进与后退就是利用电动机的正反转控制实现的。图2-12所示的自动往返循环控制电路，就是利用行程开关控制电动机在一定的运动行程范围内实现自动往返循环，这种电路的控制原则称为行程控制原则。

自动门往返运动如图2-12（a）所示，SQ1为左移转为右移的行程开关，SQ2为右移转为左移的行程开关，SQ3、SQ4分别为用于保护左、右极限位置的行程开关，防止SQ1、SQ2失灵时自动门冲出的事故发生。

图2-12（b）为自动往返循环控制电路，其工作过程如下：

①合上电源开关QS。

②左移和右移往返控制。按下右移起动按钮SB1（5–6），右移接触器KM1线圈通电并自锁，电动机正转推动自动门向右移动，当达到预定位置B后，挡铁压下行程开关SQ2，在6区常闭触点SQ2–2（6–7）断开使右移接触器KM1线圈断电，在7区的常开触点SQ2–1（5–9）闭合使左移接触器KM2线圈通电，电动机由正转变为反转，自动门向左移动返回。当向左移动到预定位置A后，挡铁压下行程开关SQ1，在7区的常闭触点SQ1–2（9–10）断开使左移接触器KM2线圈断电，在6区的常开触点SQ1–1（5–6）闭合使右移接触器KM1线圈通电，电动机由反转变为正转，自动门向右移动，如此周而复始地自动往返工作。

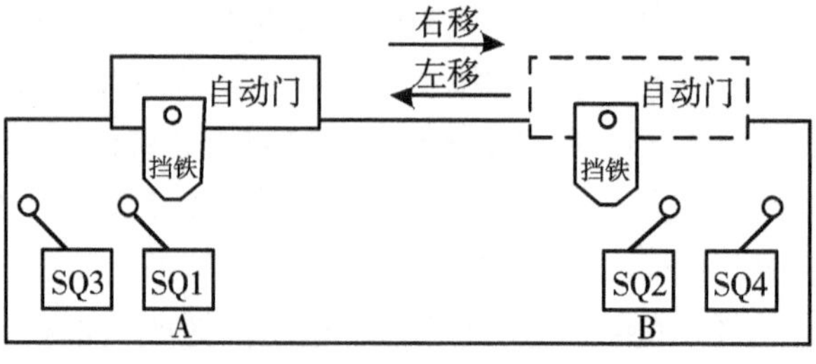

（a）自动门往返运动示意图

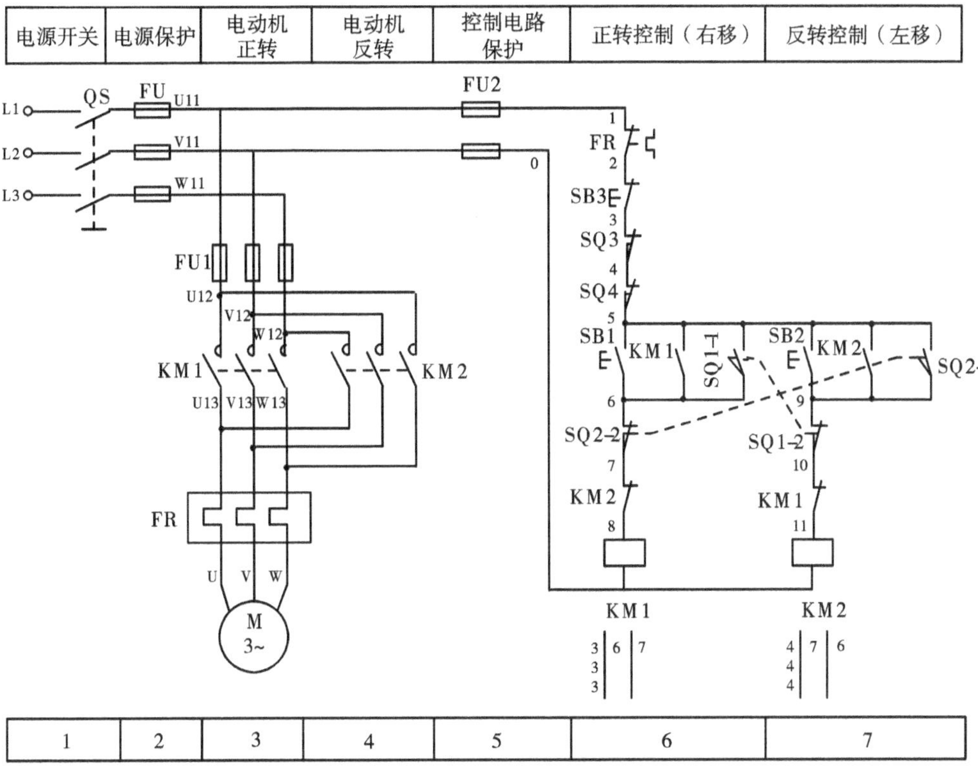

（b）自动往返循环控制电路

图2–12　自动往返循环控制

③停止控制。当按下停止按钮SB3（2–3）时，右移接触器KM1或左移接触器KM2线圈断电，电动机停止转动，自动门停止移动。若行程开关SQ1、SQ2失灵，则压下极限位置保护开关SQ3（3–4）或SQ4（4–5）实现保护，避免运动部件因超出极限位置而发生事故。

当然在上述自动往返运动中，运动部件每经过一个循环，电动机要进行两次反接制动的过程，会出现较大的反接制动电流和机械冲击。因此，该电路只适用于电动机容量较小、循环周期较长、电动机转轴具有足够刚性的拖动系统。

2.4　三相异步电动机的顺序控制

电动机顺序起动和多地点控制

在实际生产中，生产设备往往由多台电动机拖动，某些生产工艺要求多台电动机的起动和停止必须按照一定的顺序依次进行，这种控制方式称为顺序控制或步进控制。如多条输送带的控制，一般采用几台电动机的起动或停止按一定的先后顺序来完成的控制方式，常用的控制电路有顺序起动、同时停止；顺序起动、顺序停止；顺序起动、逆序停止等。顺序控制电路还可以用在龙门刨床、铣床等控制电路中。下面以两台电动机的起动和停止为例，说明顺序控制的电路特点。

2.4.1 顺序起动、同时停止控制电路

1.利用主电路实现顺序控制

主电路实现两台电动机顺序起动的电路如图2–13所示，图中接触器KM1、KM2分别控制电动机M1、M2。该电路的特点是主电路中接触器KM2的主触点接在接触器KM1的主触点的下方，保证了只有当接触器KM1的主触点闭合，即M1先起动后M2才能起动。具体工作过程如下：

起动时，合上电源开关QS，按下起动按钮SB2（4–5），接触器KM1线圈通电并自锁，3区的主触点KM1闭合，电动机M1先起动并运行；再按下起动按钮SB3（4–6），接触器KM2线圈通电并自锁，4区的主触点KM2闭合，电动机M2后起动并运行，完成起动过程。

停止时，按下控制电路中的停止按钮SB1（3–4）就可以实现两台电动机同时停止。

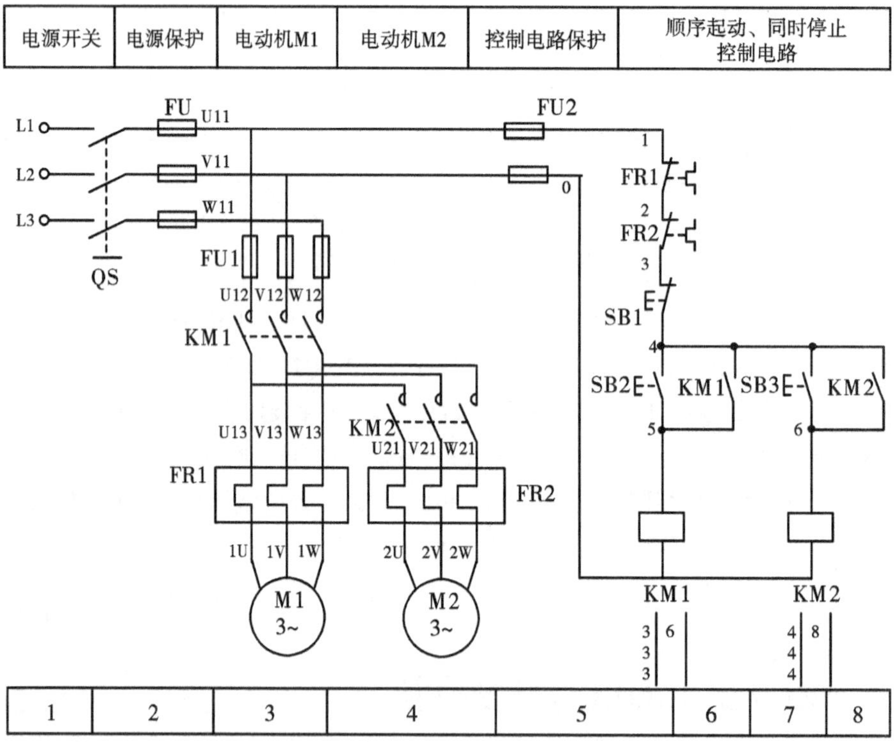

图2–13 利用主电路实现顺序起动、同时停止的控制电路

2.利用控制电路实现顺序控制

要实现顺序起动、同时停止，除了在主电路中可以实现外，在控制电路中也可以实现，如图2–14所示是在控制电路中实现顺序控制、同时停止功能。

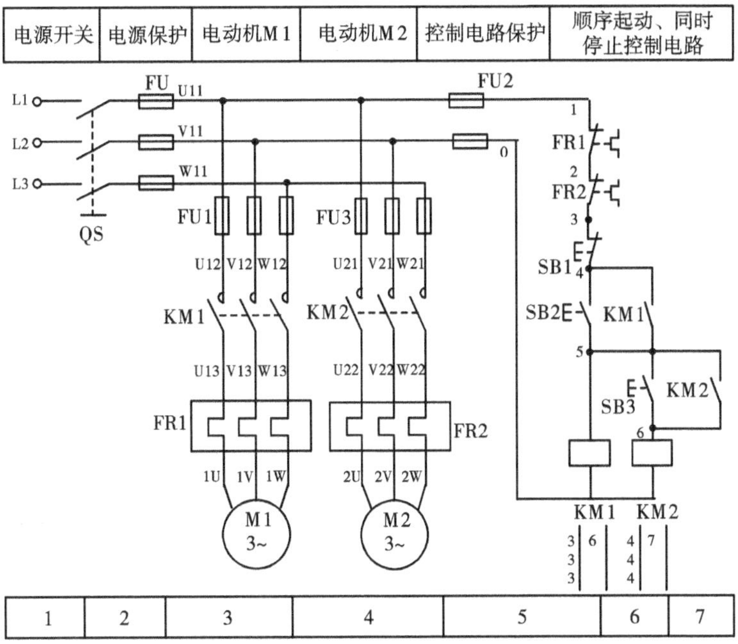

图2-14　利用控制电路实现顺序起动、同时停止的控制电路（1）

图2-14中接触器KM1、KM2分别控制电动机M1、M2。由于控制电路中接触器KM2线圈接在辅助常开触点KM1（4–5）之后，可以实现M1先起动后M2才能起动。停止时，按下控制电路中的停止按钮SB1（3–4），接触器KM1、KM2线圈同时断电，就可以实现两台电动机同时停止。控制电路若要实现顺序控制，也可以在接触器KM2线圈电路中串接辅助常开触点KM1（4–6），如图2-15所示。

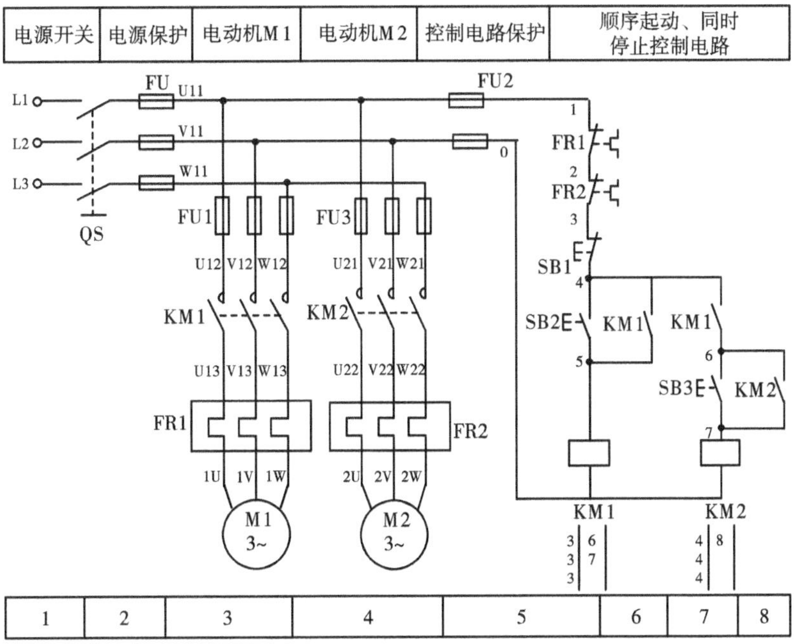

图2-15　利用控制电路实现顺序起动、同时停止的控制电路（2）

3.利用时间继电器实现顺序控制

在一些顺序控制中，要求两台电动机的起动要有一定的时间间隔，此时可以利用时间继电器来实现。图2-16为利用时间继电器控制的顺序起动电路。控制过程如下：合上电源开关QS，按下起动按钮SB2（4–5），接触器KM1线圈和时间继电器KT线圈同时通电并自锁，电动机起动并运行，当通电延时型时间继电器KT的延时时间到，其在7区的延时闭合的常开触点KT（4–7）闭合，接触器线圈KM2通电并自锁，电动机M2起动并运行，实现电动机M1起动一定时间后M2自行起动的要求，同时在6区接触器的辅助常闭触点KM2（5–6）断开，将时间继电器KT线圈断电释放，使KT仅仅在起动时起作用，减少控制电路运行时工作电器的数量，也可以实现节能。

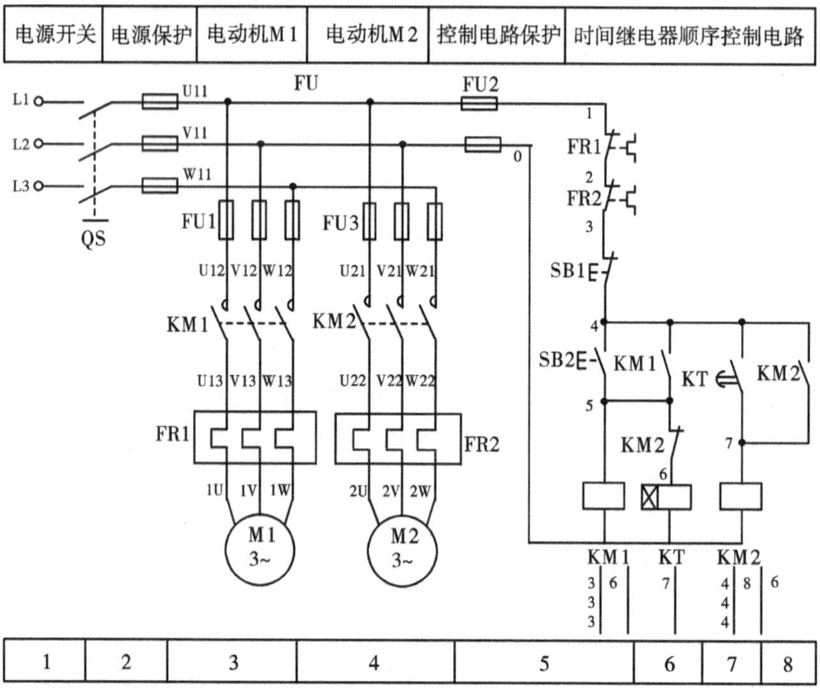

图2-16　利用时间继电器实现顺序起动、同时停止的控制电路

2.4.2　顺序起动、顺序停止控制电路

两台电动机顺序起动、顺序停止的控制电路如图2-17所示。

接触器KM1、KM2分别控制电动机M1、M2。控制电路中的中间继电器KA线圈与接触器KM1线圈同时通电，在7区的常开触点KA（6–7）与电动机M2的起动按钮SB3（7–8）串联，可以实现M1先起动后M2才能起动。由于接触器的辅助常开触点KM1（3–6）与电动机M2的停止按钮SB4（3–6）并联，停止时，接触器KM1线圈先断电，接触器KM2线圈才能断电，即M1先停，M2才能停。

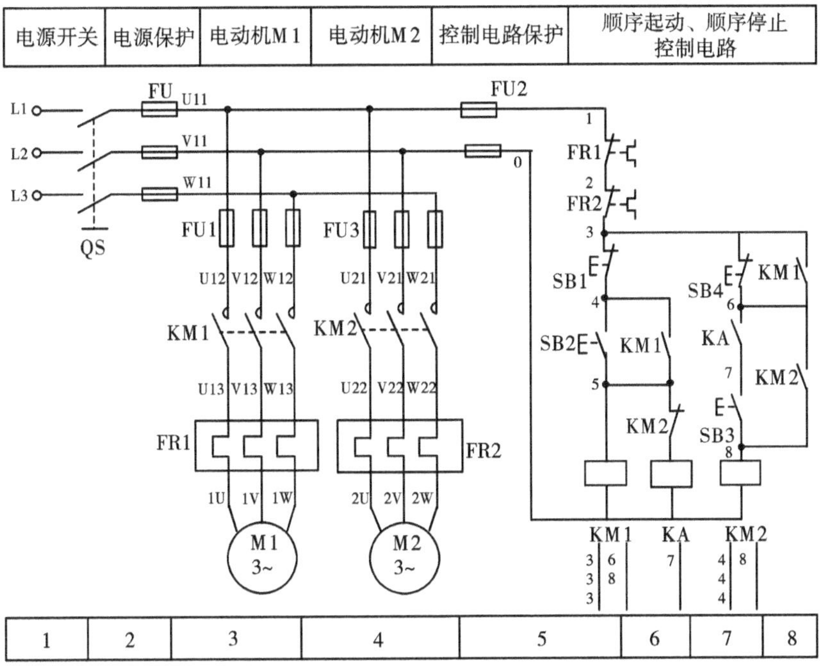

图2-17　顺序起动、顺序停止控制电路

2.4.3　顺序起动、逆序停止控制电路

主电路实现顺序起动、逆序停止电路

如图2-18所示，控制电路中接触器的辅助常开触点KM1（6-7）串联在接触器KM2线圈电路中，可以实现M1先起动后M2才能起动。辅助常开触点KM2（3-4）与电动机M1的停止按钮SB1并联，停止时，只有KM2线圈先断电，KM1线圈才能断电，即M2先停，M1才能停。

顺序起动、逆序停止的控制电路也可以采用主电路顺序起动、控制电路逆序停止的方式。

综上所述，可以得出设计顺序控制线路的规律：顺序起动时，如果在主电路中实现先后起动，可以将后起动电动机的接触器主触点接在先起动电动机接触器主触点的下方；如果在控制电路中实现先后起动，可以将控制电动机先起动的接触器的辅助常开触点串联在控制后起动电动机的接触器线圈电路中，或者用时间继电器实现。顺序停止时，要实现先后停止，可以用若干个停止按钮控制电动机的停止顺序，或者将先停止电动机接触器的辅助常开触点与后停止接触器线圈电路中的停止按钮并联；如果要同时停止，采用一个停止按钮接在所有接触器共同的电路中就可以实现。

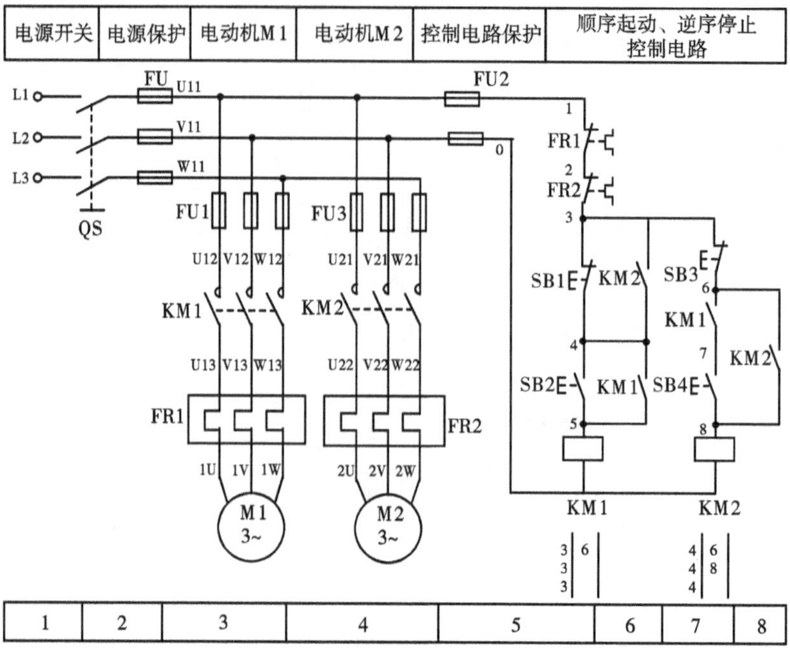

图2-18　顺序起动、逆序停止控制电路

2.5　三相异步电动机的降压起动控制

2.5.1　三相笼型异步电动机的降压起动控制电路

降压起动控制

由于三相异步电动机在全压下起动时，起动电流可达到其额定电流的4～7倍，过大的起动电流一方面会使电网电压显著降低，影响同一供电网其他设备的正常运行；另一方面，会在供电线路和电动机内部产生损耗而引起发热。因此，电动机容量较大时，通常采用降压起动的方法来减小起动电流。通常规定电源容量在180kV·A以上、电动机容量在10kW以上的三相异步电动机应采用降压起动的方式。

所谓降压起动，是指在起动时适当降低加在电动机定子绕组上的电压，当电动机的转速上升到一定值，电动机起动完毕后再将电压恢复到额定值运行，使电动机达到额定转速和输出功率正常运行。降压起动一般使电压降低后的起动电流为电动机额定电流的2～3倍，以减少线路电压降和对电网及电动机的冲击。降压起动适用于空载和轻载下起动，常用的降压起动方法有：定子绕组串电阻降压起动、Y-△降压起动、自耦变压器降压起动和延边三角形降压起动等。

1.定子绕组串电阻降压起动控制电路

定子绕组串电阻降压起动控制的原理是在起动时，在定子绕组回路中串入电阻进行分压，使定子回路的电压降低以达到降低起动电流的目的，起动结束后将电阻进行短接，电动机全压加速至稳定运行速度即可正常运行。

定子绕组串电阻降压起动控制电路如图2-19所示。图中KM1为串电阻降压起动接触器，KM2为短接电阻全压运行接触器，KT为时间继电器，R为降压起动电阻，采用时间原则控制，即采用时间继电器延时动作自动完成降压起动的控制。

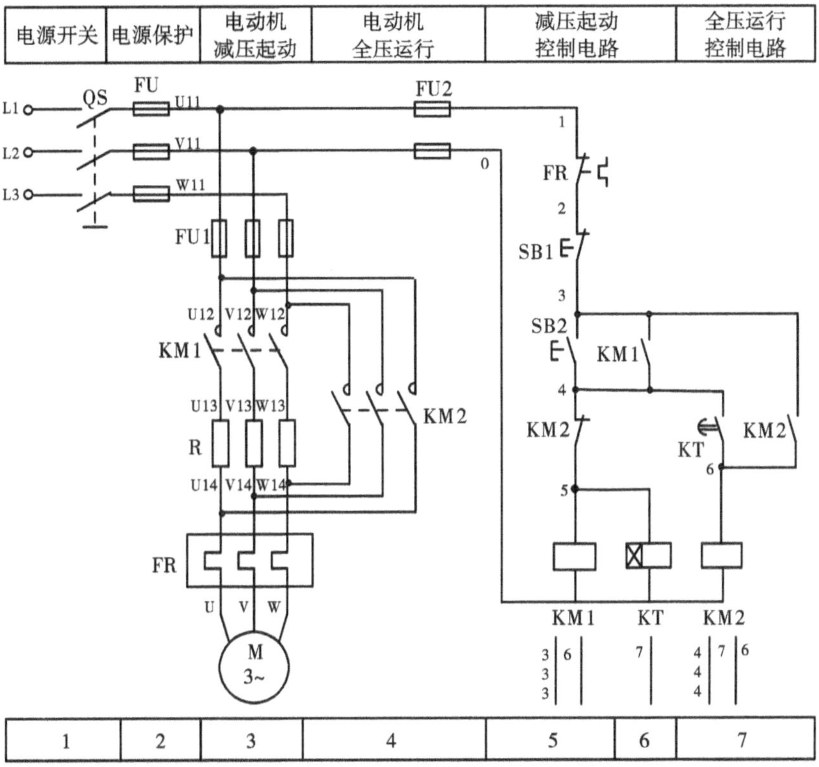

图2-19 定子绕组串电阻降压起动控制电路

定子绕组串电阻降压起动控制电路的工作原理如下：

①合上电源开关QS。

②定子绕组串电阻降压起动。按下起动按钮SB2（3-4），5区中的接触器KM1线圈和6区的时间继电器KT线圈同时通电，在6区的接触器的辅助常开触点KM1（3-4）闭合实现自锁，在3区的主触点KM1闭合，电动机定子绕组串电阻R接入电源，开始降压起动。经过一定时间后，电动机的转速已经上升到一定值，通电延时型时间继电器到达整定的延时时间后，其在7区的通电延时的常开触点KT（4-6）延时后闭合，接触器KM2线圈通电，在7区的辅助常开触点KM2（3-6）闭合实现自锁，在4区的主触点KM2闭合，起动电阻R被短接，电动机进入全电压（额定电压）下继续加速至正常运行，在5区的辅助常闭触点KM2（4-5）断开，接触器KM1线圈和时间继电器线圈KT同时断电，可以节约电能消耗、延长电器的使用寿命，也可以提高电路的可靠性。

③停止。按下停止按钮SB1（2-3），接触器KM2线圈断电，主触点和辅助触点复位，电动机M断电停止运行。

降压起动电阻R一般采用ZX1、ZX2系列铸铁电阻，功率大，能通过较大电流，在三相电路中串入电阻的阻值相等。定子绕组串电阻降压起动不受电动机定子绕组接线形式的限制，具有所需设备简单、成本低且动作可靠等优点。但因起动电阻使控制设备体积增大，且电阻消耗功率，功率损耗大，起动转矩较低，因此，这种起动方式一般是在中小容量电动机且非频繁起动的场合中采用。对大容量电动机的起动，常采用电抗器取代电阻。

2. Y-△降压起动控制电路

对于正常运行时定子三相绕组连接成三角形的笼型异步电动机，可采用Y-△降压起动方式来达到减小起动电流的目的。Y-△降压起动的原理是：在起动时，电动机定子绕组接成星形连接，定子绕组所承受的电压为其额定电压的$1/\sqrt{3}$倍，起动电流为三角形接法的1/3；当转速上升到一定值时，将定子绕组的接线由星形连接改成三角形连接，电动机进入全压运行状态。

三相异步电动机的定子绕组有星形和三角形两种连接方式，如图2-20所示。

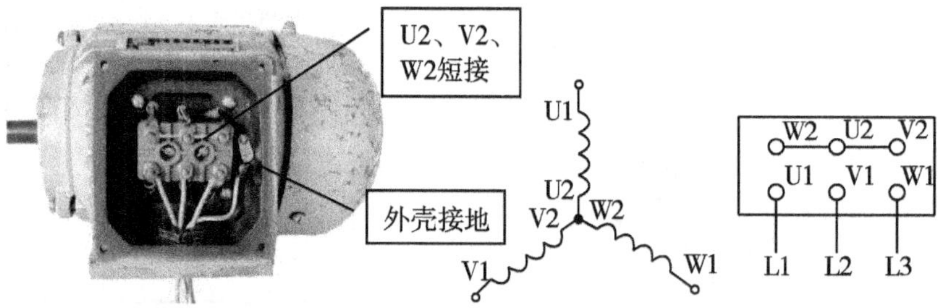

（a）星形（Y形）连接

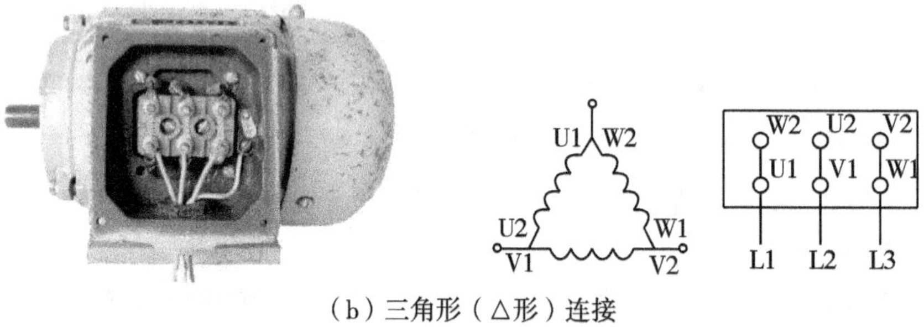

（b）三角形（△形）连接

图2-20　三相异步电动机定子绕组的连接方式

三相异步电动机Y-△降压起动控制线路如图2-21所示。图中，KM1为电源接触器，KM2为△形连接接触器，KM3为Y形连接接触器，KT为起动时间控制时间继电器。

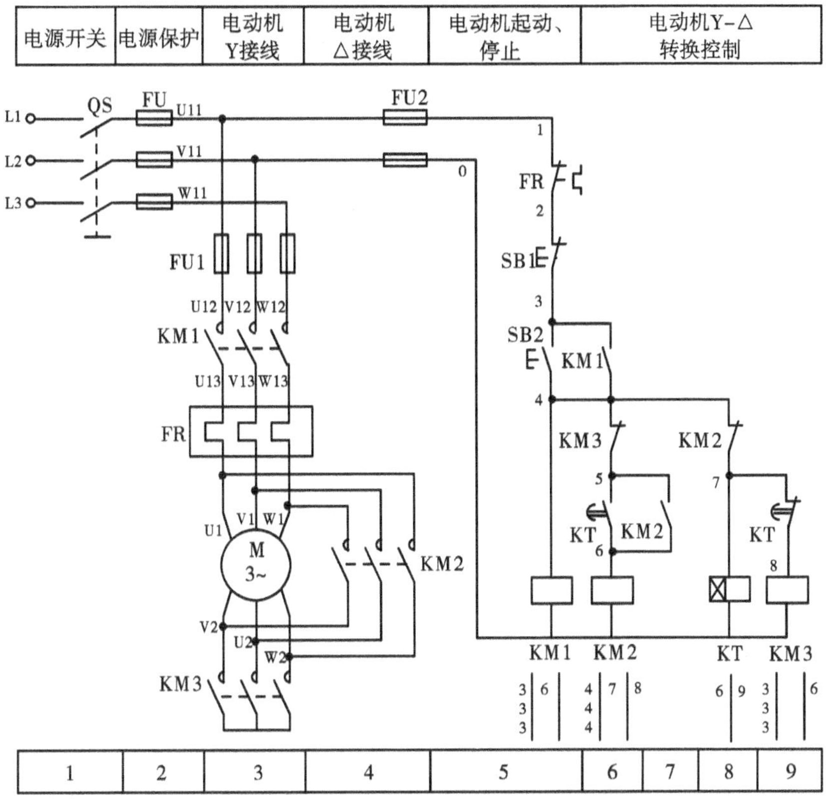

图2-21　Y-△降压起动控制电路

电路工作原理分析如下：

①合上电源开关QS。

②Y-△降压起动。按下起动按钮SB2（3-4），在5区的接触器KM1、9区的KM3线圈和8区的时间继电器KT线圈同时通电，在3区的接触器KM1的主触点闭合，电动机M的定子绕组接入电源，3区的KM3主触点闭合，将电动机三相定子绕组接成Y形连接方式后开始降压起动。同时6区的辅助常开触点KM1（3-4）闭合实现自锁，在6区的接触器辅助常闭触点KM3（4-5）断开，实现与接触器KM2的互锁。经时间继电器整定的延时时间后，电动机的转速上升到一定值，延时断开的常闭触点KT（7-8）先断开，KM3线圈断电，电动机定子绕组U2、V2、W2暂时开路，在6区的常闭触点KM3（4-5）复位闭合，时间继电器延时闭合的常开触点KT（5-6）延时闭合，接触器KM2线圈通电，在4区的主触点KM2闭合，电动机三相绕组由Y形连接变为△形连接，进入全压运行。在7区的辅助常开触点KM2（5-6）闭合实现自锁，同时在8区的接触器辅助常闭触点KM2（4-7）断开，KT线圈也断电，同时实现与接触器KM3的互锁。

③停止。按下停止按钮SB1，接触器KM1、KM2同时断电，在3区的KM1的主触点和4区的KM2的主触点均断开，电动机断电停止运行。

上述降压起动控制电路采用接触器互锁控制，提高了电路的可靠性，又避免时间继电器长时间通电，可以延长其使用寿命。

Y-△降压起动控制电路不需要专用的降压设备，投资少，电路简单，但定子绕组接成星形连接时，起动电流降为全压起动时的1/3，同时起动转矩也降为全压起动时的1/3，所以这种降压起动方式只适用于轻载或空载起动的场合。特别注意，Y-△降压起动控制只能用于正常运转时定子绕组为三角形接法的三相笼型异步电动机。

3.自耦变压器降压起动控制电路

自耦变压器降压起动是在电动机起动时，依靠自耦变压器的降压作用，降低加在电动机定子绕组上的电压，达到限制起动电流的目的。起动时，将自耦变压器的二次侧与电动机的定子绕组相连，得到自耦变压器的二次侧的电压，当电动机转速上升起动完毕后，将自耦变压器切除，电动机接入全压加速至稳定运行状态。在既不允许大电流冲击，又要求起动转矩较大的情况下，通常可以采用自耦变压器降压起动方式。

图2-22为自耦变压器降压起动控制线路。图中，KM1为降压起动接触器，KM2为正常运行接触器，KA为中间继电器，KT为起动时间控制时间继电器。

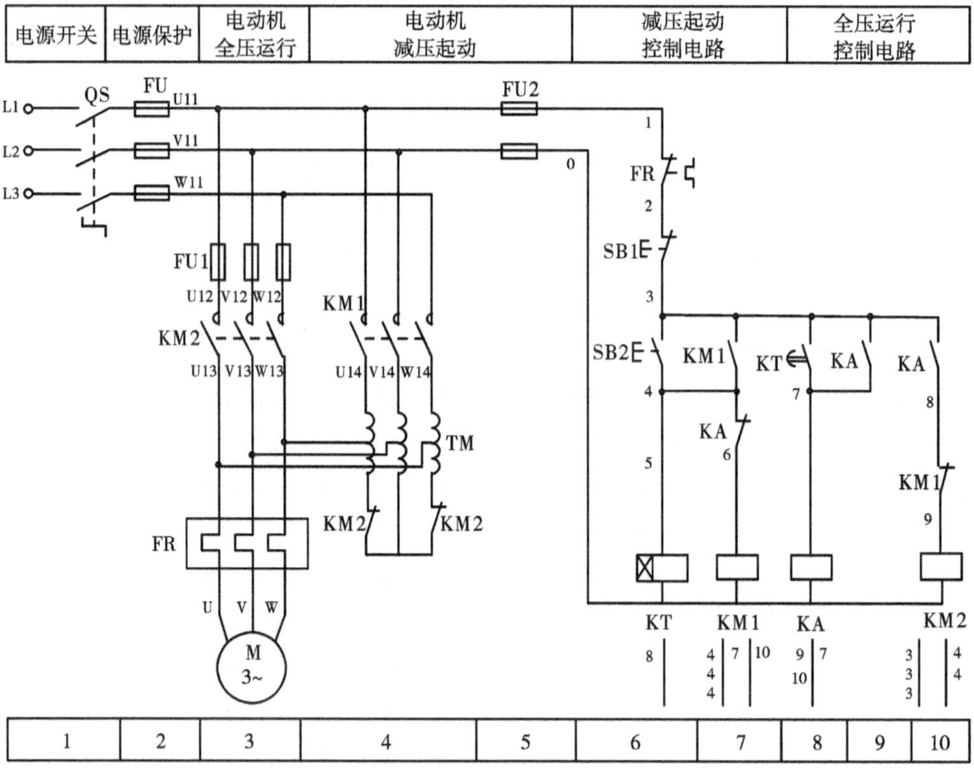

图2-22 自耦变压器降压起动控制电路

电路工作原理如下：

①合上电源开关QS。

②按下起动按钮SB2（3-4）,7区的接触器KM1线圈和6区的时间继电器KT线圈同时通电，4区的主触点KM1闭合，电动机接入自耦变压器二次侧电压开始降压起动，时间继电器KT开始计时，此时10区的辅助常闭触点KM1（8-9）断开，实现与接触器KM2的互锁。经时间继

电器整定的延时时间后，通电延时常开触点KT（3–7）闭合，中间继电器KA线圈通电，8区的常开触点KA（3–7）闭合自锁，7区的常闭触点KA（4–6）断开，KM1线圈断电，4区的主触点KM1断开与自耦变压器的连接，电动机起动完成。10区的常开触点KA（3–8）闭合，接触器KM2线圈通电，在4区的辅助常闭触点断开，切除自耦变压器，其在3区的主触点闭合，电动机进入全压正常运行。

③停止控制。按下停止按钮SB1（2–3），KA和KM2线圈均断电，电动机M断电停止运行。

自耦变压器二次侧绕组一般有65%（或60%）、80%等多种额定电压抽头，电动机采用自耦变压器降压起动时，起动转矩可以通过选用不同自耦变压器抽头的连接位置得到不同起动电压，以调节电流并获得不同的起动转矩。自耦变压器结构较复杂，价格较贵，自耦变压器降压起动方法适用于起动较大容量的，正常工作时接成星形或三角形连接的电动机，起动转矩可以通过改变抽头的连接位置得到改变，因此起动时对电网的电流冲击小，它的缺点是自耦变压器价格较高且不允许频繁起动。

一般工厂常用的自耦变压器起动方法采用成品的补偿降压起动器，这些成品的补偿降压起动器包括手动、自动操作两种形式。手动操作的补偿降压起动器有QJ3、QJ5等型号，自动操作的补偿降压起动器有JX01型和CTZ系列等。JX01型补偿降压起动器如图2–23所示，适用于14～28kW的电动机，其控制电路如图2–24所示，采用按钮、交流接触器和时间继电器，操作方便、可靠性好，读者可以自行进行分析。

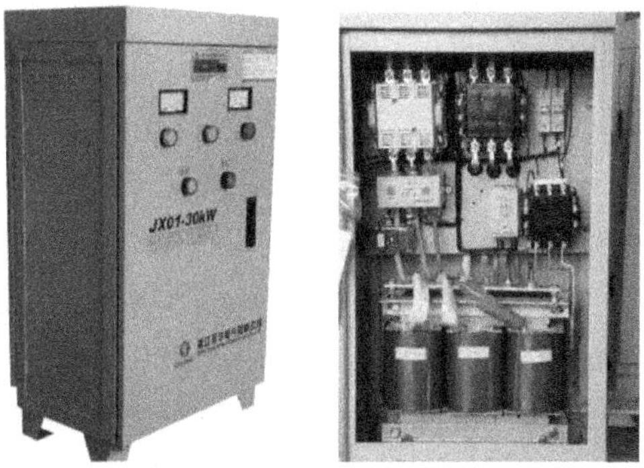

图2–23　JX01型补偿降压起动器

JX01 系列自耦降压起动器技术数据

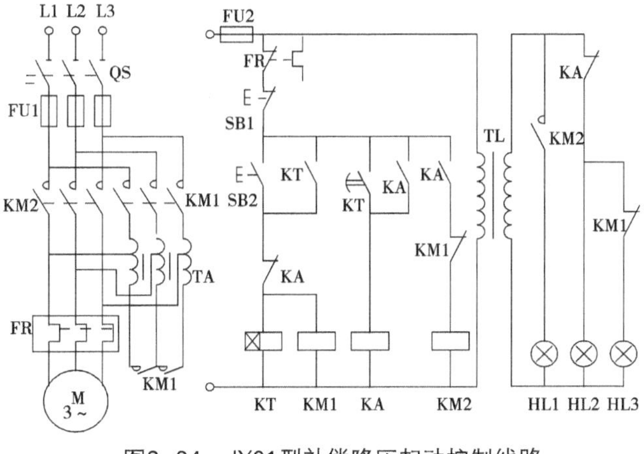

图2–24　JX01型补偿降压起动控制线路

延边三角形降压起动控制

2.5.2 三相绕线式异步电动机的起动控制电路

三相笼型异步电动机的特点是结构简单、价格低、起动转矩小，但在实际生产过程中，有时需要电动机有较大的起动转矩，且能平滑调速，此时需要采用三相绕线式异步电动机来满足控制要求。三相绕线式异步电动机的特点是可以在转子绕组中串接电阻，从而达到减小起动电流、增大起动转矩和平滑调速的目的。

按照三相绕线式异步电动机的转子绕组在起动过程中串接装置的不同，可分为串电阻起动和串频敏变阻器起动两种控制线路。

1.转子绕组串电阻起动控制

串接在三相绕线式异步电动机转子绕组中的起动电阻一般都接成Y形，起动前要求起动电阻全部接入。转子绕组串电阻起动时，要求在转子回路中串入接成Y形连接且可以分级切换的三相起动电阻器，并把起动电阻器调整到最大值，以减小起动电流、增大起动转矩。随着电动机转速的升高，起动电阻逐级减小，起动完毕后，起动电阻减小到零，转子回路电阻全部被短接，电动机在额定状态下运行。短接起动电阻的方法有三相电阻平衡短接和三相电阻不平衡短接两种。不平衡短接是指每相的各级起动电阻轮流被短接，而平衡短接法是指三相的各级起动电阻同时被短接。这里主要介绍接触器控制的平衡短接法起动控制电路。

按钮控制转子电阻起动控制

（1）电流原则控制三相绕线式异步电动机转子绕组串电阻起动电路

图2-25所示为电流继电器自动控制的三相绕线式异步电动机串电阻起动电路，利用电动机转子电流在起动过程中由大变小的变化来控制电阻的切除，因根据电流大小进行控制故称为电流原则控制。图中KI1、KI2、KI3共3个欠电流继电器的线圈被串接在转子回路中，3个欠电流继电器的吸合电流相同，但释放电流不同,KI1的释放电流最大,KI2其次,KI3最小。

具体工作过程如下：按下起动按钮SB2（3–4），KM线圈通电并自锁，3区的主触点KM闭合接通电源，电动机开始起动，此时转子电流最大，三个电流继电器 KI1、KI2、KI3都吸合，控制回路中的常闭触点都断开，接触器KM1、KM2、KM3的线圈都不能通电吸合，3区的各主触点均处于断开状态，全部起动电阻均串接在转子绕组中。随着电动机转速的升高，转子电流逐渐减小，当电流减小至KI1的释放电流时，KI1首先释放断电，其常闭触点KI1（9–10）复位闭合，使接触器KM1线圈通电，3区的主触点闭合，切除第一级电阻R1；当R1被切除后，转子电流重新增大，电动机转速继续升高，随着转速的升高，转子电流又会减小，当减小至KI2的释放电流时，KI2线圈释放断电，常闭触点KI2（10–11）复位闭合，接触器KM2线圈通电，3区的主触点闭合，第二级电阻R2被切除；如此继续下去，直到全部电阻被切除，电动机起动完毕后进入正常运行状态。

在图2-25中，中间继电器KA的作用是保证电动机在转子电路中接入全部电阻的情况下开始起动。因为刚开始起动时KA的常开触点切断了KM1、KM2、KM3线圈回路，从而保证了起动时串入全部外接电阻。

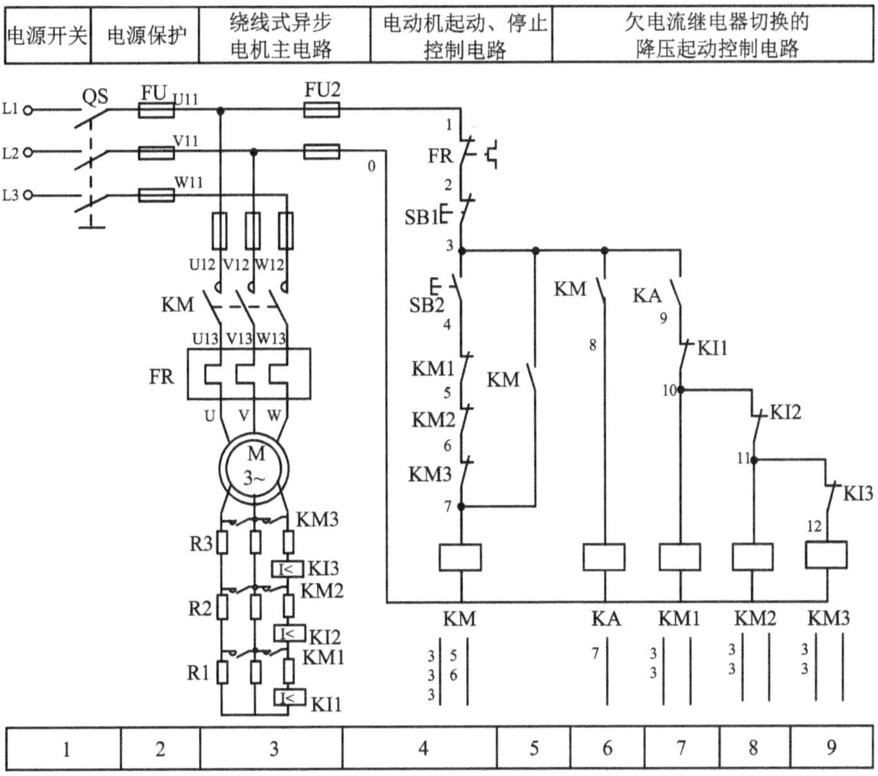

图2-25 电流继电器自动控制的转子绕组串电阻起动控制电路

（2）时间原则控制三相绕线式异步电动机转子绕组串电阻起动电路

图2-26所示为用时间继电器自动控制三相绕线式异步电动机的转子绕组串电阻起动控制电路，图中接触器KM1、KM2、KM3用于短接各级起动电阻，KT1、KT2、KT3为起动时用的通电延时型时间继电器。电路工作原理分析如下：

合上电源开关QS，按下起动按钮SB2（3–4）时，4区的接触器KM线圈通电，5区的辅助常开触点KM（3–7）闭合实现自锁，3区的主触点KM闭合，电动机定子绕组接入电源，电动机M转子绕组串入全部电阻开始起动。同时6区的辅助常开触点KM（2–8）闭合，使时间继电器KT1线圈通电开始延时。延时一段时间后，7区的延时闭合的常开触点KT1（8–10）延时闭合，接通KM1线圈，3区的主触点KM1闭合短接电阻R1；8区的辅助常开触点KM1（8–11）闭合，使时间继电器KT2线圈得电开始延时。KT2延时一段时间后，9区的延时闭合的常开触点KT2（8–12）延时闭合，接通KM2线圈，3区的主触点KM2闭合短接电阻R2；10区的辅助常开触点KM2（8–13）闭合，使时间继电器KT3线圈通电开始延时。KT3延时一段时间后，11区的延时闭合的常开触点KT3（8–14）延时闭合，接通KM3线圈，3区的主触点KM3闭合短接电阻R3，电动机M进入全压运行状态。11区的辅助常开触点KM3（8–14）闭合实现自锁，在6区的辅助常闭触点KM3断开，使KT1、KM1、KT2、KM2、KT3依次断电，将这些线圈的通电时间减少到最低限度，节约电能并延长电器的使用寿命，从而保证电路安全可靠工作，起动过程结束。需要停止时，按下停止按钮SB1，接触器KM和KM3均断电，电动机停止运行。

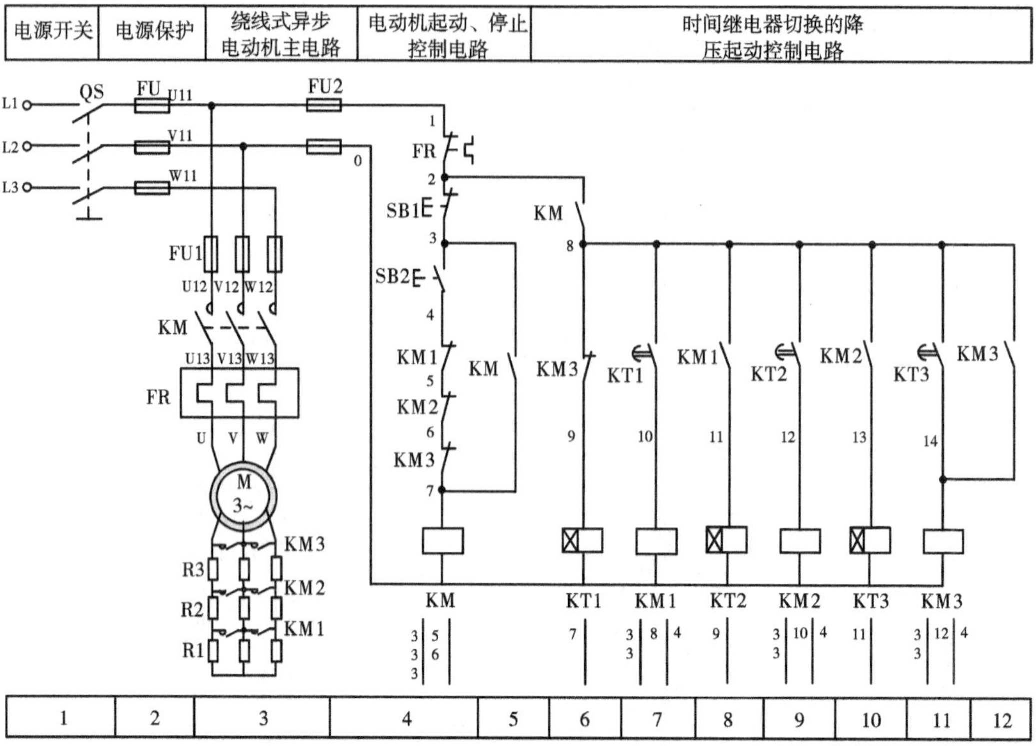

图2-26　用时间继电器自动控制的转子绕组串电阻起动控制电路

在上述电路中，一旦时间继电器损坏，电路将无法实现电动机正常起动和运行，此外电动机在起动过程中，采用逐段短接起动电阻的方法，会使电流和转矩突然增大，产生较大的机械冲击。

2.转子绕组串频敏变阻器起动控制

三相绕线式异步电动机采用转子串电阻起动时，使用的电器较多，控制电路复杂，能耗大，且逐级减小起动电阻的起动过程中，电流和转矩会突然增大，产生一定的电气和机械冲击。由于频敏变阻器的阻抗能够随着转子电流频率的减小而自动减小，为了获得较理想的机械特性，在工矿企业中对于不频繁起动、容量较大的三相绕线式异步电动机，通常采用转子绕组串频敏变阻器的起动方式，以实现对电动机的平稳起动。

频敏变阻器是由铸铁板或钢板叠成的三柱式铁心，在每个铁心上装有一个线圈，线圈的一端与转子绕组相连，另一端作星形连接，如图2-27所示。实质上，它就是一个铁心损耗非常大、阻抗值随频率明显变化的三相电抗器，主要由铁心与线圈两大部分组成，线圈采用星形连接方式，使用时将其串接在转子回路中，转子绕组的电流就是频敏变阻器的电流。

频敏变阻器的等效阻抗值能随着转子电流的频率下降而自动减小，即随转子电流频率的变化而变化，故称为“频敏”。电动机在起动瞬间转速为零，转子电流频率为电源频率，达到最高，此时频敏变阻器的阻值最大；随着电动机转速的升高，转子电流频率逐渐降低，变阻器的阻值随之减小；当电动机运行正常时，其阻抗变得非常小。由于频敏变阻器的阻抗值会自动地随转子电流频率减小而减小，因此，采用频敏变阻器可以实现无级平滑起动，起动完毕后，再将频敏变阻器短接切除，电动机即进入正常运行状态。

图2-27 频敏变阻器外形

转子绕线式异步电动机串频敏变阻器起动控制电路如图2-28所示，图中RF为频敏变阻器，接触器KM1用于接入电源，接触器KM2用于短接频敏变阻器。

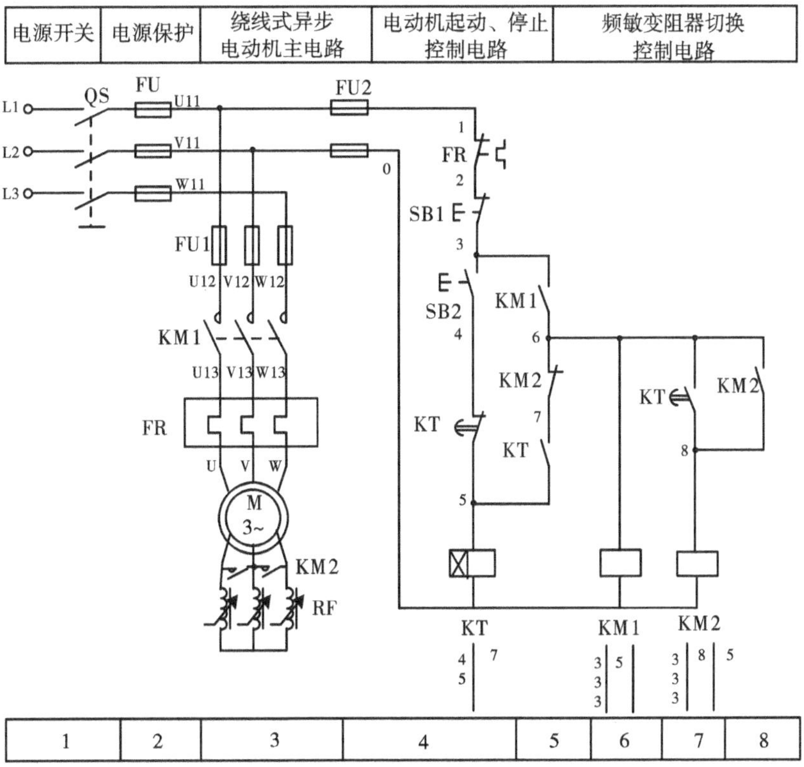

图2-28 转子绕线式异步电动机串频敏变阻器起动控制电路

具体的工作原理如下：

合上电源开关QS，按下起动按钮SB2（3–4），时间继电器KT线圈通电，5区的瞬动常开触点KT（5–7）闭合，接触器KM1线圈通电，5区的辅助常开触点KM1（3–6）闭合实现自锁，3区的主触点KM1闭合，电动机定子绕组接入电源，转子绕组串频敏变阻器开始起动，转速上升，时间继电器开始延时一段时间后，起动结束，7区的延时闭合的常开触点KT（6–8）延时闭合，KM2线圈通电，8区的辅助常开触点KM2（6–8）闭合实现自锁，3区的主触点KM2闭合，短接频敏变阻器，电动机进入正常运行状态。

在图2–28中，时间继电器的延时闭合的常闭触点KT（4–5）与起动按钮SB2之所以串联，是为了当时间继电器线圈出现断线或KM2触点粘连等故障时，避免出现电动机全压起动或转子长期串接频敏变阻器的不正常现象。

串频敏变阻器手动/自动控制电路

3.串频敏变阻器正反转起动控制

图2–29所示为三相绕线式异步电动机转子绕组串频敏变阻器正反转起动的手动和自动控制电路，图中SA为转换开关，KM1、KM2为正、反转接触器，KM3用于短接频敏变阻器RF，KT为时间继电器。该电路由正反转控制电路和串频敏变阻器起动控制电路组合而成，该电路的正反转起动的工作过程读者可以自行分析。

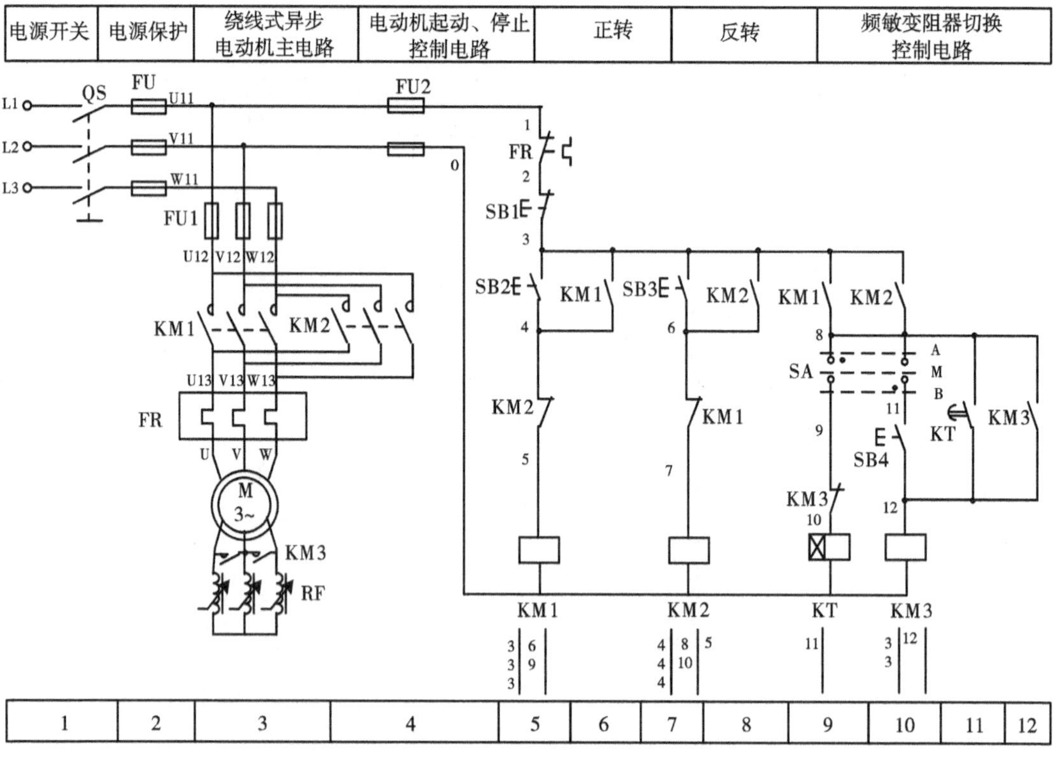

图2–29　三相绕线式异步电动机转子绕组串频敏变阻器正反转起动的手动和自动控制电路

2.6 三相异步电动机的制动控制

电动机的制动控制

电动机切除电源后因惯性作用，转子不会立即停转，停机时间拖得太长，影响生产效率，并造成停机位置不准确、工作不安全等现象。因此，在实际生产中，通常会采取有效的制动措施，强迫电动机迅速停止运行。

三相异步电动机的制动一般采用机械制动和电气制动两种方法。其中机械制动主要利用电磁抱闸制动和电磁离合器制动等机械装置来强迫电动机迅速停车。电气制动是使电动机工作在制动状态，使电动机的电磁转矩方向与电动机的旋转方向相反，从而起制动作用，主要有反接制动和能耗制动两种制动方式。

2.6.1 反接制动控制电路

反接制动是利用改变电动机电源的相序，使定子绕组产生相反方向的旋转磁场，从而产生制动转矩，使电动机转子迅速降速的一种制动方法。为了防止转子降速后反向起动，要求当电动机转速接近于零时应迅速切断电源。

另外，转子与突然反向的旋转磁场的相对速度接近于两倍的同步转速，所以定子绕组中流过的反接制动电流相当于全压起动电流的两倍。为了防止定子绕组过热和减小制动电流的冲击，一般在10kW以上的电动机主电路中串接制动电阻，该电阻称为反接制动电阻。反接制动电阻的接线方法有对称和不对称两种，采用对称接法可以在限制制动转矩的同时也限制制动电流；采用不对称接法只能限制制动转矩，未加制动电阻的那一相仍有较大的电流。

1.电动机单向运行的反接制动

三相异步电动机单向运行反接制动的控制线路如图2-30所示。在图2-30中，KM1为单向运行接触器，KM2为反接制动接触器，KS为速度继电器，它与电动机同轴相连，R为反接制动电阻，串入R的目的是限制反接制动电流，以减小冲击电流。通过上述分析可知，反接制动的关键点是改变电动机电源的相序，并且在转速下降接近于零时，能自动将电源切除，以免引起反转，为此电路中采用速度继电器KS检测电动机转速的变化。

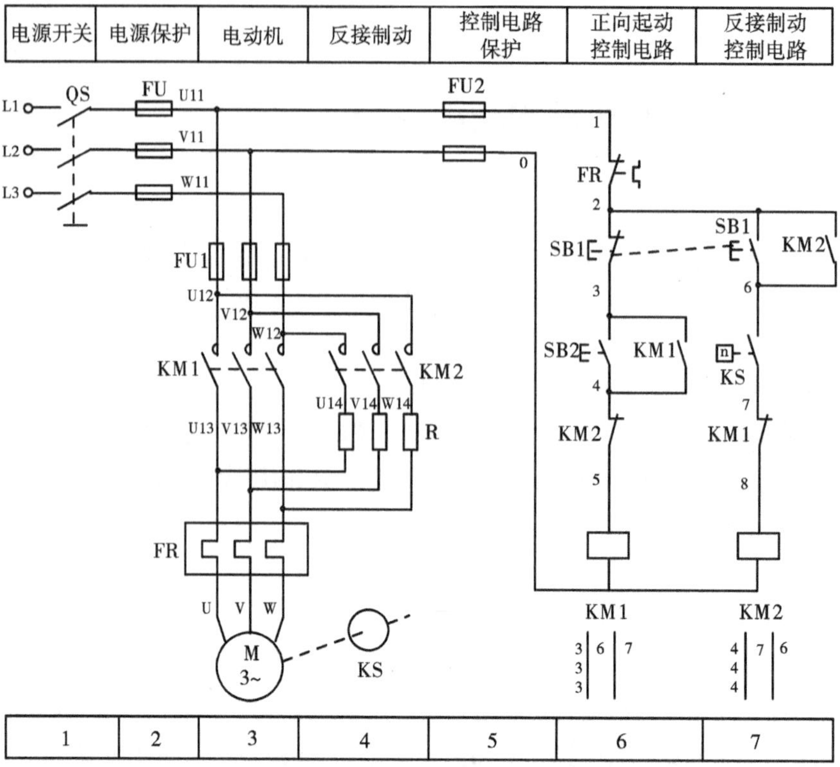

图2-30　三相异步电动机单向运行反接制动控制电路

电路工作过程如下：

（1）起动控制

合上电源开关QS，按下起动按钮SB2（3–4），6区的接触器KM1线圈通电并自锁，其在3区的主触点闭合，电动机定子绕组接入电源开始全压起动并运行；同时在7区的辅助常闭触点KM1（7–8）断开，切断接触器KM2线圈回路，实现互锁。当电动机转速上升到120r/min时，速度继电器的常开触点KS（6–7）闭合，为电动机的反接制动停止做好准备。

（2）反接制动控制

当电动机M需要制动停车时，按下停止按钮SB1，其常开触点SB1（2–6）闭合，常闭触点SB1（2–3）断开，接触器KM1线圈断电，3区主电路中的KM1常开主触点复位，电动机M脱离电源，但此时电动机因惯性作用仍然以很高的速度旋转，速度继电器的常开触点KS（6–7）仍然闭合，KM2线圈通电并自锁，在6区的辅助常闭触点KM2（4–5）断开，实现互锁；4区主电路中的KM2主触点闭合，电动机通过制动电阻R接入反相序电源，电动机转轴上受到一制动性质的电磁转矩，进入反接制动状态，电动机转速迅速下降。当电动机转速下降到接近100r/min时，速度继电器的常开触点KS（6–7）复位断开，接触器KM2线圈断电，4区的常开主触点复位，电动机脱离电源，反接制动结束。

2.电动机正反转（可逆运行）的反接制动

在正反转中，若需要反接制动，制动电路会比较复杂。图2–31所示是三相异步电动机正反转运行的反接制动控制电路。接触器KM1是正转接触器，也是反转运行时的反接制动用接触器；同理，接触器KM2是反转接触器，也是正转运行时的反接制动用接触器，接触器KM3用于短接限流电阻R；中间继电器KA1和KA3与接触器KM1和KM3配合完成电动机的正向起动、制动的控制要求；中间继电器KA2和KA4与接触器KM2和KM3配合完成电动机的反向起动、制动的控制要求；速度继电器KS的两对常开触点KS1和KS2用于反馈电动机正转和反转的速度值，实现反接制动的及时控制。电阻R既是反接制动电阻，也是正反向起动的起动限流电阻。

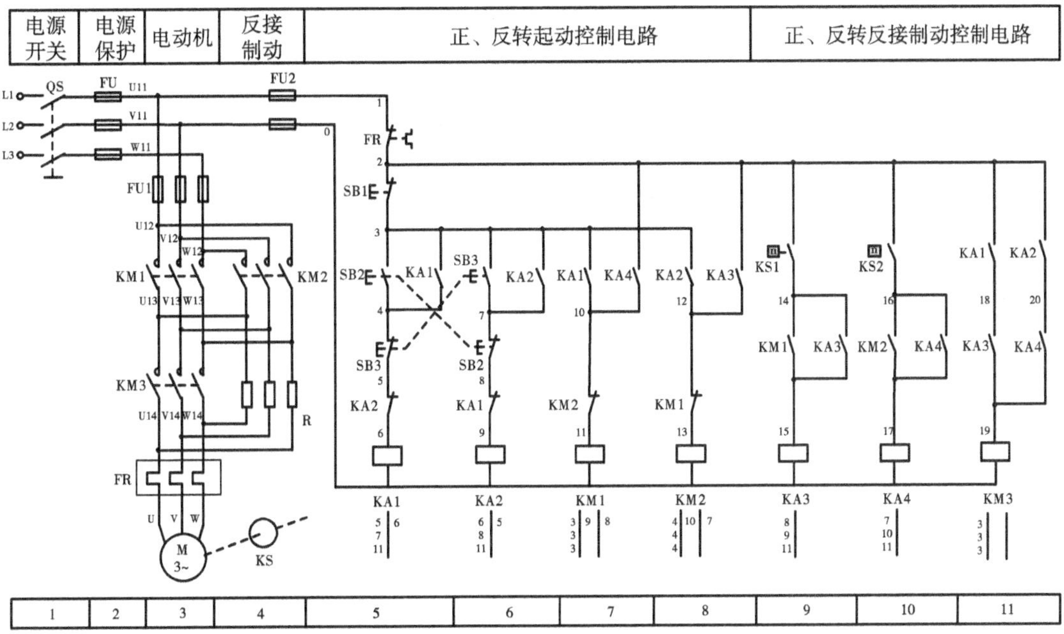

图2-31 三相异步电动机正反转运行的反接制动控制电路

电路的工作过程如下：

（1）正转起动

合上电源开关QS，按下正向起动按钮SB2（3–4），5区的中间继电器KA1线圈通电，其常开触点KA1（3–4）闭合后实现自锁，11区的常开触点KA1（2–18）闭合，为KM3通电做准备；6区的常闭触点KA1（8–9）断开KA2线圈实现互锁；7区的常开触点KA1（3–10）闭合，接触器KM1线圈通电，3区主电路中的接触器KM1主触点闭合，电动机M串联电阻R开始降压起动。8区的辅助常闭触点KM1（12–13）断开KM2线圈实现互锁；9区的辅助常开触点KM1（14–15）闭合，为KA3线圈通电做准备。当电动机达到一定转速后，速度继电器的常开触点KS1（2–14）闭合，中间继电器KA3线圈通电，11区的常开触点KA3（18–19）闭合，接触器KM3线圈通电，3区主电路中的接触器KM3主触点闭合，电阻R被短接后电动机M全压正转运行，正转起动结束。

（2）正转反接制动

当电动机需要停转时，按下停止按钮SB1（2–3），5区的中间继电器KA1线圈断电，常开触点KA1（3–10）断开，KM1线圈断电，3区主电路中的KM1主触点断开，电动机M断开电源惯性运转；11区的常开触点KA1（2–18）断开后，接触器KM3线圈断电，4区主电路中的KM3主触点断开，电阻R接入制动进行限流。8区的辅助常闭触点KM1（12–13）复位闭合，因惯性作用，电动机的转速仍然很高，速度继电器的常开触点KS1（2–14）仍闭合，中间继电器KA3仍通电，8区的常开触点KA3（2–12）闭合，接触器KM2线圈通电，4区的主触点KM2闭合，电动机M串电阻R开始进行反接制动；当电动机M转速下降到一定值后，速度继电器常开触点KS1（2–14）断开,9区的中间继电器KA3线圈断电,8区的常开触点KA3（2–12）断开，交流接触器KM2线圈断电，4区主电路中的主触点KM2断开，电动机M断开电源，正转反接制动结束。

反转起动和反转反接制动的过程，读者可以参照上述过程自行分析。

通过上述分析可知，反接制动的特点是制动迅速、效果好，但是制动准确性差、制动过程冲击大，且易损坏零件，制动消耗的能量大，不适用于频繁制动的场合。因此反接制动一般用于制动要求迅速、系统惯性较大且不经常起动和制动的场合。

2.6.2 能耗制动控制电路

三相异步电动机的能耗制动，是在切断电动机三相交流电源的同时，迅速在定子绕组任意两相中通入直流电源，以产生起阻止作用的静止磁场，利用转子感应电流与恒定磁场的作用产生制动转矩，达到制动的目的。此时，电动机转子的动能变成电能损耗在转子回路中。根据制动的控制原则，常用的有时间控制和速度控制两种。

能耗制动的特点是制动准确平稳，且比反接制动所消耗的能量小，其制动电流比反接制动要小得多，但能耗制动需要安装整流装置获得直流电源，设备费用较高，制动力较弱，在低速时制动力矩小。因此，能耗制动适用于电动机容量较大，要求制动准确平稳和制动频繁的场合。

1.时间原则控制的能耗制动

（1）电动机单向运行按时间原则的能耗制动控制电路

图2–32为三相异步电动机单向运行按时间原则的能耗制动控制电路，图中KM1为正常运行接触器，KM2为能耗制动接触器，KT为时间继电器，TC为整流变压器，VC为桥式全波整流元件。

电路的工作过程如下：

①起动控制。合上电源开关QS，按下起动按钮SB2（3–4），5区的接触器KM1线圈通电并自锁，3区主电路中的接触器主触点KM1闭合，电动机全压起动并正常运行。

②能耗制动。在电动机需要停止时，按下停止按钮SB1，5区的停止按钮常闭触点SB1（2–3）断开，接触器KM1线圈断电，3区主电路中的主触点KM1复位，切断电动机三相交流电源；6区的停止按钮常开触点SB1（2–6）闭合，接触器KM2线圈和时间继电器KT线圈同时通电并自锁。4区的主触点KM2闭合，将桥式整流后的直流电流通入电动机任意两相定子绕

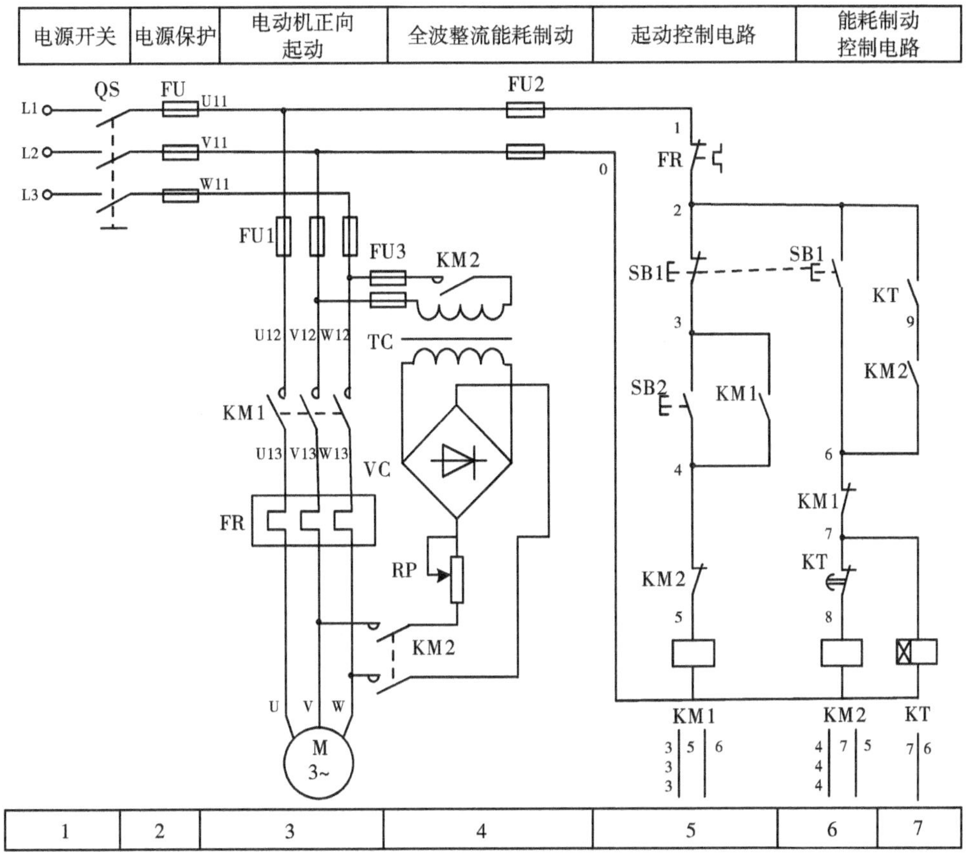

图2-32　三相异步电动机单向运行按时间原则的能耗制动控制电路

组中，电动机进入能耗制动状态，转子转速迅速下降，当其转速接近零时，时间继电器延时断开的常闭触点KT（7–8）断开，接触器KM2和时间继电器KT的线圈一起断电，能耗制动过程结束。

7区的时间继电器瞬动常开触点KT（2–9）与接触器辅助常开触点KM2（6–9）串联完成自锁是考虑到当KT线圈断线或发生其他机械故障时，电动机在按下停止按钮SB2后能迅速制动，保证定子绕组不会长期接入能耗制动电流。

（2）电动机可逆运行按时间原则的能耗制动控制电路

图2–33为三相异步电动机可逆运行按时间原则的能耗制动控制电路，图中KM1、KM2分别为正、反转接触器，KM3为能耗制动接触器。

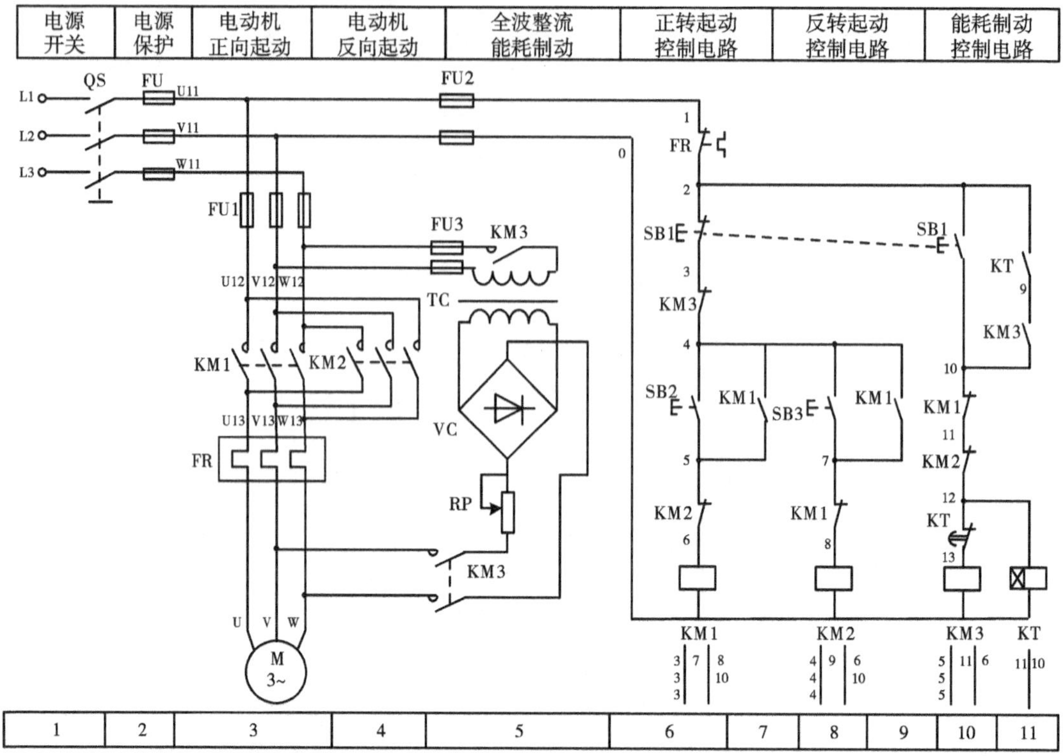

图2-33　三相异步电动机可逆运行按时间原则的能耗制动控制线路

电路的工作过程如下：

①起动控制。当电动机需要正转时，按下正转起动按钮SB2（4–5），正转接触器线圈KM1通电并自锁，3区主电路中的主触点KM1闭合，电动机M开始全压起动并运行；8区的辅助常闭触点KM1（7–8）断开，实现正反转的互锁；10区的辅助常闭触点KM1（10–11）断开，实现起动和制动的互锁。

②能耗制动。按下停止按钮SB1，6区的常闭触点SB1（2–3）断开，正转接触器线圈KM1断电，3区主电路中的主触点KM1断开，电动机M断开电源；10区的常开触点SB1（2–10）闭合，10区的常闭触点KM1（10–11）复位闭合，接触器线圈KM3通电，5区主电路中的主触点KM3闭合，将桥式整流后的直流电流通入电动机任意两相定子绕组中，电动机进入能耗制动状态，转子转速迅速下降，当其转速接近零时，时间继电器延时断开的常闭触点KT（12–13）断开，接触器KM3和时间继电器KT的线圈一起断电，能耗制动过程结束。

反转的能耗制动过程与上述类似，读者可以自行分析。

2.速度原则控制的能耗制动

（1）电动机单向运行按速度原则的能耗制动控制电路

图2-34为三相异步电动机单向运行按速度原则的能耗制动控制电路，该图与图2-32的控制原理基本相同，控制电路中取消了时间继电器KT，加装了速度继电器KS，用速度继电器的常开触点KS代替了时间继电器KT延时断开的常闭触点。

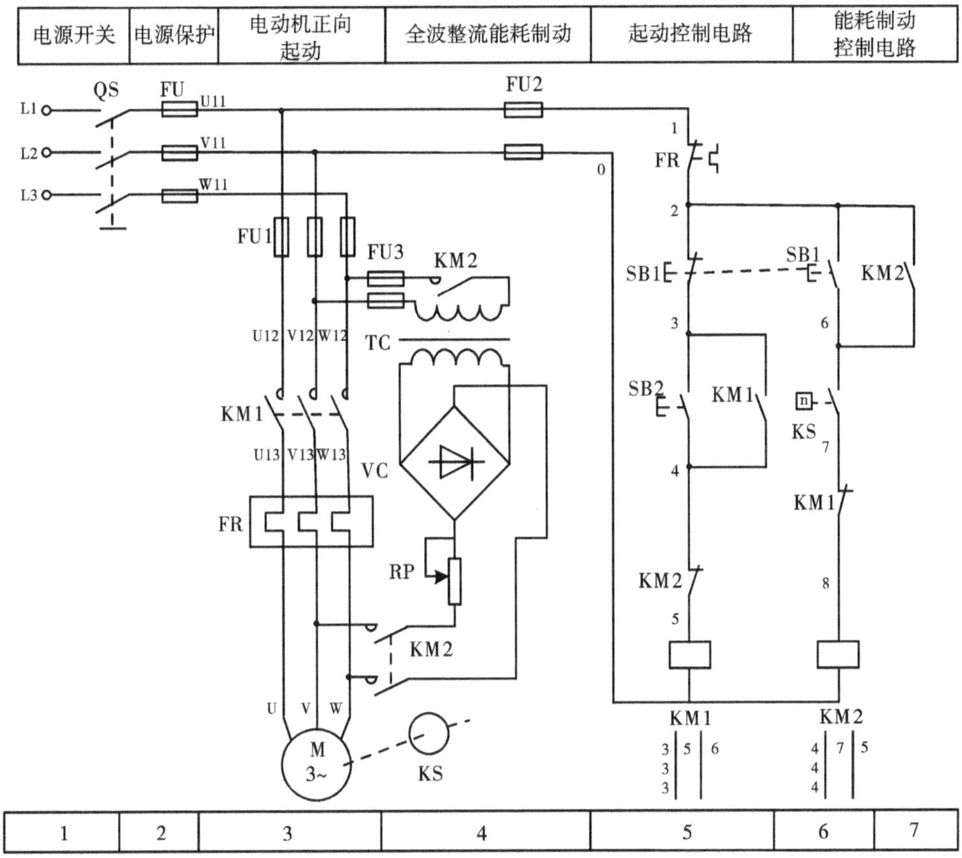

图2-34　三相异步电动机单向运行按速度原则的能耗制动控制电路

电路的工作过程如下：

①起动控制。合上电源开关QS，按下起动按钮SB2（3–4），5区的接触器KM1线圈通电并自锁，3区主电路中的接触器主触点KM1闭合，电动机全压起动并正常运行；6区的接触器辅助常闭触点KM1（7–8）断开，实现起动和制动的互锁；速度继电器的常开触点KS（6–7）闭合，为能耗制动做准备。

②能耗制动控制。按下停止按钮SB1，5区的常闭触点SB1（2–3）断开，接触器线圈KM1断电，3区主电路中的主触点KM1断开，电动机M断开电源；6区的常开触点SB1（2–6）闭合，6区的常闭触点KM1（7–8）复位闭合，接触器KM2线圈通电，4区主电路中的主触点KM2闭合，将桥式整流后的直流电流通入电动机任意两相定子绕组中，电动机进入能耗制动状态，转子转速迅速下降；5区的接触器辅助常闭触点KM2（4–5）断开，实现互锁。当电动机M的转速低于100r/min时，速度继电器常开触点KS（6–7）断开，接触器KM2线圈断电，能耗制动过程结束。

（2）电动机正反转运行按速度原则的能耗制动控制电路

图2-35为三相异步电动机正反转运行按速度原则的能耗制动控制电路，图中KM1、KM2分别为正、反转接触器，KM3为能耗制动继电器。

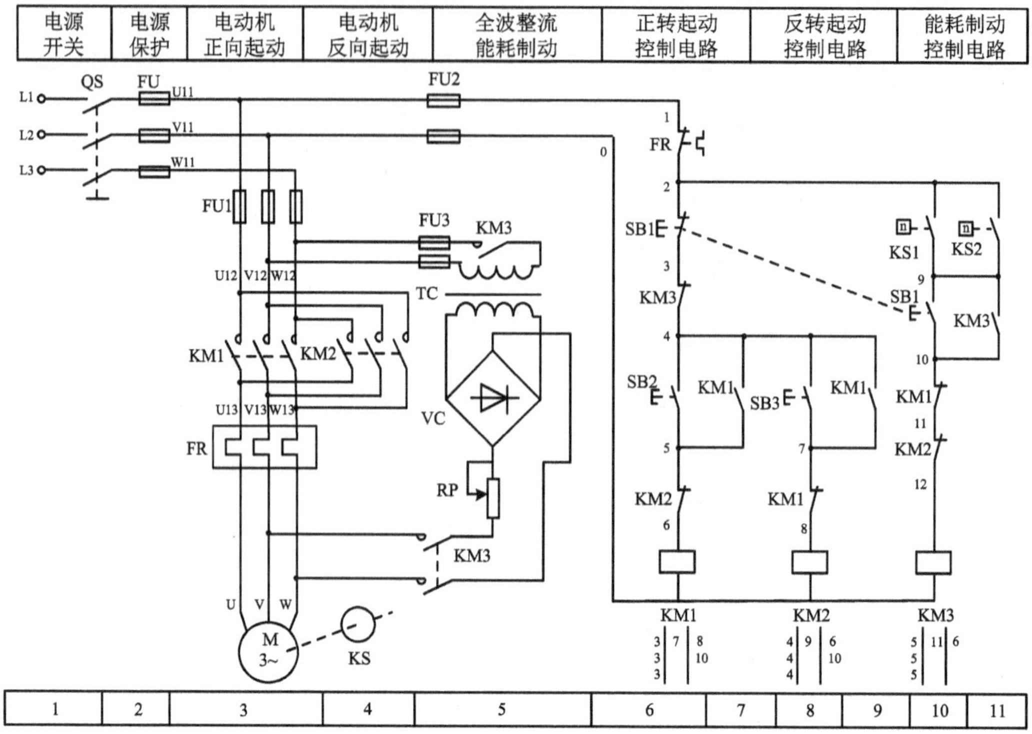

图2-35　三相异步电动机正反转运行按速度原则的能耗制动控制线路

电路的工作过程如下：

①起动控制。合上电源开关QS，按下起动按钮SB2（4–5），6区的接触器KM1线圈通电并自锁，3区主电路中的接触器主触点KM1闭合，电动机全压起动并正常运行；6区的接触器辅助常闭触点KM1（7–8）断开，实现正转和反转的互锁；10区的接触器辅助常闭触点KM1（10–11）断开，实现起动和制动的互锁；速度继电器的常开触点KS1（2–9）闭合，为能耗制动做准备。

②能耗制动控制。按下停止按钮SB1，6区的常闭触点SB1（2–3）断开，接触器KM1线圈断电，3区主电路中的主触点KM1断开，电动机M断开电源；10区的常开触点SB1（9–10）闭合，10区的常闭触点KM1（10–11）复位闭合，由于此时电动机转速仍然很高，速度继电器的常开触点KS1（2–9）闭合，接触器KM3线圈通电，5区主电路中的主触点KM3闭合，将桥式整流后的直流电流通入电动机任意两相定子绕组中，电动机进入能耗制动状态，转子转速迅速下降；6区的接触器辅助常闭触点KM3（3–4）断开，实现起动和制动的互锁。当电动机M的转速低于100r/min时，速度继电器常开触点KS1（2–9）断开，接触器KM3线圈断电，能耗制动过程结束。

电动机反转运行过程中的反接制动的过程与正转运行时类似，读者可以自行分析。

能耗制动的实质是把电动机转子储存的机械能转变成电能，最后消耗在转子的制动上，制动作用的强弱与通入直流电流的大小、电动机的转速有关，一般通过调节主电路中的电阻R_P，就可以在一定范围内调节制动电流的大小，从而调节制动的强弱。

（3）无变压器单管能耗制动控制电路

前面介绍的几种能耗制动控制电路都需要变压器和全波整流电路，对于较大功率的场合甚至还必须采用三相整流电路，所需设备较多、成本高。对于10kW以下的电动机，在制动要求不高时，可以采用无变压器单管能耗制动，一般采用单只晶体管半波整流器作为直流电源，电路简单，附加设备少。图2-36是无变压器单管能耗制动控制电路，图中KM1为正常运行接触器，KM2为制动接触器，KT为制动时间继电器。该电路的整流电源电压是220V，由主触点KM2接到电动机定子绕组，经过整流二极管VD接到电源中线N构成闭合回路。制动时，电动机M的U、V相由接触器KM2主触点进行短接后，转子受单一方向的制动转矩作用。

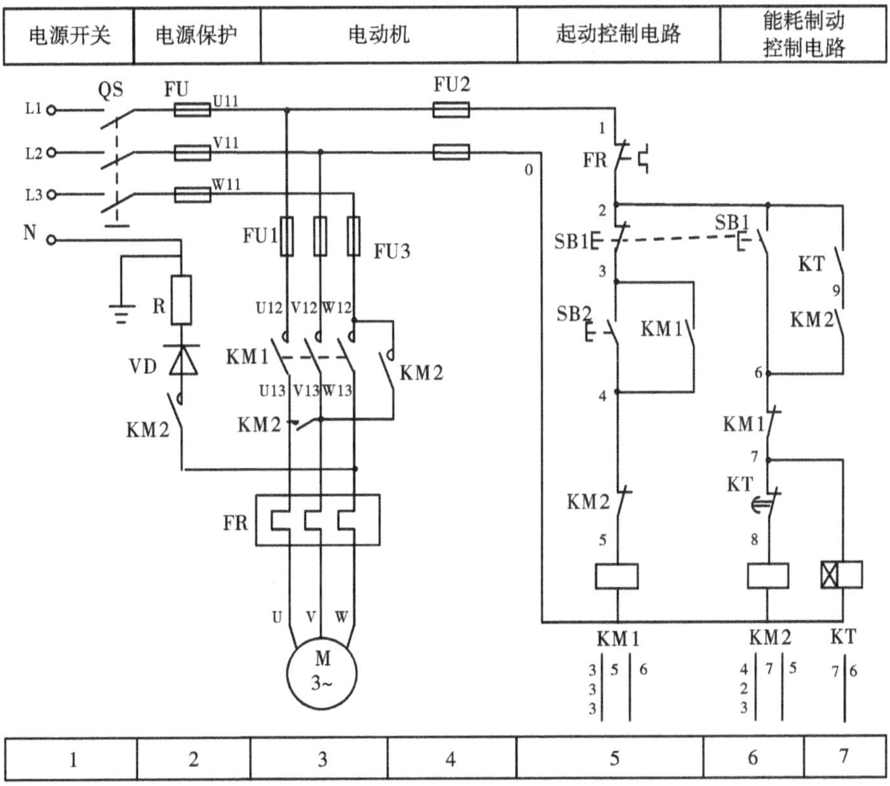

图2-36 无变压器单管能耗制动控制电路

电路制动的过程如下：

在电动机需要停止时，按下停止按钮SB1，5区的停止按钮常闭触点SB1（2-3）断开，接触器KM1线圈断电，3区主电路中的主触点KM1复位，切断电动机三相交流电源；6区的停止按钮常开触点SB1（2-6）闭合，接触器KM2线圈和时间继电器KT线圈同时通电并自锁。4区的主触点KM2闭合，将单管整流后的直流电流通入电动机定子绕组中，电动机进入能耗制动状态，转子转速迅速下降，当其转速接近零时，时间继电器延时断开的常闭触点KT（7-8）断开，接触器KM2和时间继电器KT的线圈一起断电，能耗制动过程结束。

直流电动机的控制

电气控制系统的保护环节

习题与思考

一、选择题

1.电气控制系统图中用于表明电动机、电器元件实际位置的图是（　　）。

A.电气原理图　　B.功能图

C.电器元件布置图　　D.电气安装接线图

2.电路图中接触器线圈图形符号下左栏中的数字表示接触器（　　）所在的图区号。

A.主触点　　B.辅助常开触点　　C.辅助常闭触点　　D.线圈

3.电气控制电路的电源引入线采用（　　）。

A.U、V、W标号　　B.a、b、c标号

C.L1、L2、L3标号　　D.1、2、3、4标号

4.三相笼型异步电动机全压起动电流过大，一般可达到额定电流的（　　）倍。

A.2 ～ 3　　B.3 ～ 4　　C.4 ～ 7　　D.10 ～ 20

5.三相异步电动机反接制动的优点是（　　）。

A.制动平稳　　B.能耗较小　　C.制动迅速　　D.定位准确

6.在多地控制原则中，起动按钮应______，停止按钮应_____（　　）。

A.并联，串联　　B.串联，并联　　C.并联，并联　　D.串联，串联

7.合上电源开关，按下起动按钮，电动机开始运转，则称该电路________；若按下停止按钮，电动机停止运转，则称该电路______（　　）。

A.接通，分断　　B.接通，断开　　C.闭合，分断　　D.闭合，断开

8.自锁控制电路具有失压保护功能，实现该功能的电器是（　　）。

A.按钮SB　　B.热继电器FR

C.熔断器FU　　D.交流接触器KM

9.改变三相异步电动机的电源相序是为了使电动机（　　）。

A.改变转速　　B.改变功率　　C.改变旋转方向　　D.降压起动

10.采用Y-△降压起动的笼型异步电动机，正常工作时定子绕组接成（　　）。

A.三角形　　B.星形

C.星形或三角形　　D.定子绕组中间带抽头

二、判断题

1.画电气原理图时，主电路、控制电路的左右布置可以随意，只要图纸美观。（　　）

2.在按钮和接触器双重联锁的正反转控制电路中，双重联锁是为了防止电源的相间短路。（　　）

3.反接制动就是改变输入电动机的电源相序，使电动机反向旋转。（ ）

4.点动和连续运行的主要区别是控制电器是否有互锁。（ ）

5.串频敏变阻器的起动方式可以使起动平稳，克服不必要的机械冲击力。（ ）

6.电器元件布置时应对弱电部分设置屏蔽措施，防止干扰。（ ）

7.在反接控制线路中，必须以时间为变化参数进行控制。（ ）

8.三相异步电动机Y-△降压起动过程中，定子绕组的自动切换由时间继电器延时动作来控制的控制方式被称为按时间原则的控制。（ ）

9. Y-△降压起动自动控制线路是按速度控制原则来控制的。（ ）

10.电气原理图中元件的图形符号，均按未通电、无外力作用的正常状态示出。（ ）

三、思考题

1.电气控制系统图有哪几种类型？分别有什么用途？

2.什么是互锁（联锁）？什么是自锁？试举例说明各自的作用。

3.电气控制线路常用的保护环节有哪些？各采用什么电器元件来实现？

4.分析自耦变压器降压起动控制线路，分析电动机M的起动过程和停止过程。

5.三相笼型异步电动机在什么情况下需要降压起动？常用的降压起动方法有哪些？

6.能耗制动和反接制动的原理有何不同？

7.分析习图2-1中各控制电路按正常操作时会出现什么现象？若不能正常工作，请加以改进。

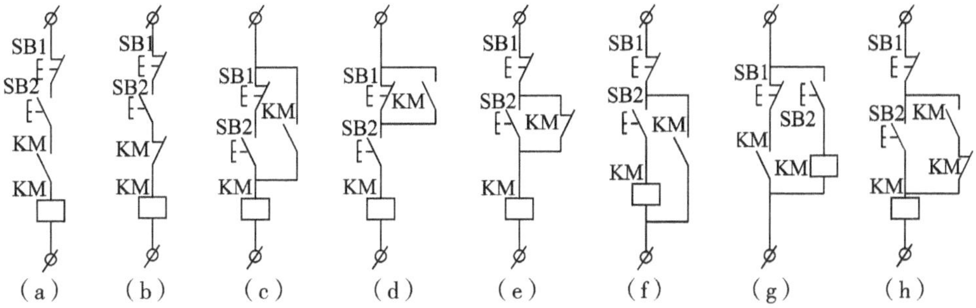

习图2-1

8.设计一台三相异步电动机的主电路和控制电路，要求该电动机能在两处用按钮起动和停止，并能实现点动功能。

9.设计一台三相异步电动机的主电路和控制电路，要求如下：

（1）可实现正反向点动控制；（2）可实现正反向连续运行控制；

（3）具有过载、短路保护。

10.在某专用机床设备中，主轴电动机和进给电动机的控制要求如下：

（1）先开主轴电动机M1（KM1），才能开进给电动机M2（KM2）；

（2）进给电动机可以自由停车；

（3）主轴电动机停车时，进给电动机将立即自动停车。

试设计满足上述要求的专用机床设备的主电路和控制电路。

11.如习图2–2所示，设计一小车运行的主电路和控制电路，其动作过程如下：

（1）小车由原位开始前进，到终点后自动停止；

（2）在终点停留2分钟后自动返回原位停止。

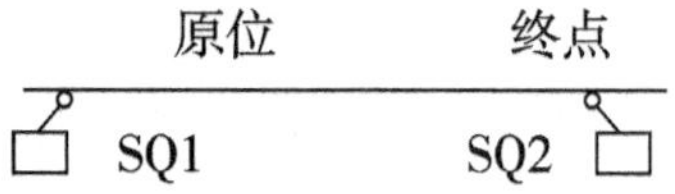

习图2–2

12.试设计一带有三个接触器控制的控制电路。控制要求如下：按下起动按钮后接触器KM1线圈通电，5s后接触器KM2线圈通电，经10s后接触器KM2线圈释放，同时接触器KM3线圈通电，再经15s后，接触器KM1、KM3线圈均释放。

第3章

电气控制电路的分析与设计

知识点	● 电气控制电路的分析内容。 ● 电气原理图的阅读分析方法。 ● 电气原理图的分析步骤。 ● C650 车床电气控制线路分析。 ● Z3040 摇臂钻床电气控制线路分析。 ● 电气控制系统的设计原则。 ● 电气控制系统的设计方法。 ● 电气控制电路设计实例。
重点难点	◆重点：电气原理图的分析方法；电气控制系统的设计方法。 ◆难点：C650 车床和 Z3040 摇臂钻床的电气控制电路分析；电气控制电路的设计。
学习要求	★熟练掌握 C650 车床和 Z3040 摇臂钻床的电气控制电路分析方法，电气控制系统的经验设计法。 ★理解电气控制系统的设计原则。 ★了解电气控制系统的分析内容和步骤；常用机床的结构和运动形式及电气控制要求。
问题引导	☆电气控制系统分析阅读的方法是什么? ☆如何阅读 C650 车床和 Z3040 摇臂钻床的电气控制电路? ☆如何设计符合控制要求的电气控制电路?

在工业生产过程中，生产机械种类繁多，继电器–接触器控制电路也有非常大的差别。本章通过典型机械电气控制电路的实例分析，进一步阐述电气控制电路的分析方法与步骤，培养读图能力，并掌握生产机械电气控制电路的原理，了解电气控制系统中机械、液压与电气控制配合的意义，为生产机械的电气控制系统的设计、安装、调试和维护打下坚实的基础。由于在机械加工设备中，机床最为常见，本章以C650车床、Z3040摇臂钻床为典型生产机械进行分析。

3.1 电气控制系统分析基础

电气控制电路分析基础

3.1.1 电气控制系统分析的内容

所谓分析电气控制系统，是指通过对各种技术资料的分析来掌握电气控制电路的工作原理、技术指标、使用方法、维护要求等。分析的具体内容主要有以下几个方面。

1.设备说明书

设备说明书由机械（包括液压部分）与电气两部分组成。通过阅读这两部分说明书，可以了解以下内容。

①设备的结构：主要技术指标、机械传动和液压气动的工作原理。

②电气传动方式：电动机和执行电器的数量、规格型号、安装位置、用途及控制要求等。

③设备的使用方法：包括各种操作手柄、开关、旋钮、指示装置的位置及在控制电路中的作用。

④与机械、液压部分直接关联的电器：行程开关、电磁阀和电磁离合器等的位置、工作状态及其与机械、液压部分的关系和作用。

2.电气设备的总装接线图

阅读分析总装接线图，可以了解整个电气控制系统的组成分布状况、各部分的连接方式、主要电气部件的布置和安装要求以及导线和穿线管的规格型号等。

3.电器元件布置图与安装接线图

在电气设备调试、检修中可通过电器元件布置图和安装接线图方便地找到各种电器元件和测试点，进行必要的调试、检测和维修保养。

4.电气控制原理图

电气控制原理图由主电路、控制电路、辅助电路、保护和联锁环节以及特殊控制电路等部分组成，是分析控制线路的中心内容。

在分析电气原理图时，必须与阅读其他技术资料结合起来。根据各电动机及执行元件的控制方式、位置及作用，各种与机械有关的位置开关、主令电器的状态来理解电气原理图。此外，还可通过设备说明书提供的电器元件资料查阅其技术参数，进而分析电气控制电路的主要参数，估计出各部分的电流和电压值，在调试或检修中可以合理使用仪表进行检测。

3.1.2 电气原理图阅读分析的方法与步骤

通过仔细阅读设备说明书，了解电气控制系统的总体结构、电器元件的分布情况和控制要求后，就可以分析电气控制原理图了。分析电气原理图最基本的方法是查线读图法。查线读图法是先从执行电器和电动机着手，从主电路上看有哪些元器件的触点，根据其组合规律看控制方式；然后在控制电路中由主电路控制元器件主触点的文字符号找到有关的控制环节及环节间的联系；接着从按起动按钮开始，查对电路，观察元器件的触点信号是如何控制其他控制元器件动作的，再查看这些被带动的控制元器件触点是如何控制执行电器或其他控制元器件动作的，并随时注意控制元器件的触点使执行电器有何运动或动作，进而驱动被控机械有何运动。

查线读图法的具体分析步骤如下：

①分析主电路。从主电路入手，根据每台电动机和执行电器的控制要求去分析各电动机和执行电器的控制内容，如电动机起动、转向、调速和制动等基本控制环节。

②分析控制电路。根据主电路中各电动机和执行电器的控制要求，逐一找出控制电器中的控制环节，将控制线路“化整为零”，按不同功能划分成若干个局部控制电路来进行分析。从电源和主令信号开始，经过逻辑判断，写出控制流程，用简便明了的方式表达出电路的自动工作过程。如果控制电路较复杂，可先排除照明、显示等与控制关系不密切的电路，以便集中精力进行分析。

③分析辅助电路。辅助电路包括执行电器的工作状态显示、电源显示、参数测定、照明和故障报警等部分，其中很多部分是由控制电路中的元器件控制的，具有相对独立性，起辅助作用，但不影响主要功能。

④分析联锁与保护环节。生产机械对于安全性、可靠性有很高的要求，因此，除了合理选择拖动和控制方案外，在控制电路中还必须设置一系列电气保护和必要的电气联锁，在分析过程中不能遗漏。

⑤分析特殊控制环节。在某些控制电路中，还设置了一些相对独立的特殊环节。如产品计数装置、自动检测系统、晶闸管触发电路、自动调温装置等。这部分往往自成一个小系统，可参照上述分析过程，并灵活运用所学过的电子技术、检测技术等知识逐一分析。

⑥总体检查。在逐步分析局部电路的工作原理及控制关系之后，还必须用“集零为整”的方法来“统观全局”，从整体角度去检查和理解各控制环节之间的联系，如控制联锁关系、机电之间的配合和各种保护环节的设置等，看是否有遗漏。只有这样，才能清楚地理解每个电器元件的作用、工作过程及主要参数。最后对整机电气控制总结特点，加深对电气设备控制的理解。

3.2 C650车床的电气控制

车床是一种应用极为广泛的金属切削机床，能车削外圆、内孔、端面、螺纹和定型表面，在尾架装上钻头、铰刀等工具可以进行钻孔、铰孔和攻螺纹等加工。现在以C650普通卧式车床为例，说明生产机械电气原理图的分析过程。

3.2.1 卧式车床的主要结构及运动形式

C650 车床电气控制要求

1.车床的主要结构及运动形式

C650车床属于中型车床，加工工件的最大回转半径为1020mm，工件长度为3000mm。

其结构主要由床身、主轴箱、进给箱、溜板箱、刀架、丝杠、光杆和尾架等部分组成，如图3-1所示。

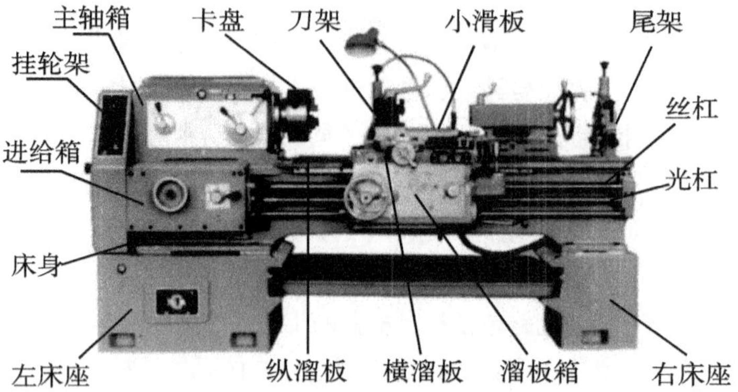

图3-1　普通卧式车床的结构

车床在加工过程中主要有主运动和进给运动两种运动形式。主运动是由主轴通过卡盘或顶尖带动工件的旋转运动，车削加工时，应根据加工工件、刀具种类、工件尺寸、工艺要求等来选择不同的切削速度。普通车床一般采用机械变速，车削加工时，一般不要求反转，但在加工螺纹时，为避免乱扣，要反转退刀，再以正向进刀继续进行加工，所以要求主轴能够实现正反转。

进给运动是溜板带动刀架的横向或纵向的直线运动。其运动方式有手动和自动两种。主运动与进给运动由一台主轴电动机驱动并通过各自的变速箱来调节主轴旋转或进给速度。

此外，为提高效率、减轻劳动强度，C650车床的溜板箱还能快速移动，称为辅助运动。

2. C650车床电气控制要求

C650车床由三台三相笼型异步电动机拖动，主轴电动机M1、冷却泵电动机M2和快速移动电动机M3，从车削工艺出发，对各电动机的控制要求如下。

①主轴与进给共用一台主轴电动机M1，主轴电动机M1的控制要求如下。

车削加工时，由于加工工件的材料性质、尺寸、工艺要求和加工方式等不同，要求主轴转速和进给速度在较大范围内可调，调节采用机械结构实现。由于该车床只是在切削时消耗功率较大，主轴电动机M1采用全压下的空载全压起动，一般只需单向运行。为避免车削螺纹时乱扣，要求主轴能实现正、反向旋转的连续运行。为便于对工件做调整运动，即对刀操作，要求主轴电动机能实现单方向的点动控制，同时定子串入电阻获得低速点动。

主轴电动机M1停车时，由于加工工件转动惯量较大，为提高工作效率迅速停车，采用反接制动的方法，同时串入电阻限制制动电流。加工过程中为显示主轴电动机工作电流，设有电流监视环节。

②为了避免在加工过程中刀具和工件温度过高而影响加工精度，采用冷却泵电动机M2提供冷却液，该电动机采用全压起动、单向连续运行工作方式。

③为了减轻工人的劳动强度，节约辅助工作时间，采用快速移动电动机M3，实现刀架快移，该电动机采用单向点动、短时运行工作方式。

④电路中应设有必要的保护和联锁环节，应有安全可靠的照明电路。

3.2.2 C650车床电气控制电路分析

C650 车床电气控制电路分析——主电路分析

1.主电路分析

C650车床的电气原理图如图3-2所示。

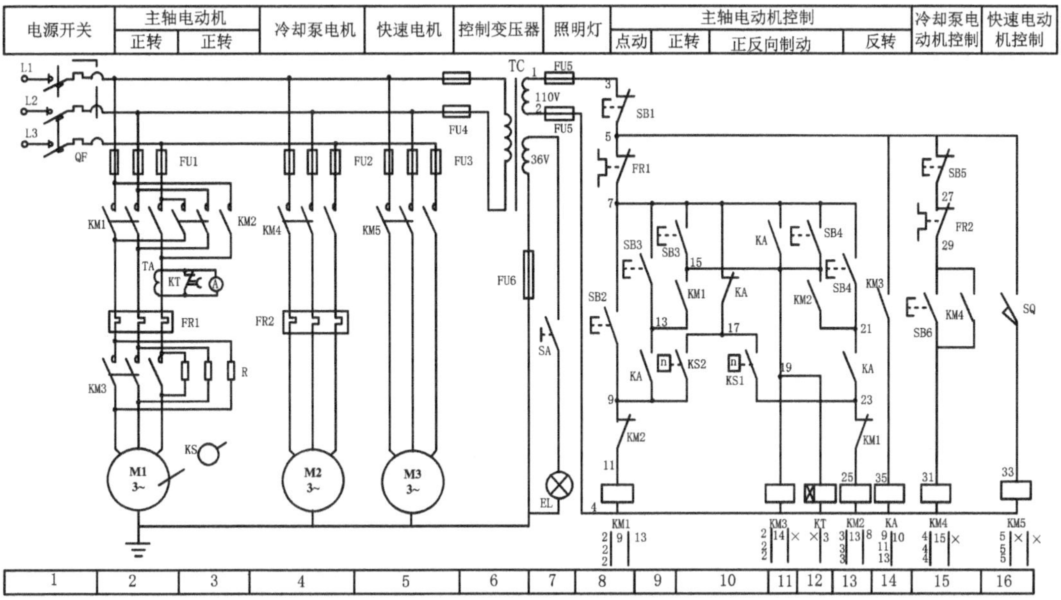

图3-2 C650车床的电气原理图

现在采用“查线读图法”对C650车床的电气原理图进行分析，以控制变压器为界，左边为主电路，右边为控制电路和辅助电路。具体的分析过程如下。

C650车床的主电路如图3-2所示，低压断路器QF将三相电源引入，主轴电动机M1的功率为30kW，熔断器FU1为主轴电动机M1提供短路保护，热继电器FR1为M1提供过载保护。接触器KM1实现正转控制，接触器KM2实现反转控制，电流互感器TA接电流表A用于在加工过程中，监测主轴电动机的电流大小。限流电阻R有两个作用：一是在点动时，可以防止因多次起动而过载，减小起动电流的连续冲击；二是在制动时，串入电阻R可以减小制动电流。KM3用于短接电阻R；KS为速度继电器，用于满足反接制动时的速度控制要求。

冷却泵电动机M2的功率为0.15kW，主要是在加工过程中提供冷却液，防止刀具和工件过热，熔断器FU2对M2进行短路保护，接触器KM4用于控制单向连续运行，热继电器FR2对M2进行过载保护。

快速移动电动机M3，用于对刀操作，可以让刀架快速移动到位，熔断器FU3对M2进行短路保护，接触器KM5控制快速移动电动机M3单向点动控制。由于溜板的快速移动是短时工作，快速移动电动机没有设置过载保护。

C650车床的主要电器元件如表3-1所示。

表 3-1 C650 车床的主要电器元件

序号	符号	名称	序号	符号	名称
1	M1	主轴电动机	13	FR2	热继电器
2	M2	冷却泵电动机	14	QS	隔离开关
3	M3	快速移动电动机	15	FU1	熔断器
4	KM1	交流接触器	16	FU2	熔断器
5	KM2	交流接触器	17	FU3	熔断器
6	KM3	交流接触器	18	SB2、SB6	起动按钮
7	KM4	交流接触器	19	SB3、SB4	起动按钮
8	KM5	交流接触器	20	SB1、SB5	停止按钮
9	KA	中间继电器	21	TA	电流互感器
10	KT	时间继电器	22	A	电流表
11	KS	速度继电器	23	R	限流电阻
12	FR1	热继电器	24	SQ	行程开关

2.控制电路分析

控制电路电源由控制变压器TC供给，控制电路交流电压为110V，照明电路交流电压为36V。FU5为控制电路短路保护用熔断器，FU6为照明电路短路保护用熔断器，照明灯EL由转换开关SA控制。控制电路按照“化整为零”的原则，按照功能分为三大部分，分别是主轴电动机的控制、冷却泵电动机的控制和快速移动电动机的控制。

C650 车床电气控制电路分析——控制电路分析

（1）主轴电动机M1的点动控制

主轴电动机M1的点动控制由点动按钮SB2控制。起动时，按下SB2，接触器KM1线圈通电，经由（1–3–5–7–9–11–4–2）形成闭合回路，KM1主触点闭合，主轴电动机M1定子绕组串限流电阻R降压起动，电动机在低速下正向起动并运行。当转速达到速度继电器KS动作值时，KS正转触点KS1闭合，为点动停止反接制动做准备。停止时，松开SB2，KM1线圈断电，KM1主触点复原，因KS1仍闭合，使KM2线圈通电，经由（1–3–5–7–17–23–25–4–2）形成闭合回路，主轴电动机M1被反接串入电阻R进行反接制动停车，当转速达到KS释放转速值时，KS1触点断开，反接制动结束。由于在点动过程中，中间继电器KA不通电，因此KM1不会自锁。

（2）主轴电动机M1的正反转控制

主轴电动机M1的正转由正向起动按钮SB3控制。按下起动按钮SB3，接触器KM3和时间继电器KT首先通电，经由（1–3–5–7–15–19–4–2）形成闭合回路，KM3主触点闭合将限流电阻R短接，为起动做好准备。辅助常开触点KM3（5–35）闭合，中间继电器线圈KA通电，经由（1–3–5–35–4–2）形成闭合回路，常开触点KA（13–9）闭合，正转接触器线圈KM1经由（1–3–5–7–13–9–11–4–2）形成闭合回路，2区接触器主触点KM1闭合，主轴电动机M1正转起动并运行。由于KM1的辅助常开触点KM1（15–13）和KA（7–15）均闭合，实现接触器KM1和KM3自锁，主轴电动机M1实现正向连续运行。图3–2中，常闭触点KA（7–17）断开，断开KS1和KS2，实现起动和制动的互锁功能。

此外，KT线圈通电后，主电路中的时间继电器KT的触点延时断开，说明在起动时，电流表A是被短接的，起动结束后，电流表A才接入电流互感器TA实现主轴电动机的运行电流监测。

主轴电动机M1的反转由反向起动按钮SB4控制，控制过程与正转控制类似。KM1、KM2的辅助常闭触点串接在对方线圈电路中起互锁作用。

（3）主轴电动机M1的反接制动控制

主电动机正反转运行停车时均有反接制动，制动时主轴电动机M1串入限流电阻R。图3-2中，KS1为速度继电器的正转常开触点，KS2为速度继电器的反转常开触点。制动时，当电动机的转速接近零时，用速度继电器的触点及时切断电源。

以主轴电动机M1正转运行反接制动为例。接触器KM1和KM3、中间继电器KA已通电吸合且KS1闭合。当需要正转停车时，按下停止按钮SB1，KM3、KM1、KA和KT线圈同时断电释放。KM3主触点断开，电阻R串入主轴电动机M1定子绕组，常闭触点KA（7-17）复原闭合，KM1主触点断开，断开M1主轴电动机正相序三相交流电源。此时电动机以惯性高速旋转，速度继电器触点KS1（17-23）仍闭合，当松开停止按钮SB1时，反转接触器KM2线圈经（1-3-5-7-17-23-25-4-2）闭合回路通电吸合，此时主轴电动机M1接入反相序三相电源，串入电阻R进行反接制动，使转速迅速下降，当转速低于100r/min时，KS1触点断开，反转接触器KM2线圈断电，反接制动结束，自然停车。主轴电动机M1反接制动时，KT线圈断电，3区的时间继电器KT的触点闭合，短接电流表A，电流表在制动过程中不监测主轴电动机M1的电流情况。

反转停车制动与正转停车制动类似，读者可自行分析。

（4）冷却泵电动机的控制和刀架的快速移动

冷却泵电动机M2的起动和停止是通过按钮SB5、SB6控制实现的。起动过程：按下起动按钮SB6，KM4线圈经（1-3-5-27-29-31-4-2）通电，4区的KM4主触点闭合，M2全压起动并运行，辅助常开触点KM4（29-31）闭合实现自锁，停止时只需按下停止按钮SB5即可。快速移动电动机M3的控制，只需转动刀架手柄压下限位开关SQ，接触器KM5通电，M3电动机起动后带动刀架快速移动，因无法自锁，只需松开刀架手柄，SQ断开，M3立即停止。

（5）辅助电路

照明电路采用36V电源供电，安全可靠，采用转换开关SA进行打开和关闭。监视主回路电流在前面已经介绍过，为防止电动机起动、点动和制动电流对电流表的冲击，电流表A在起动、点动和制动的过程中不参与电流的监测，因为此时监测的电流没有任何实际意义。

（6）完善的联锁与保护

主轴电动机正反转、起动和制动均设有互锁环节。熔断器FU1 ～ FU6实现短路保护。热继电器FR1、FR2实现M1、M2的过载保护。接触器KM1、KM2、KM4采用按钮与自锁控制方式，使电动机M1与M2具有欠电压与零电压保护。

3.电路特点

C650车床的电气控制电路特点如下：

①采用三台电动机拖动，尤其是车床溜板箱的快速移动单独由一台电动机拖动。

②主轴电动机不但有正反转，还有单向低速点动的调整控制，正反转停车时均有反接制动控制。

③设有监测主轴电动机工作电流的环节。

④具有完善的保护与联锁。

3.3 Z3040型摇臂钻床的电气控制

钻床是一种孔加工机床，可进行钻孔、扩孔、铰孔、攻螺纹及修刮端面等多种形式的加工。钻床按用途和结构可分为立式钻床、台式钻床、多轴钻床、摇臂钻床及其他专用钻床等。在各类钻床中，摇臂钻床操作方便、灵活，适用范围广，特别适用于单件或批量生产多孔大型零件，是一般机械加工车间常见的机床。下面以Z3040型摇臂钻床为例进行分析。

3.3.1 Z3040型摇臂钻床概述

Z3040 摇臂钻床主要电器元件目录

1. Z3040型摇臂钻床的主要结构及运动形式

摇臂钻床主要由底座、内/外立柱、摇臂、主轴箱及工作台等部分组成，其结构及运动情况如图3-3所示。内立柱固定在底座的一端，外面套有外立柱，外立柱可绕内立柱回转360°，摇臂的一端为套筒，套装在外立柱上，并借助升降丝杠的正反转可沿外立柱做上下移动。由于该丝杠与外立柱连成一体，而升降螺母固定在摇臂上，所以摇臂不能绕外立柱转动，只能与外立柱一起绕内立柱回转。主轴箱是一个复合部件，由主轴电动机和主轴传动机构、进给和变速机构及机床的操作机构等组成。主轴箱安装在摇臂的水平导轨上，可以通过手轮操作使其在水平导轨上沿摇臂移动，可以方便调整至机床尺寸范围内的任意位置。为适应不同高度工件的需要，可以调节摇臂在立柱上的位置。

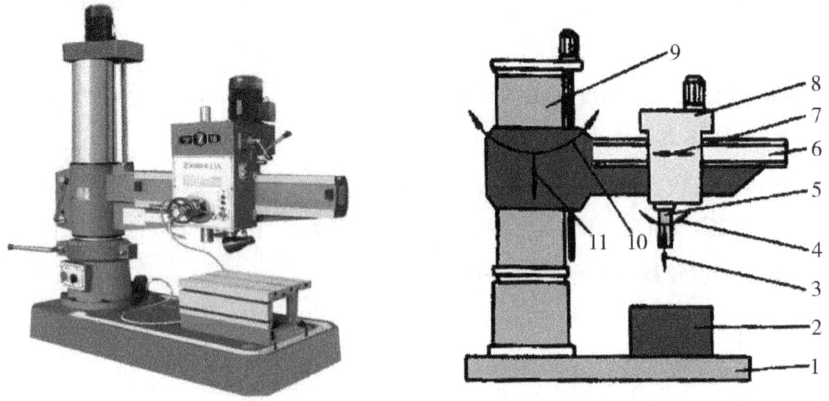

（a）外形　　（b）摇臂钻床结构及运动情况

1—底座；2—工作台；3—主轴纵向进给；4—主轴旋转主运动；5—主轴；6—摇臂；7—主轴箱沿摇臂径向运动；8—主轴箱；9—内/外立柱；10—摇臂回转运动；11—摇臂垂直移动。

图3-3　摇臂钻床结构及运动情况

当进行孔加工时，由特殊的夹紧装置将主轴箱紧固在摇臂导轨上，外立柱紧固在内立柱上，摇臂紧固在外立柱上，然后进行钻削加工。钻削加工时，钻头一面旋转进行切削，一面进行纵向进给。可见，摇臂钻床的运动方式如下：

主运动：主轴的旋转运动。

进给运动：主轴的纵向进给。

辅助运动：摇臂沿外立柱上下垂直移动；主轴箱沿摇臂长度方向移动；摇臂与外立柱一起绕内立柱回转运动。

2. Z3040型摇臂钻床的控制要求

①摇臂钻床采用多电动机拖动。设有主轴电动机M1、摇臂升降电动机M2、液压泵电动机M3及冷却泵电动机M4。4台电动机容量均较小，采用全压起动方式。

②摇臂钻床的主运动与进给运动由一台主轴电动机M1拖动，分别经主轴与进给传动机构实现主轴旋转和进给。为适应多种形式的加工，要求主轴及进给有较大的调速范围。

③加工螺纹时，主轴的正反转由机械方法获得，因此主轴电动机M1只需单向旋转。

④摇臂升降电动机M2要求正反转。内外立柱、主轴箱、摇臂的夹紧与松开和其他一些环节，采用液压技术。液压泵电动机用来驱动液压泵送出不同流向的压力油，推动活塞、带动菱形块动作来实现内外立柱的夹紧与松开以及主轴箱和摇臂的夹紧与松开，因此液压泵电动机M3需要正反转控制。

⑤摇臂的移动严格按照摇臂松开→摇臂移动→移动到位→摇臂夹紧的顺序进行。因此，摇臂的夹紧与松开和摇臂升降应按上述程序自动进行。

⑥钻削加工时，冷却泵电动机M4起动冷却泵，供出冷却液对钻头进行冷却。

⑦要求有必要的联锁与保护环节。

⑧具有机床安全照明电路和信号指示电路。

3. Z3040型摇臂钻床的液压系统

Z3040型摇臂钻床有两套液压控制系统：一套是操纵机构液压系统；一套是夹紧机构液压系统。前者安装在主轴箱内，用以实现主轴正反转、停车制动、空挡、预选及变速；后者安装在摇臂背后的电器盒下部，用以夹紧与松开主轴箱、摇臂及立柱。

（1）操纵机构液压系统

该系统压力油由主轴电动机拖动齿轮泵供给。在主轴电动机转动后，由操作手柄控制，使压力油进行不同的分配，以获得不同的动作。操作手柄有5个位置："空挡""变速""正转""反转""停车"。

①"停车"。主轴停转时，将操作手柄扳向"停车"位置，这时主轴电动机拖动齿轮泵旋转，使制动摩擦离合器作用，主轴不能转动实现停车。所以主轴停车时主轴电动机仍在旋转，只是使动力不能传递到主轴。

②"空挡"。将操作手柄扳向"空挡"位置，这时压力油使主轴传动系统中的滑移齿轮脱开，用手可轻便地转动主轴。

③“变速”。当主轴变速与进给变速时，将操作手柄扳向“变速”位置，改变两个变速旋钮进行变速，主轴转速和进给量的大小由变速装置实现。

④“正转”和“反转”。将操作手柄扳向“正转”或“反转”位置，主轴在机械装置的作用下，可实现主轴的正转或反转。

（2）夹紧机构液压系统

夹紧机构液压系统压力油由液压泵电动机拖动液压泵供给，以实现主轴箱、立柱和摇臂的夹紧与松开。其中，主轴箱和立柱的夹紧与松开由一个油路控制，摇臂的夹紧与松开由另一个油路控制，这两个油路均由电磁阀操纵，主轴箱和立柱的夹紧与松开由液压泵电动机点动就可实现。摇臂的夹紧与松开和摇臂的升降控制有关。

3.3.2 Z3040型摇臂钻床电气控制分析

1.主电路分析

图3-4为Z3040型摇臂钻床电气原理图。图3-4中，M1为主轴电动机，M2为摇臂升降电动机，M3为液压泵电动机，M4为冷却泵电动机。各电动机的控制特点如下：

①主轴电动机M1控制主轴的旋转运动和进给运动，为单向旋转，由接触器KM1控制；主轴的正转、反转、制动、停车、空挡、主轴变速和变速系统的润滑等，则由机床操纵机构液压系统实现，并由热继电器FR1实现长期过载保护。

②摇臂升降电动机M2由正、反转接触器KM2、KM3控制实现正、反转。摇臂的升降由电动机M2拖动，但摇臂的夹紧与松开则通过夹紧机构液压系统来实现。因此，控制电路保证在操纵摇臂升降时，首先使液压泵电动机起动旋转，供出压力油，经液压系统将摇臂松开，然后才使电动机M2起动，拖动摇臂上升或下降。在移动到位后，保证M2先停下，再自动通过液压系统将摇臂夹紧，最后液压泵电动机才停下。由于M2为短时工作，故不设长期过载保护。

③液压泵电动机M3由接触器KM4、KM5实现正、反转控制，电动机M3的主要作用是供给夹紧装置压力油，实现摇臂的夹紧与松开、立柱和主轴箱的夹紧与松开。热继电器FR2作为长期过载保护。

④冷却泵电动机M4电动机容量小，功率为125W，由组合开关SA直接控制其起动和停止，不设过载保护。

⑤主电路、控制电路、信号（指示）灯电路、照明电路的电源引入开关分别采用低压断路器QF1～QF5，低压断路器中过电流脱扣器作为短路保护取代了熔断器，并具有零电压保护和欠电压保护功能。

⑥设置了明显的指示装置，如主轴箱和立柱的松开指示、夹紧指示以及主轴电动机的旋转指示等。

2.控制电路分析

运行前，先将低压断路器QF2～QF4接通，再将电源总开关QF1扳到“接通”位置，引

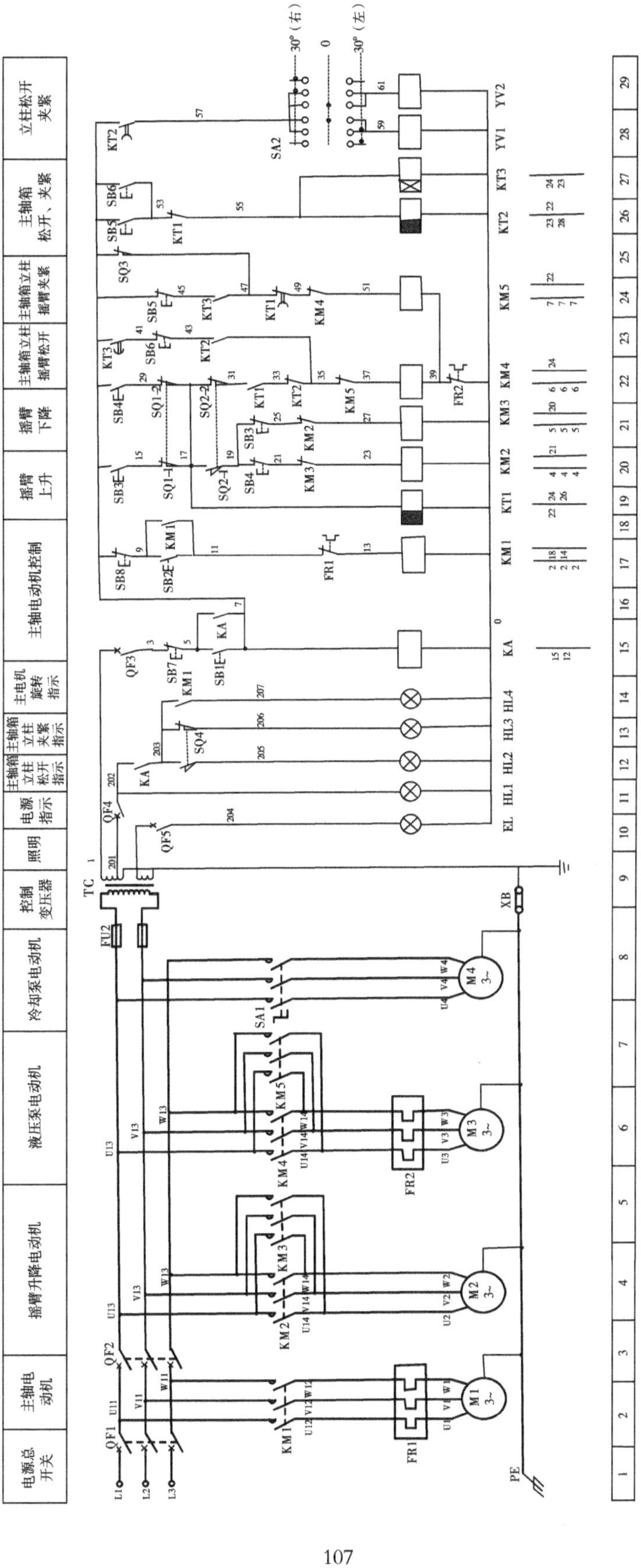

图3-4 Z3040摇臂钻床的电气原理图

入三相交流电源。电源指示灯HL1点亮，表示机床电气电路已处于带电状态。按下总起动按钮SB1，中间继电器KA线圈经（1-3-5-7-0）通电并自锁，为主轴电动机以及其他电动机的起动做好准备。

（1）主轴电动机的控制

主轴的旋转运动由主轴电动机M1拖动。起动时，先按下起动按钮SB1，中间继电器KA线圈通电，再按下起动按钮SB2，接触器KM1线圈经（1-3-5-7-9-11-13-0）通电并自锁，主轴电动机M1全压起动并运行。指示灯HL4为主轴电动机旋转指示。停车时，按停止按钮SB8后，KM1断电，由液压系统控制使主轴制动停车。必须指出，主轴的正反转运动是液压系统和正反转摩擦离合器配合共同实现的。

（2）摇臂升降的控制

摇臂钻床工作时摇臂夹紧在外立柱上，发出摇臂移动信号后，须先松开夹紧装置，当摇臂移动到位后，夹紧装置再将摇臂夹紧。这一过程要求能自动完成。

摇臂上升按钮SB3、下降按钮SB4及正转接触器KM2、反转接触器KM3组成具有双重互锁的电动机正反转点动控制电路。由于摇臂的升降控制须与夹紧机构液压系统密切配合，所以与液压泵电动机的控制密切相关。液压泵电动机正反转由正转接触器KM4、反转接触器KM5控制，控制双向液压泵工作送出压力油，经二位六通阀送至摇臂夹紧机构实现夹紧与松开。下面以摇臂上升为例进行分析。

按下摇臂上升按钮SB3，时间继电器KT1线圈经（1-3-5-7-15-17-0）通电，常开触点KT1（31-33）闭合，接触器KM4线圈经（1-3-5-7-15-17-31-33-35-37-39-0）通电，液压泵电动机M3起动供给正向压力油。压力油经分配阀体进入摇臂后松开油腔，推动活塞与菱形块，使摇臂松开。与此同时，活塞杆通过弹簧片压动限位开关SQ2，其常闭触点SQ2-2（17-31）断开，接触器KM4线圈断电释放，液压泵电动机M3停止运转。而SQ2的常开触点SQ2-1（17-19）闭合，接触器KM2线圈经（1-3-5-7-15-17-19-21-23-0）通电，KM2主触点接通摇臂升降电动机M2的电源，M2全压起动正向旋转运行，带动摇臂上升。

如果摇臂没有松开，SQ2的常开触点SQ2-1就不能闭合，KM2就不能通电，摇臂升降电动机M2不能旋转，保证了只有在摇臂可靠松开后才能使摇臂上升。

当摇臂上升到所需位置时，松开按钮SB3，接触器KM2和时间继电器KT1的线圈同时断电，摇臂升降电动机M2断电停止，摇臂停止上升。延时1～3s后，延时闭合的常闭触点KT1（47-49）闭合，接触器KM5的线圈经（1-3-5-7-47-49-51-39-0）线路通电，液压泵电动机M3反向起动供给反向压力油，压力油经分配阀进入摇臂的夹紧油腔，反方向推动活塞与菱形块，使摇臂夹紧。同时，活塞杆通过弹簧片使限位开关的常闭触点SQ3（7-47）断开，接触器KM5断电释放，液压泵电动机M3停止旋转，摇臂上升结束。

摇臂的下降过程与上升基本相同，夹紧与松开电路完全一样，所不同的是按下降按钮SB4时，接触器KM3线圈通电，摇臂升降电动机M2反转，带动摇臂下降。时间继电器KT1的作用是控制KM5的吸合时间，使M2停止运转后，再夹紧摇臂。KT1的延时时间应视摇臂在M2断电至停转前的惯性大小调整，应保证摇臂停止上升（或下降）之后才进行夹紧，一般调整时间为1～3s。行程开关SQ1担负摇臂上升或下降的极限位置保护功能。SQ1有两对常闭触点，触点SQ1-1（15-17）是摇臂上升时的极限位置保护，触点SQ1-2（29-17）是摇臂下降时的极限位置保护。行程开关的常闭触点SQ3（7-47）在摇臂可靠夹紧后断开。如果液压夹紧机构出现故障，或SQ3调整不当，将使液压泵电动机M3过载。为此，采用热继电器FR2进行过载保护。

（3）立柱和主轴箱的松开与夹紧控制

立柱和主轴箱的松开与夹紧控制可单独进行，也可同时进行，由转换开关SA2和复合按钮SB5（或SB6）进行控制。SA2有三个位置：中间位（零位）时，立柱和主轴箱的松开或夹紧同时进行；上位为立柱的夹紧或松开；下位为主轴箱的夹紧或松开。复合按钮SB5、SB6分别为松开、夹紧控制按钮。

以主轴箱的松开和夹紧为例：先将SA2扳到右侧，触点（57-59）接通、触点（57-61）断开。当要主轴箱松开时，按松开按钮SB5，时间继电器KT2、KT3的线圈同时得电，KT2是断电延时型时间继电器，它的断电延时断开的常开触点KT2（7-57）在通电瞬间闭合，电磁阀YV1通电（1-3-5-7-57-59-0）吸合。经1 ～ 3s延时后，KT3的延时闭合常开触点KT3（7-41）闭合，接触器KM4线圈经（1-3-5-7-41-43-35-37-39-0）线路通电，液压泵电动机M3正转，压力油经分配阀进入主轴箱油缸，推动活塞使主轴箱松开。活塞杆使行程开关SQ4复位，SQ4常开触点闭合、SQ4常闭触点断开，指示灯HL2亮，表示主轴箱已松开。

主轴箱夹紧的控制线路及工作原理与松开时相似。把松开按钮SB5换成夹紧按钮SB6，接触器KM4换成KM5，M3由正向转动变成反向转动，指示灯HL2换成HL3即可。

当把转换开关SA2扳到左侧时，触点（57-61）接通、触点（57-59）断开。按松开按钮SB5或夹紧按钮SB6时，电磁阀YV2通电，此时立柱松开或夹紧。SA2在中间位时，触点（57-59）、触点（57-61）均接通。按SB5或SB6，电磁阀YV1、YV2均通电，主轴箱和立柱同时进行松开或夹紧。其他动作过程与主轴箱松开和夹紧时完全相同。

由于立柱和主轴箱的松开与夹紧是短时间的调整工作，故采用点动控制方式。

（4）冷却泵电动机M4的控制

M4电动机由组合开关SA1手动控制、单向旋转。

（5）联锁与保护环节

行程开关SQ1实现摇臂上升与下降的限位保护。行程开关SQ2实现摇臂松开到位，开始升降的联锁。行程开关SQ3实现摇臂完全夹紧，液压泵电动机M3停止运转的联锁。时间继电器KT1实现升降电动机M2断开电源、待M2停止后再进行夹紧的联锁。电动机M2正反转具有双重联锁，电动机M3正反转具有电气联锁。

SB5、SB6是立柱与主轴箱松开、夹紧按钮的常闭触点，串接在KM4、KM5线圈电路中，实现立柱与主轴箱松开、夹紧操作时，压力油只进入立柱与主轴箱夹紧油腔而不进入摇臂夹紧油腔。

熔断器FU1 ～ FU5实现电路的短路保护。热继电器FR1、FR2为电动机M1、M3的过载保护。

3.照明与信号指示电路分析

EL为机床局部照明灯，由控制变压器TC供给24V安全电压，由低压断路器QF5控制。

HL1为电源指示灯；HL2为主轴箱与立柱松开指示灯，灯亮表示已松开，可以手动操作主轴箱沿摇臂移动或推动摇臂回转。

HL3为主轴箱与立柱夹紧指示灯，灯亮表示已夹紧，可以进行钻削加工。

HL4为主轴旋转工作指示灯。

4. Z3040型摇臂钻床电气控制特点

①Z3040型摇臂钻床是机、电、液的综合控制系统。机床有两套液压系统：一套是由单向旋转的主轴电动机拖动齿轮泵送出压力油，通过操作手柄来操纵机构实现主轴正反转、停车制动、空挡、预选与变速的操纵机构液压系统；另一套是由液压泵电动机拖动液压泵送出压力油来实现摇臂的夹紧与松开、主轴箱和立柱的夹紧与松开的夹紧机构液压系统。

②摇臂的升降控制和摇臂的夹紧与松开的控制有严格的程序要求，以确保先松开，再移动，移动到位后自动夹紧。所以对电动机M3、M2的控制有严格的程序要求，这些由电气控制电路控制，液压、机械配合来实现。

③电路具有完善的保护和联锁，有明显的信号指示。

3.4 电气控制系统设计

电气控制系统设计内容

3.4.1 电气控制系统设计的内容

1.电气控制系统设计的基本任务和内容

电气控制系统设计的基本任务是根据控制要求，设计和编制出电气设备制造和使用维修中必备的图样和资料等。图样包括电气原理图、电气系统的组件划分图、电器元件布置图、安装接线图、电气简图、控制面板图、元器件安装底板图和非标准件加工图等。资料有外购件清单、材料消耗清单及设备说明书等。

生产机械的电气控制系统设计包括电气控制原理设计和工艺设计两部分。电气控制原理设计是以满足生产机械和工艺的基本要求为目标而进行的电气控制系统设计，综合考虑设备的自动化程度和技术的先进性，决定着生产机械设备的合理性和先进性以及自动化程度的高低，是电气控制系统设计的核心内容，是工艺设计和制定其他技术资料的依据。工艺设计则要满足电气控制装置本身的制作、使用和维修的需要，决定着电气控制系统生产的可行性、经济性、外观、使用与维修的方便性等技术和经济指标的实现。

电气控制原理设计的主要内容有：

①根据技术条件要求，拟定电气设计任务书。

②确定电力拖动方案（包括电气传动形式）以及控制方案。

③选择电动机，包括电动机类型、电压等级、容量及转速，并选择具体型号。

④设计电气控制原理框图，包括主电路、控制电路和辅助控制电路，确定各部分之间的关系，拟定各部分的技术要求。

⑤设计并绘制电气原理图，计算主要技术参数，这是电气控制原理设计的中心内容。

⑥选择电器元件，制定元件明细表、易损件及备用件清单。

⑦编写设计说明书。

2.电气工艺设计内容

电气工艺设计是为了便于组织电气控制装置的制造与施工，实现电气原理图设计功能和各项技术指标，为设备的制造、安装、调试、维护、使用提供必要的技术图样资料。其主要内容包括：

①根据电气原理图及选定的电器元件，设计电气设备的总体配置，绘制电气控制系统的总装配图及总接线图。总图要求反映出电动机、执行电器、电器箱各组件、操作台布置、电源以及检测元器件的分布情况和各部分之间的接线关系及连接方式，以供总装、调试及日常维护使用。

②按照电气原理框图或划分的组件，对总原理图编号、绘制各组件原理电路图，列出各组件元件目录表，标出各组件的进出线号。

③根据各组件原理电路及选定元件目录表，设计各组件的装配图（包括电器元件的布置图和安装图）和接线图。该图反映各电器元件的安装方式和接线方式，是各个组件电路装配和生产管理的重要依据。

④根据组件的安装要求，绘制零件图样，并标明技术要求。零件图样是机械加工和外协加工的重要技术资料。

⑤设计电气箱。根据组件的尺寸及安装要求，确定电气箱结构与外形尺寸，设置安装支架，标明安装尺寸、安装方式、各组件的连接方式、通风散热及开门方式等。该部分设计应注意操作和维护的方便性和造型的美观性要求。

⑥根据总原理图、总装配图及各组件原理图等资料，列出外购件清单、标准件清单以及主要材料消耗定额，这些是生产管理和成本核算的必备资料。

⑦编写使用说明书。

在实际设计过程中，根据生产机械设备的总体技术要求和电气控制系统的复杂程度，可对上述步骤做适当修正和调整。

3.电气控制系统设计的步骤

综合电气控制系统的原理设计和工艺设计内容，确定电气控制系统的设计步骤如下：

①拟定设计任务书。设计任务书包括设备名称、用途、基本结构、动作要求、工艺过程介绍、自动化程度、照明和信号指示等，是电气控制系统设计和设备竣工验收依据。设计任务书中所涉及设备应达到的各项具体技术指标和各项具体要求，则是由技术领导部门、

设备使用部门及承担机电设计任务部门等共同讨论协商，最后以技术协议形式予以确定的。

②确定电力拖动方案。电力拖动方案是指根据设备加工精度和加工效率要求，生产机械的结构、运动部件的数量、运动要求、负载性质、调速要求等条件确定电动机的类型、数量、传动方式，拟定电动机起动、调速、反向、制动等控制要求。电力拖动方案是电气控制原理图设计及电器元件选择的依据，是后续各部分设计内容的基础和先决条件。

③选择电动机。拖动方案确定后，可进一步选择电动机的类型、型式、容量、额定电压与额定转速等。正确选择电动机的容量是电动机选择的关键问题。

④选择控制方式。现行的控制方式由传统的继电接触器控制向PLC控制、计算机网络控制和智能控制等方向发展，在经济安全的前提下，要求最大限度地满足工艺要求。

⑤设计电气控制原理图，并合理选用元器件，编制元器件明细表。这是电气控制系统设计的核心内容。

⑥设计电气设备的施工图样，用于制造、安装和调试。

⑦编写设计说明书和使用说明书，这是设备使用和维护的依据。

电动机的选择

3.4.2　电气控制系统设计的基本原则

电气控制电路的设计应满足生产机械的加工工艺要求，因此必须具有安全可靠、操作维修方便、设备投资少等特点。具体体现在以下几个方面。

电气控制电路的设计原则（一）

1.最大限度地满足生产机械和生产工艺对电气控制的要求

电气控制电路应最大限度地满足生产机械和生产工艺对电气控制的要求。在设计前，应深入现场进行调查，搜集资料，设计时明确控制要求，综合考虑控制方式，电动机的起动、反向、制动及调速的要求，并设置各种联锁及保护装置，使设计成果满足生产工艺要求。

2.尽量减少控制电路电源种类与电压等级的要求

选择控制电源时，应尽量减少控制电源的种类，控制电压的等级应符合标准登记。当控制电路较简单时，通常采用交流220V和380V供电，不需要采用控制电源变压器。其他类型的控制电路参照控制电源类型进行选择（见表3-2）。

表 3-2　常用控制电压等级

控制电路类型	常用的电压值 /V		电源设备
交流电力传动的控制电路较简单	交流	380、220	不用控制电源变压器
交流电力传动的控制电路较复杂		110（127）、48	采用控制电源变压器
照明及信号指示电路		48、24、6	采用控制电源变压器
直流电力传动的控制电路	直流	220、110	整流器或直流发电机
直流电磁铁及电磁离合器的控制电路		48、24、12	整流器

照明、显示和报警电路等应选用安全电压，强弱电之间要隔离。对于比较复杂的控制电路，应采用控制电源变压器，将控制电压降至110V或48V，这种方案对维修、操作及元

器件的工作可靠有利。对于操作比较频繁的直流电力传动的控制电路，常用220V或110V直流电源供电。直流电磁铁及电磁离合器的控制电路，常采用24V直流电源供电。

3.电气控制电路力求简单经济

（1）在满足生产工艺要求的前提下，力求电气控制电路简单经济

①选用标准电器元件。尽量选用标准电器元件，尽量减少电器元件的数量，选用相同型号的电器元件，以减少备件的数量。

②选用典型控制环节或基本电气控制电路。尽量选用标准的、常用的和经过实践考验的典型环节或基本电气控制电路。

③尽量减少不必要的触点，简化电气控制线路。

（2）常用减少触点的方法

常用的减少触点的方法有以下几种：

①合并同类触点。如图3-5所示，图（a）中的KA1两个触点可以合并，合并触点后的图（b）更合理。但是要注意：合并同类触点时，所用触点的容量应大于两个线圈电流之和。

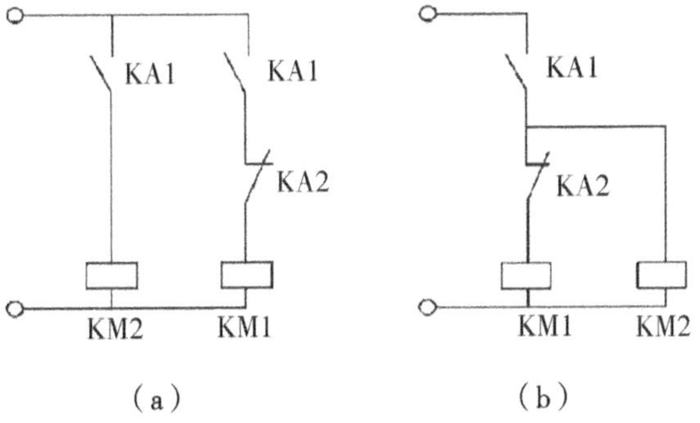

图3-5　合并同类触点

②利用带转换触点的中间继电器将两对触点合并。如图3-6所示，图（a）中的常开触点和常闭触点KA1，可以利用如图（c）所示具有转换触点的中间继电器，将两对触点合并成一对转换触点，如图（b）所示。

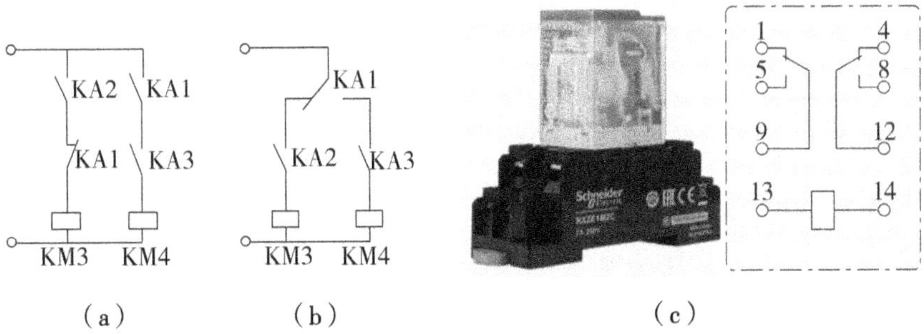

图3-6　利用带转换触点的中间继电器简化电路

③利用二极管的单向导电性减少触点数量。如图3-7所示，图（a）采用了两个常开触点KA1，利用二极管VD的单向导电性，图（b）减少了一个KA1触点。这种方法只适用于控

制电路电源为直流电源的场合，使用时应注意电源的极性。

④利用逻辑代数方法减少触点数量。如图3-8所示，图（a）有5个触点，其逻辑表达式为$K=A\bar{B}+A\bar{B}C$，经过逻辑简化后，得$K=A\bar{B}$（$1+C$），由于$1+C=1$，则$K=A\bar{B}$，图（a）简化成图（b），变为只有两个触点的电路。

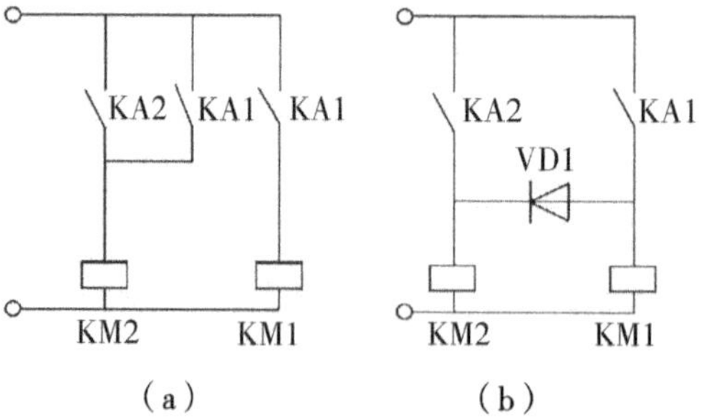

图3-7　利用二极管的单向导电性简化电路

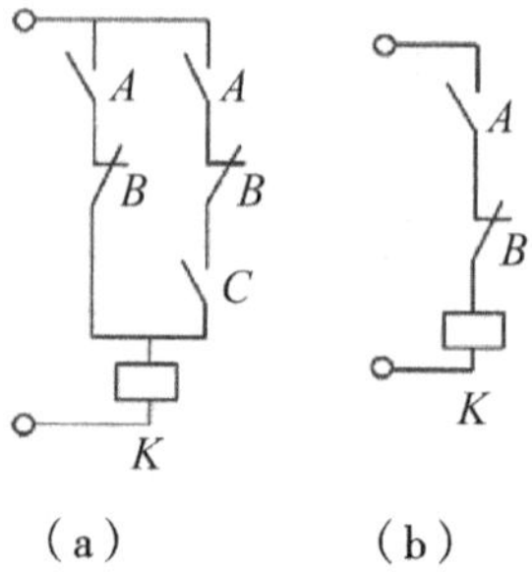

图3-8　利用逻辑代数方法简化电路

⑤尽量减少连接导线的数量和长度。设计电气控制线路时，应该根据实际应用情况，合理安排各种电气设备和电器元件的位置及实际连线，以保证它们之间连接导线的数量最少、导线的长度最短。在如图3-9所示的两个控制电路中，从控制线路上分析，两个电路并没有什么不同。但是如果考虑实际接线，两个按钮一般要求接在控制面板或者操作台上，接触器必须接在电气控制柜中，采用图（a）进行实际接线，起动按钮SB1和停止按钮SB2需要从电气控制柜内各引出2根导线到操作台上，一共需要4根导线。而采用图（b），起动按钮SB1和停止按钮SB2直接相连，从而保证了两个按钮之间的距离最短、导线连接最短，从电气控制柜内到操作台上，只需引出3根导线就可以了。所以一般都将起动按钮和停止按钮直接连接。

图3-10所示的电路，图中的行程开关SQ安装在生产机械上，时间继电器KT和接触器KM均安装在电气控制柜内，采用图（a），行程开关SQ接线时，需要从电气控制柜内引出4根线，采用图（b）只需引出3根线即可。所以，同一电器的不同触点在电气线路中应尽可能具有更多的公共连接线，这样可以减少导线的根数和缩短导线的长度。

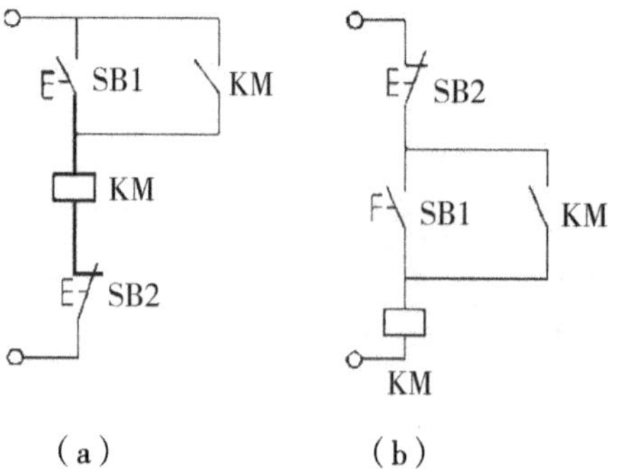

图3-9　节省导线的根数

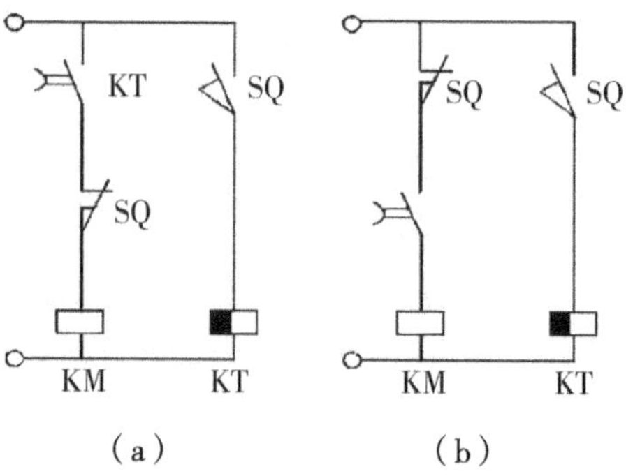

图3-10　电器的合理连接

⑥尽量减少通电电器的数量。在控制线路工作时，除了必要的电器元件必须通电外，其余的电器元件要求尽量不通电，以节约电能和延长电器元件的使用寿命。图3-11（a）为

定子绕组串电阻降压起动的主电路和控制电路，图（a）中KM2线圈通电后，由于接触器KM1和时间继电器KT线圈实际已经没有作用了，但此时仍然处于通电状态，如果改成图（b）的控制电路，KM2线圈通电后，通过常闭触点KM2断开KM1和KT线圈回路，这样不仅节约了电源，同时也延长了两个电器元件的使用寿命。

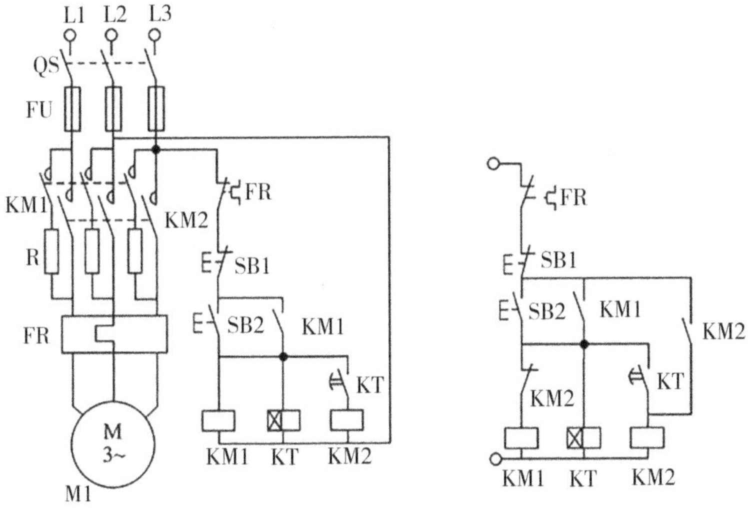

（a）　　　　　　　　　　（b）

图3-11　减少通电电器的数量

4.确保电气控制电路工作的可靠性和安全性

为了保证电气控制线路工作的可靠性，最重要的是选择可靠的电器元件。除此之外，在设计时具体还需要注意以下几点。

电气控制电路的设计原则（二）

①正确连接电器元件的触点。如图3-12（a）所示，限位开关SQ的常开触点接在电源的一相，SQ的常闭触点接在电源的另一相上，当触点断开产生电弧时，可能在两触点间形成飞弧造成电源短路。该接法既不安全，又浪费导线。改成图3-12（b）后，由于两触点间的电位相同，不会造成电源短路。所以，在设计控制线路时，对于同一电器元件，由于其常开常闭触点靠得很近，分布在线路不同位置的同一电器触点应该尽量接到同一个极或共接同一等电位点，避免在电器触点上引起短路事故。

②正确连接电器的线圈。在交流控制线路中，即使外加电压是两个线圈的额定电压之和，也不允许两个电器元件线圈串联。其原因是：每个线圈上所分配得到的电压与线圈的阻抗成正比，而两个电器元件的动作有先后，不可能同时动作。在图3-13（a）中，如果接触器KM1先接通，其阻抗比还没有吸合的接触器KM2阻抗大，因此在该线圈上的电压降增大，使KM2线圈上的电压达不到接触器的动作电压而无法吸合，但是由于电路电流增大，还有可能将其线圈烧毁。该电路不正确。因此，如果需要两个电器元件同时工作，线圈应该并联连接，如图3-13（b）所示。

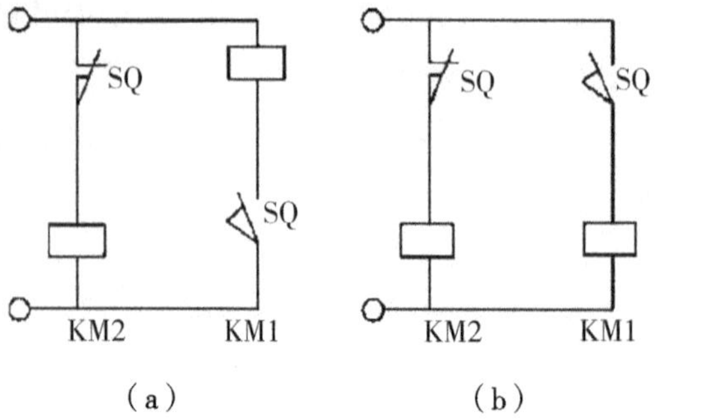

图3-12　正确连接触点

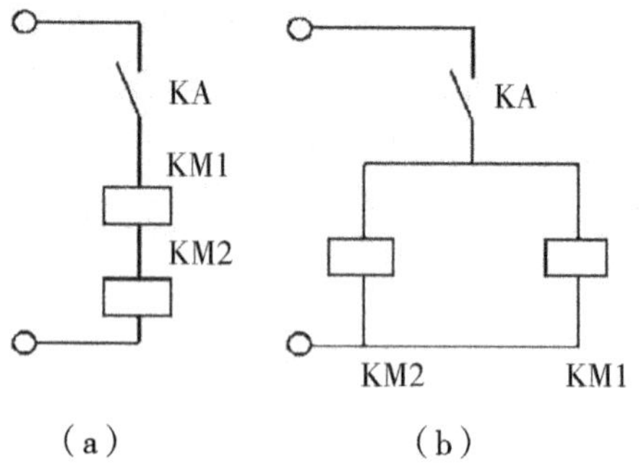

图3-13　正确连接线圈

对于两个电感量相差悬殊的直流线圈，不能直接并联。如图3-14（a）中，当KM触点断开时，电磁铁YA线圈两端产生较大的感应电动势，加在中间继电器KA线圈上，造成KA误动作。为此，在YA线圈两端并联放电电阻R，如图3-14（b）所示，并在KA线圈支路上串联KM的常开触点，保证可靠工作。因此在直流控制电路中，对于电感较大的电器线圈，如电磁阀、电磁铁或直流电动机的励磁线圈等，不能与同电压等级的接触器或中间继电器直接并联使用。

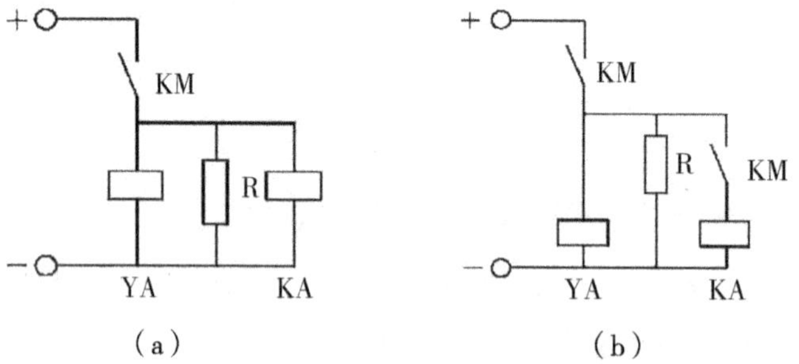

图3-14　电磁铁和继电器线圈的连接

③避免出现寄生电路。寄生电路是指在控制电路的动作过程中，意外出现而不是由于误操作而产生的接通电路。如图3-15（a）所示，这是一个具有指示灯和过载保护的电动机正反转控制电路。当电路正常工作时，能完成正反转起动、停止和相应的信号指示。但是当热继电器的常闭触点FR动作后断开，电路中将出现如虚线所示的寄生电路，使接触器KM1不能可靠释放，而得不到过载保护。如果把常闭触点FR移到如图3-15(b）或图3-15(c）所示位置，就可以避免产生寄生电路。

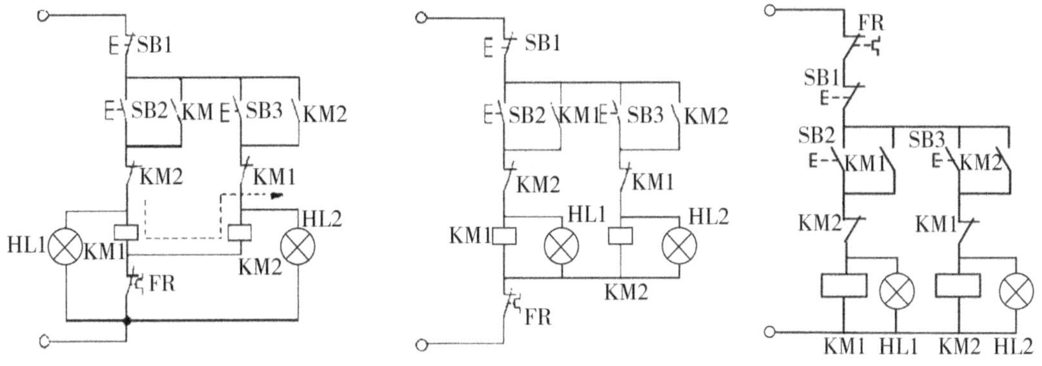

（a）　　（b）　　（c）

图3-15　避免寄生电路

④在电气控制电路中，应尽量避免多个电器元件出现依次动作的情况。在图3-16（a）中，继电器线圈KA3通电是通过继电器KA1、KA2依次通电后而依次动作的，电路可靠性低，不合理。应采用如图3-16（b）所示的电路，可靠性更高。

⑤设置电气联锁和机械联锁及保护环节。电气控制线路中应具有完善的联锁和保护环节，保证生产机械的安全运行，消除在其工作不正常或误操作时带来的不利影响，避免事故发生。如在频繁动作的可逆控制线路中，正反转接触器之间要有电气联锁和机械联锁。此外，还应设置短路、过载、失电压、弱磁、极限保护等保护环节。

⑥设计的电气控制线路应能适应电网。包括电网容量的大小、电压频率的波动范围和允许冲击电流的大小等，以此决定电动机的起动方式是全压起动还是降压起动。

⑦考虑继电器触点的接通和分断能力。设计电气控制线路时，应充分考虑继电器触点的接通和分断能力。如果要增加触点的接通能力，可用多个触点并联；如果要增加触点的分断能力，可用多个触点串联。

⑧应避免触点竞争现象。图3-17（a）为时间继电器的反身断开电路，当时间继电器KT的常闭触点延时断开后，时间继电器KT线圈断电，又使延时断开的常闭触点KT经t_s秒闭合，瞬时动作的常开触点KT经t_1秒断开。如果$t_s>t_1$，则电路能反身正常断开KT线圈。如果$t_s<t_1$，则KT线圈将再次吸合，这种现象就是触点竞争。在该电路中，只需要增加中间继电器KA，如图3-17（b）所示，就可以轻松解决触点竞争问题。

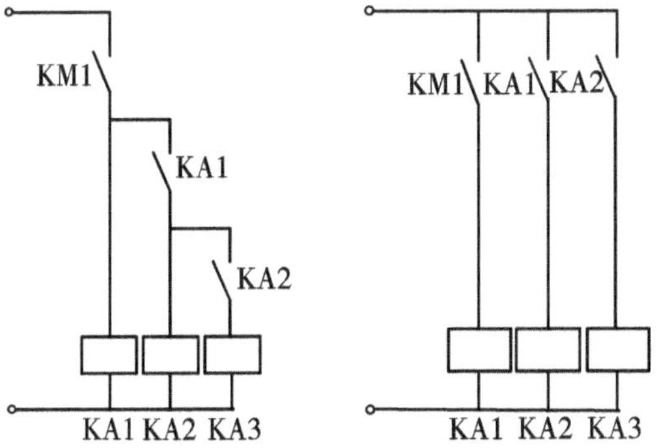

（a）　　（b）

图3-16　避免电器元件依次动作

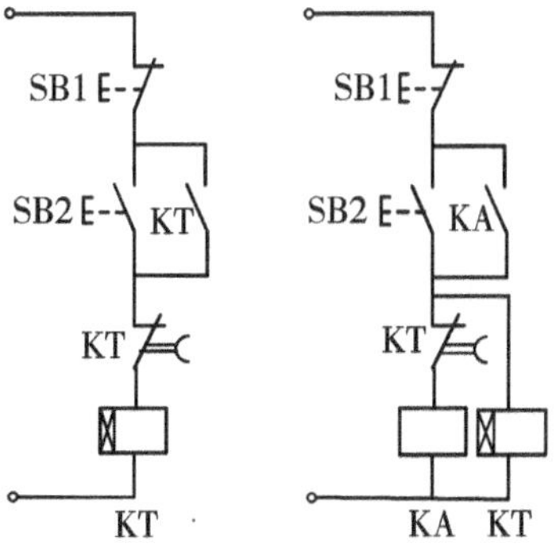

（a）　　（b）

图3-17　避免触点竞争现象

5.控制设备应力求操作、维护、检修方便

电气控制线路设计对控制设备而言，应力求操作、维护、检修方便。

①为控制线路安装和配线时，电器元件应预留备用触点，必要时，留备用元件。

②为检修方便，应设置电气隔离，避免带电维修。

③为调试方便，控制方式应操作简单，能迅速实现从一种控制方式到另一种控制方式的转换。如从手动到自动控制的切换。设置多点控制，便于在生产机械旁进行调试。当操作回路较多时，如正反转、调速等可采用主令控制器，代替多个按钮。

3.4.3 电气控制电路设计的方法

电气控制电路的设计方法

当机械设备的电力拖动方案和控制方式确定后，拟定控制各部分的主要技术要求和主要技术参数，接下来进行电气控制电路图的设计。电气控制电路的设计一般采用的方法有两种：一种是分析设计法，一种是逻辑设计法。

1.分析设计法

分析设计法又称为经验设计法、一般设计法，是根据生产机械的工艺要求和生产过程，选择适当的基本环节或典型电路，综合而成的电气控制线路的一种设计方法。分析设计法的基本要点，首先是选用已有基本环节或典型电路，如点动、正反转、降压起动和制动控制等，然后加以适当补充和修改，综合成所需要的控制电路。其次，如果没有适合的典型环节，则必须根据生产机械的工艺要求和生产过程的控制要求自行设计，边分析边画图。所以分析设计法要求设计人员必须熟悉和掌握大量的基本环节和典型电路，有丰富的实际设计经验，一般适用于不太复杂的（继电器–接触器）电气控制线路设计。其特点是易于掌握，便于推广，但需反复修改设计草图才能得到最佳方案。

2.分析设计法的设计基本步骤

一般的生产机械电气控制线路设计包含主电路、控制电路和辅助电路等的设计。

①主电路设计。主要考虑电动机的起动、点动、正反转、制动和调速控制等设计。

②控制电路设计。包括基本控制电路设计和特殊控制电路设计，以及选择控制参数和确定控制原则。首要考虑满足电动机的各种运转功能和生产工艺要求。

③连接各单元环节，构成整机线路。必须考虑实现生产过程自动化及调整的控制电路。

④联锁保护环节设计。包含各种联锁环节及短路、过载、过电压、失电压保护等环节，考虑完善整个控制线路的设计。

⑤辅助电路设计。包括照明、声、光指示、报警信号等电路的设计。

⑥线路的综合审查。要求反复审查所设计的控制线路是否满足设计原则和生产工艺要求。在条件允许的情况下，进行模拟实验，逐步完善整个电气控制线路的设计，直至满足生产工艺要求。

对于比较简单的控制电路，如普通机械或非标设备的电气配套设计、技术改造的电气

配套设计，可以省略前两步，直接进行电气原理图的设计和电器元件的选用。但对于比较复杂的电气自动控制电路，如新产品的开发设计、新上工程项目的配套设计，就必须按上述步骤按部就班地进行设计，有时还需对上述步骤进一步细化、分步进行。只有各个独立部分都达到技术要求，才能保证总体技术要求的实现。

3.运料小车的电气控制线路设计

如图3-18所示，要求设计一运料小车运行电气控制电路，该小车由一台三相异步电动机拖动。小车的动作程序如下：

①按下起动按钮后，小车从原位A起动后开始前进，到终端B后自动停止。

②在终端B停2min，进行卸料后自动返回原位，在原位A停3min，进行装料后继续前进，如此往复运动。

③要求能在前进或后退途中任意位置都能停止或起动小车。

图3-18 运料小车的动作示意图

采用分析设计法进行设计的过程如下：

①选择合适的基本控制环节。根据上述小车的动作程序，分析小车的控制运行动作要求，可知需要选择电动机的正反转控制、行程控制、循环控制和延时控制等四个基本控制环节。

②主电路设计。由于电动机的功率小，起动时对电网的冲击相对较小，可以采用全压起动方式，且对于制动时间和停车的准确性没有特殊要求，因此直接采用如图3-19所示的三相异步电动机正反转的主电路。

③控制电路设计。将上述四个基本控制环节进行组合优化后，得到如图3-19所示右侧的控制电路。

④进行综合审查。综合审查后的运料小车电气控制电路的完整电路如图3-19所示。

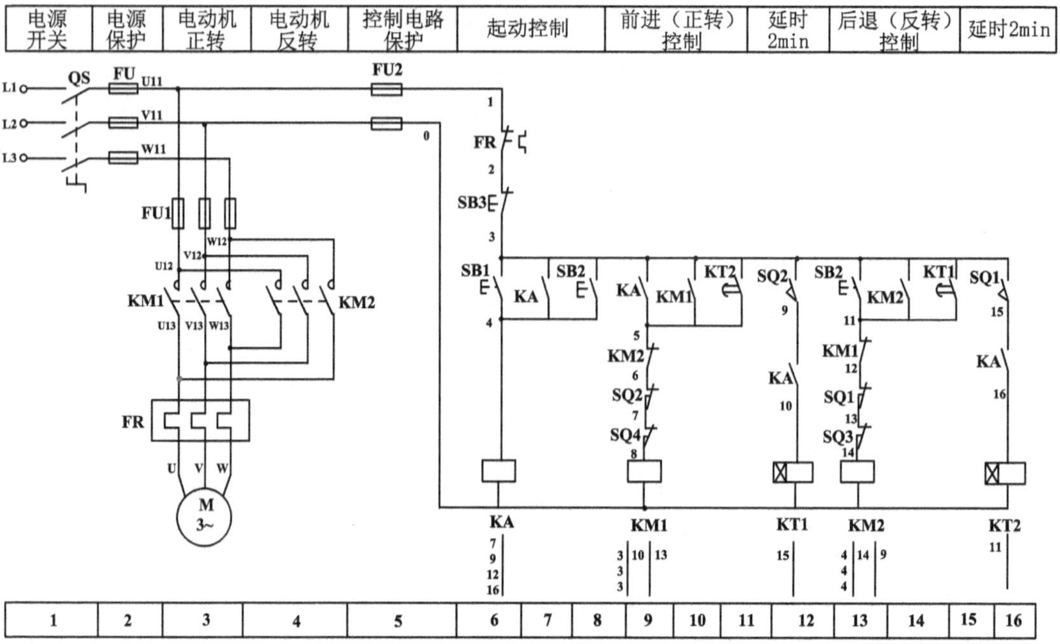

图3-19　运料小车的电气控制电路

4.逻辑设计法

逻辑设计法是利用逻辑代数这一数学工具来设计电气控制线路。要求从机械设备的生产工艺要求出发，将控制电路中的接触器、继电器线圈的通电与断电，触点的闭合与断开，主令元件的接通与断开等，均看成逻辑变量。例如，线圈的通电为“1”，断电为“0”；常开触点的闭合为“1”，断开为“0”；常闭触点的闭合为“$\overline{0}$”，断开为“$\overline{1}$”等。设计时需要结合生产工艺过程，考虑控制线路中各逻辑变量之间所要满足的逻辑关系，用逻辑函数式表示它们之间的逻辑关系，按照一定的方法和步骤设计出符合生产工艺要求的电气控制线路。逻辑设计法要求设计人员首先必须对逻辑代数非常熟悉，这样才能运用逻辑函数的基本公式和运算规律，对逻辑函数式进行化简，再画出电路结构图，从而使设计出的控制电路既符合工艺要求，又达到线路简单、工作可靠、经济合理的要求，进而获得最佳设计方案。

经验设计法的优点是设计方法简单，无固定的设计程序，能较快地完成设计任务；缺点是设计出的方案不一定是最佳方案，当经验不足或考虑不周时会影响电路工作的可靠性；是很常用的电气控制电路设计方法。逻辑设计法的优点是能获得理想、经济的方案；缺点是该方法设计难度较大，整个设计过程较复杂，还要涉及一些新概念；因此，在一般常规设计中，很少单独采用该方法。

3.4.4　茶叶加工流水线多条输送带的控制

茶叶加工流水线多条输送带的控制

随着工业生产技术的发展，工业自动化流水线在自动化制造、物流快递分拣、水果蔬菜自动清洗和茶叶自动加工系统等方面都有非常广泛的应用。流水线中物品或产品的传送，通常采用输送带实现。下面以茶叶加工流水线中的输送带为例，来设计输送带电气控制电路。

我国是茶叶生产大国，生产的茶叶品种繁多。茶叶一般分为绿茶、红茶、乌龙茶、黑茶、黄茶和白茶等多种类型。不同的茶叶，其加工工艺过程也有较大不同。图3-20是常用的茶叶加工设备。以炒青绿茶为例，它需要经过摊放、杀青、揉捻、二青、三青、辉干和贮运等加工工艺过程，每个加工工艺过程的衔接，一般采用如图3-20所示的输送带实现。

图3-20　常用的茶叶机工设备

从茶叶加工流水线中选取其中的三条输送带，这三条输送带的工作原理如图3-21所示。茶叶只能从料斗到后续贮存仓库进行单向输送，三条输送带分别由电动机M1、M2和M3驱动运行。

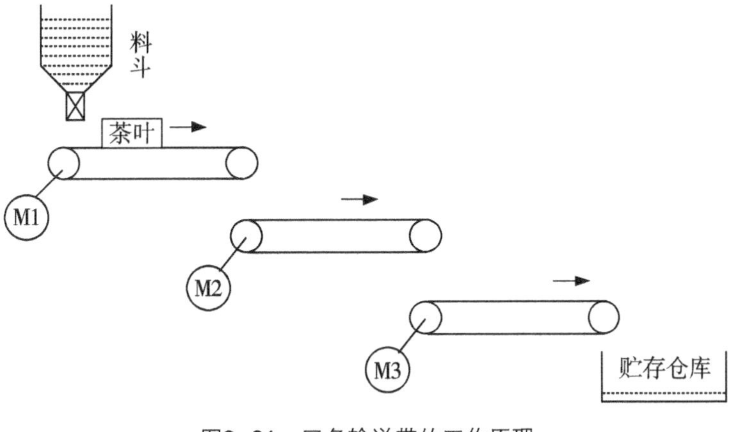

图3-21　三条输送带的工作原理

三条输送带的控制要求如下：

①起动要求。为避免茶叶在输送带上堆积，要求三条输送带电动机的起动顺序为M3、M2、M1，并要有一定时间间隔。

②停止要求。为避免停车后，茶叶在输送带上滞留，要求三条输送带电动机的停止顺序为M1、M2、M3，并要有一定时间间隔。

③故障要求。无论M1、M2或M3哪一台电动机出了故障，必须立即停车，以免造成货物堆积。

④保护环节。必须设置短路、过载、欠电压等保护环节。

采用分析设计法设计上述三条输送带的电气控制电路。

1.主电路的设计

通过控制要求分析可知，由于运送的茶叶重量较轻，输送带电动机功率小，故可以采用三相笼型异步电动机。又由于三条输送带不同时起动，也不经常起动和制动，对于制动时间和停车的准确性也没有特殊要求，故可以采用单向全压起动、连续运行、自由停车的方式。但必须设置熔断器进行短路保护，设置热继电器进行过载保护。电动机的主电路可以直接采用单向全压起动电动机的主电路。三台电动机的主电路进行组合后，得到如图3-22所示完整的主电路。

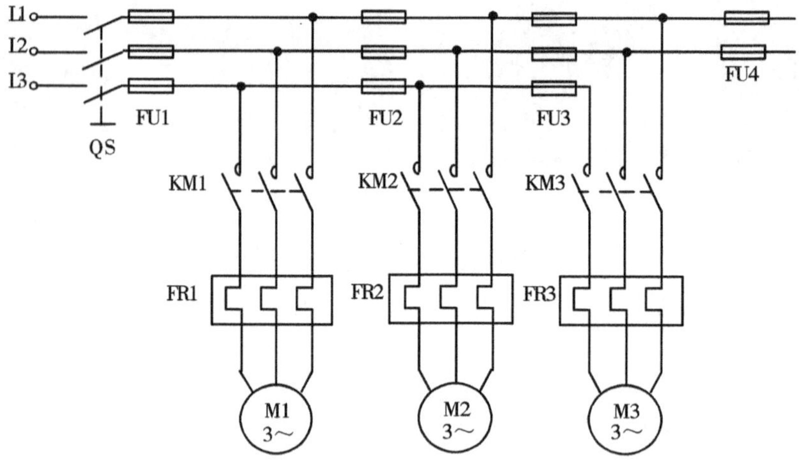

图3-22　三条输送带的主电路

2.控制电路的设计

根据主电路的设计可知，三台电动机分别通过接触器KM1、KM2、KM3控制其起动和停止。根据起动控制要求，起动顺序分别是M3、M2、M1，根据停止控制要求，停止顺序分别是M1、M2、M3。需要选用顺序起动、逆序停止的顺序控制典型电路。

将顺序起动、逆序停止的典型电路根据上述控制要求进行修改后，得到如图3-23所示线路，图中当KM3线圈通电后，辅助常开触点KM3闭合，接通KM2线圈，KM2线圈通电后，辅助常开触点KM2接通KM1的线圈，实现电动机的顺序起动控制。同理可知，当按下停止按钮SB1后，只有KM1线圈断电，与停止按钮SB4并接的辅助常开触点KM1断开，KM2线圈才能断电；只有KM2线圈断电，与停止按钮SB6并接的辅助常开触点KM2断开，KM3线圈才能断电，实现了电动机的逆序停止控制。三个热继电器FR的常闭触点采用串联方式，实现任何一台电动机过载、三台电动机均停止的故障保护功能。由于该控制电路采用手动控制，如果要实现一定的时间间隔起动和停止功能，只能通过手动操作来实现，明显不符合自动控制要求。

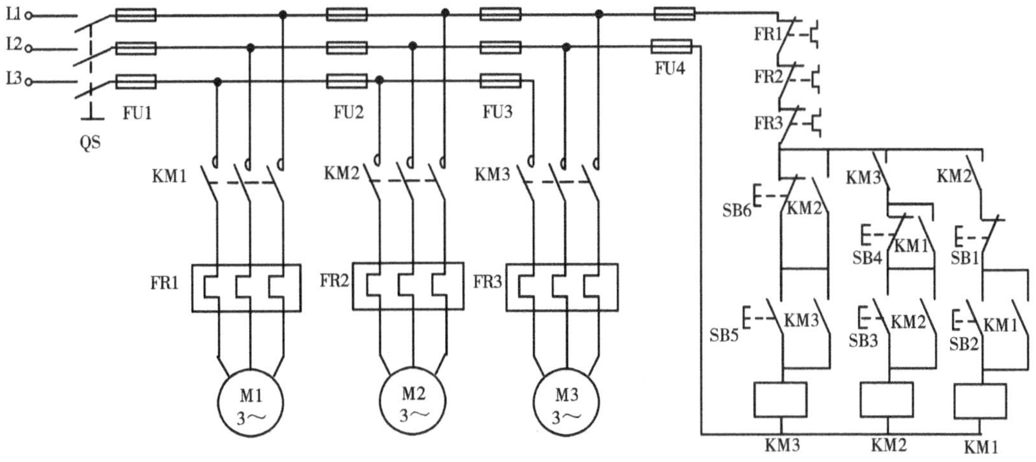

图3-23　控制电路的基本部分

为了实现按时间参数控制的自动控制要求，将图3-23电路进一步修改后得到如图3-24所示的电路。在图3-24中，起动过程设置了两个通电延时的时间继电器KT3和KT4，采用延时闭合的常开触点KT3，接通KM2线圈回路，采用延时闭合的常开触点KT4，接通KM1线圈回路，替代了两个起动按钮的功能，实现起动过程的自动控制。由于起动结束后，KM2和KM1均设置了自锁功能，KT3和KT4已经没有作用，图3-24中分别采用KM2和KM1的辅助常闭触点，断开KT3和KT4的线圈回路。但是，由于停止过程仍然是手动控制状态，故需要对控制电路进行再次改进，实现停止的自动控制。

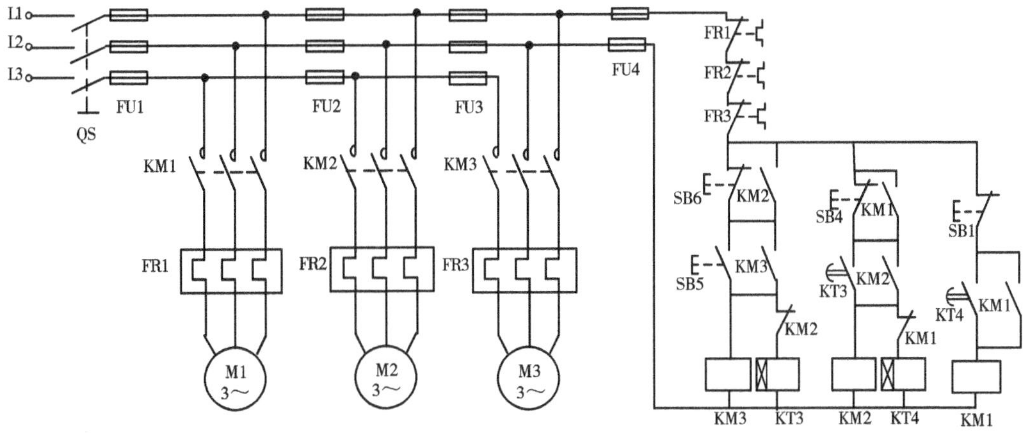

图3-24　控制电路的时间控制部分

改进后的控制电路如图3-25所示，停止过程也设置了两个通电延时的时间继电器KT1和KT2，其中停止按钮SB1为复合按钮，当按下停止按钮SB1时，KM1线圈断电，与此同时，KT1线圈通电，利用延时断开的常闭触点KT1断开KM2线圈回路，KT1的延时闭合的常开触点延时接通KT2线圈，一段时间后，延时断开的常闭触点KT2断开KM3线圈回路和KT3线圈回路，替代两个停止按钮SB4和SB6，实现了停止过程的自动控制。

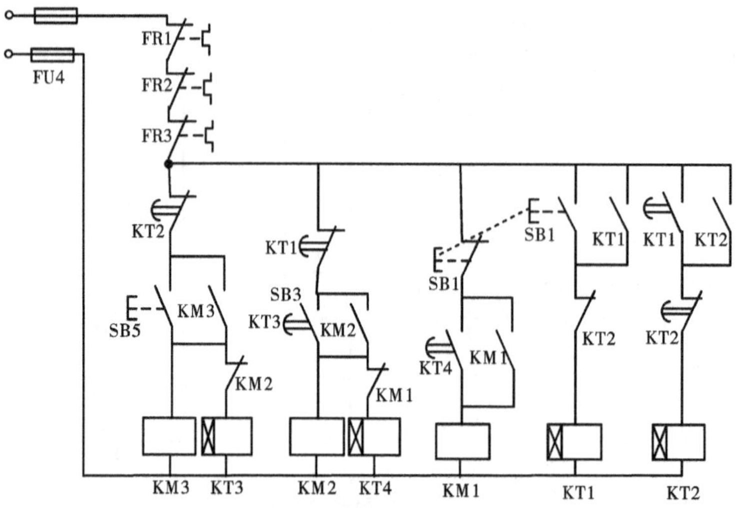

图3-25　控制电路改进（一）

此时，电路中仍有一些环节需要再次改进，如电路中延时断开的常闭触点KT2用了两次，分别使KM3和KT2线圈断电，由于最后所有线圈均断电，延时断开的常闭触点KT2可以串接在所有线圈共同的线路中，实现KM3和KT2线圈同时断电。此外，KT1和KT2的线圈通电的时间较短，可以考虑最后一起断电。这样电路又可以简化，进一步改进后得到如图3-26所示更简洁的电路。

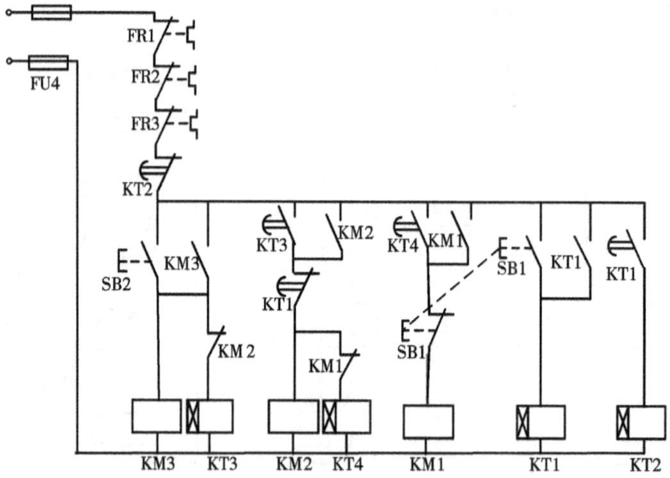

图3-26　控制电路改进（二）

3.联锁和保护环节的设计

如图3-26所示，接触器KM3、KM2、KM1和KT1均设置了自锁环节。短路保护采用FU1、FU2、FU3、FU4，过载保护采用FR1、FR2、FR3串联，任何一条输送带过载，均断电运行，接触器KM3、KM2、KM1具有欠电压保护功能。

4.辅助电路的设计

图3-27中设计了三台输送带电动机的运行显示功能，分别用KM1、KM2、KM3的辅助常开触点接通对应的指示灯HL1、HL2和HL3。

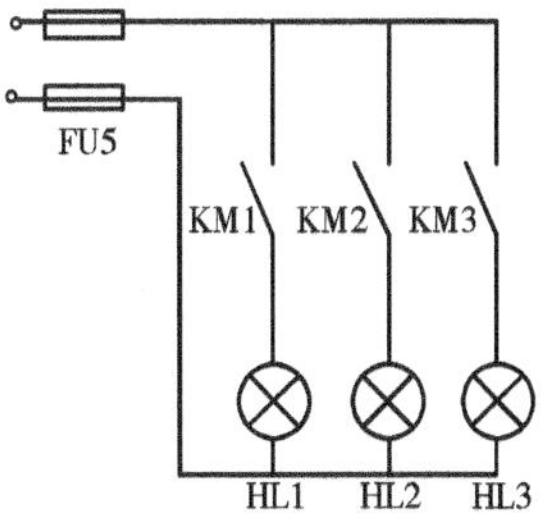

图3-27　三条输送带的显示电路

5.线路综合审查

综合审查后得到如图3-28所示完整的电气控制电路，所设计的电路满足工艺要求。

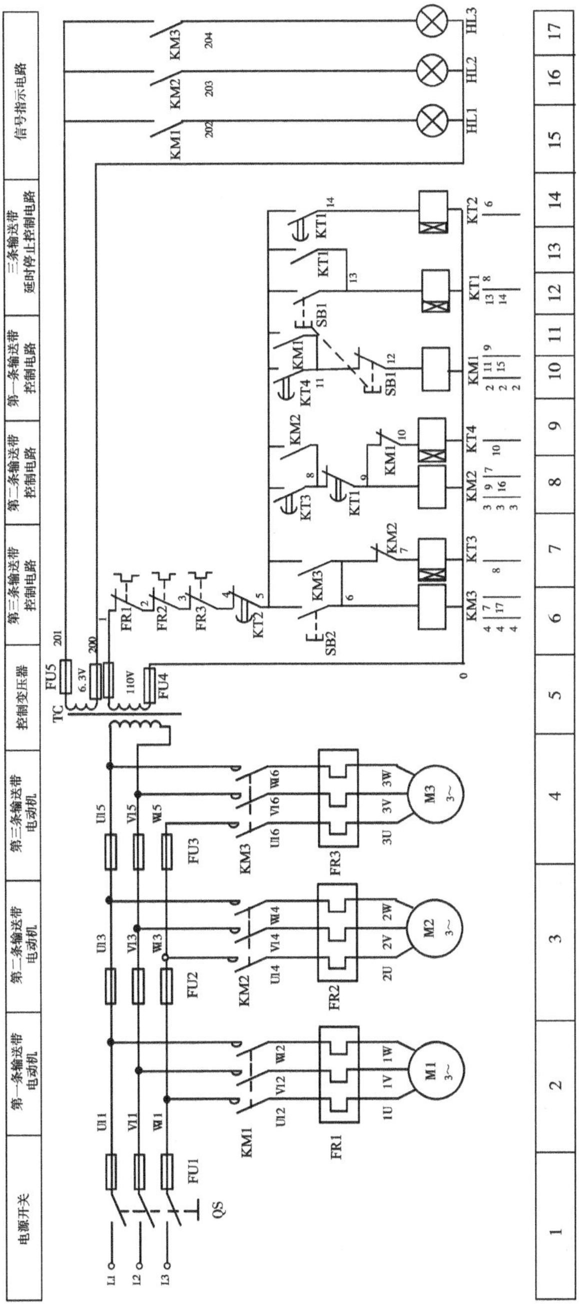

图3-28　三条输送带电气控制电路

3.4.5 某机床电气控制电路设计

某机床电气控制电路的设计

在现代机械制造中，对于加工精度和表面粗糙度要求高的零件，一般都需在机床上进行最终加工。

某机床由主电动机M1控制主运动和进给运动，冷却泵由电动机M2驱动控制。具体的控制要求如下：

①主电动机M1容量较大，采用Y-△降压起动方式，停车带有能耗制动。

②M1起动经10s后，方允许M2起动，M2容量较小可采用全压起动方式。

③M2停车后方允许M1停车。

④M1、M2起动和停止均要求两地控制。

⑤设置必要的保护环节。

根据上述控制要求，确定选用的电动机典型控制环节。由于主电动机M1需采用Y-△降压起动，停车时需采用能耗制动。主电动机M1的起动，就需要选用第2章图2-21所示的Y-△降压起动典型控制环节。主电动机M1的停止，需要选用第2章图2-32所示时间原则控制的能耗制动基本控制环节。

此外，主电动机M1要求先起动，经10s后方允许冷却泵电动机M2起动，且冷却泵电动机M2停车后方允许主电动机M1停车。因此还需选用顺序起动、逆序停止的顺序控制典型电路，根据要求可以采用时间继电器延时闭合的常开触点KT实现顺序起动。最后由于M1和M2的起动和停止均要求两地控制，所以需选用电动机多地控制典型电路。

1.主电路的设计

通过上述分析可知，主电动机M1的主电路设计，采用Y-△降压起动的主电路和能耗制动的主电路进行组合，组合后的主电动机M1的主电路采用四个接触器控制，其中KM1接通电动机的电源，KM2实现三角形接法，KM3实现星形接法，KM4为能耗制动接触器。冷却泵电动机M2的功率较小，没有起动和制动要求，可以直接选用单向运行全压起动、自由停车的主电路。两台电动机的主电路进行组合后，得到如图3-29所示的完整主电路。

2.控制电路的设计

通过分析可知，主电动机M1采用Y-△降压起动的控制电路和能耗制动的控制电路进行组合，在组合后的主电动机M1的控制电路中，时间继电器KT3是为了实现M1通电延时10s后，M2方能起动的要求。SB1和SB2采用了复合按钮，实现两地停止控制，SB3和SB4实现两地起动控制。冷却泵电动机M2的控制电路要求在单向连续运行控制电路的基础上，加了SB5和SB6两地停止控制、SB7和SB8两地起动控制，延时闭合的触点KT3实现顺序起动控制。KM5的常开触点并接在停止按钮SB1和SB2处，实现逆序停止控制，即M2停止后M1才能停。现在将两台电动机的控制电路进行组合后，得到如图3-30所示的完整控制电路。

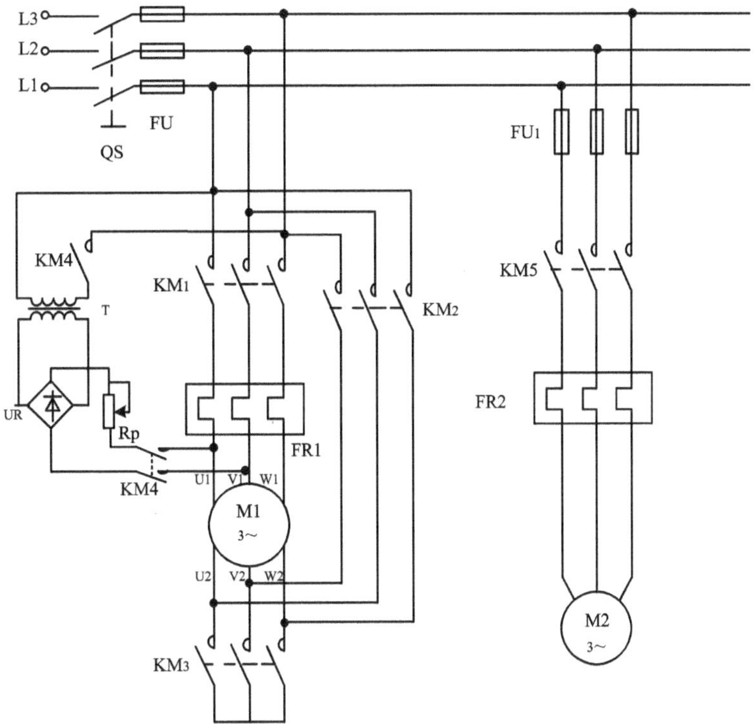

图3-29　某机床的主电路设计

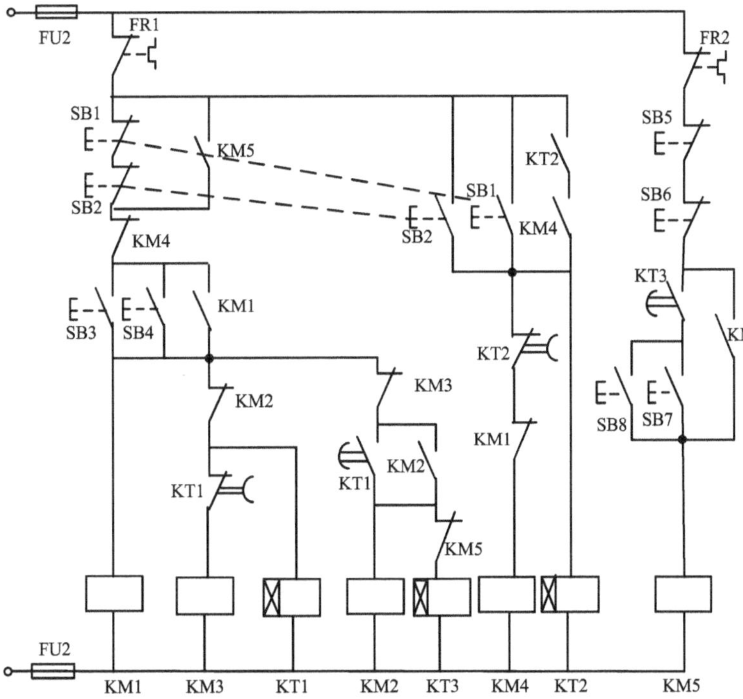

图3-30　某机床的控制电路设计

3.联锁和保护环节的设计

如图3–30所示，接触器KM1、KM2、KM3、KM4和KM5均设置了自锁环节。设置了两个联锁环节：星形连接和三角形连接的联锁环节，起动和制动的联锁环节。保护环节设置了过载保护、短路保护和欠电压保护。

4.线路综合审查

综合审查后，得到如图3–31所示的完整电气控制电路，所设计的电路满足工艺要求。

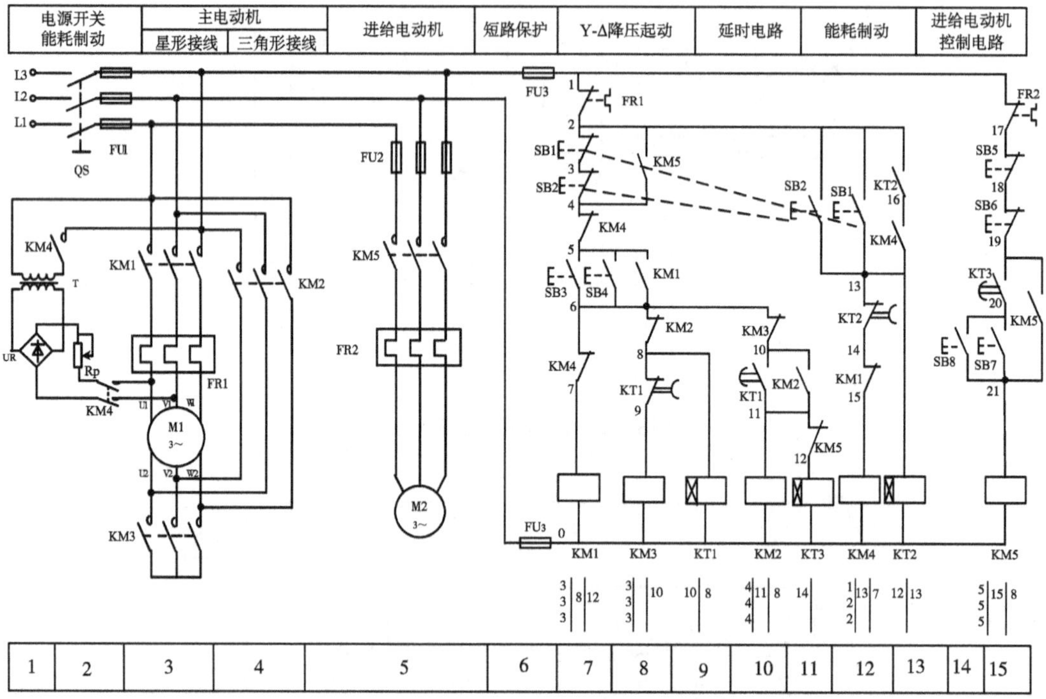

图3–31　某机床的电气控制电路

目常用电器元件的选择

习题与思考

一、选择题

1.分析电气原理图的基本原则是（　　）。

A.先分析交流通路　　　　B.先分析直流通路

C.先分析主电路，后分析辅助电路　　　　D.先分析辅助电路，后分析主电路

2.C650车床的主轴电动机M1的运动形式要求是（　　）。

A.点动控制　　　　B.连续运行

C.既可点动又可连续运行　　D.顺序控制

3.下列不能减少电气控制电路的触点数量的方法是（　　）。

A.合并同类触点　　B.利用逻辑代数方法化简

C.利用半导体二极管的单向导电性　　D.将两个电器元件线圈串联

4.关于C650车床控制，下列说法不正确的是（　　）。

A.主运动控制可能有正反转　　B.冷却泵控制单向运行

C.快速移动控制采用点动控制　　D.电流表始终工作

5.Z3040型摇臂钻床的主轴箱和立柱的夹紧和松开要求是（　　）。

A.点动控制　　B.连续运行

C.既可点动又可连续运行　　D.顺序控制

6.电压等级相同、电感较大的电磁阀与电压继电器在电路中（　　）。

A.可以直接并联　　B.不可以直接并联

C.不能在同一控制电路中　　D.只能串联

二、判断题

1.采用逻辑设计法设计控制电路时，电器元件的线圈通电为“0”状态，断电为“1”状态。（　　）

2.在电气控制线路中，应将所有电器的联锁触点接在线圈的下端。（　　）

3.设计控制线路时，应使分布在线路不同位置的同一电器触点接到电源的同一相上。（　　）

4.在控制电路中，如果两个常开触点并联连接，则它们是“与”逻辑关系。（　　）

5.Z3040型摇臂钻床的主轴箱和立柱的松开及夹紧控制只能单独进行，不可以同时进行。（　　）

三、思考题

1.电气控制系统设计应遵循的原则是什么？

2.电气原理图的设计方法有几种？各有什么特点？

3.阅读分析完整的生产设备电气原理图采用什么方法？分析的过程分哪几步？

4.如果将C650车床电气原理图中的KS1和KS2两触点的位置对换，还有没有反接制动作用？为什么？

5.试分析Z3040型摇臂钻床的摇臂下降控制过程。

6.电气原理图设计的基本步骤有哪些？

7.设计一小型吊车的主电路和控制线路。小型吊车有三台电动机，横梁电动机M1带动横梁在车间前后移动，小车电动机M2带动提升机构在横梁上左右移动，提升电动机M3升降重物。三台电动机均采用全压起动，自由停车方式。要求：

（1）三台电动机都能正常起、保、停；

（2）在升降过程中，横梁与小车不能动；

（3）横梁具有前、后极限保护，提升有上、下极限保护。

8.设计一个热风炉系统中的上煤机控制系统的主电路和控制电路。在热风炉系统中，上煤机主要用于运输燃料，通过它可实现燃料的装卸与传输。上煤机电路的控制要求如下：

（1）按下运煤按钮，上煤机正转带动煤斗向上运煤；

（2）当煤斗到达上方指定位置时，上煤机停止运行，煤斗停下卸煤；

（3）当煤斗中的燃料卸载完毕后，按下装煤按钮，上煤机反转带动煤斗向下运动；

（4）当煤斗到达指定位置时，上煤机停止运行，煤斗停下准备装煤。

下篇

可编程控制技术

在工业自动化控制领域中，继电器–接触器控制应用广泛，但是其控制系统存在体积大、可靠性低、查找和排除故障困难等缺点，特别是其接线复杂、不易更改，对生产工艺变化适应性差，已经无法满足现代控制需求。可编程控制器（Programmable Logic Controller，PLC），是以微处理器为核心，把自动化技术、计算机技术、通信技术融为一体的新型工业自动控制装置，已被广泛应用于石油、化工、机械制造、汽车、钢铁、交通运输及文化娱乐等各种行业的自动控制中，其作为现代工业自动化的三大支柱（PLC、机器人、CAD/CAM）之一，占据越来越重要的位置。

第4章

PLC的组成与工作原理

知识点	●PLC 的定义和分类。 ●PLC 的特点、组成、工作原理和工作方式。 ●PLC 的等效电路。 ●PLC 的工作过程。 ●PLC 编程元件的种类和应用。
重点难点	◆重点：PLC 的定义及其特点；PLC 的硬件、软件系统。 ◆难点：PLC 的工作过程；PLC 编程元件的应用。
学习要求	★熟练掌握 PLC 的定义及特点，PLC 的工作过程；PLC 的硬件、软件系统及作用。 ★理解 PLC 的等效电路和工作方式；PLC 编程元件的分类与应用。 ★了解 PLC 的产生和发展过程；PLC 的结构和分类。
问题引导	☆ PLC 由哪些组成？ ☆ PLC 的工作原理是什么？ ☆三菱 FX_{3U} 系列的 PLC 有哪些特点？ ☆ PLC 的编程元件有哪些？能实现什么功能？

4.1 PLC的产生

PLC 的产生

4.1.1 PLC的产生与发展

1. PLC的产生

继电器-接触器控制系统自出现以来，因其结构简单、价格便宜、能在一定范围内满足控制要求，在工业生产控制中一直占据主导位置，但由于体积大、可靠性差且接线复杂，特别是缺乏通用性和灵活性，已无法满足生产工艺和需求的变化。

20世纪60年代，随着小型计算机的出现，工业生产出现大规模和群控的需求，人们试图将计算机技术应用到工业控制中，但计算机技术本身复杂、编程难度高，价格昂贵且难以适应恶劣的工业控制环境。

20世纪60年代末，美国汽车制造业竞争日趋激烈，汽车新产品的更新周期越来越短，对工业自动生产线的自动控制系统更新也就越来越频繁，原有的继电器-接触器控制系统需要重新设计和更换电气控制系统及接线，实施周期长，迫切需要一种新型的工业控制器替代原有的继电器-接触器控制系统。1968年，美国通用汽车公司（GM）公开发布招标文件，从用户的角度提出新型工业控制器的十项指标条件（GM十条）。要求将计算机功能强大、灵活、通用性好等优点与电气控制系统简单易懂、价格便宜等优点结合起来，制成一种通用控制装置，并把计算机的编程方法和程序输入方式加以简化，面向控制过程和对象进行编程。

GM十条

1969年美国数字设备公司（DEC）根据美国通用汽车公司的这种要求，成功研制出世界上第一台PLC（PDP-14），并实施安装用于控制齿轮研磨机，取得很好的效果。紧接着，3I公司研制出可编程控制器（PDQ-Ⅱ），用于离合器生产线的控制；Modicon公司也研制了可编程控制器（Modicon 084）。其中，Modicon 084的编程语言与继电器-接触器控制系统的逻辑类似，且是唯一一个安装在硬质外壳内的控制器，还提供了电厂车间层的保护，其公司的PLC发明者Dick Morley，被称为PLC之父。

2. PLC的发展

可编程控制器自问世以来，发展极其迅速。1971年，日本开始生产可编程控制器；1973年，欧洲开始生产可编程控制器。到目前为止，可编程控制器已经成为当代电气控制装置的主导控制器。早期的可编程控制器主要由分立元件和中小规模电路组成，主要完成逻辑运算、定时、计数等顺序控制功能，通常称为可编程逻辑控制器（Programmable Logic Controller，PLC）。随着微电子技术和计算机技术的发展，20世纪70年代中期微处理器技术被应用到PLC中，使PLC不仅具有逻辑控制功能，还增加了算术运算、数据传送和数据处理等功能。20世纪70年代末80年代初，PLC采用微处理器（CPU），其处理速度大大提高，可以实现对模拟量控制。美国电气制造商协会（NEMA）将可编程序控制器命名为Programmable Controller，简称PC。然而，PC这一名词在我国早已成为个人计算机Personal Computer的代名词，为了不造成混淆，在我国，人们习惯上仍然将可编程序控制器称为PLC，但这绝不意味着PLC只有逻辑控制功能。

20世纪80年代以后，随着大规模、超大规模集成电路等微电子技术的迅速发展，16位和32位微处理器应用于PLC中，使PLC得到迅速发展，具有高速计数、中断技术、PID调节和数据通信等功能。如今，PLC技术已非常成熟，不仅控制功能增强，同时可靠性提高，功耗、体积减小，成本降低，编程和故障检测更加灵活方便，而且具有通信和联网、数据处理和图像显示等功能，使PLC真正成为具有逻辑控制、过程控制、运动控制、数据处理、联网通信等功能的名副其实的多功能工业控制器，成为实现工业生产自动化的一大支柱。

自从第一台PLC出现以后，日本、德国、法国等国家也相继开始研制PLC，并得到了迅速发展。目前，世界上有200多家PLC厂商，400多种PLC产品，按地域可分成美国、欧洲和日本等三个流派产品，各流派的PLC产品都各具特色。其中著名的有A-B（Allen-Bradly）公司、通用电气（General Electric，GE）公司、莫迪康（Modicon）公司、西门子（Siemens）公司、TE（Telemecanique）公司、三菱电机（Mitsubish Electric）公司、欧姆龙（Omron）等。

我国PLC的研制、生产和应用也发展很快。20世纪70年代末80年代初，我国随成套设备、专用设备引进了不少国外的PLC。此后，在传统设备改造和新设备设计中，PLC的应用逐年增多，对提高我国工业自动化水平起到了巨大的作用。目前，国内PLC生产厂家众多，主要集中于北京、浙江、江苏、深圳等地，主要有北京和利时、无锡信捷、厦门海为、上海步科电气（凯迪恩）、黄石科威、北京安控等。

从近年的统计数据看，在世界范围内PLC产品的产量、销量、用量高居工业控制装置榜首，而且市场需求量一直以每年15%的比例上升。PLC已成为工业自动化控制领域中占主导地位的通用工业控制装置。

PLC的发展趋势主要体现在以下几个方面：

①从技术上看，PLC向速度快、容量大、功能广、性价比高的方向发展，增加了大量数据处理、图形处理及存储和显示等新功能。

②从规模上看，一方面是向小型化、专用化和低价格方向发展，适应单机控制和小型自动控制系统的需要；另一方面向大型化、高速化、多功能和分布式全自动网络化方向发展，适应现代化大型工厂和企业自动化需求。

③从配套上看，PLC要求规格更齐备、品种更丰富。PLC厂家先后开发了智能I/O模块、温度控制模块和专门用于检测PLC外部故障的专用智能模块等，这些模块的开发和应用不仅增强了功能，扩展了PLC的应用范围，还提高了系统的可靠性。

④从标准上看，随着IEC61131-3标准的诞生，各厂家的PLC将打破不能相互兼容的格局。PLC的基本部件，包括输入/输出模块、通信协议、编程语言和编程工具等方面的技术趋于规范化和标准化。

⑤从网络通信上看，PLC网络控制是当前控制系统和PLC技术发展的潮流。PLC与PLC之间的联网通信、PLC与上位计算机的联网通信已得到广泛应用。目前，PLC制造商都在发展自己专用的通信模块和通信软件以加强PLC的联网能力。如$FX_{5U/5UC}$系列的PLC、西门子S7-1200系列的PLC均内置了以太网口，上位机可直接通过以太网与PLC进行通信。各PLC制造商之间也在协商制定通用的通信标准，以构成更大的网络系统。PLC已成为集散式控制系统（DCS）中不可缺少的组成部分。

3.PLC的定义

PLC技术发展迅速，对其定义比较困难，所以至今还没有一个最终的定义。1980年，美国电气制造商协会（NEMA）将其定义为：可编程控制器是一个数字电子装置，它使用了可编程序的记忆体以储存指令，用来执行诸如逻辑、顺序、计时、计数和演算等功能，通过数字或模拟的输入和输出，以控制各种机械或生产过程。1982年，国际电工委员会（International Electrotechnical Commission，IEC）颁布了可编程控制器标准草案第一稿，1985年发表了第二稿，1987年又颁布了第三稿。目前普遍认可的是可编程控制器标准草案第三稿中对PLC的定义：PLC是一种数字运算操作的电子系统，专门为在工业环境下应用而设计；它采用可编程序的存储器，用来在其内部存储执行逻辑运算、顺序控制、定时、计数和算术运算等操作的指令；并通过数字式或模拟式的输入和输出，来控制各种类型的机械或生产过程；可编程控制器及其有关的外部设备，都按易于与工业控制系统形成一个整体、易于扩充其功能的原则设计。

上述定义表明可编程控制器的内部结构、功能和原理均类似于计算机，是为工业环境的应用而设计的计算机，能在高粉尘、高噪声、强电磁干扰和温度变化剧烈的环境中正常工作，且能控制各种类型的机械或生产过程，易于扩展其功能，具有更大的灵活性，方便应用于各种场合，所以其实质上是经过一次开发的工业控制计算机。

4.1.2 PLC的类型与应用领域

PLC 的类型和应用

1. PLC的特点

PLC技术之所以能实现高速发展，除了顺应工业自动化的客观需要外，更重要的是它综合了继电器-接触器控制和计算机控制系统的优点，较好地解决了工业领域中普遍关心的可靠、安全、灵活、方便、经济等问题。PLC主要有以下特点：

①可靠性高、抗干扰能力强。可靠性高、抗干扰能力强是PLC最重要的特点之一。PLC用软件替代了大量的硬件继电器，接线量小，只有继电器-接触器控制系统接线量的1% ～ 10%，同时在软件和硬件上采取了屏蔽、隔离、滤波等一系列的抗干扰措施，能适应恶劣的工业环境。目前，各生产厂家生产的PLC的平均无故障时间可达几万小时，甚至几十万个小时。

②编程方便，易于掌握。大多数PLC仍采用梯形图语言进行编程。梯形图语言具有形象、清晰、直观的特点，充分考虑工程技术人员和现场操作人员的读图和编程习惯，很容易让广大工程技术人员掌握。此外还有指令表、状态转移图等编程语言，使用非常方便灵活。PLC除了可以远程通信控制，也可以根据现场实际情况，利用编程软件进行现场调试和程序修改。

③通用性好，系统组合灵活方便。PLC产品发展到今天，已经实现标准化、模块化和系列化，形成大、中、小各种规模的系列化产品并配备了品种齐全的I/O模块及配套部件，不仅具有逻辑运算、定时、计数、顺序控制等功能，而且还具有A/D和D/A转换、数值运算、数据处理、PID控制、位置控制、温度控制、通信联网等多种控制功能，用户可根据需求配备I/O模块和配套部件，组成满足各种要求的控制系统。

④系统设计、施工和调试周期短。PLC的硬件设计主要是根据被控对象的控制要求配置适当的模块和外部电路，不需要进行具体的接口电路设计，控制柜的设计和安装接线工作量大大减少，输入/输出接口具有较强的带负载能力，可以直接接强电，如24V、48V、110V甚至220V，直接驱动电磁阀、中小型接触器等。PLC控制系统的软件设计和程序调试大部分可在实验室完成，用模拟实验开关代替输入信号，模拟调试过程中发现的问题可以及时解决，调试完毕后可以直接安装到工业现场进行联机调试，大大缩短了应用设计和调试周期，加快了工程进度。

⑤功能完善，对生产工艺改变适应性强。PLC本质是一种工业控制计算机，拥有大量用于开关量处理的编程软元件和专用编程指令，通过软件编程能轻松实现大规模开关量的逻辑控制、过程控制和数字控制等控制功能。由于PLC具有通信联网功能，可以控制单机、一

条或多条生产线，也可以进行现场控制和远程控制。

⑥维修方便，维护工作量小。PLC具有很强的自诊断、履历情报存储和监视显示等功能，可以根据报警信息进行快速查找故障，维修处理极为方便。PLC本身的可靠性高，又有完善的自诊断能力，故障率低，维护工作量小。

⑦体积小、重量轻、能耗低。由于PLC采用了集成电路，其结构紧凑、体积小、重量轻、能耗低，易于装入设备内部，因而是实现机电一体化的理想控制设备。

由于PLC具有上述特点，故而得到了极其广泛的应用。

2. PLC的分类

PLC由于产品种类繁多，其规格和性能也各不相同。通常根据PLC结构形式的不同、功能的差异和I/O点数的多少等进行大致分类。

（1）按结构形式分类

按硬件结构形式不同，PLC可分为整体式、模块式和叠装式三种类型。

①整体式PLC。整体式PLC又称为单元式PLC或箱体式PLC，是将一个完整的PLC安装在一个机箱中，里面包括CPU、存储器、电源、I/O接口等。具有结构紧凑、体积小、性价比高等特点，整体式PLC的结构如图4-1（a）所示。整体式PLC通过扁平电缆将不同I/O点数的基本单元（又称主机）与扩展单元、模拟量控制单元和位置控制单元等特殊功能单元进行连接，对其功能进行扩展。基本单元内有CPU、I/O接口、与I/O扩展单元相连的扩展口，以及与编程器或EPROM写入器相连的接口等。扩展单元内只有I/O和电源等，没有CPU。小型PLC一般采用这种整体式结构，如三菱电机公司的FX系列，可以直接安装在电气控制柜中。

（a）整体式

（b）模块式

图4-1　PLC的结构形式

②模块式PLC。模块式PLC又称积木式PLC，是将PLC的各组成部分按照功能不同设计成若干个单独的模块，如CPU模块、IM接口模块、输入开关量接口模块DI、输出开关量接口模块DO、输入模拟量模块AI、输出模拟量模块AO、定位模块、PID控制功能模块和通信模块CP等各种功能模块，安装在框架或基板的插座上。模块式PLC的结构如图4-1（b）所示。模块式PLC的特点是配置灵活，可根据需要选配不同规模的系统，而且装配、扩展和维修方便。模块式PLC组成如图4-2所示，一般大中型PLC采用模块式结构，如三菱电机公司的Q、R和L系列等。

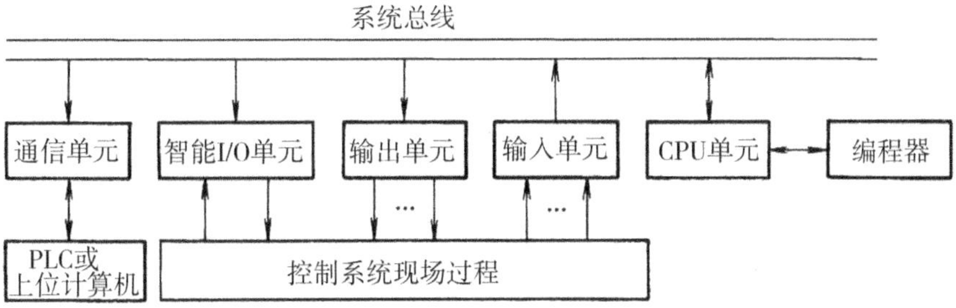

图4-2 模块式PLC组成

③叠装式PLC。叠装式PLC是将整体式PLC和模块式PLC的特点结合起来构成的。叠装式PLC的CPU、电源、I/O接口等也是各自独立的模块，模块之间用电缆连接，在控制设备中安装，可以一层一层叠装，系统配置更灵活、体积更小。

（2）按应用规模和功能分类

按应用规模和功能不同，PLC一般分为小型PLC、中型PLC和大型PLC。

①小型PLC。小型PLC的I/O点数为256点以下，用户程序存储容量在4K字以下。其中，I/O点数小于64点的为超小型或微型PLC。现在的高性能小型PLC具备一定通信能力和模拟量处理能力，价格低，体积小，特别适合控制单台设备，用于开发机电一体化产品，如三菱的FX系列、西门子的S7-200系列、和利时的LM系列和欧姆龙的CPM2A系列等。

②中型PLC。中型PLC的I/O点数为256 ~ 2048点，用户程序存储容量为2 ~ 8K字。中型PLC不仅有开关量和模拟量的控制功能，还具有更强的数字计算能力、通信功能和模拟量处理能力，指令更丰富，适合于有温度控制和动作要求复杂的机械以及连续生产过程控制的场合。典型的中型PLC如三菱的L系列、西门子的S7-300系列、和利时的LE系列和欧姆龙的CH200系列等。

③大型PLC。大型PLC的I/O点数在2048点以上，用户程序存储容量为8 ~ 16K字。大型PLC具有计算、控制、调节功能，还有强大的网络结构和通信联网功能，同时配备各种智能板，构成多功能的生产过程和产品质量控制系统，适用于设备自动化控制、过程自动化控制和过程监控系统。如三菱的Q系列、西门子的S7-400系列、和利时的LK系列、欧姆龙的CVM1和CS1系列等。

3. PLC的性能指标

不同生产厂家的PLC产品各具特色，表征PLC性能的指标有很多，总体上可以从以下几个方面进行衡量对比。

①输入/输出点数（I/O点数）。I/O点数是指PLC可接入信号和可输出信号的总数量，是衡量评价一个系列的PLC性能的重要指标，是判别适用于哪种规模的控制系统的重要参数，I/O点数越多，外部可接的输入设备和输出设备就越多，控制规模就越大。

②存储容量。存储容量是指PLC内部用于存放用户程序的数据总量，用户程序存储器的容量大，可以编制出复杂的程序。衡量存储用户应用程序的容量大小，以字或K为单位，一般情况下，逻辑操作指令每条占1个字节，定时器和计数器移位操作指令占2个字节，数据

操作指令占2～4个字节。中小型存储容量在8KB以下；大型存储容量为256KB～2MB。一般来说，小型PLC的用户存储器容量为几千字，而大型PLC的用户存储器容量为几万字。

③扫描速度。扫描速度是指PLC执行用户程序的速度，是衡量PLC控制性能的重要指标，表征PLC执行程序的速度。一般以扫描1K字用户程序所需的时间来衡量扫描速度，常用ms/KB表示。PLC用户手册一般给出执行各条指令所用的时间，可以通过比较各种PLC执行相同操作所用的时间，来衡量扫描速度的快慢。

④编程指令的种类和数量。编程指令的种类和数量是衡量PLC控制和处理功能强弱的主要指标，编程指令的功能越强、指令越丰富，PLC的处理能力和控制能力也越强，用户编程也越简单和方便，且容易完成复杂的控制任务。

⑤编程元件的种类和数量。编程元件是PLC内部的寄存器，在编制PLC程序时，需要用到大量的内部元件用于存放中间结果、变量、定时/计数数据模块设置和各种标志位等信息，是衡量PLC软件功能的指标。PLC内部辅助继电器、定时器、计数器和数据寄存器等编程元件的种类和数量越多，表示PLC存储和处理各种信息的能力越强。

⑥功能扩展能力。功能扩展能力是衡量PLC硬件功能的指标。PLC除了基本模块外，还可以配备I/O点数的扩展、存储容量的扩展、联网功能的扩展等。

⑦智能单元的数量。智能单元的数量是衡量PLC产品功能水平的重要指标。智能单元是具有CPU和系统的模块，可独立完成某种特殊操作，如位置控制模块、PID控制模块、温度控制模块、模糊控制模块等。近年来各PLC厂商非常重视特殊功能单元的开发，特殊功能单元种类日益增多，功能越来越强，使PLC的控制功能日益扩大。

4. PLC的应用领域

PLC作为一种通用工业控制计算机，从产生到现在，其性能已经发生质的飞跃，成为现代控制的主流设备，目前已广泛应用于制造业、娱乐业、健康医疗、建筑业、农林渔业、交通、食品工业等多个领域。

①开关量逻辑控制。开关量逻辑控制是PLC最基本、最广泛的应用，可以取代传统的继电器-接触器控制，用于单机控制、多机群控制、生产自动线控制等，例如：数控机床、注塑机、印刷机械、装配生产线、灌装生产流水线、物料分拣流水线、电镀流水线及电梯的控制等。

②运动控制。PLC可以用于直线运动和圆周运动控制，可以使用专用的命令或运动控制模块来控制步进电机或伺服电机的单轴或多轴位置控制模块，从而实现对各种机械设备的运动控制。当轴运动时，位置控制模块保持适当的速度和加速度确保运动平滑，与顺序控制有机结合，可以用于机器人的运动控制、机械手的位置控制、电梯的运行控制等。PLC还可以与计算机数控装置（CNC）组成数控机床控制系统，控制零件的切削加工，实现高精度的加工。

③过程控制。过程控制是指对温度、压力、湿度、流量等连续变化的模拟量的闭环控制，大中型PLC具有多路模拟量I/O模块和PID控制功能，有的小型PLC也具有模拟量输入/输出，实现A/D和D/A转换，控制连续变化的模拟量如温度、压力、流量、速度、液位、电压、

电流等构成闭环控制，用于过程控制。过程控制功能已广泛用于锅炉控制、反应堆、污水处理、酿酒、热处理、钢铁冶金、农业温室大棚以及闭环位置控制和速度控制等方面。

④数据处理。PLC具有数据处理指令、数据传送指令、移位和循环移位指令、算术逻辑运算指令等，具有数学运算、数据传送、转换、排序和查表等功能，可方便地对生产现场进行数据采集、分析和处理，同时可通过通信接口将这些数据传送给其他智能装置进行处理或打印成表格。数据处理通常用于柔性制造系统、机器人和机械手的控制系统、食品加工等大中型控制系统中。

⑤通信联网。PLC与PLC、PLC与上位计算机、PLC与其他智能设备（如变频器、触摸屏）之间的通信，一般采用专用的通信模块，并利用RS-232、RS-422A或以太网接口，采用双绞线或同轴电缆或光缆等连成网络，以实现信息的交换。如图4-3所示，由多台计算机构成“集中管理、分散控制”的多级分布式控制系统，满足工厂自动化（FA）系统发展的需要。

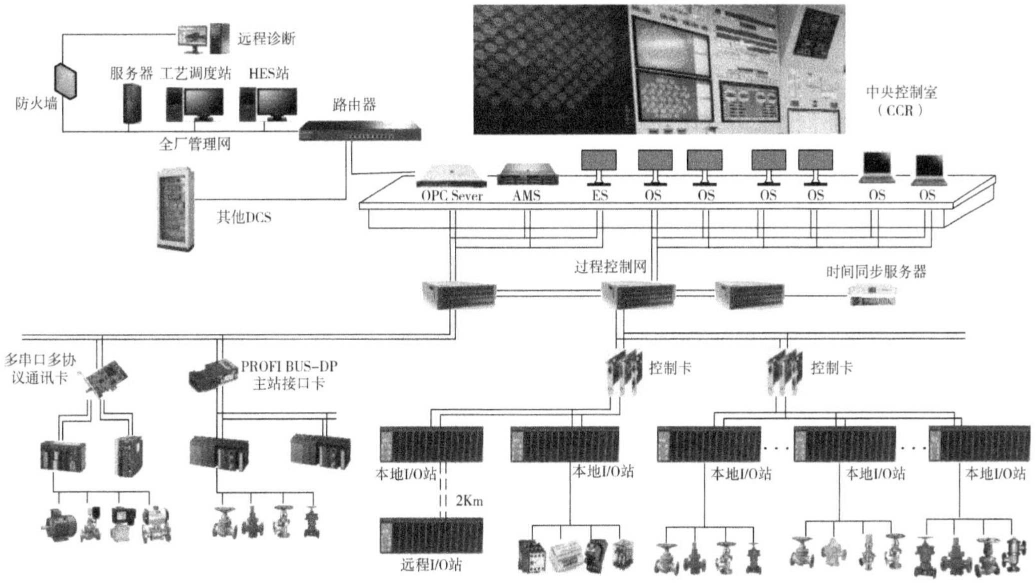

图4-3　集散式控制系统（DCS）网络结构

4.2　PLC的组成

PLC 的组成

不同生产厂家生产的PLC产品结构有所不同，但都包括硬件系统和软件系统两大部分。下面以三菱FX_{3U}系列的PLC为例来说明可编程控制器的组成情况。

4.2.1 PLC的硬件组成

PLC的硬件主要由中央处理器（CPU）、存储器（ROM、RAM）、输入单元、输出单元、通信接口、扩展接口和电源等部分组成。其中，CPU是PLC的核心，输入单元与输出单元是连接现场输入/输出设备与CPU之间的接口电路，通信接口用于与编程器、上位计算机等外设连接。

三菱FX_{3U}系列的PLC是整体式PLC，所有硬件部件都装在同一机壳内，其结构如图4-4所示。对于模块式PLC，各部件独立封装成模块，各模块通过总线连接，安装在机架或导轨上，其组成如图4-5所示。无论是哪种结构类型的PLC，都可根据用户需要进行配置与组合。

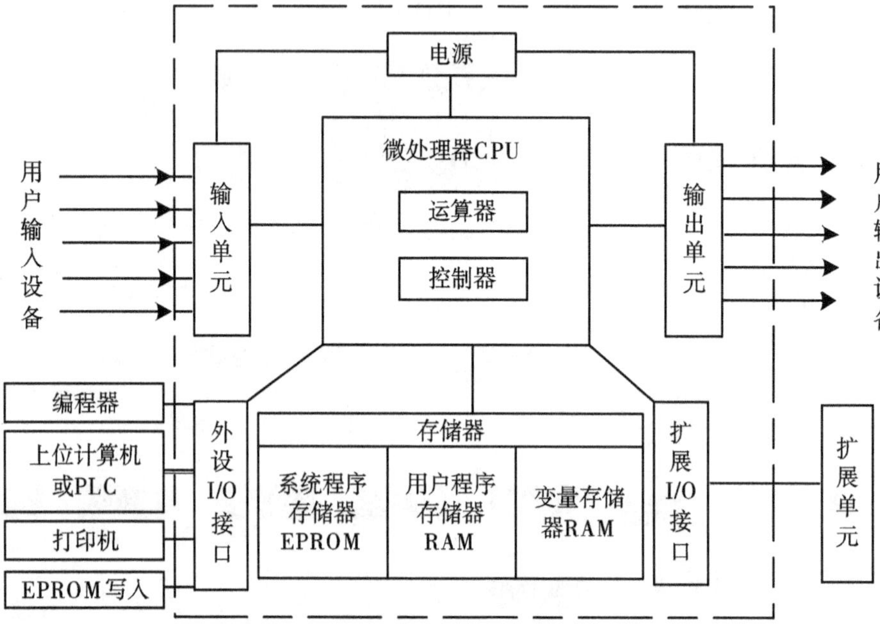

图4-4　PLC的硬件结构

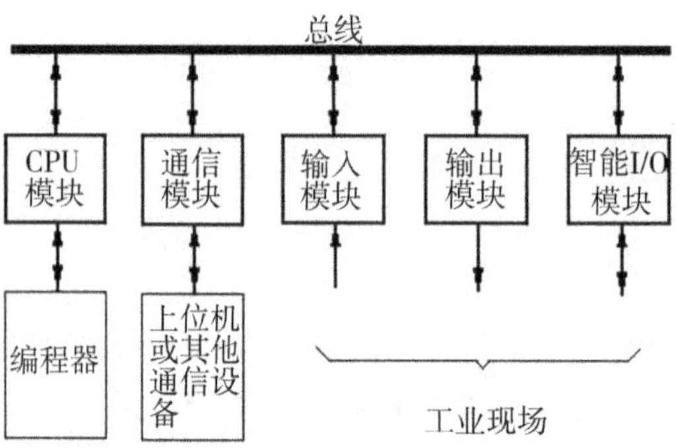

图4-5　模块式PLC的组成

尽管整体式PLC与模块式PLC的结构不太一样，但各部分的功能作用是相同的，下面对PLC各主要组成部分进行简单介绍。

1.中央处理单元（CPU）

中央处理器（CPU）是PLC的核心，在系统程序的控制下完成逻辑运算、数学运算，协调内部各组成部件按系统程序赋予的功能进行工作，对整个PLC的工作进行控制。PLC中所配置的CPU常用有三类：通用微处理器（如Z80、8086、80286等）、单片微处理器（如8031、8096等）和位片式微处理器（如AMD29W等）。小型PLC大多采用8位通用微处理器和单片微处理器；中型PLC大多采用16位通用微处理器或单片微处理器；大型PLC大多采用高速位片式微处理器。

2.存储器

存储器是PLC用于存放系统程序、用户程序及运算数据的单元。PLC的存储器主要有两种：一种是用户存储器，是可读/写操作的随机存储器RAM，用于存放用户程序、工作状态及数据；另一种是系统存储器，是只读存储器ROM、PROM、EPROM和EEPROM，用于存放系统管理程序，是软件固化的载体，用户无法访问或更改。

由于系统程序、工作数据与用户无直接联系，所以在PLC产品样本或使用手册中所列存储器的形式及容量是指用户程序存储器。当PLC提供的用户存储器容量不够用时，许多PLC还提供了存储器扩展功能。近年来发展的闪存，为PLC产品提供了一种高可靠性、高密度、非易失、功耗小的存储器。

3.输入/输出单元

输入/输出单元是PLC和工业控制现场各类信号连接的纽带，也称为I/O单元或I/O模块。输入单元接口用于接收被控对象的各种数据存放于输入映像寄存器中，当PLC运行程序后输出的信息送入输出锁存器，PLC通过输出接口将输出锁存器中的处理结果输出，通过执行机构控制被控制对象，完成工业现场的各类控制。

由于外部输入设备和输出设备所需的信号电平是多种多样的，而PLC内部CPU处理的信息只能是标准电平，因此必须由I/O接口电路将这些信号转换成CPU能接收的标准电平信号。为提高PLC的抗干扰能力，I/O接口都具有光电隔离和滤波电路，另外，I/O接口上通常还有状态指示，工作状况直观，便于维护。

PLC系统的输入/输出信号分为开关量信号和模拟量信号，开关量信号的变化不是连续的，在高电平和低电平之间跳跃变化，模拟量信号的大小、方向在时间上是连续变化的。I/O接口的主要类型有：数字量（开关量）输入、数字量（开关量）输出、模拟量输入、模拟量输出等。

（1）开关量输入接口

开关量输入接口的作用是把工业现场的行程开关、按钮、传感器、限位开关、选择开关、接近开关、继电器的触点等开关量信号变成PLC内部处理的标准信号，通常由滤波电路、光电隔离电路和输入内部电阻电路组成。常用的开关量输入接口按其可接收外部信号的电源类型可以分为直流输入接口、交流输入接口和交直流输入接口三种类型，其基本原理电路如图4-6所示。

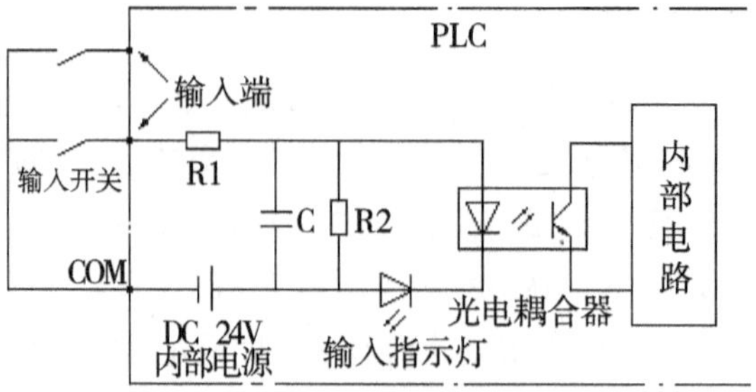

（a）直流输入接口

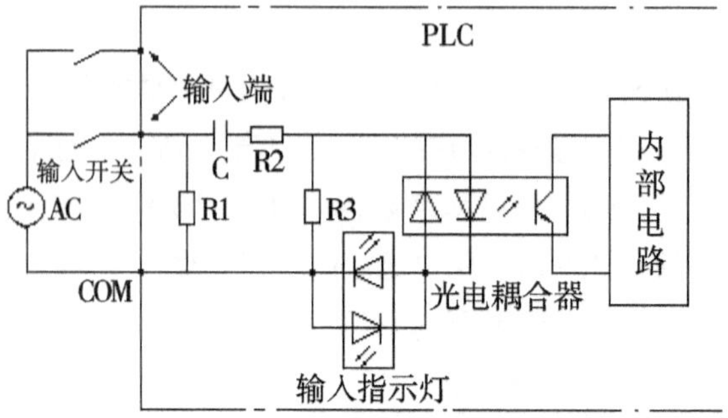

（b）交流输入接口

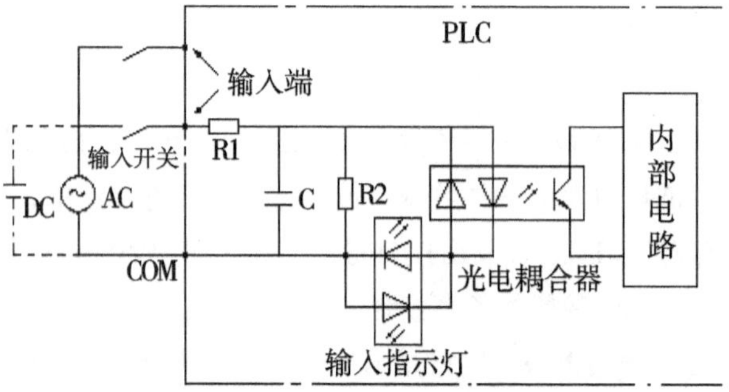

（c）交直流输入接口

图4-6　开关量输入接口

由于整体式PLC内部提供24V的直流电源，所以直流输入为24V时，可以直接使用而不用外接电源，如果输入口开关量较多、所需电流较大，则必须使用外接电源；交流输入和交直流输入必须由PLC外部提供电源。三种输入接口方式都有滤波电路和光电耦合器隔离电路，电路的绝缘电阻大，能将生产现场信号与PLC内部电路隔离并转换成PLC内部的逻辑电平信号，防止输入触点抖动和输入线混入噪声引起的误动作，大大提高了PLC的工作可靠性。

PLC的输入单元与外部用户设备的接线方式主要有汇点式、分组式和独立式三种，如图4-7所示。

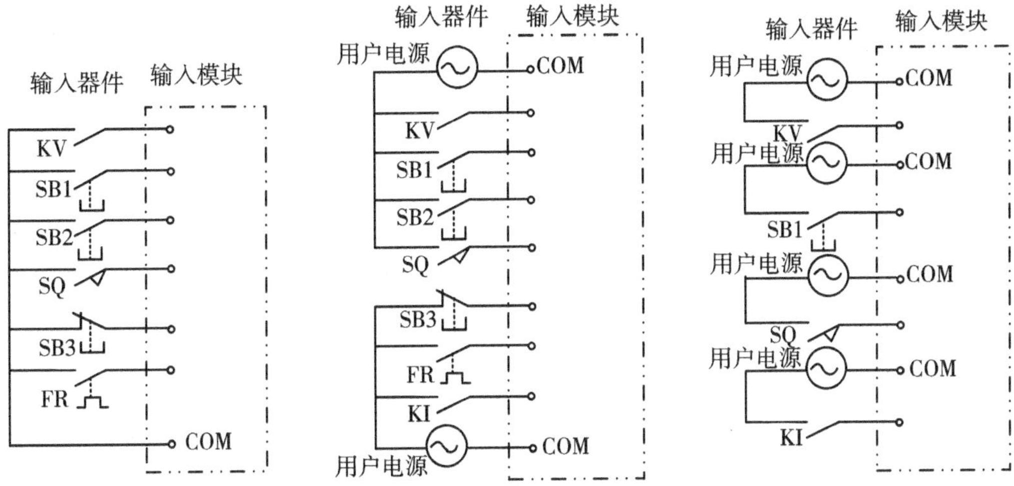

（a）汇点式　　（b）分组式　　（c）独立式

图4–7　输入单元的接线方式

汇点式接线方式如图4–7（a）所示，可用于交流或直流输入，全部输入点共用一个公共端（COM）和一个电源。若将全部输入点分为若干组，每组共用一个公共端和电源，则为分组式接线方式，如图4–7（b）所示。独立式接线方式如图4–7（c）所示，每一个输入元件有两个接线端，由用户提供独立的电源供电。通过三种接线方式比较可知，汇点式接线最简单，独立式接线最复杂。需要根据具体的情况进行选择，目前常用的是汇点式接线。

（2）开关量输出接口

开关量输出接口是把PLC内部的标准信号转换成现场执行机构所需要的开关量信号。开关量输出接口可以连接电磁阀、接触器、继电器、电磁铁、指示灯、照明灯、小功率直流电动机、电铃、蜂鸣器和数字显示装置等耗能元件。

常用的开关量输出接口按输出开关器件不同，分为继电器输出、晶体管输出和双向晶闸管输出三种类型。三种类型的输出接口中均设置了继电器隔离或光电隔离耦合电路，抗干扰能力强。特别要指出的是，三种类型的输出接口本身不带电源，均需用户提供外接电源。由于输出接口本身都不带电源，在考虑外接驱动电源时，还必须考虑PLC输出器件的类型。

继电器输出接口电路如图4–8所示，图中画出了一个输出点的电路，其他输出点的电路与此相同。PLC内部的标准电平信号控制继电器KA的线圈，KA的常开触点控制外部负载，可驱动直流或交流负载，但由于采用继电器触点接通的方法，其响应时间长，通断频率低。

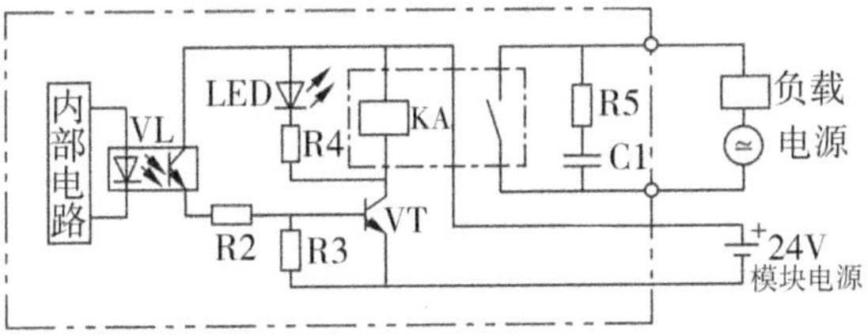

图4–8　继电器输出电路

晶体管型输出接口电路如图4-9所示，通过光电耦合后的标准电平信号控制晶体管VT的通断，从而控制外部负载，晶体管的通断频率高，适用于驱动直流负载。

晶闸管型输出接口电路如图4-10所示，光电耦合器中的双向光敏二极管控制双向晶闸管VT的通断，控制外部负载，动作频率较高，适用于驱动交流负载。

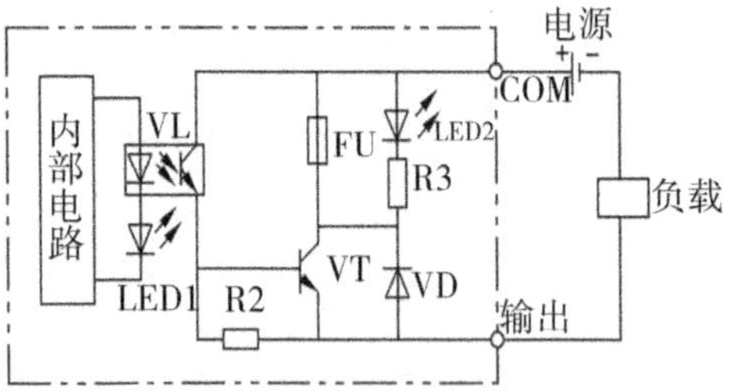

图4-9　晶体管输出电路

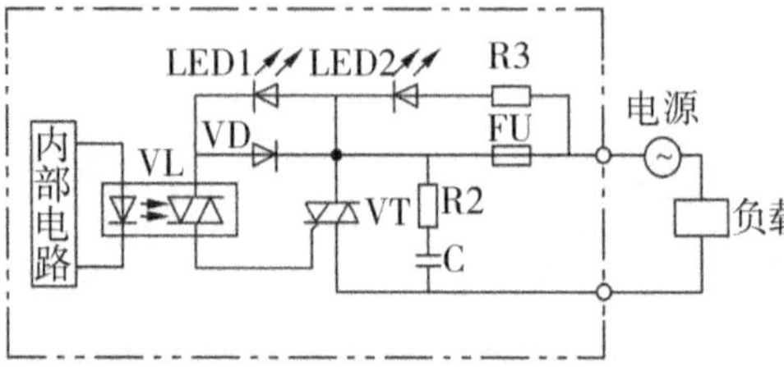

图4-10　双向晶闸管输出电路

输出单元与外部负载的接线方式也有汇点式、分组式和独立式三种。汇点式接线方式如图4-11（a）所示，全部输出汇集到一起，共用一个公共端COM和一个电源（可以是交流或直流电源）；分组式接线方式如图4-11（b）所示，根据输出控制要求将输出分成若干组，每组共用一个公共端COM和一个独立电源；独立式接线方式如图4-11（c）所示，每个输出构成一个独立的回路，单独提供电源，各个输出互相隔离，负载电源根据实际情况选择直流或交流电源。

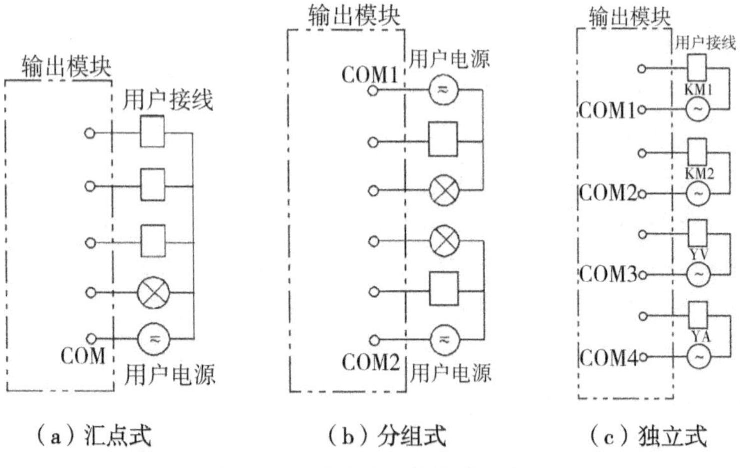

（a）汇点式　（b）分组式　（c）独立式

图4-11　输出单元的接线方式

在三菱FX_{2N}系列的PLC中，FX_{2N}-16M型全部为独立输出，其他机型的输出均为每4～8点共用一个公共端。

（3）模拟量输入接口

模拟量输入接口的作用是把现场连续变化的模拟量标准信号转换成适合PLC内部处理的由若干位二进制数字表示的信号，可以接收标准的电压或电流模拟信号。这里的标准信号是指符合国际标准的通用交互信号，其中直流电压信号为1～10V、直流电流信号为4～20mA。模拟量信号通常由电位计、温度传感器、测速发电机、位移传感器、压力传感器等传感器或变送器产生。

（4）模拟量输出接口

模拟量输出接口的作用是将运算处理后的若干位数字量信号转换为相应的模拟量信号输出，满足生产过程现场连续控制信号的需要。模拟量输出接口一般由光电隔离、D/A转换和信号驱动等组成。

模拟量输入/输出接口一般选用专门的模拟量单元。

（5）智能输入/输出接口

智能输入/输出接口模块是一个独立的工作单元，带有单独的CPU、系统程序、存储器，通过总线与PLC系统总线相连，进行数据交换，并在PLC的协调管理下独立地进行工作，有专门的数据处理能力。智能输入/输出接口包括PID工作单元、高速计数器工作单元、温度控制单元、闭环控制模块、运动控制模块、中断控制模块等。

4.通信接口

PLC的通信接口实际上是PLC的外设接口与编程器、计算机、触摸屏的通信接口。通过这些通信接口，PLC可与监视器、打印机、其他PLC、计算机等设备实现通信。PLC与打印机连接，可将过程信息、系统参数等输出打印；与其他PLC连接，可组成多机系统或联网，实现更大规模控制；与计算机连接，可组成多级分布式控制系统，实现控制与管理相结合。远程I/O系统也必须配备相应的通信接口模块。常用的接口有RS-232接口、RS-422接口、RS-485接口、以太网接口及标准的现场总线接口（如Modibus）等。

5.外部设备

（1）编程器

编程器的作用是进行现场编辑、修改、调试和加载用户程序，也可在线监控PLC内部状态和参数，实现人机对话操作功能，是开发、应用、维护PLC不可缺少的工具。常用的编程装置有手持式编程器、专用编程器和个人计算机编程三类。

个人计算机安装编程软件实现编程是目前的主流编程模式。用户只要购买PLC厂家提供的编程软件和相应的硬件接口装置，即可得到高性能的PLC程序开发系统。图4-12为三菱GX Works2编程软件操作界面。个人计算机的程序开发系统功能强大，既可以进行编制和修改PLC梯形图程序，又可以监控系统运行、打印文件、系统仿真等，配上相应的软件还可实现数据采集和分析等许多功能。

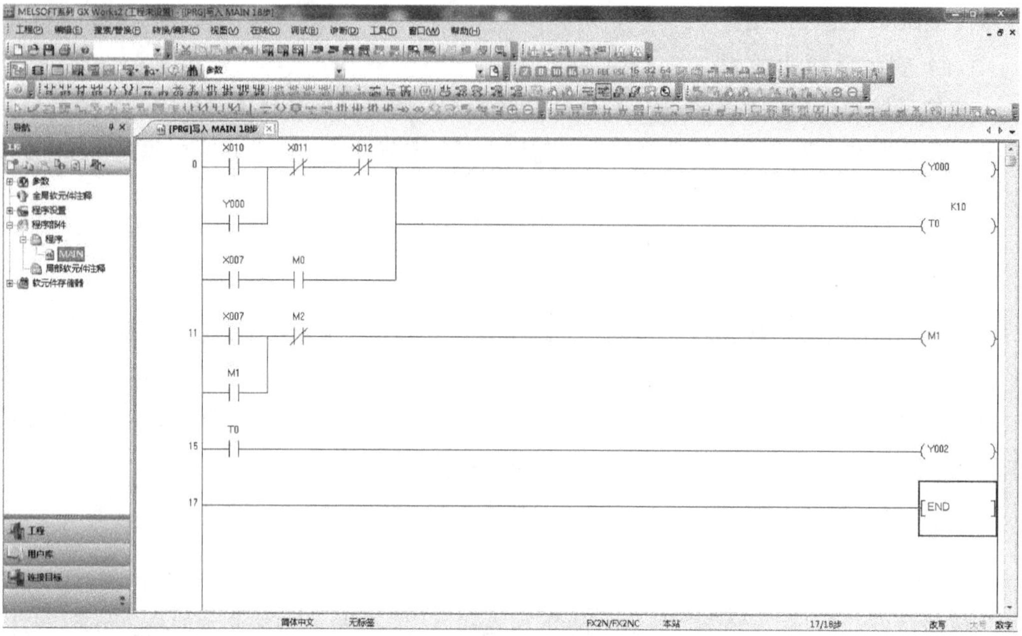

图4-12　三菱GX Works编程软件操作界面

（2）其他外部设备

除了上述部件和设备外，PLC还有许多外部设备，如EPROM写入器和人机接口装置等。EPROM写入器是用来将用户程序固化到EPROM存储器中的一种PLC外部设备。为了使调试好的用户程序不易丢失，经常用EPROM写入器将PLC内部RAM保存到EPROM中。

人机接口装置是用来实现操作人员与PLC控制系统的对话，如采用半智能型CRT人机接口装置和智能型终端人机接口装置，能够与操作人员快速交换信息，并通过通信接口与PLC相连，也可作为独立的节点接入PLC网络。

6.电源

PLC的电源包括为PLC工作单元供电的开关电源和外部电源两部分。PLC对电网提供的电源稳定性要求不高，开关电源允许在额定电源电压值的±（10%～15%）范围内波动。小型PLC的电源是为CPU、I/O单元及扩展单元提供5V直流电源和为外部输入元件（如传感器等）提供24V直流电源，采用锂电池；中大型PLC，采用单独的电源模块。外部电源主要用于传送现场信号或驱动执行机构，由用户自备，一般采用市电（AC 220V）或DC 24V等。

4.2.2　PLC的软件组成

PLC的软件由系统监控程序、用户程序和用户环境三部分组成。

1.系统监控程序

系统监控程序包括系统管理程序、用户指令解释程序、标准程序模块和系统功能调用模块等，用于管理和控制PLC的正常运行，是每一个成品PLC必须包括的部分，由PLC生产厂家提供，并固化在EPROM中，用户无法直接读写与更改。监控程序的质量好坏将在很大程度上直接决定了PLC的性能。

（1）系统管理程序

系统管理程序是监控程序中最重要的部分，包括运行管理、存储空间管理和系统自检程序。运行管理程序用于控制PLC何时输入、输出、运算和通信等；存储空间管理规定各种参数和程序的存放地址等；系统自检程序用于系统出错检验、用户程序语法检验、句法检验和时钟运行等。

（2）用户指令解释程序

用户指令解释程序的主要任务是将PLC的通用编程语言梯形图程序变为机器能懂的机器语言。

（3）标准程序模块和系统功能调用模块

该部分由许多独立的子程序模块组成，如输入、输出、特殊计算等，完成不同的功能。PLC的各种具体的工作由该部分程序完成，其功能的强弱直接决定PLC性能的高低。

2.用户程序

用户程序又称为用户软件，是用户利用PLC的编程语言，根据控制要求编制的程序，以实现控制目的。一般通过语言编制，用于控制装置实现控制功能。由于PLC是专门为工业控制而开发的装置，其主要使用者是广大电气技术人员，为了符合他们的传统习惯和能力水平，PLC采用梯形图、指令表、高级语言等多种PLC的专用编程语言，其编程语言比计算机语言相对简单、易懂、形象。

3.用户环境

用户环境包括用户数据结构、用户元件区分配、用户存储区、用户参数和文件存储器等，是由监控程序生成的。

PLC 的工作原理

4.3 PLC的工作原理

4.3.1 PLC的工作过程

1.循环扫描工作方式

PLC运行是通过执行用户程序来完成控制任务的，通常需要执行众多的操作，但CPU不可能同时去执行多个操作，只能按分时操作（串行工作）方式，就是CPU依次对各种规定的操作项目进行访问和处理，这种串行工作过程就是PLC的扫描工作方式。

PLC采用循环扫描的工作方式，就是在执行用户程序时，从扫描第一条程序开始，在没有中断或跳转控制的情况下，按程序存储的地址号递增方向，逐条执行用户程序，直到程序结束。然后再从头开始继续扫描执行，周而复始进行，直到停机或者从运行（RUN）模式切换到停止（STOP）模式为止。

PLC中的CPU有运行（RUN）和停止（STOP）两种工作模式，停止工作模式一般用于程序的编制与修改，运行工作模式用于执行应用控制程序。除了CPU监控到致命错误，要求强迫停止运行外，可以通过如图4-13所示三菱FX_{3U}和FX_{2N} PLC上内置转换开关，直接设置RUN或STOP两种工作模式，或者通过编程软件的运行/停止指令加以选择控制。

图4-13　PLC上的内置开关

2. PLC的工作过程

PLC的扫描工作过程包括自诊断处理、通信处理、输入采样、程序执行和输出刷新五个阶段，如图4-14所示。PLC在运行时，从自诊断开始到输出刷新结束，扫描一个循环所需要的时间称为扫描周期。扫描周期与指令的种类、扫描速度、PLC硬件配置及用户程序长短有关，当用户程序较长时，指令的执行时间在扫描周期中占相当大的比例。扫描周期的典型值为1 ～ 100ms。

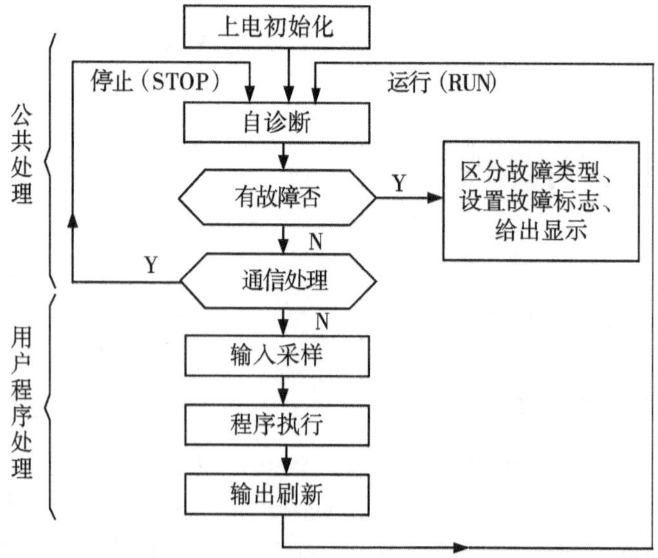

图4-14　PLC的工作过程

当PLC处于停止工作模式下时，PLC只完成自诊断和通信处理等公共处理工作，首先进行自诊断处理，判断是否有故障，如果发现故障或异常将转入处理程序，区分故障类型、设置故障标志并给出指示，然后进行通信处理。PLC在停止状态下将不断进行公共处理的循环扫描。

（1）上电初始化

当PLC接通电源后，先进行上电初始化，即系统初始化处理，包括对PLC内部的电源、内部电路、用户程序语法检查、清除内部继电器区和定期复位监控定时器等操作，确保系统进入可靠运行。

（2）自诊断处理

CPU在每个扫描周期都必须进行自诊断处理，包括检查用户程序存储器是否正常、I/O单元的连接、I/O总线是否正常等，若发现故障或异常情况则转入处理程序，保留现行工作状态，发出报警信息，停止PLC的运行。

（3）通信处理

在自诊断正常后，PLC对编程器、上位计算机、其他PLC、触摸屏、打印机或智能I/O模块的通信接口进行扫描处理，并进行数据的发送和接收等信息交换。如果PLC处于运行工作模式，还必须进行输入采样、程序执行和输出刷新三个阶段。

（4）执行程序

当PLC处于运行（RUN）工作模式时，除了进行自诊断和通信处理等公共处理工作之外，还应执行用户程序处理。PLC用户程序的执行过程分为输入采样、程序执行、输出刷新三个阶段，如图4-15所示。

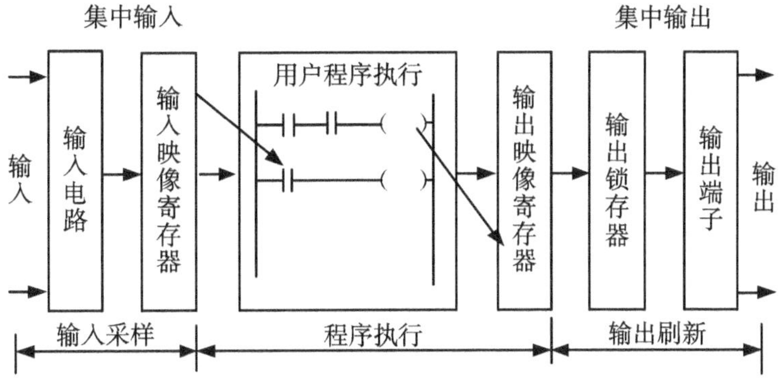

图4-15　PLC的用户程序处理

①输入采样。在输入采样阶段，PLC扫描所有输入接口的输入状态和数据（如开关和按钮的通断、BCD码的数据、A/D转换值等），进行集中采样后存入到输入映像寄存器中进行存储，此时输入映像寄存器被刷新。

②程序执行。在程序执行阶段，如果在没有跳转和中断指令的情况下，PLC根据用户程序按顺序首地址开始进行扫描执行，每扫描到一条指令，PLC从输入映像寄存器和其他元件映像寄存器中读取数据，根据指令要求进行逻辑运算，运算执行后的结果存入输出映像寄存器中。

③输出刷新阶段。当所有程序扫描执行完毕后，进入输出刷新阶段。CPU将输出映像寄

存器中各输出继电器的状态同时转存到输出锁存器中，再由输出锁存器通过一定的方式（继电器、晶体管、双向晶闸管）传送到对应的外部输出端子输出，最后驱动实际外部负载如接触器、电磁阀、指示灯等。

3. PLC的内部等效电路

由PLC的工作原理可知，其输入部分采集输入信号，输出部分驱动执行负载，这两部分与继电器-接触器控制系统类似。PLC内部控制电路由编程实现逻辑电路功能，相当于用软件编程代替继电器控制功能，对于使用者来说，在编写程序时，可以把PLC看成是内部由许多“软继电器”组成的控制器。PLC的内部等效电路如图4-16所示。

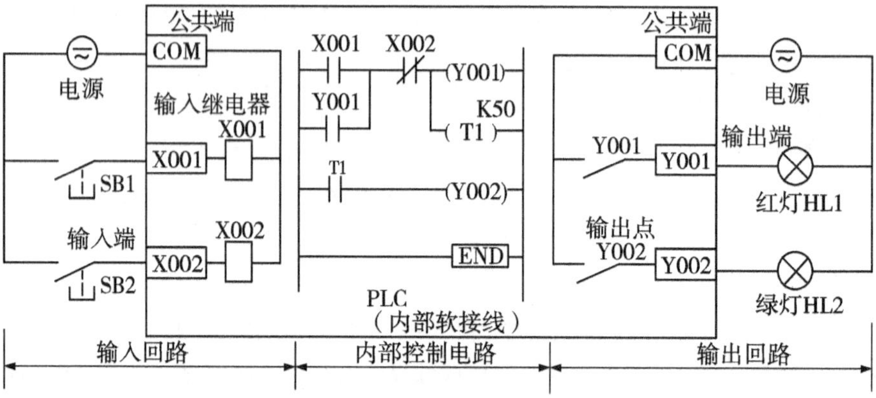

图4-16 PLC的内部等效电路

（1）输入回路

输入回路由外部输入电路、PLC输入端子和输入继电器及输入公共端（COM）等组成。外部输入信号经PLC输入端子驱动输入继电器，一个输入端子对应一个等效电路中的输入继电器，输入继电器直接反映输入信号的状态，且可以提供无数个常开、常闭触点供编程使用。输入回路中的电源可以直接使用PLC电源模块提供的24V直流电源。如图4-16所示，起动按钮SB1和停止按钮SB2采用PLC内部24V直流电源直接供电，接入PLC的输入回路，采集后并保存输入信号。

（2）内部控制电路

内部控制电路由用户程序生成，用户程序通常采用梯形图进行编写，如图4-16按照程序规定的逻辑关系和输出信号状态进行运算和处理后得到输出。

（3）输出回路

输出回路由与内部电路隔离的输出继电器的外部常开触点、输出端子、输出公共端（COM）和外部电路组成，用于驱动负载。PLC内部控制电路中有许多输出继电器，每个输出继电器为内部控制电路提供无数个编程用的常开、常闭触点，同时还为输出电路提供一个常开触点与输出端连接。驱动外部负载的电源必须由用户自行提供。

在图4-16中，将红灯HL1和绿灯HL2接入PLC的输出回路，外接负载电源，进行系统的输出控制。

在图4-16中，PLC的控制过程如下：

起动按钮SB1闭合，则输入继电器X001接收信号，程序中X001的常开触点闭合，Y001线圈通电并自锁，Y001的常开触点闭合，输出回路中红灯点亮。同时定时器T1开始计时，当计时5s后T1的常开触点闭合，Y002线圈通电，Y002常开触点闭合，绿灯点亮。实现红灯点亮5s后绿灯自动点亮的控制过程。

停止时，按下停止按钮SB2，程序中Y001和T1线圈同时断电，红灯熄灭，定时器T1的常开触点断开，Y002线圈也断电，实现红灯和绿灯同时停止。

由此可知，PLC等效电路中的继电器并不是物理继电器，而是存储器中的每一位触发器，该触发器若为“1”状态，相当于继电器通电；若为“0”状态，相当于继电器断电停止。

通过上述分析，在功能上，可以把PLC的控制部分看成是通过许多编程元件实现的软线圈、软接线、软接点组成的等效电路。

4.3.2 PLC的输入/输出滞后

PLC 的输入 / 输出滞后

PLC的输入端从输入信号发生变化，到PLC输出端对该输入变化做出反应需要一段时间，这一现象称为PLC输入/输出滞后。这种输出对输入响应滞后不仅是由PLC扫描工作方式造成的，更主要的是PLC输入接口的滤波环节带来输入延迟，以及输出接口中驱动器件的动作时间带来输出延迟，同时还与程序设计有关。对于一般的工业控制，这种滞后是完全允许的。但在实时性要求较高的场合，不允许有较大的滞后时间，要求滞后时间控制在几十毫秒之内。

PLC输入/输出滞后时间是从PLC外部输入信号发生变化的时刻算起，直到它控制的有关外部输出信号发生变化的时刻为止，该时间间隔统称为系统响应时间。它由输入电路滤波时间、输出电路滞后时间和因扫描工作方式滞后时间三部分组成，其中输入电路滤波时间和输出电路滞后时间是由硬件方面原因引起的，扫描工作方式的滞后时间是由软件方面原因引起的。

在硬件方面，输入模块的RC滤波电路用于消除由输入端引入的噪声、输入触点动作时产生抖动引起的不良影响，滤波电路的时间常数通常决定了输入电路滤波时间的长短，典型值为10ms左右。输出模块的滞后时间与输出模块的开关元件类型有关，对于继电器输出电路，滞后时间为10ms左右；对于双向晶闸管输出电路，负载通电时的滞后时间为1ms，在负载由通电到断电时，最大滞后时间为10ms；对于晶体管输出电路，滞后时间一般在1ms以下。所以因硬件电路引起的滞后时间可能达到20ms左右。如果PLC控制系统对响应时间有要求，在硬件方面减小滞后时间的方法是选用扫描滞后时间短的PLC，或使用智能I/O单元（快速响应I/O模块）或专门的指令，采取输出与扫描周期脱离的控制方式。

在软件方面，由于PLC执行程序采用循环扫描的工作方式，即在执行用户程序时采用集中采样、集中执行程序和集中输出的方式，由此引起的滞后时间一般为1～2个扫描周期，最长可能达到2个多扫描周期。

在编程时，编程语句的安排也会影响滞后时间。如图4-17（a）所示，X000为输入继电器，用来接收外部输入信号。在图4-17（b）中，最上面一行是X000经滤波后的外部输入信号的波形。Y000、Y001、Y002是输出继电器，用来将输出信号传送给外部负载，其波形如

图4-17（b）所示，表示对应的输入/输出映像寄存器的状态，其中高电平表示“1”状态，低电平表示“0”状态。

若输入信号在第一个扫描周期的输入采样阶段之后才出现，如图4-17（b）所示，在第一个扫描周期内各个映像寄存器均为“0”状态，使得Y000、Y001、Y002输出继电器的输出端均为OFF（“0”）。

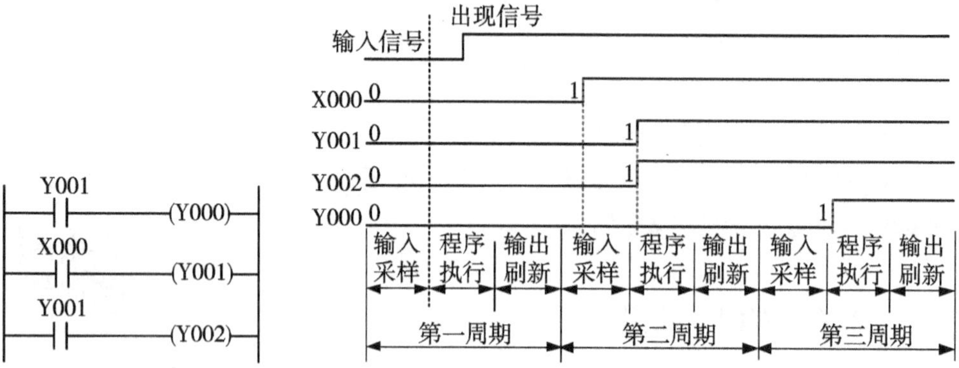

（a）梯形图　　（b）PLC的I/O延迟时序

图4-17　PLC的I/O延迟

在第二个扫描周期的输入采样阶段，输入继电器X000的状态为ON（“1”）状态，在程序执行阶段，Y001和Y002对应的输出映像寄存器均为“1”状态，但Y000仍然为OFF（“0”）状态，如图4-17（b）中虚线所示。

在第三个扫描周期的程序执行阶段，由于Y001的接通使Y000接通，Y000的输出映像寄存器变为“1”状态，在输出处理阶段，Y000对应的外部负载被接通。由此可见，从外部输入触点X000接通到Y000驱动的负载接通，响应整整延迟了2个多扫描周期。

如果把图4-17（a）中的梯形图第一行与第二行的位置进行互换，得到如图4-18（a）所示梯形图，则输出继电器Y000、Y001、Y002依次接通，Y000提前了1个扫描周期接通，延迟滞后的时序图如图4-18（b）所示。也就是说，Y000的延迟滞后时间减少了1个扫描周期。所以，在软件方面，减少滞后时间的解决方法是进行程序优化。

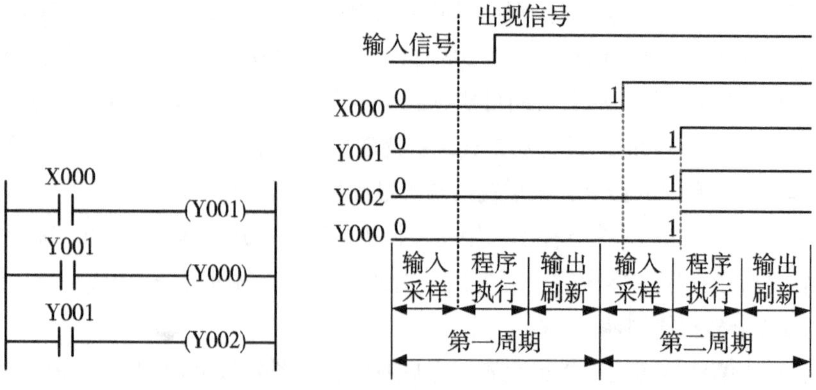

（a）梯形图　　（b）PLC的I/O滞后时序

图4-18　PLC的I/O滞后

4.3.3 PLC的编程语言

PLC 的编程语言

虽然PLC的编程语言种类较多，不同生产厂家、不同系列的PLC产品采用的编程语言的表达方式和编程符号等也不尽相同，但其结构形式和编程思路基本类似。因此，学会其中一种编程语言就比较容易掌握不同品牌、不同类型的PLC编程语言。PLC的常用编程语言有梯形图、指令表、状态转移图、功能块图和结构文本等五种形式。

1.梯形图（Ladder Diagram）

梯形图是一种以图形符号及图形符号在图中的相互关系表示控制关系的编程语言，是目前使用最广泛的PLC图形编程语言。梯形图是在传统继电器–接触器控制系统中常用的接触器、继电器等图形表达符号的基础上演变而来的，与电气原理图相似，具有形象、直观、实用和易于掌握等特点。将第2章图2–3所示电动机单向连续运行的控制电路，用PLC控制梯形图表示，可得图4–19。比较两个图可知，梯形图中绘制的图形符号与继电器控制电路图中的符号和结构都非常相似。

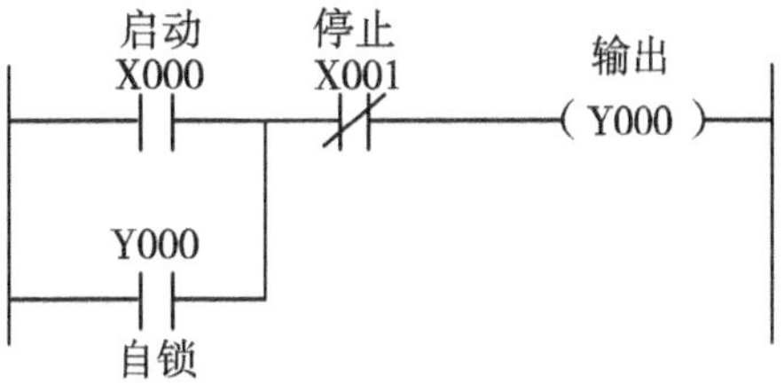

图4–19　电动机单向运行控制梯形图

（1）软继电器

由于梯形图与继电器控制电路图表达的逻辑含义相同，因此可以把PLC中的各种编程元件（如定时器、计数器）等看成和继电器一样的器件，也称为软继电器，由常开触点、常闭触点和线圈组成。梯形图编程常用符号与继电器控制电路符号的对照关系如表4–1所示，当线圈得电或失电时，将导致触点进行相应动作，如常开触点“1”为接通，常闭触点“0”为接通。梯形图中的线圈常用括号或圆圈或椭圆表示，不同的生产厂家符号不尽相同，再以梯形图中两侧垂直的公共线（即左、右母线）代替电源线，就可以按照继电器控制电路中的“概念电流”绘制梯形图。

表 4–1　梯形图的符号表示和含义

名称	继电器电路符号	梯形图符号	含　义
常开触点		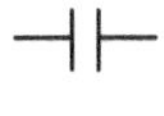	1为触点“接通”，0为触点“断开”
常闭触点			1为触点“断开”，0为触点“接通”
线圈	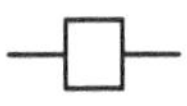	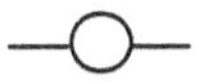  	1为线圈“得电”，0为线圈“失电”

（2）能量流

分析梯形图中的逻辑关系时，必须弄清楚梯形图中的一个关键的概念——“能量流”。在分析梯形图时，梯形图中流过的“电流”不是物理电流，而是能量流，是梯形图中的“概念电流”。假想在梯形图的垂直母线左、右两侧加上直流电源的正、负极（左、右母线若加交流电，左母线为“火线”，右母线为“零线”），当左、右母线间的触点能满足导通条件时，则能量流从左往右流向右母线，右端的线圈通电，否则不通电。“能量流”只能从左到右、从上往下顺序流动，不允许反向倒流。注意这里所说的“火线、零线”等均为概念上的，必须与物理概念相区别。在图4-19中，当X000接通时，线圈Y000通电并自锁；当X001断开时，Y000线圈断电。

2.指令表（Instruction List）

指令表又称为语句表，是与计算机中的汇编语言类似的一种助记符编程语言。指令表通过一系列操作指令语句依照一定的顺序将控制流程描述出来，经编程器导入PLC中完成控制功能，也是PLC常用的编程语言之一。一条指令一般由助记符和操作数组成，指令表与梯形图必须一一对应，如图4-20所示，图（b）的指令表程序就是由图（a）的梯形图转变而成的。采用计算机编程时，梯形图可以直接导入PLC中，在PLC编程软件中梯形图和指令表可以互相转换。虽然各个PLC生产厂家的语句表形式不尽相同，但基本功能相差无几。具体的转换过程在后续章节中将作详细介绍。

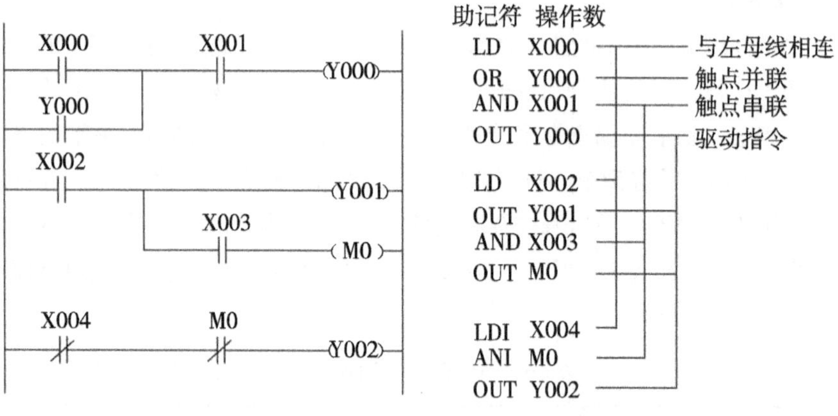

（a）梯形图　　（b）指令表

图4-20　梯形图与指令表的互换

3.状态转移图（Sequential Function Chart）

状态转移图（SFC）又称为顺序功能图或流程图，是描述开关量顺序控制系统功能的一种图形编程语言。它把一个完整的控制过程分为若干个动作功能，动作之间有一定的转换条件，当转换条件满足时就实现动作转移，上一阶段动作结束，下一阶段动作开始，一步一步按照顺序动作，每一步代表一个控制功能，用方框表示。最后按动作顺序用流程图的形式描述出来就构成状态转移图，特别适合编制复杂的顺序控制类程序。

状态转移图以功能为主线，按照动作进行编制，条理清楚，便于理解，避免了梯形图或其他语言不能顺序动作的缺陷，同时也避免了采用梯形图对顺序动作编程时，由于互锁造成用户程序结构复杂难以理解的缺陷，使用户程序扫描时间大大缩短。

某组合机床液压工作台的自动工作过程如图4-21（a）所示，根据控制要求，将其分解为原位S0、快进S20、工进S21和快退S22共四个状态，其顺序功能图如4-21（b）所示。这种编程方法也会在后续章节中作详细介绍。

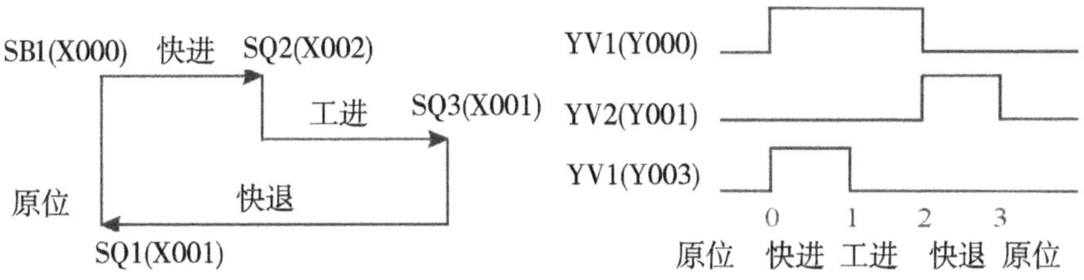

（a）液压工作台自动工作过程

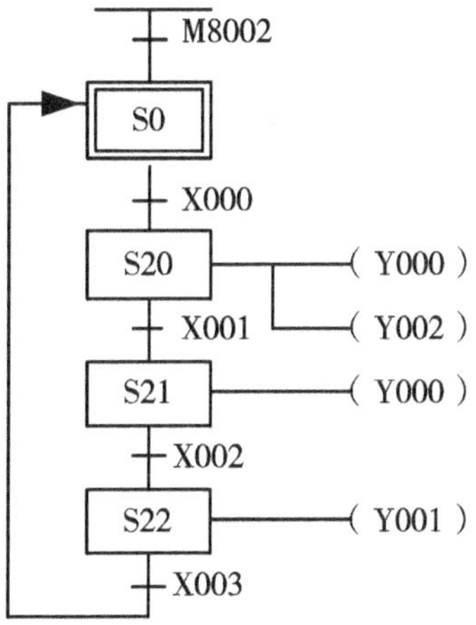

（b）液压工作台的顺序功能图

图4-21　顺序功能图

4.功能块图（Function Block Diagram）

功能块图是一种类似数字逻辑门电路的图形语言，是在数字逻辑电路设计基础上开发出来的。采用数字电路中的与门、或门、非门等方框表示逻辑关系，用触发器、计数器等数字电子线路的符号表示其他图形，如图4-22所示。图中方框的左侧是逻辑运算的输入变量，右侧是输出变量，信号从左向右流动，逻辑功能清晰，极易表现条件与结果之间的逻辑功能。功能块图的程序直观、形象且设计方便，程序逻辑关系清晰简洁，特别适用于开关量控制系统的逻辑运算。

有数字电路基础的电气技术人员较容易掌握，但这种编程方式只在个别PLC模块中应用，如在西门子的“LOGO”逻辑模块中使用。

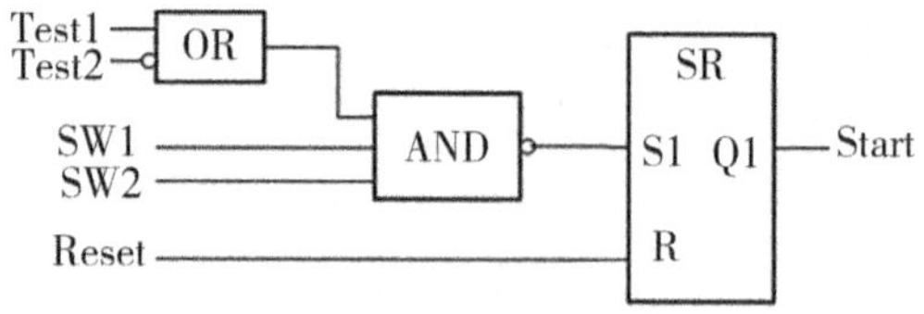

图4-22　功能块图

5.结构文本（Structured Text）

近年来推出的PLC，尤其是大型PLC，要求具有很强的运算和数据处理功能，因此许多大中型PLC配备了结构文本编程，如BASIC语言、C语言、Pascal语言等编程，能实现复杂数学运算、数据处理、图形显示和报表打印等功能。

以上五种编程语言是国际电工委员会在PLC标准中推荐的表达方式。对于具体的PLC而言，生产厂家会选择其中几种编程语言供用户选择。

4.4　三菱FX系列PLC概述

4.4.1　三菱PLC简介

三菱电机公司是日本生产PLC的主要厂家之一。目前，三菱电机公司已经推出包括F、F_1、F_2、FX_0、FX_1、FX_{0S}、FX_{1S}、FX_{0N}、FX_{1N}、FX_{2N}、FX_{2NC}、FX_{3U}、FX_{3UC}、FX_{3G}、FX_{5G}、FX_{5U}及A系列和Q系列（大中型PLC）在内的多种型号的PLC。

三菱FX系列PLC是在1981年推出第一代F_1系列小型PLC的基础上发展起来的，具有功能齐全、结构紧凑、适应面广、可靠性高、抗干扰能力强等优点。其中，FX_{3U}系列是三菱电机公司推出的新型FX系列第三代高性能小型PLC，是在FX_{2N}的基础上升级而来的，增加了多种强大功能，性能和速度大大提高，更能适应不断发展和更新的市场需要。FX_{3U}系列PLC执行基本指令的速度为0.065μs/条，内置了高达64KB的大容量RAM存储器，I/O点数可以扩展到384点（含CC-Link的I/O），大幅增加了内部软元件的数量和通信功能。晶体管输出型的基本单元内置3轴独立最高100kHz的定位功能，增加了新的定位指令，从而使得定位控制功能更加强大，使用更为方便。$FX_{3U/2N}$系列PLC的基本单元如表4-2所示。

FX系列PLC型号表示

表4-2　$FX_{3U/2N}$系列的基本单元

FX_{3U}系列基本单元			输入点数	输出点数	输入/输出总点数
AC电源，DC输入					
继电器输出	晶体管输出①	晶闸管输出			
$FX_{3U/2N}$-16MR-001	$FX_{3U/2N}$-16MT-001		8	8	16

续表

FX_{3U} 系列基本单元 AC 电源，DC 输入			输入点数	输出点数	输入 / 输出总点数
继电器输出	晶体管输出[①]	晶闸管输出			
$FX_{3U/2N}$-32MR-001	$FX_{3U/2N}$-32MT-001	FX_{2N}-32MS-001	16	16	32
$FX_{3U/2N}$-48MR-001	$FX_{3U/2N}$-48MT-001	FX_{2N}-48MS-001	24	24	48
$FX_{3U/2N}$-64MR-001	$FX_{3U/2N}$-64MT-001	FX_{2N}-64MS-001	32	32	64
$FX_{3U/2N}$-80MR-001	$FX_{3U/2N}$-80MT-001	FX_{2N}-80MS-001	40	40	80
FX_{3U}-128MR-001	FX_{3U}-128MT-001		64	64	128

注：①FX_{3U}系列PLC基本单元没有晶闸管输出。

每个基本单元最多可以连接1个功能扩展板，8个特殊单元和特殊模块，连接方式如图4–23所示，图中基本单元或扩展单元可对连接的特殊功能模块（如模拟量控制模块、位置控制模块、计算机通信模块、特殊功能板等）提供DC 5V电源，特殊单元内置电源，不用供电。FX_{3U}系列PLC的智能模块和扩展模块如表4–3所示。

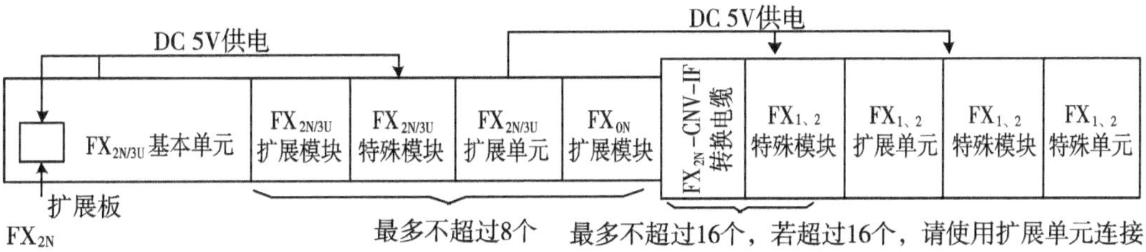

图4–23 $FX_{2N/3U}$基本单元连接扩展模块、特殊模块、特殊单元

表 4–3 FX_{3U} 系列 PLC 的智能模块和扩展模块

类 型	型 号	名 称	输入 / 输出占用点数	外部 DC 24V 耗电 /mA
定位模块	FX_{3U}-1PG	单独控制1轴用的脉冲输出	8	40
模拟量模块	FX_{3U}-4AD	4通道电压输入/电流输入	8	90
	FX_{3U}-4DA	4通道电压输出/电流输出	8	160
	FX_{3U}-4LC	4通道温度调节（测温电阻/热电偶/低电压）4点晶体管输出	8	50
网络模块	FX_{3U}-16CCL-M	CC-Link用主站	8	240
	FX_{3U}-64CCL	CC-Link用智能设备站	8	220
	FX_{3U}-128ASLL-M	AnyWireASLINK用主站	8	100

4.4.2 FX_{3U}系列PLC输入/输出接线

FX_{3U} 系列 PLC 组成

1.输入接口的接线

FX_{3U}系列PLC的输入接口有漏型输入和源型输入两种接线方式。当DC输入信号的电流从输入“X”端子流出时，称为漏型输入，此时，输入信号的低电平有效；可以连接NPN传感

器的输出信号。当DC输入信号的电流流向输入“X”端子时，称为源型输入，此时，输入信号的高电平有效；可以连接PNP传感器的输出信号。

在图4-24中，X0 ～ X3在接入FX_{3U}系列PLC时，每个触点的两个接头分别连接输入点和输入公共端。这里输入公共端一定要与FX_{3U}的进线电源有关。若为AC电源输入，则输入公共端既可以是0V，也可以是24V，按漏型输入、源型输入分别接线；若为DC电源输入，则输入公共端为进线端的“+”或“−”，而不是“0V”“24V”。

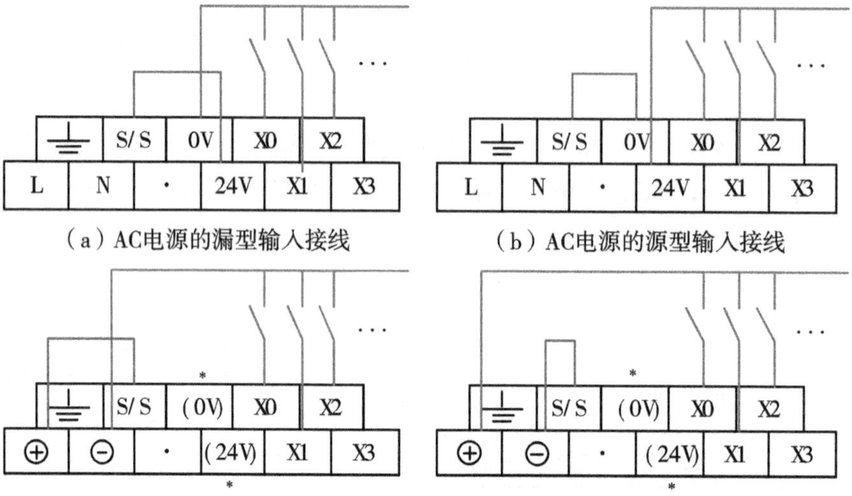

（a）AC电源的漏型输入接线 （b）AC电源的源型输入接线

（c）DC电源的漏型输入接线 （d）DC电源的源型输入接线

图4-24 输入接口的接线

若要实现漏型输入与源型输入之间的切换，将“S/S”端子与“−”端子或“24V”或“+”端子中的一个连接就可以了。对于AC电源型的PLC，漏型输入采用将“24V”端子和“S/S”端子连接；源型输入采用将“0V”端子和“S/S”端子连接。对于DC电源型的PLC，漏型输入采用将“+”端子和“S/S”端子连接；源型输入采用将“−”端子和“S/S”端子连接。

当选择NPN传感器作为三菱FX_{3U}系列PLC的输入信号时，PLC的输入接线应接成漏型输入；当选择PNP传感器作为三菱FX_{3U}系列PLC的输入信号时，PLC的输入接线应接成源型输入，如图4-25所示。

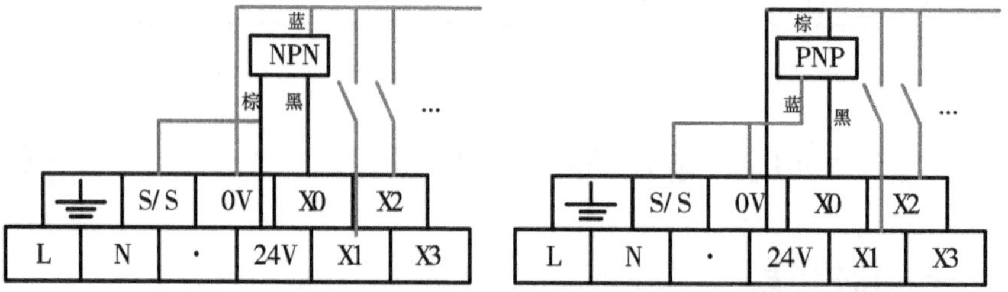

（a）NPN输入接线 （b）PNP输入接线

图4-25 传感器与三菱FX_{3U}系列PLC输入接口的接线

2.输出接口的接线

三菱FX_{3U}系列PLC的输出接口有三种接线形式：一是继电器输出型，可以驱动直流和交流负载；二是晶体管输出型（漏型输出），负载电流流入输出端子“Y”的输出就是漏型输出；三是晶体管输出型（源型输出），负载电流从输出端子“Y”流出的输出就是源型输出。继电器输出型的接线如图4–26（a）所示，驱动负载的可以是直流电源也可以是交流电源，两种输出形式的外部接线采用分组式接线。晶体管输出型（漏型输出）和晶体管输出型（源型输出）的外部接线如图4–26（b）、（c）所示。

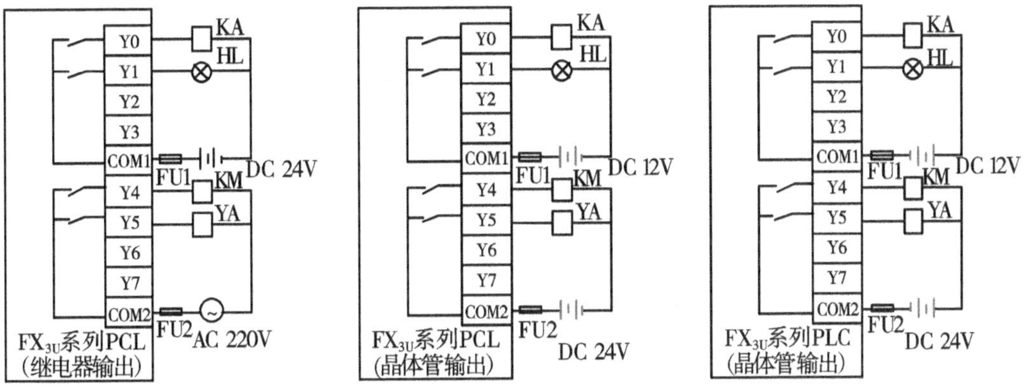

（a）继电器输出型　（b）晶体管输出型（漏型输出）　（c）晶体管输出型（源型输出）

图4–26　FX_{3U}系列PLC的输出接线

4.5　三菱FX系列PLC内部编程元件

FX_{3U} 系列 PLC 内部编程元件

在PLC的内部，设置了具有各种功能的编程元件（也称软元件，实质是电子电路及存储器），考虑到工程技术人员的习惯，通常采用继电器电路中类似器件进行命名，如继电器、计数器、定时器、数据寄存器等，但它们与真实的硬件元器件有很大的差别，是等效概念的模拟器件，又称为“软继电器”。为了区分不同编程元件的功能，通常需要进行编号，其编号就是计算机存储单元的地址。不同厂家、不同系列PLC内部的编程元件的功能和编号也不相同，用户在编程时，必须熟悉每条指令中所用编程元件的功能及编号。

1.编程元件的分类和编号

三菱FX系列PLC的编程元件的编号由字母和数字两部分组成。字母代表功能，如输入继电器（X）、输出继电器（Y）、辅助继电器（M）、状态继电器（S）、定时器（T）、计数器（C）、数据寄存器（D）、变址寄存器（V、Z）、扩展寄存器（R）和扩展文件寄存器（ER）等。数字表示该类编程元件的编号，FX_{3U}系列PLC中的输入/输出继电器采用八进制编号，其余编程元件采用十进制编号，从编号的最大值可以得知该类编程元件的最大数量。

2.编程元件的基本特征

编程元件的使用主要体现在程序中，从编程的角度出发，可以不管这些软继电器的物理实现，只注重它们的功能，因此，编程元件可以像在继电器电路中一样使用。认为编程元件的特征和继电器、接触器类似，有线圈和常开/常闭触点，触点的状态与线圈的状态直接相关。当线圈被选中（通电）时，常开触点闭合，常闭触点断开；当线圈失去选中（断电）时，常闭触点接通，常开触点断开。但编程元件与继电器、接触器是有所不同的，每个编程元件只是计算机的一个存储单元，某个位的编程元件被选中，则这个位的存储单元置1，没有被选中的存储单元置0。存储单元可以无限次被访问，其常开、常闭触点的使用次数不受限制，但每个位软元件的线圈号在程序中只能使用一次。

PLC的每个位软元件占存储单元中1位，PLC中的位元件可在程序中组合使用，构成字软元件，如K4Y000=Y017～Y000（K可取1～8）。PLC的每个字软元件占存储单元16位。此外，辅助继电器（M）中的部分特殊辅助继电器，没有线圈，只能用其触点；由于数据寄存器（D）、变址寄存器（V、Z）、扩展寄存器（R）和扩展文件寄存器（ER）只能用于存放数据，没有线圈和触点；故障报警状态继电器（S900～S999）只能检测故障，也没有线圈和触点。

4.5.1 输入继电器（X）

输入/输出继电器

输入继电器（X）是用来接收外部输入端子的开关量信号，接收的开关量输入信号有转换开关、按钮、行程开关、接近开关、继电器的触点和传感器等。PLC的输入接口的一个接线点对应一个输入继电器，输入继电器相当于PLC接收外部输入开关量信号的窗口。输入继电器的编号为X0～X7，X10～X17，…，采用八进制编号。FX_{3U}系列PLC带扩展功能时输入继电器最多可以扩展至248点（X0～X367）（输入/输出点总数在384点以下）。用户设计程序时，应注意使用的输入继电器不得超过所用PLC输入点的范围，否则无效。

PLC的外部输入端子通常外接常开或常闭触点。其等效电路图如图4-27所示，当起动按钮SB1被按下时，X0输入端子外接的输入电路接通，输入继电器X0线圈通电，程序中的X000常开触点闭合，由于此时停止按钮SB2未按下，常闭触点X001闭合，线圈Y000通电并通过常开触点实现自锁。由此可知，输入继电器只能由外部输入驱动，不能由内部指令程序驱动。输入继电器可以提供无数个常开、常闭触点供编程使用，但程序中没有输入继电器的线圈。为了确保输入信号能可靠输入，一般要求输入信号（ON或OFF）至少要维持一个扫描周期。

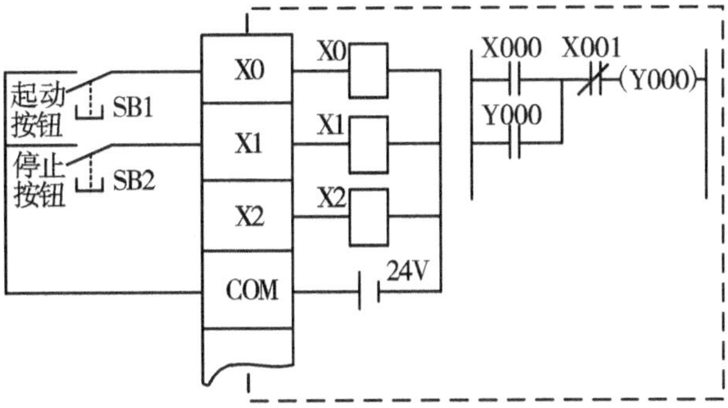

图4-27 输入继电器的等效电路

4.5.2 输出继电器（Y）

PLC中输出继电器（Y）的作用是输出程序运行结果，驱动执行机构控制外部负载。常见的外接负载有接触器、继电器、小功率直流电机、电磁吸铁、电磁阀、蜂鸣器、电铃、指示灯和数字显示装置等。PLC输出接口的一个接线点对应一个输出继电器，输出继电器可以通过外部输出接点直接驱动输出负载或执行电器。其编号为Y0 ~ Y7，Y10 ~ Y17，…，也采用八进制编号。三菱FX_{3U}系列PLC输出继电器的编号范围为Y000 ~ Y367（输入/输出点总数在384点以下）。与输入继电器一样，在进行程序设计时，使用的输出继电器不得超过所用PLC输出点的范围，否则无效。

输出继电器通过外部输出接点直接驱动输出负载或执行电器。等效电路如图4-28所示，如果X000常开触点已经闭合，输出继电器Y000线圈通电，程序中Y000常开触点闭合实现自锁，与输出端子相连的Y0常开触点闭合（注意：这个常开触点为外部硬件触点），使外部电路中的接触器KM线圈通电。外部硬件触点根据输出模块不同有继电器触点、晶闸管开关元件、晶体管开关元件三类。由此可知，输出继电器只能程序驱动，不能由外部驱动。梯形图中输出继电器的常开触点和常闭触点可以多次使用，但线圈只能使用一次。输出模块的硬件外部输出触点只有一个常开触点。

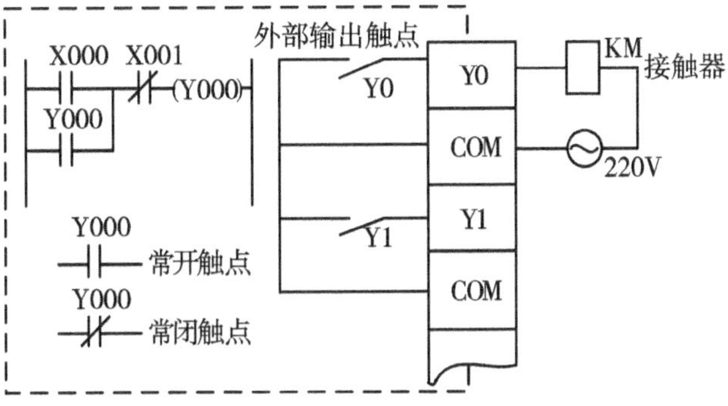

图4-28 输出继电器的等效电路

4.5.3 辅助继电器（M）

辅助继电器

在三菱FX_{3U}系列PLC中，配备了大量辅助继电器（M）供编程使用。辅助继电器的功能相当于继电器控制电路中的中间继电器，主要用于逻辑运算中的中间状态存储及信号类型变换。辅助继电器采用十进制编号，是通过软件实现的一种内部状态标志，辅助继电器的触点在PLC内部使用次数不受限制。辅助继电器的线圈只能由程序驱动，不能接收外部信号，也不能直接驱动外部负载。

辅助继电器按照用途可以分为通用型辅助继电器、掉电保持型辅助继电器和特殊辅助继电器三种类型。其地址编号如表4-4所示。用户可以根据编程需要，选择相应类型的辅助继电器完成控制功能。

表4-4　FX_{3U}系列PLC辅助继电器的地址分配

通用型辅助继电器	掉电保持型辅助继电器		特殊辅助继电器
	掉电保持用	掉电保持专用	
M0 ~ M499 500点	M500 ~ M1023 524点	M1024 ~ M7679 6656点	M8000 ~ M8511 512点

1.通用型辅助继电器

通用型辅助继电器共有500点（M0 ~ M499），主要用于逻辑运算中间状态存储和信号类型变换。它的工作原理和输出继电器相同，线圈通电时，触点动作，线圈断电时，触点复位，没有断电保持功能。如果在PLC运行时，突然断开电源，其状态将变为OFF。当电源恢复后，除了由于程序让它变为ON外，否则它仍将保持OFF。通用型辅助继电器线圈只能被PLC内的各种软元件的触点驱动，其常开与常闭触点在程序中可以无限次地使用，但是不能直接驱动外部负载。

2.掉电保持型辅助继电器

掉电保持型辅助继电器共有7180点（M500 ~ M7679），它的特点是在PLC电源断开后，具有保持断电前瞬间状态的功能，并在恢复供电后继续断电前的状态。掉电保持功能是由PLC内电池支持实现的。

如果通用型辅助继电器不够用，可用掉电保持型辅助继电器代替。把掉电保持型辅助继电器作为通用型辅助继电器使用时，必须在程序的开头用RST、ZRST指令进行清零。如果PLC有通信要求，掉电保持用辅助继电器M800 ~ M999将用于通信而被占用。

另外，M1024 ~ M7679共6656点，是掉电保持型专用辅助继电器，不能用修改参数的办法进行变更或设定非断电保持区域。

通用型和掉电保持型辅助继电器的区别

3.特殊辅助继电器

特殊辅助继电器共有512点（M8000 ~ M8511），是具有某项特定功能的辅助继电器，一般分为触点利用型和线圈驱动型两类。触点利用型特殊辅助继电器线圈由PLC自动驱动，用户只可以利用它的触点；线圈驱动型特殊辅助继电器由用户驱动线圈，PLC将做出特定动作。

（1）触点利用型特殊辅助继电器

①运行监视继电器。如图4-29所示，M8000是当PLC处于RUN运行状态时，其线圈一直得电；M8001是当PLC处于STOP停止状态时，其线圈一直得电。

②初始化继电器。如图4-30所示，M8002是PLC开始运行的第一个扫描周期得电，M8003是PLC开始运行的第一个扫描周期失电。M8002常用于计数器、状态继电器和移位寄存器等的初始化清零。

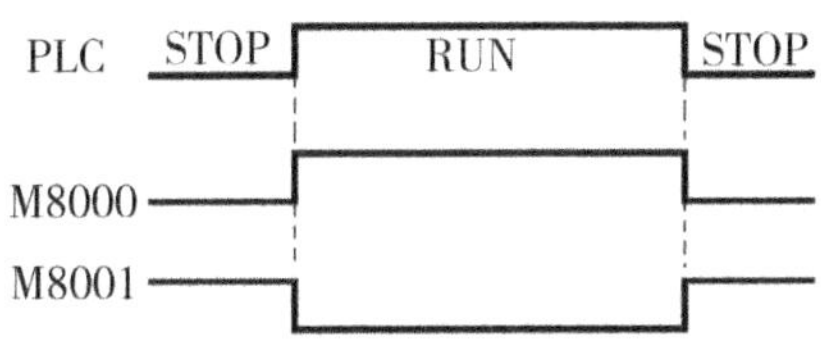

图4-29 运行监视继电器时序图

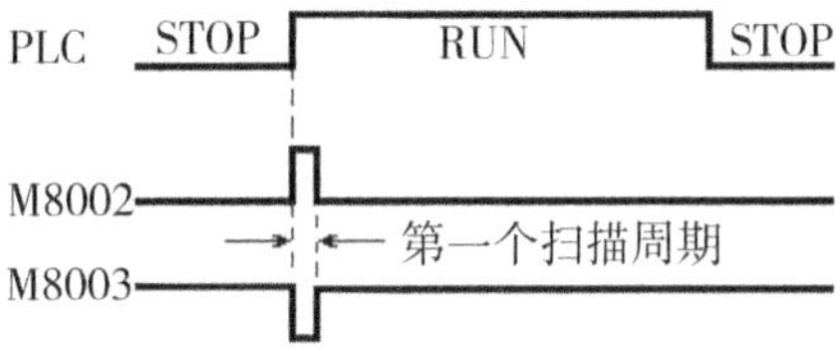

图4-30 初始化继电器时序图

③时钟继电器。时钟继电器由M8011产生周期为10ms的脉冲，如图4-31所示；M8012产生周期为100ms的脉冲；M8013产生周期为1s的脉冲；M8014产生周期为1min的脉冲。

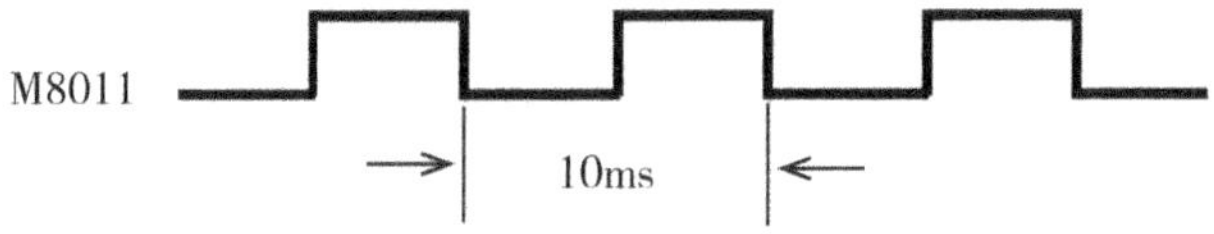

图4-31 时钟继电器时序图

④标志继电器。

M8020是零标志。当运算结果为0时，线圈得电。

M8021是借位标志。当减法运算的结果为负的最大值以下时，线圈得电。

M8022是进位标志。当加法运算或移位操作的结果发生进位时，线圈得电。

⑤出错指示继电器。

M8004是当PLC有错误时，其线圈得电。

M8005是当PLC锂电池电压下降至规定值时，其线圈得电。

M8061是PLC硬件出错时，出错代码存储在D8061中。

M8064是当参数出错时，出错代码存储在D8064中。

M8065是当语法出错时，出错代码存储在D8065中。

M8066是当电路出错时，出错代码存储在D8066中。

M8067是当运算出错时，出错代码存储在D8067中。

M8068是当线圈得电时，锁存错误运算结果。

（2）线圈驱动型特殊辅助继电器

M8030使锂电池欠电压指示灯（BATT LED）熄灭。

目常用特殊辅助继电器编号

M8031使非掉电保持型继电器、寄存器状态清零。

M8032使掉电保持型元件全部清零。

M8033是当PLC从运行到停止状态时，保持输出继电器为PLC停止运行前的状态。

M8034是禁止全部输出，所有的输出继电器（Y）自动断开。

M8035是强制运行（RUN）监视。

M8036是强制运行（RUN）。

M8037是强制停止（STOP）。

M8039实现恒定扫描，PLC以数据寄存器D8039中的内容为扫描周期运行程序。

M8040是禁止状态转移，在步进控制中，即使状态条件满足也无法实现状态之间转移。

各种特殊辅助继电器的用法可通过查表获得。

4.5.4 定时器（T）

定时器

定时器也称为计时器，PLC中的定时器相当于一个时间继电器，用于准确控制时间，通过时间控制某个动作或生产过程。三菱FX_{3U}系列PLC中定时器的编号为T0～T511，共512点。定时器分为通用型定时器和积算型定时器两大类。定时器的工作原理是当定时器线圈通电时，定时器对相应的时钟脉冲从0开始计数，当计数值等于设定值时，定时器的常开触点闭合、常闭触点断开。定时器的时钟脉冲有100ms、10ms和1ms三类。定时器的分类及地址编号如表4-5所示。每个定时器的编号、设定值和当前值分别占用一个寄存器单元。

表4-5　FX_{3U}系列PLC定时器的地址分配

通用型定时器			积算型定时器	
100ms	10ms	1ms	100ms	1ms
T0～T199，200点 其中T192～T199为子程序和中断程序专用	T200～T245，46点	T256～T511，256点	T246～T249，4点	T250～T255，6点
0.1～3276.7s	0.01～327.67s	0.001～32.767s	0.1～3276.7s	0.001～32.767s

定时器的设定值有两种方式：一种是采用十进制常数K表示；另一种是采用数据寄存器D中的参数，利用间接寻址方法进行设定。需要注意的是，必须采用具有掉电保持功能的数据寄存器，否则会丢失数据。

1.通用型定时器

通用型定时器不具备掉电保持功能，当输入断开或发生掉电时，定时器复位。通用型定时器有100ms、10ms和1ms三种类型，如表4-5所示。其中T192～T199为子程序和中断程序专用定时器。

通用型定时器的应用如图4-32所示，图中T10为100ms通用型定时器，延时时间为3s。当X024闭合时，T10线圈通电开始计时，如果计时时间只计了2s，X024就断开了，如图4-32（b）所示，由于没有到达设定值，定时器的当前值将立即清零。当X024重新闭合，计时时间到达设定值3s时，即t=0.1×30=3s，定时器T10的常开触点闭合，Y020接通。当输入X024断开或PLC发生断电时，定时器T10线圈将断电，当前值立即清零，T10常开触点断开，Y020线圈也断电。

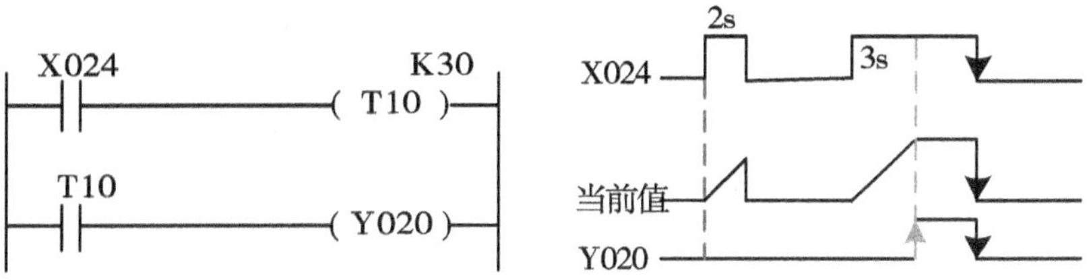

（a）梯形图　　（b）时序图

图4-32　通用型定时器的应用

2.积算型定时器

积算型定时器具有计时累积功能，当输入断开或发生断电时，积算型定时器将保持当前值，当重新通电或定时器线圈为ON后，计数值将在当前值的基础上继续累加，即当前值具有保持功能，只有复位端接通时，积算型定时器的当前值才变成零。

积算型定时器的应用如图4-33所示，T252为100ms积算型定时器，定时时间为5s。当X025闭合时，T252开始计时，如果2s后断开，如图4-33（b）所示，当前值将被保持，当X025再次闭合后，定时器T252只需在2s的基础上，再计3s后就可以达到5s，即$t=t_1+t_2=5$s，T252的常开触点闭合，Y021线圈通电。当输入X025断开或者PLC发生断电时，当前值将继续保持。当复位端X023接通时，定时器线圈断电，常开触点断开，常闭触点闭合。

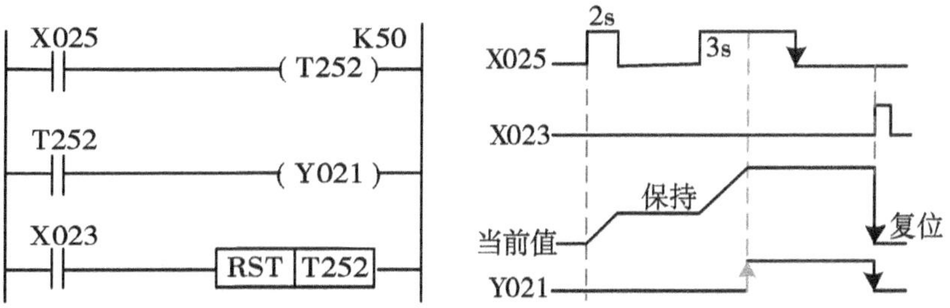

（a）梯形图　　（b）时序图

图4-33　积算型定时器的应用

3.定时器的应用

（1）断电延时电路

PLC中的定时器均为接通延时定时器，即定时器线圈通电后开始延时，定时时间到后，定时器的常开触点闭合、常闭触点断开，相当于只有延时闭合的常开触点和延时断开的常闭触点。在定时器线圈断电时，定时器的触点立刻复位。定时器实现断开延时的梯形图和动作时序图如图4-34所示。

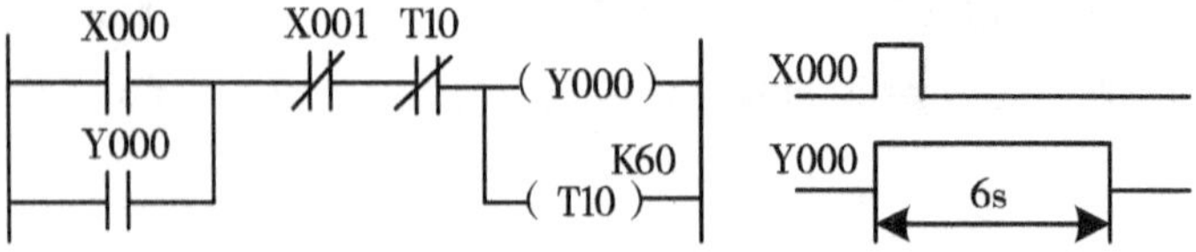

图4-34 断开延时的梯形图和时序图

当X000接通时，Y000线圈接通并自锁，此时T10线圈通电，延时6s后，T10常闭触点断开，使Y000线圈和T10线圈同时断电。

（2）振荡电路

图4-35（a）为自脉冲发生器的梯形图，当PLC处于运行RUN状态时，定时器开始计时，当计满5s后，常开触点闭合，Y000线圈通电，同时常闭触点断开T0的线圈回路，在下一个扫描周期到来时，T0又开始计时，5s后接通Y000。如此往复，产生周期为5s的脉冲。Y000只通电一个扫描周期。

图4-35（b）为方波发生器的梯形图，该梯形图实际上是一种振荡电路，产生脉冲宽度为5s、周期为10s的方波脉冲，Y000通电5s、断电5s，如此重复。

图4-35（c）为采用两个不同设定值的定时器配合完成的振荡电路梯形图，Y000可以实现断电2s、通电3s振荡运行。要实现不同的振荡周期，只需要改变两个定时器的设定值即可。

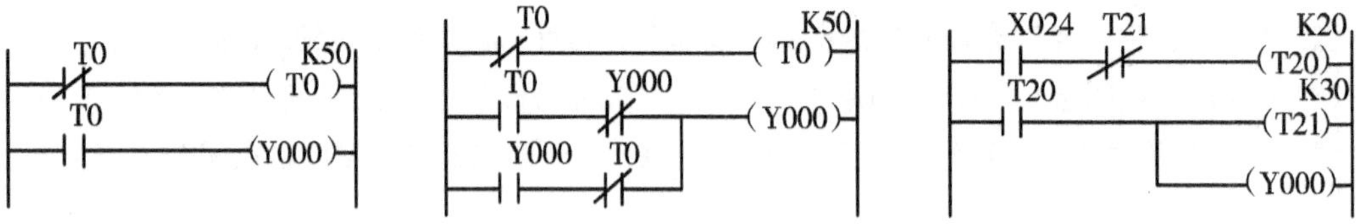

（a）自脉冲发生器　（b）方波发生器　（c）振荡电路

图4-35 振荡电路

（3）长延时电路

由于单个定时器的设定值最大为32767，所以一个定时器最多只能设定3276.7s，如果需要延时更长时间，采用单个定时器将无法完成。如果要定时1h，则可以采用两个定时器接力完成，其梯形图如图4-36所示。当X001闭合，T20开始定时，延时3000s后T20的常开触点闭合，接通T21定时器，T21接着延时600s后，T21的常开触点闭合，Y001线圈通电，所以Y001是在X001闭合后1h才通电的。延时时间的构成采用了加法运算，两个定时器的设定值可以有多种组合方式。

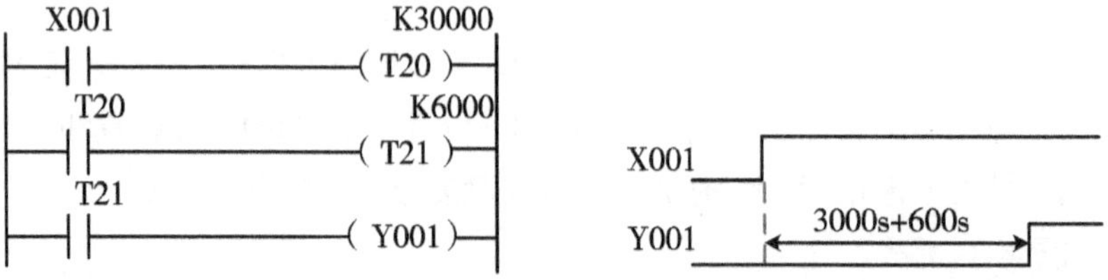

（a）梯形图　（b）时序图

图4-36 长延时电路

4.5.5 计数器（C）

计数器

计数器是一种能对信号进行计数的装置。PLC中的计数器是对PLC内部编程元件X、Y、M、T、C的信号（或脉冲）进行计数，用以实现测量、计数和控制的功能，同时兼有分频功能。因此狭义的计数器就是定时器。计数器的工作原理是当计数器接通时，计数器从0开始计数，计数端每来一个脉冲，计数值加1，当计数值与设定值相等时，计数器的触点动作。

计数器的设定值有两种方法，一种是采用十进制常数K。对于16位增计数器来说，常数K的取值范围为0 ～ 32767；K0与K1的动作相同，均在第一次计数时触点动作。对于32位双向计数器来说，常数K的取值范围为-2147483648 ～ +2147483647，因此如果从2147483647开始增计数，那么下一个计数值为-2147483648，将形成循环计数。另一种是采用数据寄存器D中的参数进行间接设定，一般使用具有掉电保持功能的数据寄存器。32位双向计数器需要编号紧连在一起的两个数据寄存器来存放数据，如计数器C200用数据寄存器设定初值的表示方法是D0（D1），D1存放默认的高16位。

计数器的编号为C0 ～ C255，总共256点，分为普通计数器和高速计数器两类，如表4-6所示。

表 4-6 计数器的编号和功能

普通计数器				高速计数器
16 位增计数器		32 位双向计数器		
通用型	掉电保持型	通用型	掉电保持型	
C0 ～ C99，100点	C100 ～ C199，100点	C200 ～ C219，20点	C220 ～ C234，15点	C235 ～ C255，21点

普通计数器共235点，包括16位增计数器和32位双向计数器。普通计数器只对PLC机内编程元件的信号进行计数，由于机内信号的频率一般为20Hz，低于扫描频率，是一种低速计数方式。高速计数器可以对高于机器扫描频率的外部信号进行计数，最高计数频率可达10kHz。

1. 16位增计数器

16位增计数器的设定值及当前值寄存器为16位寄存器，是递加计数。其工作原理是当计数器计满设定的脉冲个数后，计数器线圈通电，常开触点闭合，常闭触点断开。16位增计数器的工作过程如图4-37所示，计数输入X001是计数器C0的计数条件，常开触点X001每输入一个脉冲（默认上升沿触发），计数器C0的当前值加1，K10为计数器C0的设定值，随着脉冲输入计数器C0从1开始计数，当计到第10个脉冲时，计数器C0的线圈通电，C0的常开触点闭合，Y000线圈通电。此时即使X001继续输入脉冲，C0计数器的计数值不发生变化，其保持当前触点的动作状态不变。

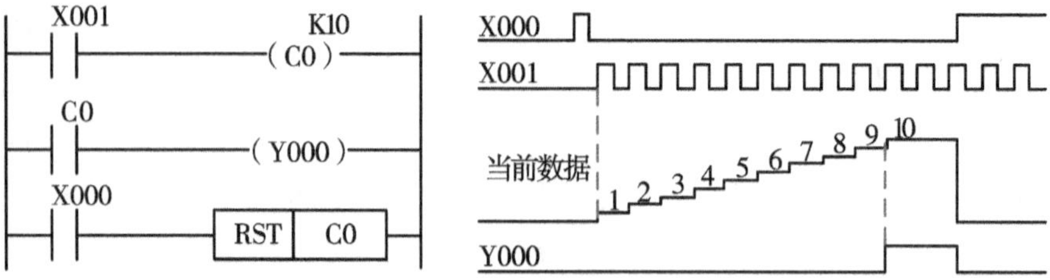

图4-37　通用型16位增计数器的工作过程

在正常工作情况下，由于计数器的当前值寄存器对计数值具有记忆保持功能，因此，计数器重新开始计数前要用复位指令RST对当前值寄存器进行复位清零。当复位端X000接通时，执行RST C0指令，计数器C0的当前值变为0，C0的线圈断电，常开触点断开，Y000断电。

计数器的复位端（RST）一旦接通，计数器线圈将断电清零，输出触点也复位（常开触点断开，常闭触点闭合）。如果使用计数器C100～C199，即使出现停电，当前值和输出触点状态也能保持不变。

2. 32位双向计数器

32位双向计数器是指设定值及当前值寄存器为32位，能实现加、减双向计数。32位双向计数器C200~C234的增/减计数的计数方向由对应的相关特殊辅助继电器M8200～M8234分别设定。当M82xx接通（置1）时，对应的计数器C2xx为减计数；当M82xx断电（置0）时，对应的计数器C2xx为增计数。

32位双向计数器的工作过程如图4-38所示，图中X024控制特殊辅助继电器M8200的通断电，进行计数方向的控制，当X024闭合时，M8200线圈通电为减计数；当X024断开时，M8200线圈断电为增计数。X021为计数输入脉冲信号，C200计数值设定为（-5）。当计数值从（-5）减少到（-6）时，如果Y024之前已经通电，此时Y024将断电，如果Y024之前没有通电，那么将继续保持断电状态；当计数值从（-6）增加到（-5）时，C200线圈通电，C200的常开触点闭合，Y024线圈通电并保持。

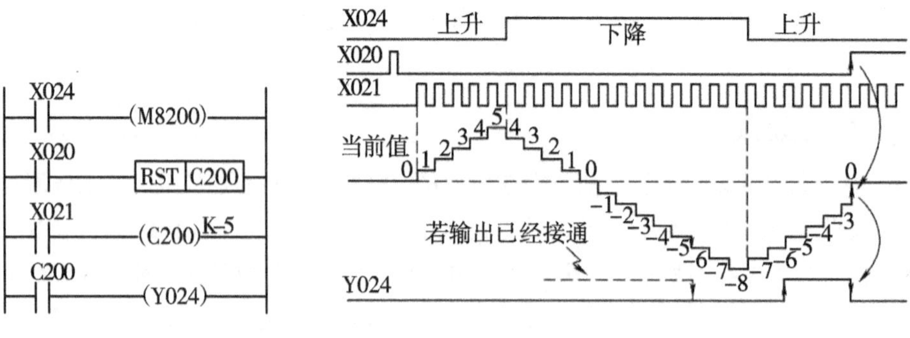

图4-38　通用型32位双向计数器的工作过程

32位双向计数器与16位增计数器的区别是，C200的计数值会随着X021计数脉冲的输入不断增加变化。

当复位条件X020接通时，执行RST C200指令，C200复位清零，C200的常开触点断开，

Y024线圈断电。如果PLC电源断电，通用型计数器立即清零；而如果采用掉电保持型计数器，则当前值和输出触点状态均能掉电保持。

3.高速计数器

FX_{3U}系列PLC中的高速计数器总共21点，其分类和编号如表4-7所示，均为具有掉电保持功能的32位增/减计数器，主要用于对高于PLC扫描周期频率的机外脉冲计数。高速计数器在工作过程中需要一个表示计数器状态的位元件及一个存储计数当前值的字元件。其工作原理是采用中断方式对特定的输入进行计数，与PLC的扫描周期无关。

表 4-7　高速计数器的分类和编号

	1相1计数输入											1相2计数输入					2相2计数输入				
	C235	C236	C237	C238	C239	C240	C241	C242	C243	C244	C245	C246	C247	C248	C249	C250	C251	C252	C253	C254	C255
X0	U/D						U/D			U/D		U	U		U		A	A		A	
X1		U/D					R			R		D	D		D		B	B		B	
X2			U/D					U/D			U/D		R		R			R		R	
X3				U/D				R	U/D		R			U		U			A		A
X4					U/D				R					D		D			B		B
X5						U/D								R		R			R		R
X6										S					S					S	
X7											S					S					S

注：U-增计数输入；D-减计数输入；A-A相输入；B-B相输入；R-复位输入；S-启动输入。

高速计数器的设定值与双向计数器相同，计数值可以直接设定，也可以使用传送指令MOV间接设定，直接设定值为-2147483648 ～ +2147483647。高速计数器具有以下特点：

①仅对指定的外部端口计数，一般工作在中断工作方式。高频计数信号均来自机外，从指定专用输入端子（X000 ～ X005）输入。为满足准确控制要求，高速计数器的起动、计数、复位及数值控制功能均采用中断方式工作。

②计数频率较高，计数频率比普通32位计数器高。高速计数器均为32位双向增/减循环计数器。高速计数器用于对高于机器扫描频率的外部信号进行计数，最高计数频率可达10kHz，一次使用多个高速计数器时，其总频率之和必须低于20kHz，且还必须考虑不同输入口及不同高速计数器的具体使用情况。

③工作设置较灵活。高速计数器不能用计数器的输入端触点作为计数器线圈的驱动触点，必须通过X000 ～ X007接收机外信号实现对其工作状态的控制，适用高速计数器的输入端只有X000 ～ X005共6点，X006和X007只能用于计数器的起动信号而不能用于高速计数脉冲输入。不同类型的高速计数器可以同时使用，但是它们的输入不能被多个计数器共用，因此，每次最多只有6个高速计数器同时工作。

④使用专用的工作指令。高速计数器除了具有普通计数器的工作方式外，还具有专门的32位高速计数控制指令，可以不通过本身的触点，以中断工作方式直接完成对其他器件的控制，但会受到机器中断处理能力的限制。

4.计数器的应用

高速计数器的类型

（1）定时器和计数器结合进行长延时

采用定时器和计数器结合的方式进行长延时，其延时梯形图如图4-39所示。当X001保持接通时，T10开始定时。由于定时器T10的回路中接有定时器T10的常闭触点，定时器T10每隔10s复位一次。T10的常开触点每10s接通一个扫描周期，使计数器C0计一个数，当C0计到设定值K600时，Y000接通。从X001接通开始的延时时间等于定时器的时间设定值乘以计数器的设定值。X000是计数器C0的复位条件。

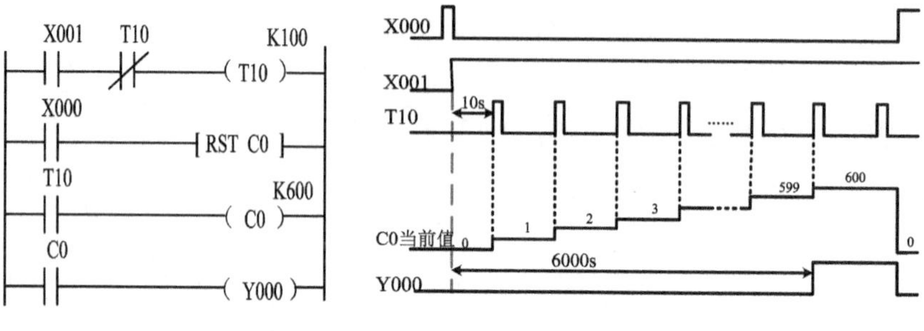

（a）梯形图　　　　（b）时序图

图4-39　定时器和计数器结合长延时的工作过程

（2）计数器的延时程序

只要提供一个时钟脉冲信号作为计数器的计数输入信号，计数器就可以实现定时功能，时钟脉冲信号的周期与计数器的设定值相乘就是定时时间。时钟脉冲信号可以由PLC内部的特殊继电器产生（如M8011、M8012、M8013和M8014等），也可以由连续脉冲发生程序产生，还可以由PLC外部时钟电路产生。

图4-40为采用计数器实现延时的程序，由M8012产生周期为0.1s的时钟脉冲信号。当X000闭合时，M2得电并自锁，M8012的时钟脉冲加到C0的计数输入端。当C0累计到24000个脉冲时，计数器C0动作，C0常开触点闭合，Y004线圈接通，从X000闭合到Y004动作的延时时间为24000×0.1=2400s。延时误差和精度主要由时钟脉冲信号的周期决定，如果要提高定时精度，就必须用周期更短的时钟脉冲作为计数信号。

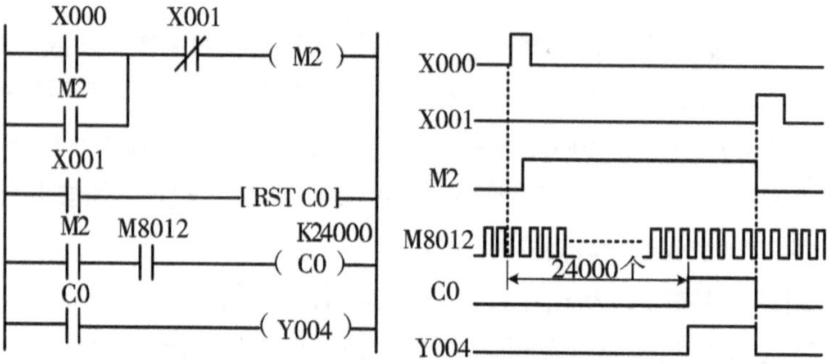

（a）梯形图　　　　（b）时序图

图4-40　计数器的延时程序

延时程序的最大延时时间受计数器的最大计数值和时钟脉冲的周期限制，如图4-40所示，计数器C0的最大计数值为32767，所以最大延时时间为32767×0.1=3276.7s。若要增大延时时间，可以增大时钟脉冲的周期。

（3）两级计数器串级计数延时

采用两级计数器串级计数进行延时，其延时程序如图4-41所示。

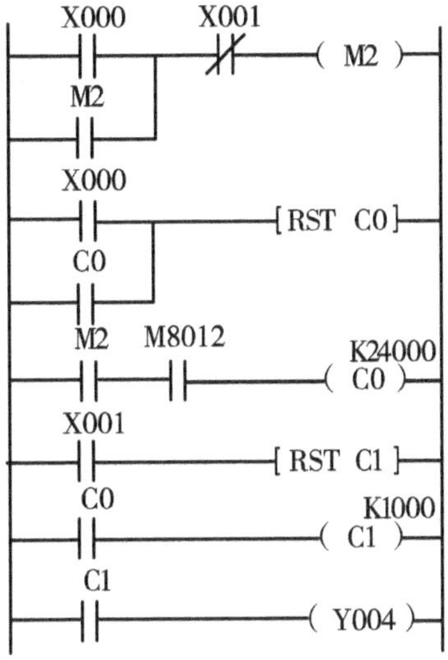

图4-41　两个计数器的延时程序

图4-41中由C0构成一个2400s的定时器，其常开触点每隔40min闭合一个扫描周期。当C0累计到24000个脉冲时，计数器C0动作，C0常开触点闭合，C0复位，C0计数器动作一个扫描周期后又开始计数，使C0输出一个周期为40min、脉宽为一个扫描周期的时钟脉冲。C0的另一个常开触点作为C1的计数输入，C0常开触点接通一次，则C1输入一个计数脉冲，当C1计数脉冲累计到1000个时，计数器C1动作，C1常开触点闭合，使Y004线圈接通。从X000闭合到Y004动作，其延时时间为24000×0.1×1000=2400000s。计数器C0和C1串级后，最大的延时时间可达32767×0.1×32767s≈29824.34 h≈1242.68天。若使用多个计数器进行串级计数，则延时的时间将更长。

计数器级联

4.5.6　状态继电器（S）

状态继电器又称为状态器或者状态元件，是构成状态转移图（SFC）的基本要素，一般与步进指令STL组合使用。FX_{3U}系列PLC中状态继电器的编号S0～S4095，总共4096点，具体编号和用途如表4-8所示。

状态继电器

表 4-8　FX_{3U} 系列 PLC 内状态继电器的编号和用途

类别		编号	数量	用途及特点
通用型状态继电器	初始状态继电器	S0 ～ S9	10	用于状态转移图（SFC）的初始状态
	回零状态继电器	S10 ～ S19	10	使用初始化状态指令IST时，进行回零
	一般用途状态继电器	S20 ～ S499	480	用于状态转移图（SFC）的一般状态
掉电保持型状态继电器		S500 ～ S899 S1000 ～ S4095	3496	用于断电后继续运行的状态
信号报警用状态继电器		S900 ～ S999	100	用于故障诊断或报警状态

状态继电器一般可以分为通用型、掉电保持型和信号报警用三种类型。状态继电器与辅助继电器类似，由线圈和无数个常开、常闭触点组成，每个状态继电器的线圈在程序中一般只能使用一次。不用步进指令时，状态继电器也可以作为辅助继电器在程序中使用。

1.通用型状态继电器

通用型状态继电器共500点，分为初始状态继电器（S0 ～ S9，共10点）、回零状态继电器（S10 ～ S19，共10点）、通用状态继电器（S20 ～ S499，共480点）。

通用型状态继电器作为状态转移图（SFC）的重要元件，其应用以机械手抓取工件实例来说明。如图4-42所示，机械手抓取工件的动作包括下降、夹紧和上升三个流程。具体的工作过程如下：

①机械手处于原点（初始状态S0），当起动信号X000接通时，状态继电器S20置位，下降电磁阀Y000通电。

②机械手下降到位，下限位开关X001接通，状态继电器S21置位（ON），S20自动复位（OFF），夹紧电磁阀Y001动作，夹起工件。

③工件可靠夹紧后，夹紧确认开关X002接通，状态继电器S22置位（ON），S21自动复位（OFF），上升电磁阀Y002接通，机械手抓起工件向上运动。

通过上述过程分析可知，随着状态的转移，原来的状态将自动复位，系统中始终只有一个状态继电器处于置位状态。状态继电器是用来存储机械工作过程的各个状态，从而有序控制机械设备或生产过程的动作过程。

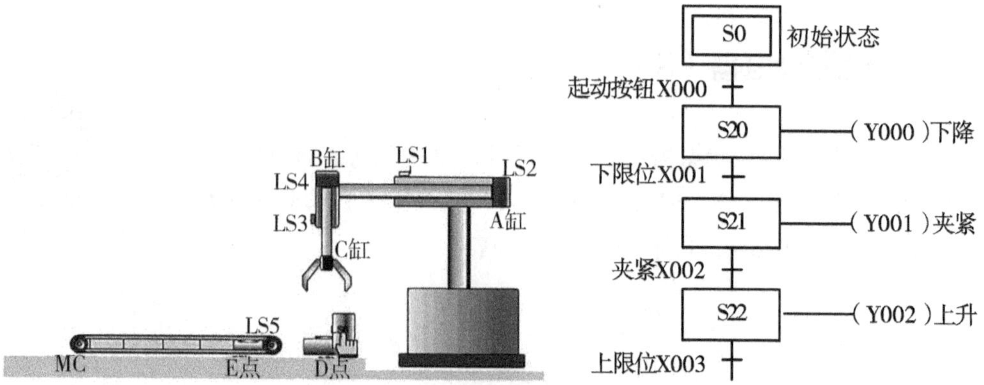

图4-42　机械手抓取工件状态转移图

2.掉电保持型状态继电器

掉电保持型状态继电器有S500 ~ S899（400点）和S1000 ~ S4095（3096点），总共3496点。通过参数设定，掉电保持型状态继电器可以作为通用型状态继电器使用。如果要将掉电保持型作为普通辅助继电器使用，也可以在程序开头用M8002和ZRST指令进行区间清零，或者用M8032进行清零。

3.信号报警用状态继电器

信号报警用状态继电器编号为S900 ~ S999，共100点，主要用作外部故障诊断和信号报警。图4-43是某个外部故障诊断程序。程序中的特殊辅助继电器M8049对所有的信号报警状态继电器S900 ~ S999进行报警监视，一旦有故障出现，具有特殊功能的辅助继电器M8048线圈通电，M8048的常开触点闭合，驱动Y003故障报警指示灯工作进行报警。

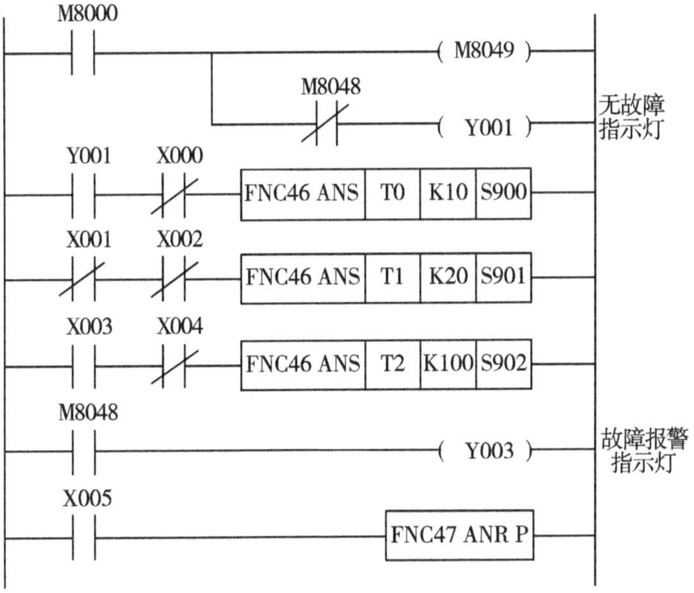

图4-43 状态报警器的应用

如果需要对PLC外部的多个故障点进行监测，则可以利用报警状态继电器进行监测报警，在消除最小编号报警状态继电器的故障后，就能知道下一个编号的报警状态继电器的状态。

4.5.7 数据寄存器（D）

数据寄存器

三菱FX_{3U}系列PLC中的数据寄存器采用十进制编号，D0 ~ D8511，总共8512点。其具体编号和用途如表4-9所示。数据寄存器用于存储模拟量控制、位置控制、数据I/O的参数和工作数据及参数。每个数据寄存器都是16位，最高位为符号位，单个数据寄存器的处理数值范围为-32768 ~ +32767。两个相邻的数据寄存器组合后可以存储32位数据（最高位为符号位），大编号数据寄存器在高位、小编号在低位，一般建议低位的数据寄存器取偶数编号。32位数据寄存器的数值处理范围为-2147483648 ~ +2147483687。16位、32位数据寄存器的表示方法如图4-44所示。

表 4-9　FX_{3U} 系列 PLC 内数据寄存器的编号和用途

通用型数据寄存器	掉电保持型数据寄存器		特殊数据寄存器	文件寄存器	文件寄存器 R（电池保持）	扩展文件寄存器 ER（文件用）
	可更改	不可更改				
D0 ~ D199 200点	D200 ~ D511 312点	D512 ~ D7999 7488点	D8000 ~ D8511 512点	D1000以后，500点为单位，最大7000点	R0 ~ R32767 32768点	ER0 ~ ER32767 32768点

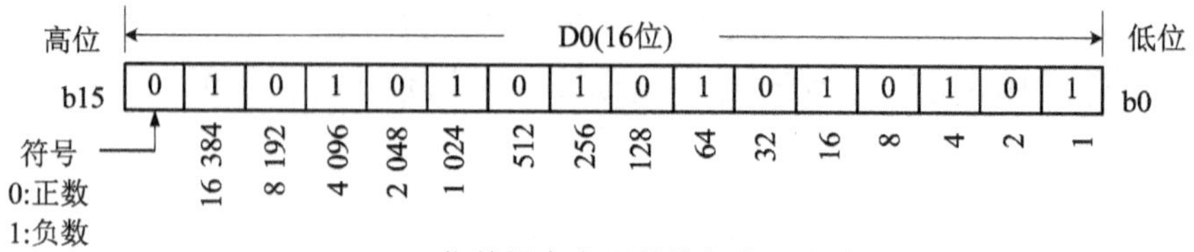

（a）16位数据寄存器的数据表示方法

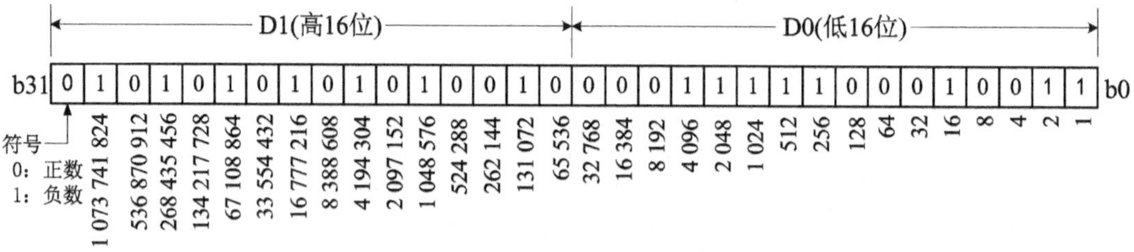

（b）32位数据寄存器的数据表示方法

图4-44　数据寄存器的数据表示方法

数据寄存器分为通用型数据寄存器、掉电保持型数据寄存器和特殊数据寄存器三种类型。

1.通用型数据寄存器

通用型数据寄存器编号为D0 ~ D199，共200点。通用型数据寄存器在数据写入后，其值保持不变，直到下一次被改写入其他数据。如图4-45所示，当X000为ON时，执行MOV指令，此时D20的内容为十进制常数K10；当X000为OFF时，D20的内容仍为K10。当X001为ON时，执行MOV指令，D20的内容变更为K30；当PLC停止运行或掉电时，内容被清零，数据丢失。

如果特殊辅助继电器M8033为ON，PLC从RUN状态到STOP状态，通用型数据寄存器的值保持不变。

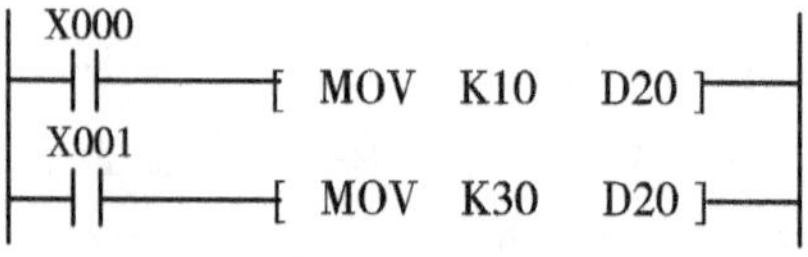

图4-45　通用型数据寄存器的应用

2.掉电保持型数据寄存器

掉电保持型数据寄存器编号为D200～D7999，共7800点，其用法与通用型数据寄存器相同，但有掉电保持功能。其中D200～D511（共312点）可以通过设定参数，更改为通用型数据寄存器，其他数据寄存器不可以通过参数进行变更。此外，通过设定参数，可以将D1000以后的数据寄存器以500点为单位作为文件寄存器使用。

掉电保持型数据寄存器在运行中写入的数据，即使停止或停电时也一直保持其内容。将掉电保持型数据寄存器变为通用型数据寄存器使用，可以在程序开始时用RST或ZRST指令，对数据寄存器进行复位清零。如ZRST D512 D999，就可以对D512～D999的所有数据寄存器进行清零。

3.特殊数据寄存器

特殊数据寄存器编号为D8000～D8511，共512点，是指写入特定目的的数据，或事先写入特定的内容，主要用来控制和监视PLC内部的各种工作方式和元件，如扫描时间、电池电压等。

4.文件寄存器（R）

在FX_{3U}系列PLC中内置的RAM中有文件寄存器（R），是扩展数据寄存器用的软元件，具有后备电池进行停电保持。文件寄存器编号为R0～R32767，共32768点。其结构和用途均与数据寄存器相同，用于数值数据的各种控制。

5.扩展文件寄存器（ER）

当FX_{3U}基本单元使用存储器盒时，文件寄存器（R）的内容也可以保存在存储器盒内的扩展文件寄存器（ER）中，但是，只有使用了存储器盒的情况下（在OFF状态），才可以使用这种扩展文件寄存器（ER）。其编号为ER0～ER32767，共32768点。数据保存在存储盒的闪存中，作为记录数据和设定数据的保存位置使用。

文件寄存器（R）与扩展文件寄存器（ER）均由1点16位数据构成，这种软元件与数据寄存器（D）相同，可以在应用指令中用16位/32位指令进行处理。

4.5.8 变址寄存器（V、Z）

变址寄存器是一种特殊用途的数据寄存器，采用十进制编号：V0～V7，Z0～Z7，共16点。变址寄存器可以通过在应用指令的操作数中组合使用其他软元件编号和数值，从而在程序中改变软元件的编号和数值内容。可以使用变址寄存器修改的软元件有X、Y、M、S、P等，但不能修改变址寄存器本身。每个变址寄存器都是16位；进行32位数据运算时，需将V、Z组合使用，且规定用Z存放低16位数据。

变址寄存器的应用如图4-46所示，当X000闭合接通后执行MOV指令，把十进制数8送入V0中；当X001闭合接通后，执行MOV指令，4被送入Z0；由于D0V0表示D8（即0+8=8），

D10Z0表示D14（即10+4=14），即“实际地址等于当前地址加变址数据”，当X002闭合接通后执行MOV指令，将D0V0（D8）中的数据送入D10Z0（D14）中，实现了变址功能。

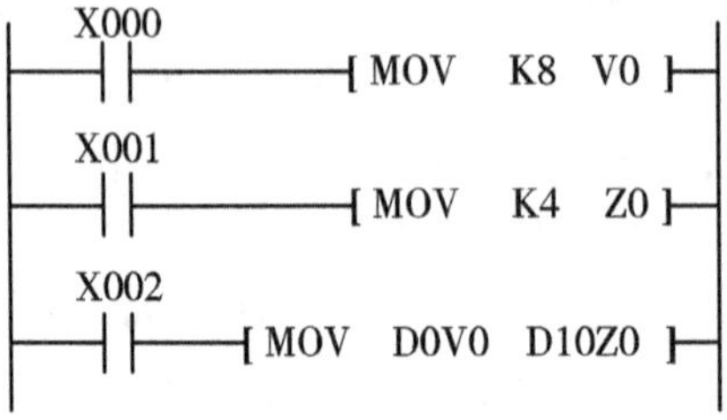
X000
MOV K8 V0
X001
MOV K4 Z0
X002
MOV D0V0 D10Z0

图4-46 变址寄存器应用

4.5.9 指针（P、I）

在执行PLC程序的过程中，有时需要跳过一段不需要执行的程序或者调用一个子程序（或中断程序），此时通常采用指针来标明所操作的程序段的入口标号。按用途不同，指针可分为分支用指针（P）和中断用指针（I）两种类型，其分类和编号如表4-10所示。

表4-10 指针的分类和编号

分支用指针	中断用指针		
	输入中断指针	定时器中断指针	计数器中断指针
P0 ~ P4095，4096点 P63只用于结束跳转	I00□（X000） I10□（X001） I20□（X002） I30□（X003） I40□（X004） I50□（X005）	I6□□ I7□□ I8□□	I010 I020 I030 I040 I050 I060
合计	6点	3点	6点

1.分支用指针（P）

分支用指针P的编号为P0 ~ P62，P64 ~ P4095，共4095点。P63只用于结束跳转，即跳到END位置。

当分支指针应用于跳转指令CJ时，如图4-47（a）所示，当条件X001为ON时，执行跳转指令CJ，程序跳转到标号为P8的位置，执行后面的程序。

当分支指针应用于子程序调用指令CALL时，如图4-47（b）所示，当条件X020为ON时，执行调用子程序指令CALL，执行标号为P1的子程序，子程序执行完毕后，用SRET指令返回原来位置。

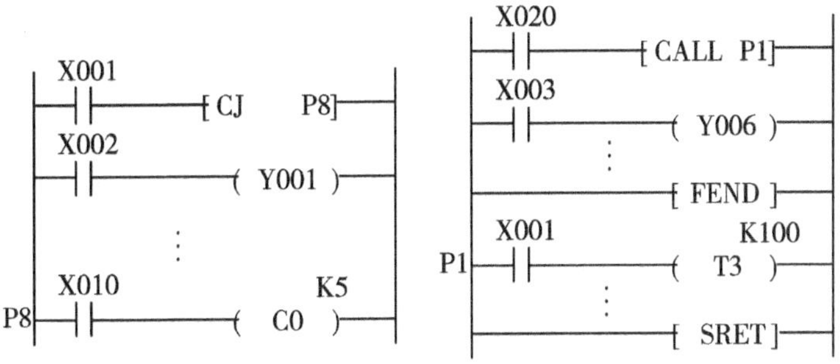

（a）条件跳转　　（b）子程序调用

图4-47　分支指针的应用

2.中断用指针（I）

中断用指针作为标号用于指定中断程序的起点，通常与EI、DI和IRET等指令一起使用。有输入中断指针、定时器中断指针和计数器中断指针共三种类型。

（1）输入中断指针（I00□～I50□）

输入中断指针接收来自X000～X005的输入中断请求信号，然后才能执行中断指针对应编号的子程序，子程序执行不受PLC运行周期的影响，执行的结果可以影响主程序的运算。输入中断指针的编号如图4-48所示，共6点。特别注意的是不能与高速计数器同时使用相应的输入端X000～X005。

由于输入中断处理可以处理比运算周期还短的信号，因而可在顺控过程中作为需要优先处理和短时脉冲处理控制时使用。

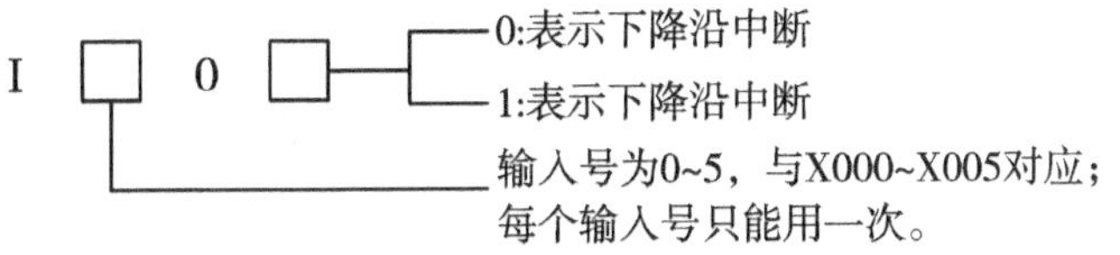

图4-48　输入中断指针编号

（2）定时器中断指针（I6□□～I8□□）

定时器中断指针每隔指定的中断循环时间（10～99ms），执行中断子程序。定时器中断为机内信号中断。由指定编号为I6～I8的专用定时器控制。地址编号如图4-49所示，共3点。设定时间在10～99ms间选取。每隔设定时间中断一次。定时器中断用于与PLC的扫描周期不同、需要循环中断处理的控制中。

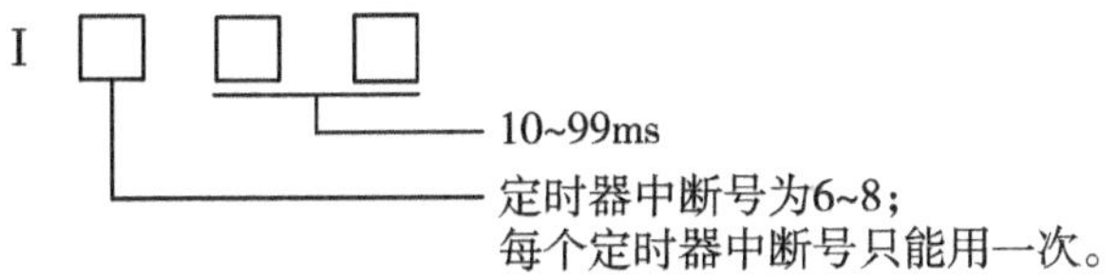

图4-49　定时器中断指针编号

如图4-50所示，I610表示每隔10ms，执行标号为I610后面的中断程序一次，在中断返回指令IRET处返回。

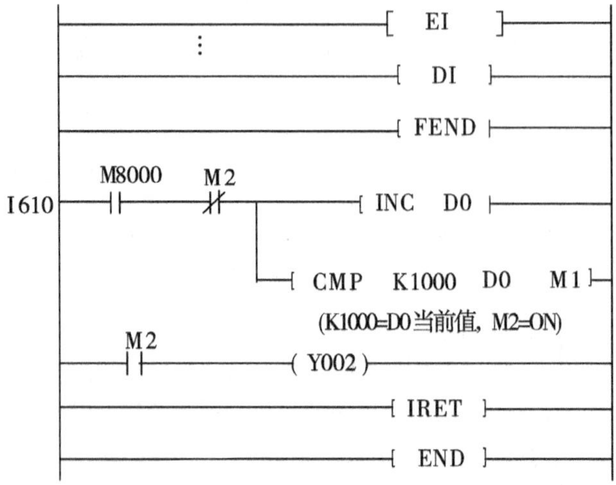

图4-50　定时中断指针应用

（3）高速计数器中断指针（I010～I060）

高速计数器中断指针常与高速计数器比较指令DHSCS配合使用，根据PLC内部高速计数器的比较结果执行计数中断子程序，用于利用高速计数器优先处理计数结果的控制。地址编号如图4-51所示，共6点。M8059接通，计数器中断全禁止。

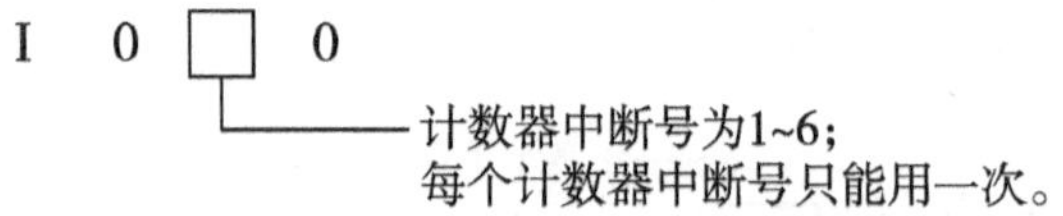

图4-51　计数器中断指针编号

含计数中断子程序的应用如图4-52所示。在主程序中，当X000接通时，高速计数器比较指令DHSCS将C255计数的当前值与K1000进行比较，若相等，执行一次I010入口的计数中断子程序，执行完毕后返回主程序。

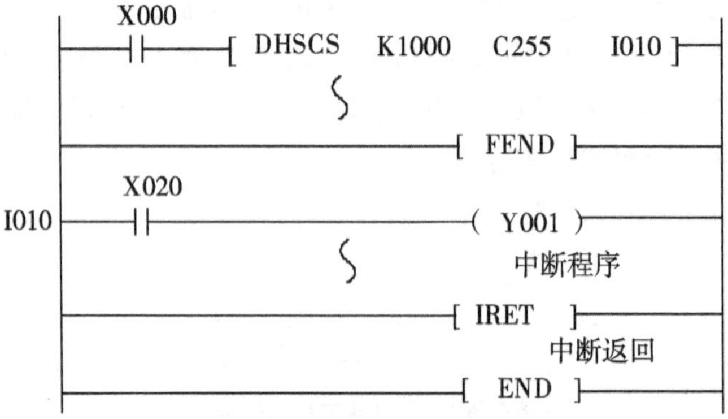

图4-52　计数器中断指针的应用

以上讨论的中断用指针的动作会受到机内特殊辅助继电器M8050 ~ M8059的控制，如表4-11所示，它们中若某个接通，则相应的中断指针会被禁止。

表 4-11 特殊辅助继电器中断禁止控制

编 号	名称	备注
M8050=ON	I00□禁止	输入中断禁止
M8051=ON	I10□禁止	
M8052=ON	I20□禁止	
M8053=ON	I30□禁止	
M8054=ON	I40□禁止	
M8055=ON	I50□禁止	
M8056=ON	I60□禁止	定时器中断禁止
M8057=ON	I70□禁止	
M8058=ON	I80□禁止	
M8059=ON	I010 ~ I060禁止	计数器中断禁止

习题与思考

一、选择题

1.下列关于梯形图的说法错误的是（　　）。

A.梯形图中左侧的母线相当于“火线”，右侧的母线相当于“零线”

B.“能量流”可以通过被激励的常开触点和未被激励的常闭触点自左向右流动

C.“能量流”从左至右流向线圈，则线圈被激励，否则，线圈未被激励

D.“能量流”在梯形图中是真实存在的

2.关于PLC的发展趋势，下列说法错误的是（　　）。

A.高集成度、大体积、大容量　　B.高速度、高性能、易使用

C.与工业网络技术紧密结合方向发展　　D.信息化、网络化、标准化

3.下列不属于PLC硬件系统组成的是（　　）。

A.输入/输出接口　　B.中央处理单元

C.通信接口　　D.用户程序

4.下列元件中，不可作为PLC输出控制的对象是（　　）。

A.照明灯　　B.组合开关　　C.接触器线圈　　D.电磁铁线圈

5.PLC的工作方式是（　　）。

A.等待工作方式　　B.中断工作方式

C.扫描工作方式　　D.循环扫描工作方式

6.第一台PLC是由（　　）于1969年研制的。

A.日本　　B.美国　　C.德国　　D.英国

7.FX系列PLC，只有触点没有线圈的软元件是（　　）。

A. X　　B.Y　　C. M　　D.C

8.下列对PLC软继电器的描述，正确的是（　　）。

A.有无数对常开和常闭触点供编程时使用

B.不同型号的PLC的情况可能不一样

C.只有2对常开和常闭触点供编程时使用

D.以上说法都不正确

9.小型PLC的输入/输出点为（　　）。

A. 256点　　B. 256点以下　　C.2048点以下　　D.2048点以上

10.M8013的脉冲输出周期是（　　）。

A.5s　　B.13s　　C.10s　　D.1s

二、判断题

1.在程序执行阶段和输出刷新阶段，如果此时有输入信号的变化，输入映像寄存器的内容将跟随输入变化。（　　）

2.PLC的输入信号和输出信号都只能是开关量。（　　）

3.PLC是以并行方式进行工作的。（　　）

4.PLC实质上是一种工业控制用的专用计算机。（　　）

5.PLC的输出线圈可以放在梯形图逻辑行的中间任意位置。（　　）

6.PLC的输入/输出端口都采用光电隔离电路。（　　）

7.输出继电器只能由外部输入驱动，不能由程序驱动。（　　）

8.PLC的工作过程一般分为输入处理、程序处理和输出处理三个阶段。（　　）

9.不用步进指令时，状态继电器也可以作为辅助继电器在程序中使用。（　　）

10.分支用指针P63只用于结束跳转，即跳到END位置。（　　）

三、思考题

1.PLC的硬件由哪几部分组成？各有什么作用？

2.PLC主要的编程语言有哪几种？各有什么特点？

3.什么是PLC的扫描周期？其扫描过程分为哪几个阶段？各阶段完成什么任务？

4.什么是PLC的输入/输出滞后现象？造成这种现象的主要原因是什么？可采取哪些措施减少输入/输出滞后时间？

5.PLC有什么特点？为什么PLC具有高可靠性？

6.为什么PLC软继电器的触点可无数次使用？

7.PLC控制与继电器–接触器控制比较，有何不同？

8.PLC的主要特点有哪些？

9.设计一个闪烁电路，按动按钮X000，使灯泡Y000亮，再按动按钮X000，灯泡Y000灭；使灯泡闪烁这一过程一直重复。

10.试分析如习图4-1所示梯形图，当按下按钮X001时，Y001能否通电？为什么？

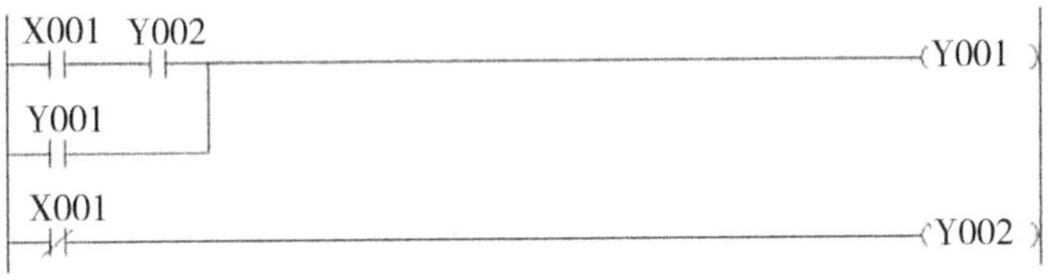

习图4-1

第5章

PLC的基本指令及应用

知识点	●LD、LDI、OUT、END、OR、ORI、ANI、AND。 ●ANB、ORB、MPS、MRD、MPP。 ●LDP、LDF、ANDP、ANDF、ORP、ORF、PLS、PLF、MEP、MEF。 ●SET、RST、MC、MCR、INV、NOP。 ●PLC 基本指令的编程规则与技巧。 ●PLC 基本指令的应用。
重点难点	◆重点：PLC 基本指令的应用；基本指令的编程规则和技巧。 ◆难点：PLC 基本指令的应用。
学习要求	★熟练掌握 PLC 基本指令应用，程序设计的方法与步骤，编程规则和技巧。 ★理解 PLC 基本指令格式、功能和编程方法，适用软元件种类。 ★了解 PLC 梯形图与指令表对应关系。
问题引导	☆ PLC 的基本指令有哪几个? ☆如何采用基本指令进行编程? ☆基本指令能应用于哪些类型的控制系统?

PLC的基本指令是基于继电器、定时器、计数器等编程元件进行逻辑处理的指令，通常情况下，较简单的控制系统编程可以采用基本指令。基本指令编程可以采用指令表和梯形图两种常用语言形式，梯形图是用图形符号及图形符号间的相互关系来表达控制思想的一种图形程序，而指令表则是图形符号及它们之间关联的语句表述，指令表与梯形图有严格的一一对应关系，并可互相转换。因此必须掌握每条基本指令的功能用法和适用软元件种类。

三菱FX_{3U}系列PLC性能更优，运算速度更快，I/O点数最多可增加到384点，指令也更丰富，共有基本指令29条。

FX_{3U} 系列 PLC 基本指令表

5.1 逻辑运算指令

基本指令（一）

5.1.1 逻辑取、取反、输出与程序结束指令

1.指令助记符及功能

逻辑取、取反、输出与程序结束指令LD、LDI、OUT、END的功能、梯形图表示、操作元件和程序步数如表5-1所示。

表 5-1 逻辑取、取反、输出指令助记符及功能

指令助记符	功 能	梯形图表示	操作元件	程序步数
LD（Load） （取）	逻辑运算开始与左母线连接的常开触点		X、Y、M、S、T、C、D□.b	1
LDI（Load Inverse） （取反）	逻辑运算开始与左母线连接的常闭触点	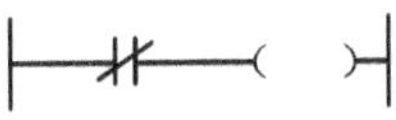	X、Y、M、S、T、C、D□.b	1
OUT （输出）	线圈驱动输出	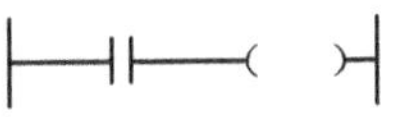	Y、M、S、T、C、D□.b	Y、M：1；特M：2；T：3；C：3～5
END （结束）	程序结束返回到0步	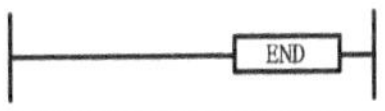	无	1

2.指令说明

（1）LD指令

LD指令称为取指令，由常开触点和操作软元件构成。其功能是用于常开触点与左母线相连，也可以与ANB、ORB指令配合用于分支起动，代表一行或块的开始。

（2）LDI指令

LDI指令称为取反指令，由常闭触点和操作软元件构成。其功能是用于常闭触点与左母线相连，也可以与ANB、ORB指令配合用于分支起动，代表一行或块的开始。

LD和LDI指令的操作软元件有：输入继电器X、输出继电器Y、辅助继电器M、定时器T、计数器C、状态继电器S和寄存器的某一位、D□.b等软元件触点。

（3）OUT指令

OUT指令是对输出继电器Y、辅助继电器M、状态继电器S、定时器T、计数器C的线圈进行驱动的指令，但不能用于输入继电器X。

①OUT指令可多次并联使用。

②对定时器的定时线圈或计数器的计数线圈，在OUT指令后必须设置常数K（K为设定的延时时间或计数次数）或是指定的数据寄存器的地址编号。定时器和计数器的K值设定范围、实际设定值以及采用OUT指令驱动占用的步数如表5-2所示。

表 5-2　定时器和计数器 K 值设定范围

定时器、计数器	K 的设定值	实际设定值	程序步
1ms定时器	1 ～ 32767	0.001 ～ 32.767s	3
10ms定时器		0.01 ～ 327.67s	3
100ms定时器		0.1 ～ 3276.7s	3
16位增计数器	1 ～ 32767	1 ～ 32767	3
32位双向计数器	-2147483648 ～ +2147483647	-2147483648 ～ +2147483647	5

（4）END指令

END为程序结束指令。PLC总是按照指令进行输入处理、执行程序到END指令结束，进入输出处理环节。

在GX Works编程软件中，梯形图中的END指令是软件系统自动生成的，不需要手动写入。随着程序的输入，END指令始终保持在最后一行。一个程序只有一条END指令。

3.编程应用

图5-1是LD、LDI、OUT、END指令的应用梯形图和指令表。图中的OUT M10和OUT C0是线圈的并联使用。

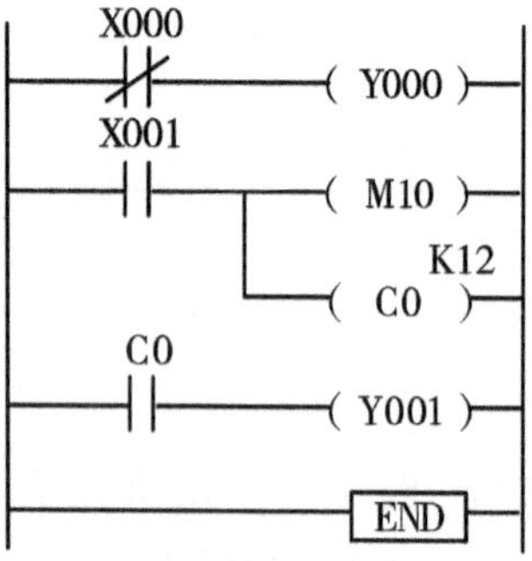

指令表

步序	指令	地址
0	LDI	X000
1	OUT	Y000
2	LD	X001
3	OUT	M10
4	OUT	C0　K12
7	LD	C0
8	OUT	Y001
9	END	

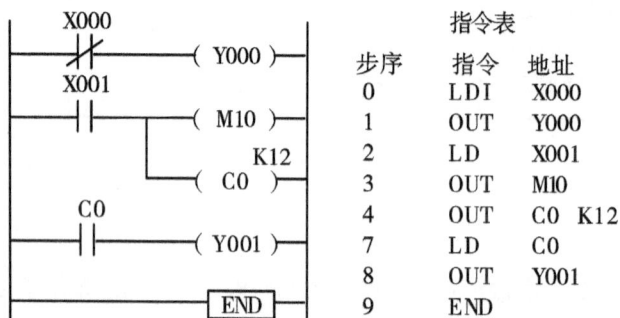

图5-1　LD、LDI、OUT、END指令的应用

5.1.2　触点串联指令

1.指令助记符及功能

触点串联指令AND、ANI的功能、梯形图表示、操作元件和程序步数如表5-3所示。

表 5-3　触点串联指令助记符及功能

指令助记符	功　能	梯形图表示	操作元件	程序步数
AND（与）	单个常开触点与前面的电路串联连接	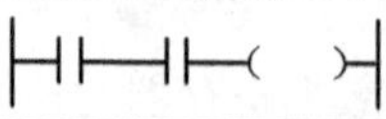	X、Y、M、S、T、C、D□.b	1
ANI（与非）（AND Inverse）	单个常闭触点与前面的电路串联连接	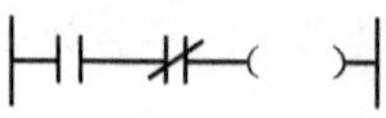	X、Y、M、S、T、C、D□.b	1

2.指令说明

①AND、ANI指令为单个触点与前面的电路串联连接指令。AND用于常开触点，ANI用于常闭触点。串联触点的数量不受限制，该指令可以重复使用。

②OUT指令后，可以通过触点对其他线圈使用OUT指令，称为纵接输出或连续输出。如图5-2所示，在OUT M100之后，通过常开触点T1，对Y002线圈使用OUT指令，这种纵接输出只要顺序正确可多次重复。否则需要用多重输出MPS、MRD、MPP指令。

③由于图形编程器或打印机打印页面的限制，应尽量做到一行不超过10个触点及1个线圈，连续并联触点总共不要超过24行。

3.编程应用

AND、ANI指令的应用如图5-2所示。

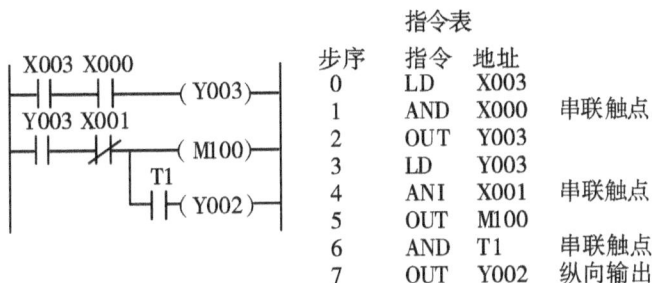

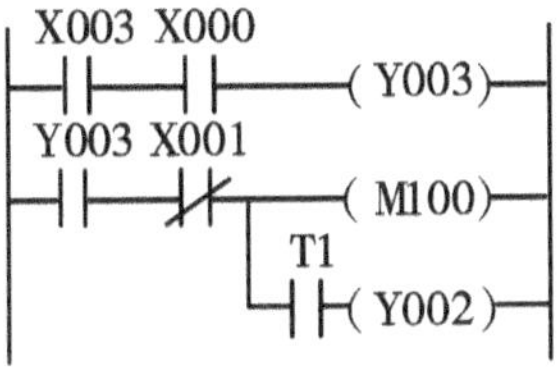

指令表

步序	指令	地址	
0	LD	X003	
1	AND	X000	串联触点
2	OUT	Y003	
3	LD	Y003	
4	ANI	X001	串联触点
5	OUT	M100	
6	AND	T1	串联触点
7	OUT	Y002	纵向输出

图5-2　AND、ANI指令的应用

图5-2中，在驱动辅助继电器M100之后，再通过触点T1驱动线圈Y004。如果驱动顺序换成图5-3的形式，即串联触点在上方，此时必须用多重输出栈操作指令MPS与MPP进行处理。

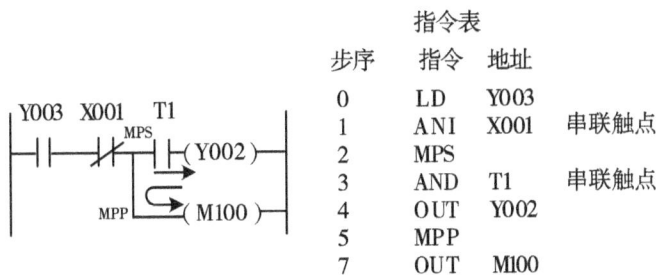

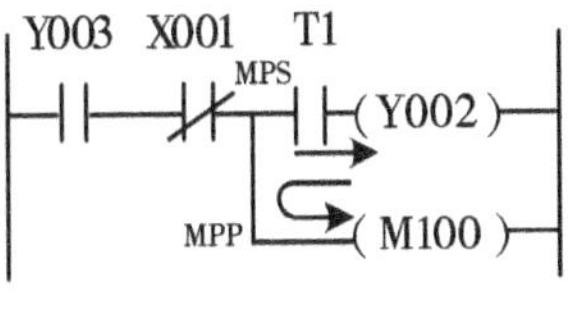

指令表

步序	指令	地址	
0	LD	Y003	
1	ANI	X001	串联触点
2	MPS		
3	AND	T1	串联触点
4	OUT	Y002	
5	MPP		
7	OUT	M100	

图5-3　改变图5-2中Y002的驱动顺序

5.1.3　触点并联指令

1.指令助记符及功能

触点并联指令OR、ORI的功能、梯形图表示、操作元件和程序步数如表5-4所示。

表 5-4　触点并联指令助记符及功能

指令助记符	功　能	梯形图表示	操作元件	程序步数
OR（或）	单个常开触点与前面的电路并联连接		X、Y、M、S、T、C、D□.b	1
ORI（或非）（OR Inverse）	单个常闭触点与前面的电路并联连接		X、Y、M、S、T、C、D□.b	1

2.指令说明

①OR、ORI指令是单个触点与前面的电路并联连接的指令。OR用于常开触点的并联，ORI用于常闭触点的并联。

②与LD、LDI指令触点并联的单个触点要使用OR或ORI指令，并联触点的个数没有限制，但限于编程器和打印机的幅面，尽量做到24行以下。

③如果两个以上触点的串联支路（两个以上的触点连接的电路）与其他回路并联，应采用电路块并联指令ORB。

3.编程应用

触点并联指令的应用如图5-4所示。

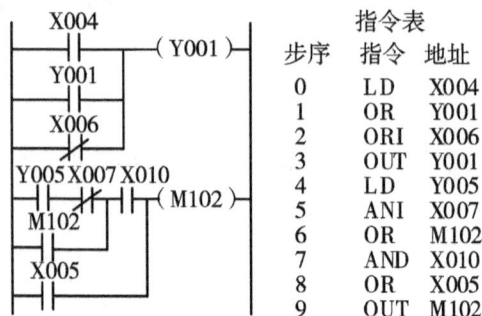

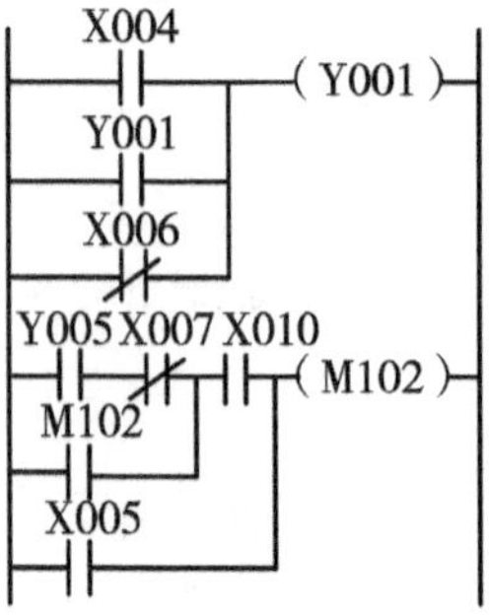

指令表

步序	指令	地址
0	LD	X004
1	OR	Y001
2	ORI	X006
3	OUT	Y001
4	LD	Y005
5	ANI	X007
6	OR	M102
7	AND	X010
8	OR	X005
9	OUT	M102

图5-4　OR、ORI指令的应用

5.1.4　电动机单向连续运行的PLC控制

1.分析控制要求，确定输入/输出元件地址表

采用起-保-停控制的电动机单向连续运行控制电路如图2-3所示，其控制电路的原理在第2章中已经进行过详细分析，这里不再赘述。现在采用继电器控制电路移植法将其改成PLC控制。

输入元件有起动按钮SB2接X001，停止按钮SB1接X000；热继电器的常闭触点FR接X002，既可以作为输入信号进行过载保护，也可以在输出时进行保护。输出元件有接触器KM的线圈接Y000，如表5-5所示。

表 5-5　电动机连续运行输入 / 输出元件地址

输入（I）		输出（O）	
输入元件	输入继电器	输出元件	输出继电器
停止按钮SB1	X000	交流接触器 KM	Y000
起动按钮SB2	X001		
过载保护FR	X002		

2.设计并绘制PLC外部接线图

绘制电动机单向连续运行的外部接线图，如图5-5所示。可知，将继电器控制电路改成PLC控制对主电路没有影响，只改变控制电路部分。

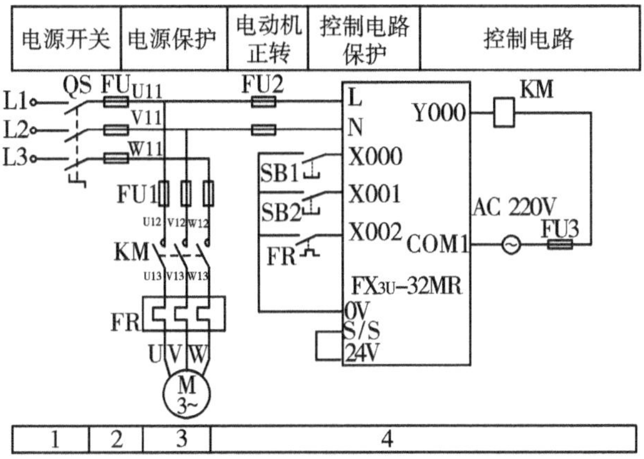

图5-5　电动机单向运行PLC外部接线图

3. PLC控制程序设计

移植法是把继电器控制系统直接转换为功能相同的PLC控制系统，这里只对控制电路进行PLC控制转换，主电路保持不变。根据继电器控制电路的设计思路，编制PLC控制梯形图和指令表，如图5-6所示。

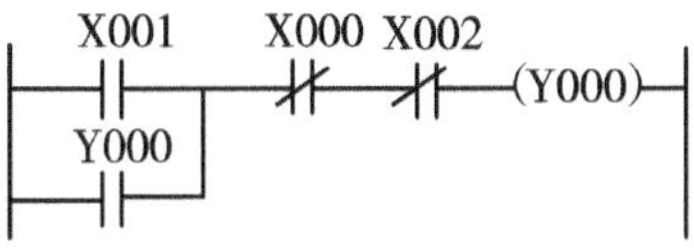

指令表

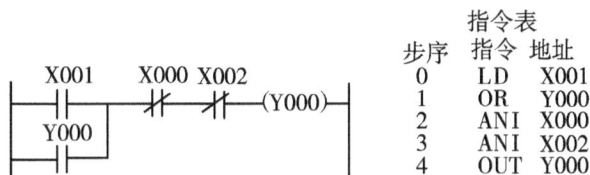

步序	指令	地址
0	LD	X001
1	OR	Y000
2	ANI	X000
3	ANI	X002
4	OUT	Y000

图5-6　电动机单向运行的梯形图和指令表

由于在实际的PLC控制系统中，热继电器FR的过载保护是不受PLC控制的，其保护方式与继电器控制系统相同，所以在梯形图中可以写入X002，也可以不写入X002。

由图5-5和图5-6可知，PLC移植设计过程中对常闭（动断）触点的输入信号进行了处理，如停止按钮SB1和热继电器的常闭触点FR。

4.常闭触点输入的处理

由于PLC控制是在继电器–接触器控制系统的基础上产生的，在实际使用中，经常遇到老产品或旧设备的改造，可采用PLC程序取代原有的继电器–接触器控制系统。由于继电器–接触器控制电路原理图经实践证明设计合理，且与PLC梯形图类似，因此可以采用移植法将继电器–接触器控制系统直接转变为梯形图，但在转变过程中需注意常闭触点输入的处理。

三相异步电动机的起动、停止控制的电路如图5–7（a）所示，PLC控制的外部接线图如图5–7（b）所示。起动按钮SB1接X000，为常开触点；停止按钮SB2接X001，为常闭触点。将如图5–7（a）所示的继电器–接触器控制电路转换成如图5–7（c）所示的梯形图，将PLC程序导入PLC中并运行这一程序，发现输出继电器Y000指示灯不亮，电动机不能起动。主要原因：由图5–7（b）可知，PLC通电后停止按钮所接的X001线圈就通电，其常闭触点X001断开，当按下起动按钮SB1时，X000线圈通电，X000的常开触点闭合，但由于X001常闭触点断开，导致Y000线圈无法接通，必须改成如图5–7（d）所示的梯形图。

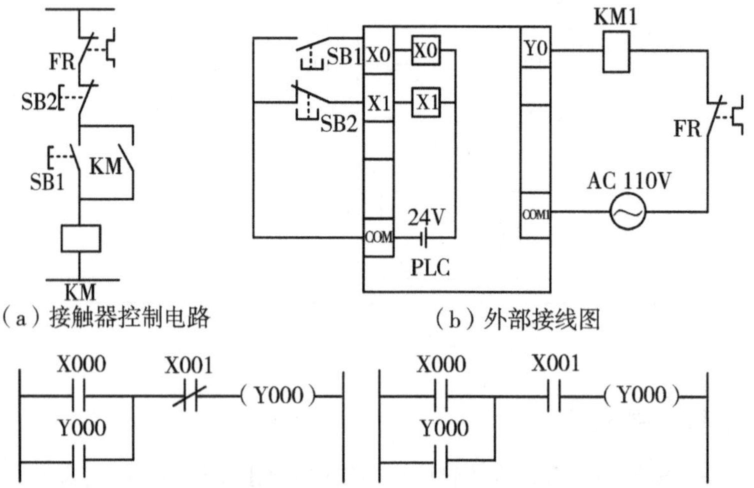

（a）接触器控制电路　（b）外部接线图

（c）梯形图电路　（d）将X001改成常开触点

图5–7　输入常闭触点的编程

由此可见，如果停止按钮SB2外接输入为常开触点，编制的梯形图与继电器–接触器原理图一致；如果停止按钮SB2外接输入为常闭触点，编制梯形图时，就与继电器–接触器原理图相反。一般为了与继电器–接触器原理图的使用习惯一致，在PLC中尽可能采用常开触点作为输入信号。

5.1.5　电动机正反转的PLC控制

电动机正反转的控制

采用移植法，将如图2–11所示三相异步电动机正反转控制的主电路和控制电路，改成用PLC控制。

电动机正反转PLC控制系统的设计过程如下。

1.分析控制要求，列出输入/输出元件地址表

关于如图2-11所示正反转的控制电路在第2章中已经分析过了，这里不再重复，要求设置互锁环节。输入元件有：停止按钮SB3、正转起动按钮SB1、反转起动按钮SB2，共3个；FR过载保护由于实际不受PLC控制，故将FR直接接在输出电路中。输出元件有：正转接触器KM1和反转接触器KM2，共2个。输入/输出元件地址如表5-6所示。根据输入/输出元件，选择PLC的型号为FX_{3U}-32MR。

表5-6　电动机正反转输入/输出元件地址

输入（I）		输出（O）	
输入元件	输入继电器	输出元件	输出继电器
停止按钮SB3	X000	正转接触器 KM1	Y000
正转起动按钮SB1	X001	正转接触器 KM2	Y001
反转起动按钮SB2	X002		

2.绘制PLC外部接线图

绘制电动机正反转的PLC控制外部接线图，如图5-8所示，左侧输入元件有停止按钮SB3接X000，正转起动按钮SB1接X001，反转起动按钮SB2接X002，采用汇点式接线。右侧输出元件有正转接触器KM1接Y001、反转接触器KM2接Y002，在正转回路接KM2的常闭触点，在反转回路中接KM1的常闭触点，实现正反转互锁，接热继电器触点FR后，外接220V电源后接COM1口，并采用熔断器FU1实现短路保护。

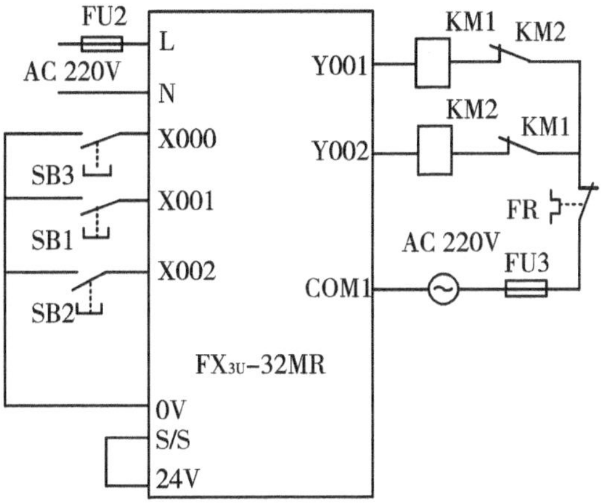

图5-8　电动机正反转外部接线图

对于电动机的正反转控制，必须在I/O外部接线图中实现硬件互锁，同时在梯形图中进行软件互锁。

3. PLC控制程序设计

电动机正反转控制电路采用移植法后直接得到如图5-9（a）所示梯形图初稿。该梯形图，需要做进一步优化。

由于PLC内部编程元件的触点可以使用无数次，优化改进后的梯形图如图5-9(b)所示。在图5-9（b）中，在正转和反转回路中均设置了停止功能，同时设置了双重互锁。逻辑电路更清晰，功能更完善。该梯形图可以作为典型控制梯形图进行记忆，在后续设计中可以直接使用，读者可以自行编写指令表。

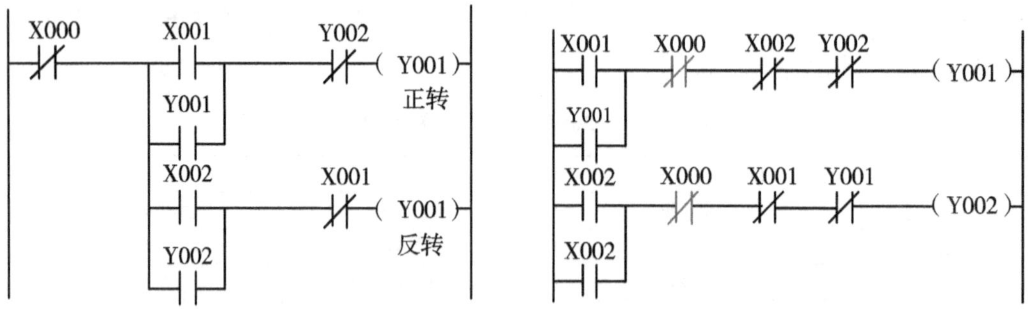

（a）梯形图初稿　　（b）改进后的梯形图

图5-9　电动机正反转梯形图程序

4.控制程序的调试

将图5-9（b）中程序输入GX Works2软件中进行调试，如图5-10所示。

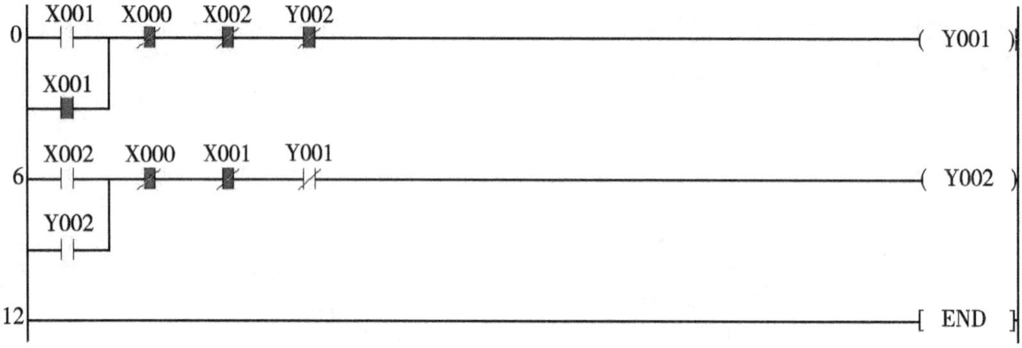

图5-10　电动机正反转梯形图程序调试

5.2　逻辑处理指令

基本指令（二）

5.2.1　边沿检测脉冲触点指令

1.指令助记符及功能

边沿检测脉冲触点指令LDP、LDF、ANDP、ANDF、ORP、ORF的功能、梯形图表示、操作元件和程序步数如表5-7所示。

表 5-7　边沿检测脉冲触点指令助记符及功能

指令助记符	功　能	梯形图表示	操作元件	程序步数
LDP（Load Positive）（取上升沿脉冲）	逻辑运算开始与左母线连接的上升沿检测	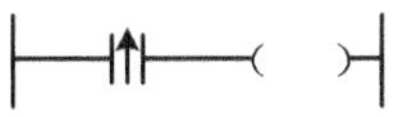	X、Y、M、S、T、C、D□.b	2
LDF（Load Falling）（取下降沿脉冲）	逻辑运算开始与左母线连接的下降沿检测	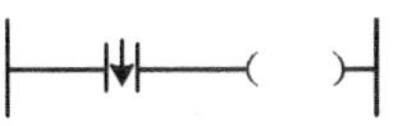	X、Y、M、S、T、C、D□.b	2
ANDP（AND Positive）（与上升沿脉冲）	上升沿检测与前面的电路串联连接	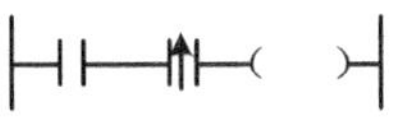	X、Y、M、S、T、C、D□.b	2
ANDF（AND Falling）（与下降沿脉冲）	下降沿检测与前面的电路串联连接	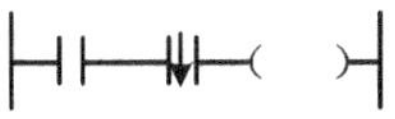	X、Y、M、S、T、C、D□.b	2
ORP（OR Positive）（或上升沿脉冲）	上升沿检测与前面的电路并联连接	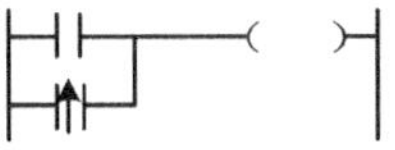	X、Y、M、S、T、C、D□.b	2
ORF（OR Falling）（或下降沿脉冲）	下降沿检测与前面的电路并联连接	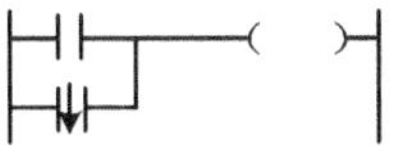	X、Y、M、S、T、C、D□.b	2

2.指令说明

①LDP、ANDP、ORP指令是进行上升沿检测的触点指令，仅在指定操作元件由OFF变为ON的上升沿变化时使用，使驱动的线圈导通一个扫描周期。

②LDF、ANDF、ORF指令是进行下降沿检测的触点指令，仅在指定操作元件由ON变为OFF的下降沿变化时使用，使驱动的线圈导通一个扫描周期。

③利用取脉冲触点指令LDP、LDF驱动线圈和用微分脉冲输出指令PLS、PLF驱动线圈，具有同样的动作效果。如图5-11所示，两种梯形图中，在X005由OFF向ON变化时，使M5接通一个扫描周期后变为OFF状态。

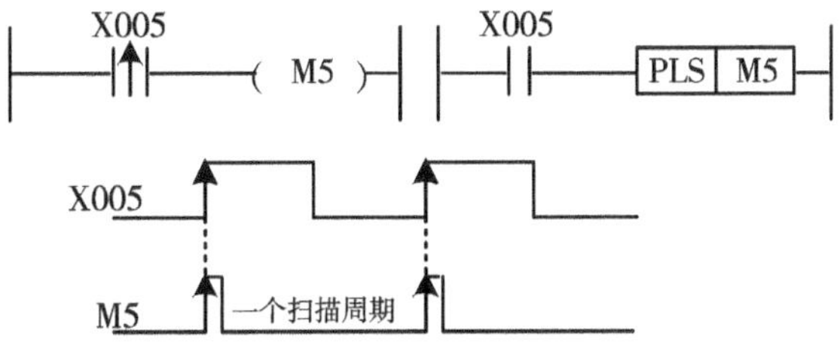

图5-11　采用LDP指令和PLS指令的梯形图对比

同样，如图5-12所示，两种梯形图也具有同样的动作效果。两种梯形图都是在X005由OFF向ON变化时，只执行一次传送指令MOV。

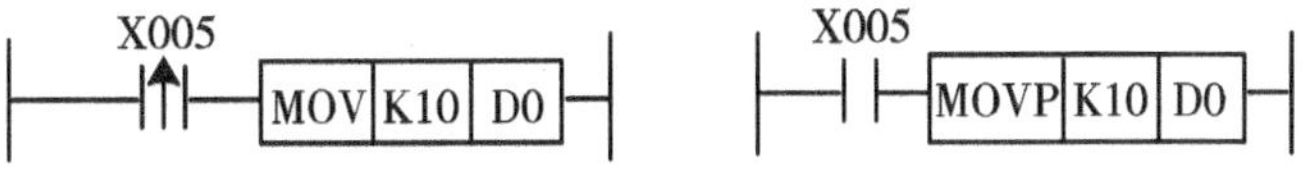

图5-12　采用LDP指令和脉冲执行应用指令的梯形图对比

3.编程应用

边沿检测脉冲触点指令的应用如图5-13所示。在图中，当X000、X001、X003由OFF→ON时或由ON→OFF时，M0或M1接通一个扫描周期后变为OFF状态。

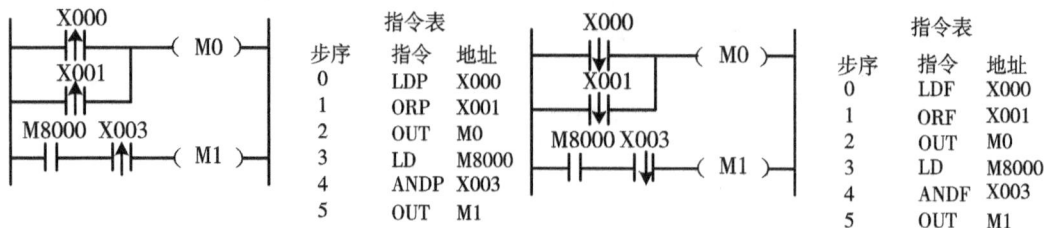

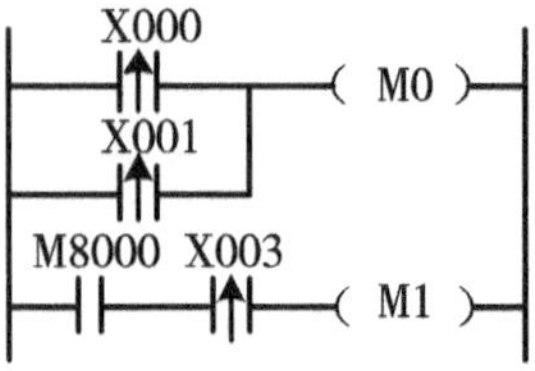

指令表

步序	指令	地址
0	LDP	X000
1	ORP	X001
2	OUT	M0
3	LD	M8000
4	ANDP	X003
5	OUT	M1

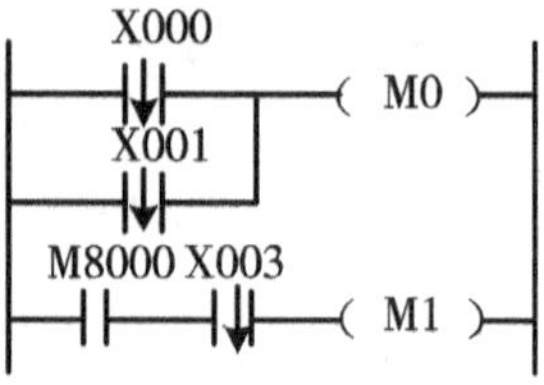

指令表

步序	指令	地址
0	LDF	X000
1	ORF	X001
2	OUT	M0
3	LD	M8000
4	ANDF	X003
5	OUT	M1

图5-13　边沿检测脉冲触点指令的应用

5.2.2　微分脉冲输出指令

1.指令助记符及功能

微分脉冲输出指令PLS、PLF的功能、梯形图表示、操作元件和程序步数如表5-8所示。

表 5-8　微分脉冲输出指令助记符及功能

指令助记符	功　能	梯形图表示	操作元件	程序步数
PLS（Pulse） （上升沿微分输出）	检测到触发信号上升沿，使操作元件产生一个扫描周期的脉冲	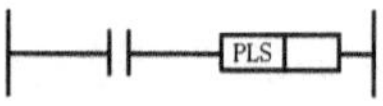	Y、M（特殊M除外）	2
PLF （下降沿微分输出）	检测到触发信号下降沿，使操作元件产生一个扫描周期的脉冲	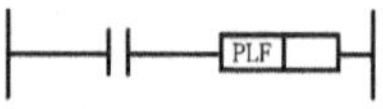	Y、M（特殊M除外）	2

注：①当使用M1536～M3071时，程序步加1。

②特殊继电器不能作为PLS或PLF的操作元件。

2.指令说明

①PLS、PLF为上升沿、下降沿微分脉冲输出指令。上升沿微分脉冲输出指令PLS使编程软元件在检测到输入信号上升沿时，产生一个扫描周期的脉冲输出后结束。下降沿微分脉冲输出指令PLF则使编程软元件在检测到输入信号下降沿时，产生一个扫描周期的脉冲输出后结束。

②PLS、PLF指令可以在输入信号作用下，使操作目标元件产生一个扫描周期的触发脉冲信号，相当于对输入信号进行了微分。

3.编程应用

（1）PLS、PLF指令编程

PLS、PLF微分脉冲输出指令的编程应用及操作目标元件输出脉冲时序如图5-14所示。使用PLS指令，M0仅在X000的常开触点由断开到接通（上升沿）时，通电一个扫描周期。使用PLF指令，M1仅在X001的常开触点由接通到断开（下降沿）时，通电一个扫描周期。利用微分脉冲输出指令检测到信号的边沿，再通过置位和复位指令控制Y000的状态。

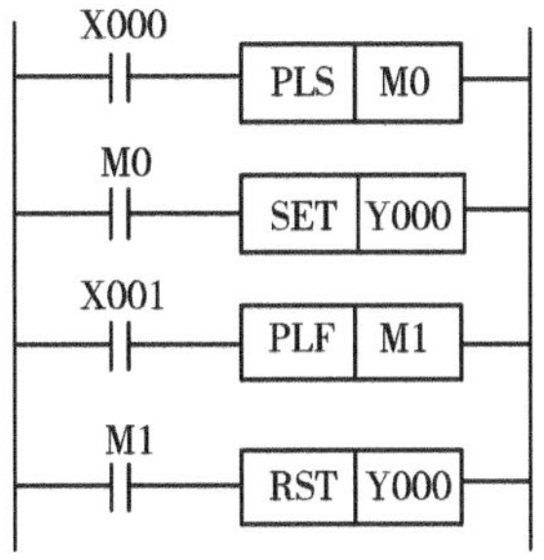

指令表

步序	指令	地址
0	LD	X000
1	PLS	M0
3	LD	M0
4	SET	Y000
5	LD	X001
7	PLF	M1
8	LD	M1
9	RST	Y000

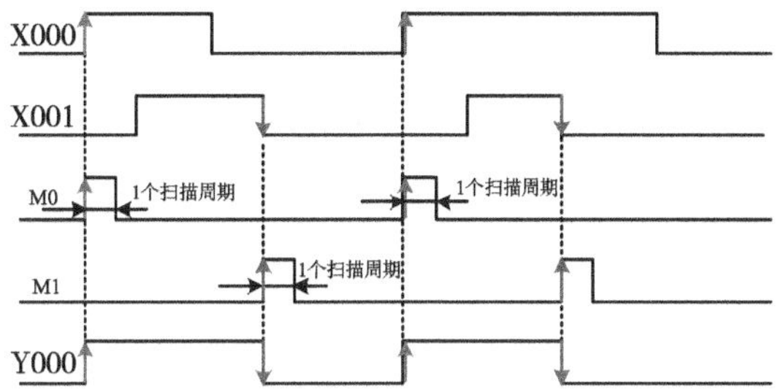

图5-14　PLS、PLF指令的应用

（2）二分频电路

在许多控制应用场合，需要对信号进行分频处理。如图5-15所示，在一个二分频电路中，待分频的脉冲信号加在X000端，设M101和Y000初始状态均为0。

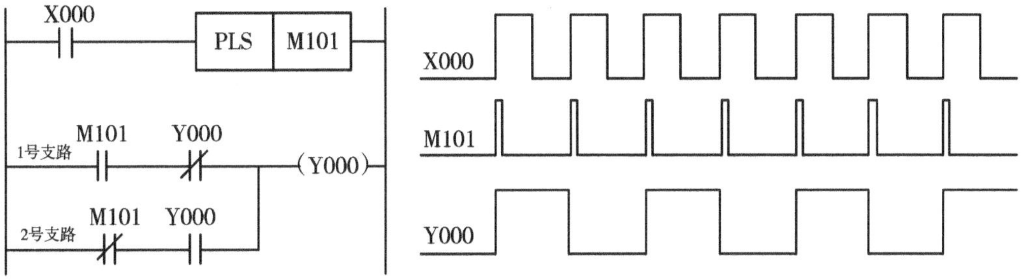

图5-15　二分频电路的梯形图及时序图

在第一个脉冲信号到来时，M101产生一个扫描周期的单脉冲，它的常开触点闭合一个扫描周期，常闭触点断开，使1号支路接通，2号支路断开，Y000置1。M101产生的脉冲周期结束后，M101置0，又使2号支路接通，1号支路断开，使Y000保持置1。当第二个脉冲信号到来时，M101再产生一个扫描周期的单脉冲，1号支路中因Y000常闭触点是断开的，对Y000的状态无影响，而2号支路M101常闭触点断开，使Y000由1变为0。第二个脉冲扫描周期结束后，M101置0，使Y000仍保持0直到第三个脉冲到来。第三个脉冲到来时，Y000及M101的状态和第一个脉冲到来时完全相同，Y000的状态变化将重复上述过程。通过以上分析可知，X000每送入2个脉冲，Y000产生1个脉冲，完成了输入信号的二分频。

三分频程序

5.2.3 上升沿、下降沿导通指令

1.指令助记符及功能

上升沿、下降沿导通指令MEP、MEF是使运算结果脉冲化的指令，不需要指定软元件编号。MEP、MEF的功能、梯形图表示、操作元件和程序步数如表5-9所示。

表5-9 上升沿、下降沿导通指令助记符及功能

指令助记符	功 能	梯形图表示	操作元件	程序步数
MEP（M.E.P）	上升沿时导通 运算结果脉冲化		无	1
MEF（M.E.F）	下降沿时导通 运算结果脉冲化	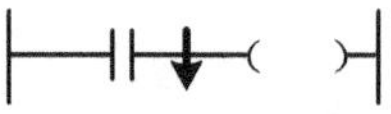	无	1

2.指令说明

（1）MEP指令

在到MEP指令为止的运算结果，从OFF→ON时变为导通。使用MEP指令，在串联了多个触点的情况下，非常容易实现脉冲化处理，如图5-16所示。

（2）MEF指令

在到MEF指令为止的运算结果，从ON→OFF时变为导通。使用MEF指令，在串联了多个触点的情况下，非常容易实现脉冲化处理，如图5-17所示。

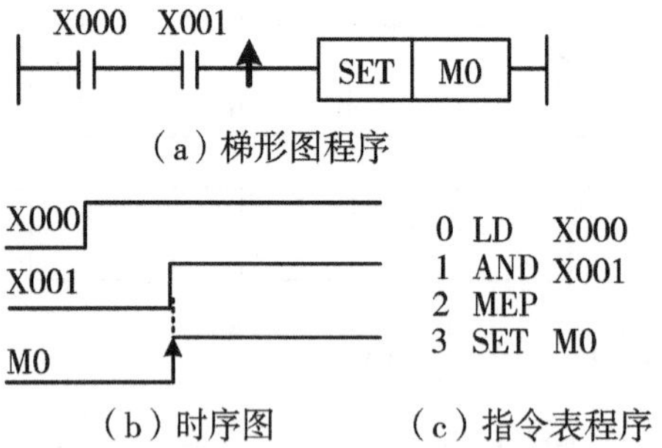

图5-16 MEP指令的编程应用

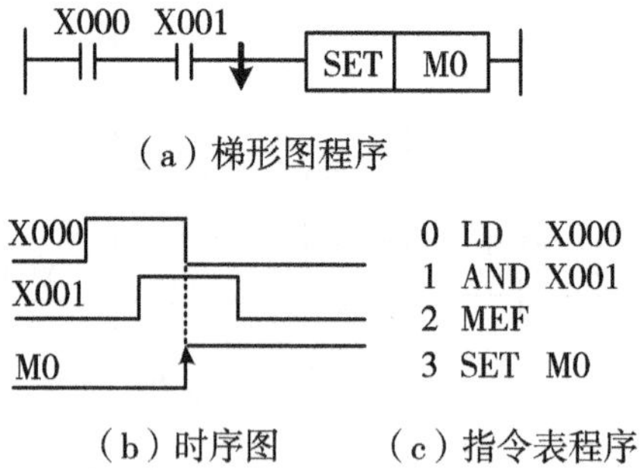

图5-17 MEF指令的编程应用

3.注意事项

①在子程序以及FOR ~ NEXT指令等中，用MEP、MEF指令对用变址修饰的触点进行脉冲化的话，可能导致无法正常动作。

②MEP、MEF指令是根据到MEP、MEF指令为止的运算结果而动作的，所以必须在与AND指令相同的位置上使用。

③MEP、MEF指令不能用于LD、OR的位置。

④在对包含MEP指令的回路的RUN中写入结束时，到MEP指令为止的运算结果为ON时，MEP指令的执行结果变为ON（导通状态）。在对包含MEF指令的回路的RUN中写入结束时，与到MEF指令为止的运算结果无关，MEF指令的执行结果变为OFF（非导通状态）；当MEF指令的运算结果再次从ON到OFF时，MEF指令的执行结果变为ON（导通状态）。

5.2.4 自感应门的PLC控制

自感应门的PLC控制

在日常生活中，经常会接触到安全方便的自动门，如电动伸缩门、快速卷帘门、地铁车站的摆闸门、宾馆的自动旋转门、办公楼的双开自动门以及医用自动手术室门等。门的打开和关闭是两个相反动作，采用电动机实现正反转就可以实现。由于前面已经学过电动机正反转的控制，这里可以采用经验设计法进行设计。

图5-18为自感应门的示意图，主要由卷门电动机M、红外传感器SQ1、对射式光电开关SQ2、开门上限和关门下限行程开关SQ3和SQ4、开门和关门指示灯HL1和HL2组成。

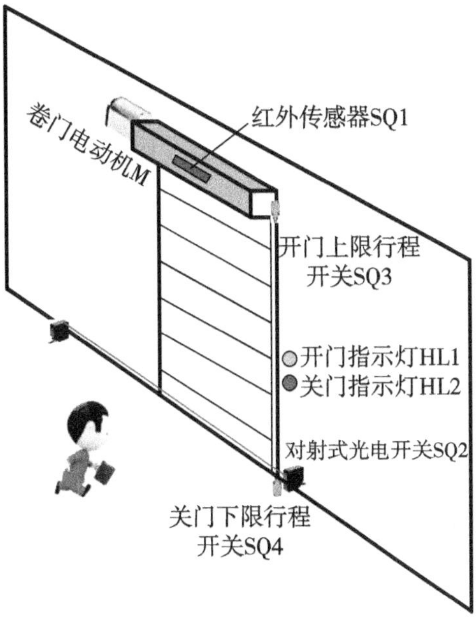

图5-18 自感应门

1.控制要求

①门上方的红外传感器SQ1用于检测有无人或车进入。

②门边的对射式光电开关SQ2用于检测是否有人或车穿过自动门。

③门上升与下降限位分别由行程开关SQ3和SQ4实现。

④开门时，绿灯HL1亮；关门时，红灯HL2亮。

2.分析控制要求，列出输入/输出元件地址表

根据控制要求分析可知，该自感应门未设置起动和停止按钮，门的打开和关闭采用一台电动机控制。

通过分析可知，自感应门的输入元件有红外传感器SQ1、对射式光电开关SQ2、开门上限和关门下限行程开关SQ3和SQ4，共4个；输出元件包括开门接触器KM1和指示灯HL1，关

门接触器KM2和指示灯HL2，共4个。自感应门的输入/输出元件地址如表5-10所示。根据输入/输出元件，选择PLC的型号为FX_{2N}-32MR。

表5-10 自感应门输入/输出元件地址

输入（I）		输出（O）	
输入元件	输入继电器	输出元件	输出继电器
红外传感器SQ1	X000	开门接触器KM1（正转）	Y000
对射式光电开关SQ2	X001	关门接触器KM2（反转）	Y001
开门上限行程开关SQ3	X002	开门指示灯HL1	Y004
关门下限行程开关SQ4	X003	关门指示灯HL2	Y005

3.绘制PLC外部接线图

自感应门的输入元件在左侧依次绘出：红外传感器SQ1，对射式光电开关SQ2，开门上限行程开关SQ3和关门下限行程开关SQ4，采用汇点式连接到COM端。输出元件在右侧依次绘出：开门接触器KM1，关门接触器，实现正反转互锁后，接FR并外接220V电源后接COM1口。开门指示灯HL1和关门指示灯HL2，接AC 12V电源后接COM2口，如图5-19所示。

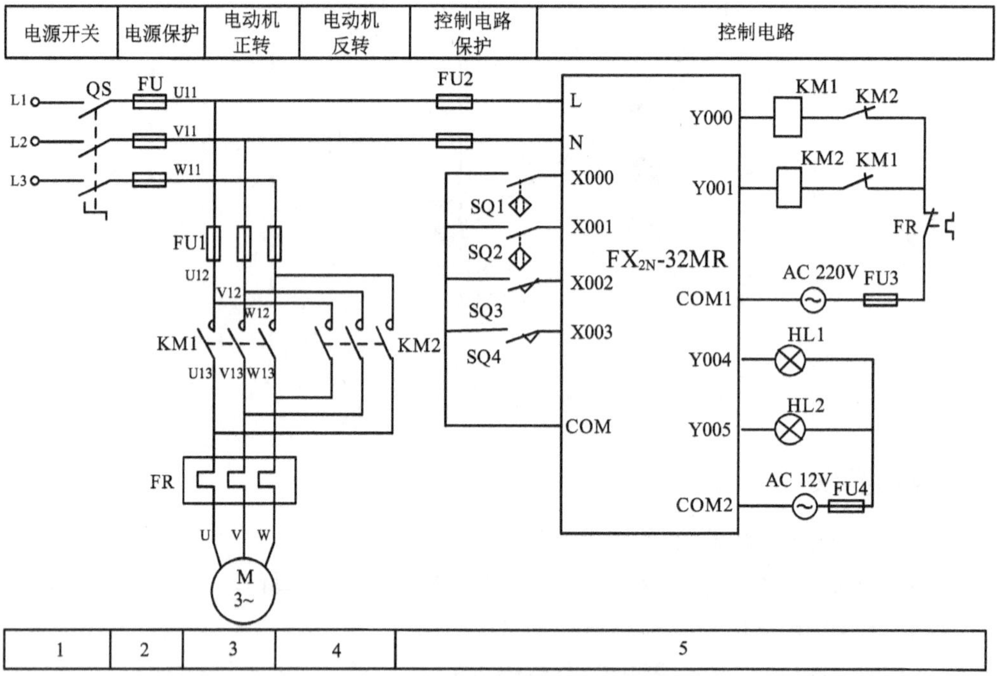

图5-19 自感应门的外部接线方式

4. PLC控制程序设计

自感应门的梯形图的设计包括：门的自动开关梯形图设计和开门与关门指示的梯形图设计两部分。

①门的自动开关梯形图设计。根据前面学习的电动机正反转典型梯形图，只需将按钮

手动操作改成自动操作即可。开门时，红外传感器X000检测到信号，开门接触器Y000通电，当门开到上限X002处自动停止。关门时，对射式光电开关X001检测到信号，关门接触器Y001通电，当门关到下限X003处自动停止。

这里要注意，关门时必须保证人或车已经通过门的区域位置，所以，对射式光电开关X001的信号应取脉冲的下降沿。常用的方法有两种：一种是采用下降沿脉冲触点指令LDF，如图5-20（a）所示；另一种是采用下降沿脉冲微分输出指令PLF，如图5-20（b）所示。

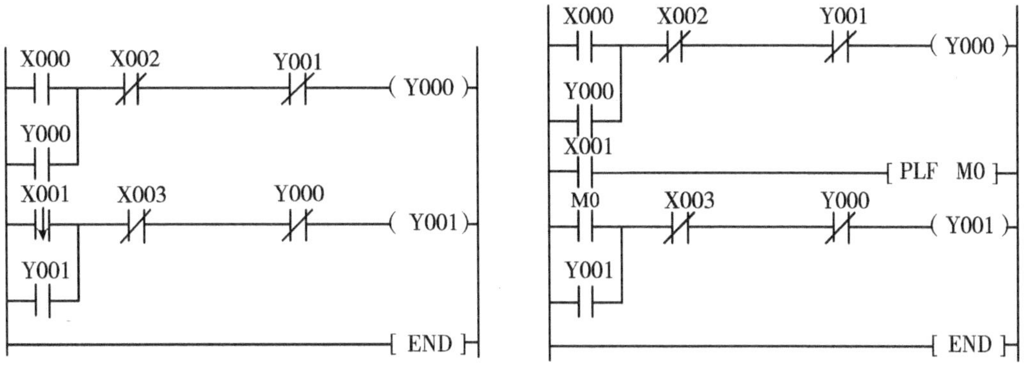

（a）　　（b）

图5-20　自感应门的自动开关梯形图

②开门与关门指示的梯形图设计。只需在Y000接通和Y001接通时，分别接通Y004和Y005就可以了。

③整理后得到完整的梯形图。图5-21（a）是采用下降沿脉冲触点指令LDF得到的完整梯形图程序；图5-21（b）是采用下降沿脉冲微分输出指令PLF得到的梯形图程序，读者可自行写出相对应的指令表程序。

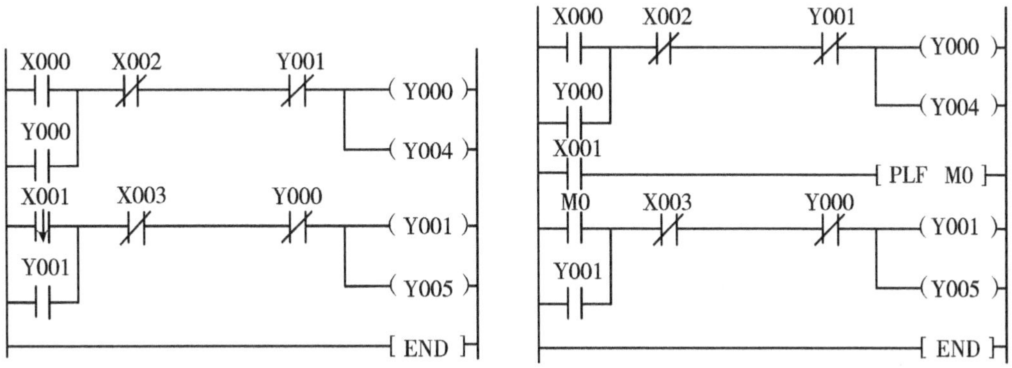

（a）下降沿脉冲触点指令LDF　　（b）下降沿脉冲微分输出指令PLF

图5-21　自感应门的完整梯形图

5.3 逻辑操作指令

基本指令（三）

5.3.1 串联电路块并联指令

1.指令助记符及功能

串联电路块并联指令ORB的功能、梯形图表示、操作元件和程序步数如表5-11所示。

表 5-11 串联电路块并联指令助记符及功能

指令助记符	功 能	梯形图表示	操作元件	程序步数
ORB（电路块或） （OR Block）	串联电路块与前面的电路并联连接	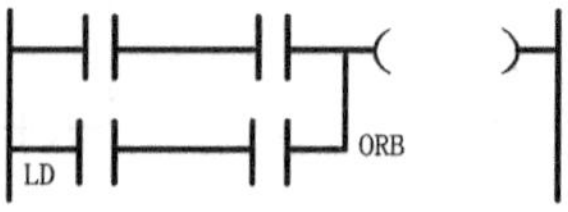	无	1

2.指令说明

①ORB指令为无目标操作元件的指令。两个或两个以上触点串联连接的支路称为串联电路块，将串联电路块进行并联连接时，分支开始用LD、LDI指令表示，分支结束用ORB指令表示。

②ORB指令不表示触点，可以看成电路块之间的一段连接线。

③有多个串联电路块并联时，可对每个电路块使用ORB指令，对并联电路数没有限制。

④对多个串联电路块并联电路，也可成批集中使用ORB指令，但考虑到LD、LDI指令的重复使用次数限制在8次，因此ORB指令的连续使用次数也应限制在8次以下。分散使用ORB指令时，并联电路块的数量没有限制。

3.编程应用

串联电路块的并联指令应用如图5-22所示。

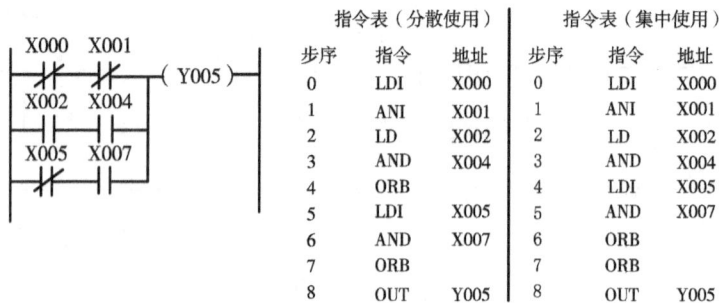

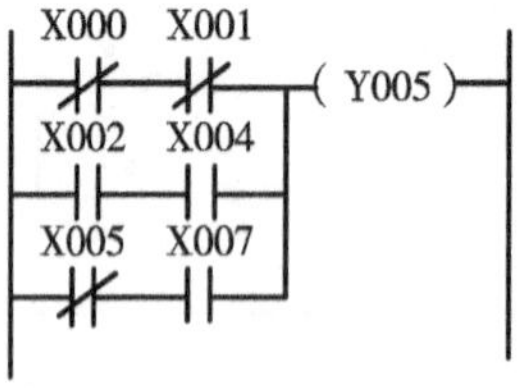

指令表（分散使用）

步序	指令	地址
0	LDI	X000
1	ANI	X001
2	LD	X002
3	AND	X004
4	ORB	
5	LDI	X005
6	AND	X007
7	ORB	
8	OUT	Y005

指令表（集中使用）

步序	指令	地址
0	LDI	X000
1	ANI	X001
2	LD	X002
3	AND	X004
4	LDI	X005
5	AND	X007
6	ORB	
7	ORB	
8	OUT	Y005

图5-22 ORB指令的应用

5.3.2 并联电路块串联指令

1.指令助记符及功能

并联电路块串联指令ANB的功能、梯形图表示、操作元件和程序步数如表5-12所示。

表 5-12 并联电路块串联指令助记符及功能

指令助记符	功 能	梯形图表示	操作元件	程序步数
ANB（电路块与）（AND Block）	并联电路块与前面的电路串联连接		无	1

2.指令说明

①ANB指令也是无操作目标元件的指令。两个或两个以上触点并联连接的电路称为并联电路块。当分支电路并联电路块与前面的电路串联连接时，使用ANB指令。分支起点用LD、LDI指令，并联电路块结束后使用ANB指令，表示与前面的电路串联。

②如果多个并联电路块按顺序和前面的电路串联连接，则ANB指令的使用次数没有限制。

③对于多个并联电路块串联时，ANB指令可以成批集中使用。与ORB指令一样，LD、LDI指令的使用次数只能限制在8次以内，则ANB指令成批集中使用的次数应限制在8次以下。分散使用ANB指令时，串联电路块的数量没有限制。

3.编程应用

并联电路块的串联指令应用如图5-23所示。

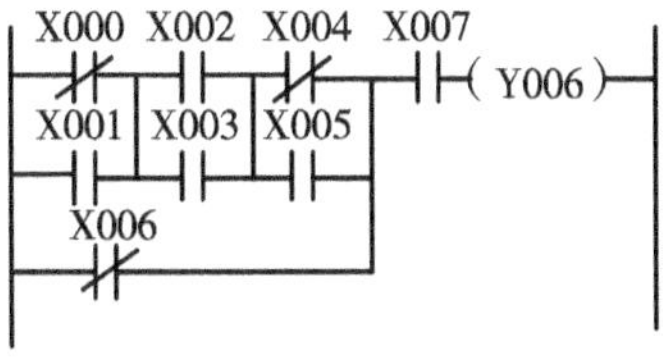

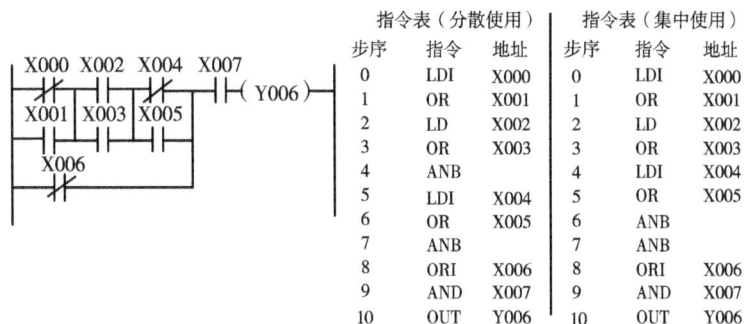

指令表（分散使用）			指令表（集中使用）		
步序	指令	地址	步序	指令	地址
0	LDI	X000	0	LDI	X000
1	OR	X001	1	OR	X001
2	LD	X002	2	LD	X002
3	OR	X003	3	OR	X003
4	ANB		4	LDI	X004
5	LDI	X004	5	OR	X005
6	OR	X005	6	ANB	
7	ANB		7	ANB	
8	ORI	X006	8	ORI	X006
9	AND	X007	9	AND	X007
10	OUT	Y006	10	OUT	Y006

图5-23 ANB指令的应用

5.3.3 多重输出指令

1.指令助记符及功能

多重输出指令MPS、MRD、MPP的功能、梯形图表示、操作元件和程序步数如表5-13所示。

表5-13 多重输出指令助记符及功能

指令助记符	功 能	梯形图表示	操作元件	程序步数
MPS（进栈）（Memory Push）	将分支处的操作结果入栈	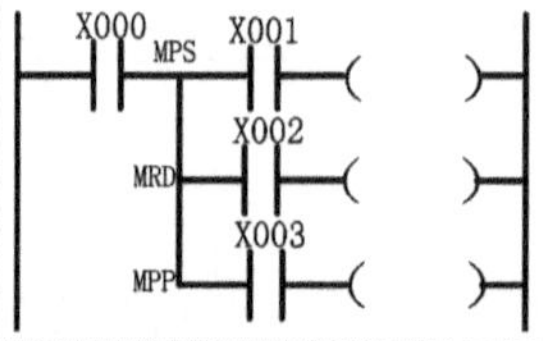	无	1
MRD（读栈）（Memory Read）	读出栈存储器栈顶的数据			1
MPP（出栈）（Memory Pop）	取出栈存储器栈顶的数据并复位			1

2.指令说明

①多重输出指令有进栈、读栈和出栈指令，用于分支多重输出电路中将连接点数据先存储，便于连接后面电路时读出或取出该数据。

②在FX_{3U}系列PLC中有11个用来存储运算中间结果的存储区域，称为栈存储器。堆栈采用先进后出的数据存储方式。

栈指令操作如图5-24所示，使用一次MPS指令，便将此刻的中间运算结果送入堆栈的第一层，而将原存在堆栈第一层的数据移往堆栈的下一层。

MRD指令是读出栈存储器最上层的最新数据，此时堆栈内的数据不移动。MRD指令可以在分支多重输出电路中多次使用，但分支多重输出电路不能超过24行。

使用MPP指令，栈存储器最上层的数据被读出（或取出），并将栈顶以下的各数据顺次向上一层移动。读出的数据从堆栈内消失。

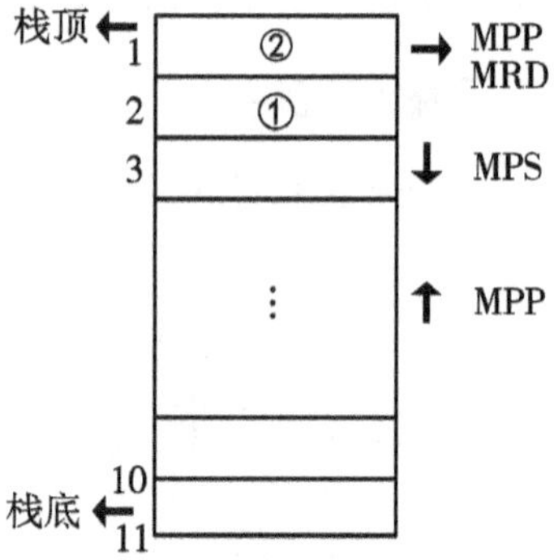

图5-24 栈存储器

③MPS、MRD、MPP指令都是不带操作目标元件的指令。

④MPS和MPP必须成对使用，而且连续使用应少于11次。

⑤由于栈存储器只有11个，所以栈只有11层。

3.编程应用

一层堆栈的应用如图5-25所示，进栈后的信息可以多次使用，直到最后一次使用MPP指令退出。

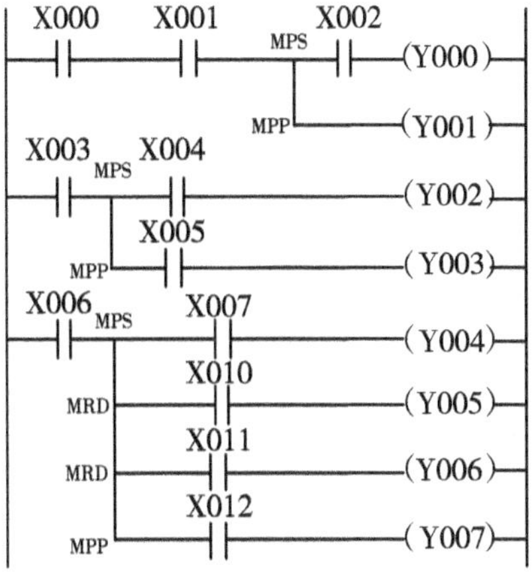

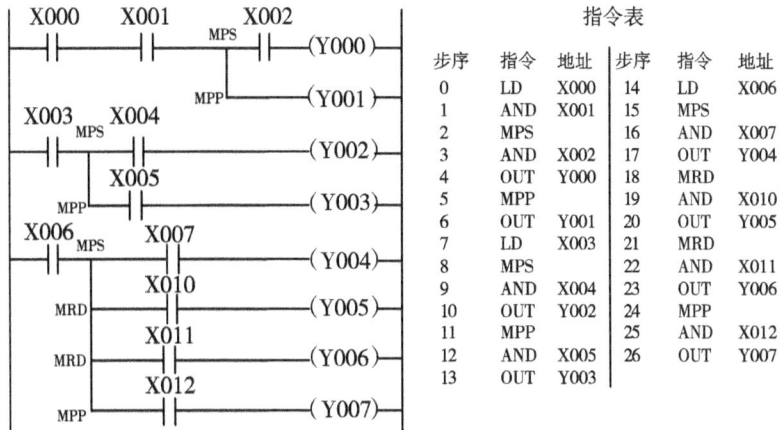

指令表

步序	指令	地址	步序	指令	地址
0	LD	X000	14	LD	X006
1	AND	X001	15	MPS	
2	MPS		16	AND	X007
3	AND	X002	17	OUT	Y004
4	OUT	Y000	18	MRD	
5	MPP		19	AND	X010
6	OUT	Y001	20	OUT	Y005
7	LD	X003	21	MRD	
8	MPS		22	AND	X011
9	AND	X004	23	OUT	Y006
10	OUT	Y002	24	MPP	
11	MPP		25	AND	X012
12	AND	X005	26	OUT	Y007
13	OUT	Y003			

图5-25　一层堆栈的应用

二层堆栈的应用如图5-26所示，进栈后的信息可以多次使用，直到最后一次使用MPP指令退出，这样的堆栈最多可以嵌套11层。

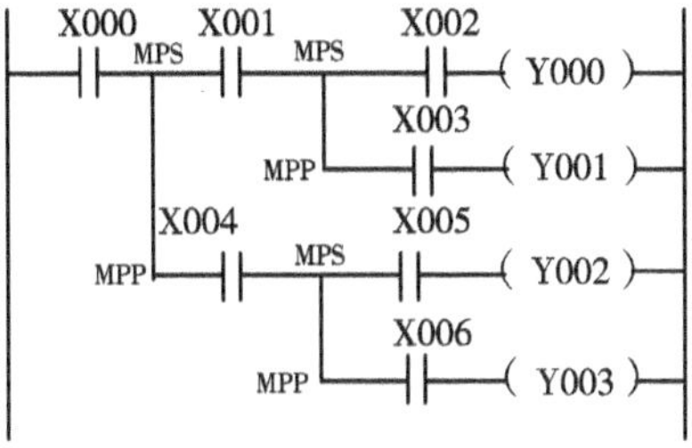

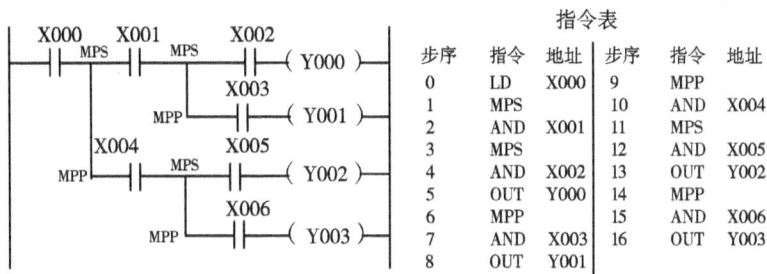

指令表

步序	指令	地址	步序	指令	地址
0	LD	X000	9	MPP	
1	MPS		10	AND	X004
2	AND	X001	11	MPS	
3	MPS		12	AND	X005
4	AND	X002	13	OUT	Y002
5	OUT	Y000	14	MPP	
6	MPP		15	AND	X006
7	AND	X003	16	OUT	Y003
8	OUT	Y001			

图5-26　二层堆栈的应用

四层堆栈的应用如图5-27所示，也可以将梯形图5-27（a）改进成图5-27（b），这样可以不使用堆栈指令，程序更加简洁。

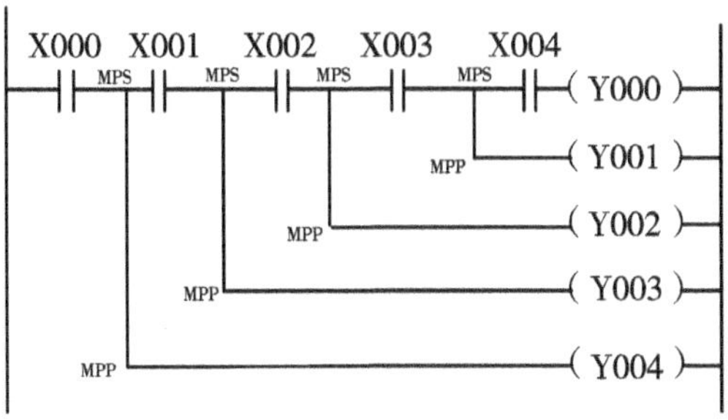

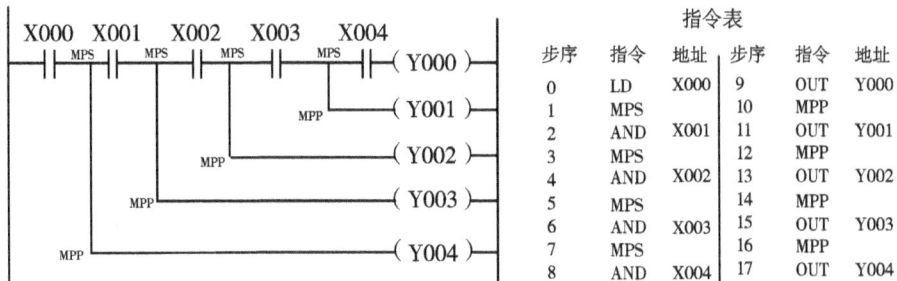

指令表

步序	指令	地址	步序	指令	地址
0	LD	X000	9	OUT	Y000
1	MPS		10	MPP	
2	AND	X001	11	OUT	Y001
3	MPS		12	MPP	
4	AND	X002	13	OUT	Y002
5	MPS		14	MPP	
6	AND	X003	15	OUT	Y003
7	MPS		16	MPP	
8	AND	X004	17	OUT	Y004

（a）

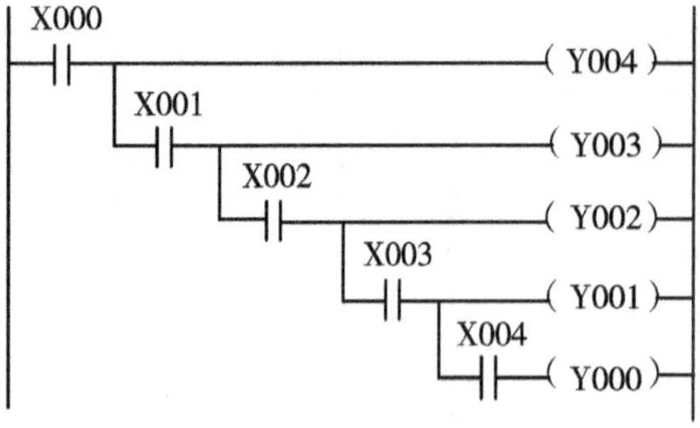

指令表

步序	指令	地址
0	LD	X000
1	OUT	Y004
2	AND	X001
3	OUT	Y003
4	AND	X002
5	OUT	Y002
6	AND	X003
7	OUT	Y001
8	AND	X004
9	OUT	Y000

（b）

图5-27　多层堆栈的应用及改进

5.3.4　输送带的PLC控制

输送带在自动化生产流水线中应用广泛，主要用于输送工件或产品。某生产线上输送带的应用如图5-28所示。电动机M1和M2分别由接触器KM1、KM2控制，气缸1和气缸2分别由电磁阀YV1、YV2控制。

输送带的控制

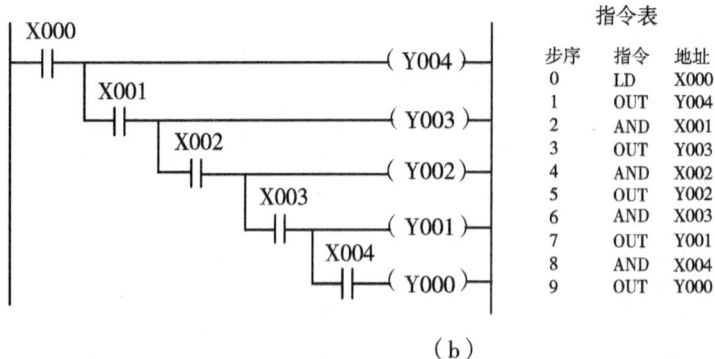

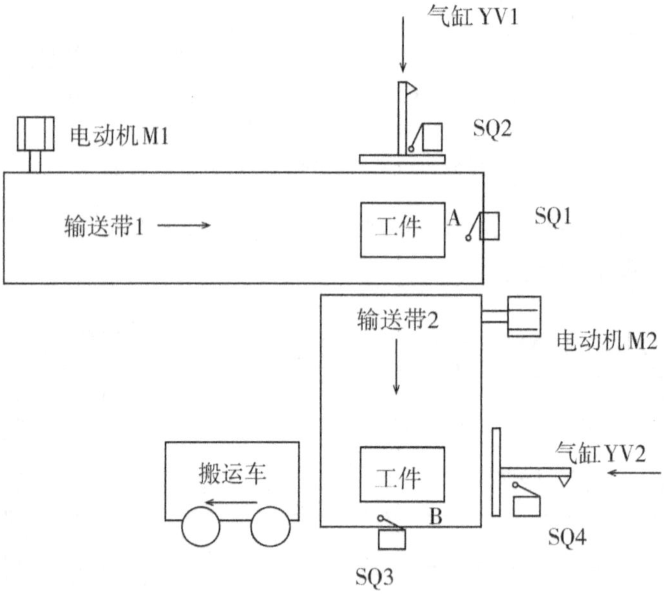

图5-28　输送带控制

1.控制要求

①按下起动按钮SB1，电动机M1、M2运转，驱动输送带1、2移动。按下停止按钮SB2，两输送带均停止。

②当工件到达转运点A（SQ1）时输送带1停止，电磁阀YV1动作，气缸1工作，将工件

推送到输送带2。气缸采用自动归位型。当检测到气缸到达定点位置SQ2时，气缸1复位。

③当工件到达转运点B（SQ3）时输送带2停止，电磁阀YV2动作，气缸2工作，将工件推送到搬运车。当检测到气缸到达定点位置SQ4时，气缸2复位。

2.分析控制要求，列出输入/输出元件地址表

通过分析上述控制要求可知，输入元件有起动按钮SB1，停止按钮SB2，限位开关SQ1、SQ2、SQ3、SQ4，共6个。输出元件有接触器KM1、接触器KM2、气缸YV1、气缸YV2、输送带工作指示灯HL，共5个，考虑到应预留一定的裕量，选择PLC的型号为FX_{3U}-32MR。输送带控制的输入/输出元件地址如表5-14所示。

表 5-14 输送带控制的输入 / 输出元件地址

输入（I）		输出（O）	
输入元件	输入继电器	输出元件	输出继电器
起动按钮SB1	X000	电动机M1控制接触器KM1	Y000
停止按钮SB2	X005	电动机M2控制接触器KM2	Y002
转运点A（SQ1）	X001	电磁阀YV1	Y001
气缸1位置检测SQ2	X002	电磁阀YV2	Y003
转运点B（SQ3）	X003	输送带工作指示灯HL	Y004
气缸2位置检测SQ4	X004		

3.绘制外部接线图

绘制输送带PLC控制的外部接线图，如图5-29所示。

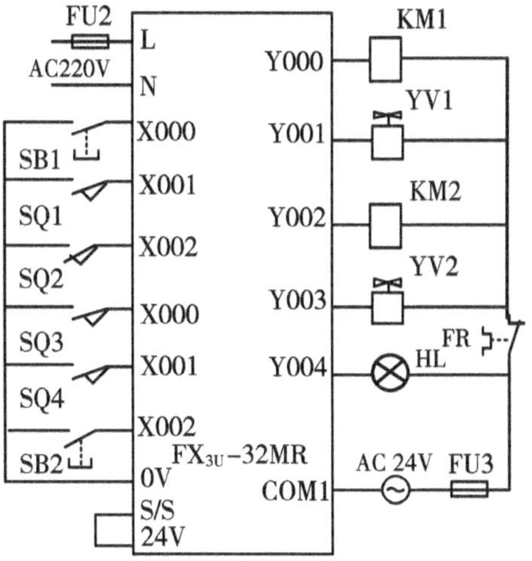

图5-29 输送带PLC控制的外部接线图

4. PLC控制程序设计

输送带控制梯形图如图5-30所示，图中应用了置位（SET）和复位（RST）指令，可以省略自锁环节。

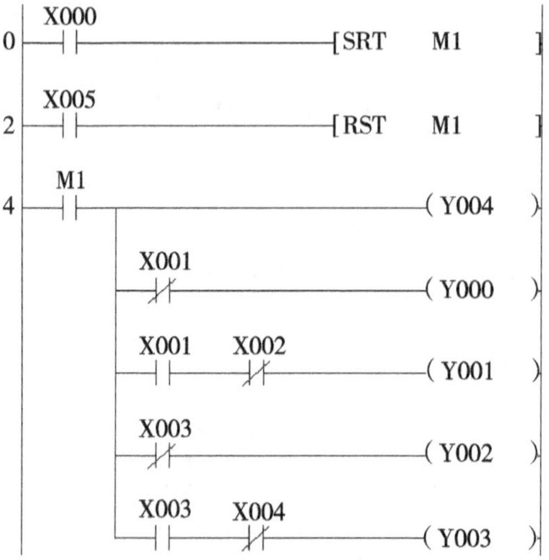

指令表

步序	指令	地址
0	LD	X000
1	SET	M1
2	LD	X005
3	RST	M1
4	LD	M1
5	OUT	Y004
6	MPS	
7	ANI	X001
8	OUT	Y000
9	MRD	
10	AND	X001
11	ANI	X002
12	OUT	Y001
13	MRD	
14	ANI	X003
15	OUT	Y002
16	MPP	
17	AND	X003
18	ANI	X004
19	OUT	Y003
20	END	

图5-30　输送带控制程序

5.4　置位、复位与主控指令

基本指令（四）

5.4.1　置位、复位指令

1.指令助记符及功能

置位指令SET、复位指令RST的功能、梯形图表示、操作元件和程序步数如表5-15所示。

表 5-15　置位和复位指令助记符及功能

指令助记符	功　能	梯形图表示	操作元件	程序步数
SET（置位）	线圈接通并保持输出（置1）	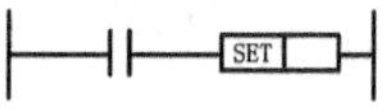	Y、M、S、D□.b	Y、M：1 S、特M：2 T、C：2 D、V、Z、特D：3
RST（复位） （Reset）	使线圈断开并复位（置0）	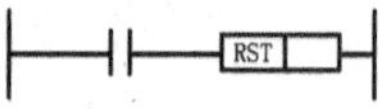	Y、M、S、T、C、D、R、V、Z、D□.b	

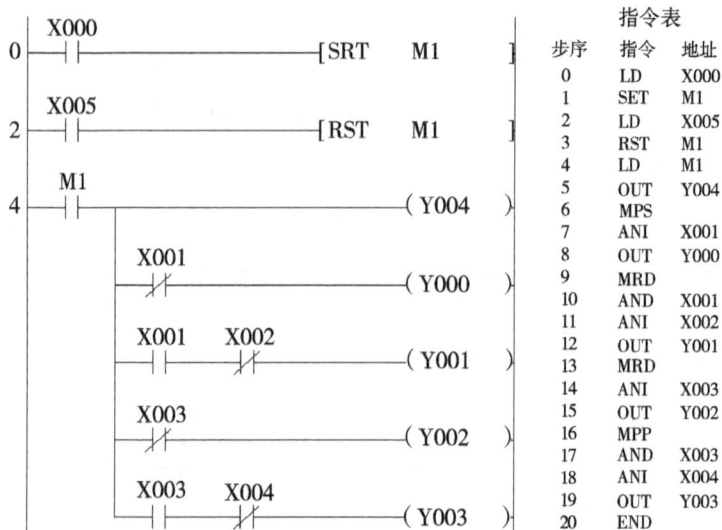

2.指令说明

SET指令使动作保持，RST指令使操作复位，置位和复位指令一般成对出现。

① SET为置位指令，使线圈接通并保持输出（置1）。RST为复位指令，使线圈断开后复位（置0），可用于积算型定时器T246 ～ T255和计数器C的当前值复位。

② SET、RST可多次对同一软元件使用，顺序也可以随意，且不限制使用次数，但最后执行者有效。

③对数据寄存器（D）、变址寄存器（V、Z）的内容清零，既可以用RST指令，也可以用传送指令MOV将常数K0传送到寄存器中清零。

在任何情况下，RST指令优先。当RST输入有效时，不接收计数器和移位寄存器的输入信号。

3.编程应用

在如图5-31所示程序中，X000一旦接通后断开，SET使Y001为ON后并保持。X001一旦接通后断开，RST使Y001为OFF后并保持。M10、S5也是如此。

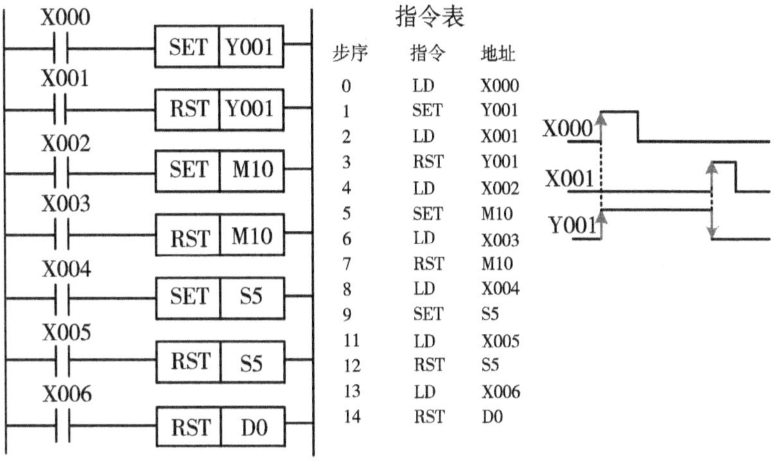

图5-31 SET、RST指令的应用

5.4.2 主控指令

1.指令助记符及功能

主控指令MC、MCR的功能、梯形图表示、操作元件和程序步数如表5-16所示。

表5-16 主控指令助记符及功能

指令助记符	功　能	梯形图表示	操作元件	程序步数
MC（主控） （Master Control）	主控电路块起点 公共串联点的连接	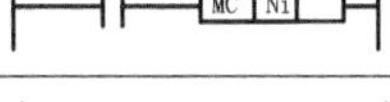	Y、M（不能使用特殊的辅助继电器）	3
MCR（主控复位） （Master Control Reset）	主控电路块终点 公共串联点的清除	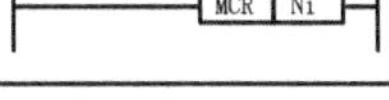	无	2

2.指令说明

在编程时，经常会出现多个由触点和线圈组成的电路同时受一个或一组触点控制的情况，如果在每个线圈的控制电路中都串入同样的触点，将占用很多存储单元，使用主控指令可以很好地解决这一问题。

①MC为主控指令，用于公共串联触点的连接。MCR为主控复位指令，即MC指令的复位指令，其作用是将母线还原，利用MCR指令结束主控区，恢复到原来的左母线位置。

②MC、MCR指令可以对一段程序或嵌套程序的运行实现控制。主控指令MC控制的触点称为主控触点，是一个常开触点（即嵌套Ni触点），要与主控指令后的母线垂直串联连接，相当于控制一组梯形图程序的总开关。当主控指令控制的主控触点闭合时，将激活所控制的一组梯形图程序，如图5-32所示。在较新版本的编程软件（如GX Works2）中将不再出现主控触点。

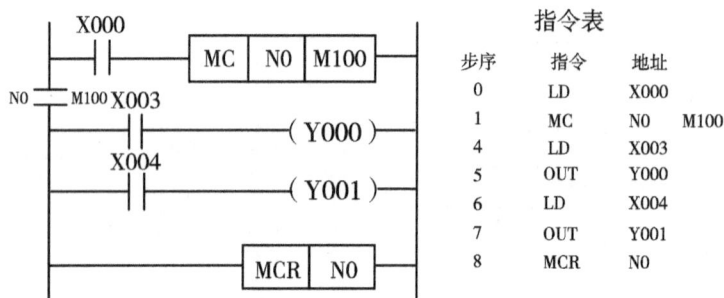

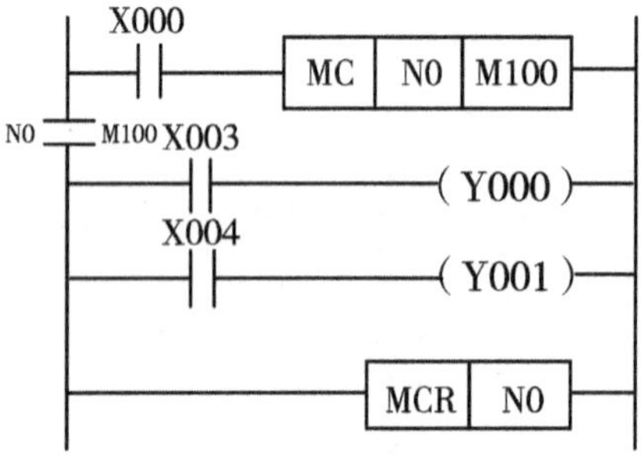

指令表

步序	指令	地址	
0	LD	X000	
1	MC	N0	M100
4	LD	X003	
5	OUT	Y000	
6	LD	X004	
7	OUT	Y001	
8	MCR	N0	

图5-32　MC、MCR指令的应用

③在图5-32中，若X000常开触点闭合，则执行MC至MCR之间的梯形图程序。若X000常开触点断开，则跳过主控指令控制的梯形图程序，这时MC、MCR之间的梯形图程序根据软元件性质不同有以下两种状态：积算型定时器、计数器、置位/复位指令驱动的软元件保持断开前状态不变；非积算型定时器、OUT指令驱动的软元件线圈均为OFF状态。

④主控指令（MC）母线后接的所有起始触点均以LD、LDI指令开始，最后由MCR指令返回到主控指令（MC）后的母线，向下继续执行新的程序。

⑤在一个MC指令区内，如果再次使用MC指令，则称为嵌套。嵌套的级数最多为8级（N0～N7），编号按N0→N1→N2→N3→N4→N5→N6→N7的顺序增大，每级返回用对应MCR指令，从编号大的嵌套级开始复位，N7→N6→N5→N4→N3→N2→N1→N0。

⑥在没有嵌套结构的多个主控指令程序中，可以都用嵌套级号N0来编程，N0的使用次数不受限制。在简单的场合，可以使用堆栈代替主控指令。

⑦通过更改软元件Y和M的地址号，可以多次使用MC指令，形成多个嵌套级。

3.编程应用

有嵌套结构的主控指令MC、MCR的编程应用如图5-33所示。

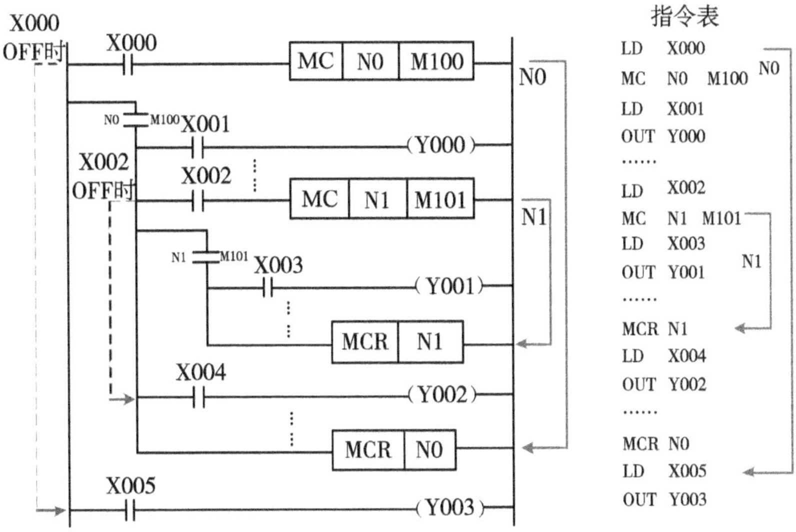

图5-33 MC、MCR指令嵌套的应用

5.4.3 取反指令

1.指令助记符及功能

取反指令INV的功能、梯形图表示、操作元件和程序步数如表5-17所示。

表 5-17 取反指令助记符及功能

指令助记符	功 能	梯形图表示	操作元件	程序步数
INV（取反）（Inverse）	运算结果取反		无	1

2.指令说明

①INV指令是根据它前面的触点逻辑运算结果进行取反，是无操作数指令，如图5-34所示。

②使用INV指令编程时，可以在AND或ANI、ANDP或ANDF指令的位置后编程，也可以在ORB、ANB指令回路中编程，但不能在OR、ORI、ORP、ORF指令位置单独并联使用，也不能在LD、LDI、LDP、LDF指令位置与母线单独连接。

执行INV前的运算结果	执行INV后的运算结果
OFF ——→	ON
ON ——→	OFF

图5-34 INV指令操作示意图

3.编程应用

取反操作指令的编程应用如图5-35所示。

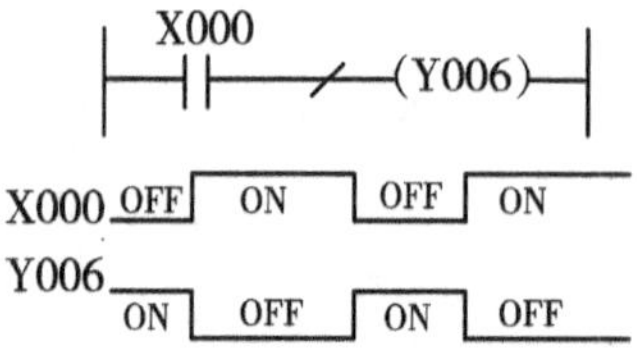

指令表

步序	指令	地址
0	LD	X000
1	INV	
2	OUT	Y006

图5-35　INV指令的编程应用

5.4.4　空操作指令

1.指令助记符及功能

空操作指令NOP的功能、梯形图表示、操作元件和程序步数如表5-18所示。

表 5-18　空操作指令助记符及功能

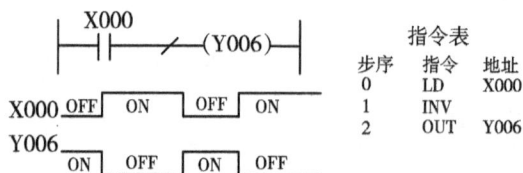

指令助记符	功能	梯形图表示	操作元件	程序步数
NOP（空操作）	无动作	在变更程序中替代某些指令	无	1

2.指令说明

①空操作指令就是使该步不操作。在程序中加入空操作指令，在变更程序时可以使步序号不变化。用NOP指令也可以替换一些已写入的指令，修改梯形图或程序。但要注意，若将LD、LDI、ANB、ORB等指令换成NOP指令后，会引起梯形图电路的构成发生很大的变化，甚至导致出错。

②当执行程序全部清零时，所有指令均变成NOP。采用编程软件编写PLC程序时，NOP指令已无实际使用意义。

5.4.5　电动机Y-△降压起动的PLC控制

Y-△降压起动在电动机的控制中应用较多，其控制原理在第2章中已经有详细介绍，现在要求采用PLC实现其控制电路。同样地，可采用移植法设计其控制梯形图。

1.分析控制要求，列出输入/输出元件地址表

在如图2-21所示的Y-△降压起动的控制电路中，星形接法和三角形接法之间设置了互锁环节。输入元件有停止按钮SB1、起动按钮SB2、热继电器的常闭触点FR，共3个。输出元件有电源接触器KM1、三角形接触器KM2和星形接触器KM3，共3个。时间继电器KT的功能可以用定时器T替代，不能计入输出元件中，选择PLC的型号为FX_{2N}-32MR。输入/输出元件地址表如表5-19所示。

表 5-19 Y-△降压起动输入 / 输出元件地址

输入（I）		输出（O）	
输入元件	输入继电器	输出元件	输出继电器
停止按钮SB2	X000	电源接触器 KM1	Y000
起动按钮SB1	X001	三角形接触器 KM2	Y001
热继电器的常闭触点FR	X002	星形接触器 KM3	Y002

2.绘制PLC外部接线图

绘制Y-△降压起动的PLC控制外部接线图，如图5-36所示。特别要注意的是，三角形接触器KM2与星形接触器KM3必须在I/O外部接线图中实现硬件互锁，同时在梯形图中进行软件互锁。

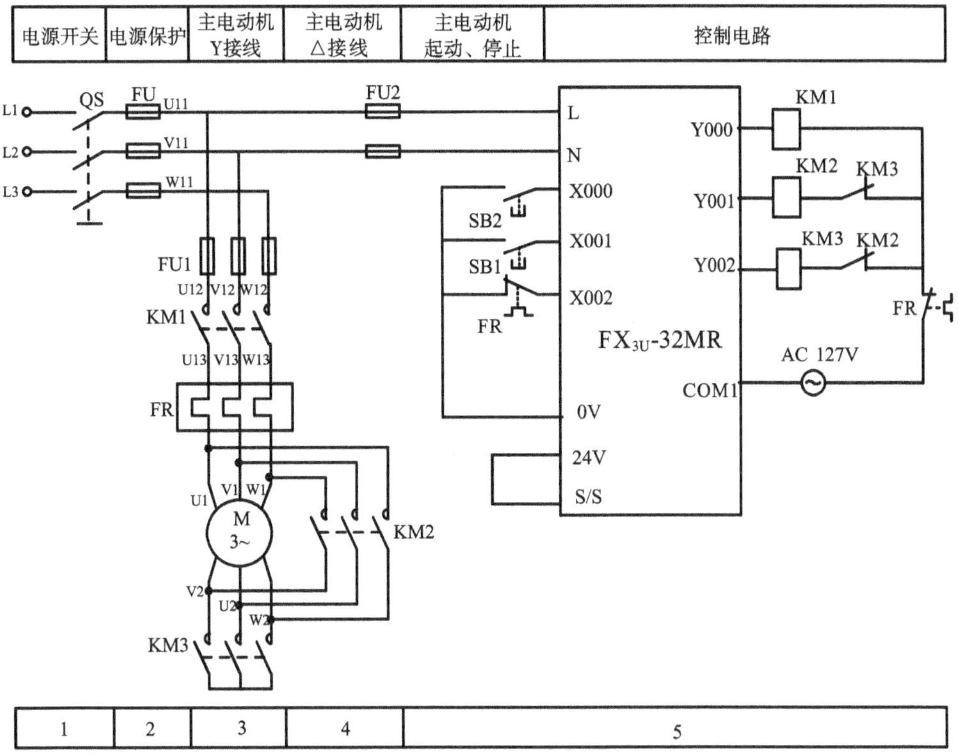

图5-36 Y-△降压起动的PLC控制外部接线图

3.PLC控制程序设计

①采用继电器控制电路移植法直接转换成PLC控制梯形图，如图5-37所示。该梯形图在编写指令表时，需要用到多重输出指令和块串联指令。

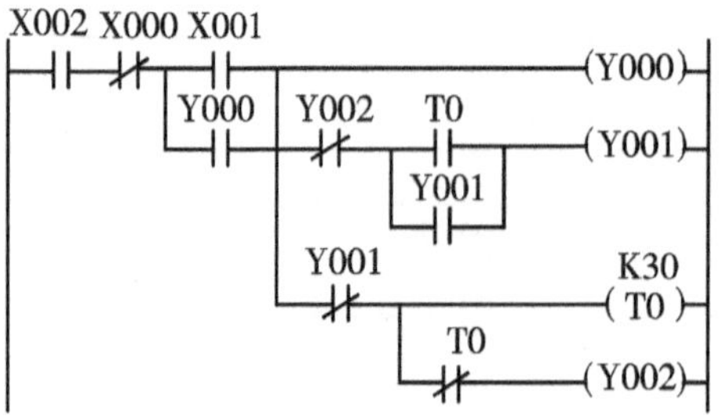

指令表

步序	指令	地址	步序	指令	地址
0	LD	X002	11	OUT	Y001
1	ANI	X000	12	MPP	
2	LD	X005	13	ANI	Y001
3	OR	Y000	14	OUT	T0 K30
4	ANB		15	ANI	T0
5	OUT	Y000	16	OUT	Y002
6	MPS		17	END	
7	ANI	Y002			
8	LD	T0			
9	OR	Y001			
10	ANB				

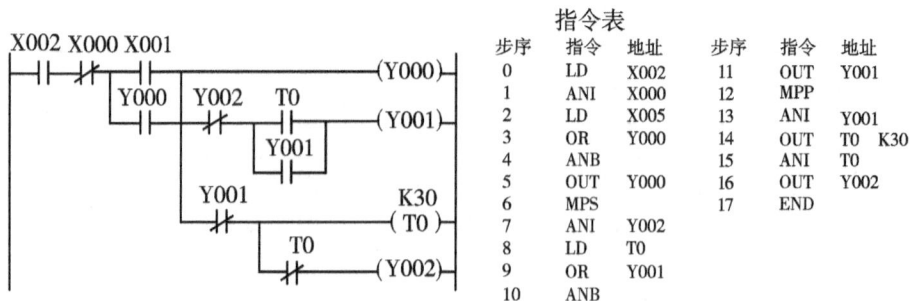

图5-37 Y-△降压起动的PLC控制（一）

②对图5-37进行化简，采用了主控指令MC、MCR，如图5-38所示。该方法编写的指令表更加简练清晰。当然，经过化简也可以改成起-保-停方式的梯形图，读者可自行设计。

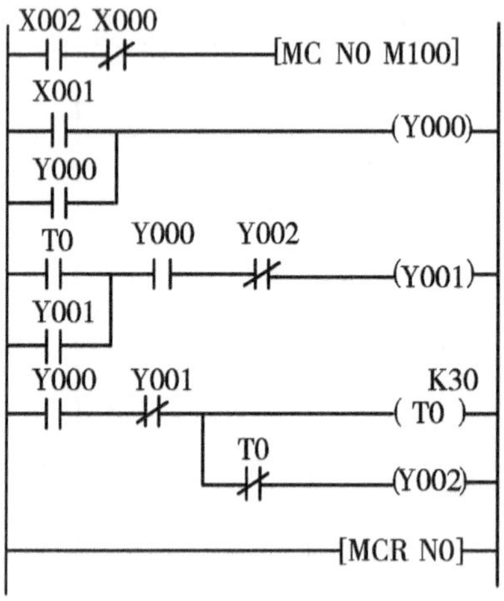

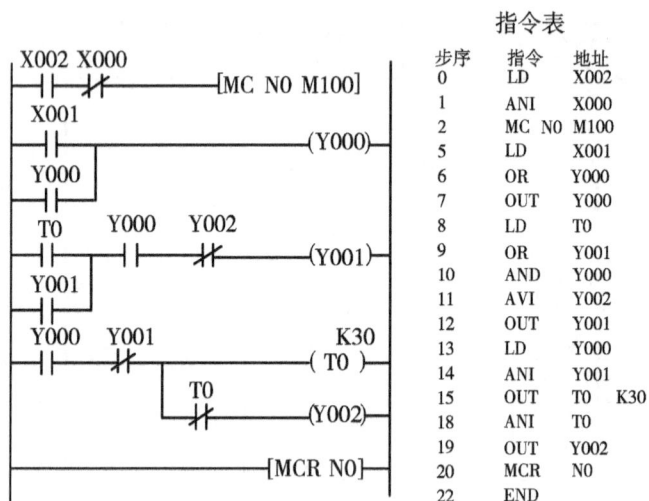

指令表

步序	指令	地址
0	LD	X002
1	ANI	X000
2	MC N0	M100
5	LD	X001
6	OR	Y000
7	OUT	Y000
8	LD	T0
9	OR	Y001
10	AND	Y000
11	AVI	Y002
12	OUT	Y001
13	LD	Y000
14	ANI	Y001
15	OUT	T0 K30
18	ANI	T0
19	OUT	Y002
20	MCR	N0
22	END	

图5-38 Y-△降压起动的PLC控制（二）

5.5 梯形图的编程规则

梯形图的编程规则

梯形图是PLC控制最常用的编程语言，在编制时有一定的规则要求，主要有以下几点。

1）梯形图的触点只能与左母线相连，不能与右母线相连。

2）梯形图的线圈只能与右母线相连，不能直接与左母线相连。如有需要，可以通过一个没有使用的内部辅助继电器的常闭触点或M8000的常开触点进行连接。如图5-39所示，梯形图的每一行以左母线为起点、右母线为终点（可省略右母线），从左向右分行绘出。

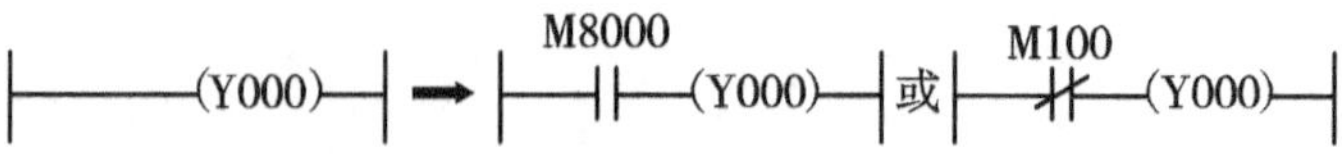

图5-39 规则2）的说明

3）线圈可以并联，但不能串联连接。

4）程序的编写应按照自上而下、从左到右的方式编写。为减少程序执行步数，程序应"左大右小、上大下小"，尽量避免电路块在右边或下边的情况出现。

如图5-40所示，当电路块并联时，应将触点最多的支路块放在最上面，将图（a）改成图（b）后，可以减少一条ORB指令；当支路块串联时，应将并联支路多的尽量靠近左母线，将图(c）改成图(d）后，可以减少一条ANB指令，使编制的程序简洁明了，减少指令的步数。

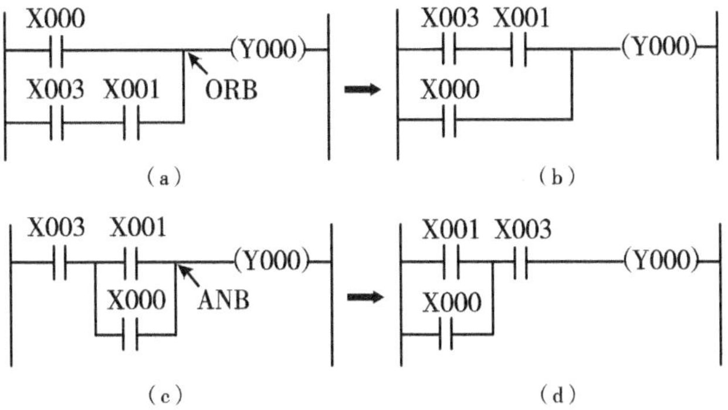

图5-40　规则4）的说明

5）对于并联线圈电路，从分支点到线圈之间无触点的，应将线圈放在上方。

如图5-41所示，该电路可以省略MPS、MPP指令，这样既节省了存储空间，又缩短了运算周期。

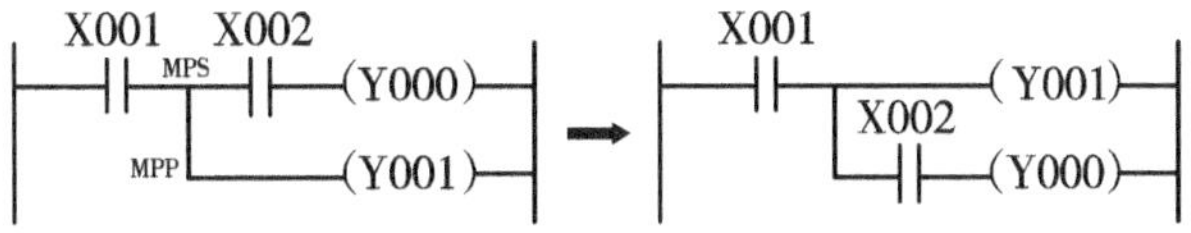

图5-41　并联线圈电路的编程规则

6）重新安排不能编程的电路。对于不可编程梯形图必须通过等效变换，将其变成可编程梯形图。

①触点应画在水平线上，不能画在垂直分支线上（主控触点例外）。

如图5-42(a）所示，X002被画在垂直线上，很难正确分辨它与其他触点之间的逻辑关系，也难以判别触点X002对输出线圈Y000的控制方向，因此根据信号从左到右、自上而下流动的原则，将输出线圈Y000的几种可能控制路径画成如图5-42（b）所示的双信号流向梯形图。

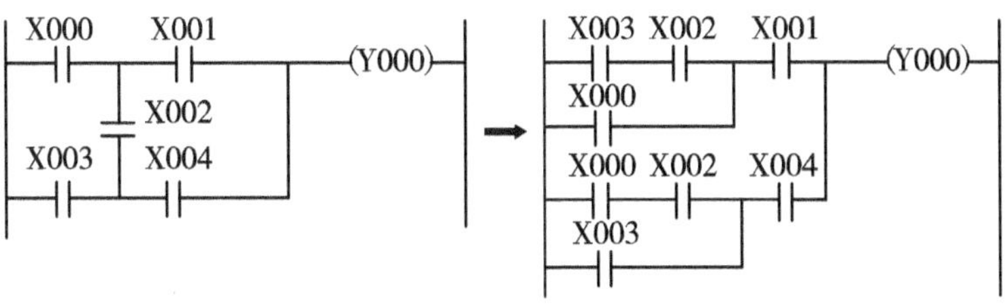

（a）桥式电路　　（b）双信号向梯形图电路

图5-42　桥式梯形图的修改

②不包含触点的分支应放在垂直方向，不可水平方向设置，如图5-43所示。

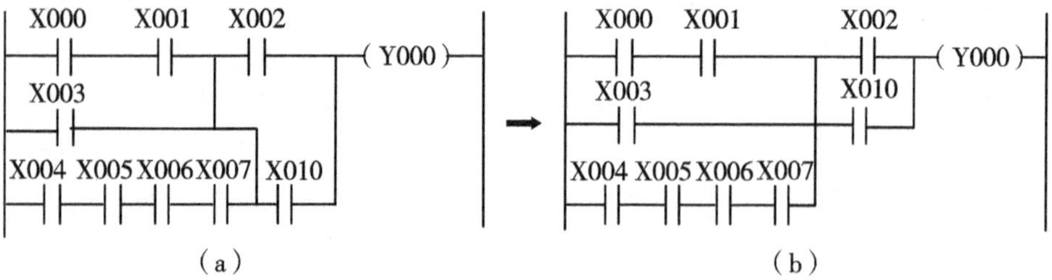

图5-43　不含触点分支梯形图的修改

③遇到不可编程的梯形图时，可根据信号流向对梯形图进行等效变换，然后重新编程，如图5-44所示。等效重排的原则是逻辑关系不能改变。

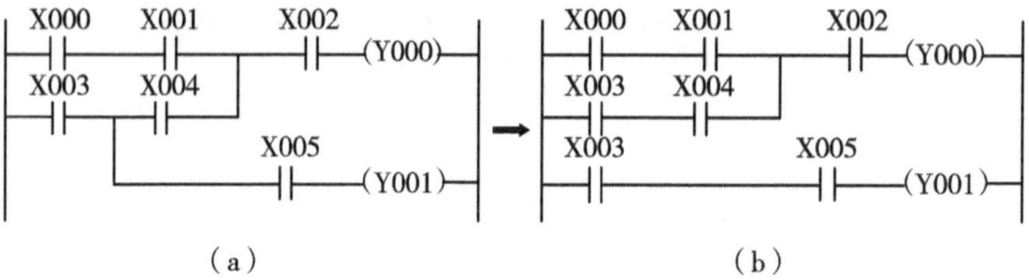

图5-44　梯形图重排

7）双线圈输出容易引起误操作，因此应避免双线圈重复使用。

在梯形图中，线圈前边的触点代表线圈输出的条件，线圈代表输出。在同一程序中，某个线圈的输出条件可能非常复杂，但应是唯一且可集中表达的。根据PLC的梯形图编绘法则要求，一个线圈在梯形图中只能出现一次。如果在同一程序中同一组件的线圈使用两次或多次，称为双线圈输出。

如图5-45（a）所示，Y000线圈在同一梯形图中出现3次，就是在三种情况下Y000均有可能输出。PLC程序扫描执行的原则规定是：前面的输出无效，最后一次输出才是有效的。所以应将其改成图5-45（b），可以避免双线圈现象的出现。

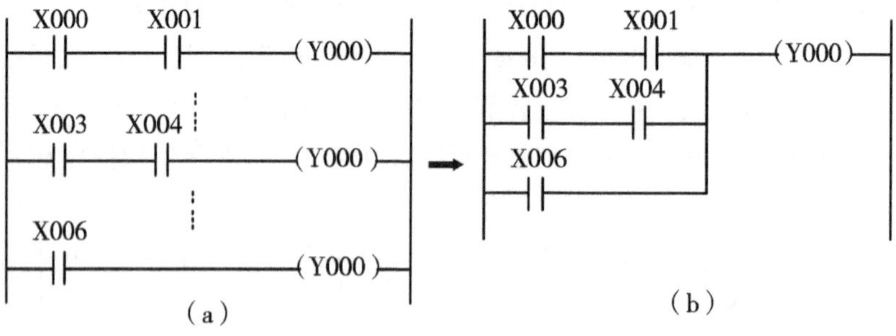

图5-45　双线圈输出的处理

8）在梯形图中，串联触点和并联触点的使用次数没有限制，但由于编程界面和打印机的限制，串联触点一行不超过10个，并联触点的个数不要超过24行。

9）两个或两个以上的线圈可以并联输出，但连续输出总共不超过24行。

5.6 PLC程序的设计方法及应用

指令表的编程规则

5.6.1 PLC程序的设计方法

1.移植设计法

如果采用PLC改造继电器控制系统，根据原有的继电器电路图来设计梯形图显然是一条捷径。这是由于原有的继电器控制系统经过长期的使用和考验，已经被证明能完成系统要求的控制功能，而继电器控制电路图与梯形图有很多相似之处，因此可以将继电器电路图经过适当的“翻译”，从而设计出具有相同功能的PLC梯形图程序。这种设计方法称为移植设计法或翻译法。

采用移植设计法设计PLC控制程序，通常按以下步骤进行：

①分析原有系统的工作原理。了解被控设备的工艺过程和机械的动作情况，根据继电器控制电路图分析和掌握控制系统的工作原理。

②分析控制要求，列出输入/输出元件地址表。分析原系统的工作过程，能确定系统的输入设备和输出设备，列出输入/输出元件地址表，并画出PLC外部接线图。

③建立其他元器件的对应关系。确定继电器控制电路图中的中间继电器、时间继电器等各器件与PLC中的辅助继电器和定时器的对应关系，从而建立继电器控制电路图中所有的元器件与PLC内部编程元件的对应关系。

④设计梯形图控制程序。根据上述的对应关系，将继电器控制电路图“翻译”成对应的“准梯形图”，再根据梯形图的编程规则将“准梯形图”转换成结构合理的梯形图。对于复杂的控制电路可化整为零，先进行局部的转换，最后再综合起来。

⑤仔细校对、认真调试。对转换后的梯形图一定要仔细校对、认真调试，以保证其控制功能与原继电器控制原理图相符。如上面所述的电动机单向连续运行的PLC控制、电动机正反转的PLC控制和Y-△降压起动的PLC控制等，一般适用于初学者，便于掌握。

2.经验设计法

“经验设计法”顾名思义就是依据设计者的设计经验进行设计的方法。在PLC出现和发展的初期，工程师们沿用了设计继电器控制电路图的方法来设计梯形图程序，相当于在已有的典型梯形图的基础上，根据被控对象对控制的要求，需要多次反复地调试和修改梯形图，才能得到一个较为满意的结果。

经验设计法没有普遍的规律可以遵循，在符合控制要求的系统工作条件下，梯形图采用的基本模式为起-保-停电路，用一些约定俗成的典型环节进行设计后，反复完善、修改使其符合设计要求。设计所用的时间、设计的质量与编程者的经验有很大的关系，这种设计方法一般称为经验设计法。经验设计法一般用于逻辑关系相对简单的梯形图程序设计中。

用经验设计法设计PLC程序时，大致可以按下面几步来进行：

①分析控制要求后，合理地为控制系统分配输入/输出端，选择必要的定时器、计数器、辅助继电器等内部元件。

②对于控制要求较简单的输出，可直接依据起-保-停电路模式完成相关的梯形图支路；工作条件稍复杂的，需要借助辅助继电器。

对于较复杂的控制要求，为了能用起-保-停电路模式绘出各输出端的梯形图，要正确分析控制要求，并确定组成控制要求的关键点。

③将关键点用梯形图表达出来。关键点可以使用常见的基本环节，如定时器计时电路、振荡电路、分频电路等。

④在完成关键点梯形图的基础上，针对控制系统设计出完整的梯形图。

⑤检查修改和完善程序，最后进行调试确认。

3.逻辑设计法

逻辑设计法是以逻辑组合或逻辑时序的方法和形式来设计PLC程序，可分为组合逻辑设计法和时序逻辑设计法两种。

组合逻辑设计法的理论基础是逻辑代数。一个逻辑函数用逻辑变量的基本运算式表示，逻辑函数表达式的线路结构与PLC梯形图相互对应，可以直接转化。该方法使用不太方便。

时序逻辑设计法适用于PLC各输出信号的状态变化有一定的时间顺序的场合，在程序设计时根据画出的各输出信号的时序图，理顺各状态转换的时刻和转换条件，找出输出与输入及内部触点的对应关系，并进行适当化简。一般要求时序逻辑设计法与经验设计法配合使用，这样不至于让逻辑关系过于复杂。

时序逻辑设计法的编程步骤可以参照以下进行：

①根据控制要求，明确输入/输出信号个数。

②明确各输入和各输出信号之间的时序关系，画出各输入和各输出信号的工作时序图。

③将时序图划分成若干个时间区段，找出区段间的分界点，弄清分界点处输出信号状态的转换关系和转换条件。

④对PLC的I/O、辅助继电器、定时器和计数器等进行分配。

⑤列出输出信号的逻辑表达式，根据逻辑表达式画出梯形图。

⑥通过模拟调试，检查程序是否符合控制要求，结合经验设计法进一步修改程序。

5.6.2 某车间运料小车的PLC控制

某车间运料小车的PLC控制

在现代工业自动化生产中，物料的可靠输送是保证生产过程的重要环节。运用自动运料小车把物料从仓库运送到指定工位，大大提高了生产效率，节约了人力成本。

如图5-46所示，运料小车在料斗仓库SQ1和卸料点SQ2之间往返运动进行送料和卸料。

运料小车的控制要求如下：运料小车在原位SQ1处装料20s后，小车开始右行，碰到限位开关SQ2后停止，开始卸料，卸料15s后，小车左行，自动返回至SQ1处装料，完成一次循环。如果没有按下停止按钮，小车将一直如此往返工作。

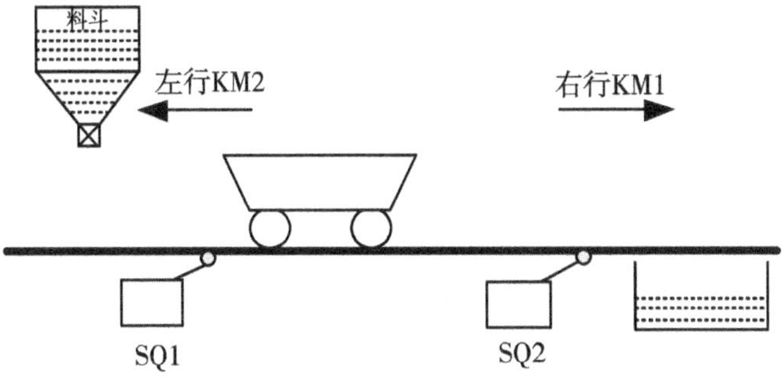

图5-46　运料小车的示意图

运料小车的PLC控制系统的设计过程如下。

1.分析控制要求

①要实现小车的左右往复运动，只需小车电动机实现正反转控制即可。采用接触器KM2控制小车左行、接触器KM1控制小车右行。

②系统的起动（右行起动按钮SB1、左行起动按钮SB2）、停止按钮（SB3）需要三个按钮；起点和终点处的两个行程开关SQ1、SQ2，用于自动控制小车的往复运动。

2.列出输入/输出元件地址表

通过前面的分析可知，运料小车的输入元件有右行起动按钮SB1、左行起动按钮SB2、停止按钮SB3、左终点限位开关SQ1、右终点限位开关SQ2，共5个；输出元件是右行的正转接触器KM1和左行的反转接触器KM2，共2个。列出的输入/输出元件地址如表5-20所示。根据输入/输出元件选择PLC的型号为FX_{3U}-32MR。

表 5-20　运料小车输入 / 输出元件地址

输入（I）		输出（O）	
输入元件	输入继电器	输出元件	输出继电器
右行起动按钮SB1	X000	右行接触器KM1	Y000
左行起动按钮SB2	X001	左行接触器KM2	Y001
停止按钮SB3	X002		
左终点限位开关SQ1	X003		
右终点限位开关SQ2	X004		

3.设计并绘制PLC外部接线图

绘制运料小车的PLC外部接线图，如图5-47所示。输入元件和输出元件均采用汇点式接线，输出元件右行正转接触器KM1和左行反转接触器KM2需要互锁后接COM1口。

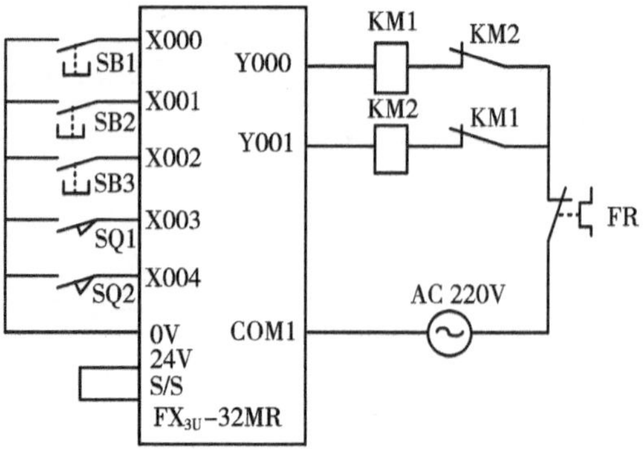

图5-47 运料小车的PLC外部接线图

4.设计控制梯形图

（1）选择典型控制程序

运料小车梯形图的设计采用经验设计法，该方法的设计关键点是要选择合适的典型控制程序，根据控制要求进行反复修改后完成。本次设计选用的典型控制程序有两个：一个是电动机正反转的典型控制程序，另一个是定时器的延时接通控制程序。

（2）修改完善控制梯形图

在选好典型的控制程序后，接下来对梯形图进行修改和完善。

①互锁环节。根据控制要求，当右行起动按钮X000被按下时，右行接触器Y000通电并自锁，拖动小车右行。当左行起动按钮X001被按下时，左行接触器Y001通电并自锁，拖动小车左行。其中X001、Y001、X000、Y000实现双重互锁，X002实现随时停止。

②装卸料延时环节。由于小车在X003处装料需要延时20s，应增加定时器T0。定时器T0延时20s后，T0的常开触点闭合自动接通Y000线圈，拖动小车自动右行。右行至X004处，X004的常闭触点断开Y000线圈，小车右行停止，开始卸料，卸料需要延时15s，应增加定时器T1。卸料时压下X004，接通定时器T1延时15s后，T1的常开触点闭合自动接通Y001线圈，拖动小车自动左行，左行至X003处，X003的常闭触点断开Y001线圈，小车自动停止，开始装料20s，进入下一次循环。

③辅助记忆环节。如果小车停在X003或X004处，就算曾经按下停止按钮X002，小车仍然会自行起动。通过增加辅助继电器M0，用于记忆起动信号。当起动按钮X000或X001被按下时，辅助继电器M0通电，M0在T0和T1回路中均增加了M0的常开触点，说明只有在起动状态下，定时器T0和T1才能计时，当停止按钮X002断开时，M0线圈断电，T0和T1均断电，无法继续计时。完整的梯形图如图5-48所示，指令表读者可自行写出。

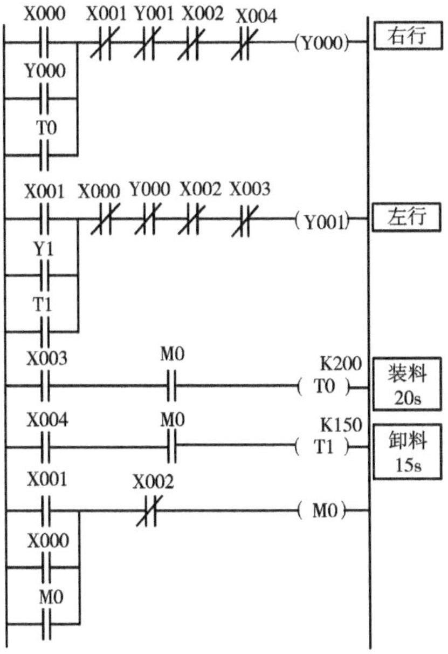

图5-48 运料小车完整梯形图

5.6.3 小型邮件分拣系统的PLC控制

小型邮件分拣系统的 PLC 控制

物料的自动分拣是企业提高生产效率、节约成本的一种重要方式，广泛用于水果分拣、垃圾分拣、零件分拣、机场行李分拣、物流快递分拣和食品加工分拣等各个领域。

如图5-49所示，小型邮件分拣系统由料斗、1号输送带、2号输送带、摆臂式分拣器、分拣筐、光电开关等组成。

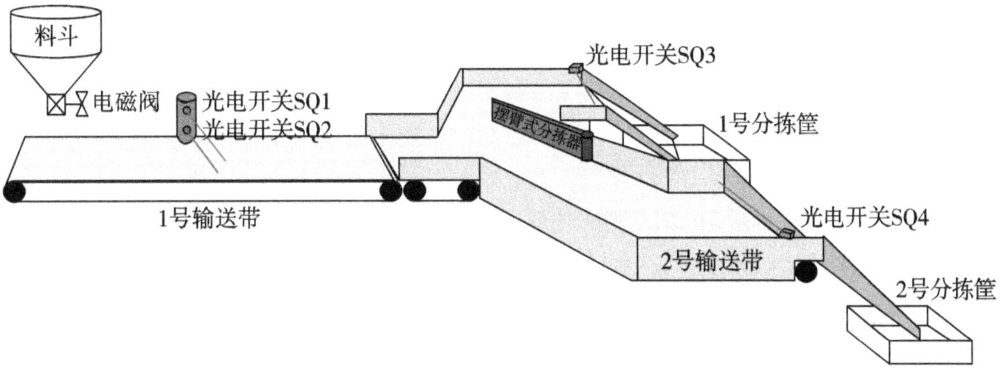

图5-49 小型邮件分拣系统

小型邮件分拣系统的控制要求如下：

①当起动按钮SB1按下时，2号输送带先运行，3s后1号输送带运行。当按下停止按钮SB2时，1号输送带先停止，5s后2号输送带自动停止。

②两条输送带都运行后，料斗电磁阀每通电2s供给一个邮件。当料斗供给大尺寸邮件时，摆臂式分拣器动作，将邮件放入1号分拣筐中；当料斗供给小尺寸邮件时，直接放入2号分拣筐中。

小型邮件分拣系统的PLC控制系统的设计过程如下：

1.分析控制要求

通过控制要求分析后可知：

①邮件的输送是单向的，所以两条输送带的驱动电动机只需要单向运行，且两条输送带驱动电动机需满足逆序起动、顺序停止的控制要求。

②当邮件为大尺寸邮件时，摆臂式分拣器才动作，且采用电磁阀YV2驱动。在图5-49中，当不同尺寸邮件经过检测光电开关SQ1和SQ2的安装位置时，大尺寸邮件通过时，SQ1和SQ2都有信号，小尺寸邮件通过时，仅SQ2有信号。

2.列出输入/输出元件地址表

小型邮件分拣系统的输入元件有起动按钮SB1、停止按钮SB2、大尺寸邮件检测光电开关SQ1、小尺寸邮件检测光电开关SQ2、邮件入1号分拣筐检测光电开关SQ3、邮件入2号分拣框检测光电开关SQ4，共6个；输出元件有1号输送带电动机控制接触器KM1、2号输送带电动机控制接触器KM2、料斗供给电磁阀YV1、摆臂式分拣器电磁阀YV2，共4个。其输入/输出元件地址如表5-21所示。根据输入/输出元件的数量选择PLC的类型为FX_{3U}-32MR/ES-A。

表5-21　小型邮件自动分拣系统输入/输出元件地址

输入（I）		输出（O）	
输入元件	输入继电器	输出元件	输出继电器
起动按钮SB1	X000	1号输送带电动机接触器KM1	Y000
停止按钮SB2	X001	2号输送带电动机接触器KM2	Y001
邮件检测光电开关（大）SQ1	X002	料斗供给电磁阀YV1	Y004
邮件检测光电开关（小）SQ2	X003	摆臂式分拣器电磁阀YV2	Y005
邮件入1号分拣框检测光电开关SQ3	X004		
邮件入2号分拣框检测光电开关SQ4	X005		

3.设计并绘制PLC外部接线图

绘制小型邮件分拣系统PLC控制的外部接线图，如图5-50所示。输入元件采用汇点式接线，输出元件中的接触器KM1和KM2与料斗供给电磁阀YV1及摆臂式分拣器电磁阀YV2因电源不同故需要分开接线。

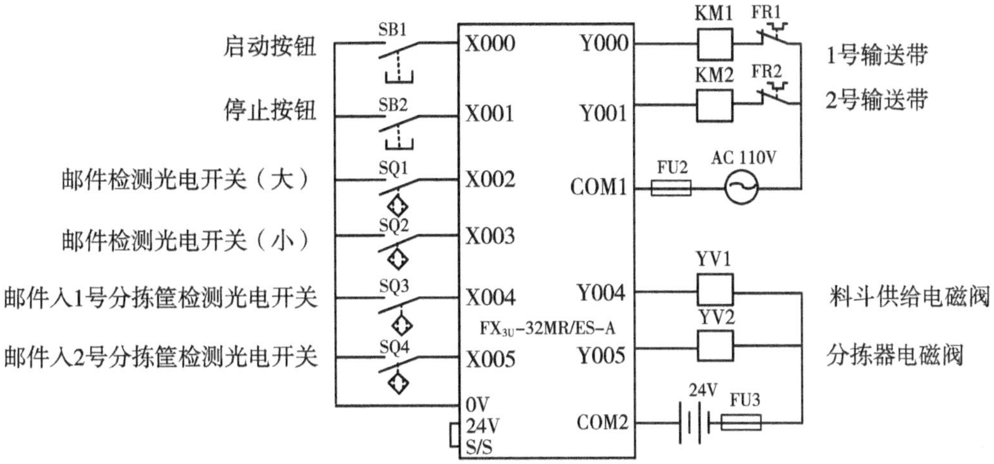

图5-50　小型邮件分拣系统PLC控制的外部接线图

4.设计控制梯形图

小型邮件分拣系统的梯形图设计采用经验设计法，由两条传输带控制梯形图设计、供料料斗控制梯形图设计、摆臂式分拣器控制梯形图设计三部分组成。

（1）两条传输带控制梯形图设计

起动过程：当起动按钮X000被按下时，2号输送带接触器Y001通电并实现自锁，同时定时器T0开始延时3s，3s后T0的常开触点闭合，接通1号输送带的接触器Y000，并实现自锁，此时可用Y000的常闭触点断开定时器T0。

停止过程：当停止按钮X001被按下时，接通辅助继电器M1和定时器T1线圈，T1开始延时，M1的常闭触点断开Y000线圈，1号输送带先停止，延时5s后，T1的常闭触点断开Y001线圈，2号输送带停止。T1的常闭触点断开T1和M1的线圈，为下次起动做好准备。如图5-51所示。

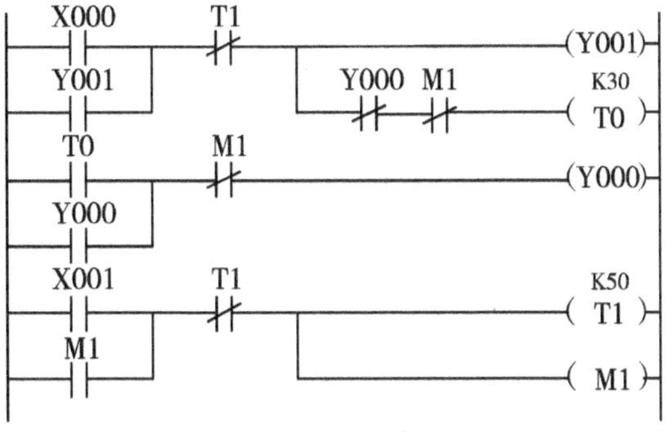

图5-51　两条输送带的顺序控制梯形图

（2）供料料斗控制梯形图设计

由于要求料斗2s供给一个邮件，其梯形图如图5-52所示。当1号输送带运行，即Y000通电后，用Y000的上升沿脉冲触点接通料斗供给电磁阀Y004并自锁，同时定时器T2通电，延时2s后断开电磁阀Y004。在邮件送入分拣筐后，要求能自动供给邮件，因此需要并联光电开关X004和X005，用于自动接通Y004，从而实现自动供给邮件。

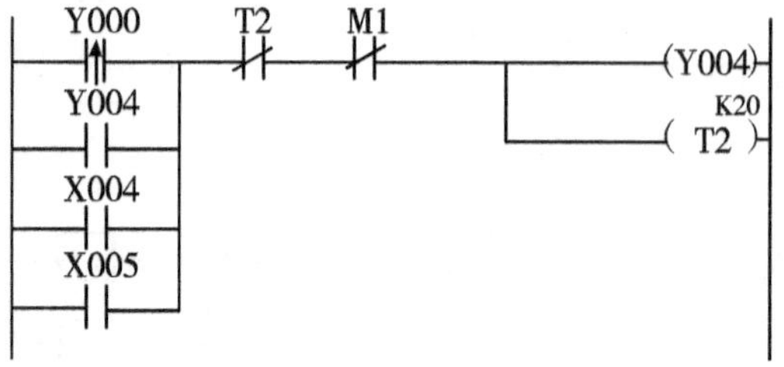

图5-52 供料料斗的控制梯形图

（3）摆臂式分拣器控制梯形图设计

摆臂式分拣器只有在供给大尺寸邮件时才动作，设计的梯形图如图5-53所示。当大尺寸邮件通过时，邮件大小检测光电开关X002和X003都有信号，分拣器电磁阀Y005通电并自锁。当进入1号分拣筐后，入1号分拣筐检测光电开关X004有信号，分拣器电磁阀Y005断电复位。

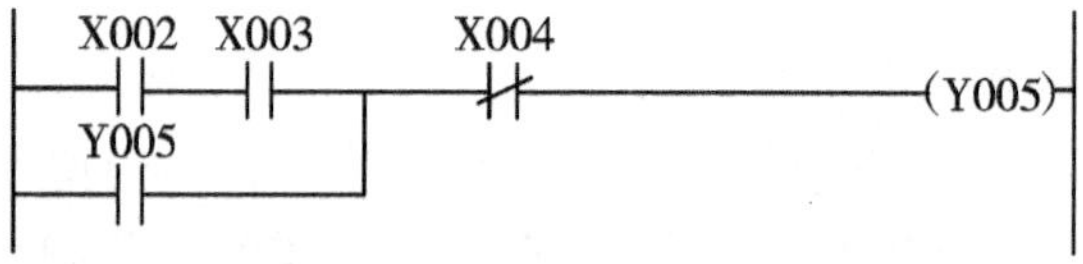

图5-53 摆臂式分拣器的控制梯形图

最后得到完整的梯形图，如图5-54所示，读者可自行写出指令表。

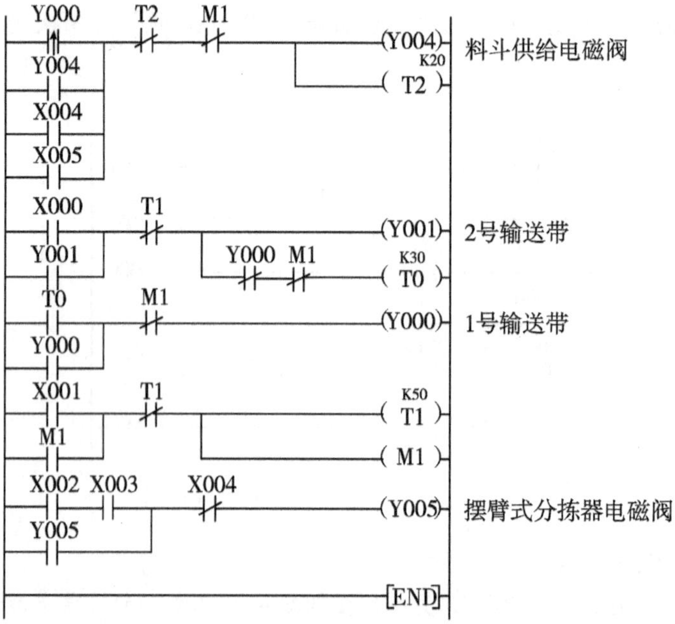

图5-54 小型邮件分拣系统控制梯形图

习题与思考

一、选择题

1.PLC输入端口接入的常开触点按钮改为常闭触点按钮时，相应的内部触点应（　　）。

A.不变　　B.取反　　C.取消　　D.无所谓

2.在FX_{3U}系列PLC中，RST表示（　　）指令。

A.下降沿　　B.上升沿　　C.复位　　D.输出有效

3.在FX_{3U}系列PLC中，有（　　）个存储运算结果的栈存储器。

A.3　　B.8　　C.11　　D.24

4.AND指令的作用是（　　）。

A.用于单个常闭触点与前面的触点串联连接

B.用于单个常闭触点与上面的触点并联连接

C.用于单个常开触点与前面的触点串联连接

D.用于单个常开触点与上面的触点并联连接

5.MC和MCR指令可以嵌套使用，但嵌套使用应少于（　　）次。

A.24　　B.12　　C.11　　D.8

6.在FX_{3U}系列PLC中，使编程元件复位的指令是（　　）。

A.RST　　B.END　　C.MPS　　D.RET

7.在FX_{3U}系列PLC中，并联电路块的串联指令是（　　）。

A.ORB　　B.ANB　　C.AND　　D.ANI

8.在FX_{3U}系列PLC中，PLS表示（　　）指令。

A.下降沿微分　　B.上升沿微分　　C.复位　　D.输出有效

9.LDI指令的作用是（　　）。

A.用于串联或并联连接　　B.常闭触点与起始母线的连接

C.用于驱动线圈　　D.常开触点与起始母线的连接

10.下列指令使用正确的是（　　）。

A.OUT　C0　　B.SET　Y000

C.MC　M100　　D.PLF　T0　K30

二、判断题

1.在设计PLC的梯形图时，在每一逻辑行中，并联触点多的支路应放在左边。（　　）

2.MRD指令可以多次连续使用，最多只能使用11次。（　　）

3.对于同一元件可以多次使用SET、RST指令。（　　）

4.ORB是两个或两个以上的触点串联电路块之间的并联。 (　　)

5.PLS、PLF指令只能驱动Y或M两种目标编程元件。 (　　)

6.MC、MCR指令需成对使用，但不可嵌套使用。 (　　)

7.梯形图的触点只能与左母线相连，不能与右母线相连。 (　　)

8.OUT指令可多次并联使用。 (　　)

9.ORB指令是一个无目标操作元件的指令，相当于一个触点功能。 (　　)

10.MEP指令是指到MEP指令为止的运算结果，从ON→OFF时变为导通。 (　　)

三、思考题

1.根据习图5-1，写出对应的指令表程序。

2.根据习图5-2，写出对应的指令表程序。

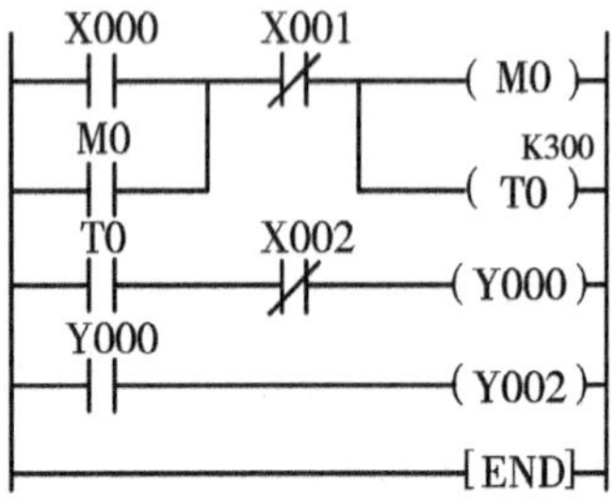

习图5-1

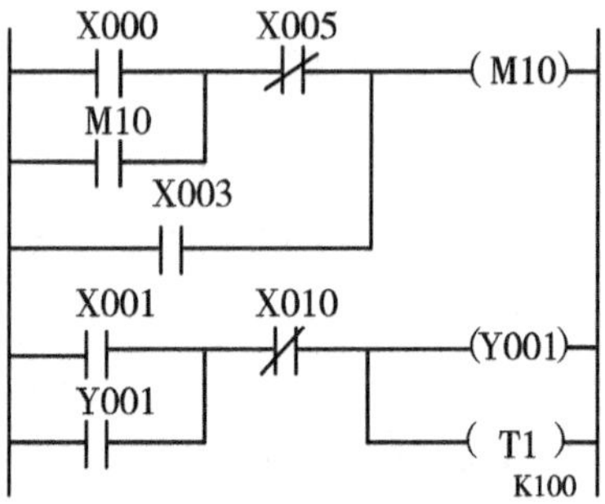

习图5-2

3.根据以下指令表画出对应的梯形图。

0 LD X000	11 ORB
1 MPS	12 ANB
2 LD X001	13 OUT Y001
3 OR X002	14 MPP
4 ANB	15 AND X007
5 OUT Y000	16 OUT Y002
6 MRD	17 LD X010
7 LDI X003	18 ORI X011
8 AND X004	19 OUT Y003
9 LD X005	20 END
10 ANI X006	

4.根据以下指令表画出对应的梯形图。

1 LD X000	9 LD X003
2 ANI X001	10 OR M1
3 AND X002	11 ANB
4 LD X004	12 LD T0
5 ANI X005	13 ANI C0
6 OR M2	14 ORB

7 ANI M0	15 OUT Y000
8 ORB	16 END

5.设计一个报警装置。控制要求：当按下报警按钮X000时，报警灯Y000开始闪烁，同时蜂鸣器Y001开始鸣叫。报警灯闪烁时，要求亮1s、熄1s，闪烁50次后停止，同时蜂鸣器也停止鸣叫。根据控制要求设计控制梯形图。

6.设计一个彩灯闪烁电路系统。控制要求：

（1）当SB1接通时，彩灯系统HL1～HL3开始工作循环。当SB2断开时，彩灯全部熄灭。

（2）彩灯工作循环：红灯HL1亮，延时8s后，闪烁三次（每一周期为亮1s、熄1s）后熄灭，黄灯HL2亮，延时6s后熄灭，绿灯HL3亮；绿灯HL3延时10s后熄灭，进入再循环。

要求列出输入/输出元件地址表，并设计满足控制要求的PLC输入/输出外部接线图和梯形图。

6.设计三台交流异步电动机PLC控制系统。控制要求：

（1）起动：电动机M1先起动，3s后电动机M2起动，再过10s后电动机M3起动。

（2）停止：电动机M1、M2、M3同时停止。

要求列出输入/输出元件地址表，并设计满足控制要求的PLC输入/输出外部接线图和梯形图。

7.设计一个单按钮双路单通系统。控制要求：采用一个按钮控制两盏灯，第一次按下时，第一盏灯亮，第二盏灯灭；第二次按下时，第一盏灯灭，第二盏灯亮；第三次按下时，两盏灯都灭。请列出输入/输出元件地址表，并设计满足控制要求的PLC输入/输出外部接线图和梯形图。

第6章

PLC的步进指令

知识点	●状态转移图的建立。 ●状态转移图的类型。 ●PLC 的步进指令。 ●状态转移图的编制规则。 ●步进指令的应用。
重点难点	◆重点：状态转移图的基本形式和步进指令的应用。 ◆难点：步进梯形指令应用，状态转移图与梯形图的区别。
学习要求	★熟练掌握步进指令的用法和常见实例的编程。 ★理解单流程、选择性分支、并行式分支、跳转和循环步进梯形图的编程处理。 ★了解状态转移图的概念和组成，以及状态转移图的主要类型。
问题引导	☆什么是状态转移图? ☆状态转移图如何建立？编制规则有哪些? ☆步进指令有哪些? ☆如何根据控制要求设计状态转移图?

通过前面基本指令的学习，已经可以完成较复杂逻辑控制要求的系统，但对较复杂的顺序控制场合，由于工艺动作繁琐，有多种时序或联锁条件，且动作必须严格按照一定的先后次序执行才能保证生产过程的正常运行，则采用步进顺序控制更容易实现。

步进顺序控制设计的思想由来已久，所谓步进顺序控制，就是按照生产工艺的流程顺序，以时间或条件为转换工作步骤的准则，在各个输入信号及内部软元件的作用下，使各个执行机构自动有序地运行。为了编制步进顺序控制程序，许多小型PLC在梯形图语言的基础上采用IEC标准（IEC61131-3）的状态转移图（Sequential Function Chart，SFC），来编制复杂的顺序控制程序。三菱FX_{3U}系列小型PLC在基本指令的基础上增加了2条步进指令，同时利用状态继电器（S），采用状态编程法进行编程，可以满足工程上各种顺序控制的要求。用状态转移图设计顺序控制程序比直接用基本指令编程更简单，结构更清晰，可读性更好，程序调试和运行也很方便。

6.1 状态转移图

状态转移图

状态编程法也叫功能表图法，常常用来编制复杂的顺序控制类程序，是PLC程序编制的重要方法及工具。状态编程法要求设计者按照生产工艺的要求，将机械设备动作的一个工作周期，划分为若干个状态（或称为工序、步），并明确每一状态所要执行的输出。要求状态与状态之间由转移分隔。当状态间的转移条件满足时，转移得以执行，即上一步动作结束，下一步动作开始。状态编程法常用状态转移图和步进梯形图两种方式来表述程序，这两种编程方式是一一对应的，可以互相转换，且都可以使用指令表程序进行描述。

1.状态转移图

状态转移图（Sequential Function Chart，SFC）也称为“顺序功能图”，它是一种IEC标准推荐的编程语言。状态转移图是采用状态继电器（S）描述一个个工序状态的工艺流程图。

状态转移图的编程思想是：将整个控制过程的一个周期划分成若干个典型过程，简称为状态，每个状态用一个状态继电器（S）表示，并明确每一状态所要通过逻辑控制执行的输出，状态与状态之间通过指定的条件进行转换，这些状态联系起来就完成全部的控制过程。

状态转移图在执行过程中始终只对处于工作的状态继电器（S）进行逻辑处理与执行输出，不工作的其他状态的全部逻辑和输出状态均无效。其最大优点是在编程时只需要考虑每一工作状态的逻辑控制与执行输出，以及状态与状态的转换条件是否能激活某个状态。

一个完整的状态转移图通常由初始状态、一系列的一般状态、转移线和转移条件组成。当系统正处于某一状态（步）时，该状态（步）处于活动态，称该状态为“活动状态”，相应的动作被执行。

状态转移图为每个状态提供三种功能：驱动负载、给出转移条件和指定转移目标。在如图6-1所示的状态转移图中，有S20和S21两个工作状态。现以S20状态为例说明状态的三种功能。

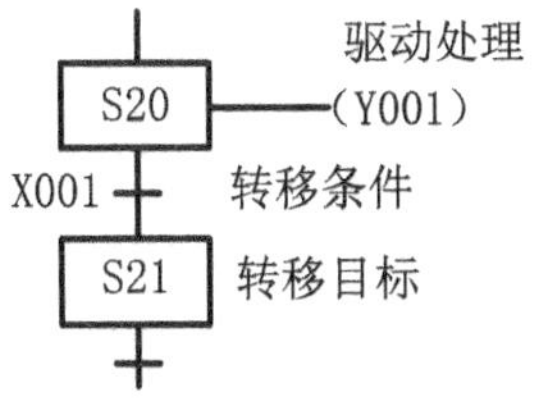

图6-1 状态转移图的基本要素

（1）负载的驱动处理

每一个状态均可以驱动M、Y、T、S等编程元件的线圈，这些线圈可以直接用线圈输出指令OUT或用置位指令SET驱动，也可以通过触点联锁条件进行驱动。在图6-1中，状态S20的驱动线圈Y001用OUT指令驱动。

（2）给出转移条件

状态的转移条件是使系统由当前状态转入下一状态的信号。转移条件可能是外部输入信号，如按钮、接近开关、限位开关等的接通/断开等；也可能是PLC内部产生的信号，如定时器、计数器触点的接通/断开等；也可能是若干个信号的与、或、非等逻辑组合。转移条件通常采用连接两状态之间线段上的短线表示，如图6–1中的X001。当转移条件满足时，转移后的状态被置位，而转移前的状态（也就是转移源），将立即自动复位。

（3）指定转移目标

状态的转移目标就是连接状态之间的转移线所指向的状态，如图6–1中转移条件X001指向转移目标（即S21状态）。

图6–1所示的状态转移图，其工作过程是在S20状态时，先驱动输出处理Y001，当转移条件X001得到满足时，S20状态自动复位，转移目标状态S21被置位，S21同样具有上述三种功能。

以上三种功能称为状态的三要素，其中后两种功能是必不可少的。

2.状态转移图的建立方法和步骤

下面运用状态编程法，以旋转工作台为例说明状态转移图建立方法和步骤。

如图6–2所示，旋转工作台由电动机M驱动，其具体控制过程：当按下起动按钮SB（X000）时，电动机M驱动旋转工作台正转（Y001），压下行程开关SQ1后停止；在SQ1（X001）处停10s后，电动机自动反转（Y002）驱动工作台返回，压下行程开关SQ2（X002）处后自动停止，完成一个周期的循环过程。

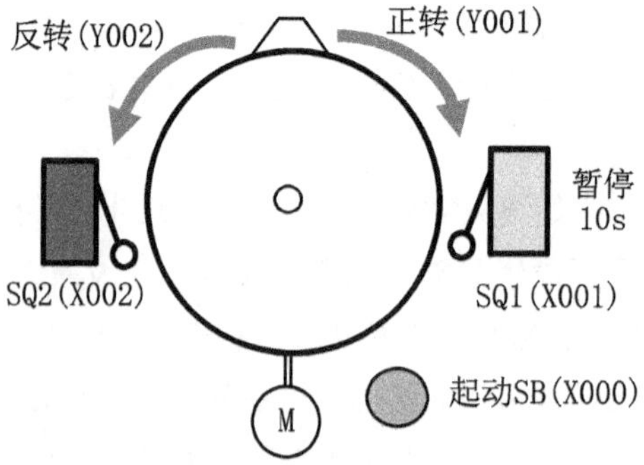

图6–2　旋转工作台

①将整个复杂的任务或过程分解为若干个状态。根据上述控制过程要求分析可知，该旋转工作台的工作状态分为：原位（初始状态）、正转、暂停和反转。

②对每个状态分配状态继电器。初始状态分配状态继电器S0，正转、暂停和反转工作状态分别分配通用型状态继电器S20、S21和S22。

③弄清各个工作状态的工作细节，确定各个状态的驱动负载、转移条件和转移目标三要素。

旋转工作台各个工作状态的三要素如下：初始状态S0，无驱动负载，转移条件为起动按钮X000，转移目标为S20；一般工作状态S20的驱动负载为正转Y001，转移条件为压下行程开关X001，转移目标为S21；状态S21的驱动负载为定时器T0，延时10s，转移条件为T0延时时间到，转移目标为S22；状态S22的驱动负载为反转Y002，转移条件为压下行程开关X002，转移目标为回到初始状态S0，完成一个循环周期。列出的状态三要素如表6–1所示。

表 6-1 旋转工作台各状态的三要素

状态（步）	状态继电器	驱动负载	转移条件	转移目标
初始状态	S0	无驱动负载	X000（SB）	S20
正转	S20	驱动输出线圈Y001，M正转	X001（SQ1）	S21
暂停	S21	驱动定时器T0，延时10s	T0	S22
反转	S22	驱动输出线圈Y002，M反转	X002（SQ2）	S0

④根据总的控制顺序要求，将各个工作状态联系起来，构成状态转移图。旋转工作台的状态转移图如图6-3所示，类似一个单流程的流程图形式，可读性强，能清晰反映全部控制工艺过程。

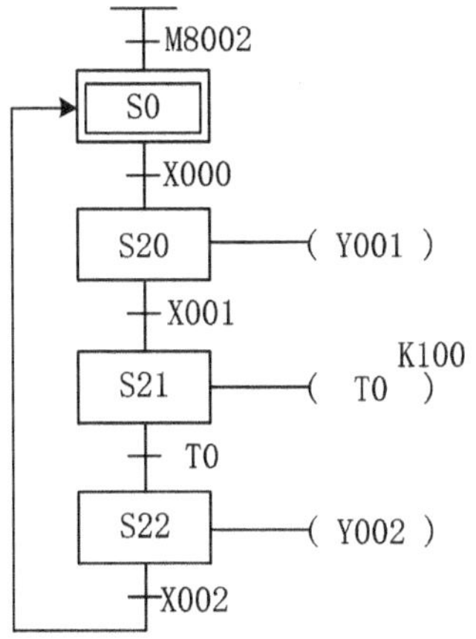

图6-3 旋转工作台的状态转移图

3.状态转移图的构成规则

①状态与状态不能直接相连，必须用一个转移条件将它们分开。

②转移与转移不能直接相连，必须用一个状态将它们分开。

③状态与转移、转移与状态之间的连线为有向线；状态转移从上向下画时，可以省略箭头，但是从下往上画时，必须画出箭头，指明方向。

④一个流程至少要有一个初始状态。一般对应于系统等待起动的初始状态，这一状态可能没有什么动作执行，因此很容易遗漏。如果没有该状态，无法表示初始状态，系统也无法返回停止状态。初始状态要求采用双框，驱动初始状态的程序要在对应的状态梯形图的开始处绘出。

⑤每一个状态在转移条件满足时都会转移到下一个状态，而原来的状态自动复位。只有当某一状态所有的前级状态都是活动状态时，该状态才有可能变成活动状态。如果用无断电保持功能的编程元件代表各状态，则PLC开始进入RUN方式时各状态均处于“0”状态，因此必须要有初始化信号，将初始步预置为活动步，否则状态转移图中永远不会出现活动状态，系统将无法进行工作。

4.状态转移图的结构形式

状态转移图主要有单流程结构、选择性分支与汇合、并行性分支与汇合等三种基本结构形式，如图6–4所示。单流程结构自上而下由一系列相继激活的状态组成，每一状态的后面仅接有一个转移条件，每一个转移条件的后面只有一个状态；选择性分支与汇合，具有多个分支流程，需要根据具体条件在某一时刻一般只允许从多个分支中选择某一分支进行执行。并行性分支与汇合也具有多个分支流程，但是在工作时，在同一条件下同时激活处理多条分支流程。一般情况下，选择性分支和并行性分支不能超过8个分支。

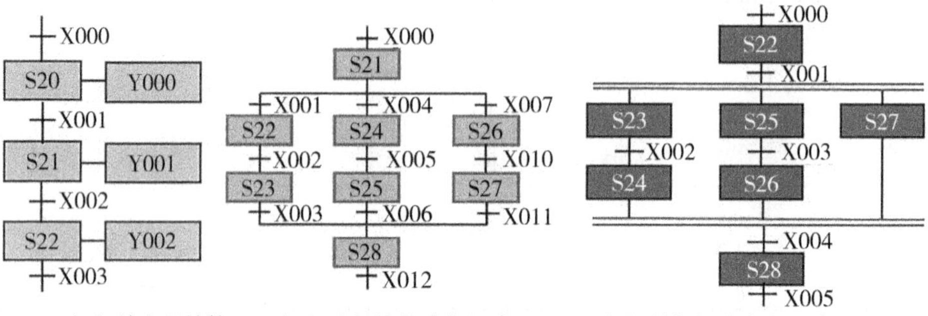

（a）单流程结构　（b）选择性分支与汇合　（c）并行性分支与汇合

图6–4　状态转移图的基本结构形式

状态转移图除了上述三种基本结构形式之外，还有其他非连续的状态转移图，如跳步流程、重复流程和循环流程等，如图6–5所示。这些结构形式实际上都是选择性分支的特殊形式。

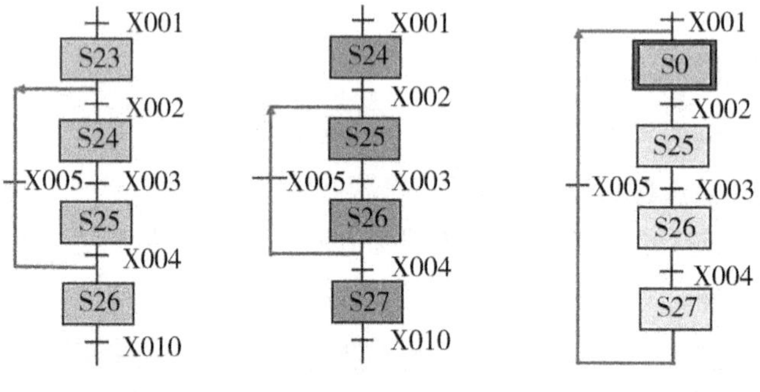

（a）跳步流程　（b）重复流程　（c）循环流程

图6–5　非连续的状态转移图

6.2　步进指令

步进指令

状态编程法是一种易于构思和理解的图形化编程方法，采用状态转移图（SFC）进行编程的，主要用于编制复杂的顺序控制类程序，是PLC程序编制的重要方法及工具。在进行状态编程时，一般先绘出状态转移图，再转换成步进梯形图，最后都可以转化成指令表程序形式。

步进梯形图（Sequential Ladder Diagram），也称为顺序梯形图，它是描述状态转移图的梯形图程序。状态转移图建立后，如果要将其转换成步进梯形图和指令表程序，必须运用步进指令。FX_{3U}系列PLC提供的步进指令有两条，分别是STL指令和RET指令。步进指令的助记符和功能等如表6-2所示。

表 6-2 步进指令助记符与功能

助记符、名称	功 能	梯形图	操作元件	程序步
STL（步进触点）	步进接点驱动 在左母线上生成状态S*i*的常开触点	(S0～S899)	S	1
RET（步进返回）	程序流程结束后返回	RET	无	1

1. STL指令

STL是步进触点指令，用于步进触点的编程。STL指令仅仅对状态继电器（S）有效。STL指令的意义为激活某个状态，在步进梯形图中，体现为从母线上引出步进触点。用"▯▯"符号表示。步进触点只有常开触点，没有常闭触点。若用GX Works 2软件编程，在步进梯形图中直接输入"STL　Si"，则直接出现在右母线位置，占一行。

STL指令在编程时要注意以下几点：一是STL指令有建立子母线的功能，要求该状态的所有操作均在子母线上进行；二是与STL触点直接连接的线圈用OUT或SET指令，连接步进触点的其他继电器触点要用LD或LDI指令表示。

2. RET指令

RET指令是步进返回指令，用于步进程序结束时返回原母线。当执行RET指令时，意味着步进梯形图回路的结束。因此，在状态转移程序的结尾必须使用一条RET指令，表示程序运行一个周期后返回初始状态或转移到某步状态重新开始。RET指令可进行多次编程。

3.状态转移图转换成步进梯形图和指令表程序

以如图6-3所示的旋转工作台的状态转移图为例，说明如何将一个完整的状态转移图转换成步进梯形图和指令表，并进一步巩固两个步进指令的用法。如图6-6（a）所示的状态转移图，转换成如图6-6（b）所示的步进梯形图。

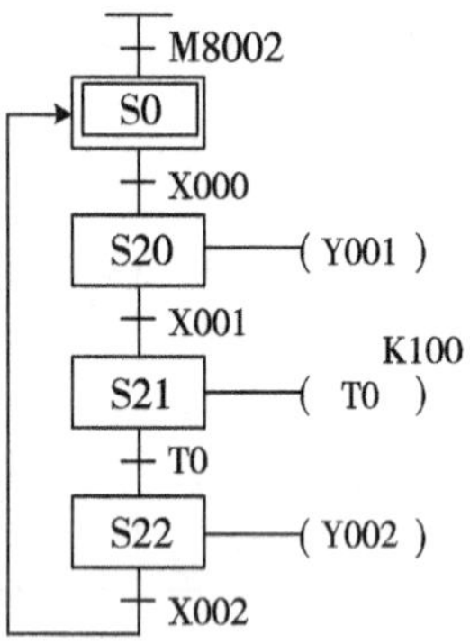

（a）状态转移图

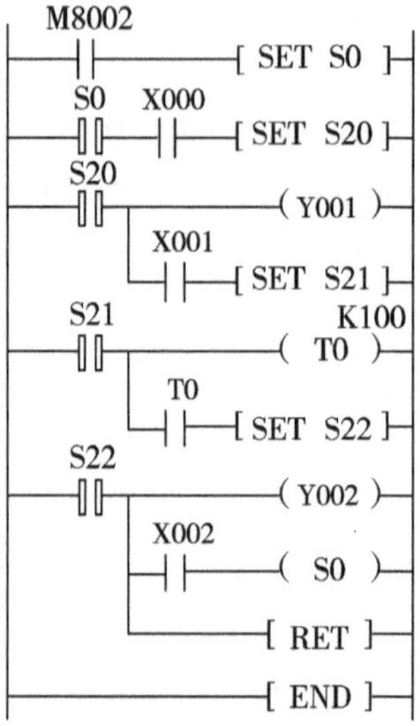

（b）步进梯形图

序号	指令	地址号
0	LD	M8002
1	SET	S0
3	STL	S0
4	LD	X000
5	SET	S20
7	STL	S20
8	OUT	Y001
9	LD	X001
10	SET	S21
12	STL	S21
13	OUT	T0　K100
16	LD	T0
17	SET	S22
18	STL	S22
19	OUT	Y002
20	LD	X002
21	OUT	S0
22	RET	
23	END	

（c）指令表

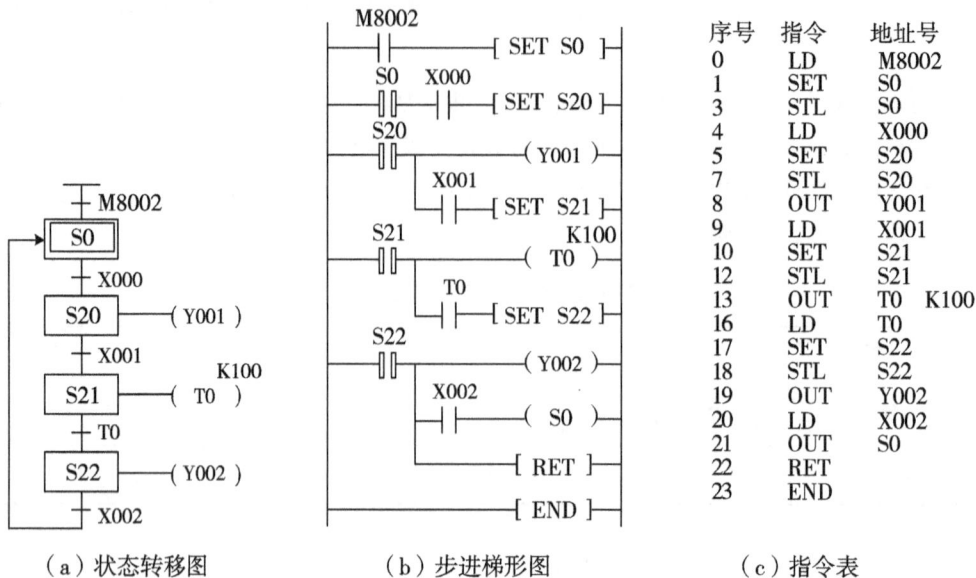

图6-6　旋转工作台的状态转移图与步进梯形图和指令表的转换

利用GX Works2编程软件编写步进梯形图时，若要在左母线上生成状态继电器S的常开触点，必须在指令栏中输入“STL　Si”，才能生成步进触点（在教材中仍用“||”表示）。STL指令单独列一行，RET指令也单独列一行，与左母线相连。用GX Works2编程软件编制的状态转移图可以直接转换步进梯形图和指令表。

6.3　状态转移图的编制规则

状态转移图的编制规则

1.初始状态的编程规则

初始状态是状态转移图起始位置的状态，一般将状态继电器S0 ～ S9用作初始状态。初始状态的作用是防止双重起动和作为逆变换用的识别软元件。每一个状态转移图至少应该有一个初始状态。

初始状态要求放在流程的最前面，采用双框表示，而一般状态则采用单框表示，如图6-7所示。当程序开始运行时，初始状态必须预先驱动，一般采用系统的初始条件驱动，如果没有初始条件，通常采用M8002直接驱动初始状态S0；但在程序运行后，初始状态可由其他状态元件驱动，此时要用OUT指令驱动。

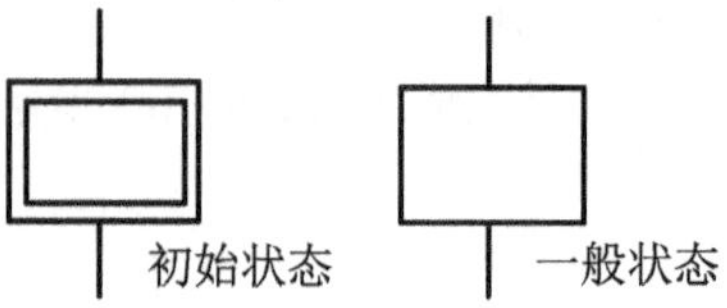

图6-7　状态表示

2.一般工作状态的编程规则

状态转移图中有很多个一般工作状态，一般工作状态的编程规则有很多，具体如下：

①状态转移图执行完某一状态要进入到下一状态时，要用SET指令进行状态转移，激活下一状态，并把前一状态复位。

· 允许同一编程元件的线圈在不同的步进触点之后多次使用。如图6-8所示，当程序执行至S21状态时，接通Y020输出，如果转移条件X001为ON，状态S22置位变为导通状态，S21状态复位变为不导通状态。此时接通Y020和Y021两个输出。由于两个Y020分别属于不同状态，是不同时激活的，允许同一编程元件的线圈在不同的步进触点之后多次使用，不属于双线圈输出。在同一程序段中，同一状态继电器的编号只能使用一次。

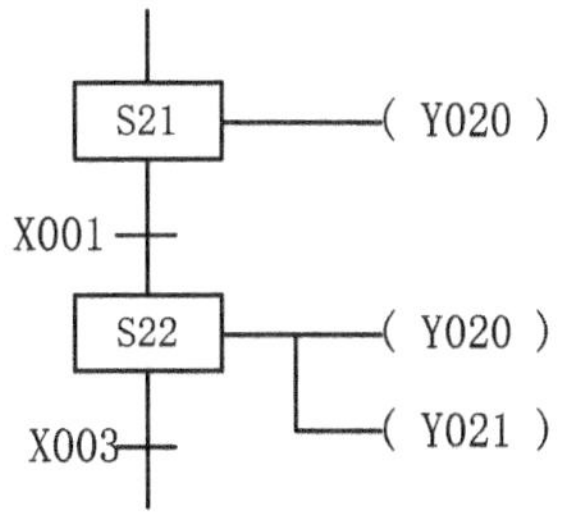

图6-8　同一编程元件在不同状态中的使用

· 如果需要保持某一个驱动输出，也可以采用置位指令SET，当该输出不需要再保持时，必须采用复位指令RST。如图6-9（a）所示，在S20、S21、S22三个状态中均要求Y020有输出，到S23状态时，Y020没有要求输出。采用SET、RST指令后，得到图6-9（b），在S20状态对Y020进行置位后，Y020的输出状态将一直保持，所以在S21和S22状态时就不必写Y020的输出了，直到S23状态时，Y020才不被允许输出，因此在该状态下，用RST Y020就可以对Y020进行复位了。

此外，图6-9所示的状态转移图中，S20和S22两个状态均使用了定时器T0，不属于双线圈输出。所以在不相邻的状态下，允许使用同一地址编号的定时器。但在相邻的状态下使用的定时器T和计数器C的编号是不能相同的。所以对于一般的时间顺序控制编程，只需要2 ～ 3个定时器就可以完成控制功能。

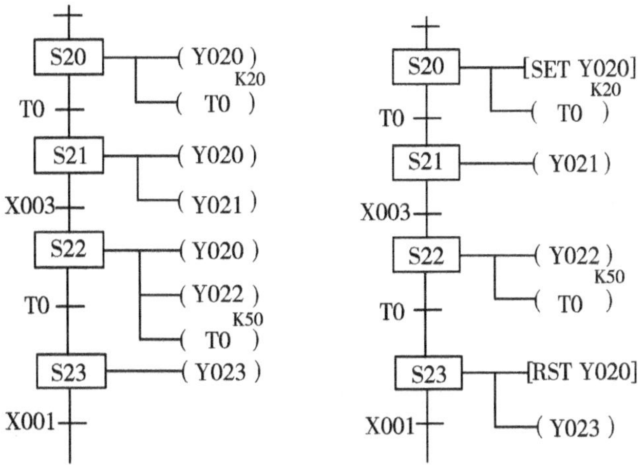

（a）　　　　　　　　（b）

图6-9　保持某一个驱动输出采用置位、复位指令

②当状态不连续转移时，要用OUT指令。

顺序激活下一个状态用置位指令SET。若跳转到不连续的状态，要使用OUT指令进行状

态转移。图6-10中的重复、跳步和循环过程，状态的转移是分离的、不连续的，采用OUT指令驱动。如图6-10（c）所示，S21状态转移至S20、S22状态转移至S0状态，两者都用OUT指令驱动。

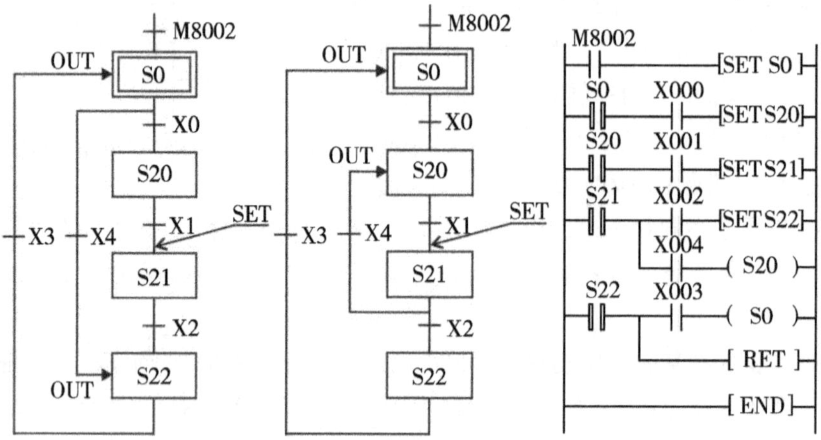

图6-10　状态不连续转移用OUT指令

③为了避免不能同时接通的一对输出同时接通，需设计互锁环节。

在状态转移过程中，仅在瞬间（也就是一个扫描周期内），两种状态同时接通。因此，为了避免不能同时接通的一对输出同时接通，需要设计互锁，在外部接线图中设计硬件互锁，在软件程序中设置软件互锁，如图6-11所示。

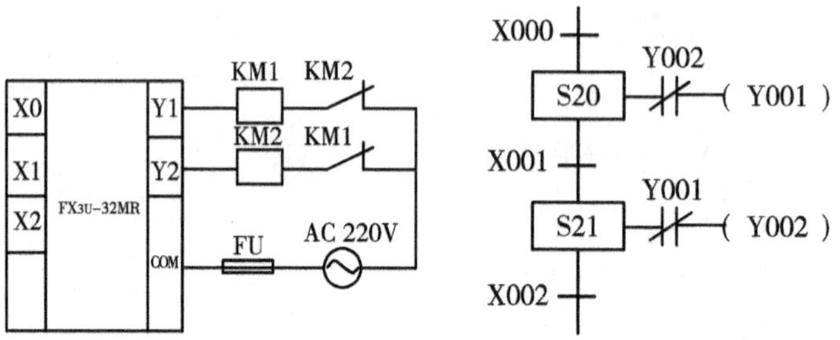

（a）硬件互锁　　（b）软件互锁

图6-11　设计互锁

④负载的驱动、状态转移条件可能为多个编程元件的逻辑组合所控制。

如图6-12（a）所示，触点有串联和并联情况。其程序如图6-12（b）所示，一般视具体情况，按串联、并联关系进行处理，注意不能遗漏。

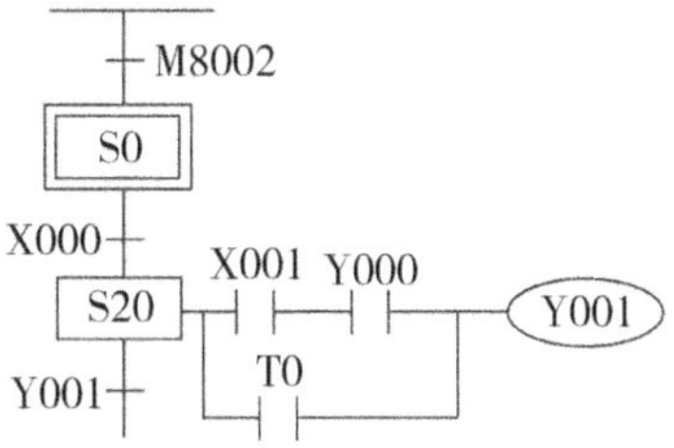

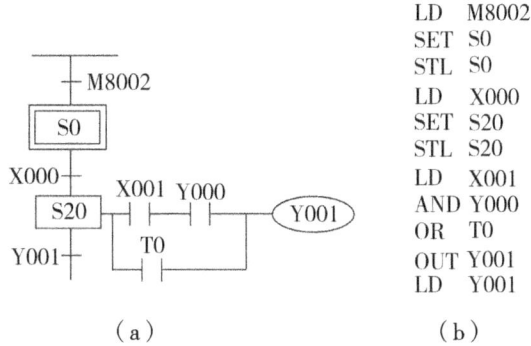

（a）

```
LD   M8002
SET  S0
STL  S0
LD   X000
SET  S20
STL  S20
LD   X001
AND  Y000
OR   T0
OUT  Y001
LD   Y001
```

（b）

图6-12　软元件组合驱动

⑤在步进指令STL和RET指令之间不能使用MC、MCR指令。

·状态转移图中的转移条件不能使用ANB、ORB块指令，以及MPS、MRD、MPP堆栈指令。如图6-13（a）所示，其转移条件较复杂，有X000、X001、X002、X003四个条件串联和并联，需要用到块指令。所以应对转移条件进行简化，将四个转移条件用一个辅助继电器M0进行暂存，简化后的状态转移图如图6-13（b）所示。

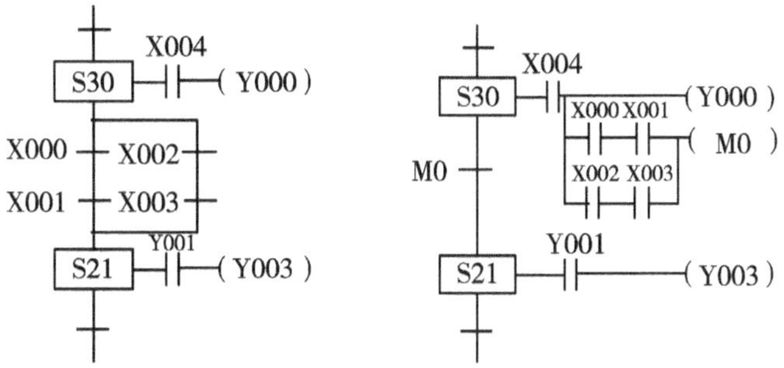

（a）　　　　　　　　　　（b）

图6-13　复杂转移条件处理

·由于STL步进触点有建立子母线的功能，栈指令不能紧接在STL步进触点后使用，应接在LD或LDI指令之后。栈指令在状态内的正确使用如图6-14所示，在步进触点S21后建立子母线，在LD　X002之后就可以用栈指令进行正常编程了。

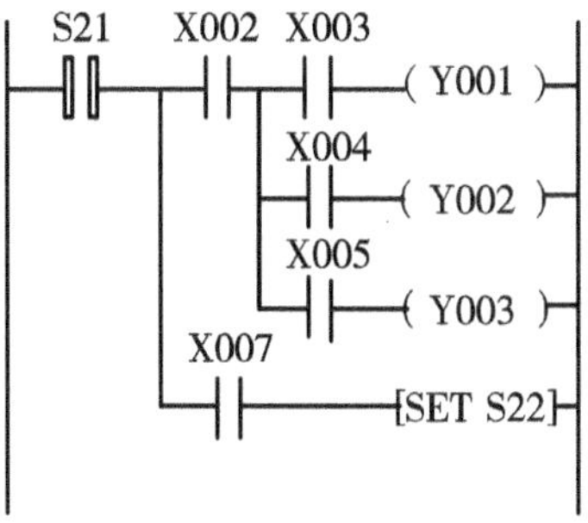

图6-14　栈指令在状态内的正确使用

可在状态内使用的基本指令如表6-3所示。

表6-3　允许在状态内使用的基本指令

不同状态		LD/LDI/LDP/LDF/AND/ANI/ ANDP/ANDF/ OR/ORI/ORP/ORF/ INV/OUT，SET/RST，PLS/PLF	ANB/ORB MPS/MRD/MPP	MC/MCR
初始状态、一般状态		可以使用	可以使用	不可使用
分支、汇合状态	输出处理	可以使用	可以使用	不可使用
	转移处理	可以使用	不可以使用	不可使用

⑥在临时母线上用LD、LDI指令编程之后，不能直接用OUT指令编程。

如图6-15（a）所示，Y003将无法编程。应改成如图6-15（b）或（c）所示，用M8000接通Y003，或者将Y002的输出支路与Y003上下互换一下，上述两种修改都是正确可行的。

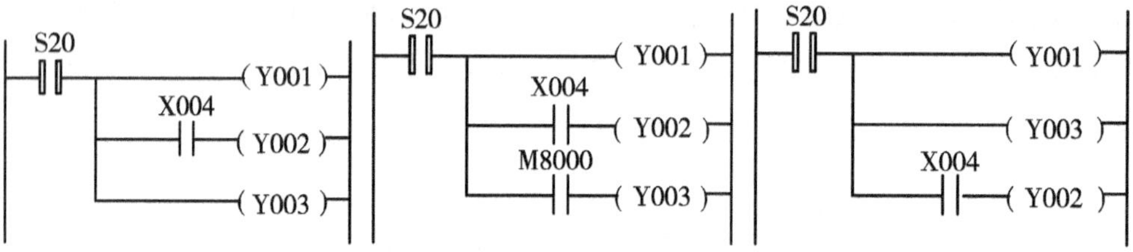

（a）　（b）　（c）

图6-15　状态内没有触点的线圈编程

⑦用同一信号作为几个状态的转移条件的编程方法。如图6-16所示，X020为两个状态的转移条件。

⑧如果要对某区间状态进行批量复位，可以采用应用指令ZRST进行状态的区间复位，如图6-17所示。

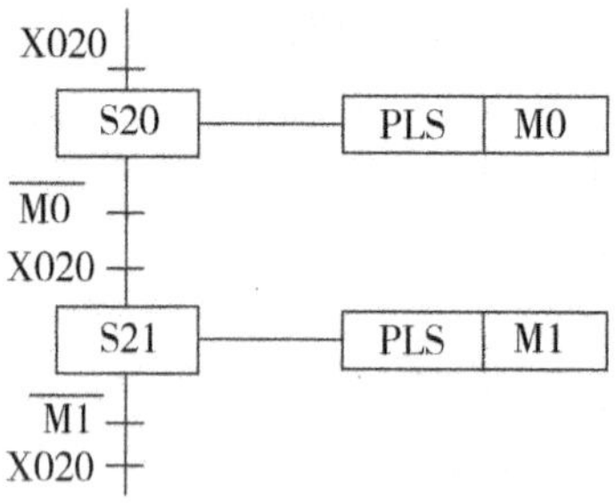

图6-16　同一信号作为多个状态的转移条件

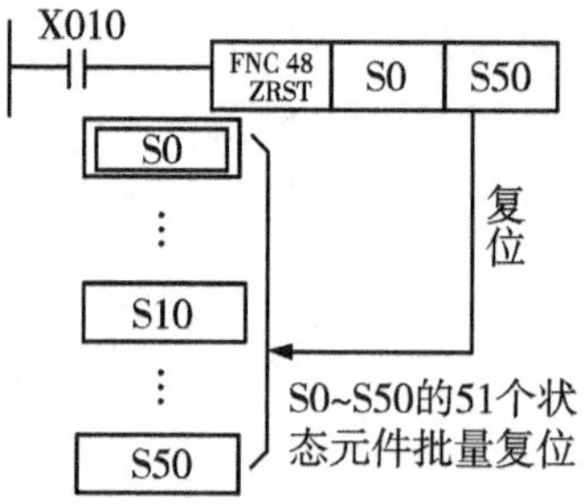

图6-17　区间批量复位

在流程中要表示某状态的自复位处理时，要用“↓”符号和该状态号表示，自复位状态在指令程序中用RST指令表示，如图6-18所示。如果要使某个状态中的一些输出禁止，可以采用图6-19所示的方式；如果要使PLC的输出继电器（Y）全部断开，用特殊辅助继电器M8034即可。状态转移图中常用的特殊辅助继电器如表6-4所示。

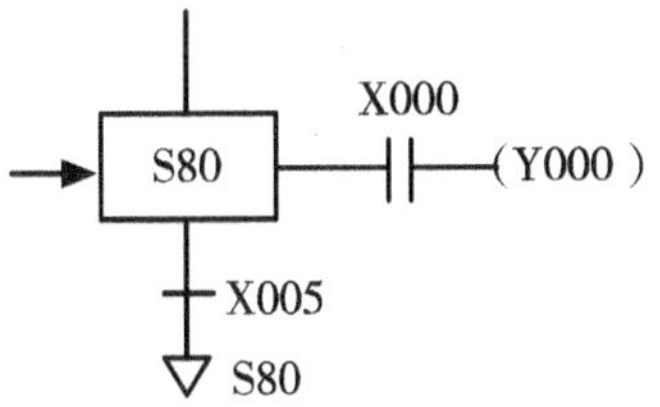


```
STL  S80
LD   X000
OUT  Y000
LD   X005
RST  S80
```

图6-18 自复位状态的表示方法

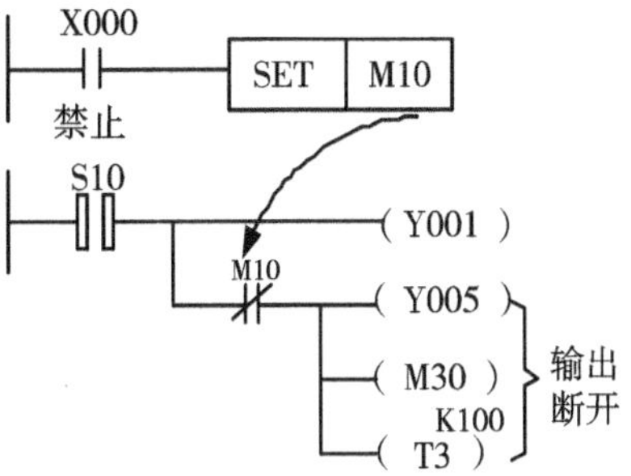

图6-19 禁止状态中部分输出

表 6-4 状态转移图中常用的特殊继电器功能与用途

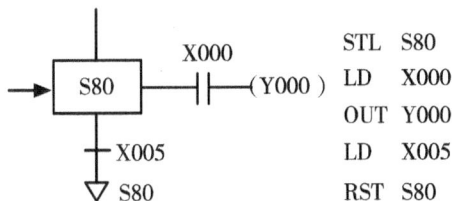

特殊辅助继电器	名称	功能与用途
M8000	PLC运行监视	PLC处于运行中，M8000一直处于接通状态，可作为驱动所需程序的输入条件，也可用于表示PLC的运行状态
M8002	初始化脉冲	在PLC接通的瞬间产生一个扫描周期的脉冲接通信号，用于程序的初始设定与初始状态置位
M8040	禁止转移	禁止所有程序步之间转移。在禁止转移状态下，接通的状态内的程序依然动作，因此输出继电器等不会自动断开
M8046	STL动作	任意状态接通时，M8046仍自动接通，可用于避免与其他流程同时起动，也可以用作状态的动作标志
M8047	STL监视有效	在驱动该继电器时，编程功能可以自动读出正在动作中的状态继电器的地址号

⑨步进梯形图程序结束时，在最后一个状态的内母线上使用RET指令，返回到主程序开始或某处。

6.4 单流程结构——自动往返送料小车的PLC控制

单一流程结构的状态转移图是指状态与状态之间单线相连，从起动到结束没有分支，如前述的旋转工作台的状态转移图就属于单流程结构。又如，自动化加工生产线上的一台送料小车的控制也属于单流程结构。

自动往返送料小车的 PLC 控制

在自动化生产线中，送料小车的送料和卸料是经常需要完成的辅助工作，应用非常广泛。如图6-20所示，送料小车要求在两处卸料并能自动往返。

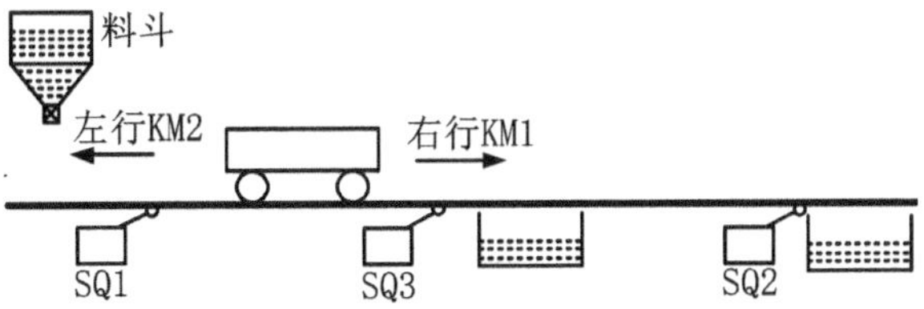

图6-20 两地卸料自动往返送料小车示意图

1.自动往返送料小车的控制要求

（1）小车在原位SQ1处，按下起动按钮SB后，小车在原位装料5s，5s后小车电动机正转，拖动小车第一次右行，碰到限位开关SQ3后停止，进行第一次卸料，10s后小车电动机反转左行，自动返回至SQ1处装料。

（2）小车在原位装料5s后，小车电动机正转，拖动小车第二次右行，碰到限位开关SQ3不停止，碰到限位开关SQ2后停止，完成第二次卸料，15s后小车电动机反转左行，自动返回至SQ1处停止，完成自动往返两次送料的过程。

根据上述自动往返送料小车的系统功能要求，整个送料和卸料的动作过程分为：初始状态、第一次装料延时，第一次右行、第一次延时卸料、第一次左行、第二次装料延时、第二次右行、第二次延时卸料、第二次左行至停止等9个状态。整个动作过程按照顺序要求完成，可以采用单一流程的状态转移图进行编程。

2.自动往返送料小车PLC控制的设计过程

根据PLC控制系统的设计过程要求，具体的设计过程如下：

（1）分析控制要求，列出输入/输出元件地址表

根据控制要求分析可知，输入元件包括起动按钮SB和3个行程开关SQ1、SQ2和SQ3，共4个；输出元件包括控制小车的电动机正转和反转的接触器KM1和KM2。列出的输入/输出元件地址如表6–5所示。根据输入/输出元件的总点数，选择PLC的类型为FX_{3U}–32MR。

表6–5　自动往返送料小车的输入 / 输出元件地址

输入（I）		输出（O）	
输入元件	输入继电器	输出元件	输出继电器
起动按钮SB	X000	电动机右行接触器KM1	Y000
左终点行程开关SQ1	X001	电动机左行接触KM2	Y001
右终点行程开关SQ2	X002		
中间行程开关SQ3	X003		

（2）绘制外部接线图

根据表6–5中的输入/输出元件地址，绘制PLC外部接线图，如图6–21所示。电动机左行和右行进行了硬件互锁，热继电器的常闭触点FR直接连接至输出。

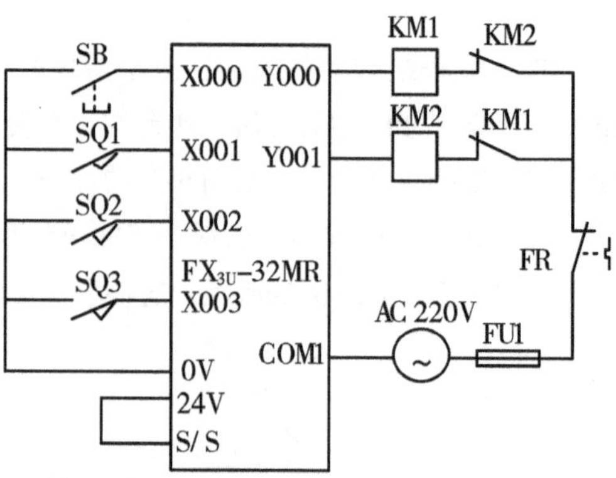

图6–21　自动往返送料小车PLC外部接线图

（3）状态转移图的建立

自动往返送料小车的状态转移图建立过程分为以下四个步骤。

①将复杂的任务或过程分解为若干个状态。通过前述分析，自动往返送料小车的工作状态分为原位（初始状态）、两次装料暂停、两次右行、两次卸料暂停和两次左行等共9个状态。

②对每个状态分配状态继电器，如表6-6所示。

③弄清各状态的工作细节，确定各个状态的驱动负载、转移条件和转移目标三要素。自动往返送料小车各状态的三要素如表6-6所示。

表6-6 自动往返送料小车各状态的三要素

状态（步）		状态继电器	驱动负载	转移条件	转移目标
0	初始状态	S0	无驱动负载	X000（SB1）、X001（SQ1）	S20
1	装料暂停	S20	输出线圈T0（定时5s）	T0	S21
2	第一次右行	S21	输出线圈Y000（右行）	X003（SQ3）	S22
3	卸料暂停	S22	输出线圈T0（定时10s）	T0	S23
4	第一次左行	S23	输出线圈Y001，（左行）	X001（SQ1）	S24
5	装料暂停	S24	输出线圈T1（定时5s）	T1	S25
6	第二次右行	S25	输出线圈Y000（右行）	X002（SQ2）	S26
7	卸料暂停	S26	输出线圈T2（定时15s）	T2	S27
8	第二次左行	S27	输出线圈Y001（左行）	X1（SQ1）	S0

④根据总的控制顺序要求，将各工作状态联系起来，构成状态转移图。根据控制顺序要求，绘制自动往返送料小车的状态转移图，如图6-22所示。图中S20、S21、S22、S23四个状态用于实现第一次自动往返送料，S24、S25、S26、S27四个状态用于实现第二次自动往返送料，两次自动往返之间没有复杂的联锁关系，转换成步进梯形图（见图6-23）。

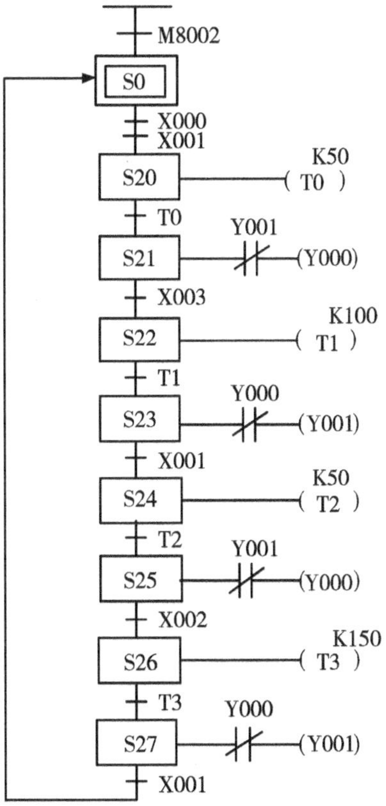

图6-22 自动往返送料小车的状态转移图

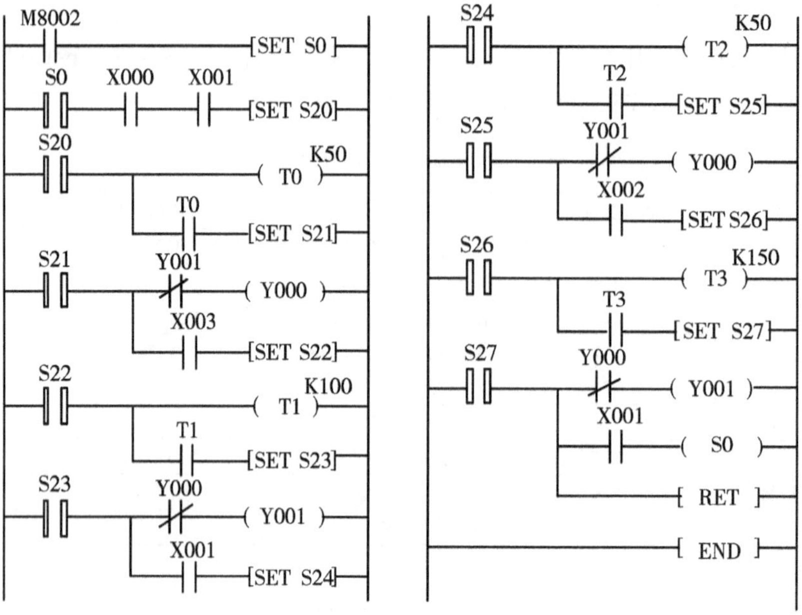

图6-23　自动往返送料小车的步进梯形图

⑤程序的仿真和调试。状态转移图可以在编程软件GX Works2中直接输入（或直接转换成步进梯形图后输入），并在编程软件上进行仿真调试和修改。如果有需要，在编程软件中也可以直接导出指令表程序。

6.5　选择性分支与汇合——正品和废品分拣系统的PLC控制

6.5.1　选择性分支与汇合

正品和废品分拣系统的 PLC 控制

选择性分支是从多条分支中，按照选择条件执行其中的某一条分支，不满足选择条件的分支不执行。

图6-24所示是一个由三条分支组成的选择性分支与汇合的状态转移图。其中S21为分支状态，根据分支选择条件X001、X004、X010来选择其中的一条分支进行处理。当X001条件为ON时，进入状态S22；当X004条件为ON时，进入S24状态；当X010条件为ON时，进入状态S30。X001、X004和X010不可以同时为ON。选择性分支的编程与一般状态的编程一样，首先进行驱动处理，然后根据转移条件顺序进行状态转移处理到转移目标。

在图6-24中，S26为汇合状态，状态S23或S25或S31根据各自的转移条件X003或X006或X012向汇合状态转移。

选择性分支与汇合的编程方法是先进行汇合前状态的输出处理，然后朝汇合状态进行转移处理。

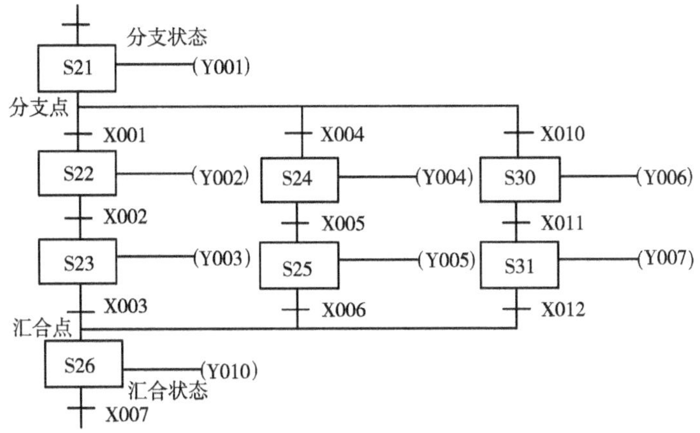

图6-24　选择性分支与汇合

选择性分支与汇合的状态转移图转换后的步进梯形图和指令表如图6-25所示。编程的原则是先集中处理分支状态，然后再集中处理汇合状态。分支状态的编程，先用STL指令激活S21状态，进行驱动处理Y001，然后根据转移条件，按照S22、S24、S30的顺序进行转移处理。汇合状态的编程，依次对S22/S23、S24/S25、S30/S31的状态进行汇合前的输出处理编程，然后按顺序从S23（第一分支）、S25（第二分支）、S30（第三分支）状态向汇合状态S26进行转移编程。一个初始状态下，选择性分支的流程数不能超过8条。

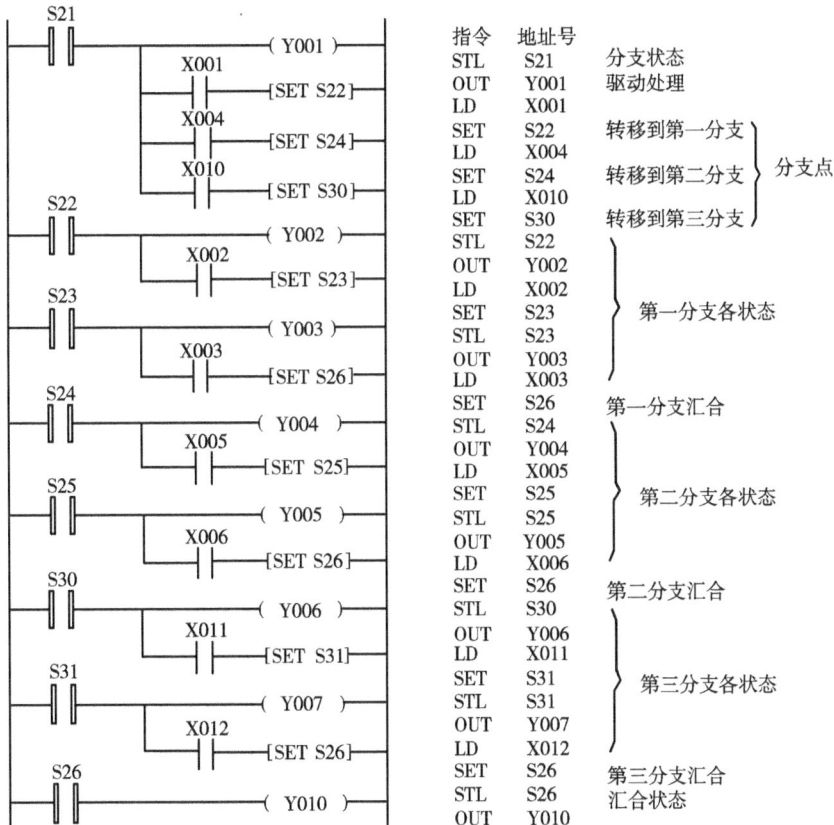

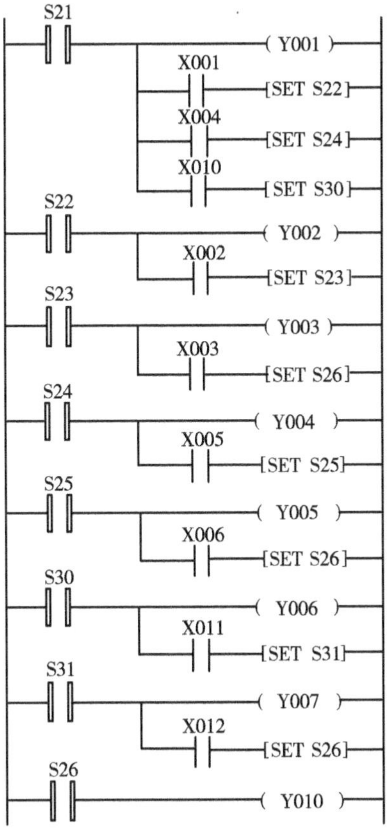

指令	地址号		
STL	S21	分支状态	
OUT	Y001	驱动处理	
LD	X001		
SET	S22	转移到第一分支	分支点
LD	X004		
SET	S24	转移到第二分支	
LD	X010		
SET	S30	转移到第三分支	
STL	S22	第一分支各状态	
OUT	Y002		
LD	X002		
SET	S23		
STL	S23		
OUT	Y003		
LD	X003		
SET	S26	第一分支汇合	
STL	S24	第二分支各状态	
OUT	Y004		
LD	X005		
SET	S25		
STL	S25		
OUT	Y005		
LD	X006		
SET	S26	第二分支汇合	
STL	S30	第三分支各状态	
OUT	Y006		
LD	X011		
SET	S31		
STL	S31		
OUT	Y007		
LD	X012		
SET	S26	第三分支汇合	
STL	S26	汇合状态	
OUT	Y010		

图6-25　选择性分支与汇合步进梯形图和指令表

6.5.2 正品和废品分拣系统的PLC控制

在机械生产过程中，产品加工过程中可能会出现废品，因此在后续中一般需要设置分拣处理环节进行正品与废品的分拣，该分拣系统是典型的选择性分支与汇合的结构形式。

如图6–26所示是一个钻削加工后工件的正品和废品的分拣系统。在钻床钻削加工完毕后，经检测如果工件是正品则放入仓库1，如果是废品则送入仓库2中。

1.正品和废品分拣系统的控制要求

钻削加工后，正品和废品分拣系统的具体控制要求分析如下：

①当起动按钮SB按下时，1号和2号输送带同时运行，料斗供给一个工件。

②当工件运送至钻机下方时，1号输送带停止，开始钻孔加工，钻孔完成后，检测钻孔工件是否异常。

③如果检测到工件是正常件，通过2号输送带直接送入正品仓库1中。

④如果检测到工件是异常件，则推出气缸动作，将工件推入废品仓库2中 。

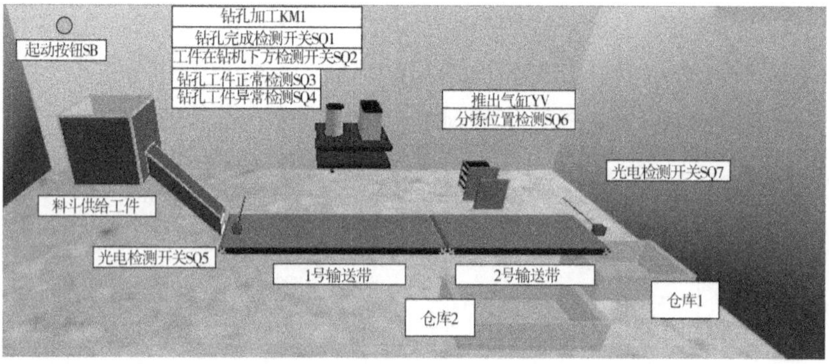

图6–26 正品和废品的分拣系统

2.正品和废品分拣系统PLC控制的设计过程

（1）分析控制要求，列出输入/输出元件地址表

根据前面的控制要求分析确定输入/输出元件，其中输入元件有钻孔完成检测开关SQ1、工件在钻机下方检测开关SQ2、钻孔工件正常检测开关SQ3、钻孔工件异常检测开关SQ4、料斗出口光电检测开关SQ5、分拣位置检测开关SQ6、出口光电检测开关SQ7和起动按钮SB，共8个。输出元件有料斗供给工件KM0、1号输送带电动机控制接触器KM1、钻孔加工控制接触器KM2、2号输送带电动机控制接触器KM3和推出气缸电磁阀YV，共5个。列出的输入/输出元件地址如表6–7所示。根据输入/输出元件地址选择PLC的类型为FX_{3U}–48MR。

表6–7 正品和废品分拣系统的输入/输出元件地址

输入（I）		输出（O）	
输入元件	输入继电器	输出元件	输出继电器
钻孔完成检测开关SQ1	X000	料斗供给工件KM0	Y000
工件在钻机下方检测开关SQ2	X001	1号输送带电动机控制接触器KM1	Y001

续表

输入（I）		输出（O）	
输入元件	输入继电器	输出元件	输出继电器
钻孔工件正常检测开关SQ3	X002	钻机钻孔加工控制接触器KM2	Y002
钻孔工件异常检测开关SQ4	X003	2号输送带电动机控制接触器KM3	Y003
料斗出口光电检测开关SQ5	X004	推出气缸电磁阀YV	Y005
分拣位置检测开关SQ6	X005		
出口光电检测开关SQ7	X010		
起动按钮SB	X020		

（2）绘制PLC外部接线图

根据表6-7中的输入/输出元件地址，绘制PLC外部接线图，如图6-27所示。输入元件：行程开关SQ1 ～ SQ7和起动按钮SB，采用汇点式输入接法，统一将另一端接PLC输入侧的0V位置；24V端口和S/S端口相连。输出元件：根据输出电压不同，分成两组，其中料斗供给工件KM0、1号输送带KM1、钻机钻孔加工KM2和2号输送带KM3，接在COM1口，接AC 110V电源；推出气缸电磁阀YV接DC 24V电源，接在COM2口。

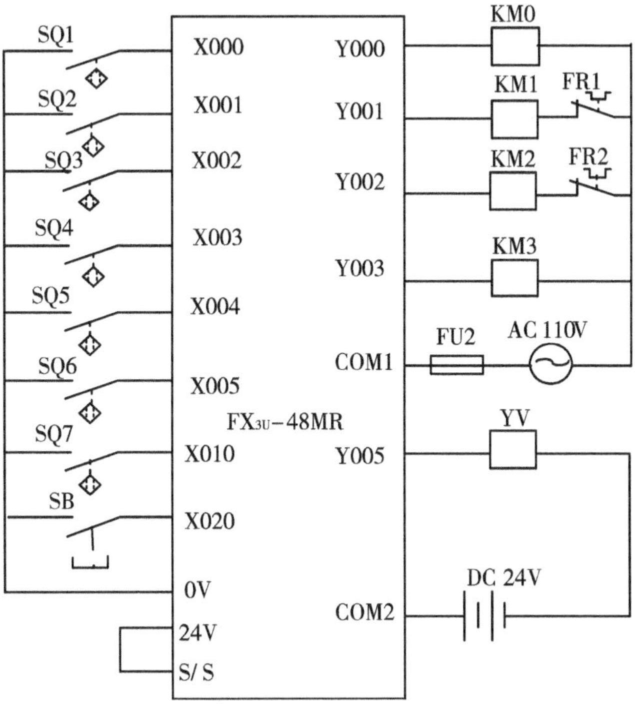

图6-27 正品和废品分拣系统的PLC外部接线图

（3）状态转移图的建立

①将复杂的任务或过程分解为若干个状态。根据控制过程要求分为初始状态、料斗供给工件、钻孔加工、暂停并检测、工件正常处理、工件异常处理和分拣气缸工作等7个状态。

②对每个状态分配状态继电器，如表6-8所示。

③弄清各状态的工作细节，确定各个状态的驱动负载、转移条件和转移目标三要素，如表6-8所示。

表6-8　正品和废品分拣系统各状态的三要素

状态（步）		状态继电器	驱动负载	转移条件	转移目标
0	初始状态	S0	无驱动负载	X020（SB）	S20
1	料斗供给工件	S20	输出线圈Y000（料斗供给工件） 输出线圈Y001（1号输送带） 输出线圈Y003（2号输送带）	X001（工件至钻机下方检测）	S21
2	钻孔加工	S21	输出线圈Y002（钻孔加工）	X000（钻孔完成检测）	S22
3	暂停并检测	S22	输出线圈T0（定时1s）	T0、X002（钻孔工件正常）	S23
				T0、X003（钻孔工件异常）	S24
4	工件正常处理	S23	输出线圈Y001（1号输送带） 输出线圈Y003（2号输送带）	X005（入库光电检测）	S20
5	工件异常处理	S24	输出线圈Y001（1号输送带） 输出线圈Y003（2号输送带）	X010（分拣气缸位置检测）	S25
6	分拣气缸工作	S25	输出线圈Y005（分拣气缸） 输出线圈T1（定时1s）	T1	S20

④根据总的控制顺序要求，将各工作状态联系起来，构成状态转移图。根据控制顺序要求，绘制钻削加工正品和废品分拣系统的状态转移图，如图6-28所示。图中S23状态是正品工件的分拣流程，S24和S25两个状态是废品工件的分拣流程。

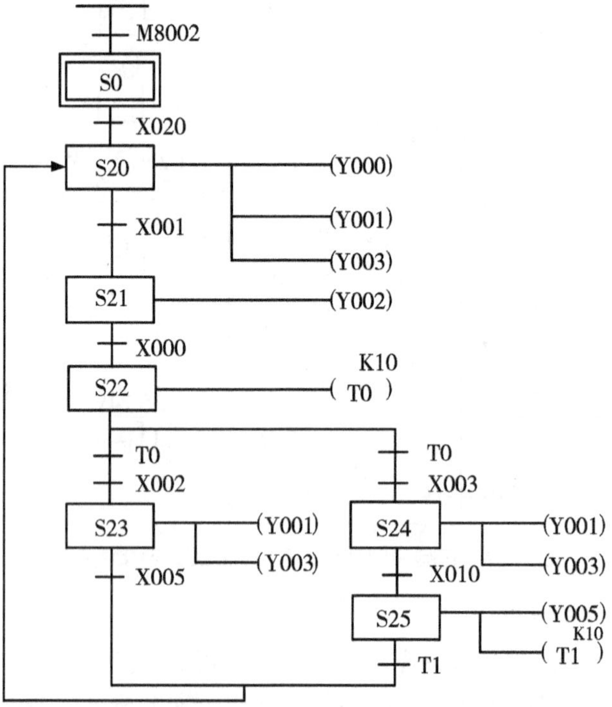

图6-28　正品和废品分拣系统的状态转移图

⑤程序的仿真与调试。正品和废品分拣系统的状态转移图在编程软件GX Works2中可以直接输入，并在该编程软件上完成仿真调试。指令表程序可以直接导出。

正品和废品分拣系统的指令表

6.6 并行性分支与汇合——按钮式人行横道系统的PLC控制

6.6.1 并行性分支与汇合

按钮式人行横道交通系统的 PLC 控制

当满足条件后多个分支流程同时执行的称为并行性分支。如图6-29所示，这是一个由三条分支组成的并行性分支与汇合的状态转移图，图中S21为分支状态，S26为汇合状态，图中的水平双线表示并行工作。当转移条件X001接通时，由状态S21分三路同时进入状态S22、S24和S30，三个分支并行工作。当三个分支流程全部处理完毕后，状态S23、S25、S31接通，并且汇合转移条件X004满足时，S26状态置位后激活，S23、S25和S31同时复位。这种汇合，有时又叫作排队汇合（即先执行完的分支流程保持动作，直到全部分支流程执行完成，汇合才结束）。

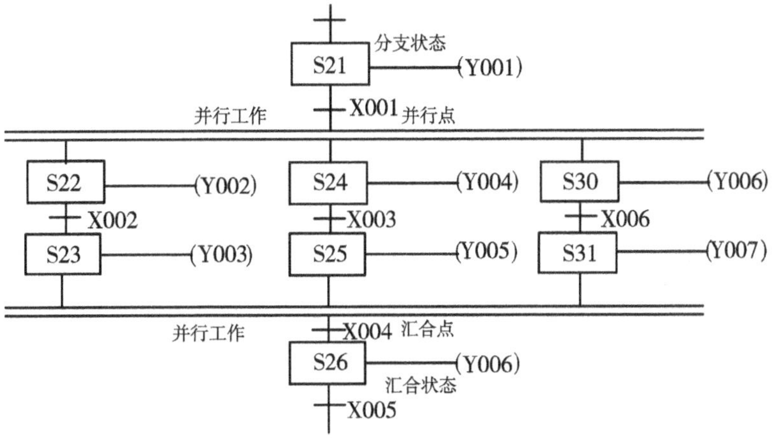

图6-29 并行性分支与汇合状态转移图

将如图6-29所示的并行性分支与汇合状态转移图转换成步进梯形图和指令表，如图6-30所示。

并行性分支与汇合的编程原则是先集中处理并行分支，再集中处理汇合状态。分支状态的编程：先对并行分支状态的线圈驱动处理，然后用并行条件对各并行分支第一个状态激活转移编程。先驱动处理Y001，然后根据转移条件X001，同时置位S22、S24和S30，然后依次进行各分支状态的编程处理。即对第一分支S22、S23，第二分支S24、S25，第三分支S30、S31分别依次进行编程处理。汇合状态的编程：先进行各分支的编程处理，再根据各并行分支最后的运行状态和汇合条件激活S26进行编程。在S23、S25和S31状态同时接通后（在图6-30中体现为S23、S25和S31三个STL触点串联），转移条件X004满足后，向汇合状态S26转移编程。STL指令最多只能连续使用8次。

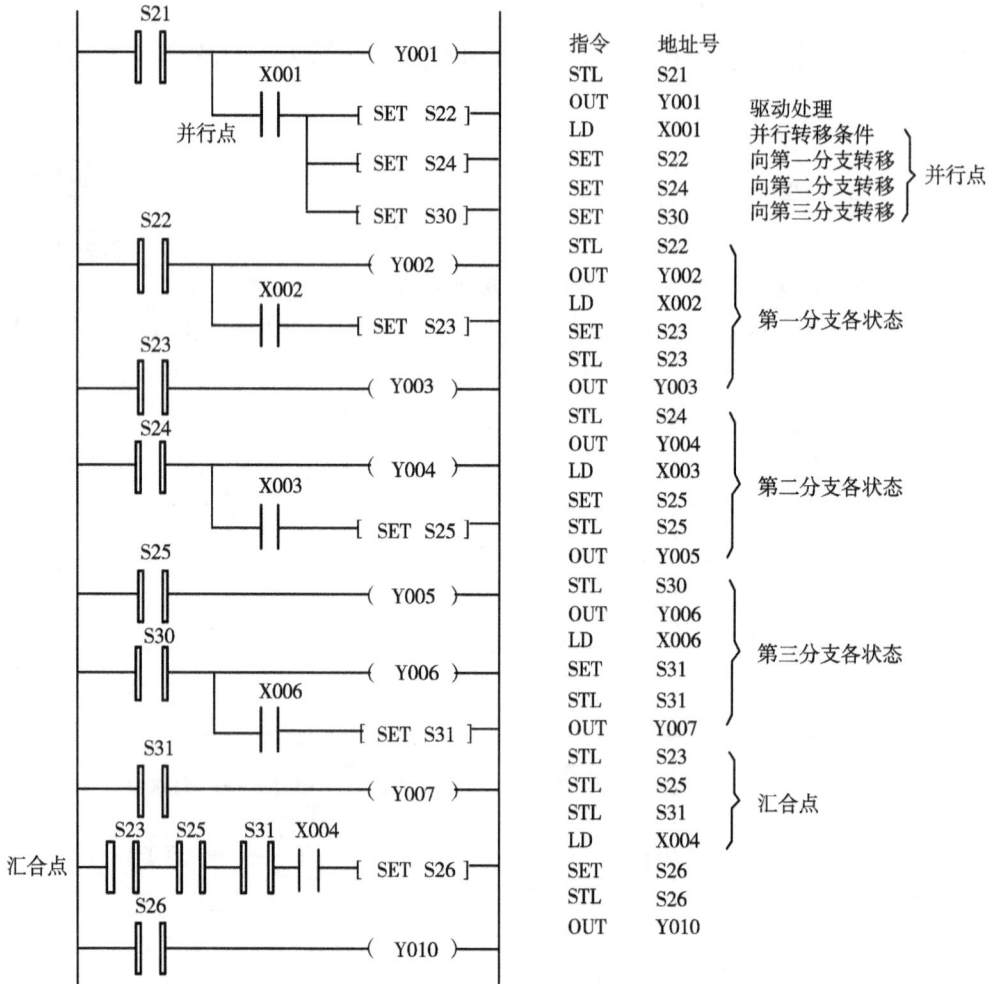

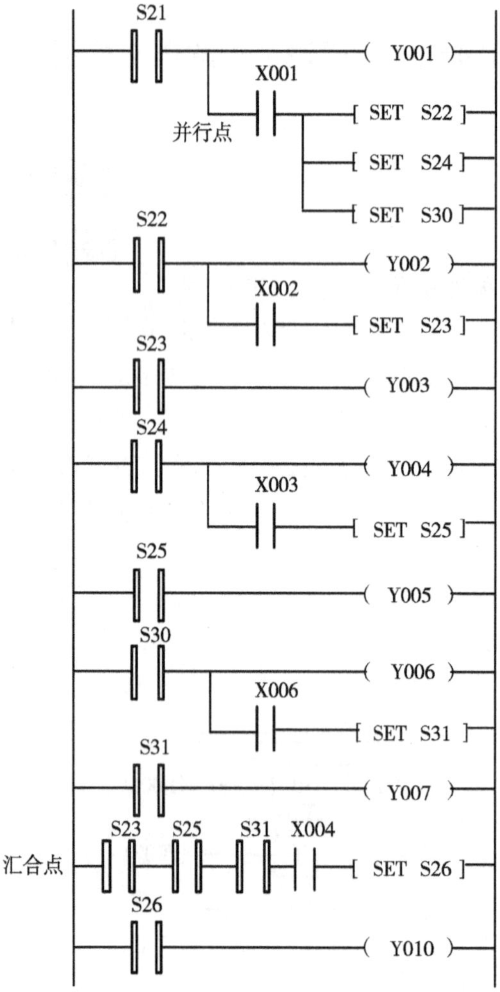

指令	地址号	
STL	S21	
OUT	Y001	驱动处理
LD	X001	并行转移条件（并行点）
SET	S22	向第一分支转移（并行点）
SET	S24	向第二分支转移（并行点）
SET	S30	向第三分支转移（并行点）
STL	S22	第一分支各状态
OUT	Y002	第一分支各状态
LD	X002	第一分支各状态
SET	S23	第一分支各状态
STL	S23	第一分支各状态
OUT	Y003	第一分支各状态
STL	S24	第二分支各状态
OUT	Y004	第二分支各状态
LD	X003	第二分支各状态
SET	S25	第二分支各状态
STL	S25	第二分支各状态
OUT	Y005	第二分支各状态
STL	S30	第三分支各状态
OUT	Y006	第三分支各状态
LD	X006	第三分支各状态
SET	S31	第三分支各状态
STL	S31	第三分支各状态
OUT	Y007	第三分支各状态
STL	S23	汇合点
STL	S25	汇合点
STL	S31	汇合点
LD	X004	汇合点
SET	S26	
STL	S26	
OUT	Y010	

图6-30　并行性分支与汇合的步进梯形图和指令表

并行分支的汇合最多只能实现8个分支的汇合，如图6-31所示。

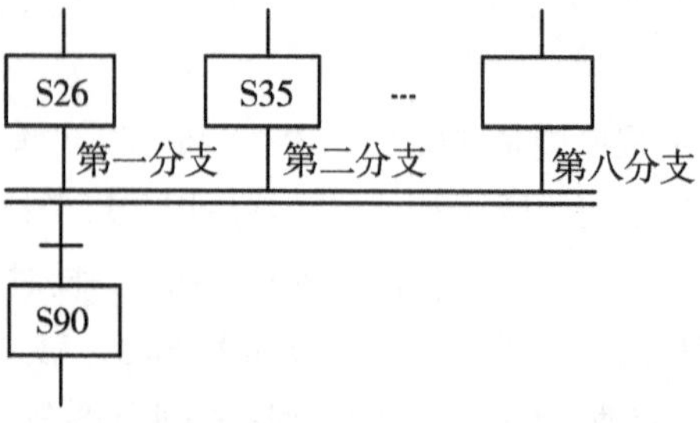

图6-31　并行性分支的汇合数量

在并行性分支与汇合流程中，并联分支后不能使用选择转移条件※，在转移条件*后不允许并行汇合，图6-32（a）应改成图6-32（b）后才可以编程。

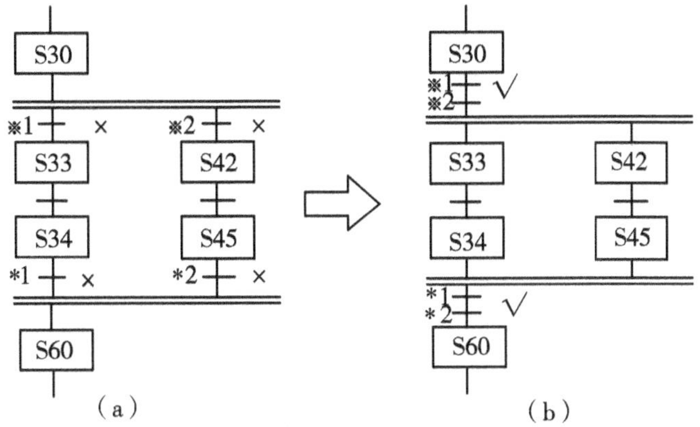

图6-32　并行性分支与汇合转移条件的处理

6.6.2　按钮式人行横道交通系统的PLC控制

在车辆不多、行人不够密集的路口，通常设置按钮式人行横道交通系统，行人需要过马路时，只需摁下人行横道路口前柱子上方的请求式按钮，待行人过街绿灯亮起后即可安全通行。由于交通灯系统中的红绿灯要求四个方向必须同时亮灯，因此按钮式人行横道交通系统可以采用并行式分支与汇合的结构形式进行编程。

图6-33是按钮式人行横道交通系统示意图，其中东西向是车道，南北方向是人行横道。如果没有行人通过交通路口，车道将一直保持绿灯亮，人行横道一直保持红灯亮。如果有行人要通过路口，先按动南北灯柱上的过街请求按钮，等南北方向为绿灯时，行人才可以通过，延时一段时间后，继续恢复南北方向的红灯亮、东西方向的绿灯亮。

图6-33　按钮式人行横道交通系统

1.按钮式人行横道交通系统的控制要求

将人行横道交通系统进行展开后，得到如图6-34所示的平面示意图。各个交通灯的时序图如图6–35所示。结合两图，可知人行横道红绿灯控制要求如下：

①没有行人时，车道绿灯HL1一直点亮，人行横道红灯HL4一直点亮。

②有行人要过人行横道时，人行横道交通系统的控制要求如图6–35的时序图所示。当按下过街请求按钮SB1或SB2时，车道绿灯HL1点亮30s后熄灭，车道黄灯HL2点亮，10s后车道红灯HL3点亮，此时人行横道红灯HL4还是点亮状态。

③当车道红灯HL3点亮5s后，人行横道红灯HL4熄灭，人行横道绿灯HL5点亮。

④当人行横道绿灯HL5点亮15s后，绿灯闪烁5次，闪烁周期为1s，即ON 0.5s、OFF 0.5s，人行横道红灯HL4点亮，行人禁止过马路。5s后车道红灯HL3熄灭，车道绿灯HL1点亮。

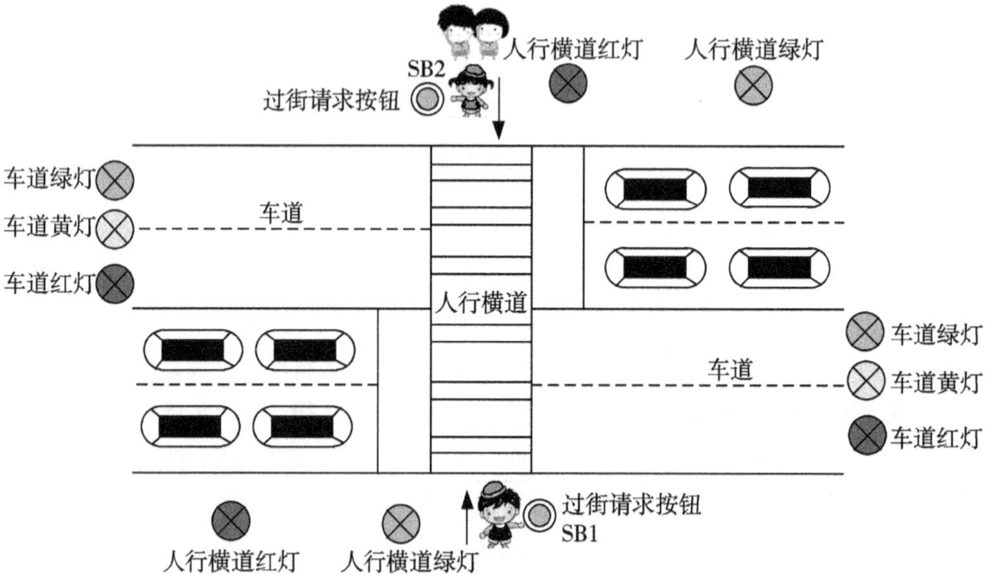

图6–34 人行横道交通系统平面示意图

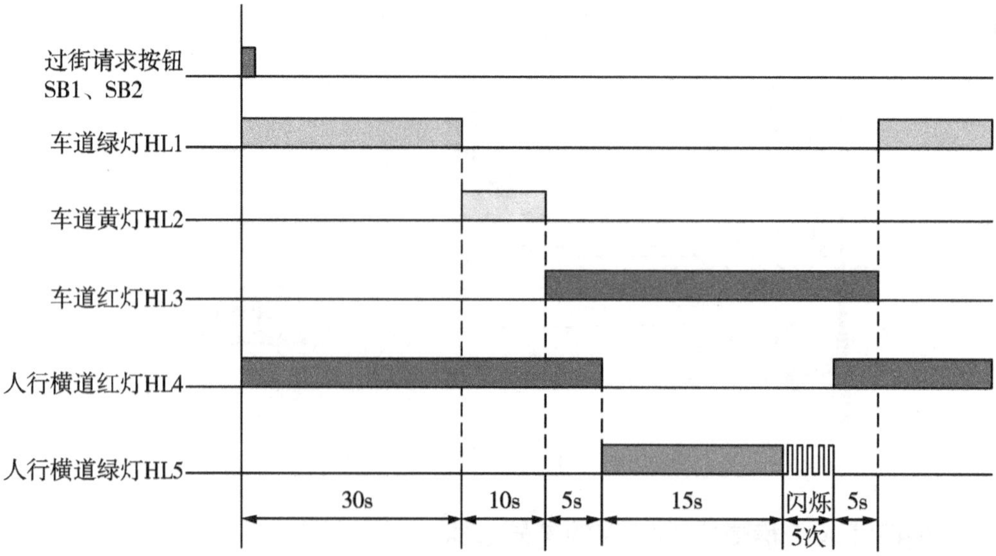

图6–35 人行横道交通系统运行时序图

2.按钮式人行横道交通系统的PLC控制设计过程

（1）控制要求分析，列出输入/输出元件地址表

为了行人能安全过马路，输入元件有在南北两个方向上设置的过街请求按钮SB1和SB2；输出元件有东西车道的红灯HL1、黄灯HL2和绿灯HL3，南北人行横道红灯HL4和绿灯HL5，共5个。列出的输入/输出元件地址见表6-9。根据输入/输出的总点数，选择PLC的类型为FX_{3U}-32MR。

表6-9 按钮式人行横道交通系统的输入/输出元件地址

输入（I）		输出（O）	
输入元件	输入继电器	输出元件	输出继电器
过街请求按钮SB1	X000	车道红灯HL1	Y001
过街请求按钮SB2	X001	车道黄灯HL2	Y002
		车道绿灯HL3	Y003
		人行横道红灯HL4	Y004
		人行横道绿灯HL5	Y005

（2）设计并绘制PLC外部接线图

根据表6-9中的输入/输出元件地址，绘制PLC外部接线图。如图6-36所示，依次绘制左边的过街请求按钮SB1和SB2，采用汇点式接线方式接到0V位置。由于双向的灯是同时运行的，输出接线中车道红灯HL1、黄灯HL2和绿灯HL3，人行横道红灯HL4和绿灯HL5，均采用并联连接，之后接COM1口和COM2口，接交流220V电源。

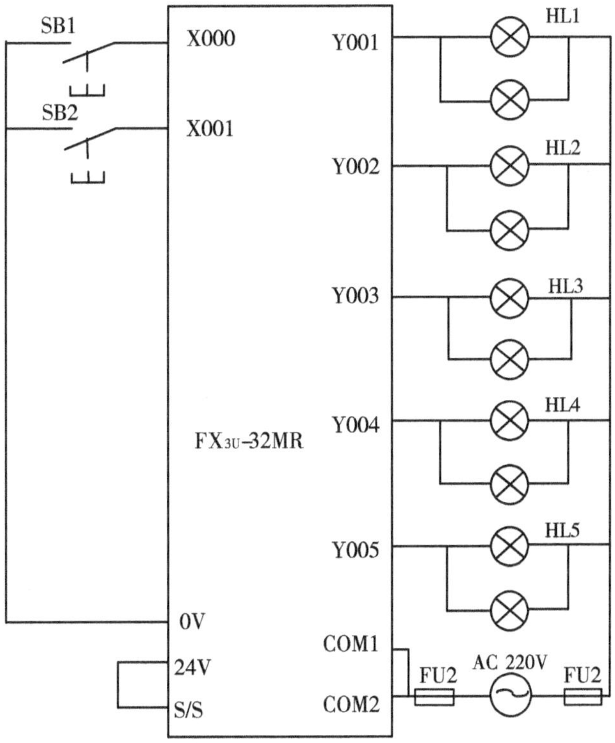

图6-36 按钮式人行横道交通系统PLC外部接线图

（3）状态转移图的建立

根据控制过程要求可知，人行横道交通系统的工作状态分为初始状态、车道绿灯、车道黄灯、车道红灯等9个状态。对每个状态分配状态继电器，同时弄清各状态的工作细节，确定各状态的三要素。按钮式人行横道交通灯系统各状态的三要素如表6-10所示。

表6-10　按钮式人行横道交通系统各状态的三要素

状态（步）		状态继电器	驱动负载	转移条件	转移目标
0	初始状态	S0	Y001线圈复位、输出线圈Y003（车道绿灯）、输出线圈Y005（人行横道红灯）	X000（SB1）、X001（SB2）	S20 S30
1	车道绿灯	S20	输出线圈Y003（车道绿灯）、T0（定时30s）	T0	S21
2	车道黄灯	S21	输出线圈Y002（车道黄灯）、T1（定时10s）	T1	S22
3	车道红灯	S22	输出线圈Y001（车道红灯）、T2（定时5s）	T6	S0
4	人行横道红灯	S30	输出线圈Y004（人行横道红灯）	T2	S31
5	人行横道绿灯	S31	输出线圈Y005（人行横道绿灯）、T3（定时15s）	T3	S32
6	人行横道绿灯暂停	S32	输出线圈T4（定时0.5s）	T4	S33
7	人行横道绿灯闪烁	S33	输出线圈T5（定时0.5s）、Y005（人行横道绿灯）闪烁5次	T5、C0	S34
8	人行横道红灯	S34	输出线圈Y004（人行横道红灯）、T6（定时5s）	T6	S0

初始状态是在没有行人的情况下，驱动负载为车道红灯Y001线圈复位、车道绿灯Y003和人行横道红灯Y005输出。转移条件为有行人按下过街请求按钮SB1（X000）或SB2（X001），此时将同时切换到S20、S30并行工作状态。

（4）状态转移图的绘制

根据总的控制顺序要求，参照表6-10将各工作状态联系起来，绘制人行横道交通系统的状态转移图，如图6-37所示。图中S20、S21、S22三个状态用于实现车道红、黄、绿灯的运行，S30、S31、S32、S33、S34五个状态用于实现人行横道红、绿灯的运行。其中在S33处有一个选择性分支，是人行横道绿灯闪烁5次所采用的局部重复动作。

状态转移图可在编程软件中直接输入，也可转换成步进梯形图后进行输入，并且可以直接在编程软件上进行仿真调试并修改。

按钮式人行横道交通系统指令表

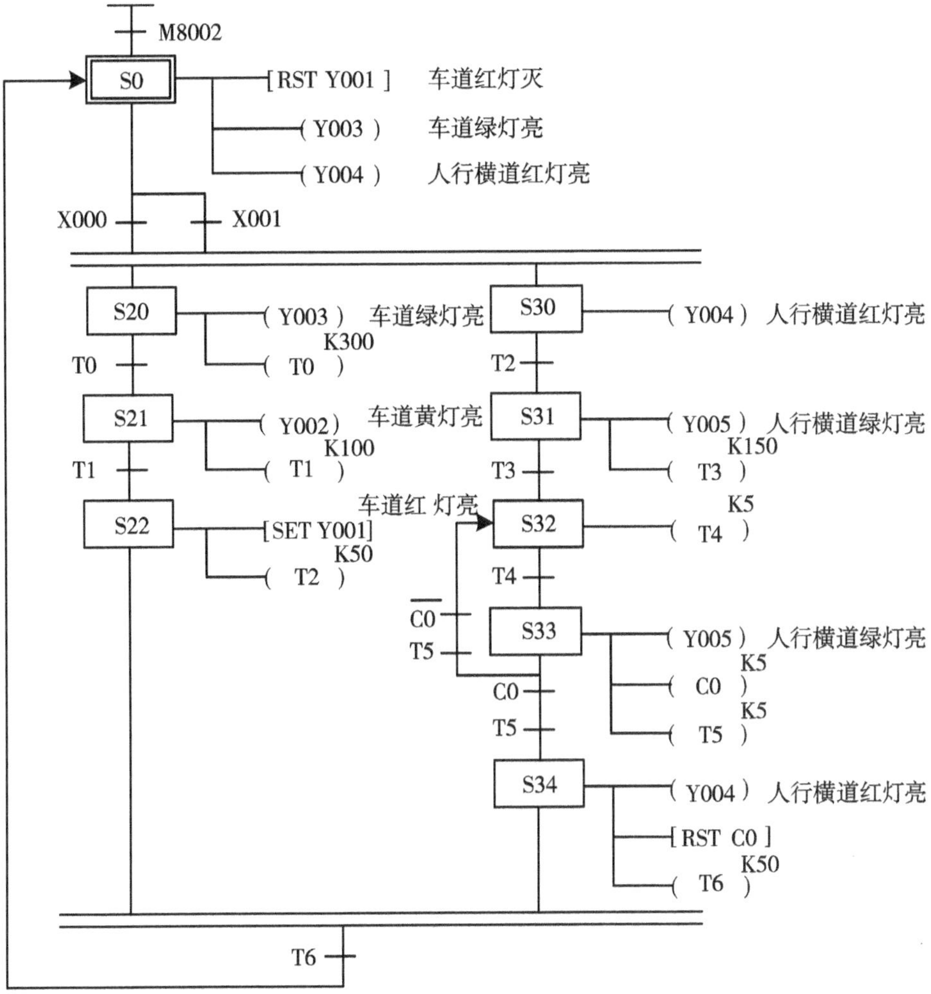

图6-37 按钮人行横道交通系统状态转移图

6.7 跳步与循环——液体混合搅拌系统的PLC控制

复杂的PLC控制系统不仅I/O点数多，状态转移图也相当复杂，除包括前面介绍的基本结构形式的状态转移图外，还包括跳转与循环控制，而且控制系统往往还要求设置多种工作方式，如手动和自动（包括连续、单周期、单步等）等工作方式。手动程序比较简单，一般采用经验法设计法，自动程序的设计一般采用顺序控制设计法。

分支汇合组合流程及虚设状态

6.7.1 跳步与循环

跳步与循环是选择性分支的一种特殊形式。如果满足某一转移条件，程序跳过几个状态往下继续执行，这是正向跳步；如果程序要返回到上面某个状态再开始往下继续执行，这是逆向跳步，也称作循环。任何复杂的控制过程均可以由选择、并行、跳步和循环四种结构组合而成。

跳步与循环都为顺序不连续转移，状态转移不能用SET指令，而需用OUT指令，并要在状态转移图中用“↓”符号表示转移目标。

1.跳步

如图6-38所示，当S31是活动状态，并且X005条件满足时，将跳过状态S32，由S31直接到状态S33。这种跳步与S31→S32→S33等组成的“主序列”中有向连线的方向相同，称为正向跳步。

当S34是活动状态，并且转换条件X004 · $\overline{C1}$=1时，将从状态S34返回到状态S33，这种跳步与“主序列”中有向连线的方向相反，称为逆向跳步。显然，跳步属于选择序列的一种特殊情况。

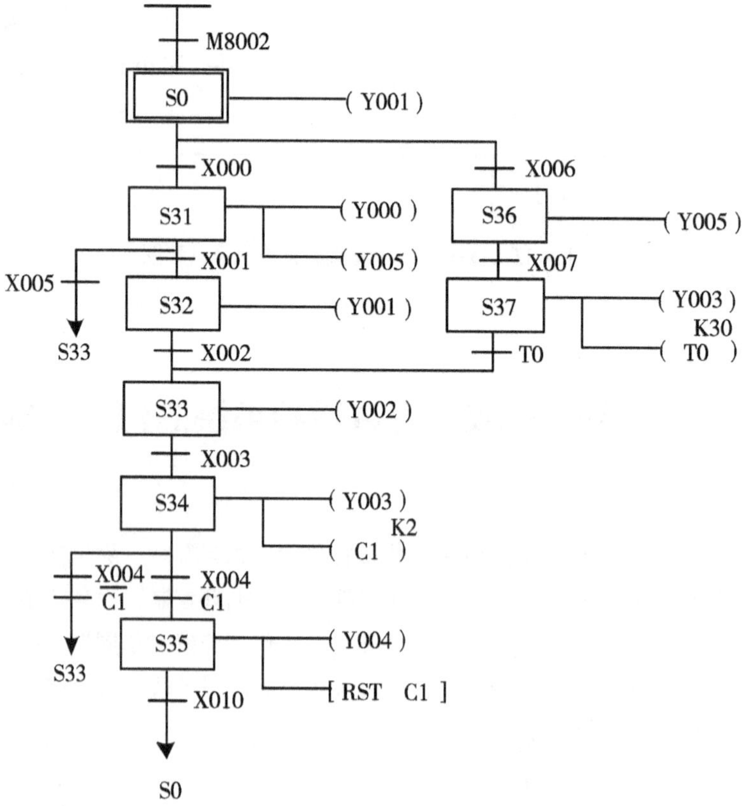

图6-38 含有跳步和循环的状态转移图

2.循环

在设计梯形图程序时，经常遇到一些需要多次重复的操作，如果一次一次地编程，显然是非常繁琐的。这时常常采用循环的方式来设计状态转移图和梯形图，如图6–38所示。假设要求重复执行2次由状态S33和状态S34组成的工艺过程，用C1控制循环次数，它的设定值等于循环次数2。每执行一次循环，在状态S34中使C1的当前值加1，这一操作是将S34的常开触点接在C1的计数脉冲输入端来实现的，当S34变为活动步时，S34的常开触点由断开变为接通，使C1的当前值加1。每次执行循环的最后一步，都根据C1的当前值是否为2来判别是否应结束循环，图中用状态S34之后的选择性分支来实现。假设X004满足，如果循环没有结束，C1的常闭触点闭合，转换条件$X004 \cdot \overline{C1}=1$满足并返回状态S33；当C1的当前值为2时，其常开触点接通，转换条件$X004 \cdot C1=1$满足，将由状态S34转移到状态S35。

在循环程序执行之前或执行完后，应将控制循环的计数器复位，才能保证下次循环时计数。复位操作应放在循环之外，图6–38中计数器C1复位放在状态S0和状态S35均可。

6.7.2 液体混合搅拌系统的PLC控制

液体混合搅拌系统如图6–39所示，该系统中有三个进料阀分别控制液体A、液体B和液体C进入罐体中，搅拌电动机M在液体进入后进行搅拌，搅拌后的液体经出料阀送出。罐体上装有三个液位检测传感器SQ1、SQ2、SQ3，分别检测罐内液体的液位高、中、低信号。

操作面板上设有一个混料配方选择开关SA，用于选择配方1和2，设有起动按钮SB1和停止按钮SB2。按下起动按钮SB1后，液体混合装置按给定的工艺流程开始运行，连续做三次循环后自动停止，如果中途按停止按钮SB2，液体混合装置完成一次循环后才能停止工作。

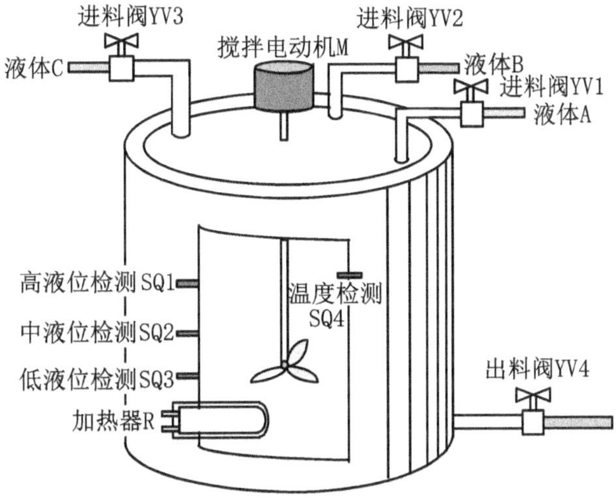

图6–39 液体混合搅拌系统

1.液体混合搅拌系统的工艺流程和控制要求

液体混合搅拌系统的具体工艺流程如下：

（1）初始状态

罐体内液体为空，进料阀YV1、YV2、YV3和出料阀YV4均处于关闭状态，搅拌电动机M停止，加热器R不加热。高、中、低三个液位检测开关均无信号，温度传感器此时无信号。

（2）起动运行

选择配方1：（配方选择开关SA闭合为配方1，断开为配方2）按下起动按钮SB1，进料阀YV1打开注入液体A，当液面达到SQ2时，关闭进料阀YV1，打开进料阀YV2注入液体B，当液面到达SQ1时，关闭进料阀YV2。搅拌电动机M开始运行，10s后停止，加热器R开始加热，当液体温度达到70℃时，加热器R停止加热，出料阀YV4打开放出混合液体。当液面降低至SQ3时，再过5s后，罐体内液体放空，出料阀YV4关闭。

选择配方2：按下起动按钮SB1，进料阀YV1打开注入液体A，当液面达到SQ2时，关闭进料阀YV1，打开进料阀YV3注入液体C，当液面到达SQ1时，关闭进料阀YV3。搅拌电动机开始运行，15s后停止。出料阀YV4打开放出混合液体。当液面降低至SQ3时，再过5s后，罐体内液体放空，出料阀YV4关闭。

（3）停止运行

当按下停止按钮SB2时，系统完成当前的工作周期后停在初始状态。

2.液体混合搅拌系统的PLC控制设计过程

（1）分析控制要求，确定输入/输出元件地址表

根据工艺和控制要求分析，确定输入元件有2个按钮（SB1和SB2）、3个液位检测开关（SQ1、SQ2和SQ3），以及温度检测开关SQ4、配方选择开关SA，共7个；输出元件有3个进料阀（YV1、YV2、YV3）、出料阀YV4、搅拌电动机M控制接触器KM和加热器R控制继电器KA，共6个。相应的输入/输出元件地址如表6–11所示。根据输入/输出的总点数，选择PLC的类型为FX_{3U}–32MR。

表 6–11　液体混合搅拌系统的输入 / 输出元件地址

输入（I）		输出（O）	
输入元件	输入继电器	输出元件	输出继电器
高液位检测开关SQ3	X000	进料阀YV1	Y000
中液位检测开关SQ2	X001	进料阀YV2	Y001
低液位检测开关SQ1	X002	进料阀YV3	Y002
起动按钮SB1	X003	出料阀YV4	Y003
停止按钮SB	X004	搅拌电动机M控制接触器KM	Y004
配方选择开关SA	X005	加热器R控制继电器KA	Y005
温度检测开关SQ4	X006		

3.绘制PLC外部接线图

根据输入/输出元件地址绘制PLC外部接线图，如图6–40所示。

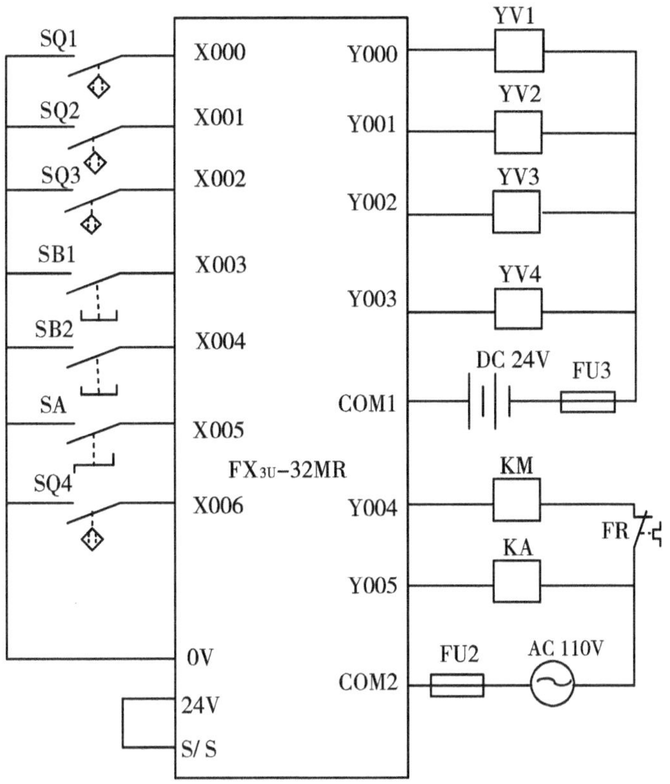

图6-40 液体混合搅拌系统的外部接线图

（2）状态转移图的建立

首先将复杂的过程分解为若干个状态。根据控制过程要求可知，液体混合搅拌系统的工作状态分为初始状态、进液体A、进液体B、进液体C、搅拌、加热和出料等9个状态。对每个状态分配状态继电器。同时弄清各状态的工作细节，确定各状态的三要素。液体混合搅拌系统各状态的三要素如表6-12所示。

表 6-12 液体混合搅拌系统各状态的三要素

状态（步）	状态继电器	驱动负载	转移条件	转移目标
初始状态	S0	复位计数器C1	起动按钮SB1（X003）	S20
进液体A	S20	进料阀YV1（Y000）	中液位检测开关SQ2（X001）配方选择开关SA合（配方1）	S21
			中液位检测开关SQ2（X001）配方选择开关SA开（配方2）	S30
进液体B	S21	进料阀YV2（Y001）	高液位检测开关SQ1（X000）	S22
搅拌（配方1）	S22	搅拌电动机M（Y004）定时器T0延时10s	延时时间到T0	S23
加热	S23	加热器R（Y005）	加热温度到达70℃，温度检测开关SQ4（X006）	S24
出料	S24	出料阀YV4（Y003）	低液位检测开关SQ3（X002）	S25
进液体C	S30	进料阀YV3（Y002）	高液位检测开关SQ1（X000）	S31
搅拌（配方2）	S31	搅拌电动机M（Y004）定时器T1延时15s	延时时间到T1	S24

续表

状态（步）	状态继电器	驱动负载	转移条件	转移目标
延时排空	S25	定时器T2延时5s 计数3次	延时时间到T2，未按下停止按钮（X004），计数未满3次	S20
			延时时间到T2，计数满3次	S0
			按下停止按钮SB2（X004）	

5.状态转移图的绘制

为了实现按下停止按钮SB2后液体混合装置需完成一个周期才能停止的功能，设置自锁电路记忆停止信号的梯形图，该梯形图独立于状态转移图，如图6–41所示。

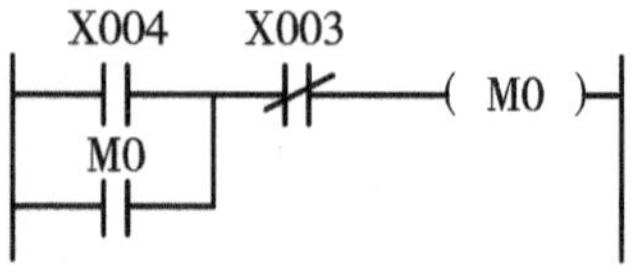

图6–41　记忆停止信号梯形图

根据总的控制顺序要求，将各工作状态联系起来，绘制液体混合搅拌系统的状态转移图，如图6–42所示。图中S21、S22、S23三个状态是配方1的混合过程，S30、S31两个状态是配方2的混合过程。其中S20是选择性分支状态，S24是汇合状态。该状态转移图可在编程软件GX Works 2中进行仿真调试。

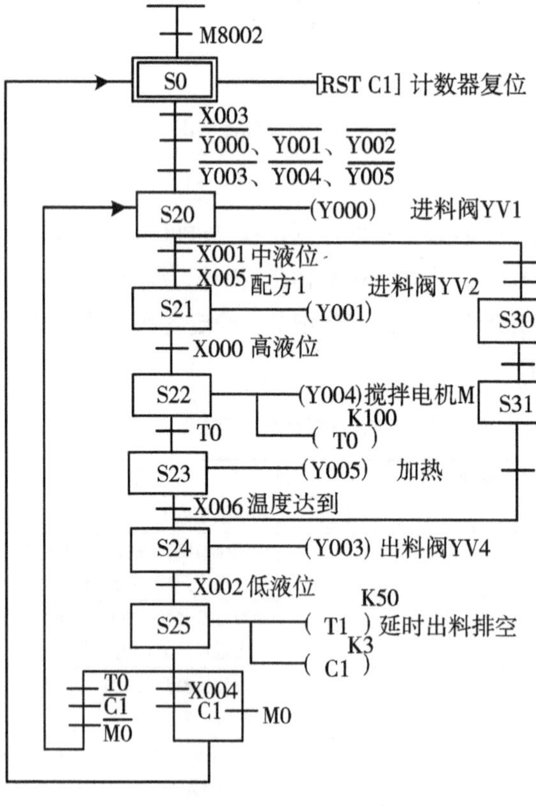

图6–42　液体混合搅拌系统的状态转移图

液体混合搅拌系统指令表

习题与思考

一、选择题

1.STL指令的操作元件为（　　）。

A.定时器T　　B.计数器C

C.辅助继电器M　　D.状态继电器S

2.PLC中步进触点返回指令RET的功能是（　　）。

A.程序的复位指令

B.程序的结束指令

C.将步进触点由子母线返回到原来的左母线

D.将步进触点由左母线返回到原来的副母线

3.选择序列或并行序列的每个分支点最多允许（　　）个回路。

A.2　　B.16　　C.4　　D.8

4.在STL步进梯形图中，S0 ～ S9的功能是（　　）。

A.初始化状态　　B.回原点　　C.报警状态　　D.通用状态

二、判断题

1. STL指令可以与MC-MCR指令一起使用。（　　）

2.在步进梯形图中，一般状态元件必须在其状态后加入STL指令才能驱动。（　　）

3.状态元件S在不作为步进指令的目标元件时，具有一般辅助继电器的功能。（　　）

4.在步进梯形图中，不允许出现双线圈输出。（　　）

5.并行分支与汇合的编程是先集中进行并行分支处理，后进行向汇合状态的处理。（　　）

三、思考题

1.绘制状态转移图的步骤有哪些?

2.某控制系统有四台电动机M1 ～ M4，其控制要求如下：按下起动按钮SB1，M1和M3同时起动，M1起动延时5s后M2起动；M3起动延时10s后M4起动；按下停止按钮SB2，M1停车；M1停车后，再延时20s，M2、M3、M4同时停车。要求列出输入/输出元件地址表，绘制外部接线图并用步进指令设计控制程序。

3.按下按钮SB，绿灯亮；绿灯亮18s后，变为黄灯亮，绿灯熄灭；黄灯亮8s后，闪动三次（间隔1s）后熄灭；接着红灯亮，红灯亮6s后熄灭。要求列出输入/输出元件地址表，绘制外部接线图并用步进指令设计控制程序。

4.将如习图6-1所示状态转移图转换成指令表。

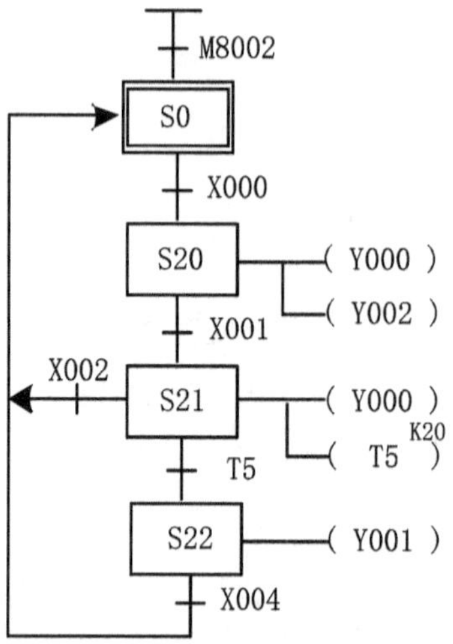

习图6-1

5.设计钻孔动力头控制程序。某冷加工生产线上有一个钻孔动力头，该动力头的控制要求如下：

（1）初始时，动力头停在原位，限位开关SQ1动作，按下起动按钮SB，电磁阀YV1接通，动力头快进。

（2）动力头快进至限位开关SQ2处，电磁阀YV1和YV2接通，动力头由快进转为工进。

（3）动力头工进至限位开关SQ3处，开始定时10s。

（4）定时时间到，电磁阀YV3接通，动力头快退。

（5）动力头退回原位时，限位开关SQ1动作，动力头停止工作。

要求列出输入/输出元件地址表，绘制外部接线图并用步进指令设计控制程序。

第7章

PLC的应用指令

知识点	●PLC 应用指令的类型、格式和要素。 ●程序流程控制指令。 ●传送比较类指令。 ●算术逻辑运算指令。 ●循环移位和高速处理指令。 ●触点形式比较指令。
重点难点	◆重点：PLC 各应用指令的指令格式、实现功能和应用。 ◆难点：应用指令的编程应用。
学习要求	★熟练掌握条件跳转、子程序调用、传送与比较、四则运算、循环移位、高速处理和触点比较指令的功能和应用。 ★理解 PLC 应用指令的要素、脉冲型指令、16 位 /32 位指令。 ★了解应用指令的类型和格式要求。
问题引导	☆应用指令的作用是什么？ ☆如何采用应用指令实现控制要求？ ☆应用指令是如何编程实现控制功能的？

对于一般的工业控制电路，采用PLC的基本指令和步进指令进行逻辑处理就可以满足控制要求。但是对于复杂的现代工业自动化控制系统，通常需要实现数据处理、过程控制和特殊处理等功能，用基本的逻辑顺序控制无法完成控制要求。因此，20世纪80年代以后，PLC制造商在小型PLC中逐步加入一些应用指令（Applied Instruction，也称为功能指令，Functional Instruction），用于数据的传送、运算、变换及程序流程控制等。

应用指令是可编程控制器数据处理能力的标志。由于数据处理远比逻辑处理复杂，应用指令无论从梯形图的表达形式上，还是从涉及的机内器件种类及信息的数量上都有一定的特殊性。三菱FX_{3U}系列PLC有程序流程控制、数据传送与比较、算术与逻辑运算、移位和循环、数据处理共200多条应用指令。由于篇幅的限制，本章仅结合实例对比较常用的应用指令作详细介绍。

应用指令汇总表

7.1 应用指令概述

应用指令概述

7.1.1 应用指令的类型

FX_{3U}系列PLC的应用指令依应用功能的不同，分为程序流程、传送与比较、四则逻辑运算、数据处理、定位控制、外部I/O设备、时钟处理等20多类。

按照应用指令的使用情况不同，可以分为常用应用类、数据基本操作、PLC高级应用、外部I/O设备和实现人机对话等多种类型。其中，常用应用类指令包括数据处理和程序流程，如数据传送与比较、数据的移位、四则运算、跳转、中断、循环、子程序调用和返回等；数据基本操作指令包括字逻辑运算、循环移位和数据的转换等；PLC的高级应用指令包括中断、高速计数、位置控制、闭环控制和通信控制等；外部I/O设备包括一般的输入/输出接口设备及专用外部设备指令，如方便指令和PLC的硬件通信指令等；实现人机对话指令包括用于数字的输入和显示的指令等。

7.1.2 应用指令的基本格式

应用指令的表示格式与基本指令不同，不含表达梯形图符号间相互关系的成分，而是直接表达该指令要做的操作。FX_{3U}系列PLC在梯形图中一般使用应用框来表示应用指令，应用指令的梯形图格式如图7-1（a）所示，应用框中分栏表示指令的名称、相关操作数据或数据的存储地址，如果在编程软件GX Works2中输入，则采用方括号表示应用指令，如图7-1（b）所示。图7-1中FNC45是指令编号，MEAN（平均值）是指令符，D0为源操作数的首地址，D4Z0为目标操作数，K3为其他操作数，指定取值个数为D0、D1、D2共3个。该指令表示的含义是当X000接通时，执行的操作为将源操作数中数据寄存器D0、D1和D2中的数据相加后除以3取得平均值，并把平均值计算结果存储于目标操作数D4Z0中。

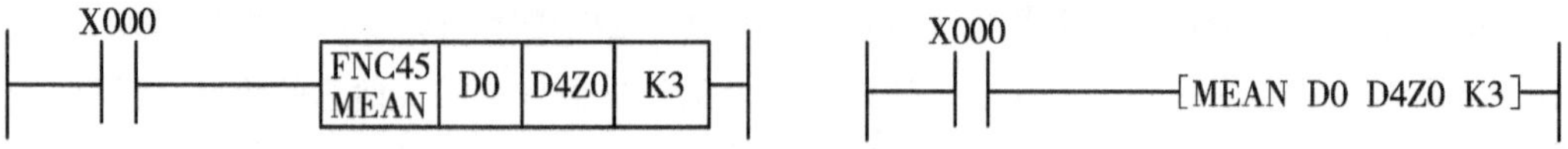

（a）　　　　　　（b）

图7-1　应用指令的梯形图格式

7.1.3 应用指令的使用要素

在使用应用指令时，特别要注意其指令的表示形式和构成使用要素。一个应用指令一般由指令编号、指令助记符和操作数等组成。图7-2是应用指令的梯形图图例。图中X000的常开触点是应用指令的执行条件，其后的方框中包含指令编号、指令助记符、相关操作数或数据的存储地址。

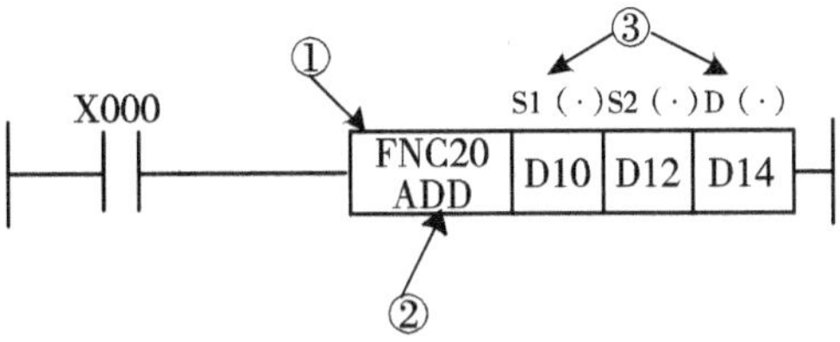

图7–2 应用指令的表示形式和要素

1.指令编号

应用指令的指令编号用FNC00～FNC□□□表示，每条应用指令都有唯一的编号，如图7–2中①所示。在使用简易编程器输入应用指令时，首先输入的就是应用指令编号。如果采用智能编程器或利用计算机的编程软件编程，不需要输入指令编号，直接输入助记符即可。

2.助记符

指令助记符大多用英文名称或英文名称缩写词表示其功能。如平均值指令用“MEAN”，加法指令用“ADD”（Addition的简写），采用这种方式容易了解指令的应用功能，如图7–2中②所示。

3.操作数

操作数是应用指令涉及或产生的数据。它指明操作的对象，有的应用指令没有操作数，大多数应用指令有1～4个操作数。如图7–2中③为操作数。操作数分为源操作数（S）、目标操作数（D）及其他操作数。在一条指令中，源操作数、目标操作数及其他操作数都可能不止一个，也可以一个都没有。

S（Sourse）：源操作数，是指令执行后不改变其内容的操作数，如果使用变址功能，用S（·）表示。例如指令“ADD D10Z0 D12 D14”中的源操作数是变址应用，该指令表示将（D（10+（Z0）））中的数据与（D12）中的数据相加，相加后的结果存入（D14）中。当源操作数有多个时，可用标号进行区别，用S1（·）、S2（·）等表示。

D（Destination）：目标操作数，是指令执行后将改变其内容的操作数，如果使用变址功能，用D（·）表示。当目标操作数有多个时，也可用标号区别，用D1（·）、D2（·）等表示。

m、n：其他操作数，常用来表示常数K和H或对源操作数和目标操作数的补充说明。表示常数时，K为十进制，H为十六进制。当这样的操作数很多时，可用标号区别，可以用n1、n2和m1、m2等表示。

从根本上来说，操作数是参加运算数据的地址。地址是依据元件类型分布在存储区中的，由于不同指令对参与操作的元件类型有一定限制，因此操作数的取值就有一定的范围，正确地选取操作数类型，对正确使用指令有很重要的意义。

应用指令操作数的对象软元件一般分为位软元件、位软元件组和字软元件三类，如表7-1所示。

表 7-1　应用指令操作数（软元件）的含义

位软元件	位软元件组	字软元件
X：输入继电器	KnX：输入继电器的位指定	T：定时器的当前值
Y：输出继电器	KnY：输出继电器的位指定	C：计数器的当前值
M：辅助继电器	KnM：辅助继电器的位指定	D：数据寄存器
S：状态继电器	KnS：状态继电器的位指定	V、Z：变址寄存器

位软元件是处理断开和闭合状态的软元件，如输入继电器X、输出继电器Y、辅助继电器M和状态继电器S。

位软元件组是由多个位软元件组合后构成的字软元件数据，采用KnP的形式表示连续的位软元件组，每组由4个连续的位软元件组成一个单元，P为位软元件的首地址，如果是16位操作数，n=1 ～ 4；如果是32位操作数，n=1 ～ 8，如KnY、KnX等。K1Y000表示由Y000 ～ Y003组成的4位字软元件；K4M0表示由M0 ～ M15组成的16位字软元件。被组合的位软元件的首地址可以是任意的。但为了避免混乱，一般建议在使用成组的位软元件时，位软元件的首地址为0。

字软元件是处理数据的软元件，一个字软元件由16个二进制位组成。如数据寄存器D或定时器T、计数器C的当前值寄存器等。这里特别要注意，C200 ～ C255为32位双向计数器，只能处理32位的数据，不能指定16位的操作数。

7.1.4　应用指令的数据长度和执行形式

1.数据长度

根据处理数据长度的不同，应用指令分为16位指令和32位指令。其中32位指令前要加“D”表示，无“D”符号的指令为16位指令。如图7-3所示，处理16位数据时，当X000闭合时，执行MOV指令，将D10的内容传送到D12中。处理32位数据时，用元件号相邻的两元件组成元件对，元件对的首元件号用奇数、偶数均可，但为了避免错误，元件对的首元件建议统一用偶数编号。如图7-3所示，当X001闭合时，执行DMOV指令，处理32位数据（D21，D20），其中D21为高16位，D20为低16位，将（D21，D20）的内容传送到（D23，D22）中。

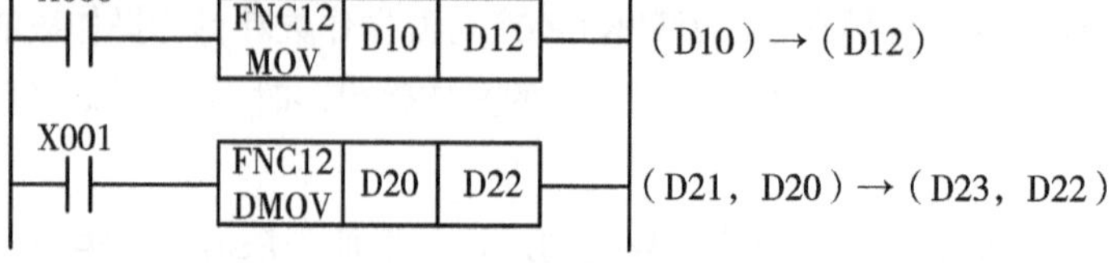

图7-3　数据长度说明

2.执行形式

根据执行形式的不同，应用指令可分为脉冲执行型和连续执行型。指令后如果添加“P”符号表示脉冲执行型，没有添加“P”符号表示连续执行型。脉冲执行型指令在执行条件满足时仅执行一个扫描周期，其他时刻不执行。用脉冲执行方式可缩短程序处理周期，这点对数据处理有很重要的意义。如图7-4所示，当X001从OFF变为ON时，执行脉冲执行型传送指令MOVP，只在第一个扫描周期将D10数据传送到D12做一次数据传送，除此以外的情况都不执行。因此，对于不需要一直执行的情况，建议使用脉冲执行型指令。

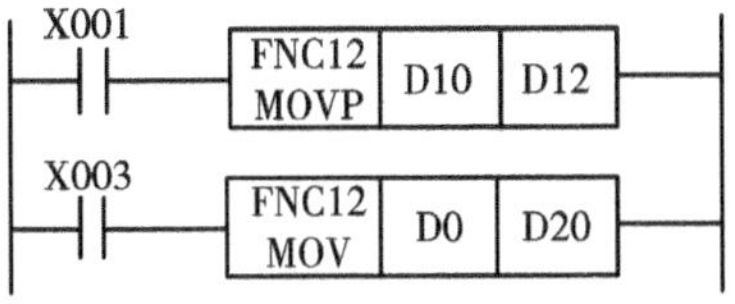

图7-4　脉冲执行形式

只要执行条件成立，连续执行型指令在各扫描周期都重复执行。如图7-4所示，连续执行型数据传送指令MOV，当X003从OFF变为ON时，每一个扫描周期都要传送数据一次，使目标操作数D20的内容在不断变化。

应用指令的指令编号和指令助记符占一个程序步，每个操作数占2个或4个程序步。因此，一般16位指令为7个程序步，32位指令为13个程序步。读者可通过查阅FX_{3U}系列PLC的编程手册中关于应用指令的用法，熟悉应用指令的要素，减少编程的语法错误，这对于提高编程效率是有积极意义的。

7.2　程序流程控制指令

程序流程控制指令主要用于程序的结构及流程控制，可影响程序执行的流向及优先内容，对合理安排程序的结构、有效提高程序的功能、实现某些技巧性运算都有重要意义。程序流程控制指令共有10条，指令编号为FNC00 ~ FNC09，如条件跳转、子程序调用和返回、程序循环、中断调用和返回等。

7.2.1　条件跳转指令

1.条件跳转指令说明

条件跳转指令CJ用于需要跳过程序中某一部分的指令，可以缩短运算周期和使用双线圈。该指令的代码、助记符、操作数和程序步如表7-2所示。操作目标元件为P0 ~ P127（P63即为END所在步，不需要标记）。

表 7-2　条件跳转指令的要素

指令名称	指令代码	助记符	操作数	程序步
			D（·）	
条件跳转	FNC00	CJ CJ（P）	P0 ~ P62，P64 ~ P4095（可变址修改） P63即为END所在步，不需要标记	CJ，CJP，…，3步 跳转指针标号Pn为1步

条件跳转指令执行的意义是只要满足跳转条件，PLC在每个扫描周期里都不执行跳转指令与跳转指针标号Pn之间的程序，而是跳到以指针Pn为入口的程序段中执行。直到跳转条件不满足，跳转停止进行。

条件跳转指令在梯形图中使用的情况如图7-5所示。图中左母线左侧的跳转指针标号P8、P9分别对应CJ　P8及CJ　P9两条跳转指令。在图7-5中，当X000接通时，执行跳转指令，跳至指针标号P8（左母线第10步程序）处开始执行程序。由于此时X000的常闭触点断开，不执行CJ P9 跳转指令，仅执行第30步程序。

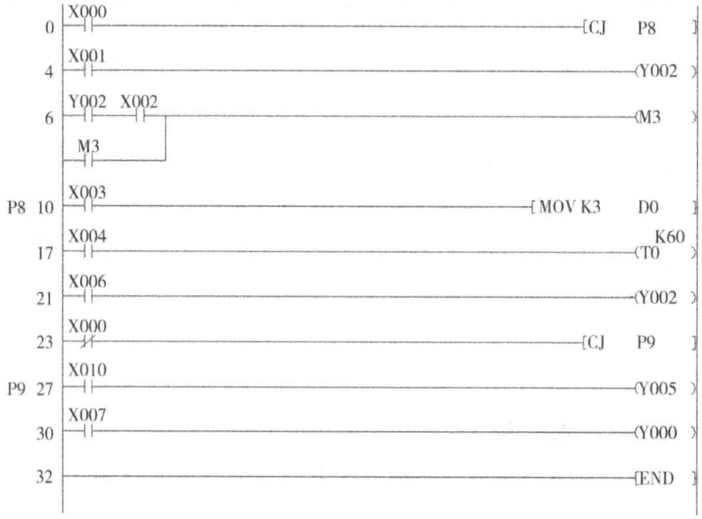

图7-5　条件跳转指令使用说明

2.使用条件跳转指令的注意事项

①由于跳转指令具有选择执行程序段的功能，因此在同一程序中，位于因跳转而不会被同时执行程序段中的同一线圈不被视为双线圈。如图7-5中的Y002线圈。

②一个指针标号在一个程序中只能出现一次，但可以有多条跳转指令使用同一指针标号。在图7-6中，如果X000接通，则第一条跳转指令有效，从这一步跳到指针标号P7处；如果X000断开，而X001接通，则第二条跳转指令有效，程序从第二条跳转指令处跳到P7处。在编写跳转指令的指令表时，指针标号需占一行。指针P63表示向END步跳转，不能对P63进行编程，否则PLC中会出现错误代码6507，并停止运行。

③指针标号一般设在相关的跳转指令之后，也可以设在跳转指令之前，如图7-7中的指针标号P10。应注意的是，从程序执行顺序来看，如果X001接通约200ms以上，造成该程序

的执行时间超过了D8000中的警戒时钟设定值，会发生看门狗定时器出错。

④使用CJ（P）指令时，若跳转条件满足，则只在第一个扫描周期执行一次跳转。但是如果使用CJ指令，采用运行监视特殊辅助继电器M8000作为跳转指令的工作条件，该跳转就成为无条件跳转了。

⑤跳转可用来执行程序初始化工作，如图7-8所示。在PLC运行的第一个扫描周期中，跳转指令CJ P7将不被执行，而执行跳转指令与P7之间的初始化程序，在下一个扫描周期时，才执行跳转指令，跳过初始化程序。

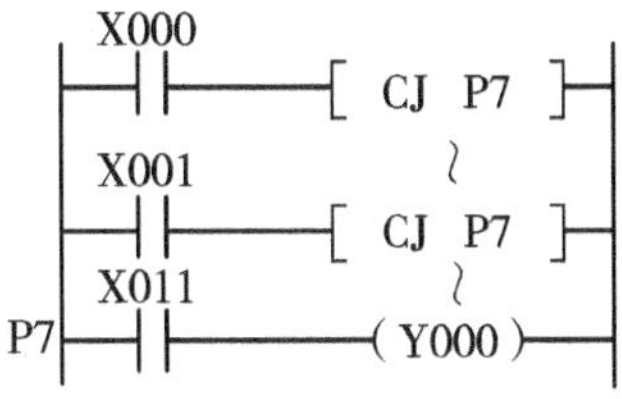

图7-6 两条跳转指令使用同一指针标号

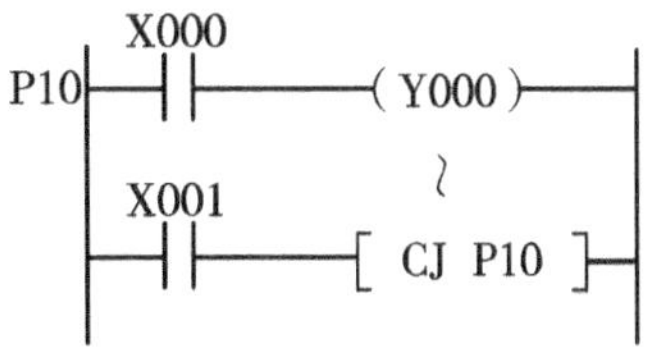

图7-7 指针标号可以设在跳转指令之前

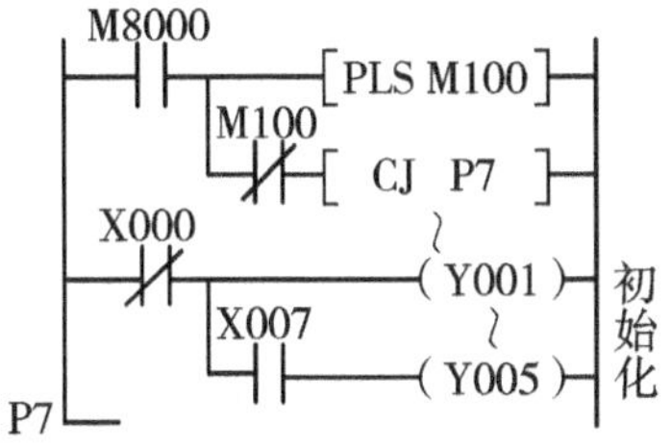

图7-8 跳转用于程序初始化

⑥位于被跳过程序段中的输出继电器Y、辅助继电器M、状态继电器S，由于该程序段不再执行，即使跳转过程中驱动输入发生变化，仍保持跳转前的状态。

⑦位于被跳过程序段中的定时器T、计数器C，如果跳转时定时器或计数器正发生动作，则此时立即停止计时或中断计数，直到跳转结束后继续进行计时或计数。但是，正在动作的定时器T192 ～ T199与高速计数器C235 ～ C255，不管有无跳转仍旧继续工作，输出触点也能动作。另外，定时器、计数器的复位指令具有优先权，即使复位指令处于被跳过程序段中，当执行条件满足时，复位指令也将执行。

7.2.2 子程序调用指令

主控区与跳转指令的关系

1.子程序调用指令说明

子程序调用指令CALL和子程序返回指令SRET的指令代码、助记符、操作数和程序步如表7-3所示。子程序是为一些特定的控制目的而编制的相对独立的程序，为了区别于主程序，合理处理程序的执行，通常规定在程序编排时，将主程序安排在前面、子程序安排在后面，并以主程序结束指令FEND将这两部分程序分隔开。

表7-3　子程序调用指令的要素

指令名称	指令代码	助记符	操作数 D（·）	程序步
子程序调用	FNC01	CALL CALL（P）	P0～P62，P64～P4095（可变址修改），P63即为END所在步，不需要标记。可嵌套5级	CALL，CALLP，…，3步 指针标号Pn为1步
子程序返回	FNC02	SRET	无	1步

2.子程序调用指令格式

子程序调用指令在梯形图中的表示如图7-9所示。子程序调用指令CALL安排在主程序段中。在图7-9中，子程序P6安排在主程序结束指令FEND之后，指针标号P6和子程序返回指令SRET之间的程序构成P6子程序的内容，当执行到返回指令SRET①时，返回主程序。图中X000是子程序调用指令的执行条件，当X000接通（置1）时，执行脉冲型指令"CALLP　P6"，指针标号为P6的子程序执行一次。

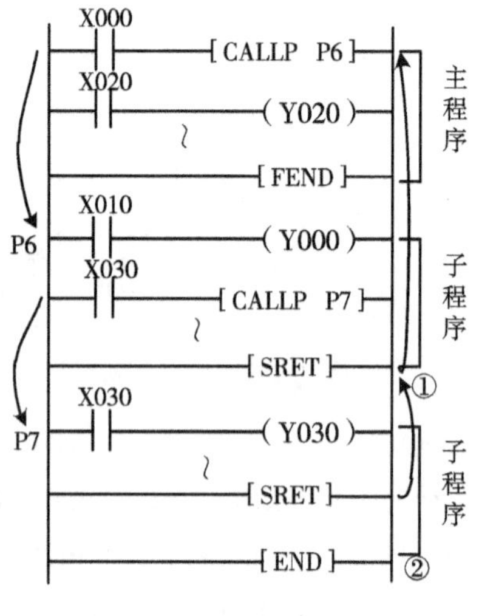

图7-9　子程序在梯形图中的表示

3.子程序调用指令的注意事项

①当主程序有多个子程序或子程序中嵌套子程序时，子程序可依次列在主程序结束指令FEND之后，并以不同的指针标号相区别。在图7-9中，第一个子程序中嵌套第二个子程序，当第一个子程序执行时，如果此时X030接通，调用指针标号为P7开始的第二个子程序，执行到SRET②时，返回到第一个子程序断点处继续执行。这样的子程序中的子程序调用指令可以使用4次，整个程序可以嵌套5层。

②在编写子程序调用的指令表程序时，标号需占一行。

③在子程序和中断子程序中，若需用到定时器，只能使用T192～T199或T246～T249定时器。

④如果子程序调用指令改为非脉冲执行指令"CALL　P6"，当X000接通并保持不变时，每当程序执行到该指令时，都转去执行指针标号为P6开始的子程序，遇到SRET指令即返回

原中断点继续执行原程序。而在X000置0时，PLC仅执行主程序。

⑤为了区分主程序后多个独立的子程序，每个标号和最近的子程序返回指令构成的是下一个子程序。

⑥CALL指令的操作数和CJ指令的操作数不能为同一标号，但不同嵌套的CALL指令可以调用同一标号的子程序。

7.2.3 中断指令

1.中断指令说明

中断指令有中断允许、中断禁止和中断返回三条指令，其助记符、指令代码、操作数、程序步见表7–4。

表 7–4 中断指令的要素

指令名称	指令代码	助记符	操作数	程序步
			D	
中断返回	FNC03	IRET	无	1步
中断允许	FNC04	EI	无	1步
中断禁止	FNC05	DI	无	1步

IRET：在处理主程序过程中如果产生中断(输入、定时器、计数器)，则跳转到中断(I)程序，然后用IRET指令返回到主程序。

EI：PLC通常处于禁止中断状态，使用EI指令，可以使PLC处于允许中断状态。EI指令不需要触点驱动。

DI：使用EI指令允许中断，采用DI指令可以再次禁止中断。DI指令不需要触点驱动。

中断是PLC响应各种中断请求的一种工作方式。在执行过程中，当有中断请求信号时，主程序若允许中断请求，则中断主程序的执行转去执行中断子程序，由于中断请求是机内外突发随机事件信号，时间很短，因此中断子程序的执行不受主程序运行周期的约束，运行结束后返回主程序断点，其结果可以影响主程序中的某些运算结果。

①PLC通常处于禁止中断状态。当程序处理到允许中断区（EI ~ DI）时，如有中断请求，则执行相应的中断子程序。

②当程序处理到禁止中断区（DI ~ EI）时，如有中断请求，则PLC记住该请求，留待EI指令后执行中断子程序（滞后执行）。

③在一个中断程序执行过程中，不响应其他中断。但是，在中断程序中编入EI和DI指令可实现不多于2级的中断嵌套。

④当多个中断信号顺序产生时，优先级以发生的先后为序，若同时发生多个中断信号，则中断标号小的优先级高。

⑤中断子程序中可用的定时器为：T192 ~ T199、T246 ~ T249。

⑥在一次中断请求中，中断程序一般仅能执行一次。

中断的种类

2.中断指令的应用

（1）外部输入中断子程序

图7-10是主程序中具有响应外部输入请求中断的中断子程序的梯形图。在主程序的开中断区，当X001为OFF时，则特殊辅助继电器M8050为OFF，标号为I001的中断子程序允许执行。每当输入口X000接收到一次上升沿中断请示信号时，就执行标号为I001的入口中断子程序一次。该子程序使Y000=ON，利用特殊继电器M8013驱动Y012每秒接通一个扫描周期，与主程序中M8013驱动Y011同频工作。

外部输入中断常用来引入发生频率高于机器扫描频率的外控制信号，或用于处理那些需快速响应的信号。

（2）定时中断子程序

图7-11是用十六键指令HKY来加速输入响应的定时中断子程序。主程序每20ms执行子程序I620一次，在子程序中，首先刷新X000 ～ X007这8点输入，然后执行FNC71（HKY）指令，将十六键信息输入PLC内，并据最新输出信息立即刷新Y000 ～ Y007这8点输出。当X002接通时，屏蔽中断I620。

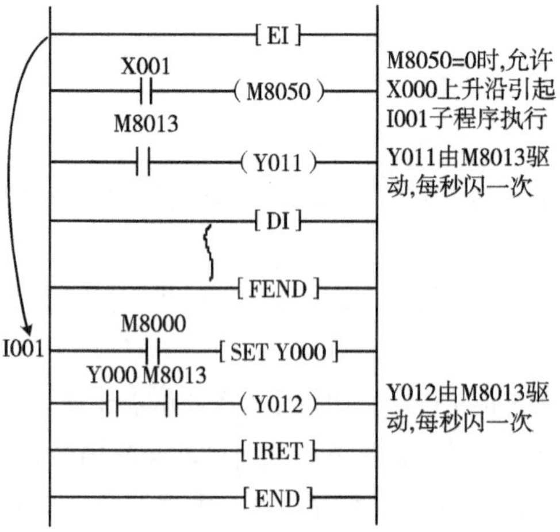

图7-10　输入中断子程序

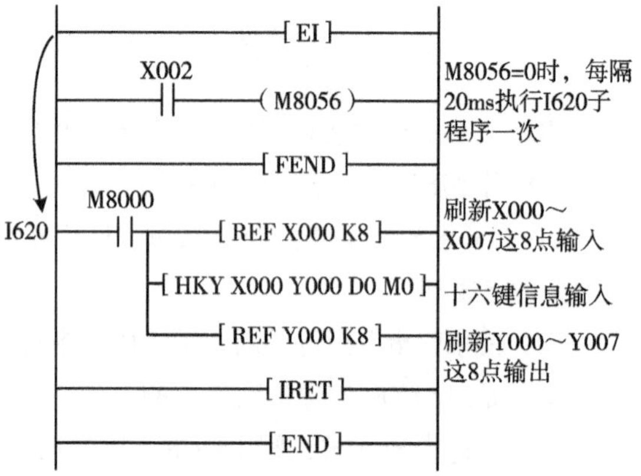

图7-11　定时器中断子程序

（3）计数器中断子程序

计数器中断是利用PLC内部的高速计数器对外部脉冲计数，若高速计数器的当前计数值与设定值相等，则执行中断子程序。如图7-12所示，高速计数器C255与比较置位指令FNC53（HSCS）组合使用进行计数器中断，当高速计数器C255的当前值与K1000相等时，发生中断，转向中断指针I010指向的中断程序，中断执行完毕后，返回原中断点后的主程序。

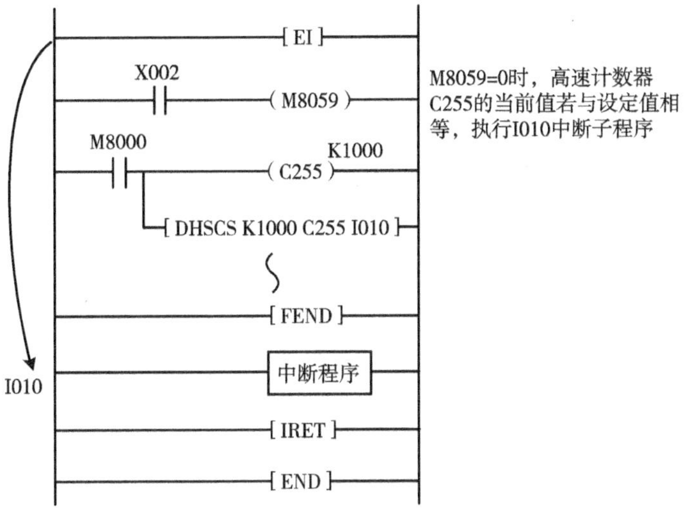

图7-12　计数器中断子程序

7.2.4　主程序结束、监视定时器刷新指令

1.指令说明

FEND指令表示主程序结束。WDT指令是顺控程序中对监视定时器D8000进行时间刷新的指令。相关指令的助记符、指令代码、操作数、程序步见表7-5。

表 7-5　主程序结束指令和监视定时器刷新指令的要素

指令名称	指令代码	助记符	操作数	程序步
			D	
主程序结束	FNC06	FEND	无	1步
监视定时器刷新	FNC07	WDT WDT（P）	无	1步

2. 主程序结束指令说明

执行FEND指令与执行全部程序结束指令END一样，都要进行输出、输入处理，对看门狗定时器刷新后，返回到主程序的0步。在编写子程序和中断程序时，需要使用这一指令。

①FEND指令表示一个主程序的结束。

②FEND指令不出现在子程序和中断程序中，在只有一个FEND指令的程序中，子程序和中断程序要放在FEND指令之后。

③一个程序中可以有多个FEND指令，在这种情况下，中断程序和子程序要放在最后一个FEND指令和END指令之间，而且必须以SRET或IRET结束。

④FEND指令不允许处在FOR–NEXT循环之中，否则会出错。

3.监视定时器指令说明

WDT指令是顺控程序中对监视定时器D8000进行时间刷新的指令，有脉冲执行型和连续执行型两种形式。在PLC的运算周期（0～END或FEND指令执行时间）超过200ms时，PLC的CPU将出错，LED灯亮后停机。

为了防止PLC的运算周期超过D8000中的设定值，可在程序中插入WDT指令对D8000进行刷新，以保证程序运行周期不超过D8000中的设定值。图7-13是在一个240ms的程序中插入WDT指令，使程序一分为二。在这个大于PLC运行周期的程序中插入WDT指令，则前半部分与后半部分的运算周期都在D8000设定值以内，这样PLC就不会停机报警了。

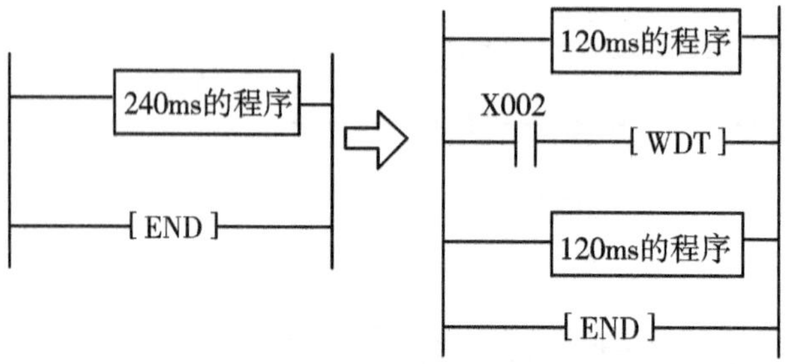

图7-13　利用监视定时器将程序一分为二

更改监视定时器D8000中设定值的程序如图7-14所示，D8000中的时间更新要在程序执行前进行，时间更新后要用WDT指令刷新一次，此后的顺控程序会按新的D8000中的时间进行监视。

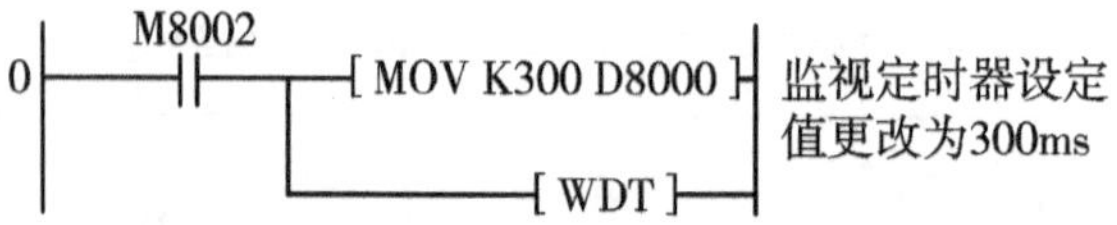

图7-14　监视定时器设定值更改

监视定时器D8000的初始值为200ms，其最大设定值为32767ms。在运行不出现故障的情况下，一般将D8000中的初值设为200ms。WDT指令可以用于跳转子程序和循环子程序中。

7.2.5　程序循环指令

1.程序循环指令的要素及梯形图表示

程序循环指令用于某种操作需反复进行的场合。循环开始指令FOR与循环结束指令NEXT的助记符、指令代码、操作数、程序步如表7-6所示。

表7-6　程序循环指令的要素

指令名称	指令代码	助记符	操作数	程序步
			D	
循环开始	FNC08	FOR	K、H、KnX、KnY、KnM、KnS、T、C、D、R、V、Z	3步（嵌套5层）
循环结束	FNC09	NEXT	无	1步

循环程序中的循环指令FOR与NEXT要成对使用，从FOR指令开始到NEXT指令之间的程序按指定次数重复运行。

图7–15中有两条FOR指令和两条NEXT指令相互对应，构成两层循环，这样的嵌套最多可达5层。在梯形图中，相距最近的FOR指令和NEXT指令是一对，构成最内层循环①；外层一对指令构成外循环②。

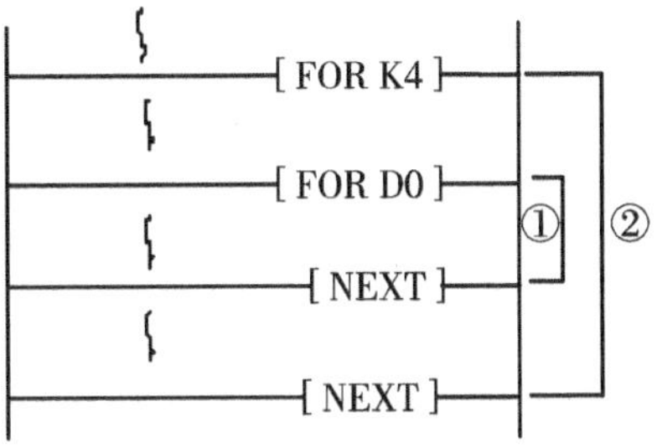

图7–15 循环指令的应用

2.循环指令说明

①在程序中，FOR、NEXT指令是成对出现的，FOR在前，NEXT在后，不可倒置，并且NEXT指令不能编在FEND或END指令之后，否则会出错。

②FOR、NEXT之间的循环可重复执行n次（由FOR指令操作目标元件指定次数）。但执行完后，程序就转到紧跟在NEXT指令后的步序。n=1 ～ 32767为有效，如果循环次数设定为-32767 ～ 0，循环次数作为1处理。

③循环指令可嵌套使用，但在FOR、NEXT指令内最多可嵌套5层其他的FOR、NEXT指令。循环嵌套程序的执行总是从最内层开始的。

循环指令常用于某种操作需反复进行的程序中，如对某一取样数据做一定次数的加权运算，控制输出口依一定的规律做重复的输出动作或利用重复的加减运算完成一定量的增加或减少，或利用重复的乘除运算完成一定量的数据移位。循环程序可以使程序简明扼要，增加编程的便捷性，提高程序执行效率。

7.2.6 程序流程控制应用实例

1.电动机正反转暂停控制程序设计

设计某电动机的正反转运行和暂停的PLC控制程序。控制要求如下：当按下起动按钮SB1时，电动机开始正转运行。当电动机正转运行5s以后，电动机改为反转运行。当电动机反转运行5s以后，电动机改为正转运行。当按下暂停按钮SB3时，电动机暂停运行；当按下停止按钮SB2时，电动机停止运行。

具体设计过程如下：

①分析控制要求，列出输入/输出元件地址表。根据上述设计要求，该电动机的正反转控制的输入元件有起动按钮SB1、停止按钮SB2、暂停按钮SB3，共3个；输出元件有正转接

触器KM1和反转接触器KM2，共2个。其输入/输出元件地址如表7-7所示。

表7-7　电动机正反转暂停控制输入/输出元件地址

输入（I）		输出（O）	
输入元件	地址号	输出元件	地址号
起动按钮SB1	X000	正转接触器KM1	Y000
停止按钮SB2	X001	反转接触器KM2	Y001
暂停按钮SB3	X002		

②PLC控制程序的设计。关于正反转的控制程序前面已经介绍，这里重点分析暂停控制程序。在执行暂停时，可以借助辅助继电器M8034置位，禁止PLC对外输出，可通过M8034驱动CJ指令。使程序跳转到END行，当暂停结束后，将辅助继电器M8034复位，允许PLC对外输出，程序流程跳转结束，电动机恢复原状态运行。用跳转指令编写的电动机正反转暂停控制程序如图7-16所示。

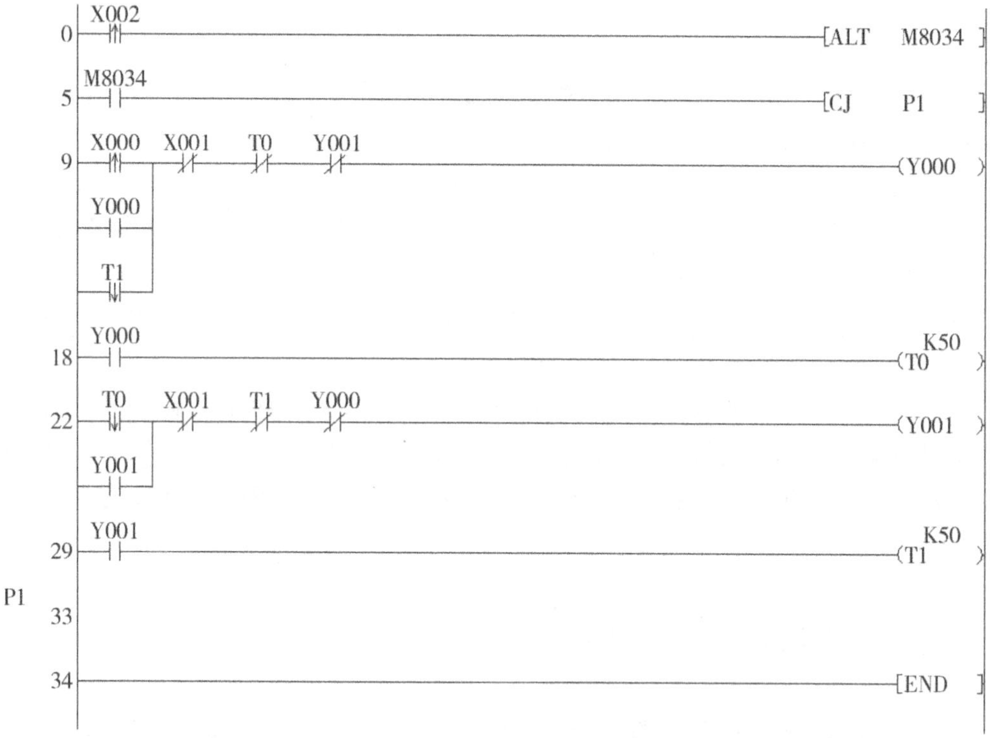

图7-16　电动机正反转暂停控制程序

2.四地自动往返送料小车的PLC控制

送料小车由三相异步电动机M拖动，在A（SQ1）、B（SQ2）、C（SQ3）和D（SQ4）四地之间进行自动循环往返运行。如图7-17所示，小车的运动过程如下：按下起动按钮SB1时，小车依次前行到B地、C地和D地，分别停15s后返回到A地；按下停止按钮SB2时，不管小车处于何种状态，小车应立即返回到A地后停止；按下暂停按钮SB3时，小车处于暂时停止状态，等到暂停结束后，小车继续按暂停前的状态运行；按下紧急停止按钮SB4时，小车在当前位置上立即停止。

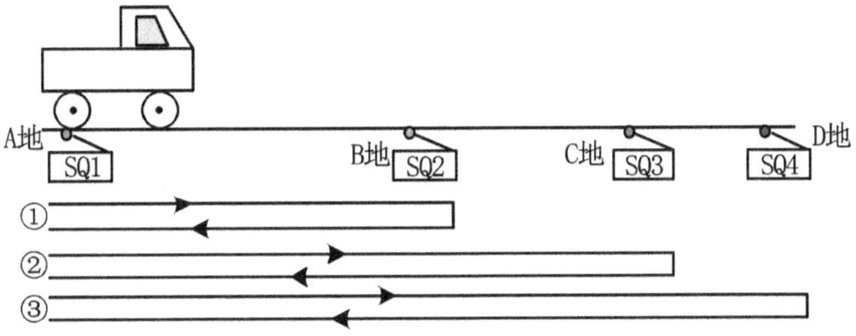

图7-17　四地往返送料小车的运动情况

具体设计过程如下：

①分析控制要求，列出输入/输出元件地址表。根据上述设计要求，该电动机的正反转控制的输入元件有起动按钮SB1、停止按钮SB2、暂停按钮SB3、急停按钮SB4和四地位置检测行程开关SQ1、SQ2、SQ3、SQ4，共8个；输出元件有小车运行的正转接触器KM1和反转接触器KM2，共2个。其输入/输出元件地址如表7-8所示。

表 7-8　四地自动往返运动小车输入 / 输出元件地址

输入（I）		输出（O）	
输入元件	地址号	输出元件	地址号
起动按钮SB1	X000	小车正转接触器KM1	Y000
停止按钮SB2	X001	小车反转接触器KM1	Y001
暂停按钮SB3	X002		
急停按钮SB4	X003		
A地位置检测SQ1	X004		
B地位置检测SQ2	X005		
C地位置检测SQ3	X006		
D地位置检测SQ4	X007		

② PLC控制程序的设计。当控制程序较复杂时，可以考虑采用主程序、子程序和中断程序结构，采用子程序调用的方式，使主程序简化，便于阅读和调试。程序中采用数据寄存器D0作为标志信息，当D0中的数据为K100时，表示停止；当D0中的数据为K1时，表示小车到达B地；当D0中的数据为K2时，表示小车到达C地；当D0中的数据为K3时，表示小车到达D地；当D0中的数据为K4时，表示暂停。

· 主程序的设计。主程序采用调用子程序、条件跳转和急停输入中断的方式进行设计。

· 初始化子程序的设计。通过M8000设置停止标志，如图7-18所示。

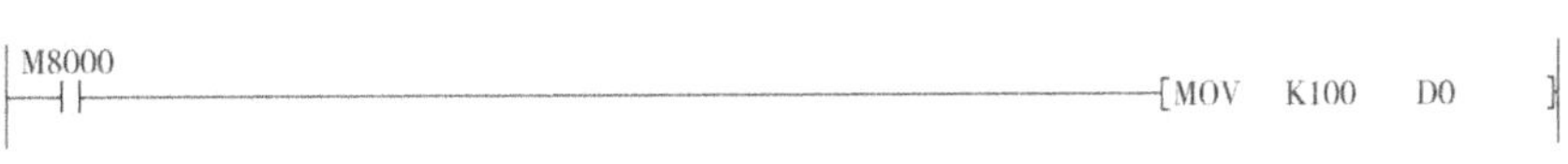

图7-18　初始化子程序

·小车运行子程序的设计。小车运行子程序包括小车往返B地、C地和D地三个地点的子程序，三个子程序的结构相同，以小车从A地到达B地后自动返回为例进行说明。在初始状态（D0）=100情况下，要求按下起动按钮SB1（X000），调用小车去B地往返子程序，如图7-19所示。

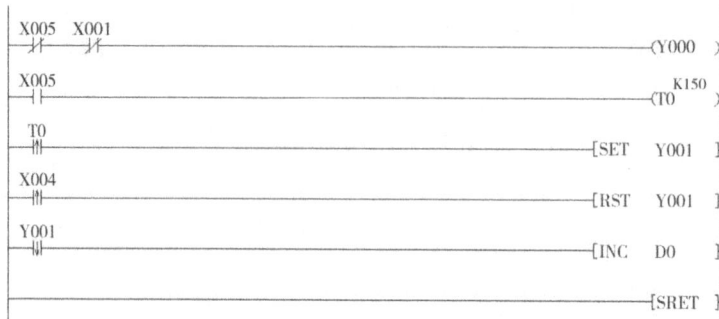

图7-19　小车去B地往返子程序

在此子程序中，由于小车最初停在A地SQ1（X004），行程开关SQ2（X005）不受压，小车正转接触器输出Y000线圈通电，小车开始从A地向B地前进。当小车前进到B地时，行程开关SQ2（X005）受压，Y000线圈断电，小车停留在B地，定时器T0开始计时；当T0计时满15s时，T0的常开触点闭合接通，Y001线圈置位通电，小车向A地SQ1方向后退。当小车后退到A地时，行程开关SQ1受压，Y001被复位。Y001触点的下降沿脉冲接通，执行“INC D0”指令，D0的数据自动加1，使（D0）=K2。进入下一个子程序。

·停止运行子程序的设计。按下停止按钮SB2（X001），调用小车停止子程序，如图7-20所示。在此子程序中，如果小车不在A地，行程开关SQ1（X004）不受压，执行“SET Y001”指令，Y001线圈得电，小车向A地方向后退。当小车后退到A点时，行程开关SQ1受压，执行“RST Y001”指令，Y001线圈复位后断电，小车停止运行，停留在A地。同时，执行“ZRST T0 T2”指令，将定时器T0～T2复位清零；执行“MOV K100 D0”指令，使（D0）=100，回到初始停止标志状态。

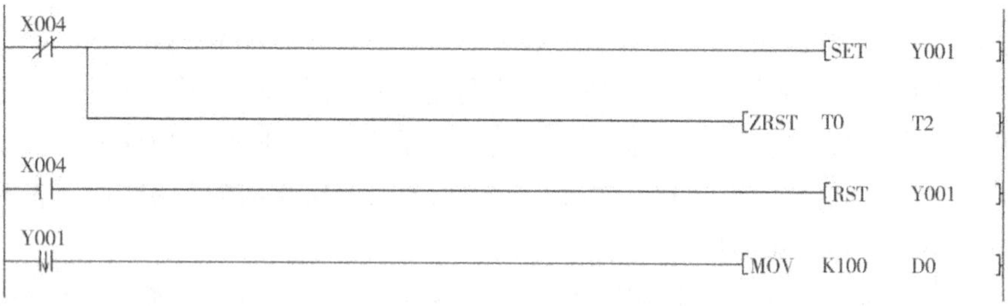

图7-20　停止运行子程序

·急停中断子程序的设计。按下急停按钮SB4（X003），PLC立即响应外部中断请求，转入执行中断程序，如图7-21所示，中断程序的入口地址为I301。在该I301中断程序中，M8000驱动执行“MOV K0 K2Y000”指令，对小车输出进行复位，执行“REF Y000 K8”指令，PLC立即刷新对外输出，小车立即停止运行；执行“ZRST T0 T2”指令后将定时器T0～T3复位；执行“MOV K100 D0”指令，使（D0）=100，回到初始停止标志状态。

图7-21 急停中断子程序

上述子程序和主程序组合后即可得到完整的梯形图，如图7-22所示。

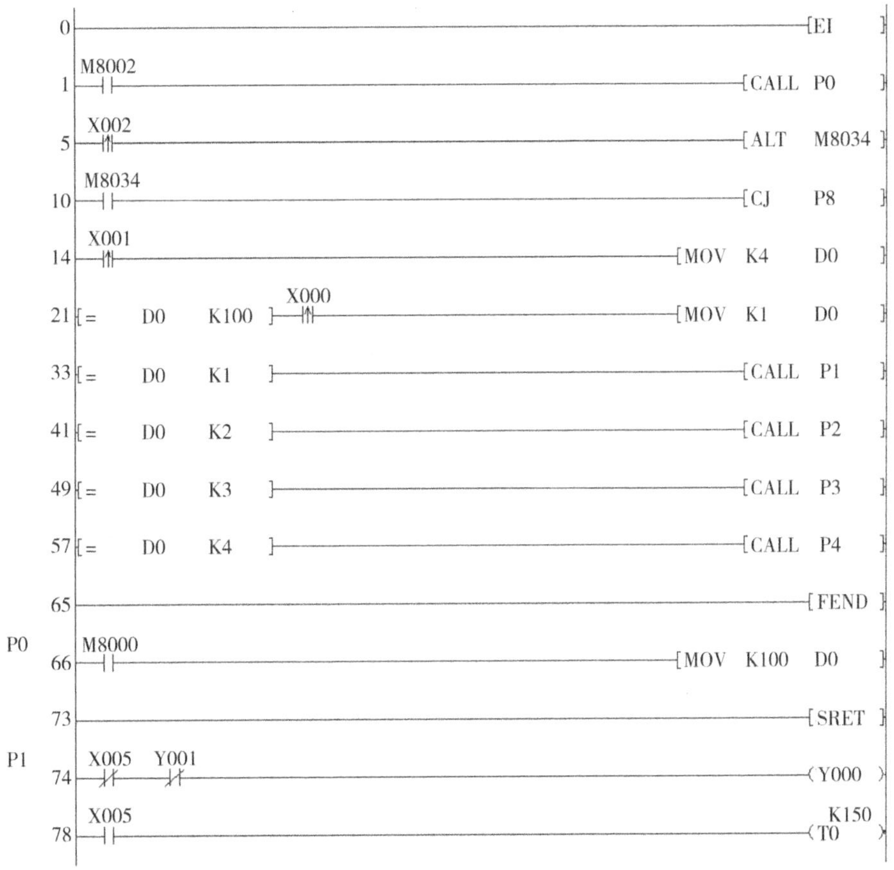

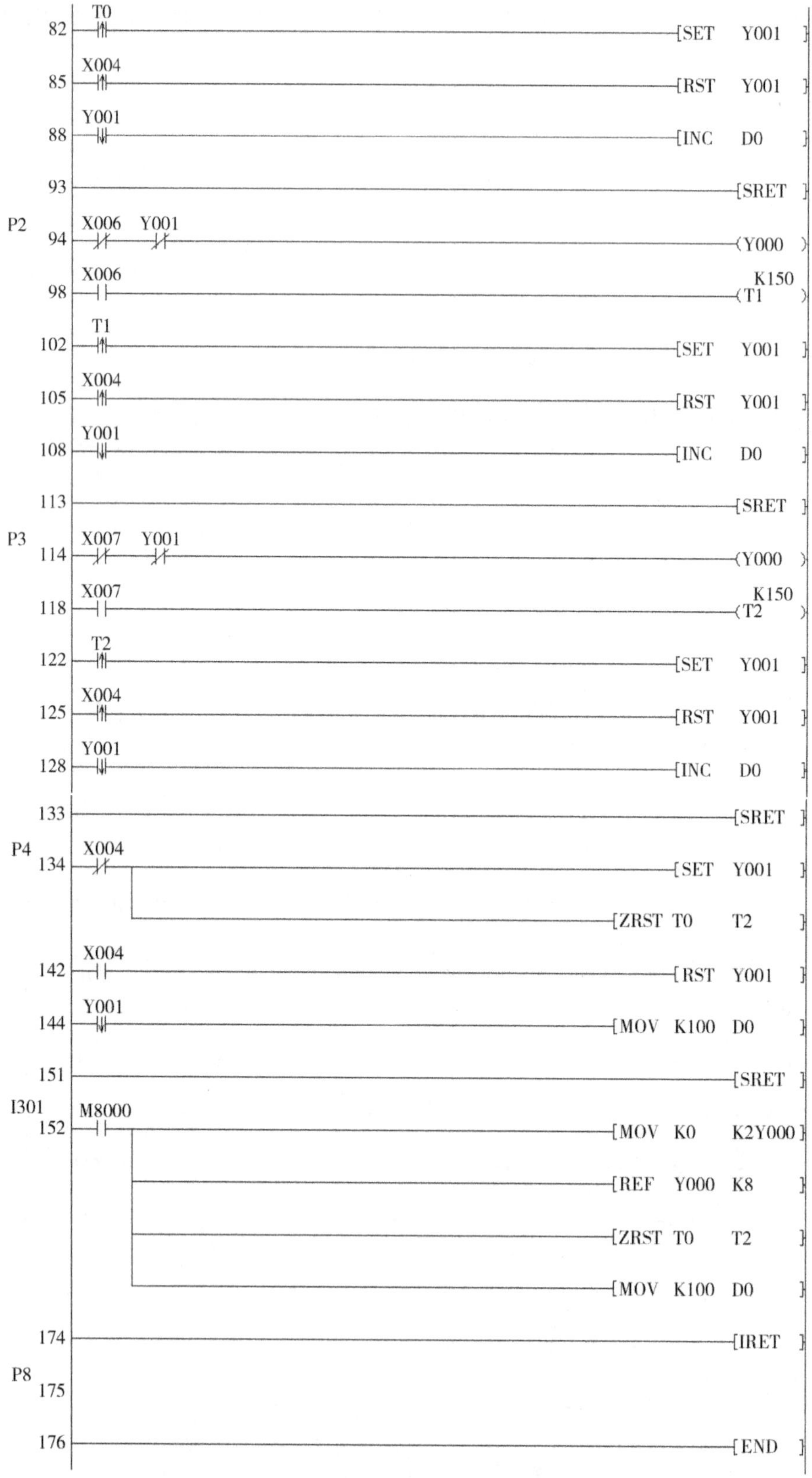

82 T0 [SET Y001]
85 X004 [RST Y001]
88 Y001 [INC D0]
93 [SRET]
P2 94 X006 Y001 (Y000)
98 X006 K150 (T1)
102 T1 [SET Y001]
105 X004 [RST Y001]
108 Y001 [INC D0]
113 [SRET]
P3 114 X007 Y001 (Y000)
118 X007 K150 (T2)
122 T2 [SET Y001]
125 X004 [RST Y001]
128 Y001 [INC D0]
133 [SRET]
P4 134 X004 [SET Y001]
[ZRST T0 T2]
142 X004 [RST Y001]
144 Y001 [MOV K100 D0]
151 [SRET]
I301 152 M8000 [MOV K0 K2Y000]
[REF Y000 K8]
[ZRST T0 T2]
[MOV K100 D0]
174 [IRET]
P8 175
176 [END]

图7-22　四地自动往返运动小车的梯形图程序

7.3 传送、比较类指令及应用

数据传送、比较类指令是使用比较频繁的指令，包括比较指令、区间比较指令、传送与移位传送指令、取反传送指令、块传送指令、多点传送指令、数据交换指令、BCD交换指令、BIN交换指令等10条指令，它们所涉及的数据均以带符号位的16位或32位二进制数进行操作或变换。本节主要介绍传送和比较类指令的使用方法及应用。

7.3.1 比较类指令

1.比较指令

比较指令CMP是将源操作数S1（・）与S2（・）的数据进行比较，比较结果使目标操作数D（・）指定的位元件动作。比较指令只进行代数值大小比较（即带符号比较）。比较指令的助记符、指令代码、操作数、程序步如表7-9所示。

表 7-9 比较指令的要素

指令名称	指令代码	助记符	操作数			程序步
			S1（・）	S2（・）	D（・）	
比较	FNC10 （16/32）	CMP（P） DCMP（P）	K、H、KnX、KnY、KnM、KnS、T、C、D、R、V、Z		Y、M、S	CMP，CMP（P），…，7步 DCMP，DCMP（P），…，13步

比较指令的目标软元件指定M0时，M0、M1和M2会自动被占用，所有的源数据均按二进制处理。

①比较指令的两个源操作数S1（・）、S2（・）都是字元件，一个目标操作数D（・）是位元件，如图7-23所示。当X000接通时执行CMP指令，前面两个源操作数进行比较，根据比较结果确定目标操作数M0指定起始编号的连续3个位元件的状态，此时M0、M1和M2会自动被占用。当X000断开后不执行CMP指令，此时M0 ～ M2保持X000断开前的状态。

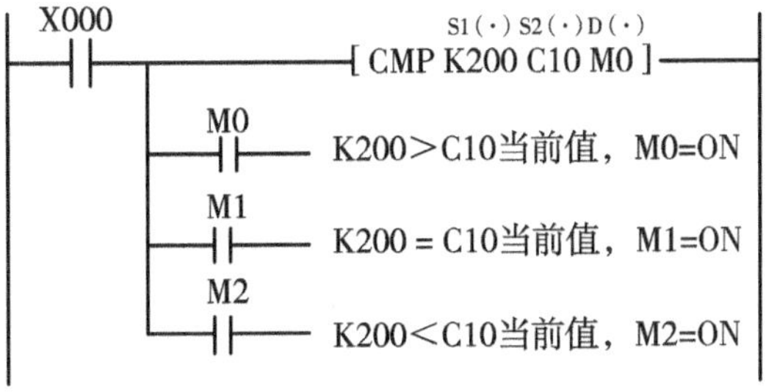

图7-23 比较指令的使用说明

②所有的源操作数均按二进制数进行处理。

③当比较指令的操作数不完整（若只指定一个或两个操作数）或指定的操作数不符合要求（例如把X、D、T、C指定为目标操作数）时，或者当指定的操作数的元件号超出了允许范围等时，用比较指令就会出错。目标操作数如指定为M10，则M10、M11、M12三个连号的位元件被自动占用，该指令执行时，这三个位元件有且只有一个置ON。

④该指令可以进行16/32位数据处理和连续/脉冲执行方式。

⑤目标软元件在使用比较指令前应清零或清除其比较结果，如图7-24所示，可采用复位指令RST或ZRST进行清除。

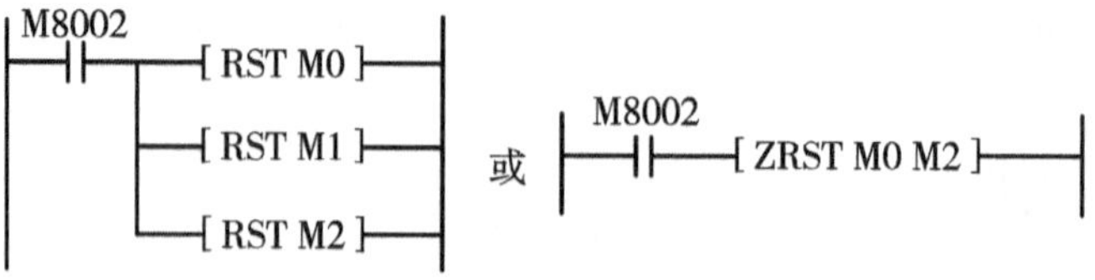

图7-24　比较结果复位

2.区间比较指令

区间比较指令ZCP可以实现在S1≤S≤S2区间的比较，其助记符、指令代码、操作数、程序步如表7-10所示。

表 7-10　区间比较指令的要素

指令名称	指令代码	助记符	操作数				程序步
			S1（·）	S2（·）	S（·）	D（·）	
区间比较	FNC11（16/32）	ZCP（P） DZCP（P）	K、H、KnX、KnY、KnM、KnS、T、C、D、R、V、Z			Y、M、S	ZCP，ZCP（P），…，9步 DZCP，DZCP（P），…，17步

区间比较指令ZCP的使用说明如图7-25所示。该指令是将S（·）指定的数据与S2（·）指定的上限源数据、S1（·）指定的下限源数据进行区间代数比较（即带符号比较），在其比较范围内，对应目标操作数中的M3、M4、M5某个动作。

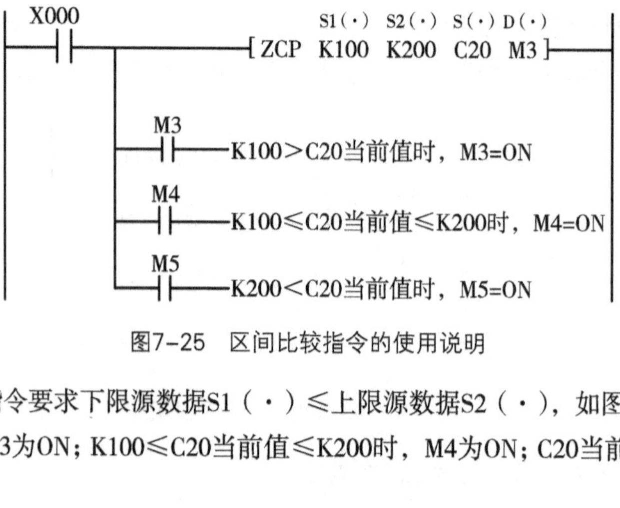

图7-25　区间比较指令的使用说明

①区间比较指令要求下限源数据S1（·）≤上限源数据S2（·），如图7-25所示，C20当前值<K100时，M3为ON；K100≤C20当前值≤K200时，M4为ON；C20当前值>K200时，M5为ON。

②如果S1（·）>S2（·），则S2（·）被看作与S1（·）一样大，例如在S1（·）=K100，S2（·）=K90时，则S2（·）被当作K100进行运算。

③在X000断开时，ZCP指令不执行，M3 ～ M5保持X000断开前的原状态。

④使用区间比较指令前应对目标操作数指定的软元件进行清零，也可采用如图7-24所示方法。

7.3.2 传送类指令

1.传送指令

传送指令MOV是将软元件内容传送（复制）到其他软元件中的指令。传送指令的助记符、指令代码、操作数、程序步如表7-11所示。

表 7-11 传送指令的要素

指令名称	指令代码	助记符	操作数		程序步
			S（·）	D（·）	
传送	FNC12（16/32）	MOV（P） DMOV(P)	K、H、KnX、KnY、KnM、KnS、T、C、D、R、V、Z	KnY、KnM、KnS、T、C、D、R、V、Z	MOV，MOV（P），…，5步 DMOV，DMOV（P），…，9步

（1）传送指令使用说明

传送指令MOV的使用说明如图7-26所示。当X000为ON时，源操作数S（·）中的常数K100被传送到目标操作软元件D20中。MOV指令执行时常数K100自动转换成二进制数。当X000断开，指令不执行时，D10中数据保持不变。该指令可以进行16/32位数据处理和连续/脉冲执行方式。

图7-26 传送指令的使用说明

（2）传送指令的应用举例

①将定时器、计数器的当前值读出。如图7-27所示，当X001为ON时，定时器T1的当前值被送入D10中。

②定时器、计数器设定值的间接指定。在图7-28中，当X002为ON时，将数值K100送入D20中，D20中的数值作为定时器T5的设定值，定时器延时10s。

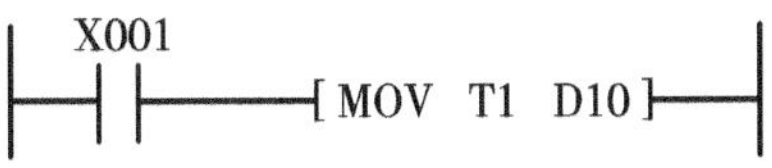

图7-27 定时器当前值的读出

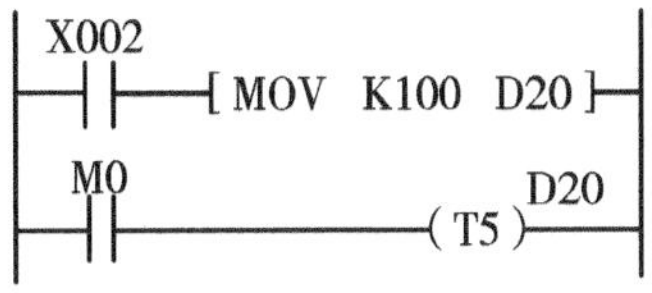

图7-28 定时器当前值的间接设定

③实现对若干位软元件成批数据的传送。可用图7-29（a）中MOV指令来表示图7-29（b）的顺控程序，程序简洁明了。

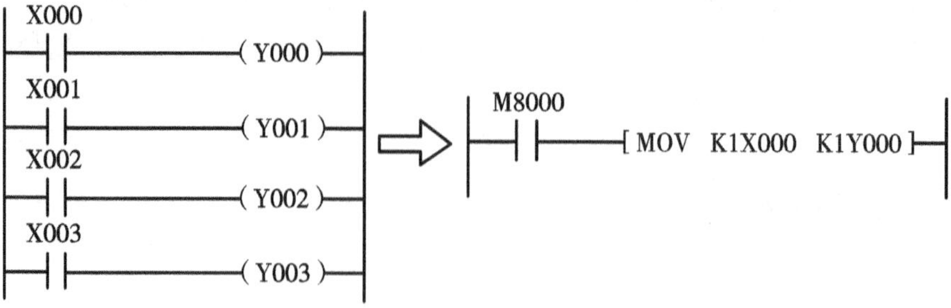

（a）　　　　　　　　　　（b）

图7-29　MOV指令实现成组软元件的传送

④实现32位数据的传送。DMOV指令常用于将运算结果以32位数据进行传送的应用指令（如乘法指令MUL等）以及32位的数值或32位的高速计数器的当前值等的传送，如图7-30所示。当X011为ON时，将C235的当前值送入（D21，D20）中。

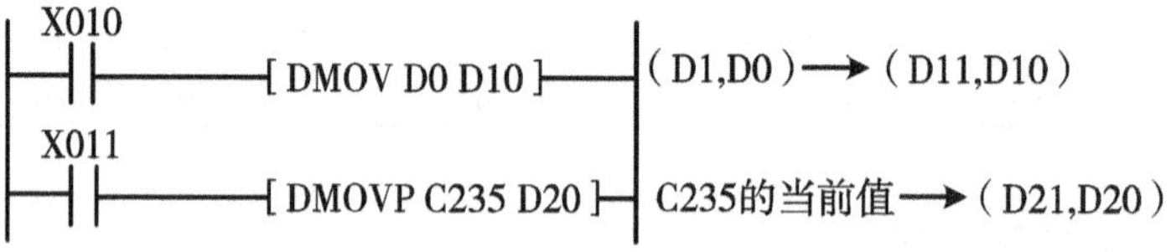

图7-30　32数据的传送

2.移位传送指令

移位传送指令SMOV的助记符、指令代码、操作数、程序步如表7-12所示。

表 7-12　移位传送指令的要素

指令名称	指令代码	助记符	操作数					程序步
			S（·）	m1	m2	D（·）	n	
移位传送	FNC13（16）	SMOV SMOV（P）	KnX、KnY、KnM、KnS、T、C、D、R、V、Z	K、H= 1～4	K、H= 1～4	KnY、KnM、KnS、T、C、D、R、V、Z	K、H= 1～4	SMOV，SMOV（P），…，11步

SMOV指令是以位数为单位（4位）进行数据分配与合成的指令。该指令是将源操作数S（·）指定的二进制（BIN）数自动转换为BCD码，并对BCD源操作数指定的起始位号m1和移位的位数m2向目标操作数D（·）中指定的起始位n进行移位传送，目标操作数中未被移位传送的BCD码，数值不变，然后再自动转换成新的二进制（BIN）数。

如图7-31所示，当X000为ON时，首先把D1中的16位二进制（BIN）数自动转换成4位BCD码，以K4（m1）指定的位（10^3）为起始位，把从起始位开始的连续K2（m2）位传送到D2中，D2接收到数据时，以K3（n）指定的位（10^2）为存储数据的起始位，从左向右存数据，D2中接收数据位的原始值被新的值覆盖，D2中未接收数据位保持原值不变。D2得到新的BCD码数据，最后D2中的BCD码自动转换成BIN数保存。

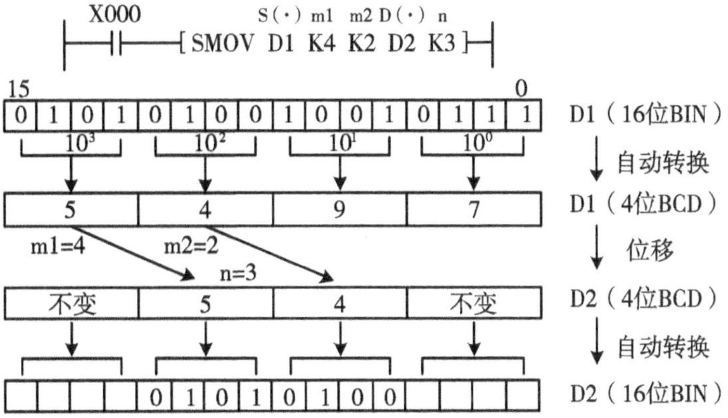

图7-31　移位传送指令的使用和移位说明

①SMOV指令执行时，源操作数BCD码的取值范围是0 ～ 9999，如果为负以及BCD码的值超过9999将出现错误。

②驱动特殊辅助继电器M8168接通后，再执行SMOV指令时，传送之前和传送之后均不再对源操作数进行BCD码转换，而是照原样直接将二进制的源操作数以4位为单位进行传送，实现程序如图7-32所示。

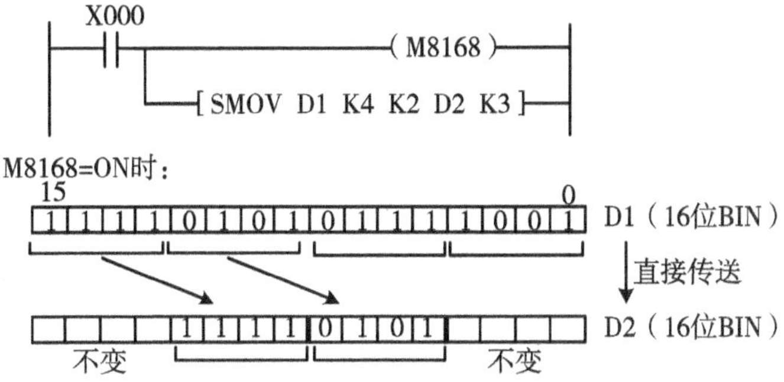

图7-32　SMOV移位传送指令直接传送

3.取反传送指令

取反传送指令CML的助记符、指令代码、操作数、程序步如表7-13所示。

表 7-13　取反传送指令的要素

指令名称	指令代码	助记符	操作数		程序步
			S（·）	D（·）	
取反	FNC14（16/32）	CML（P） DCML（P）	KnX、KnY、KnM、KnS、T、C、D、R、V、Z、K、H	KnY、KnM、KnS、T、C、D、R、V、Z	CML，CMLP，…，5步 DCML，DCMLP，…，9步

取反传送指令是以位为单位反转数据后进行传送的指令。如图7-33所示，取反传送指令的功能是将源数据的各位取反（0→1，1→0）向目标传送。若将常数K用于源数据，则自

动进行二进制变换。常用于希望PLC输出的逻辑进行取反输出的情况。

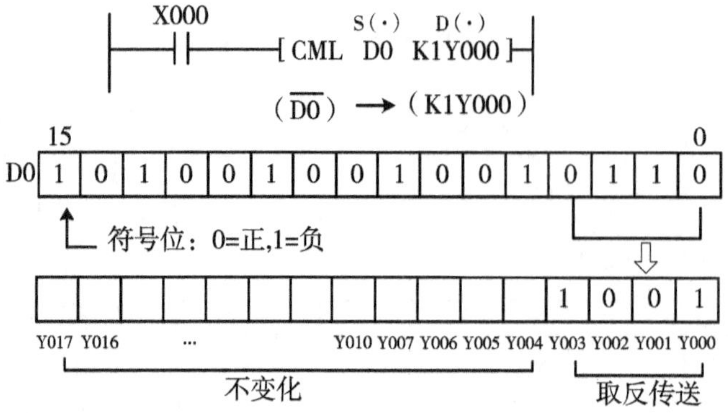

图7-33　取反传送指令的使用说明

7.3.3　数据转换传送类指令

块传送指令 BMOV 和多点传送指令

1.数据交换指令

数据交换指令XCH是在指定的两个目标软元件间进行数据交换。该指令的助记符、指令代码、操作数、程序步如表7-14所示。

表 7-14　数据交换指令的要素

指令名称	指令代码	助记符	操作数		程序步
			D1（·）	D2（·）	
数据交换	FNC17（16/32）	XCH（P） DXCH(P)	KnY、KnM、KnS、T、C、D、R、V、Z	KnY、KnM、KnS、T、C、D、R、V、Z	XCH，XCHP，…，5步 DXCH，DXCHP，…，9步

数据交换指令XCH的指令说明如下：

①当两目标地址号不同时，则两目标地址间互相交换数据。数据交换指令XCH使用说明如图7-34所示。在指令执行前，如果目标操作数D10和D11中的数据分别为100和130，当X000为ON，执行数据交换指令XCH后，目标操作数D10和D11中的数据分别为130和100。即D10和D11中的数据进行了交换。

②当两目标地址号相同时，可实现高8位和低8位数据交换。如果要实现高8位与低8位数据交换，可采用高低位交换特殊继电器M8160来实现。如图7-35所示，当X001为ON时，M8160接通，当目标元件为同一地址号时（不同地址号，错误标号继电器M8067接通，不执行指令），16位数据进行高8位与低8位的交换；如果是32位指令亦相同。这种功能与高低位字节交换指令FNC147（SWAP）的功能相同，建议采用SWAP指令较方便。

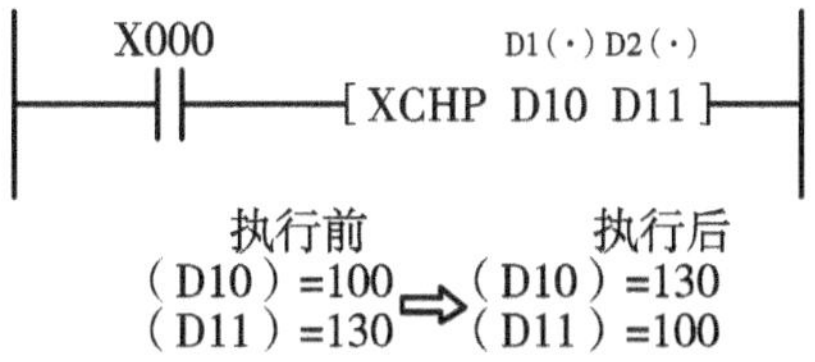

图7-34 数据交换指令的使用说明

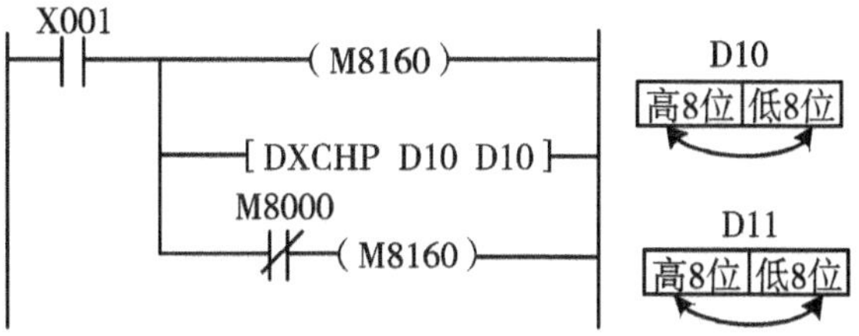

图7-35 数据交换指令的扩展应用

③该指令执行时，是把前后两个操作数中的内容进行交换。如果采用连续执行方式，则每个扫描周期都要执行一次，很难预知执行的结果，因此一般是采用脉冲执行方式。

2. BCD转换指令

BCD转换指令是将（16/32位）BIN码（二进制）转换成BCD码（十进制）后传送的指令。该指令的助记符、指令代码、操作数、程序步如表7-15所示。

表7-15 BCD转换指令的要素

指令名称	指令代码	助记符	操作数		程序步
			S（·）	D（·）	
BCD转换	FNC18（16/32）	BCD（P）DBCD(P)	KnX、KnY、KnM、KnS、T、C、D、R、V、Z	KnY、KnM、KnS、T、C、D、R、V、Z	BCD，BCD P，…，5步 DBCD，DBCDP，…，9步

BCD转换指令的使用说明：

①BCD转换指令是将源操作数中的二进制数转换成BCD码送到目标元件中。如图7-36所示，当X000为ON时，源操作数D12中的二进制数被转换成4位BCD码送到目标操作数Y000～Y007中。

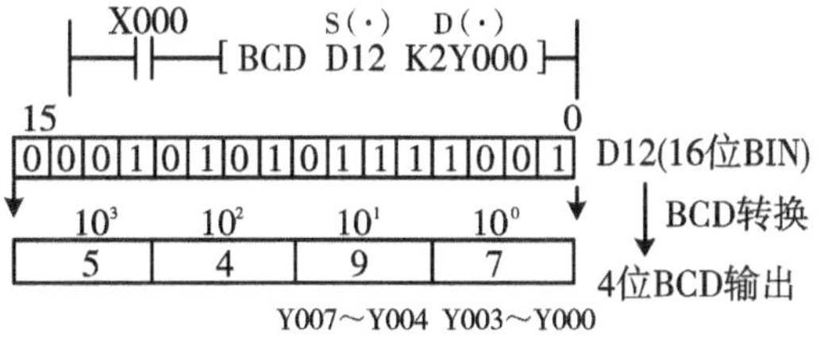

图7-36 BCD变换指令使用说明

②二进制数转换成BCD码后，BCD转换指令可用于PLC内的二进制数据变为七段数码管等需要用BCD码向外部输出的场合。如图7-37所示，16位BCD转换指令，转换结果应在0～9999内，七段数码管最多可以显示4位数。32位BCD转换指令，转换结果应在0～99999999内，数码管最多可以显示8位数。如果超出上述范围，将会出错。

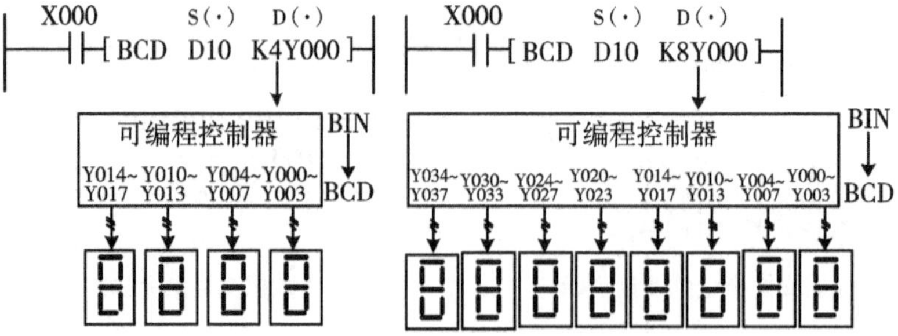

（a）16位运算　　（b）32位运算

图7-37　BCD指令驱动数码管输出

3.BIN转换指令

BIN转换指令是将BCD码（十进制数）转换成BIN码（二进制数）的指令。该指令的助记符、指令代码、操作数、程序步如表7-16所示。

表7-16　BIN转换指令的要素

指令名称	指令代码	助记符	操作数		程序步
			S（·）	D（·）	
BIN转换	FNC19 （16/32）	BIN（P） DBIN（P）	KnX、KnY、KnM、KnS、T、C、D、R、V、Z	KnY、KnM、KnS、T、C、D、R、V、Z	BIN，BINP，…，5步 DBIN，DBINP，…，9步

BIN转换指令的使用说明：

①BIN转换指令将源操作数中的BCD码转换成二进制数送到目标操作数中。源数据范围：16位操作为0～9999；32位操作为0～99999999。BIN转换指令的使用如图7-38所示。当X010为ON时，X000～X007中的BCD码被转换成二进制数送到目标操作数D12中去。

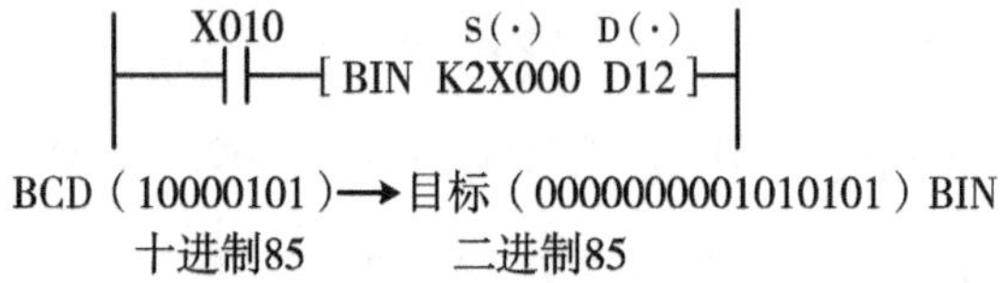

图7-38　BIN指令使用说明

②常数K自动进行二进制变换处理，所以不能成为该指令的操作元件。

③如果源操作数中的数据不是BCD码，则发生运算错误，M8067为ON，但M8068（运算出错锁存）为OFF，并不动作。

④对于数字开关，可以使用该指令读取数据。

7.3.4　数据传送和比较指令的应用

1.一个电铃控制系统

用比较指令编写一个电铃控制程序，要求按一天的作息时间动作。在6：15、7：10、

11：45和21：00各响铃一次。同时，电铃每次响15秒。在8：00—17：00起动报警系统。

具体设计过程如下：

（1）分析控制要求，列出输入/输出元件地址表

根据控制要求，电铃控制系统的输入元件有转换开关SA1，输出元件有电铃HA和报警灯HL，如表7-17所示。

表 7-17 电铃控制系统输入 / 输出元件地址

输入（I）		输出（O）	
输入元件	地址号	输出元件	地址号
转换开关SA	X000	电铃HA	Y000
		报警灯HL	Y001

（2）PLC控制程序的设计

①定时程序的设计。采用两个计数器C0和C1，其中C0采用时钟脉冲M8013作为计数端，实现计时功能。

②响铃时间段的控制。采用比较指令CMP对各时间点进行确定，如确定时间点6：15，采用两个比较指令，分别对C0和C1中的数据进行比较后确定。

③响铃和报警程序的设计。电铃Y000接通后，响铃程序延时15s后自动断开。当M24闭合时，在8：00—17：00起动报警系统。

完整的控制程序如图7-39所示。

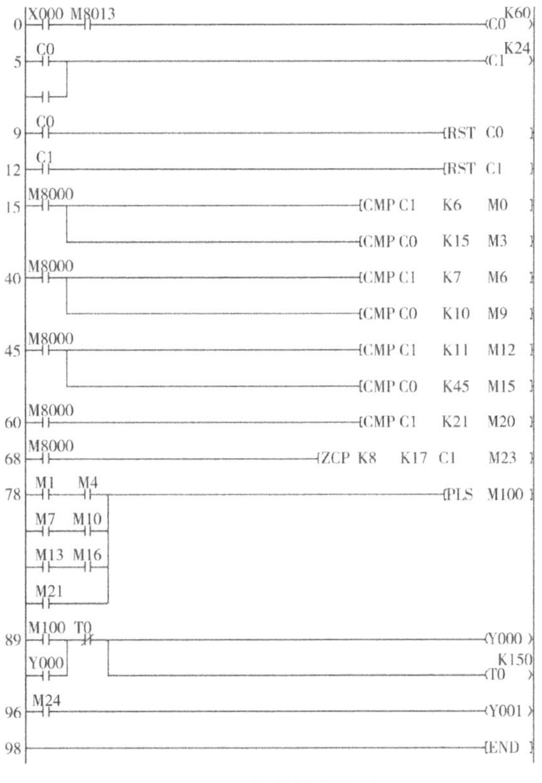

图7-39 电铃控制程序

频率可变的闪光信号灯的控制

2.某电动机的Y-△降压起动的PLC控制

三相异步电动机Y-△降压起动控制电路如图2-21所示，其控制原理在这里不作解释。

Y-△降压起动控制的输入/输出元件地址表和PLC外部接线图见5.4.5节，这里采用数据传送指令MOV进行PLC控制，如图7-40所示。

某电动机Y-△降压起动的PLC控制视频

①Y形接法起动时，执行“MOVP　K5　K1Y000”指令，此时Y003 Y002 Y001 Y000=0101，转换成十进制数为3，就是星形接触器KM3（Y002）和电源接触器KM1（Y000）通电，电动机接成Y形接法。

②停止时，执行“MOVP　K0　K1Y000”指令，将K0送入位软元件组K1Y000，此时Y003 Y002 Y001 Y000=0000，所有接触器均断电释放，电动机停止。

③采用三角形接法时，执行“MOVP　K3　K1Y000”指令，将K5（0101）传送到K1Y000，此时Y003 Y002 Y001 Y000=0011，三角形接触器KM2（Y001）和电源接触器KM1（Y000）通电，电动机定子绕组接成三角形接法进入全压运行状态。

④Y002、Y001的常闭触点串入实现软元件的互锁保护。

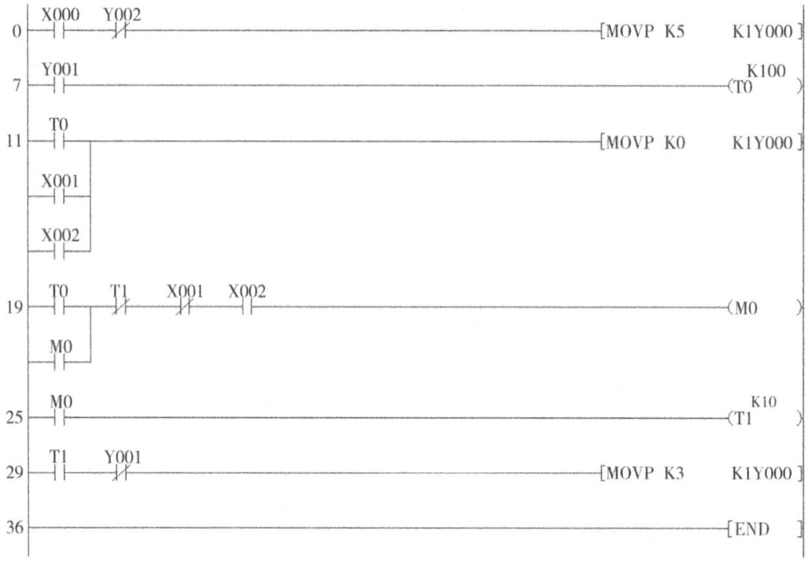

图7-40　某电动机Y-△降压起动的PLC控制程序

7.4　算术与逻辑运算指令及应用

算术与逻辑运算指令可完成四则运算和逻辑运算，可通过运算实现数据的传送、变位及其他控制功能。FX$_{3U}$系列PLC的整数算术运算和逻辑运算指令共有10条，功能编号为

FNC20 ～ FNC29。其中，四则运算指令有二进制加、减、乘、除和加1、减1指令，共6条；逻辑运算指令有与、或、异或、求补码指令，共4条。FX_{3U}系列PLC不仅可以进行整数四则运算，也可以进行高精确度的二进制浮点运算。

7.4.1 四则运算指令

1.二进制加法指令

二进制加法指令ADD是两个值进行加法运算后得到结果的指令。该指令的助记符、指令代码、操作数、程序步如表7-18所示。

表 7-18 加法指令的要素

指令名称	指令代码	助记符	操作数			程序步
			S1（·）	S2（·）	D（·）	
二进制加法	FNC20 （16/32）	ADD（P） DADD（P）	K、H、KnX、KnY、KnM、KnS、T、C、D、R、V、Z		KnY、KnM、KnS、T、C、D、R、V、Z	ADD，ADDP，…，7步 DADD，DADDP，…，13步

加法指令的使用说明：

①加法指令ADD是将指定的两个源操作数相加，结果送到指定的目标操作数中，每个数据的最高位作为符号位（0为正，1为负），结果是它们的代数和。ADD加法指令的使用说明如图7-41所示。PLC每扫描1次，将（D10）+（D12）的结果送入（D14）中。

②加法指令ADD有3个常用标志辅助继电器：M8020为零位标志，如果运算结果为0，则M8020＝1；M8021为借位标志，如果运算结果小于－32767（16位）或－2147483647（32位），则M8021＝1；M8022为进位标志，如果运算结果超过32767（16位）或2147483647（32位）则M8022＝1。

③在32位运算中，被指定的起始字元件是低16位元件，约定下一个字元件则为高16位元件，如D0（D1）。

④源操作数和目标操作数可以用相同的元件号。当源操作数和目标操作数元件号相同时，如果采用连续执行的ADD、DADD指令，加法的结果在每个扫描周期都会改变。如果采用脉冲执行型加法指令，如图7-42所示，每当X001从OFF→ON变化一次，D0中的数据加1后送入D0，与INC（P）指令执行的结果相似；其不同之处是这里采用的是加法指令实现加1，则可能会使零位、借位、进位标志按上述方法置位。

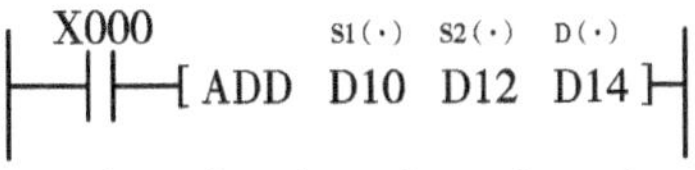

（D10）+（D12）→（D14）

图7-41 加法指令的使用说明（一）

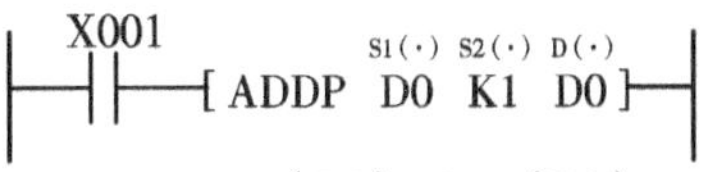

（D0）+1→（D0）

图7-42 加法指令的使用说明（二）

2.二进制减法指令

二进制减法指令SUB是两个值进行减法运算后得到结果的指令。该指令的助记符、指令代码、操作数、程序步如表7-19所示。

表 7-19　二进制减法指令的要素

指令名称	指令代码	助记符	操作数			程序步
			S1（·）	S1（·）	D（·）	
二进制减法	FNC21 （16/32）	SUB（P） DSUB（P）	K、H、KnX、KnY、KnM、KnS、T、C、R、D、V、Z		KnY、KnM、KnS、T、C、D、R、V、Z	SUB，SUBP，…，7步 DSUB，DSUBP，…，13步

减法指令的使用说明：

①减法指令SUB是将指定的两个源操作数相减，结果送到指定的目标操作数中。减法指令SUB的使用说明如图7-43所示。当执行条件X000为ON时，PLC每扫描执行一次SUB指令就将（D10）-（D12）的结果送入D14一次。

②各标志的动作、32位运算中软元件的指定方法、连续执行型和脉冲执行型的差异等均与加法指令相同。

③如图7-44所示，32减法指令的使用说明，与之后讲述的减1指令DEC类似，但采用减法指令实现减1，零位、借位等标志位可能会动作。

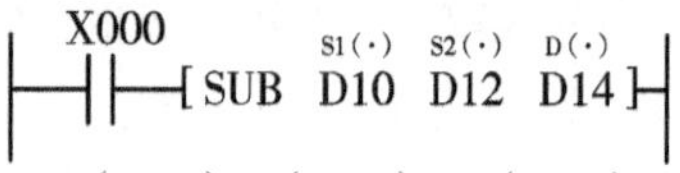

（D10）-（D12）→（D14）

图7-43　减法指令的使用说明（一）

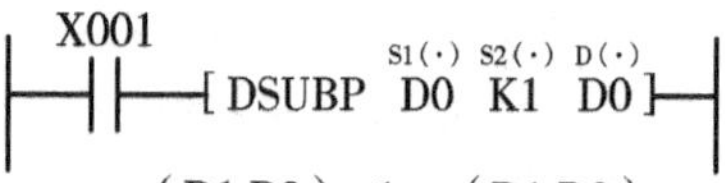

（D1,D0）-1→（D1,D0）

图7-44　减法指令的使用说明（二）

3.二进制乘法指令

二进制乘法指令MUL是两个值进行乘法运算后得到结果的指令。该指令的助记符、指令代码、操作数、程序步如表7-20所示。

表 7-20　二进制乘法指令的要素

指令名称	指令代码	助记符	操作数			程序步
			S1（·）	S2（·）	D（·）	
二进制乘法	FNC22 （16/32）	MUL（P） DMUL(P)	K、H、KnX、KnY、KnM、KnS、T、C、D、R、Z		KnY、KnM、KnS、T、C、D、R、Z（限16位运算）	MUL，MULP，…，7步 DMUL，DMULP，…，13步

乘法指令MUL的使用说明如图7-45所示。

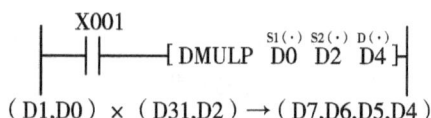

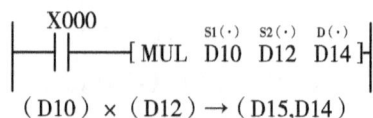

（D10）×（D12）→（D15,D14）　　（D1,D0）×（D31,D2）→（D7,D6,D5,D4）

（a）　　（b）

图7-45　二进制乘法指令的使用说明

16位乘法指令要求两个源操作数均为16位，目标操作数应为32位，其最高位为符号位，0为正，1为负。其用法如图7-45（a）所示，当执行条件X000为ON时，PLC每执行一次指令，就将（D10）×（D12）的32位乘积送入（D15，D14）一次。

32位脉冲型乘法指令的应用如图7-45(b)所示。当X001变为ON时，将(D1,D0)×(D3,D2)的64位乘积送入（D7，D6，D5，D4）中，其最高位为符号位，0为正，1为负。

在应用32位乘法指令时要注意以下几点：

①目标操作数不能使用位组合的字元件，因限于K的取值范围（K≤8），只能得到低32位的结果，不能得到高32位的结果。在这种情况下应先将数据移入字元件再进行运算。

②用字元件作目标操作数时，也不能对作为运算结果的64位数据进行成批监视，在这种场合下，建议采用浮点运算。

③变址寄存器Z不能在32位运算中作为目标元件的指定地址，只能在16位运算中作为源操作数元件的指定地址。

4.二进制除法指令

二进制除法指令DIV是两个值进行除法运算后得到商和余数的指令。该指令的助记符、指令代码、操作数、程序步如表7-21所示。

表 7-21 二进制除法指令的要素

指令名称	指令代码	助记符	操作数			程序步
			S1（·）	S2（·）	D（·）	
二进制除法	FNC23 （16/32）	DIV（P） DDIV（P）	K、H、KnX、KnY、KnM、KnS、T、C、D、R、Z（限16位运算）		KnY、KnM、KnS、T、C、D、R、Z	DIV，DIVP，…，7步 DDIV，DDIVP，…，13步

除法指令DIV的用法如下：

（1）除法指令DIV是将源操作数S1（·）作为被除数，S2（·）作为除数，进行两个常数或两个源操作数相除，商送到目标操作数D（·）指定的元件中，余数送到目标元件D（·）+1的元件中。

16位除法运算的使用说明如图7-46（a）所示。当执行条件X000变为ON时，执行除法运算，将(D0)÷(D2)的商存入(D4)，余数存入(D5)中一次。如果令(D0)=33，(D2)=4，则商（D4）=8，余数（D5）=1。运算结果会占用指定目标元件D（·）开始合计2点的软元件，要注意不能与其他控制重复。

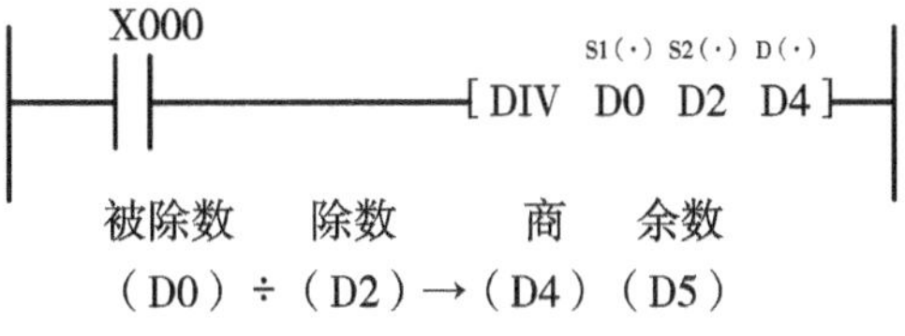

（a）16位指令

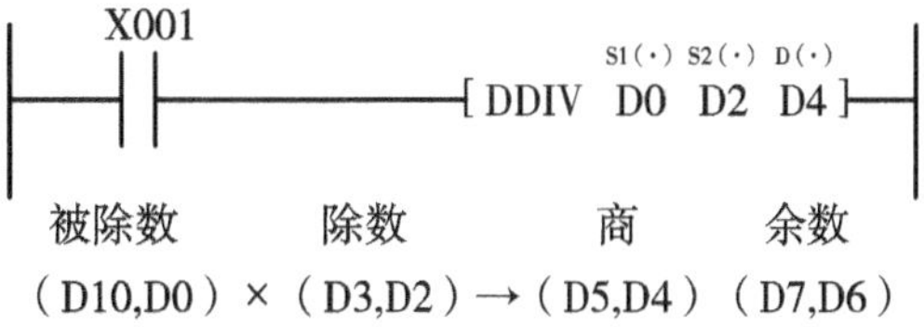

（b）32位指令

图7-46 除法指令使用说明

32位除法运算的使用说明如图7-46（b）所示。当执行条件X001变为ON时，执行除法运算，(D1，D0) ÷ (D3，D2)，商存入 (D5，D4)，余数存入 (D7，D6) 中。运算结果会占用指定目标元件D (·) 开始合计4点的软元件，要注意不能与其他控制重复。

(2) 商与余数的二进制最高位是符号位，0为正，1为负。被除数或除数中有一个为负数时，商为负数；被除数为负数时，余数为负数。

(3) 除数为0时，会发生运算出错，并且不能执行指令。如果运算结果超过32767 (16位运算) 或者2147483647 (32位运算)，出现运算出错，进位标志也为ON。

(4) 当DIV指令的运算结果为0时，M8304为ON。当DIV指令的运算结果溢出时，M8306为ON。

5.二进制加1、减1指令

二进制加1指令INC、减1指令DEC是在指定的软元件数据中加1、减1的指令。其助记符、指令代码、操作数、程序步如表7-22所示。

表7-22 二进制加1指令的要素

指令名称	指令代码	助记符	操作数	程序步
			D (·)	
二进制加1	FNC24 (16/32)	INC (P) DINC (P)	KnY、KnM、KnS、T、C、D、R、Z	INC，INCP，…，3步 DINC，DINCP，…，5步
二进制减1	FNC25 (16/32)	DEC (P) DDEC (P)	KnY、KnM、KnS、T、C、D、R、Z	DEC，DECP，…，3步 DDEC，DENCP，…，5步

二进制加1指令的使用说明：

如图7-47所示，当X000由OFF变为ON时，D10中的二进制数自动加1后重新送入D10中。如果使用连续指令，每个扫描周期都加1。在16位运算时，+32767再加上1则变为-32768，但标志位不动作；同样，在32位运算时，+2147483647再加1就变为-2147483647，标志位不动作。

二进制减1指令的使用说明：

如图7-48所示，当X000由OFF变为ON时，D10中的二进制数自动减1。如果用连续指令，X000为ON时，每个扫描周期都减1。注意，在16位运算时，-32768再减1就变为+32767，但标志位不动作；同样，在32位运算时，-2147483648再减1就变为+2147483647，标志位不动作。

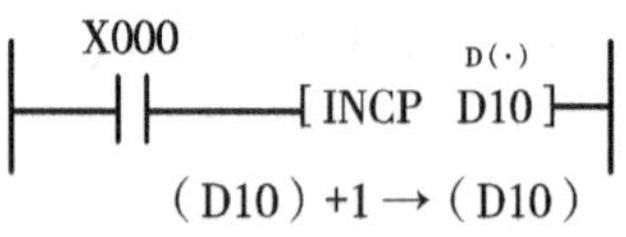

图7-47 二进制加1指令使用说明

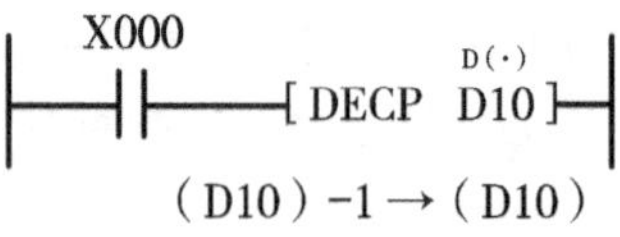

图7-48 二进制减1指令使用说明

7.4.2 逻辑运算指令

1.逻辑与、或、异或指令

逻辑与、或、异或指令是两个数值进行逻辑与、或、异或运算的指令。其助记符、指令代码、操作数、程序步如表7-23所示。

表 7-23　逻辑与、或、异或指令的要素

指令名称	指令代码	助记符	操作数			程序步
			S1（·）	S2（·）	D（·）	
逻辑与	FNC26 （16/32）	WAND（P） DWAND（P）	K、H、KnX、KnY、KnM、KnS、T、C、D、R、V、Z		KnY、KnM、KnS、T、C、D、R、V、Z	WAND，WANDP，…，7步 DWAND，DWANDP，…，13步
逻辑或	FNC27 （16/32）	WOR（P） DWOR（P）				WOR，WORP，…，7步 DWOR，DWORP，…，13步
逻辑异或	FNC28 （16/32）	WXOR（P） DWXOR（P）				WXOR，WXORP，…，7步 DWXOR，DWXORP，…，13步

逻辑与、或、异或的逻辑运算如表7-24所示。

表 7-24　逻辑与、或、异或指令的逻辑运算

S1（·）	S2（·）	D（·）		
		WAND	WOR	WXOR
0	0	0	0	0
1	0	0	1	1
0	1	0	1	1
1	1	1	1	0

逻辑“与”指令的使用说明如图7-49（a）所示。当X000为ON时，D10和D12内的数据按各位对应进行逻辑与运算，结果存于目标操作数D14中。

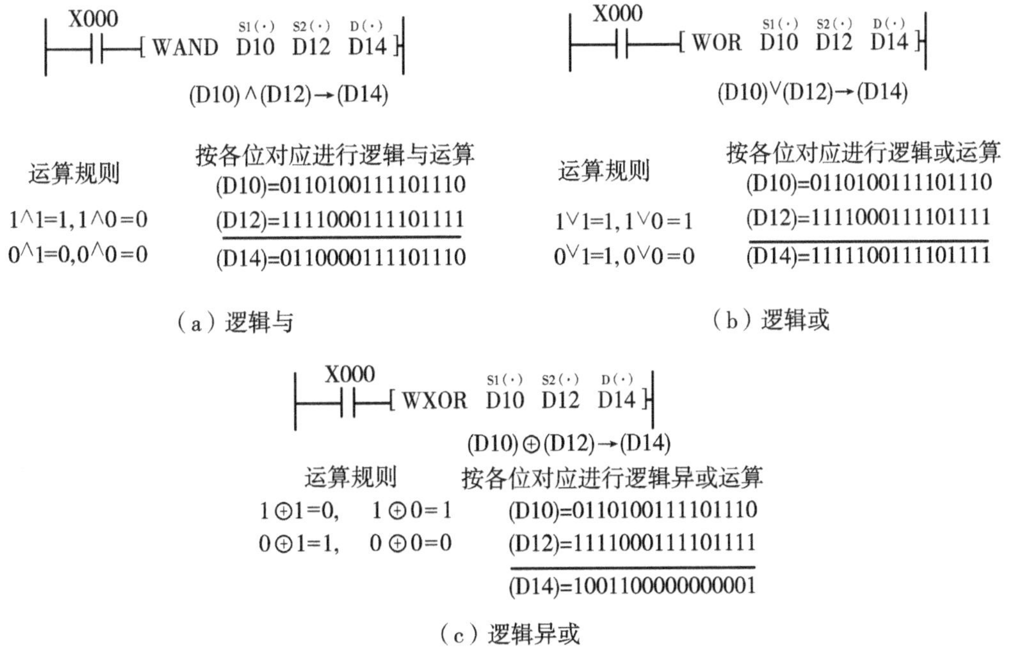

图7-49　逻辑与、或、异或指令使用说明

逻辑“或”指令的使用说明如图7-49（b）所示。当X000为ON时，D10和D12内的数据按各位对应进行逻辑或运算，结果存于目标操作数D14中。

逻辑“异或”指令的使用说明如图7-49（c）所示。当X000为ON时，D10和D12内的数据按各位对应进行逻辑异或运算，结果存于目标操作数D14中。

2.求补码指令

求补码指令NEG是求出数值的2的补码（各位反转+1后的值）的指令。使用该指令后，可以反转数值的符号。该指令的助记符、指令代码、操作数、程序步如表7-25所示。

表7-25　求补码指令的要素

指令名称	指令代码	助记符	操作数	程序步
			D（·）	
求补码	FNC29 （16/32）	NEG（P） DNEG（P）	KnY、KnM、KnS、T、C、D、R、V、Z	NEG，NEGP，…，3步 DNEG，DNEGP，…，5步

求补码指令仅对负数求补码，其使用说明如图7-50所示，当X000由OFF→ON变化时，由D（·）指定的元件D10中的二进制负数按位取反后最低位加1，求得的补码存入原来的D10内。

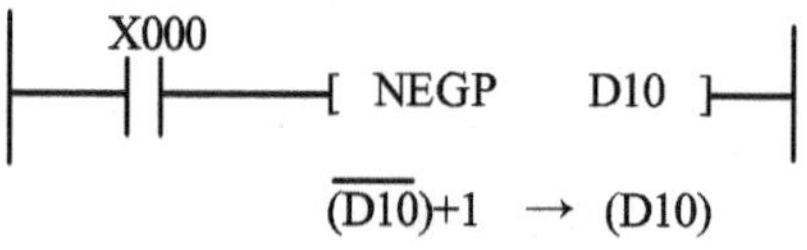

图7-50　求补码指令的使用说明

如果使用连续指令，则在各个扫描周期都执行求补运算。所以该指令最好不要用连续指令，因连续指令会在各个扫描周期都执行求补运算，结果会出错。

7.4.3　算术与逻辑运算指令应用实例

四则运算算式的实现程序

1.用乘、除法指令实现彩灯控制

有一组彩灯，共有14盏，要求正序起动开关X000为ON时，彩灯组Y000～Y015正序间隔1s移动一个并实现循环；当逆序起动开关X001为ON时，且输出Y000为OFF时，彩灯Y000～Y015逆序每隔1s移动一个，直至Y000为ON时停止。

（1）分析控制要求，列出输入/输出元件地址表

通过分析控制要求可知，彩灯控制的输入元件有2个，输出元件共14个，选用FX_{3U}-32MR的PLC即可满足要求。彩灯控制的输入/输出元件地址如表7-26所示。

表7-26 彩灯控制输入/输出元件地址

输入（I）		输出（O）	
输入元件	地址号	输出元件	地址号
正序起动开关SA1	X000	彩灯组1	Y000～Y007
逆序起动开关SA2	X001	彩灯组2	Y010～Y015

（2）梯形图程序的设计

由于彩灯状态的变化时间为1s，因此可以采用M8013实现。

正序控制时，可以每隔1s执行一次乘法指令，将D0中的数据与2相乘后送入D1中，通过执行MOV指令将D1中的数据重新送回D0，这样D0中的数据变为2，4，6，8，…，8192，并在最后一位（Y015）显示时，又恢复为D0的数值为1，实现循环控制。

逆序控制时，先执行MOV指令将K8192送入D2中，然后M8013每隔1s输出一个脉冲，每隔1s执行除法指令一次，D2中的数值除以2后送入D3中，执行MOVP指令后，将D3中的数据又重新送入D2中，则D2中的数据变为8192，4096，2048，1024，…，4，2，1，并在最后一位（Y000）显示时，定时1s后自动熄灭，不再重复执行。采用乘法、除法指令实现彩灯控制的梯形图如图7-51所示。

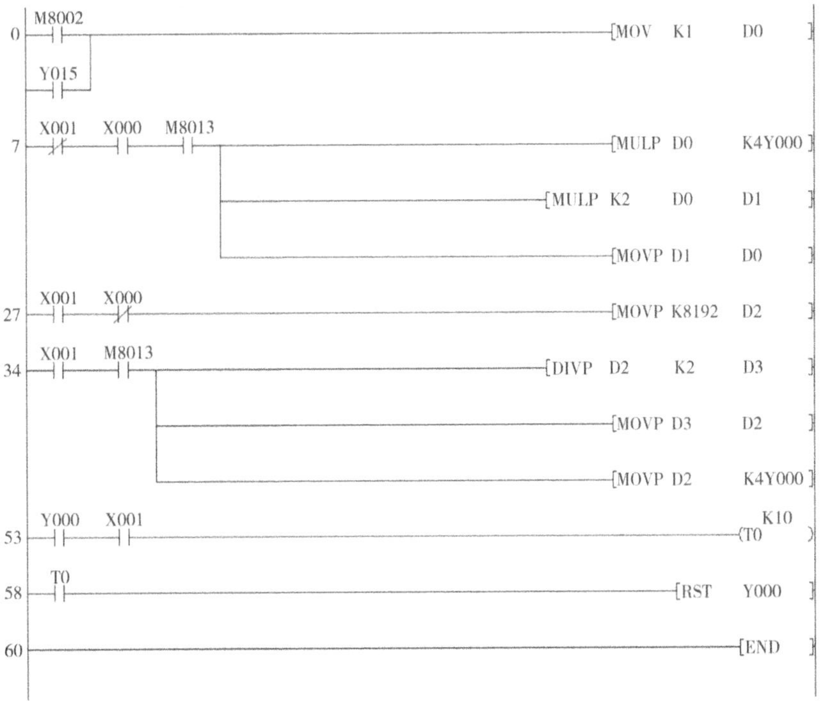

图7-51 彩灯控制的PLC程序

2.篮球比赛电子记分牌的PLC控制

篮球是一项常规的运动项目，但篮球比赛的计分系统比较复杂，采用人工翻牌进行计分容易出错。现在要求设计一个篮球比赛记分牌，如图7-52所示，甲乙双方各设一个1分按钮、2分按钮、3分按钮和减分按钮，并设置一个清除按钮，要求双方最大计分均为999分。

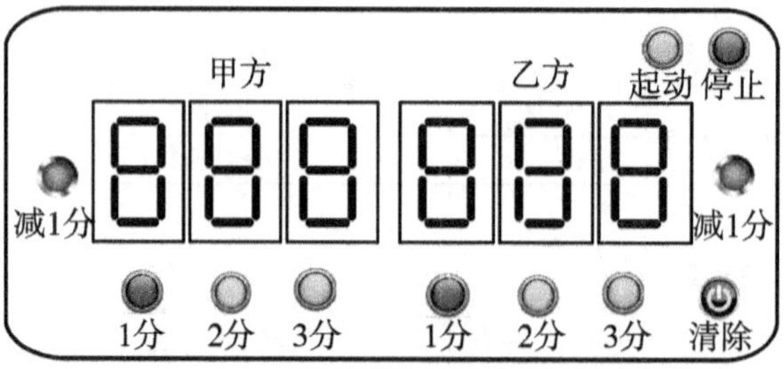

图7-52　篮球比赛电子记分牌

具体设计过程如下：

（1）分析控制要求，列出输入/输出元件地址表

根据控制要求，篮球比赛电子记分牌控制的输入元件有甲方和乙方的加分按钮和减分按钮、清除计分按钮、起动和停止按钮，共11个；输出元件为6个七段数码管，占用24个输出，需选用FX_{3U}-64MR的PLC。列出的输入/输出元件地址如表7-27所示。

表7-27　篮球比赛电子计分控制输入/输出元件地址表

输入（I）		输出（O）	
输入元件	地址号	输出元件	地址号
甲方加1分按钮SB1	X000	甲方计分个位数数码管	Y000 ~ Y003
甲方加2分按钮SB2	X001		
甲方加3分按钮SB3	X002	甲方计分十位数数码管	Y004 ~ Y007
甲方减1分按钮SB4	X003		
乙方加1分按钮SB5	X004	甲方计分百位数数码管	Y010 ~ Y013
乙方加2分按钮SB6	X005		
乙方加3分按钮SB7	X006	乙方计分个位数数码管	Y020 ~ Y023
乙方减1分按钮SB8	X007		
清除按钮SB9	X010	乙方计分十位数数码管	Y024 ~ Y027
起动按钮SB10	X011		
停止按钮SB11	X012	乙方计分百位数数码管	Y030 ~ Y033

（2）PLC控制程序的设计

在设计计分程序时，甲乙双方的计分采用两个数据寄存器进行存储，将经过加减的数据存入到对应数据寄存器，实现加减分的实时动态显示。

①初始化程序设计。记分牌投入使用时，按起动按钮SB10（X011），起动计分系统，然后按清除按钮SB9（X010），采用ZRST指令对数据寄存器D10和D11进行清零。

②计分控制程序设计。甲方和乙方的计分控制程序是类似的。以甲方为例，记分员每按下一次计分按钮SB1（X000），执行一次“ADD　D10　K1　D10”指令，使D10中的数据被加1，就是甲方加1分。同理，记分员每按下一次计分按钮SB2（X001）或计分按钮SB3（X002），使D10中的数据加2或加3，就是甲方加2分或3分。当记分员每按下一次减分按钮SB4（X003），D10中的数据被减1，即甲方减1分。

（3）显示程序设计

在起动记分牌后，辅助继电器M0线圈通电，可以执行BCD指令，把D10中的数据转换成BCD码，通过Y000 ～ Y003显示出甲方记分牌个位的分数，通过Y004 ～ Y007显示出甲方记分牌十位的分数，通过Y010 ～ Y013显示出甲方记分牌百位的分数。同理，也把D20中的数据转换成BCD码，通过Y020 ～ Y023显示出乙方记分牌个位的分数，通过Y024 ～ Y027显示出乙方记分牌十位的分数，通过Y030 ～ Y033显示出乙方记分牌百位的分数。总的PLC控制程序如图7-53所示。

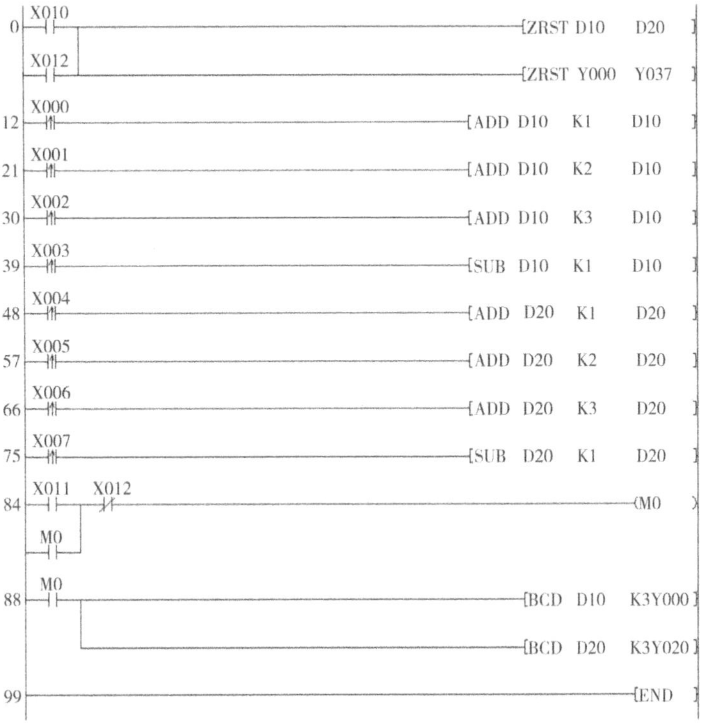
0
X010
ZRST D10 D20
X012
ZRST Y000 Y037
12
X000
ADD D10 K1 D10
21
X001
ADD D10 K2 D10
30
X002
ADD D10 K3 D10
39
X003
SUB D10 K1 D10
48
X004
ADD D20 K1 D20
57
X005
ADD D20 K2 D20
66
X006
ADD D20 K3 D20
75
X007
SUB D20 K1 D20
84
X011
X012
M0
M0
88
M0
BCD D10 K3Y000
BCD D20 K3Y020
99
END

图7-53　篮球比赛电子记分牌的控制程序

7.5　循环与移位类指令

FX_{3U}系列PLC循环与移位类指令有循环移位、位移位、字移位及先入先出（FIFO）指令等十种，从指令的功能来说，循环移位是指数据在单字或双字元件内的一种环形移动。移位指令可用于数据的倍乘处理，形成新数据，或形成某种控制开关。字移位和位移位不同的是它可用于字数据在存储空间中的位置调整等。先进先出（FIFO）指令可用于产品先入先出的管理。

7.5.1 循环移位指令

1.循环右移和循环左移指令

循环右移和循环左移指令是使不包括进位标志在内的指定位数部分的信息右移、左移和旋转的指令。该类指令的助记符、指令代码、操作数、程序步如表7-28所示。

表7-28 循环右移、左移指令的要素

指令名称	指令代码	助记符	操作数		程序步
			D（·）	n	
循环右移	FNC30（16/32）	ROR（P） DROR（P）	KnY、KnM、KnS、T、C、D、R、V、Z 16位：n=4有效 32位：n=8有效	D、R、K、H移位量 n=16（16位） n=32（32位）	ROR，RORP，…，5步 DROR，DRORP，…，9步
循环左移	FNC30（16/32）	ROL（P） DROL（P）			ROL，ROLP，…，5步 DROL，DROLP，…，9步

①循环右移指令的功能。循环右移指令将目标操作数D（·）中的16位或32位数据右移n位，低位侧移出的n位依次移入高位侧，同时移出的第n位复制到进位标志位M8022中。循环右移位指令的使用说明如图7-54(a)所示。当X000由OFF→ON时，D0内各位数据向右移4位，低位侧移出的4位数据进入高4位，最后一次从低位移出的状态（*标志）同时存于进位标志M8022中。

②循环左移指令的功能。循环左移指令是将目标操作数D（·）中的16位或32位数据左移n位，高位侧移出的n位依次移入低位侧，同时移出的第n位复制到进位标志位M8022中。其使用说明如图7-54（b）所示。当X001由OFF→ON时，D（·）内各位数据向左移4位，最后一次从高位移出的状态同时存于进位标志M8022中。

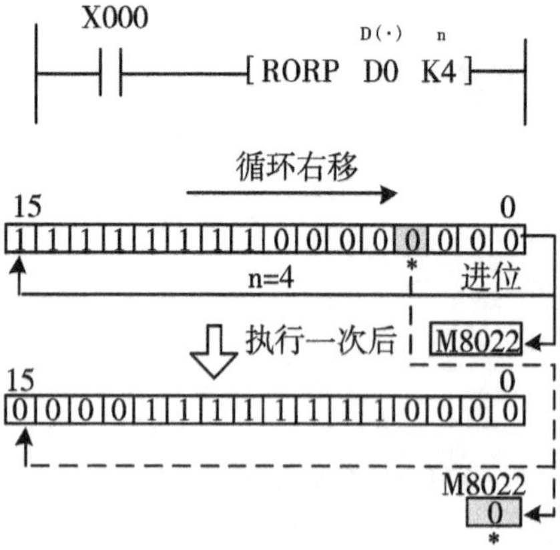

（a）循环右移

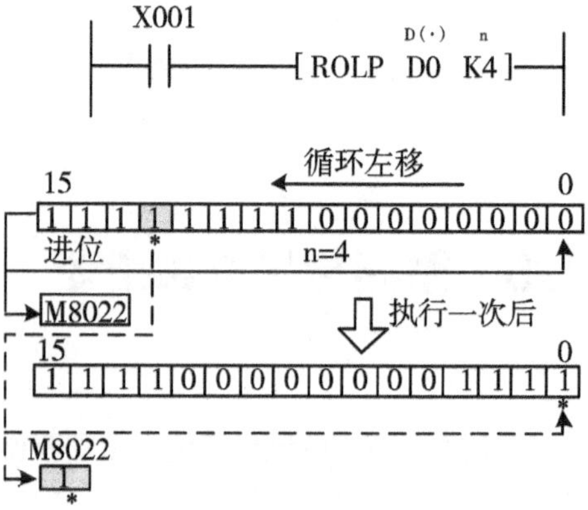

（b）循环左移

图7-54 循环移位指令使用说明

③用连续执行型指令执行时，每个扫描周期执行一次循环移位操作。因此，建议用脉冲执行型指令。

④采用位组合元件作为目标操作数的场合下，只有K4（16位指令）或K8（32位指令）有效。例如K4Y000、K8M0，否则该指令不能执行。

2.带进位循环右移、左移指令

带进位循环右移、左移指令是使包括进位标志在内的指定位数部分的位信息右移、左移和旋转的指令。该类指令的助记符、指令代码、操作数、程序步如表7-29所示。

表 7-29 带进位循环右移、左移指令的要素

指令名称	指令代码	助记符	操作数		程序步
			D（·）	n	
带进位循环右移	FNC32（16/32）	RCR（P） DRCR（P）	KnY、KnM、KnS、T、C、D、R、V、Z 16位：n=4 有效 32位：n=8 有效	D、R、K、H移位量 n≤16（16位） n≤32（32位）	RCR，RCRP，…，5步 DRCR，DRCRP，…，9步
带进位循环左移	FNC33（16/32）	RCL（P） DRCL（P）			RCL，RCLP，…，5步 DRCL，DRCLP，…，9步

①带进位循环右移指令的功能。带进位循环右移指令是将目标操作数D（·）中的16位或32位数据右移n位，移出的第n位移入进位标志位M8022，而进位标志位M8022原来的数据则移入从最高位侧计的第n位。

带进位循环右移指令可将进位标志M8022的状态与16位或32位数据一起向右循环移n位，其使用说明如图7-55（a）所示。当X000为ON时，M8022驱动前的状态先被移入D0的高位，且D0内各位数据向右移4位，最后从低位移出的状态0存于M8022中。

②带进位循环左移指令的功能。带进位循环左移指令是将目标操作数D（·）中的16位或32位数据左移n位，移出的第n位移入进位标志位M8022，而进位标志位M8022原来的数据则移入从最低位侧计的第n位。

带进位循环左移指令可以使进位标志M8022的状态与16位或32位数据向左循环移n位，其使用说明如图7-50（b）所示。当X001为ON时，M8022驱动前的状态先被移入D0的低位，且D0（·）内各位数据向左移4位，最后从高位移出的状态1存于M8022中。

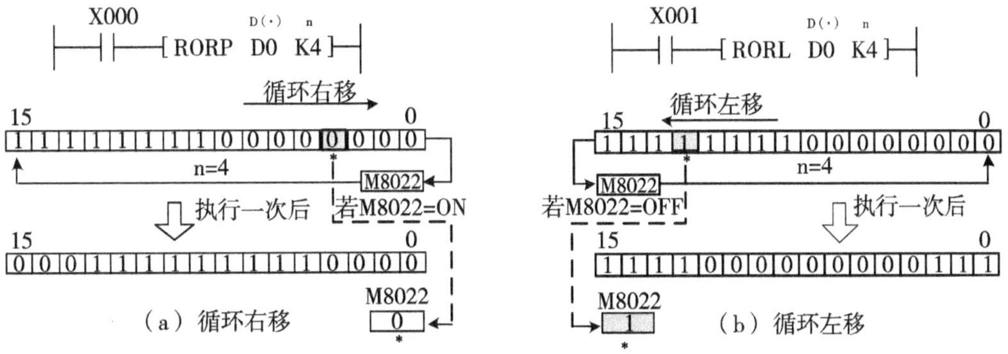

图7-55 带进位循环移位指令使用说明

③用连续执行型指令执行时，每个扫描周期执行一次带进位循环移位的操作。

④在指定位软元件的场合下，只有K4（16位指令）或K8（32位指令）有效。

7.5.2 移位指令

1.位右移、位左移指令

位右移、位左移指令是使指定位长度的位软元件每次右移、左移指定的位长度，移动后，从最高位开始传送n2点长度的源操作数位软元件。该类指令的助记符、指令代码、操作数、程序步如表7-30所示。

表 7-30　位移位指令的要素

指令名称	指令代码	助记符	操作数				程序步
			S（·）	D（·）	n1	n2	
带进位循环右移	FNC34（16）	SFTR SFTRP	X、Y、M、S	Y、M、S	K、H	D、R K、H	SFTR，SFTRP，…，9步
带进位循环左移	FNC35（16）	SFTL SFTLP			n2≤n1≤1024		SFTL，SFTLP，…，9步

位移位指令是对D（·）所指定的n1个位元件连同S（·）所指定的n2个位元件的数据右移或左移n2位。其使用说明如图7-56所示。

①位右移指令的功能。位右移指令的目标操作数D（·）所指定的n1个位元件连同S（·）所指定的n2个位元件的数据右移n2位。位右移指令的使用说明如图7-56（a）所示，当X010由OFF变为ON时，D（·）内（M0～M15）16位数据连同S（·）内指定的（X000～X003）4位位元件的数据向右移4位，（X000～X003）4位数据从D（·）的高位端移入，而D（·）的低位M0～M3数据移出（溢出）。

②位左移指令的功能。位左移指令的目标操作数D（·）所指定的n1个位元件连同S（·）所指定的n2个位元件的数据左移n2位。位左移指令的使用说明如图7-56（b）所示，当X010由OFF变为ON时，D（·）内（M0～M15）16位数据连同S（·）内指定的（X000～X003）4位位元件的数据向左移4位，（X000～X003）4位数据从D（·）的低位端移入，而D（·）的高位M12～M15数据移出（溢出）。

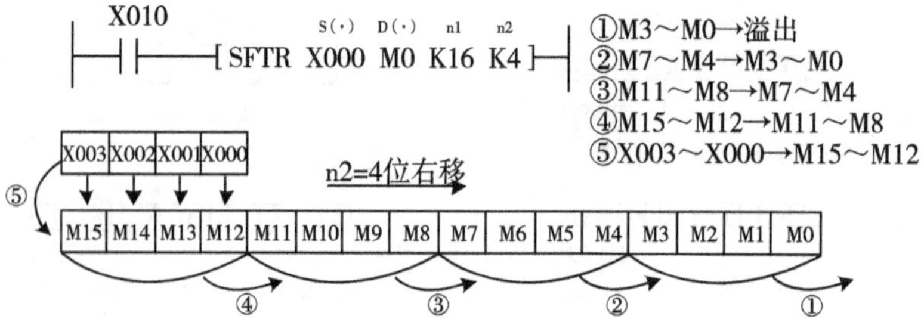

（a）为右移指令使用说明

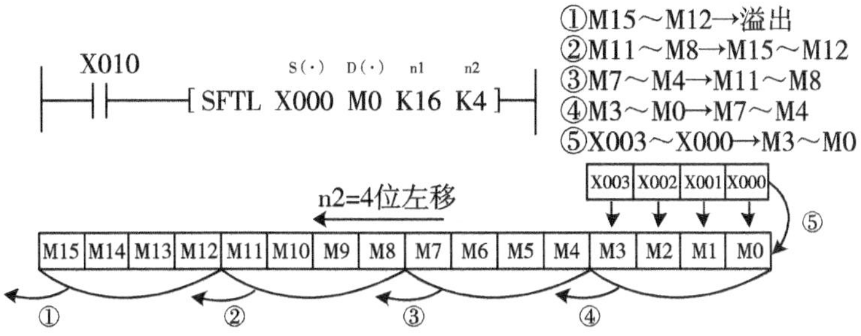

（b）为左移指令使用说明

图7-56　位右移、位左移指令使用说明

③如果图7-56中n2=1，则每次只进行1位移位。

④当采用连续执行型指令时，在X010接通期间，每个扫描周期都要执行移位一次；当采用脉冲执行型指令时，X000由OFF向ON变化时指令仅执行一次，移n2位。因此建议采用脉冲执行型指令。

2.字右移、字左移指令

字右移、字左移指令是将n1个字长的字软元件右移、左移n2位的指令。该类指令的助记符、指令代码、操作数、程序步如表7-31所示。

表7-31　字移位指令的要素

指令名称	指令代码	助记符	操作数				程序步
			S（·）	D（·）	n1	n2	
字右移	FNC36（16）	WSFR WSFRP	KnX、KnY、KnM、KnS、T、C、D、R	KnY、KnM、KnS、T、C、D、R	K、H	K、H、D、R	WSFR，WSFRP，…，9步
字左移	FNC37（16）	WSFL WSFLP			n2≤n1≤512		WSFL，WSFLP，…，9步

字左/右移位指令是对D（·）所指定的n1个字元件连同S（·）所指定的n2个字元件右移或左移n2个字数据，其梯形图和使用说明如图7-57所示。

①字右移指令的功能。字右移指令的目标操作数D（·）所指定的n1个字元件连同S（·）所指定的n2个字元件右移n2个字数据。字右移指令的使用说明如图7-57（a）所示，当X000由OFF变为ON时，D（·）内（D10～D25）16个字数据连同S（·）内（D0～D3）4个字数据向右移4个字，（D0～D3）4个字数据从D（·）的高字端移入，而（D10～D13）从D（·）的低字端移出（溢出）。

②字左移指令的功能。字左移指令的目标操作数D（·）所指定的n1个字元件连同S（·）所指定的n2个字元件左移n2个字数据。字左移指令的使用说明如图7-57（b）所示，当X000由OFF变为ON时，D（·）内（D10～D25）16个字数据连同S（·）内（D0～D3）4个字数据向左移4个字，（D0～D3）4个字数据从D（·）的低字端移入，而（D22～D25）从D（·）的高字端移出（溢出）。

③若采用脉冲执行型指令，X000由OFF向ON变化时指令执行一次，进行n2个字移位；

若采用连续执行型指令，移位操作在每个扫描周期将执行一次，必须注意。

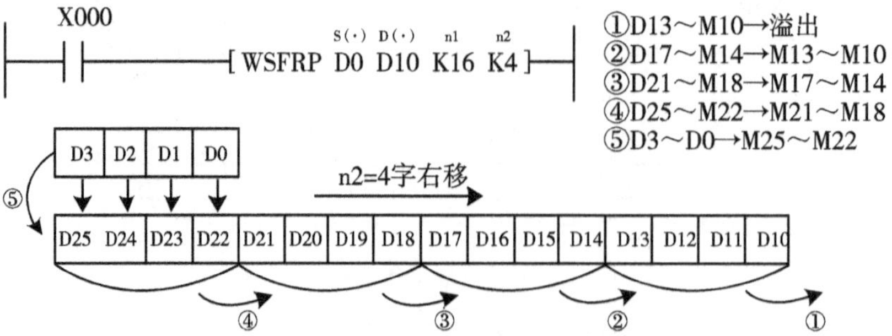

（a）字右移指令使用说明

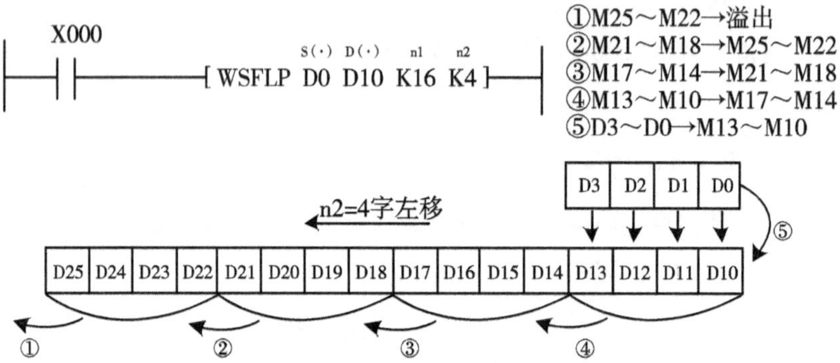

（b）字左移指令使用说明

图7-57 字右移、字左移指令使用说明

7.5.3 循环与移位指令的应用

FIFO 写入/读出指令

设计某霓虹灯的灯光控制。控制要求：某广告招牌上有HL1～HL8八个灯接于K2Y000，要求当X000为ON时，灯先以正序（左移）每隔1s依次点亮，当Y007亮后，停3s；然后以逆序（右移）每隔1s依次点亮，当Y000亮后，停3s，重复上述过程。当X001为ON时，停止工作。霓虹灯的控制情况如图7-58所示。

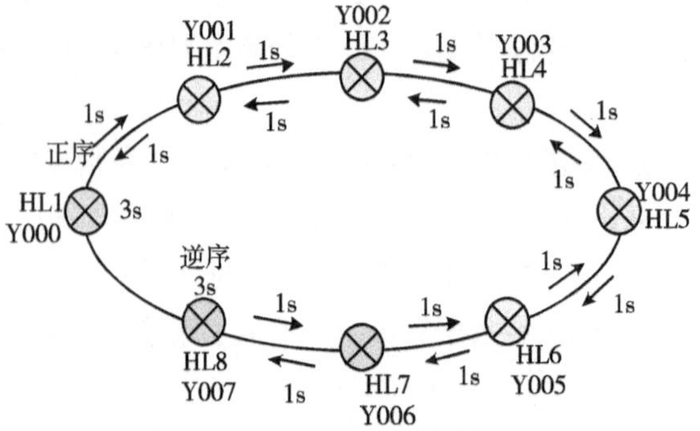

图7-58 霓虹灯控制

具体设计过程如下。

1.列出输入/输出元件地址表

根据控制要求，霓虹灯灯光控制的输入元件有起动按钮SB1和停止按钮SB2各一个，输出元件为8个线型灯管。根据要求，选择FX_{3U}-32MR的PLC，霓虹灯控制的输入/输出元件地址如表7-32所示。

表 7-32 霓虹灯的灯光控制输入 / 输出元件地址

输入（I）		输出（O）	
输入元件	地址号	输出元件	地址号
起动按钮SB1	X000	线型灯管HL1	Y000
停止按钮SB2	X001	线型灯管HL2	Y001
		线型灯管HL3	Y002
		线型灯管HL4	Y003
		线型灯管HL5	Y004
		线型灯管HL6	Y005
		线型灯管HL7	Y006
		线型灯管HL8	Y007

2. PLC控制程序的设计

在设计霓虹灯控制程序时，采用右移循环指令ROR和左移循环指令ROL实现霓虹灯的线型灯管的正逆序循环点亮。由于循环移位指令中位组软元件必须是16位或32位，所以输出位组软元件采用K4Y000，多用了8个输出端口。霓虹灯的控制采用每一秒移位的方式，可以利用M8013实现。霓虹灯灯光控制的PLC控制程序如图7-59所示。

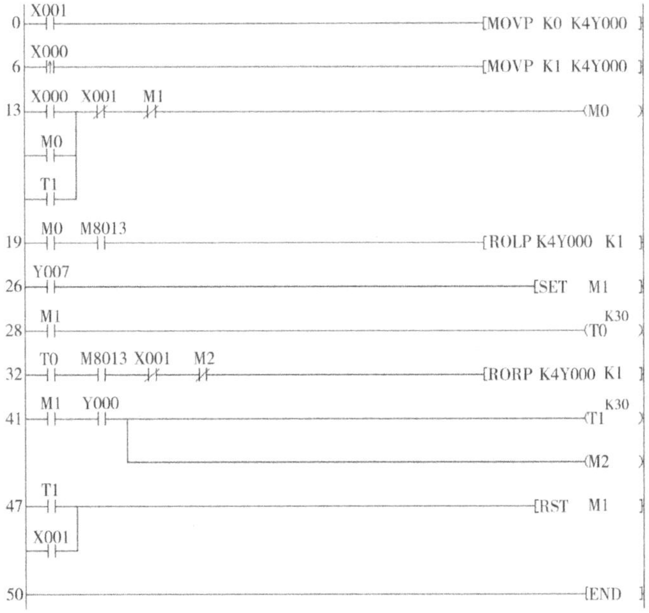

图7-59 霓虹灯的灯光控制程序

按下起动按钮SB1（X000）后，执行“MOVP K1 K4Y000”指令，对HL1（Y000）赋初值为1。同时M0线圈通电，19步中M0的常开触点闭合，M8013产生每隔一秒的脉冲，每秒执行一次“ROLP K4Y000 K1”指令，即每秒向左移动一位，实现正序移位。当最后一根线型灯管Y007点亮后，常开触点Y007闭合，M1置位，常闭触点M1断开M0，切断了正序移位，同时接通定时器T0，延时3s后，接通逆序移位，每秒执行一次“RORP K4Y000 K1”指令，即每秒向右移动一位，实现逆序移位。当第一根线型灯管Y000点亮后M2通电，同时接通定时器T1，延时3s后，M1复位，断开逆序移位，M0通电，又开始正序移位，如此循环反复。当按下停止按钮SB2（X001）时，断开正序或逆序移位，同时执行“MOVP K0 K4Y000”指令，对输出Y000～Y007进行复位清零。

7.6 数据处理类和高速处理类指令

数据处理类指令包括区间复位指令、译码指令、解码指令、置1位求和指令、某位判1指令、平均值指令、求开方根指令、二进制整数与二进制浮点数转换指令、报警置位和复位指令等10条。如区间复位指令可用于数据区的同类软元件的初始化，平均值指令可用于求解平均值。

高速处理类指令有输入/输出刷新指令、高速计数比较置位/复位指令、区间比较指令、脉冲输出指令、脉宽调制指令等10条。以按最新的输入/输出信息进行程序控制，并能有效利用数据高速处理能力进行中断处理。FX_{3U}系列PLC提供了可以使用内置的脉冲输出功能或使用高速输出特殊适配器的输出脉冲进行定位的指令。由于篇幅关系，本节将选择一部分指令进行介绍及应用。

7.6.1 数据处理类指令

1. 区间复位指令

区间复位指令ZRST是对2个指定的软元件之间执行成批复位的指令，用于在中断运行后从初期开始运行时以及对控制数据进行复位。该指令的助记符、指令代码等如表7-33所示。

表7-33 区间复位指令的要素

指令名称	指令代码	助记符	操作数		程序步
			D1（·）	D2（·）	
区间复位	FNC40 （16）	ZRST ZRSTP	Y、M、S、T、C、D、R D1元件号≤D2元件号		ZRST，ZRSTP，…，5步

区间复位指令也称为成批复位指令，可以对位元件和字元件进行成批复位，两个目标

操作数必须是同类软元件才能进行成批复位。

（1）区间复位指令的使用

如图7-60所示，当M8002从OFF→ON时，执行区间复位指令。辅助继电器M500～M599成批复位，计数器C235～C255成批复位，状态继电器S0～S127成批复位。

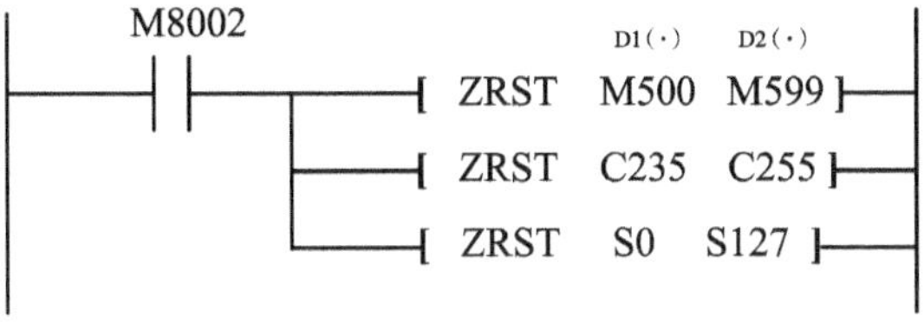

图7-60　区间复位指令的使用说明

①两个目标操作数D1（·）和D2（·）指定的元件应为同类软元件。

②D1（·）指定的元件号小于D2（·）指定的元件号。若D1（·）的元件号大于D2（·）的元件号，则只有D1（·）指定的元件被复位，即仅复位1点。

③该指令虽是16位指令，但是可以在D1（·）和D2（·）中指定32位计数器。但不能混合指定，不能在D1（·）中指定16位计数器，在D2（·）中指定32位计数器。

（2）与其他复位指令的比较

①RST指令。采用RST指令仅对位元件Y、M、S和字元件T、C、D单独进行复位，不能成批复位。

②多点传送指令FMOV。采用多点传送指令FMOV将常数K0对KnY、KnM、KnS、T、C、D软元件成批复位。这类指令的应用如图7-61所示。

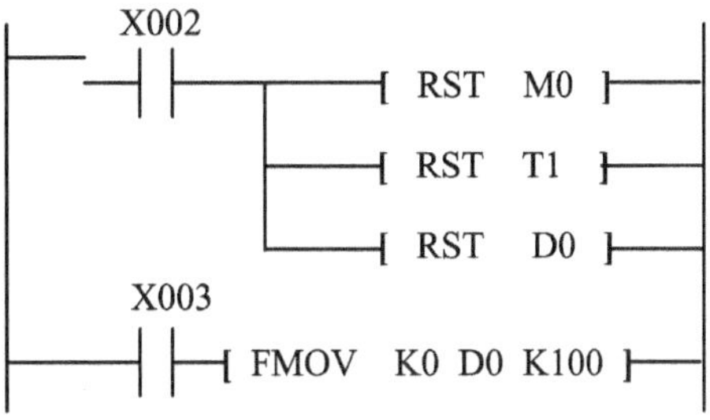

图7-61　其他复位指令的应用

2.平均值指令

平均值指令MEAN是求数据的平均值的指令，该指令的助记符、指令代码等如表7-34所示。

表7-34　平均值指令的要素

指令名称	指令代码	助记符	操作数			程序步
			S（·）	D（·）	n	
平均值	FNC45（16）	MEAN MEANP DMEAN DMEANP	KnX、KnY、KnM、KnS、T、C、D、R	KnY、KnM、KnS、T、C、D、R、V、Z	D、R、K、H 1～64	MEAN，MEANP，…，7步 DMEAN，DMEANP，…，13步

平均值指令MEAN是对S（·）指定的字元件为起始地址的n个元件中的数据求平均值（求得代数和后，除以n）存入目标操作数D（·）指定的元件中，舍去余数。如果指令中指定的n超出字元件规定的地址号范围，则n值自动减小进行处理。n在1～64以外时，会发生运算错误，M8067为ON。

平均值指令的使用说明如图7-62所示。当X000为ON时，将D0、D1、D2、D3中的数据求和后除以4得到的平均值送入D10中。

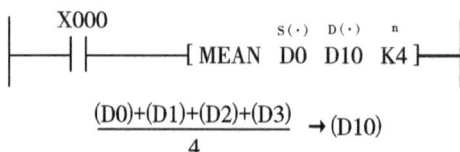

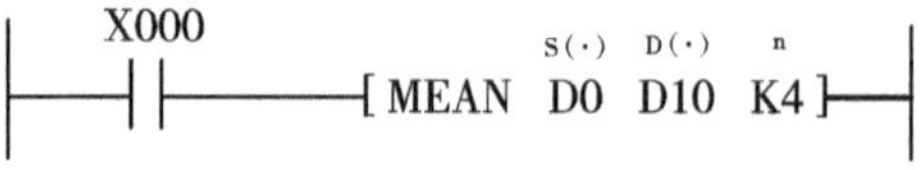

$$\frac{(D0)+(D1)+(D2)+(D3)}{4} \rightarrow (D10)$$

图7-62 求平均值指令的使用说明

7.6.2 高速处理类指令

信号报警器的置位、复位指令ANS/ANR

1.输入/输出刷新指令

输入/输出刷新指令REF是在顺控程序扫描过程中，想要获得最新的输入（X）信息时，以及将输出（Y）扫描结果立即输出的指令。当指定的输入/输出口的数据需要刷新时，可以使用输入/输出刷新指令实现数据更新并保存。该指令的助记符、指令代码等如表7-35所示。

表7-35 输入/输出刷新指令的要素

指令名称	指令代码	助记符	操作数		程序步
			D（·）	n	
输入/输出刷新	FNC50 （16）	REF REFP	X、Y 最低位位数编号仅为0	K、H n为8的倍数	REF，REFP，…，5步

输入/输出刷新指令可以用于在某段程序处理时对指定的输入口读取最新数据信息或在某一操作结束后立即将结果从指定的输出口输出。

该指令的使用说明如图7-63所示，图（a）为输入刷新，当X000为ON时，对D（·）指定的X010～X017八个输入点最新数据刷新并保存一次。图（b）为输出刷新，当X001为ON时，对D（·）指定的Y000～Y027的24点最新输出数据刷新一次。

（a）输入刷新　　（b）输出刷新

图7-63 输入/输出刷新指令的使用说明

使用输入/输出刷新指令时应注意，指令中D（·）指定的元件首地址必须是10的倍数；刷新点数n应为8的倍数，否则会出错。

2.脉冲输出指令

脉冲输出指令PLSY是发出脉冲信号用的指令。该指令的助记符、指令代码等如表7-36所示。

表 7-36　脉冲输出指令的要素

指令名称	指令代码	助记符	操作数			程序步
			S1（·）	S2（·）	D（·）	
脉冲输出	FNC57 （16/32）	PLSY DPLSY	K、H、KnX、KnY、KnM、KnS、T、C、D、R、V、Z		基本单元晶体管输出Y000，Y001或高速输出特殊适配器	PLSY，…，7步 DPLSY，…，13步

脉冲输出指令PLSY的使用说明如下：

（1）使用16位指令时，源操作数S1（·）中指定的频率允许范围为1 ~ 32767Hz；源操作数S2（·）中指定发出的脉冲量允许范围为1 ~ 32767（PLS）；目标操作数D（·）指定有脉冲输出的晶体管输出为Y000和Y001。

（2）使用32位指令时，源操作数S1（·）中指定的频率允许范围为1 ~ 200,000Hz（使用基本单元的晶体管输出时，输出频率要求设定在100000Hz以下，否则可能会出现故障）；源操作数S2（·）中指定发出的脉冲量允许范围为1 ~ 2147483647（PLS）；目标操作数D（·）指定脉冲输出的晶体管输出为Y000和Y001，输出的脉冲ON/OFF占空比为50%。

脉冲输出指令PLSY的应用格式如图7-64所示。当X010为ON时，Y000以每秒1000Hz的频率输出连续的脉冲，当达到D0中设定值时，执行完毕，指令执行结束的标志位M8029动作。在指令执行中，如果X010变为OFF，输出Y000变为OFF，输出脉冲数总计保存于D8137和D8136中。当X010再次置为ON时，Y000从0开始输出脉冲。

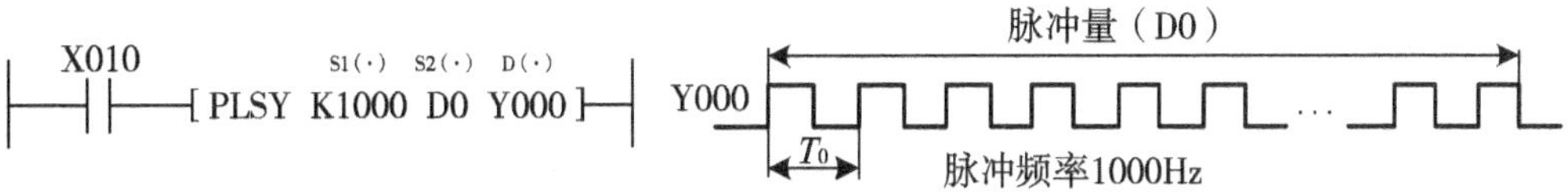

图7-64　脉冲输出指令使用说明（一）

（3）PLSY指令使用注意事项。

①设定脉冲量输出结束时，指令执行结束标志位M8029动作。S1（·）中的内容在指令执行中可以变更，但S2（·）的内容不能变更。M8029的常开触点务必在需要监视的指令的正下方使用。

②输出脉冲数会被保存在下面的特殊数据寄存器中。Y000的输出脉冲数累计存于（D8141，D8140）中，Y001的输出脉冲数累计存于（D8143，D8142）中，Y000和Y001的输出脉冲数总累计存于（D8137，D8136）中。

③指令输入OFF后，会立即停止输出，再次置ON后从最初开始运行。

④当M8349为ON后，将停止Y000脉冲输出（即刻停止）；当M8359为ON后，将停止Y001脉冲输出（即刻停止）。再次输出脉冲时，如果与输出信号相对应的软元件（M8349或M8359）OFF后，需将脉冲输出指令执行从OFF至ON后再次驱动。

⑤若希望脉冲的输出数量没有限制，可将源操作数S2（·）中指定发出的脉冲量设为K0，这样就可以无限制发出脉冲，如图7-65所示。

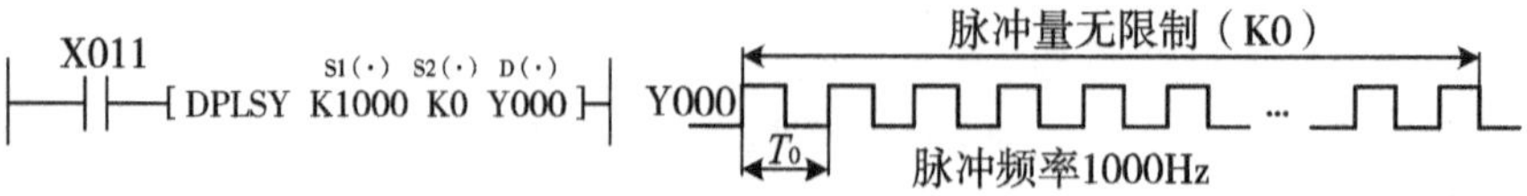

图7-65　脉冲输出指令使用说明（二）

3.脉宽调制指令

脉宽调制指令PWM是指定了脉冲的周期和ON时间的脉冲输出的指令。该指令的助记符、指令代码等如表7-37所示。

表 7-37　脉宽调制指令的要素

指令名称	指令代码	助记符	操作数			程序步
			S1（·）	S2（·）	D（·）	
脉宽调制	FNC58（16）	PWM	K、H、KnX、KnY、KnM、KnS、T、C、D、R、V、Z		基本单元晶体管输出Y000、Y001、Y002或高速输出特殊适配器Y000、Y001、Y002、Y003	PWM，…，7步

脉宽调制指令PWM用于按指定要求的脉冲宽度、周期，产生脉宽可调的脉冲输出，控制变频器实现电机调速的场合（PLC与变频器之间应加有平滑电路）。源操作数S1（·）指定脉冲宽度t，t理论上可在0～32767ms范围内选取，但不能大于周期T_0，否则出现错误；源操作数S2（·）指定脉冲周期T_0，T_0可在1～32767ms范围内选取；目标操作数D（·）指定输出脉冲Y编号，只能是基本单元晶体管输出型的Y000、Y001、Y002或高速输出特殊适配器的Y000、Y001、Y002、Y003。

脉宽调制指令的使用说明如图7-66所示。脉冲宽度t为D10指定数据，脉冲周期T_0为50ms。当X010为ON时，Y000输出脉宽调制比为$q=t/T_0$的脉冲。

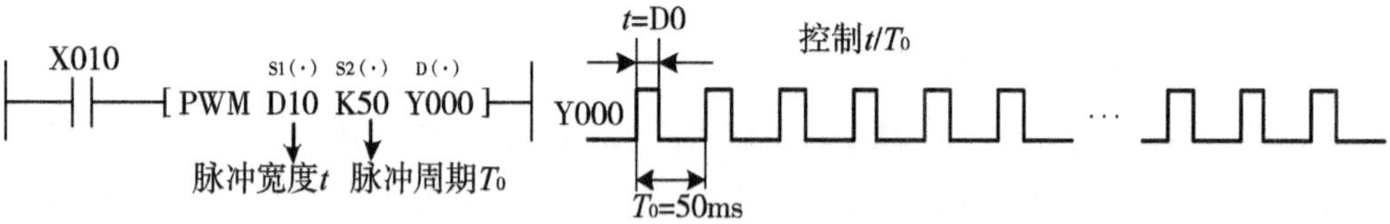

图7-66　脉宽调制指令使用说明

4.可调速脉冲输出指令

可调速脉冲输出指令PLSR是带加减速功能的脉冲输出指令。该指令的助记符、指令代码等如表7-38所示。

表 7-38 可调速脉冲输出指令的要素

指令名称	指令代码	助记符	操作数				程序步
			S1（·）	S2（·）	S3（·）	D（·）	
可调速脉冲输出	FNC59（16/32）	PLSR DPLSR	K、H、KnX、KnY、KnM、KnS、T、C、D、R、V、Z			基本单元晶体管输出Y000、Y001或高速输出特殊适配器Y000、Y001	PLSR，…，9步 DPLSR，…，17步

可调速脉冲输出指令PLSR可在规定时间内输出具有加减速功能的定量脉冲，以控制步进电机工作，在程序中只能使用一次。

（1）可调速脉冲输出指令中各操作数的意义

源操作数S1（·）指定脉冲输出的最高频率，其中16位指令允许设定范围为10～32767Hz，32位指令允许设定范围为10～200000Hz，使用基本单元的晶体管输出时，最高频率设定在100000Hz以下，并以10的倍数指定，若指定1位数时则结束运行。脉冲输出频率按设定的最高频率的1/10作为加减速的逐级变速量，每级的变速量应设定在步进电机不失调的范围内。

S2（·）设定总的输出脉冲（PLS）数，设定范围：16位指令，允许设定的范围为1～32767（PLS）；32位指令，允许设定的范围为1～2147483647（PLS）。

S3（·）设定加减速度时间（ms），加速和减速时间相等。加减速度时间设定范围为50～5000ms。

D（·）指定脉冲输出Y编号，只能指定基本单元晶体管输出Y000、Y001或高速输出特殊适配器Y000、Y001。

（2）PLSR指令输出的脉冲数的存储

PLSR指令输出的脉冲数存入以下特殊数据寄存器中：Y000输出脉冲数存入D8141（高16位），D8140（低16位）；Y001输出脉冲数存入D8143（高16位），D8142（低16位）。

PLSR和PLSY两指令输出的总脉冲数对Y000、Y001输出脉冲的累计总和均存入D8137（高16位），D8136（低16位）。

当S2（·）中设定的脉冲数输出结束时，M8029为ON。

（3）可调速脉冲输出指令的使用说明

可调速脉冲输出指令的使用说明如图7-67所示。图7-67（a）为指令使用梯形图，当X010为ON时，则Y000在规定的时间3600ms内输出规定的脉冲，且输出脉冲频率从0开始按设定的最高频率K500的1/10逐级加速，直到设定的最高频率后，再按指定的最高频率的1/10逐级减速，其加减速原理说明如图7-67（b）所示。当X010为OFF时，Y000中断输出。

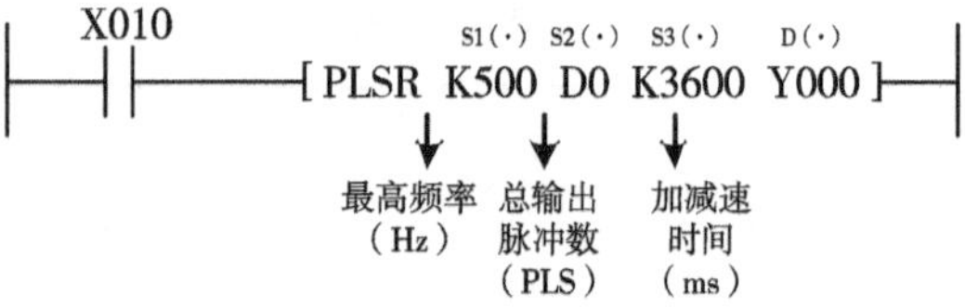

（a）可调速脉冲输出指令的使用说明

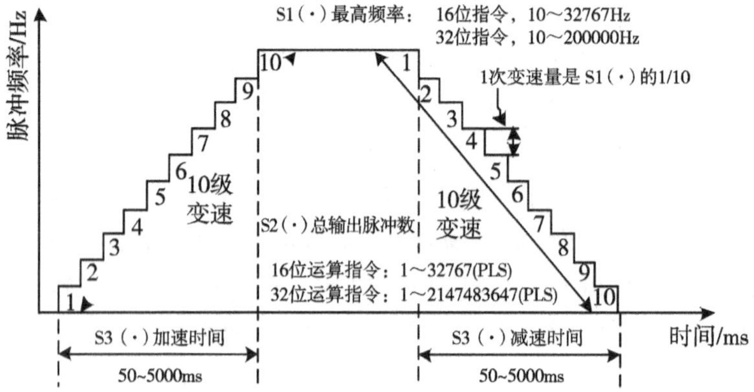

（b）可调速脉冲输出指令的加减速原理

图7-67　加减速的脉冲输出指令使用说明

7.6.3　数据处理类与高速处理类指令的应用

定位控制指令

1.某包装机打包装置的控制要求

某包装机打包装置由步进电机驱动，其控制要求如下：

①按下起动按钮后，先正转5周，停止5s卸料，再反转5周，停止5s装料，再正转，如此循环不止。

②按下停止按钮时，步进电机停止运行。

③步进电机运行一周需要1200个脉冲，脉冲频率设置为800Hz。

外部故障诊断处理程序设计

2.步进电机

步进电机是一种将电脉冲转化为角位移的特殊执行机构。当步进电机接收到一个步进脉冲信号时，就按设定的方向转动一个固定的角度（称为步距角），它的运动形式是步进式的，因此称为步进电机。

由于步进电机是一种感应电动机，需要步进电机驱动器为步进电机提供将直流电变成分时供电的、多相时序控制电流，才能使步进电机正常工作。因此，步进电机与PLC的连接实际是通过驱动器中间换接完成的。

步进电机与PLC的接线

三菱FX_{3U}系列的PLC可以通过脉冲指令PLSY、PLSR和定位指令ZRN、DRIV和DRVA等对步进电机进行定位控制。

3.分析控制要求，确定输入/输出元件地址表

通过分析，该包装机打包装置的输入/输出元件地址如表7–39所示。由于脉冲输出必须选用晶体管型输出，故选用FX_{3U}–32MT的PLC。

表7–39 包装机打包装置的输入/输出元件地址

输入（I）		输出（O）	
输入元件	地址号	输出元件	地址号
起动按钮SB1	X000	接驱动器脉冲输出PUL-	Y000
停止按钮SB2	X001	接驱动器方向输出DIR-	Y004
暂停按钮SB3	X002		

4.绘制PLC外部接线图

绘制包装机打包装置PLC控制的外部接线图，如图7–68所示。图中开关电源的选择与步进驱动器有关，步进驱动器的驱动电压选择24V DC的开关电源，FX_{3U}系列PLC选择晶体管输出，如FX_{3U}–32MT；步进驱动器与PLC之间采用共阳接线方式；步进驱动器与步进电机采用AB两相方式。

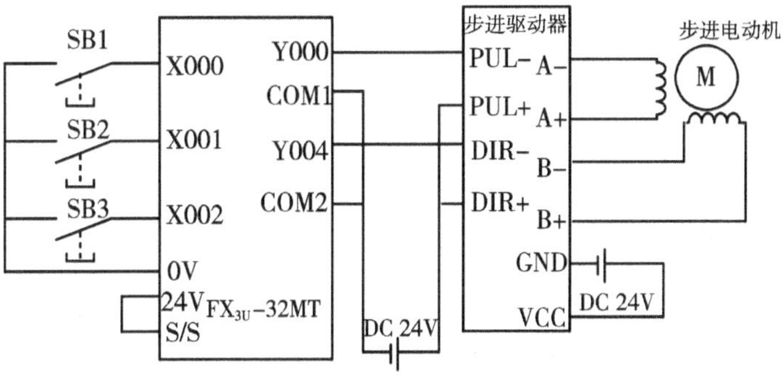

图7–68 包装机打包装置PLC控制的外部接线图

5. PLC控制程序设计

由控制要求可知，步进电机运行一周需要1200个脉冲，频率为800Hz，为了减少步进电机的失步和过冲，采用PLSR指令输出脉冲。指令的各操作数设置为：输出脉冲最高频率为K800，输出脉冲个数为K1200 × 5=K6000，加减速时间为200ms，脉冲输出Y编号为Y000，Y004为方向控制，其中ON为正转，OFF为反转。

程序编制时，由于PLSR指令在程序中只能使用一次，所以采用步进指令SFC设计。程序梯形图如图7–69所示，X002为暂停按钮，其按下后，SFC块中正在运行的状态继续运行，输出也得以执行，但不发生转移。当又按下X002后，程序从下一个状态继续运行，而X001为停止按钮，其按下后，程序运行完反转5周后停止。M8029为PLSR指令执行完成标志特殊辅助继电器。

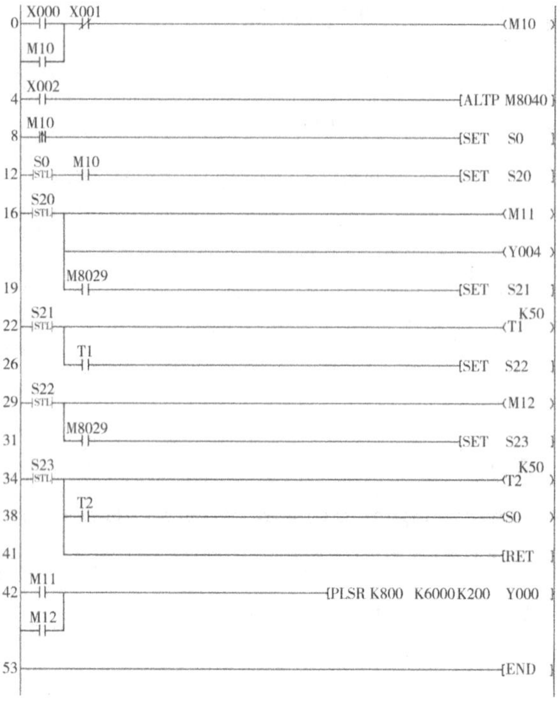

图7-69 包装机打包装置控制程序

采用不同方法实现步进电动机控制程序

7.7 其他应用类指令

7.7.1 方便类指令及应用

方便类指令可以利用最简单的顺控程序进行复杂控制。该类指令有初始化状态、数据查找、绝对值式/增量式凸轮控制、示教/特殊定时器、旋转工作台控制、列表数据排序等10种，指令代码范围为FNC60～FNC69。

1.初始化状态指令

初始化状态指令IST是在采用步进梯形图的程序中，对初始化状态及特殊辅助继电器进行自动控制的指令。该指令的助记符、指令代码等如表7-40所示。

表7-40 初始化状态指令的要素

指令名称	指令代码	助记符	操作数			程序步
			S（·）	D1（·）	D2（·）	
初始化状态	FNC60（16）	IST	X、Y、M	S20～S899，S1000～S4095［D1（·）<D2（·）］		IST，…，7步

初始化状态指令的使用说明如下：

初始化状态指令可以对步进梯形图中的初始化状态和一些特殊辅助继电器进行自动切换控制。

源操作数指定输入运行模式，可以在X、Y、M三种位元件中设定某种位元件的八个连号位元件作为初始输入运行模式的选择。在图7-70中，指定X020 ～ X027八个连续的输入接口，作为以下初始输入运行模式的选择，如表7-41所示。其中，X020 ～ X024应接旋转开关，确保五种运行模式不被同时接通，X025 ～ X027可以接各种按钮。

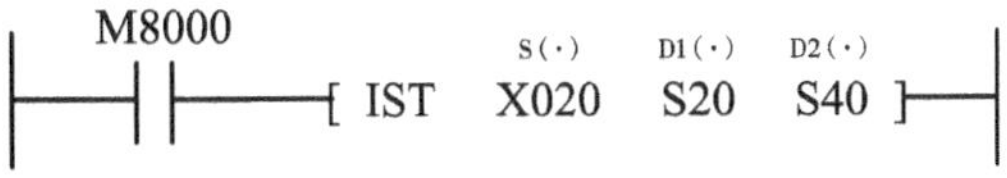

图7-70　初始化状态指令使用说明

表 7-41　输入接口模式选择

源操作数	软元件编号	功能	源操作数	软元件编号	功能
S（·）	X020	手动操作	S（·）+4	X024	连续循环运行
S（·）+1	X021	返零（回原点）	S（·）+5	X025	返零起动
S（·）+2	X022	单步操作	S（·）+6	X026	自动操作起动
S（·）+3	X023	循环运行一次	S（·）+7	X027	停止

两个目标操作数D1（・）、D2（・）分别指定在自动操作模式中实际用到的最小、最大状态继电器的编号。

如图7-70所示，当M8000为ON，执行IST指令时，表7-42中的软元件会被控制自动切换。如果M8000又置为OFF，则这些软元件保持原状态不变。

表 7-42　状态元件和特殊辅助继电器状态

软元件编号	功能	软元件编号	功能
M8040	禁止转移	S0	手动操作状态初始化
M8041①	转移开始	S1	返零状态初始化
M8042	起动脉冲	S2	自动操作状态初始化
M8043①	原点回归完成		
M8045	所有输出禁止复位		
M8047②	STL监控有效		

注：①RUN→STOP时清除。

②执行END指令时处理。

IST指令在程序中只能使用一次，应放在步进顺控指令之前。如果在M8043（复原完毕）置1（机器回原点）之前改变操作方式，则所有输出将变为OFF。

2.交替输出指令

交替输出指令ALT是当输入为ON时，使位软元件反转（ON←→OFF）的指令。该指令的助记符、指令代码等如表7-43所示。

表7-43　交替输出指令的要素

指令名称	指令代码	助记符	操作数	程序步
			D（·）	
交替输出	FNC66 （16）	ALT ALT（P）	Y、M、S	ALT，ALTP，…，3步

交替输出指令在每次执行条件由OFF→ON的上升沿，操作数D（·）中指定元件的状态按二分频变化，利用这一特征，可以实现多级分频输出、单按钮启/停、闪烁动作等功能。交替输出指令的使用说明及应用如图7-71所示。

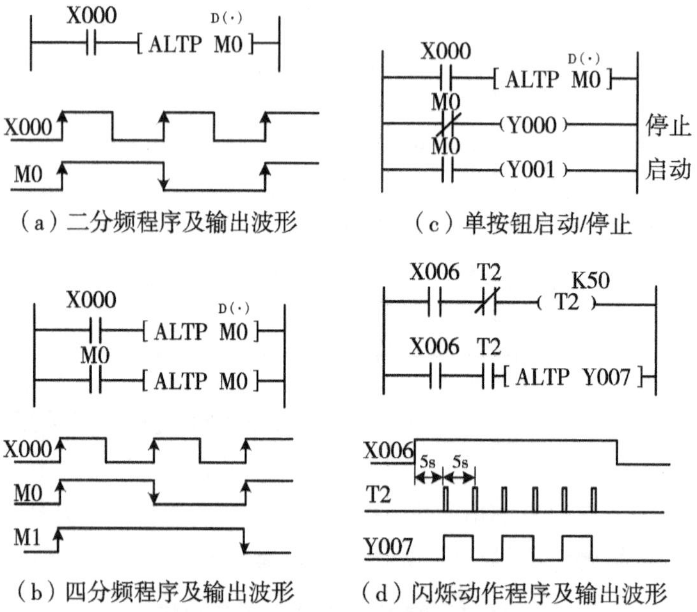

图7-71　交替输出指令的使用说明及应用

图7-71（a）是用交替输出指令构成二分频程序及输出波形；图7-71（b）为四分频程序及输出波形；图7-71（c）是单按钮启/停程序。程序中输出Y000和Y001分别驱动停止和起动指示灯，当按下按钮X000第一次闭合时，M0的常开触点闭合，常闭触点断开，Y001线圈通电，起动指示灯亮；再次按下按钮X000第二次闭合时，M0的常开触点断开，常闭触点闭合，Y000线圈通电，停止指示灯亮。

图7-71（d）是闪烁动作程序及输出波形，当X006闭合时，定时器T2触点每隔5s瞬间闭合一次，使输出Y007交替ON/OFF变化，产生振荡脉冲。

注意：如果使用连续执行型交替输出指令，则在每个扫描周期执行一次指令，即每个扫描周期反向动作。

7.7.2　外部设备类输出指令

FX_{3U}系列PLC备有可供与外部设备交换数据的I/O指令。这类指令可以通过最少量的程序和外部布线，进行复杂的控制。

1.七段码译码指令SEGD

七段码译码指令SEGD是数据译码后点亮数码管（1位数）的指令。该指令的名称、助记符等如表7-44所示。

表 7-44　七段码译码指令的要素

指令名称	指令代码	助记符	操作数		程序步
			S（·）	D（·）	
七段码译码	FNC73（16）	SEGD SEGD（P）	K、H、KnX、KnY、KnM、KnS、T、C、D、R、V、Z	KnY、KnM、KnS、T、C、D、R、V、Z	SEGD，SEGD（P），…，5步

七段码译码指令是驱动1位七段码显示器显示十六进制数据的指令，其使用说明如图7-72所示。

图7-72　七段码译码指令使用说明

在图7-72中，指令对S（·）指定的D0元件中低4位（只用低四位）存放的待显示的十六进制数（0～F），译码后的七段码显示数据格式存于D（·）指定元件中，若为16位元件，则存放于低8位中，高8位保持不变。七段码译码对应情况见表7-45。表中B0是位元件的起始号（图中为Y000）或字元件的最低位，B0～B7对应D（·）指定的位元件Y000～Y007或字元件的低8位。

表 7-45　七段码译码对应情况

S（·）		七段码组合数字	D（·）								显示数据
十六进制	二进制		B7	B6	B5	B4	B3	B2	B1	B0	
0	0000	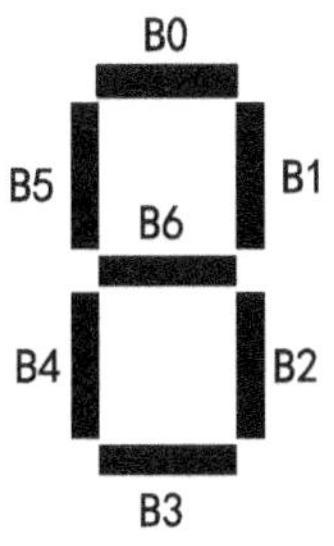	0	0	1	1	1	1	1	1	0
1	0001		0	0	0	0	0	1	1	0	1
2	0010		0	1	0	1	1	0	1	1	2
3	0011		0	1	0	0	1	1	1	1	3
4	0100		0	1	1	0	0	1	1	0	4
5	0101		0	1	1	0	1	1	0	1	5
6	0110		0	1	1	1	1	1	0	1	6
7	0111		0	0	1	0	0	1	1	1	7
8	1000		0	1	1	1	1	1	1	1	8
9	1001		0	1	1	0	1	1	1	1	9

续表

S（·）		七段码组合数字	D（·）								显示数据
十六进制	二进制		B7	B6	B5	B4	B3	B2	B1	B0	
A	1010	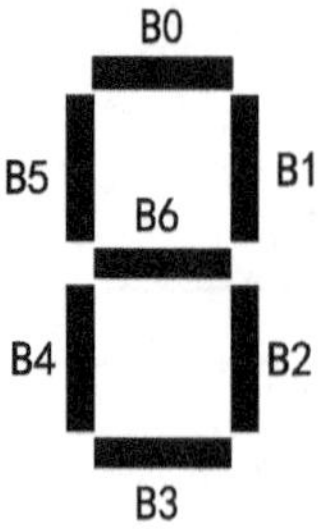	0	1	1	1	0	1	1	1	A
B	1011		0	1	1	1	1	1	0	0	b
C	1100		0	0	1	1	1	0	0	1	C
D	1101		0	1	0	1	1	1	1	0	d
E	1110		0	1	1	1	1	0	0	1	E
F	1111		0	1	1	1	0	0	0	1	F

2.带锁存七段码显示指令（七段码时分显示指令）SEGL

带锁存七段码显示指令SEGL是控制1组或2组四位数带锁存的七段数码管显示的指令。该指令的名称、助记符等如表7-46所示。

表 7-46 带锁存七段码显示指令的要素

指令名称	指令代码	助记符	操作数			程序步
			S（·）	D（·）	n	
带锁存的七段码显示	FNC74（16）	SEGL SEGL（P）	K、H、KnX、KnY、KnM、KnS、T、C、D、R、V、Z	Y占用12个连号元件	K、H n=0～7	SEGL，SEGL（P），…，7步

在程序中，该指令可以使用2次。其使用说明如图7-73所示。

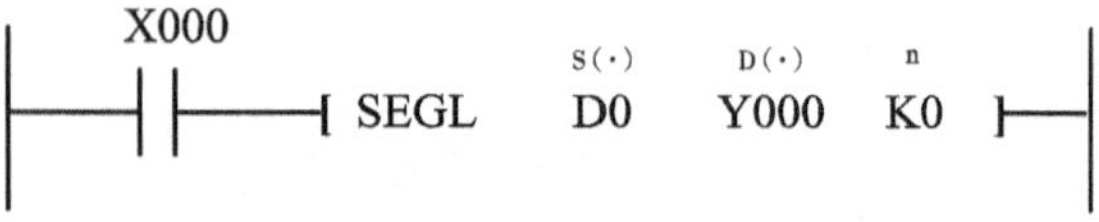

图7-73 带锁存的七段码显示指令的使用说明

SEGL指令是将源操作数中的4位数值转换成BCD数据，采用时分方式，依次将每一位数输出到带BCD译码的七段数码管中，源操作数的取值范围为0～9999。图7-73中，当X000闭合时，将D0中的数值从BIN转换成BCD后，采用时分方式依次按目标操作数指定的第二个四位数Y004～Y007的选通信号，从目标操作数指定的第一个四位数Y000～Y003输出，锁存于七段码显示器的锁存器中并进行显示。

图7-74（a）为四位一组带锁存七段码显示的外部接线图，n=0～3。该指令将S（·）所指定的二进制数自动转换成四位一组的BCD码，按D（·）指定的第二个四位数Y004～Y007的选通信号，依次从D（·）指定的第一个四位数Y000～Y003输出，锁存于七段码显示器的锁存器中并进行显示。

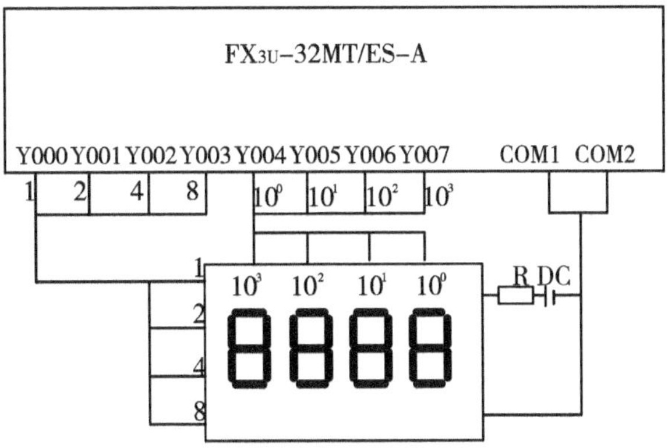

（a）四位一组，n=0～3

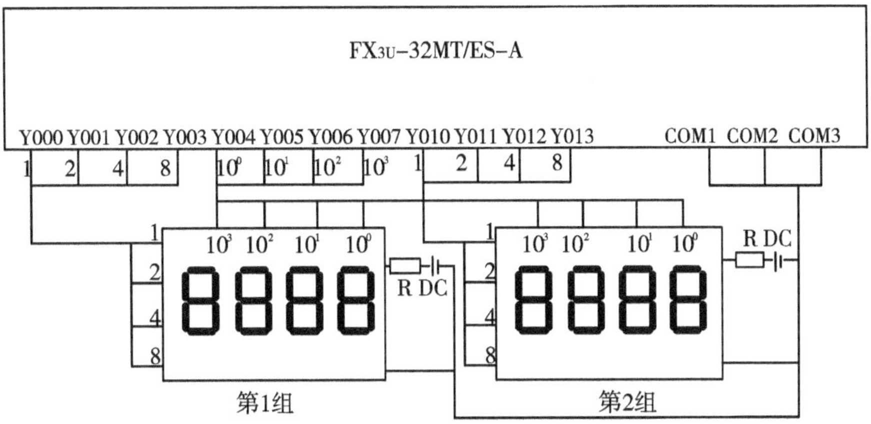

（b）四位二组，n=4～7

图7-74　带锁存七段码显示器与PLC的连接

图7-74（b）为四位二组带锁存七段码显示的外部接线图，n=4～7。该指令将S（·）指定的二进制数据向D（·）指定的第一个四位数Y000～Y003（第一组）输出显示，将S（·）+1中的二进制数据向D（·）指定的第三个四位数Y010～Y013（第二组）输出显示，Y004～Y007输出的选通信号为两组显示器共用。

该指令中的参数n应根据PLC的晶体管输出的正负逻辑、七段码显示器接收数据的逻辑，以及四位一组控制或四位二组控制来选择号码。

若PLC的输出晶体管为PNP型（源型），内部逻辑为1时，输出信号为高电平，称为输出正逻辑；若PLC的输出晶体管为NPN型（漏型），内部逻辑为1时，输出信号则为低电平，称为输出负逻辑。七段码显示器接收数据和选通脉冲信号的逻辑见表7-47。

表 7-47　七段码显示器逻辑

区分	正逻辑	负逻辑
数据输入	以高电平变为BCD码	以低电平变为BCD码
选通脉冲信号	以高电平保持锁存的数据	以低电平保持锁存的数据

根据PLC的输出正负逻辑与七段码显示器的正负逻辑是否一致，参数n可以按表7-48来进行选取。

表 7-48　带锁存的七段码显示指令中参数 n 的选择

<table>
<tr><th rowspan="2">PLC 输出逻辑</th><th rowspan="2">数据输入</th><th rowspan="2">选通信号</th><th colspan="2">参数 n</th></tr>
<tr><th>4 位数 1 组时</th><th>4 位数 2 组时</th></tr>
<tr><td rowspan="4">负逻辑</td><td rowspan="2">负逻辑（一致）</td><td>负逻辑（一致）</td><td>0</td><td>4</td></tr>
<tr><td>正逻辑（不一致）</td><td>1</td><td>5</td></tr>
<tr><td rowspan="2">正逻辑（不一致）</td><td>正逻辑（一致）</td><td>2</td><td>6</td></tr>
<tr><td>负逻辑（不一致）</td><td>3</td><td>7</td></tr>
<tr><td rowspan="4">正逻辑</td><td rowspan="2">正逻辑（一致）</td><td>正逻辑（一致）</td><td>0</td><td>4</td></tr>
<tr><td>负逻辑（不一致）</td><td>1</td><td>5</td></tr>
<tr><td rowspan="2">负逻辑（不一致）</td><td>正逻辑（不一致）</td><td>2</td><td>6</td></tr>
<tr><td>负逻辑（一致）</td><td>3</td><td>7</td></tr>
</table>

如果已知PLC输出为负逻辑，七段码显示器的数据输入为负逻辑、选通脉冲信号为正逻辑，且是四位一组，应选取n=1；若是四位二组，应选取n=5。

使用SEGL指令时，应注意以下几点：

①指令选择四位一组或二组进行显示，需要12个运算周期时间。为了执行一系列显示，要求PLC的扫描周期（即运算周期）在10ms以上，不足10ms时，应使用恒定扫描模式，用10ms以上的扫描周期定时运行。

②四位数输出结束后，“执行完毕”标志M8029动作。

③当指令的驱动条件X000为ON时，指令反复动作，但在一系列动作过程中，若X000变为OFF，指令动作中断，X000再为ON时，指令从初始动作开始。

④必须选用PLC的输出接口为晶体管输出形式。晶体管输出为ON时电平约为1.5V，而选用的七段码显示器输入电源在1.5V以下，两者可匹配。

7.7.3　触点比较指令

触点比较指令对S1（·）与S2（·）两个源数据进行二进制数比较，然后根据其比较结果决定后面的程序是否运行。由于该指令具有触点的功能，故称为触点比较指令。触点比较指令有三类：如果触点比较指令与左母线连接，则具有普通触点与左母线连接时相同的“LD”取的功能，称为连接母线触点比较指令；如果触点比较指令串联在其他触点之后，具有“AND”与的功能，称为串联触点比较指令；如果触点比较指令与其他触点并联连接，具有“OR”或的功能，称为并联触点比较指令。每种类型的触点比较指令根据其比较的内容不同又有6种指令，即总共18条指令，FNC224 ～ FNC246。

触点比较指令的名称、助记符、指令代码、操作数和程序步数见表7-49。

表 7-49 连接母线形触点比较指令的要素

指令名称	指令代码	16 助记符	32 位助记符	操作数		导通条件	非导通条件	程序步
				S1(·)	S2(·)			
连接母线触点比较	FNC224（16/32）	LD=	LDD=	K、H、KnX、KnY、KnM、KnS、T、C、D、R、V、Z		[S1（·）]=[S2（·）]	[S1(·)] ≠ [S2(·)]	LD=,…，5步；LDD=,…，9步
	FNC225（16/32）	LD>	LDD>			[S1（·）]>[S2（·）]	[S1(·)] ≤ [S2(·)]	LD>,…，5步；LDD>,…，9步
	FNC226（16/32）	LD<	LDD<			[S1（·）]<[S2（·）]	[S1(·)] ≥ [S2(·)]	LD<,…，5步；LDD<,…，9步
	FNC228（16/32）	LD< >	LDD< >			[S1(·)] ≠ [S2(·)]	[S1（·）]=[S2（·）]	LD< >,…，5步；LDD< >,…，9步
	FNC229（16/32）	LD≤	LDD≤			[S1(·)] ≤ [S2(·)]	[S1（·）]>[S2（·）]	LD≤,…，5步；LDD≤,…，9步
	FNC230（16/32）	LD≥	LDD≥			[S1(·)] ≥ [S2(·)]	[S1（·）]<[S2（·）]	LD≥,…，5步；LDD≥,…，9步
串联触点比较	FNC232（16/32）	AND=	ANDD=			[S1（·）]=[S2（·）]	[S1(·)] ≠ [S2(·)]	AND=,…，5步；ANDD=,…，9步
	FNC233（16/32）	AND>	ANDD>			[S1（·）]>[S2（·）]	[S1(·)] ≤ [S2(·)]	AND>,…，5步；ANDD>,…，9步
	FNC234（16/32）	AND<	ANDD<			[S1（·）]<[S2（·）]	[S1(·)] ≥ [S2(·)]	AND<,…，5步；ANDD<,…，9步
	FNC236（16/32）	AND< >	ANDD< >			[S1(·)] ≠ [S2(·)]	[S1（·）]=[S2（·）]	AND< >,…，5步；ANDD< >,…，9步
	FNC237（16/32）	AND≤	ANDD≤			[S1(·)] ≤ [S2(·)]	[S1（·）]>[S2（·）]	AND≤,…，5步；ANDD≤,…，9步
	FNC238（16/32）	AND≥	ANDD≥			[S1(·)] ≥ [S2(·)]	[S1（·）]<[S2（·）]	AND≥,…，5步；ANDD≥,…，9步
并联触点比较	FNC240（16/32）	OR=	ORD=			[S1（·）]=[S2（·）]	[S1(·)] ≠ [S2(·)]	OR=,…，5步；ORD=,…，9步
	FNC241（16/32）	OR>	ORD>			[S1（·）]>[S2（·）]	[S1(·)] ≤ [S2(·)]	OR>,…，5步；ORD>,…，9步
	FNC242（16/32）	OR<	ORD<			[S1（·）]<[S2（·）]	[S1(·)] ≥ [S2(·)]	OR<,…，5步；ORD<,…，9步
	FNC244（16/32）	OR< >	ORD< >			[S1(·)] ≠ [S2(·)]	[S1（·）]=[S2（·）]	OR< >,…，5步；ORD< >,…，9步
	FNC245（16/32）	OR≤	ORD≤			[S1(·)] ≤ [S2(·)]	[S1（·）]>[S2（·）]	OR≤,…，5步；ORD≤,…，9步
	FNC246（16/32）	OR≥	ORD≥			[S1(·)] ≥ [S2(·)]	[S1（·）]<[S2（·）]	OR≥,…，5步；ORD≥,…，9步

触点比较指令的应用如图7-75所示。若源数据的最高位（16位数据最高位为第15位；32位数据最高位为第31位）为1时，其值为负值进行比较。使用32位计数器（包括C200以上）进行比较时，务必要用32位指令，若用16位指令指定32位计数器，会出现程序出错或运算出错。

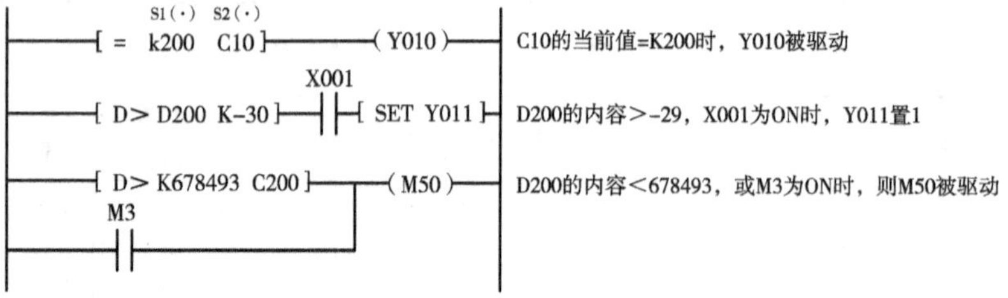

指令表

LD= K200 C10
OUT Y010
LDD> D200 K-30
AND X001
SET Y011
LDD> K678493 C200
OR M3
OUT M50

（a）连接母线触点比较指令的应用

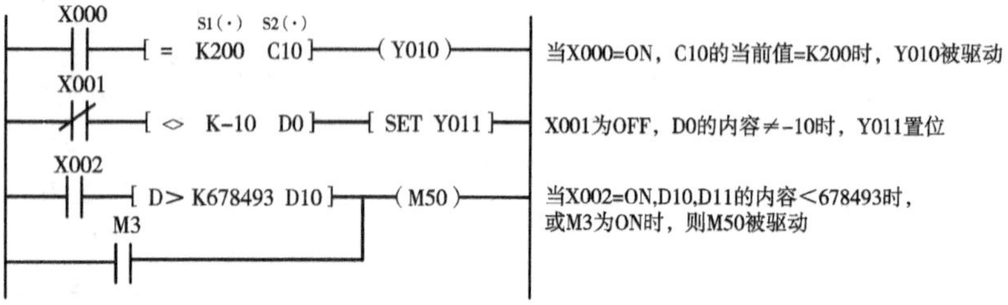

指令表

LD X000
AND= K200 C10
OUT Y010
LDI X001
AND<> K-10 D0
SET Y011
LD X002
ANDD>K678493 D10(D11)
OR M 3
OUT M50

（b）串联触点比较指令的应用

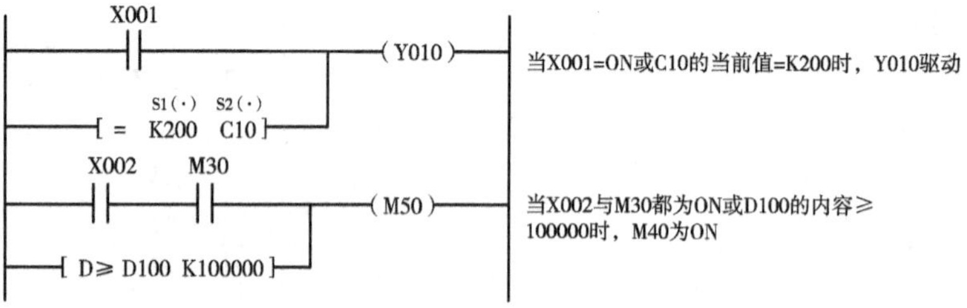

指令表

LD X001
OR= K200 C10
OUT Y010
LD X002
AND M30
ORD≥ D100 K100000
OUT M40

（c）并联触点比较指令的应用

图7-75 触点比较指令的应用

7.7.4 其他应用类指令的使用

1.某停车场车辆显示系统的设计

如图7-76所示，某停车场最多可停50辆车，用两位数码管显示停车数量。用出入传感器检测进出车辆数，每进入一辆车，停车数量增1，每驶出一辆车减1，当停车场内停车数量<45时，入口处绿灯亮，允许入场；当停车场内停车数量≥45时，绿灯闪烁，提醒待进车辆注意将满场；当停车场内停车数量=50时，红灯亮，禁止车辆入场。

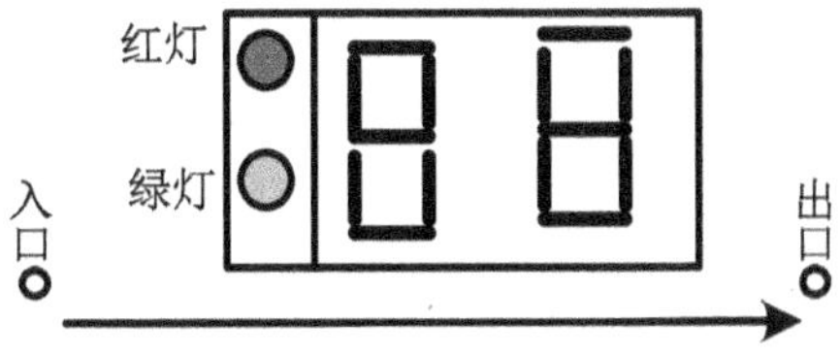

图7-76　停车场显示系统

（1）分析控制要求，列出输入/输出元件地址表

根据控制要求，某停车场车辆显示系统需要在进口和出口处设置2个检测开关，共2个输入端口，2个七段数码显示和红灯、绿灯共16个输出端口，由于七段数码显示需占用连续的输出元件，应选用FX_{3U}-48MR的PLC能满足要求。输入/输出元件地址如表7-50所示。

表 7-50　停车场车辆显示系统输入 / 输出元件地址

输入（I）		输出（O）	
输入元件	地址号	输出元件	地址号
入口检测SQ1	X000	个位数七段码显示器	Y000 ～ Y006
出口检测SQ2	X001	十位数七段码显示器	Y010 ～ Y016
		红灯HL1	Y020
		绿灯HL2	Y021

（2）绘制外部接线图

绘制某停车场车辆显示系统的PLC控制外部接线图，如图7-77所示。

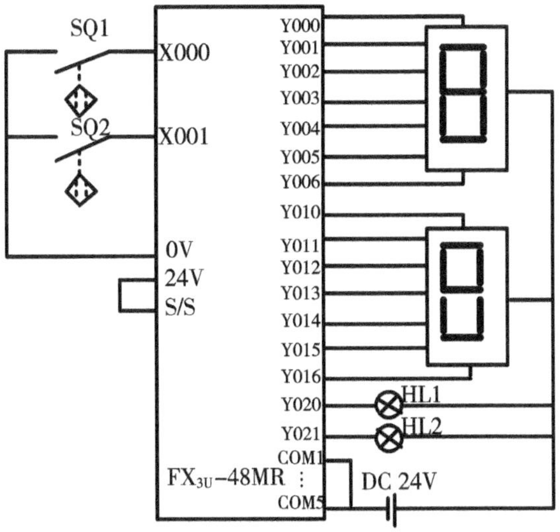

图7-77　某停车场车辆显示系统外部接线图

（3）PLC控制程序设计

每进入一辆车时，D0中的数据加1，同样每出去一辆车时，D0中的数据减1，采用BCD指令将D0中的数据转换成8位BCD码，并存入M7 ～ M0中，采用SEGD指令将需显示的个位

数送入Y006～Y000；将需显示的十位数送入Y016～Y010。如图7-78所示，当车辆数＜45时，绿灯Y021亮，当45≤车辆数＜50时，采用M8013让绿灯Y021闪烁，当车辆数=50时，红灯Y020亮。

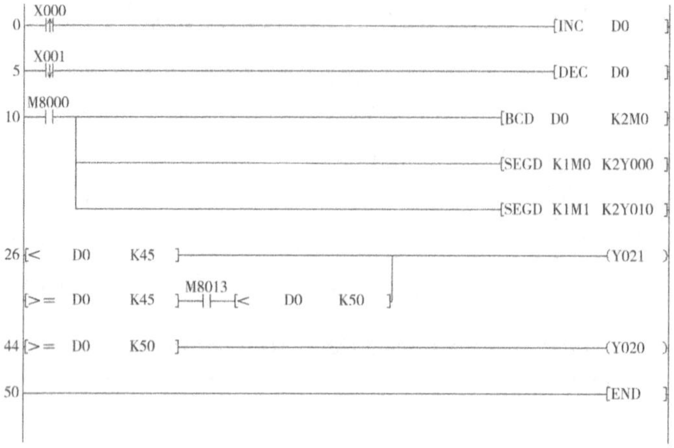

图7-78　某停车场显示系统控制程序

2.加减法简易计算器的PLC控制

如图7-79所示，加减法简易计算器由9个数字按钮（SB1～SB9）、1个清零按钮（SB0）、1个加减法开关（SA）和1个四位数码管显示器组成，要求设计一个能进行加减运算和七段数码显示功能的简易计算器。

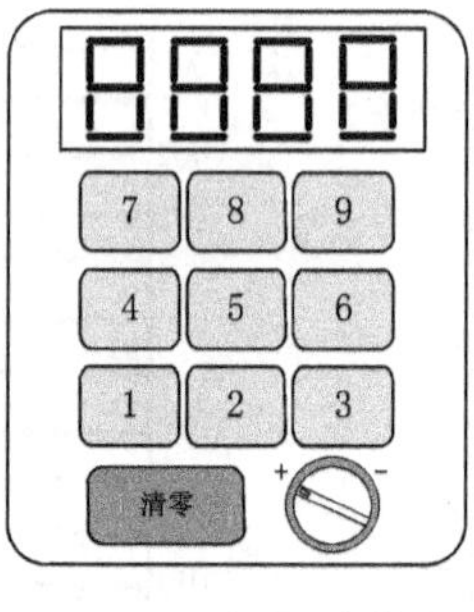

图7-79　简易计算器

加减法简易计算器的PLC控制（一）

（1）加减法简易计算器的控制要求

①当加减法转换开关选择“加法挡”时，按下对应的数字按钮后，在上方的数码管显示器上实时显示累加后的数值。

②当加减法转换开关选择“减法挡”时，按下对应的数字按钮后，在上方的数码管显示器上实时显示完成减法计算后的数值。

③进行减法计算时，如果被减数小于减数，则按钮按下后无效。

④按下清零按钮SB0后，对加减法计算器进行清零操作，此时数码管显示器数值清零。

（2）分析控制要求，列出输入/输出元件地址表

根据控制要求，加减法简易计算器只需1～9共9个数字的加法运算或减法运算，输入

元件有清零按钮SB0、数字按钮SB1～SB9、加减法转换开关SA，共11个；输出元件有4位带锁存的七段数码管显示器，Y000～Y003接锁存显示，Y004～Y007接选通信号。根据输入/输出的总点数，选择类型为FX_{3U}-32MT的PLC。输入/输出元件地址如表7-51所示。

表7-51　加减法简易计算器输入/输出元件地址

输入（I）		输出（O）			
输入元件	地址号	输出元件			地址号
清零按钮SB0	X000	4位带锁存的七段数码管显示器	锁存显示	1	Y000
数字按钮SB1	X001			2	Y001
数字按钮SB2	X002			4	Y002
数字按钮SB3	X003			8	Y003
数字按钮SB4	X004		选通信号	10^0	Y004
数字按钮SB5	X005			10^1	Y005
数字按钮SB6	X006			10^2	Y006
数字按钮SB7	X007			10^3	Y007
数字按钮SB8	X010				
数字按钮SB9	X011				
加减法转换开关SA	X012				

（3）绘制PLC外部接线图

根据表7-51，绘制PLC外部接线图，如图7-80所示。

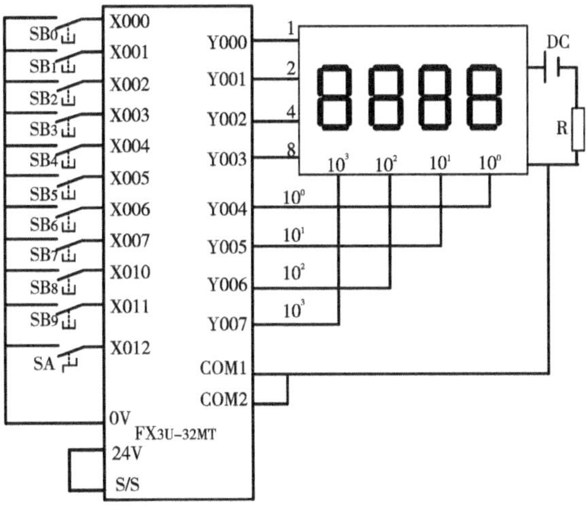

图7-80　简易计算器控制外部接线图

（4）PLC控制程序设计

PLC控制程序的设计采用主控指令MC、MCR进行设计，由加法运算梯形图设计、减法运算梯形图设计、带锁存七段数码显示梯形图设计和清零梯形图设计等四部分组成。简易计算器的控制程序如图7-81所示。

加减法简易计算器的PLC控制（二）

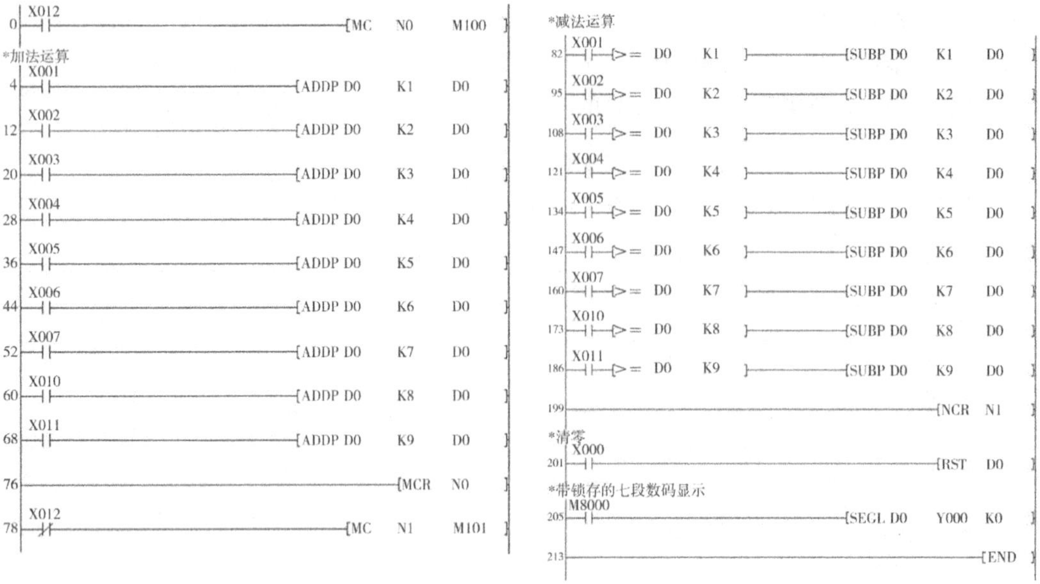

图7–81　简易计算器的控制程序

①加法运算。当数字按钮SB1（X001）为ON时，执行“ADDP　D0　K1　D0”指令，此时D0中的数据加1后的结果送入D0中。其他数字2～9的加法运算与此类似。

②减法运算。由于在减法运算中，如果被减数小于减数，则按钮按下后无效，因此必须先将减数与被减数进行比较，可采用触点串联比较指令AND>。如图7–81所示，当数字按钮SB1（X001）为ON时，先对减数D0与被减数1进行比较，如果D0中的数据大于1，则执行一次SUBP指令，D0中的数据减1后的结果送入D0中。其他数字2～9的减法运算与此类似。

③带锁存七段数码显示。采用SEGL指令，当PLC上电后，M8000为ON，一组带锁存的七段数码管可显示加法计算或减法计算的实时值。

④清零。当清零按钮X000按下时，执行“RST　D0”指令，对D0中的数据进行清零处理。

习题与思考

一、选择题

1.对于工业自动化控制中的数据运算和特殊处理需要用到PLC的（　　）。

A.步进梯形指令　　B.基本指令　　C.应用指令　　D.顺序功能图

2.在三菱FX系列的PLC中，32位加法指令是（　　）。

A.DMOV　　B.ADD　　C.SUB　　D.DADD

3.在M0～M15中，M0、M1数值都为1，其他都为0，那么K4M0数值为（　　）。

A.1　　B.2　　C.3　　D.5

4.子程序调用指令为（　　）。

A.CALL　　B.ADD　　C.MOV　　D.CMP

5.对数值在一定范围内进行比较处理，可以采用（　　）指令。

A.SUB　　B.ZCP　　C.MOV　　D.CMP

6.控制步进电机运行时，需要采用（　　）指令实现脉冲的输入。

A.SEGD　　B.ZCP　　C.PLSR　　D.STFL

7.比较指令的目标操作数指定为M0，则（　　）将被自动占用。

A.M0 ～ M3　　B. M0 ～ M2　　C. M0　　D. M0与M1

8. 表示加1指令的是（　　）。

A.SUB　　B.DEC　　C. MUL　　D. INC

9. 三菱FX系列PLC的16位相对定位指令是（　　）

A.ZRN　　B. DRVA　　C. DRIV　　D. PLSV

10.下列指令的格式正确的是（　　）

A.ZRST X0 Y7　　B. ZRST X0 X17

C. ZRST M0 Y17　　D.ZRST Y0 Y7

二、判断题

1.数据传送指令MOV只能传送16位数据，无法传送32位数据。（　　）

2.中断指针必须编在FEND指令后作为标号。（　　）

3.状态报警器复位指令ANR只能复位一个最近被置位的状态报警寄存器。（　　）

4.应用指令的执行方式分为连续执行方式和脉冲执行方式。（　　）

5.七段码译码指令SEGD是驱动1位七段码显示器显示的三十二进制数据指令。（　　）

三、思考题

1.什么是应用指令？它与基本指令有什么区别？

2.位软元件和字软元件有何区别？位软元件如何组成字软元件？

3.FX系列的PLC有哪几种中断方式？它们有何区别？

4.使用SUB指令完成一条与DEC指令功能相同的程序。

5.使用加法、减法指令完成以下算式的计算，并体会其在指令应用上的差别。

（1）5+3=

（2）12000−15000=

（3）12−6=

（4）36536−21445=

6.输送带工件计数的PLC控制。输送带输送工件示意图如习图7−1所示，数量为30个。通过光电传感器对工件进行计数。当工件数量＜20时，指示灯亮；当20≤工件数量＜30时，指示红灯亮；当工件数量=30时，5s后输送带停机，同时指示红灯熄灭。要求列出输入/输出元件地址表，并设计该输送带的PLC控制程序。

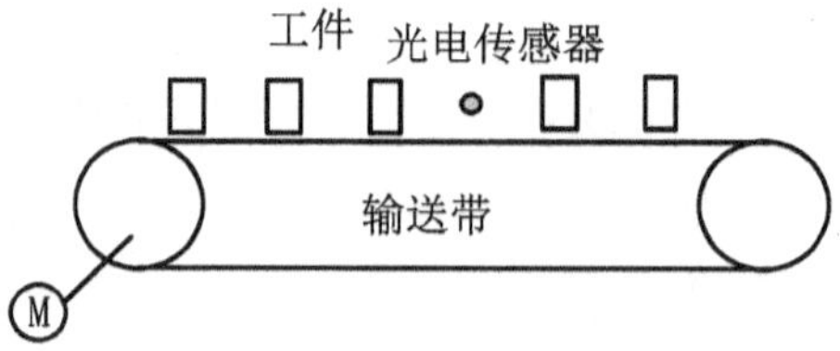

习图7-1

7.一个键盘的PLC控制。要求通过键盘向D20中写入一个数据，数据范围是0～9999，键盘上有10个数字键（0～9），如习图7-2所示。如果只按了数字键，在按“写入”键之前，键入的数据暂存在D0中，如果数据输入有错，可以通过“清除”键把D0的数据清除。如果按下“写入”键，数据将被写入D20中，同时清除D0中的数据。要求列出输入/输出元件地址表，并设计该键盘的PLC外部接线图和控制程序。

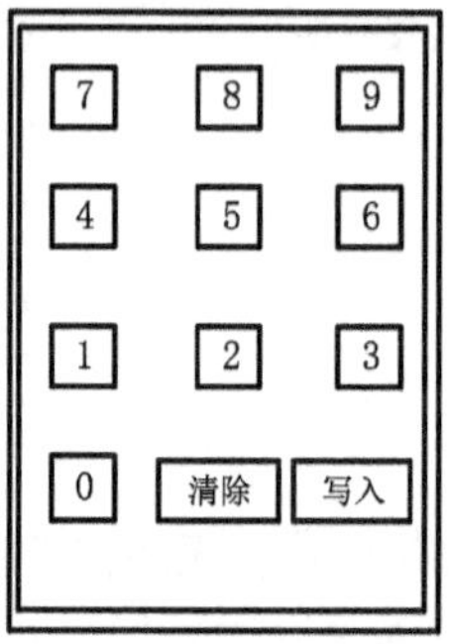

习图7-2

8.流水灯的控制。控制要求：按下起动按钮SB1，16盏流水灯正序每隔1s点亮，循环3次；之后，16盏流水灯逆序每隔1s点亮，循环3次熄灭。试根据控制要求使用FX_{3U}系列PLC和ROR指令、ROL指令编写程序。要求列出输入/输出元件地址表，绘制出外部接线图，并设计PLC控制程序。

9.某供料小车的控制。控制要求：某供料小车由步进电机控制，能够自动将料送至加热炉进行加热，15s后自动返回原点。原点限位开关SQ1、加热位限位开关SQ2，极限保护开关SQ3、SQ4，停止按钮SB2，起动按钮SB1，手动自动切换开关SA，要求能对小车进行手动/自动控制切换，自动模式下，小车返回原点停20s完成换料工序后自动再次前进加热。要求列出输入/输出元件地址表，绘制出外部接线图，并设计出PLC控制程序。

第8章

PLC控制系统的设计

知识点	●PLC 控制系统的设计原则和步骤。 ●PLC 机型的选择、容量的估算。 ●模拟量输入 / 输出模块 FX_{3U}-4AD、FX_{3U}-4DA 的性能和应用。 ●PLC 的通信方式、接口、并联通信和 N:N 通信。 ●PLC 的典型应用。 ●GX Works 编程软件的使用。
重点难点	◆重点：PLC 控制系统的设计；模拟量输入 / 输出模块的性能；并联通信和 N:N 通信；GX Works 编程软件的应用。 ◆难点：PLC 控制系统的设计；模拟量输入 / 输出模块的性能及编程。
学习要求	★熟练掌握 PLC 控制系统的设计过程；GX Works 编程软件的应用及仿真。 ★理解 PLC 的选型；模拟量输入 / 输出模块的性能及编程；并联通信和 N:N 通信。 ★了解 PLC 控制系统的设计原则、步骤；I/O 模块的选择；PLC 的通信方式。
问题引导	☆ PLC 控制系统的设计原则是什么? ☆如何设计 PLC 控制系统? ☆ PLC 控制系统的设计方法有哪些? ☆如何进行 PLC 控制程序和系统整体仿真与调试?

通过前面PLC的基本工作原理和指令编程基础学习后，我们可以根据具体的控制要求构建一个工程应用PLC控制系统。在学习系统设计、程序设计、施工设计和安装调试等基础上，初步掌握PLC控制系统的设计方法，以解决各种工业现场的工程控制问题，并在后续不断进行实践探索。

8.1 PLC控制系统设计的基本原则和步骤

PLC 控制系统的设计原则和步骤

8.1.1 PLC控制系统设计的基本原则

设计任何一个PLC控制系统，其目的都是实现被控对象（生产设备或生产过程）的工艺要求，以提高生产效率和产品质量。因此，在设计PLC控制系统时，应遵循以下基本原则。

①PLC控制系统需最大限度地满足被控对象的控制要求。充分发挥PLC的功能，最大限度地满足被控对象的控制要求，是设计PLC控制系统的首要前提，也是设计中最重要的一条原则。设计人员在设计前就要深入现场进行调查研究，收集控制现场的资料，收集国内外的相关先进资料。同时要注意和现场的工程管理人员、工程技术人员、操作人员紧密配合，拟定控制方案，协同解决设计中的重点问题和疑难问题。

②保证PLC控制系统的安全可靠。保证PLC控制系统能够长期安全、可靠、稳定运行，是设计控制系统的重要原则。要求设计者在系统设计、元器件选择、软件编程上要全面考虑，以确保控制系统安全可靠。

③在满足工艺要求的前提下，力求使PLC控制系统简单、经济、使用及维修方便。一个新的控制工程固然能提高产品的质量和数量，带来巨大的经济效益和社会效益，但新工程的投入、技术的培训、设备的维护也将导致运行资金的增加。因此，在满足控制要求的前提下，一方面要注意不断地扩大工程的效益，另一方面也要注意不断地降低工程的成本。这就要求设计者不仅应该使控制系统简单、经济，而且要使控制系统的使用和维护方便、成本低，不宜盲目追求自动化和高指标。

④考虑到生产的发展和工艺的改进，在配置PLC硬件设备时应适当留有一定的裕量，以适应发展的需要。由于技术的不断发展，控制系统的要求也将会不断地提高，设计时要适当考虑到今后控制系统发展和完善的需要。这就要求在选择PLC、输入/输出模块、I/O点数和内存容量时，要适当留有裕量，以满足今后生产的发展和工艺的改进。

8.1.2 PLC控制系统设计与调试的步骤

PLC控制系统设计与调试的一般步骤如图8-1所示。

①分析被控对象的控制要求。根据控制对象的工艺条件和控制功能，详细分析被控对象的工艺过程、工作过程和工作特点，同时了解被控对象机、电、液之间的配合，从而分析被控对象对PLC控制系统的控制要求，确定控制方案。

②选择和确定输入/输出设备。根据系统的控制要求，确定控制系统所需的全部输入设备和输出设备，以初步估算出所需PLC的I/O点数。

③选择PLC。根据前面已经确定的输入/输出设备，统计所需的I/O点数，合理选择PLC的类型，包括PLC机型的选择、容量的选择、I/O模块和电源模块等的选择。

④分配I/O点并设计PLC外围硬件线路。

· 分配I/O点。根据确定的输入/输出设备，编制输入/输出元件对应的地址表，绘制出PLC的I/O点与输入/输出元件的外部接线图。

· 设计PLC外围硬件线路。硬件接线包括控制系统其他部分的电气电路图，如主电路和未进入PLC的控制电路等，由PLC的I/O外部接线图和PLC外围电气线路图组成系统的电气原理图。

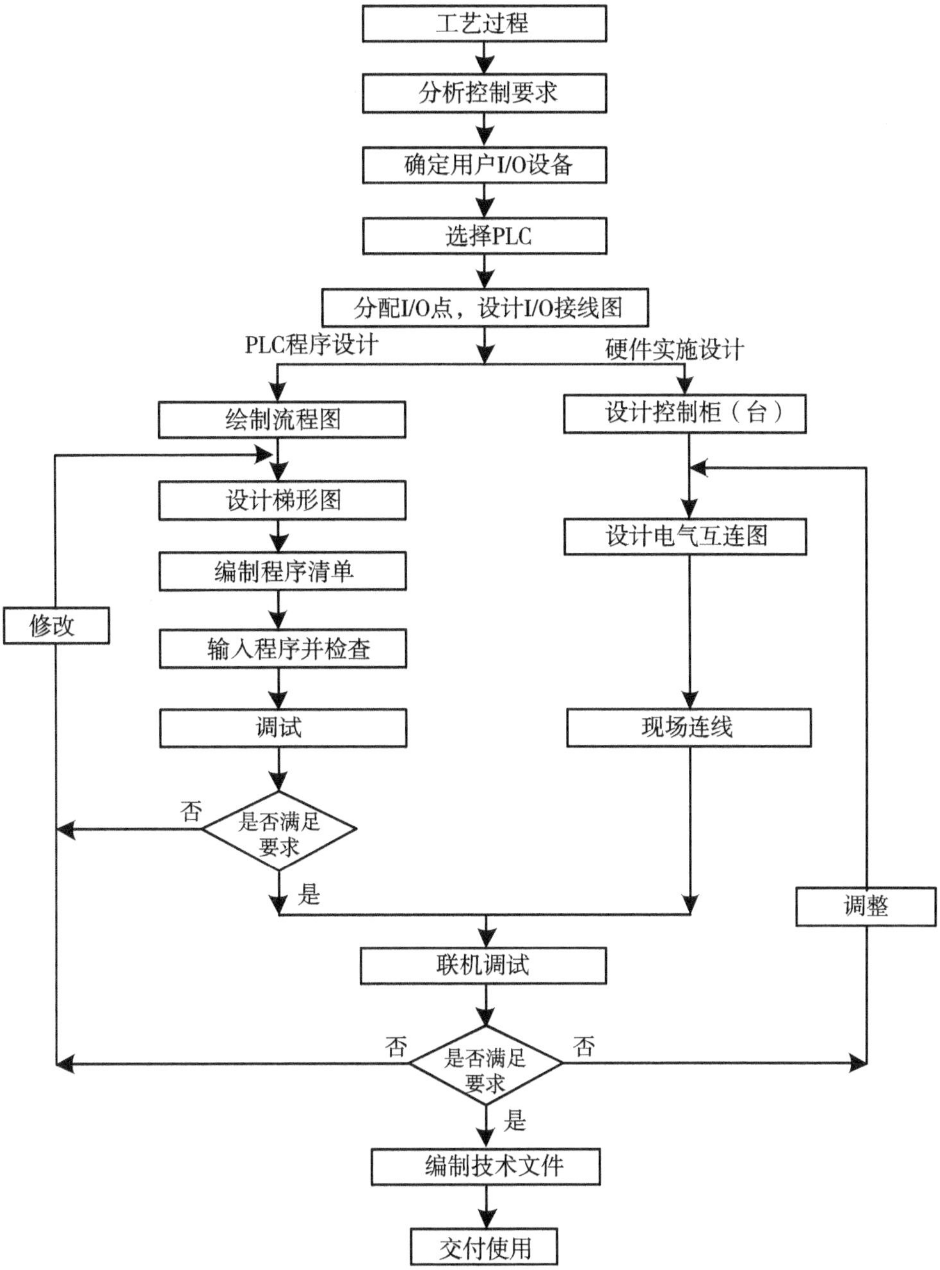

图8-1　PLC控制系统设计与调试的一般步骤

⑤PLC控制程序设计。

· 程序设计。PLC控制程序的设计是整个应用系统设计的核心工作。对于较复杂的控制系统，需要绘制系统控制流程图，清楚地表明动作的顺序和条件，对于简单的系统，可以根据控制要求直接设计控制程序。

一般情况下，PLC控制程序要以满足系统控制要求为主线，逐一编写实现各控制功能或各子任务的程序，逐步完善系统指定的功能。除此之外，程序通常还应包括初始化程序、检测故障诊断和显示程序、保护和联锁程序等。初始化程序是在PLC上电后，进行一些初始化的操作，为后续的起动做必要的准备，避免系统发生误动作。常见的初始化程序可对某些数据区、计数器等进行清零，对某些数据区所需数据进行恢复，对某些继电器进行置位或复位，对某些初始状态进行显示等。检测故障诊断和显示程序相对独立，一般在程序设计基本完成时再添加。保护和连锁程序可以避免由于非法操作而引起的控制逻辑混乱，是程序中不可缺少的部分。

· 程序模拟调试。在系统的软硬件设计完成后，可进行PLC程序模拟调试工作，其基本思想是，以方便的形式模拟生产现场实际状态，为程序的运行创造必要的环境条件。根据生产现场信号的方式不同，模拟调试有硬件模拟法和软件模拟法两种形式。

⑥硬件实施设计。硬件实施方面主要是进行控制柜（台）等硬件的设计及现场施工。包括设计控制柜和操作台等部分的电器布置图及安装接线图、系统各部分之间的电气互连图、根据施工图纸进行现场接线，并进行详细检查。

由于程序设计与硬件实施可以同时进行，因此PLC控制系统的设计周期可大大缩短。

⑦联机调试。联机调试是将通过模拟调试的程序连接系统后进一步进行在线统调，直到满足控制要求为止。联机调试过程应循序渐进，从PLC仅仅连接输入设备、到连接输出设备、再接上实际负载等逐步进行调试。如不符合要求，则对硬件和程序做调整。通常只需修改部分程序即可。

全部调试完毕后，交付试运行。经过一段时间运行，如果工作正常、程序不需要修改，应将程序固化到EPROM中，以防程序丢失。

⑧整理和编写技术文件。技术文件包括设计说明书、电气原理图、安装接线图、电器元件明细表、PLC程序以及使用说明书等。

⑨交付使用。

8.1.3 PLC控制系统的硬件设计

1. PLC的机型选择

目前，随着PLC技术的发展，国内外PLC产品的种类很多，不同型号的PLC，其结构形式、性能、容量、指令系统、编程方式、价格等也各有不同，因此合理选择PLC机型是PLC应用系统设计的重要一步，对于提高PLC控制系统的技术经济指标有着重要意义。

PLC机型选择的基本原则是在满足功能要求及保证可靠、维护方便的前提下，力争最佳的性能价格比，选择时主要考虑以下几点。

（1）要选择合适的输入/输出点数和负载能力

输入/输出点数是PLC功能指标的重要参数之一，因此必须保证足够的输入/输出点数并预留10% ～ 15%的裕量。

在输入配置和地址分配时应注意：尽量将同一类信号集中配置，地址号按顺序连续编排，如按钮、限位开关应归类分别集中配置；同类型的输入点应分在同一组内；对于有高噪声的输入信号模块，应插在远离CPU模块的插槽内。

在输出配置和地址分配时也应注意：同类型设备占用的输出点地址应集中在一起；按照不同类型的设备顺序指定输出点地址号；对彼此相关的输出器件，如电动机正转、反转，电磁阀前进、后退等，其输出地址号应连写。

（2）PLC的功能要相当、结构要合理

对于开关量控制且控制速度要求不高的应用系统，可以选择价格相对便宜的整体式小型PLC，如FX_{2N}-16MR、FX_{2N}-32MR、FX_{2N}-48MR、FX_{3U}-32MR等。

对于以开关量控制为主，带少量模拟量控制（如温度、压力、流量、液位等）的系统，可以选择独立的A/D和D/A模块，也可以选择运算功能较强的小型PLC。

对于控制系统复杂且控制性能要求高的系统，如要求实现PID运算、闭环控制、精确位置控制、通信联网等，可以根据控制规模和复杂程度，选择中型或大型PLC。如选用功能扩展灵活方便的模块式PLC，用于大规模过程控制和集散控制系统等场合。

（3）PLC的响应速度要满足控制要求

PLC在工作时，从信号的输入到输出控制一般会存在1～2个扫描周期的滞后时间，因此，不同档次PLC的响应速度要求能满足其应用范围内的需要。

（4）PLC的机型系列应尽量统一

在一个企业中，应尽量做到PLC的机型统一。选用的PLC机型统一，其模块可互为备用，便于备品备件的采购和管理；同时其功能和使用方法类似，有利于技术力量的培训和技术水平的提高。

（5）使用环境条件应符合要求

一般需考虑的环境条件有环境温度、相对湿度、电源允许波动范围和抗干扰能力等指标要求。

2. PLC容量的估算

PLC的容量包括I/O点数和用户存储容量两个方面。

（1）I/O点数的选择

PLC的I/O点数是衡量PLC规模大小的重要技术指标，一般来说，一个输入点对应一个输入信号控制，一个输出点对应一个输出信号控制，根据控制对象要求估算出所需的I/O点数，在满足控制要求的前提下力争使用的I/O点数最少。但控制系统往往后续可能需要进行性能拓展，因此在估算出控制对象的I/O点数后，应再加上10%～15%的裕量。

（2）用户存储容量的选择

PLC用户程序的存储容量一般与开关量输入/输出点数、模拟量输入/输出点数以及用户程序的编写质量等有关。不同用户编写的程序可能出现程序长度和执行时间相差很多的情况，例如一个有经验的程序员和一个初学者在完成同一复杂功能时，其程序量可能相差25%之多，所以初学者应该在存储容量估算时多留裕量。此外，对于控制要求复杂、数据处理量较多的控制系统，要求的存储容量会更大些。

PLC的I/O点数的多少，在很大程度上反映了PLC系统的功能要求，因此可在I/O点数确定的基础上，按下面的经验公式估算存储容量后，再加20%～30%的裕量就是实际应取的用户存储器容量。

存储容量（字节数）=（开关量I/O点数×10）+（模拟量I/O通道数×150）

另外，在选择存储容量的同时，注意对存储器类型的选择。

3. I/O模块的选择

（1）开关量输入模块的选择

开关量输入模块是用来接收现场输入设备（按钮、行程开关、接近开关、温控开关等）的开关信号，将其转换为PLC内部的电平信号，实现PLC内外信号的电气隔离。

输入模块的类型：按工作电压分，常用的有直流5V、12V、24V、48V、60V等，交流110V、220V等多种；按输入点数分，常用的有8点、12点、16点、32点等；按外部接线方式分，有汇点输入、独立输入等。

选择输入模块时，主要考虑两个问题：一是现场输入信号与PLC输入模块距离的远近，一般24V以下属于低电平，其传输距离不能太远，如12V电压模块一般不超过10m，距离较远的设备应选用较高电压模块；二是对于高密度输入模块，能允许同时接通的点数取决于输入电压和环境温度，如32点输入模块，一般同时接通的点数不得超过总输入点数的60%。为了提高系统的可靠性，必须考虑输入门槛电平的大小。门槛电平越高，抗干扰能力越强，传输距离也越远。

（2）开关量输出模块的选择

开关量输出模块的任务是将PLC内部低电平信号转换为外部所需电平的输出信号，驱动外部负载。PLC的输出模块有三种输出方式：晶闸管输出、晶体管输出、继电器输出。

晶闸管输出（交流）和晶体管输出（直流）都属于无触点开关输出，适用于开关频率高、电感性、低功率因数的负载。由于感性负载在断开瞬间会产生较高反压，因此必须采取抑制措施。

继电器输出模块价格便宜，适用电压范围广，导通压降小，承受瞬时过电压、过电流的能力较强，且有隔离作用。其缺点是使用寿命较短，响应速度较慢。

（3）特殊功能模块的选择

在工业控制中，除了开关量信号以外，常常需要进行温度、压力、流量、液位、位移等过程变量的检测和控制，这些变量信号往往通过PLC的特殊功能控制实现。PLC的特殊功能控制可以通过功能扩展板、特殊功能适配器、特殊功能模块来实现。特殊功能模块是为了实现某种特殊功能，如模拟量输入（A/D）转换、模拟量输出（D/A）转换、脉冲输出定位、高速计数、PID控制、通信联网等模块，这些模块有自己的CPU和特殊处理电路，具备内存单元，用于存储外部写入的数据以及向外部输出数据，PLC基本单元的CPU模块可从特殊功能模块的缓冲存储器读出或写入数据，实现数据通信，用户可根据控制需要选用。

8.2 模拟量输入/输出模块及编程

8.2.1 模拟量输入模块

对于生产过程中连续变化的模拟量信号，可以通过传感器、变送器将其转换成标准模拟量（电压或电流）信号。模拟量输入模块的作用是把从流量计、压力传感器等输入的连续变化的电压、电流信号转换成PLC能处理的若干位数字信号（即实现A/D转换），用于监控工件或设备的状态。

三菱FX系列模拟量输入模块有2、4、8通道的电压/电流模拟量输入模块和温度传感器模拟量输入模块，主要有FX$_{2N}$-2/4/8AD、FX$_{3U}$-4AD、FX$_{3U}$-4AD-ADP（适配器）、FX$_{3U}$-3A-ADP、FX$_{3UC}$-4AD、FX$_{3U}$-4AD-PT-ADP（温度）、FX$_{3U}$-4AD-TC-ADP（温度）等多种型号。FX$_{3U}$系列PLC最多可以连接8台特殊功能模块（包括其他特殊功能模块）。这里主要介绍FX$_{3U}$-4AD模拟量输入模块。

FX$_{3U}$-4DA 系统构成

FX$_{3U}$-4AD模拟量输入模块可以配合FX$_{3G}$、FX$_{3GC}$、FX$_{3U}$、FX$_{3UC}$的PLC使用，有四个输入通道（CH1 ～ CH4），输入通道将模拟量（电压输入、电流输入）转换成数字值，并以二进制补码的方式存入内部16位缓冲寄存器中，通过扩展总线输入到PLC的基本单元中。各通道可以用TO指令来分别设置输入模式（电压输入、电流输入），但必须与输入接线相匹配。各通道输入范围为DC -10 ～ 10V、DC 4 ～ 20mA、DC -20 ～ 20mA。四个通道的I/O特性相同，其I/O特性可以通过程序进行调整，各通道最多可以存储1700次A/D转换值的历史记录。

1. FX$_{3U}$-4AD的技术指标

FX$_{3U}$-4AD的技术指标如表8-1所示。

表 8-1 FX$_{3U}$-4AD 的技术指标

项目	电压输入	电流输入
	四通道模拟量电压或电流的输入，可通过对其输入端子的选择来实现	
模拟量输入范围	DC：-10 ～ 10V（输入阻抗：200kΩ；最大绝对输入：±15V）	DC：-20 ～ 20mA，DC：4 ～ 20mA（输入阻抗：250Ω；最大绝对输入：±30mA）
数字量输出范围	带符号16位 二进制	带符号15位 二进制
分辨率	0.32mV（20V×1/64000） 2.5mV（20V×1/8000）	1.25μA（40mA×1/32000） 5.00μA（40mA×1/8000）
偏置①	-10 ～ 9V②	-20 ～ 17mA③
增益①	-9 ～ 10V②	-17 ～ 30mA③
A/D转换时间	500μs×使用通道数；若有1个通道使用数字滤波器，则A/D转换时间变为5ms×使用通道数	
外接输入电源	外部电源：DC 24（1±10%）V，90mA 内部电源：由PLC基本单元内部供电，DC 5V，110mA	

续表

项目		电压输入	电流输入
		四通道模拟量电压或电流的输入，可通过对其输入端子的选择来实现	
综合准确度	环境温度（25±5）℃	针对满量程：20(1±0.3%)V，即20V±60mV	针对满量程：40(1±0.5%)mA，即40mA±200μA 4～20mA输入相同(±200μA)
	环境温度 0～55℃	针对满量程：20(1±0.5%)V，即20V±100mV	针对满量程：40(1±1.0%)mA，即40mA±400μA 4～20mA输入相同(±400μA)
I/O占有点数		8个输入或输出点均可	
隔离方式		模拟量输入部分和PLC之间为光耦隔离 模拟量输入部分和电源之间，通过DC-DC转换器隔离 各通道间不隔离	

注：①即使调整偏置值、增益值，分辨率也不改变。此外，使用直接显示模式时，不能进行偏置值、增益值调整。

②偏置值、增益值需要满足：1V≤增益－偏置≤7.5V。

③偏置值、增益值需要满足：3mA≤增益－偏置≤30mA。

2. FX_{3U}–4AD模拟量输入模块的接线

FX_{3U}–4AD模拟量输入模块的外部接线图如图8–2所示，其输入模式可根据接线方式选择电压输入或电流输入。

当输入模式选择电流输入时，务必将“V+”和“I+”端子短接，如图8–2中①所示。

FX_{3U}–4AD 端子排列

当电压输入存在波动或外部接线中有大量干扰时，可连接一个0.1～0.47μF/25V的滤波电容器，如图8–2中②所示。

模拟输入通过双绞屏蔽电缆来连接，电缆的敷设应远离电源线或其他可能产生电气干扰的电线或分开布线，如图8–2中③所示。

特殊模块也可以使用PLC主单元提供的DC 24V内置电源，如图8–2中④所示。

如果存在过多的电气干扰，可连接FG的外壳地端和FX_{3U}–4AD的接地端，如图8–2中⑤所示。连接FX_{3U}–4AD的接地端与主单元的接地端，可行的话，在主单元中使用三级接地（接地电阻≤100Ω），如图8–2中⑥所示。通过扩展总线将FX_{3U}–4AD与FX_{3U}系列的PLC基本单元连接时，可以使用DC 24V供给电源。

FX_{3U}–4AD模拟量输入模块的输入特性分为电压（–10～10V）和电流（4～20mA、–20～20mA），根据各自的模拟量输入范围和数字量输出范围各有3种输入模式，共有9种输入模式。

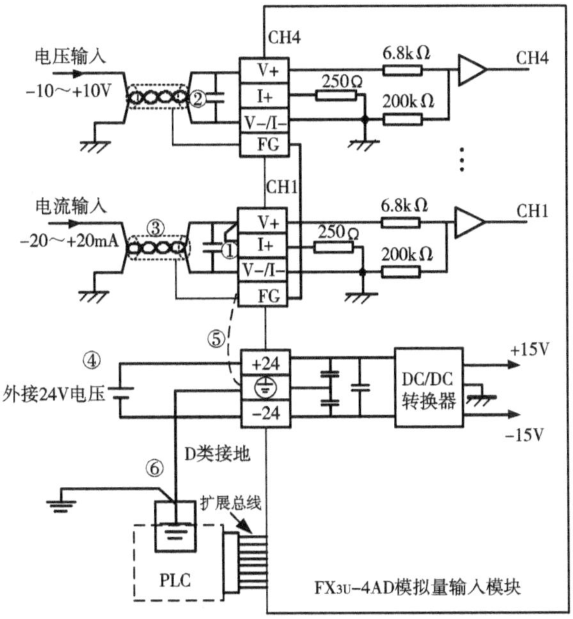

图8-2　FX_{3U}-4A/D模拟量输入模块的外部接线图

3.缓冲存储区（BFM）的功能及匹配

（1）单元号的分配

如图8-3所示，从左侧的特殊功能单元/模块开始，依次分配单元号0～7，因此，使用时必须确认、分配具体的单元号。

		单元号0	单元号1		单元号2
基本单元（FX_{3U}可编程控制器）	输入/输出扩展模块	特殊功能模块	特殊功能模块	输入/输出扩展模块	特殊功能模块

图8-3　特殊功能模块单元号分配

（2）决定输入模式（BFM #0）的内容

根据连接的模拟量发生器的规格，设定与之相符的各通道的输入模式（BFM #0）。用十六进制数设定输入模式，如图8-4所示。在使用通道的相应位中，根据如表8-2所示的FX_{3U}-4AD模拟量输入模块的输入模式进行设定。

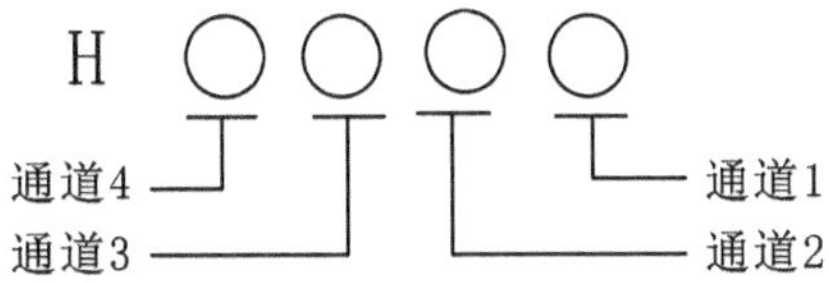

图8-4　输入模式表示

表 8-2 FX_{3U}-4AD 的输入模式

设定值（HEX）	输入模式	模拟量输入范围	数字量输出范围
0	电压输入模式	-10 ～ 10V	-32000 ～ 32000
1	电压输入模式	-10 ～ 10V	-4000 ～ 4000
2①	电压输入（模拟量值直接显示模式）	-10 ～ 10V	-10000 ～ 10000
3	电流输入模式	4 ～ 20mA	0 ～ 16000
4	电流输入模式	4 ～ 20mA	0 ～ 4000
5	电流输入（模拟量值直接显示模式）	4 ～ 20mA	4000 ～ 20000
6	电流输入模式	-20 ～ 20mA	-16000 ～ 16000
7	电流输入模式	-20 ～ 20mA	-4000 ～ 4000
8①	电流输入（模拟量值直接显示模式）	-20 ～ 20mA	-20000 ～ 20000
9 ～ E	不可以设定	—	—
F	通道不使用	—	—

注：①不能改变偏置、增益值。

（3）缓冲存储区的读出、写入方法

FX_{3U}-4AD缓冲存储区数据的读出或写入的方法有两种：使用FROM/TO指令和缓冲存储区直接指定。使用缓冲存储区直接指定的方法时，需要支持PLC的软件。

如果使用FX_{3G}、FX_{3GC}系列的可编程控制器，只能使用FROM/TO指令进行缓冲区数据的读出或写入。

缓冲存储区的直接指定采用“U□\G□”格式（见图8-5），将其直接指定为应用指令的源操作数或者目标操作数，从而使程序高效化。

图8-5 缓冲存储区直接指定格式

采用应用指令直接读取模拟量数据的程序如图8-6所示，在H××××中，输入确定的输入模式；在“□”中，输入确认的单元号。PLC运行5s后，将FX_{3U}-4AD中输入的模拟量数据保存到PLC的数据寄存器（D0 ～ D3）中。

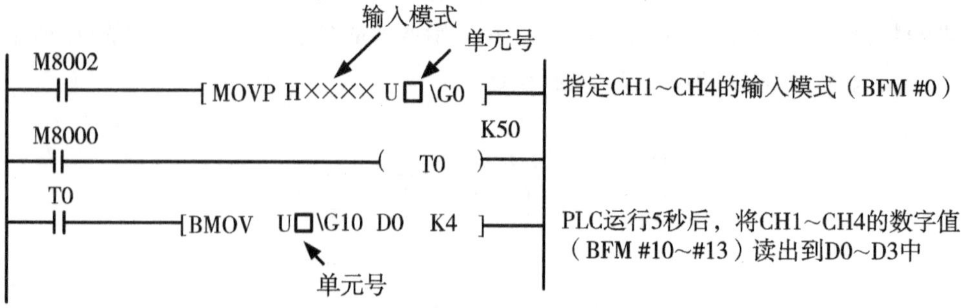

图8-6 直接读取模拟量数据的程序

（4）缓冲存储区的编号分配

FX_{3U}-4AD BFM 编号分配

FX系列PLC的基本单元与FX_{3U}–4AD之间的数据交换是通过缓冲存储区来进行的。FX_{3U}–4AD的内部共有6999个缓冲存储区（BFM），每个缓冲存储区的位数为16位RAM。FX_{3U}–4AD占用FX_{3U}扩展总线的8个接点，这8个接点可以是输入点或输出点。

FX_{3U}–4AD的缓冲存储区（BFM）的编号为#0 ～ #8063，不同编号有不同的含义。

从指定的模拟量输入模块读出数据前应先将设定值写入，否则将按缺省设定值读出和执行。下面对部分常用缓冲存储器进行介绍。

①BFM #0（输入模式的设定）。BFM #0用于指定通道1 ～通道4的输入模式。输入模式的指定采用4位数的HEX码H××××，对各位分配各通道的编号。通过在各位中设定0～8、F的数值，可以改变输入模式。如：BFM #0=HFF06，则说明CH1通道设定为电流输入模式，电流范围为–20 ～ 20mA；CH2通道设定的输入电压范围为–10V ～ 10V，CH3和CH4通道关闭。

输入模式设定时应注意：进行输入模式设定（变更）后，模拟量输入特性会自动变更。此外，通过改变偏置/增益值，可以用特有的值设定特性，分辨率不变；如果指定为模拟量值直接显示，则不能改变偏置/增益值。由于输入模式的指定需要约5s，因此改变输入模式时，需要设计经过5s以上的时间后，再执行各设定的写入。不能设定所有的通道都不使用（即HFFFF）。

采用EEPROM写入时的注意事项：如果向BFM #0、#19、#21、#22、#125 ～ #129以及#198中写入设定值，则是执行向FX_{3U}–4AD内的EEPROM写入数据。由于EEPROM的允许写入次数在10000次以下，所以编程时不要每个运算周期或者高频率地向这些BFM写入数据。

②BFM #2 ～ #5（平均次数）。在将通道数据（通道1 ～通道4：BFM #10 ～ #13）从即时值变为平均值时，BFM #2 ～ #5可用于设定平均次数（通道1 ～通道4：BFM #2 ～ #5）。

平均次数的设定值和动作，如表8–3所示。

表 8–3 平均次数的设定值和动作

平均次数（BFM #2～#5）	通道数据（BFM #10～#13）的种类	错误内容
0以下	即时值数据（每次A/D转换处理时更新通道数据）	设定值变为K0，发生平均次数设定不良（BFM #29 b10）的错误
1（初始值）	即时值数据（每次A/D转换处理时更新通道数据）	—
2～400	平均值数据（每次A/D转换处理时计算平均值，并更新通道数据）	—
401～4095	平均值数据（每次达到平均次数，就计算A/D转换数据的平均值，并更新通道数据）	—
4095以上	平均值数据（每次达到平均次数，就计算A/D转换数据的平均值，并更新通道数据）	设定值变为4096，发生平均次数设定不良（BFM #29 b10）的错误

平均次数设定时的注意事项：使用平均次数功能时，对于使用平均次数的通道，务必设定其数字滤波器（通道1 ～通道4：BFM #6 ～ #9）为0。此外，使用数字滤波器功能时，务必将使用通道的平均次数（BFM #2 ～ #5）设定为1。当平均次数的设定值为1以外的值，

而数字滤波器（通道1～通道4：BFM #6～#9）设定为0以外的值时，会发生数字滤波器设定不良（BFM #29 b11）的错误。

任何一个通道中使用了数字滤波器功能，则所有通道的A/D转换时间都变为5ms。设定的平均次数在设定范围之外时，将发生平均次数设定不良（BFM #29 b10）的错误。

最后，如果设定了平均次数，则不能使用数据历史记录功能。

③ BFM #6～#9（数字滤波器的设定）。BFM #6～#9用于通道数据（通道1～通道4：BFM #10～#13）中使用数字滤波器时，在数字滤波器设定（通道1～通道4：BFM #6～#9）中设定数字滤波器值。

如果使用数字滤波器功能，那么模拟量输入值、数字滤波器设定值以及数字量输出值（通道数据）的关系如图8-7所示。

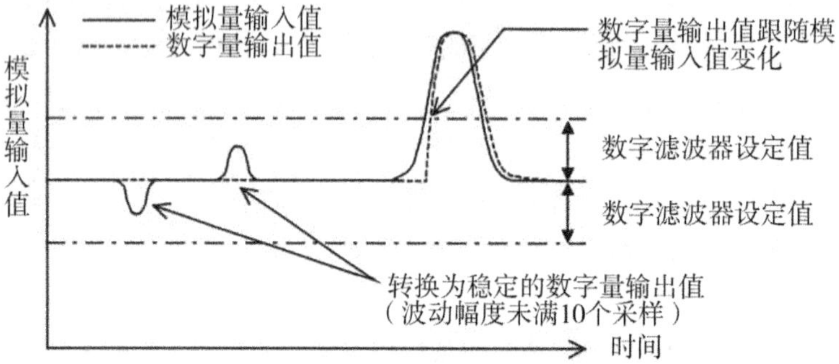

图8-7 数字滤波器

· 数字滤波器设定值（通道1～通道4：BFM #6～#9）＞模拟量信号的波动（波动幅度未满10个采样）。与数字滤波器设定值相比，模拟量信号（输入值）的波动较小时，转换为稳定的数字量输出值，并保存到通道数据（通道1～通道4：BFM #10～#13）中。

· 数字滤波器设定值（通道1～通道4：BFM #6～#9）＜模拟量信号的波动。与数字滤波器设定值相比，模拟量信号（输入值）的波动较大时，将跟随模拟量信号而变化的数字量输出值保存到相应通道（通道1～通道4：BFM #10～#13）中。

数字滤波器设定值与动作的关系如表8-4所示。

表8-4 数字滤波器设定值与动作的关系

设定值	动 作
未满0	数字滤波器功能无效，设定错误（BFM #29 b11 ON）
0	数字滤波器功能无效
0～1600	数字滤波器功能有效
1601以上	数字滤波器功能无效，设定错误（BFM #29 b11 ON）

数据滤波器设定时的注意事项：首先，务必将使用通道的平均次数（通道1～通道4：BFM #2～#5）设定为1。当平均次数的设定值为1以外的值，而数字滤波器设定为0以外的值时，会发生数字滤波器设定不良（BFM #29 b11）的错误。其次，如果某一个通道中使用了数字滤波器功能，则所有通道的A/D转换时间都变为5ms。最后，如果数字滤波器设定在

0～1600范围外，会发生数字滤波器设定不良（BFM #29 b11）的错误。

④ BFM #10～#13（通道数据）。BFM #10～#13用于保存FX_{3U}-A/D转换后的数字值。根据平均次数（通道1～通道4：BFM #2～#5）或者数字滤波器的设定（通道1～通道4：BFM #6～#9），通道数据（通道1～通道4：BFM #10～#13）以及数据的更新时序如表8-5所示。

表8-5 通道数据的更新时序

<table>
<tr><th rowspan="2">平均次数
（BFM #2～#5）</th><th rowspan="2">数字滤波功能
（BFM #6～#9）</th><th colspan="2">通道数据（BFM #10～#13）的更新时序</th></tr>
<tr><th>通道数据种类</th><th>更新时序</th></tr>
<tr><td>0以下</td><td>0（不使用）</td><td>即时值数据设定值变为0，发生平均次数设定不良（BFM #29 b10）的错误</td><td rowspan="2">每次A/D转换处理时都更新数据，更新时序的时间＝500μs①×使用通道数</td></tr>
<tr><td rowspan="2">1</td><td>0（不使用）</td><td>即时值数据</td></tr>
<tr><td>1～1600</td><td>即时值数据
使用数字滤波器功能</td><td>每次A/D转换处理时都更新数据，更新时序的时间＝5ms×使用通道数</td></tr>
<tr><td>2～400</td><td rowspan="3">0（不使用）</td><td>平均值数据</td><td>每次A/D转换处理时都更新数据，更新时序的时间＝500μs①×使用通道数</td></tr>
<tr><td>401～4095</td><td>平均值数据</td><td rowspan="2">每次按平均次数处理A/D转换时更新数据，更新时序的时间＝500μs①×使用通道数×平均次数</td></tr>
<tr><td>4096以上</td><td>平均值数据的设定值变为4096，发生平均次数设定不良（BFM #29 b10）的错误</td></tr>
</table>

注：①500μs为A/D转换时间。但是，只要1个通道使用数字滤波器功能，则所有通道的A/D转换时间都变为5ms。

4. FX_{3U}-4AD的编程

图8-8所示为FX_{3U}-4AD输入模式和参数设置程序。FX_{3U}-4AD与PLC基本单元连接的位置编号为0号，设定通道1、通道2为模式0（电压输入，-10V～10V→-32000～32000）。设定通道3、通道4为模式3（电流输入，4～20mA→0～16000）。设定通道1～通道4的平均次数为10次。设定通道1～通道4的数字滤波器功能无效（初始值）。通道1～通道4的A/D转换数字值分别存于D0～D3中。

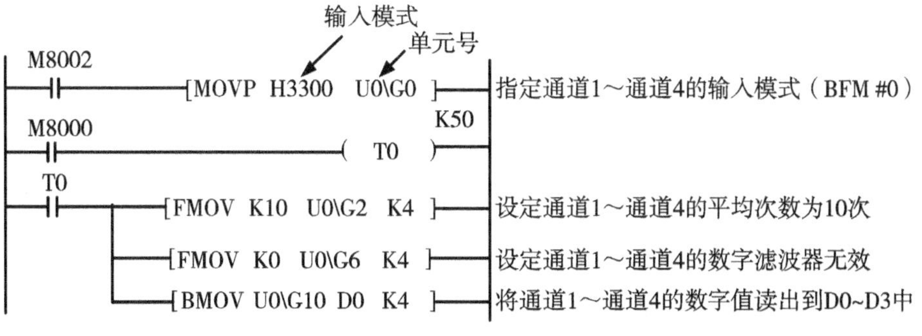
输入模式
单元号
M8002
[MOVP H3300 U0\G0]
指定通道1～通道4的输入模式（BFM #0）
M8000
K50
(T0)
T0
[FMOV K10 U0\G2 K4]
设定通道1～通道4的平均次数为10次
[FMOV K0 U0\G6 K4]
设定通道1～通道4的数字滤波器无效
[BMOV U0\G10 D0 K4]
将通道1～通道4的数字值读出到D0~D3中

图8-8 FX_{3U}-4AD通道输入模式和参数设置程序（缓冲存储区）

图8-8中输入模式设定后，经过5s以上的时间再执行各设定的写入。一旦指定了输入模式，则输入模式是被停电保持的。此后如果使用相同的输入模式，则可以省略输入模式的指定以及T0 K50的等待时间。如果数字滤波器设定使用初始值，则不需要通过顺控程序。

FX_{3U}-4AD通过FROM/TO指令与PLC基本单元进行数据交换，如图8-9所示。

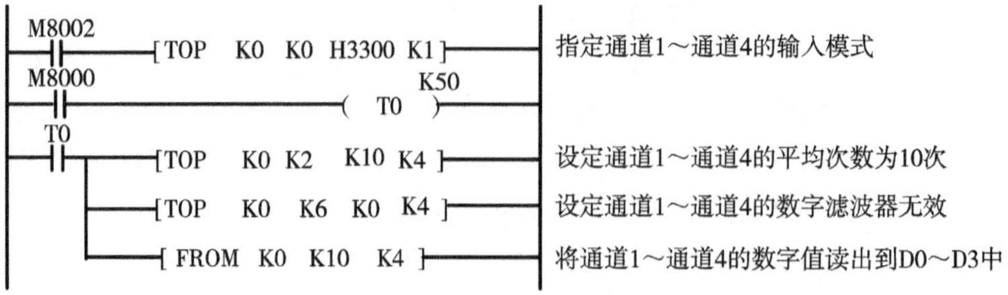

M8002
TOP K0 K0 H3300 K1
M8000
K50
T0
T0
TOP K0 K2 K10 K4
TOP K0 K6 K0 K4
FROM K0 K10 K4
指定通道1～通道4的输入模式
设定通道1～通道4的平均次数为10次
设定通道1～通道4的数字滤波器无效
将通道1～通道4的数字值读出到D0～D3中

图8-9　FX_{3U}-4AD通道输入模式和参数设置程序（FROM/TO）

8.2.2　模拟量输出模块

模拟量输出模块的作用是把PLC中经CPU处理后的若干位数字信号转换成相应的标准模拟量信号输出（D/A转换），以满足生产过程自动控制中需要连续信号的要求。

三菱FX系列的模拟量输出模块主要有FX_{2NC}-4DA、FX_{2N}-2DA、FX_{2N}-4DA、FX_{3G}-1DA-BD、FX_{3U}-4DA、FX_{3U}-4DA-ADP等多种型号。这里主要介绍FX_{3U}-4DA模拟量输出模块。

FX_{3U}-4DA模拟量输出模块可以配合FX_{3G}、FX_{3GC}、FX_{3U}、FX_{3UC}的PLC使用，有4个输出通道（CH1 ～ CH4），用于将FX_{3U}-4DA的缓冲存储区（BFM）中保存的数字值转换成模拟量值（电压、电流），并转换成模拟量输出（可以指定电压输出或电流输出），也可以用数据表格的方式，预先对决定好的输出形式做设定，然后根据该数据表格进行模拟量输出。FX_{3U}-4DA占用FX_{3U}扩展总路线8个接点，这8个接点可以是输入或输出点。4个通道的I/O特性相同，其I/O特性可以通过程序进行调整。

FX_{3U}-4DA 系统构成

1.模拟量输出模块FX_{3U}-4DA的技术指标

FX_{3U}-4DA的技术指标如表8-6所示。

表 8-6　FX_{3U}-4DA 的技术指标

项目		电压输出	电流输出
		四通道模拟量电压或电流的输出，可通过对其输出端子的选择来实现	
模拟量输出范围		DC：-10 ～ 10V（外部负载电阻：1kΩ ～ 1MΩ）	DC：0 ～ 20mA，4 ～ 20mA（外部负载阻抗≤500Ω）
偏置值①		-10 ～ 9V②	0 ～ 17mA③
增益值①		-9 ～ 10V②	3 ～ 30mA③
数字量输入范围		带符号16位 二进制	15位 二进制
分辨率		0.32mV（20V/64000）	0.63μA（20mA/32000）
综合精度④	环境温度(25±5)℃	针对满量程：20(1±0.3%)V，即20V±60mV	针对满量程20(1±0.3%)mA，即20mA±60mA
	环境温度0 ～ 55℃	针对满量程：20(1±0.5%)V，即20V±100mV	针对满量程：20(1±0.5%)mA，即20mA±100mA
D/A转换时间		1ms（与使用的通道数无关）	

续表

项目	电压输出	电流输出
	四通道模拟量电压或电流的输出，可通过对其输出端子的选择来实现	
外接电源	外部电源：DC 24（1±10%）V，160mA 内部电源：由PLC基本单元内部供电，DC 5V，120mA	
I/O占用点数	8个输入或输出点均可	
隔离方式	模拟量输出部分和PLC之间，通过光耦隔离 模拟量输出部分和电源之间，通过DC-DC转换器隔离 各通道间不隔离	

注：①即使调整偏置值、增益值，分辨率也不改变。此外，使用输出模式1、4时，不能进行偏置值、增益调整。

②偏置值、增益值需要满足：1V≤增益值−偏置值≤10V。

③偏置值、增益值需要满足：3mA≤增益值−偏置值≤30mA。

2. FX_{3U}–4DA的接线

FX_{3U}–4DA模拟量输出模块输出端子的外部接线图如图8–10所示，输出模式可以根据接线方式分别选择电压输出或电流输出。

FX_{3U}–4DA 端子

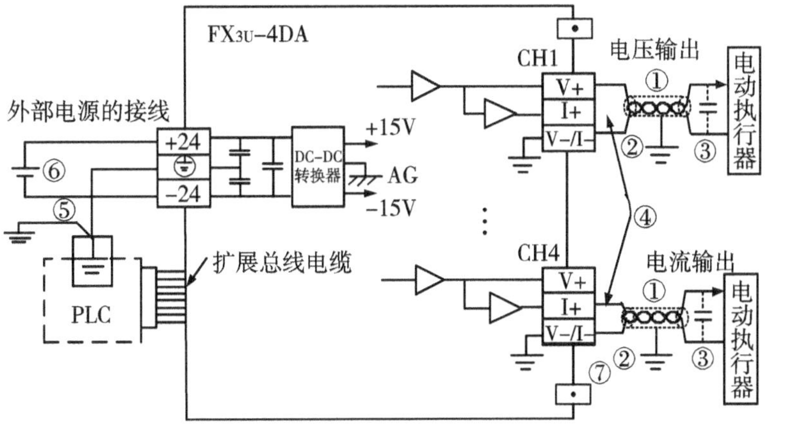

图8–10　FX_{3U}–4DA模拟量输出模块接线图

在模拟量输出模式中，各通道都可以使用电压输出、电流输出。图8–10中①～⑦标注说明如下：

①模拟量的输出线使用2芯的屏蔽双绞电缆，与其他动力线或易于受感应的线分开布线。

②输出电缆屏蔽线在信号接收侧进行单侧接地。在内部连接“FG”端子和“·”端子。没有通道1用的“FG”端子。使用通道1时，直接连接到“·”端子上。

③若输出电压有噪声或干扰，可以在信号接收侧附近连接0.1～0.47μF/25V滤波电容器。

④如果短接电压输出端或电流输出端，可能会损坏模拟量输出模块FX_{3U}–4DA。

⑤FX_{3U}–4DA与PLC基本单元的接地应接在一起。

⑥外接电源DC 24V，外接电流200mA；连接的基本单元为FX_{3U}可编程控制器（AC电源型）时，用PLC的DC 24V供给电源。

⑦不使用的端子，不要在这些端子上连接任何单元，不要对“·”端子接线。

3. FX_{3U}-4DA的缓冲存储区（BFM）

FX系列PLC的基本单元与FX_{3U}-4DA之间的数据交换也是通过缓冲存储区来进行的，内部共有3098个缓冲存储区（BFM）。FX_{3U}-4DA缓冲存储区的读出或者写入方法有两种，分别是用FROM/TO指令和缓冲存储区直接指定。使用缓冲存储区直接指定时，需要支持可编程控制器的软件。FX_{3U}-4DA的缓冲存储区（BFM）的编号为#0～#3098，不同BFM编号有不同含义。

FX_{3U}-4DA BFM编号分配

（1）BFM #0（输出模式）

BFM #0用于指定通道1～通道4的输出模式。输出模式的指定采用4位数的HEX码H××××，分配各通道的编号，第一位是通道4（CH4），…，最后一位是通道1（CH1）。需要根据连接的模拟量输入设备的规格，设定与之相符的各通道的输出模式（BFM #0）。各通道的输出模式用十六进制数（0～4、F）进行设定，如表8-7所示。

表8-7 FX_{3U}-4AD各通道的输出模式

设定值（HEX）	输出模式	模拟量输出范围	数字量输入范围
0	电压输出模式	-10～10V	-32000～32000
1	电压输出模拟量值mV指定模式	-10～10V	-10000～10000
2	电流输出模式	0～20mA	0～32000
3	电流输出模式	4～20mA	0～32000
4	电流输出模拟量值μA指定模式	0～20mA	0～20000
5～E	无效（设定值不变化）	—	—
F	通道不使用		

注：设定值1和4不能改变偏置/增益值。

输出模式设定时的注意事项：

①改变输出模式时，输出将停止。输出状态（BFM #6）中自动写入H0000。输出模式的变更结束后，输出状态（BFM #6）自动变为H1111，并恢复输出。

②输出模式的设定需要约5s。改变输出模式时，必须设计经过5s以上的时间后，再执行各设定的写入。

③改变输出模式时，在以下的缓冲存储区中，针对各输出模式以初始值进行初始化：

BFM #5（可编程控制器STOP时的输出设定）；

BFM #10～#13（偏置数据）；

BFM #14～#17（增益数据）；

BFM #28（断线检测状态）；

BFM #32～#35（可编程控制器STOP时的输出数据）；

BFM #38（上下限值功能的设定）；

BFM #41～#44（上下限值功能的下限值）；

BFM #45～#48（上下限值功能的上限值）；

BFM #50（根据负载电阻设定输出修正功能）。

对于输出模式改变了的通道，其相应的位和BFM被初始化；在从电流输出模式（模式2、

3、4）变为电压输出模式（模式0、1）时，也会被初始化。特别要注意，不能设定所有的通道同时都不使用（即设定HFFFF）。

④EEPROM写入时的注意事项。如果向BFM #0、#5、#10 ～ #17、#19、#32 ～ #35、#50 ～ #54以及#60 ～ #63中写入设定值，则是执行向FX_{3U}-4DA内的EEPROM写入数据。在向这些BFM中写入设定值后，不要马上切断电源。EEPROM的允许写入次数在10000次以下，所以编程时不要每个运算周期写入数据或者高频率地向这些BFM写入数据。

（2）BFM #1 ～ #4（输出数据）

针对希望输出的模拟量信号，可向BFM #1 ～ #4中输入数字值，如表8-8所示。

表 8-8　输出数据

BFM 编号	内容	BFM 编号	内容
#1	通道1的输出数据	#3	通道3的输出数据
#2	通道2的输出数据	#4	通道4的输出数据

（3）BFM #5（可编程控制器STOP时的输出设定）

BFM #5可以在可编程控制器STOP时，设定通道1 ～通道4的输出，如表8-9所示。

表 8-9　输出设定

设定值（HEX）	输出内容	设定值（HEX）	输出内容
0	输出RUN时的最终值	2	输出BFM #32 ～ #35中设定的输出数据 因输出模式（BFM #0）不同，输出也各异
1	输出偏置值（因输出模式（BFM #0）不同，偏置值的输出也各异）	3 ～ F	无效（设定值不变化）

注意事项：改变设定值时，输出停止；输出状态（BFM #6）中自动写入H0000。变更结束后，输出状态（BFM #6）自动变为H1111，并恢复输出。

（4）BFM #6（输出状态）

BFM #6的设定值为“0”，表示更新停止，根据可编程控制器STOP时的输出设定（BFM #5）中的设定内容进行输出；设定值为“1”，表示输出更新。

注意事项：仅在可编程控制器为RUN时，输出状态有效。可编程控制器一旦STOP，则自动写入H0000。

（5）BFM #9（偏置、增益设定值的写入）

BFM #9的低4位被分别分配了各通道的编号。如表8-10所示，各位为ON时，被分配的通道号的偏置数据（BFM #10 ～ #13）、增益数据（BFM #14 ～ #17）就被写入内置内存（EEPROM）且有效。

表 8-10　BFM #9 位的分配

位编号	内容
b0	通道1偏置数据（BFM #10）、增益数据（BFM #14）的写入
b1	通道2偏置数据（BFM #11）、增益数据（BFM #15）的写入
b2	通道3偏置数据（BFM #12）、增益数据（BFM #16）的写入

续表

位编号	内容
b3	通道4偏置数据（BFM #13）、增益数据（BFM #17）的写入
b4 ~ b15	不可以使用

BFM #9可以对多个通道同时给出写入指令。用H000F对所有通道进行写入。写入结束后，自动变为H0000（b0 ~ b3全部为OFF状态）。

注意事项：改变设定值时，输出将停止；输出状态（BFM #6）中自动写入H0000。写入结束后，输出状态（BFM #6）自动变为H1111，并恢复输出。如果使用模拟量值指定模式（设定模式1、4）时，不能改变偏置、增益数据，但是可以通过设定其他的输出模式，变为与输出模式1、4相同的特性；不执行写入指令时，偏置、增益数据不能被保存在EEPROM中。如果错误状态（BFM #29）的b1为ON，则偏置、增益数据不能被保存在EEPROM中。

4. FX_{3U}-4DA的编程

如果在FX_{3U}系列PLC基本单元的右侧第一个位置配置了FX_{3U}-4DA，则该模拟量输出模块的单元号为0。设定通道1、通道2为模式0（电压输出，-10 ~ 10V）。设定通道3为模式3（电流输出，4 ~ 20mA）。设定通道4为模式2（电流输出，0 ~ 20mA）。

输出模式设定后，各设定的写入时间在5s以上。一旦指定了输出模式，则输出模式是被停电保持的。此后如果使用相同的输出模式，则可以省略输出模式的指定以及T0 K50的等待时间，如图8-11、图8-12所示。

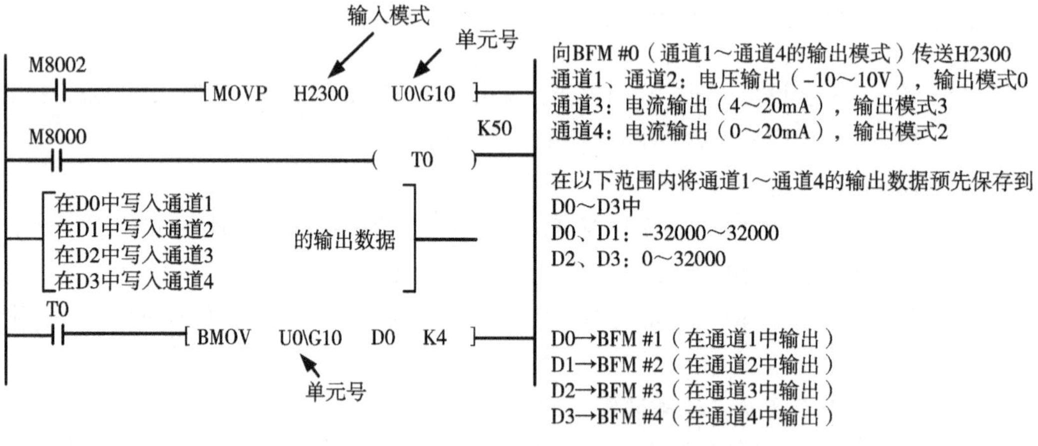

图8-11 FX_{3U}-4DA输出模拟量信号的程序（直接输出）

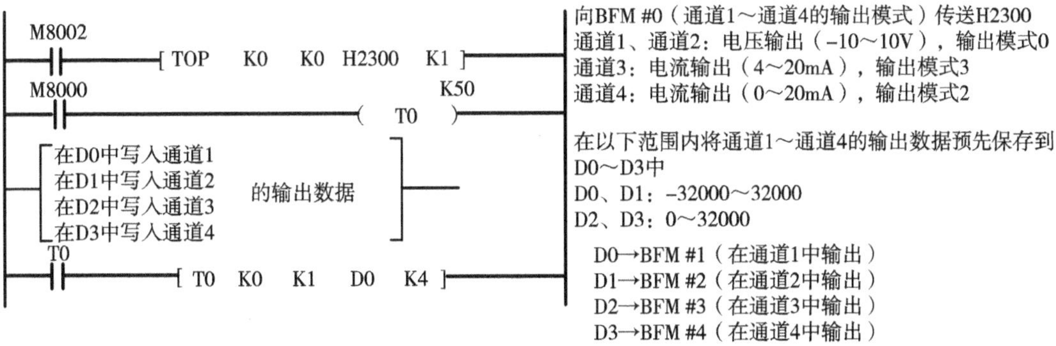

图8-12 FX_{3U}-4DA输出模拟量信号的程序（FROM/TO指令输出）

8.3 PLC的通信

在工业控制系统中，对于多控制任务的复杂控制系统，不可能单靠增加PLC的I/O点数或改进机型来实现复杂的控制。PLC通信是指PLC与PLC、PLC与计算机、PLC与人机界面、PLC与变频器、PLC与现场设备或远程I/O或其他智能设备之间的数据通信。PLC的通信提高了PLC的控制能力，扩大了PLC的控制领域，实现了系统监控和远程操作。

8.3.1 PLC的通信方式

1.并行通信和串行通信

并行通信方式是指数据的每一位被同时发送或接收的通信方式。在并行通信中，并行传送的数据有多少位，传输线就有多少根，因此传送数据的速度很快。如果数据位数较多、传送距离较远，那么必然导致线路复杂、成本高，所以并行通信方式适合近距离的数据通信。PLC的基本单元与扩展模块之间通常采用并行通信方式。

串行通信方式是指传送的数据一位一位地顺序传输的通信方式。串行传送数据时，只需要1～2根传输线即可实现分时传送，与数据位数无关。该方式特别适合传输速率要求较高的多位数据的长距离通信。PLC与计算机的通信、PLC与现场设备或远程I/O的通信、PLC与开放式现场总路线（CC-Link）的通信、PLC与变频器的通信等均采用串行通信方式。

2.单工通信和双工通信

在串行通信方式中，按数据传送的方向将通信分为单工、半双工和全双工三种方式。

单工通信是指数据的传递始终保持一个固定的方向，不能进行反方向的传送。只有一个方向的数据传送完毕后，才能往另一个方向传送数据。

半双工通信是指数据可以双向传送，但是在两个通信设备中同一时间只能有一个设备发送数据，而另一个设备只能接收数据。

全双工通信是指数据可以双向传送，两个通信设备都有发送器和接收器，都有两条数据线，可以同时发送和接收信息。因此，线路上任一时刻都有两个方向的数据在流动，双方同时可以接收数据。

3.异步通信和同步通信方式

在串行通信方式中，为了保证发送数据和接收数据的一致性，又采用了异步通信和同步通信技术这两种通信技术。

异步通信是将被传送的数据按照一定位数（通常是按一个字节，8位二进制数）分组，在每组数据的开始处加起始位（“0”标记），中间为传送数据位，在末尾处加奇偶校验位（“1”标记）和停止位（“1”标记）。通信时一组一组地发送数据，接收设备一组一组地接收数据，在开始位和停止位的控制下，保证数据传送不会出错。异步通信主要用于中、低速数据的通信场合，每传一个字节都要加入开始位、校验位和停止位，传送效率低。

同步通信以数据块为单位，在每个数据块的开始处加入一个同步信号来控制同步，而在数据块中的每个字节前后不需要加开始位、校验位和停止位标记。同步通信传输速度快，但由于发送端和接收端要求严格保证同步，所需要的软、硬件价格较贵，所以通常只在数据传送速率超过20000bit/s的系统中才使用。

PLC通常使用半双工或全双工异步串行通信方式。

8.3.2 PLC的通信介质

PLC对通信介质的基本要求是通信介质必须具有传输速率高、能量损耗小、抗干扰能力强、性价比高等特性。通常采用的通信介质主要有双绞线、同轴电缆和光缆三种。

双绞线是将两根导线扭在一起，以减少电磁波的干扰，再加上屏蔽套层，抗干扰能力更强，其特点是成本低、安装简单。常用的RS-232C、RS-422和RS-485等接口多采用双绞线电缆进行通信。

同轴电缆一般由芯线、绝缘线、屏蔽层及外保护层组成，传送速度高、传输距离远，但价格较高。

光缆也叫光纤，是以光的形式传输信号的，不会受到电磁干扰，数据安全性好，传输距离长且速度快。但由于光纤设备价格昂贵，在PLC通信中应用很少。目前，同轴电缆和双绞线在PLC的通信中使用广泛。

8.3.3 PLC的通信接口

FX系列PLC的异步串行通信接口主要有RS-232C、RS-422和RS-485等。

1. RS-232C通信接口

RS-232C通信接口是美国电子工业协会（EIA）于1962年公布的一种标准化接口。“RS”是英文“推荐标准”的缩写；“232”是标识号；“C”表示此接口标准的修改次数。它既是一种协议标准，又是一种电气标准，规定通信设备之间信息交换的方式与功能。它采用按位串行通信的方式传送数据，波特率规定为19200bit/s、9600bit/s、4800bit/s等几种。

RS-232C在电气性能上，采用的是负逻辑，即规定逻辑“1”电平在-15 ~ -5V范围内；逻辑“0”电平在5 ~ 15V范围内，具有较强的抗干扰能力。FX_{3U}-232-BD通信功能扩展模块的外形如图8-13所示，可安装于FX系列PLC的基本单元中，用于计算机与PLC之间的RS-232C通信。

2. RS-422通信接口

RS-422通信接口是EIA于1977年推出的新接口标准，采用单独的发送和接收通道，因此不必控制数据方向，信号交换可以按软件方式或硬件方式进行。通信速率、距离、抗共模干扰等方面较RS-232C接口有较大的提高。RS-422接口的最大数据传输速率为10Kbit/s，通信距离为12 ~ 1200m。

FX_{3U}-422-BD是三菱FX_{3U}系列PLC中的一款RS-422通信板，如图8-14所示，广泛用于三菱工控搭建的自动化平台中。FX_{3U}-422-BD通信板可接受DC 0 ~ 10V（或DC 0 ~ 5V）、4 ~ 20mA的电压输入和电流输入。

图8-13　FX_{3U}-232-BD外形

图8-14　FX_{3U}-422-BD外形

3. RS-485通信接口

RS-485通信接口实际上是RS-422通信接口的变形，不同点在于RS-422为全双工通信方式，RS-485接口可以使用一对平衡驱动差分信号线，接收和发送不能同时进行，属于半双工通信方式。FX_{3U}-485-BD通信板可以在两台PLC之间并联连接通信，也可以进行多台PLC之间的N:N通信。FX_{3U}-485-BD通信板的外形如图8-15（a）所示，安装通信板时，需要拆下PLC左上方的盖子，将通信板的连接器插入PLC电路板的卡槽内。RS-485接口的通信板上有5个针脚，各针脚的功能定义如图8-15（b）所示。

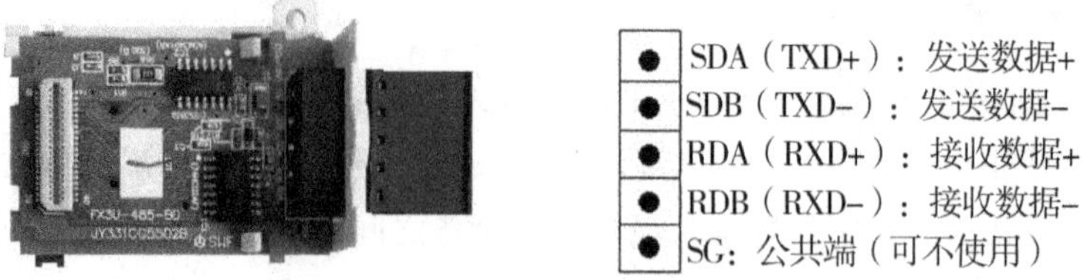

（a）FX_{3U}-485-BD通信板　　（b）RS-485接口针脚功能定义

图8-15　FX_{3U}-485-BD通信功能扩展模块的外形和针脚功能

采用RS-485通信接口的设备之间的通信接线有一对和两对两种方式，当使用一对接线方式时，需要将各设备上的RS-485接口的发送端和接收端并联，设备之间使用一对接线连接各个接口的同名端，进行半双工通信。当使用两对接线方式时，需要用两对线将各设备的RS-485接口的发送端和接收端分别连接，设备之间进行全双工通信。一台FXCPU的PLC主站通过RS-485接口最多可以连接32台PLC从站，如图8-16所示，总延长距离最大达500m。

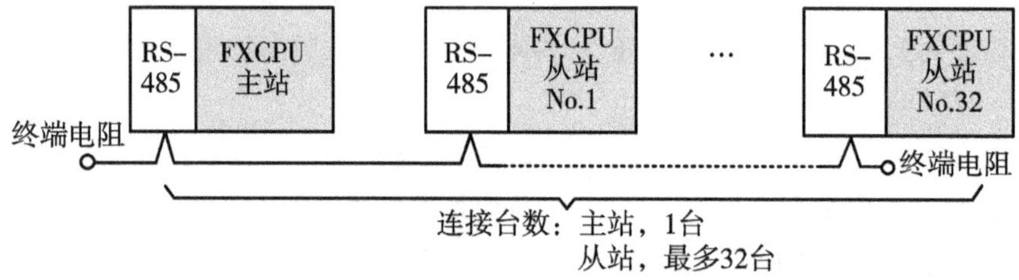

图8-16　RS-485接口通信

8.3.4　PLC与计算机的通信

FX_{3U}常用通信设备

PLC与计算机通信又叫上位通信，在计算机上可以编写、调试、修改应用程序，对整个生产过程进行运行状态监视，实现对PLC的全面管理和控制，对生产过程的模拟仿真，打印用户程序和各种管理信息资料等。

1.通信连接

PLC与计算机通信主要是通过RS-232C或RS-422接口进行的。计算机上的通信接口是标准的RS-232C接口，如果PLC上的通信接口也是RS-232C接口，那么PLC与计算机就可以直接使用适配电缆进行连接实现通信；如果PLC上的通信接口是RS-422接口，则必须在PLC与计算机之间增加一个RS-232C/RS-422接口转换模块，再用适配电缆进行连接就可以实现通信了。

2.计算机与多台PLC的连接

如果一台计算机与一台PLC连接通信，称为1:1连接，采用RS-232C接口，总延长距离应在15米以内，可以实现生产管理以及库存管理等。如果一台计算机与多台PLC连接通信，称为1:N网络，一台计算机最多可连接16台的FX、A系列PLC，并从计算机上直接指定PLC的软元件，执行数据交换的功能。1:N网络结构如图8-17所示。每台PLC上都有相应的RS-485接口适配器或接口功能扩展板，通过数据连接线与计算机之间进行信息、数据交换，可以实现生产管理以及库存管理等。

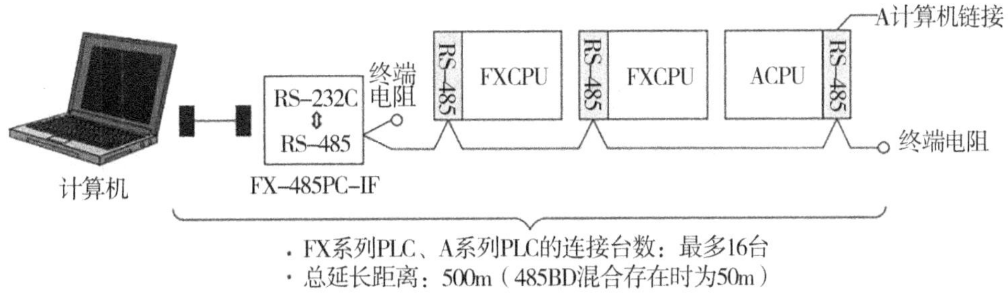

图8-17　1:N网络结构

8.3.5　PLC与PLC之间的通信

1.并联连接

并联连接功能是指两台同一系列的PLC（如FX系列PLC）之间的信息交换，其结构如图8-18（a）所示。

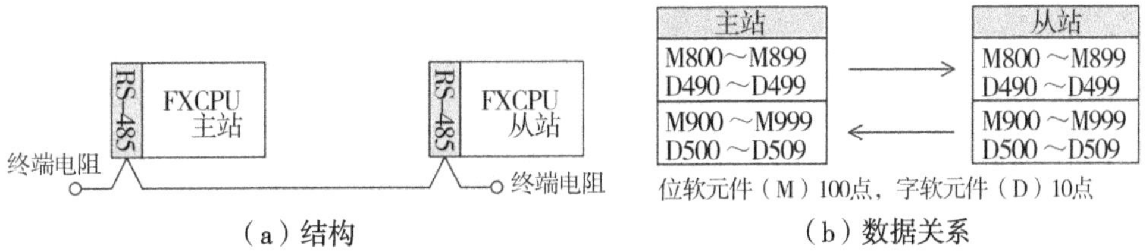

图8-18　并联连接的结构和数据关系

并联连接可实现两台FX系列PLC之间自动更新数据，通过位软元件（M）100点和数据寄存器（D）10点之间进行自动数据交换，总延长距离最大可到500m（仅限于全部由RS-485构成的情况）。如图8-18（b）所示，以FX_{3U}系列PLC为例说明并联通信模式中PLC发送、接收软元件的原理：主站位元件M800～M899、字软元件D490～D499发送的数据，被从站同样编号的软元件接收；反之，从站位软元件M900～M999、字软元件D500～D509发送的数据，被主站同样编号的软元件接收。

并联连接有高速并联和普通并联两种模式，其连接软元件的类型和点数不同，如表8-11所示。

表 8-11 并联连接的不同模式下软元件分配情况

模式	普通并联模式		高速并联模式	
	位软元件（M）（100 点）	字软元件（D）（10 点）	位软元件（M）（0 点）	字软元件（D）（2 点）
主站	M800 ~ M899	D490 ~ D499	—	D490 ~ D491
从站	M900 ~ M999	D500 ~ D509	—	D500 ~ D501

在连接同类产品（FX_{1S}、FX_{1N}、FX_{1NC}、FX_{2N}、FX_{2NC}、FX_{3S}、FX_{3G}、FX_{3GC}、FX_{3U}、FX_{3UC}系列等）的情况下，建议使用N:N网络功能。

2. N:N网络

在多任务复杂控制系统中，为了实现小规模系统的数据连接以及设备之间的信息交换，常常采用多台PLC连接通信的N:N网络功能实现。N:N网络最多可以连接8台FX系列PLC，在这些PLC之间自动执行数据交换。在这个网络中，通过刷新范围决定的软元件在各PLC之间执行数据通信，并且可以在所有的PLC中监控这些软元件。N:N网络结构如图8-19所示。

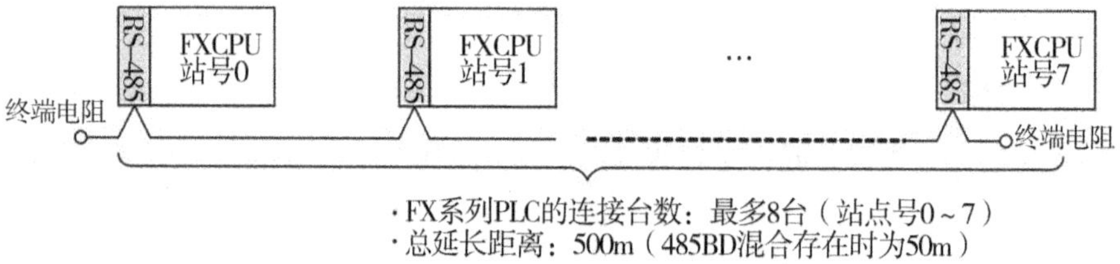

图8-19 N:N网络

在图8-19中，PLC与PLC之间使用RS-485通信用功能扩展板或特殊适配器进行连接，通过简单的程序数据连接最多8台PLC，总延长距离最大可达500m（仅限于全部用485ADP的情况），这种连接适用于生产线分布控制和集中管理等场合。

N:N网络功能在各站间位软元件（0 ~ 64点）和字软元件（4 ~ 8点）被自动数据连接，通过分配到本站上的软元件，可以知道其他站的ON/OFF状态和数据寄存器数值。8台FX_{3U}系列的PLC之间发送/接收软元件数据的关系如图8-20所示，0号站位软元件M1000 ~ M1063、字软元件D0 ~ D7发送的数据，被其他站同样编号的软元件接收；反之，7号站位软元件M1448 ~ M1511、字软元件D70 ~ D77发送的数据，被其他站同样编号的软元件接收。

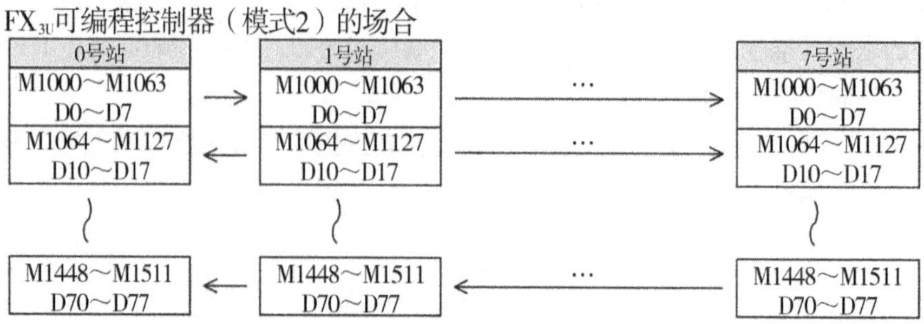

图8-20 8台PLC发送/接收软元件数据的关系

根据要连接的点数，N:N网络通信有三种模式可以选择，三种模式所支持的通信软元件如表8-12所示，其主要区别在于进行通信的位信息和字信息通信量不同。

表8-12 N:N网络通信模式

站号		模式0		模式1		模式2	
		位软元件(M)	字软元件（D）	位软元件（M）	字软元件（D）	位软元件（M）	字软元件（D）
		0点	各站4点	各站32点	各站4点	各站64点	各站8点
主站	站号0	—	D0 ~ D3	M1000 ~ M1031	D0 ~ D3	M1000 ~ M1063	D0 ~ D7
从站	站号1	—	D10 ~ D13	M1064 ~ M1095	D10 ~ D13	M1064 ~ M1127	D10 ~ D17
	站号2	—	D20 ~ D23	M1128 ~ M1159	D20 ~ D23	M1128 ~ M1191	D20 ~ D27
	站号3	—	D30 ~ D33	M1192 ~ M1223	D30 ~ D33	M1192 ~ M1255	D30 ~ D37
	站号4	—	D40 ~ D43	M1256 ~ M1287	D40 ~ D43	M1256 ~ M1319	D40 ~ D47
	站号5	—	D50 ~ D53	M1320 ~ M1351	D50 ~ D53	M1320 ~ M1383	D50 ~ D57
	站号6	—	D60 ~ D63	M1384 ~ M1415	D60 ~ D63	M1384 ~ M1447	D60 ~ D67
	站号7	—	D70 ~ D73	M1448 ~ M1479	D70 ~ D73	M1448 ~ M1511	D70 ~ D77

8.3.6 网络通信功能

1. CC-Link网络

CC-Link是Control & Communication Link（控制与通信链路）的简称，用于生产线的分散控制和集中管理，以及与上层网络的数据交换等。通过CC-Link总线将三菱电机及其合作制造厂家生产的各种模块分布安装到类似生产线的机器设备上，实现高效、高速的开放式现场总线网络。

CC-Link网络可以用于连接具备CC-Link网络通信功能的变频器、AC伺服、传感器、电磁阀等，执行数据传送。FX系列PLC产品中有主站模块和远程设备站模块，其功能分别可以将FX系列PLC作为CC-Link主站和远程设备站使用。

CC-Link通信网络结构如图8-21所示，FXCPU主站通过CC-Link通信网络可以连接64个站（台），主干线总延长距离可达500m。

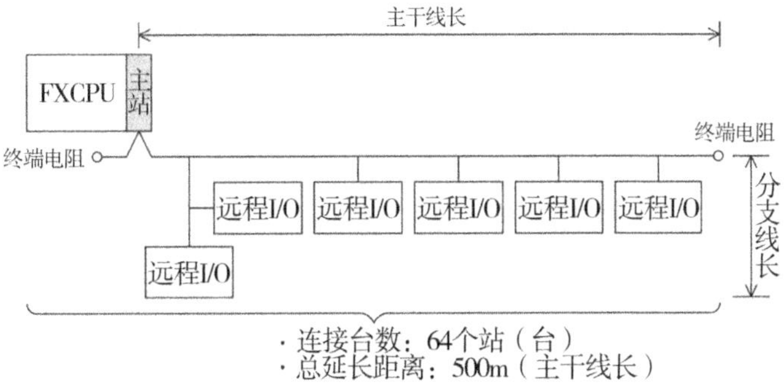

图8-21 CC-Link通信网络

2. EtherNet方式通信

以太网模块FX_{3U}-ENET可以将FX_{3U}系列PLC直接连接到以太网上，通过这个模块可以简单地与其他以太网设备交换数据，也可以用来上传/下载程序。这个模块还支持点对点连接方式和MC协议，可以通过FX Configurator-EN软件来进行设置。

8.4 PLC编程应用实例

8.4.1 花式喷泉的PLC控制

花式喷泉常用于休闲广场、景区、大型酒店或游乐场等场合。传统的喷泉控制系统一旦设计好控制电路，就不能随意改变喷水花样、喷水时间和灯光效果等。如果采用PLC控制，就可以通过改变花式喷泉的控制程序来改变喷泉的喷水效果和灯光效果，从而变换出各式花样，进而适应不同季节、不同场合的喷水要求。

1.控制要求

花式喷泉如图8-22所示，要求采用PLC实现对花式喷泉系统的控制。

该花式喷泉由多组喷泉装置和投射灯组成，其中，喷泉装置分为中央喷泉阀门YV3、内环喷泉阀门YV2和外环喷泉阀门YV1，对应的投射灯分别为中央喷泉红色投射灯HL3、内环喷泉绿色投射灯HL2和外环喷泉黄色投射灯HL1。

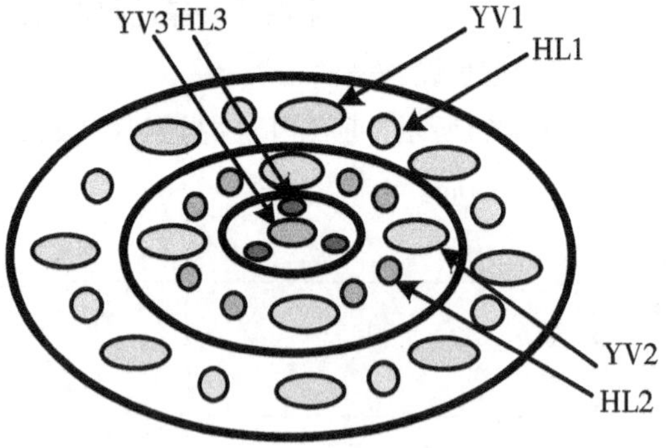

图8-22 花式喷泉

当按下起动按钮SB1时，喷泉控制系统按设定的时序工作流程以90s为周期循环运行；当按下停止按钮SB2时，喷泉控制系统停止工作。其动作时序图如图8-23所示。

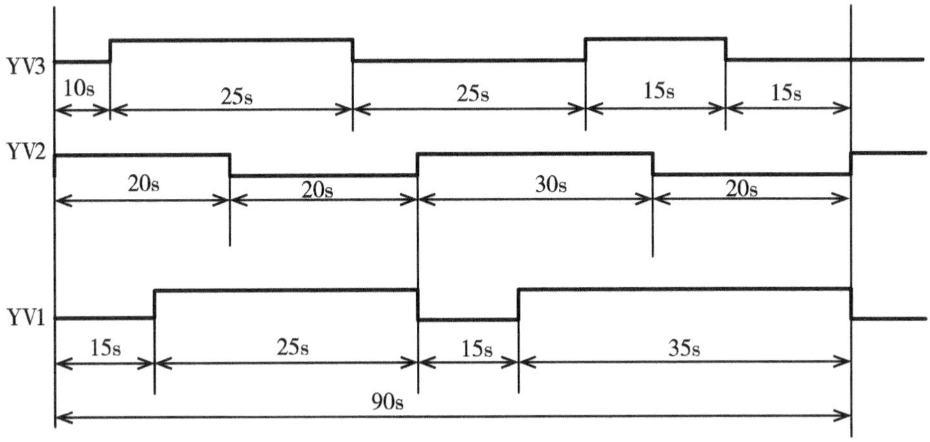

图8-23 花式喷泉控制时序图

中央喷泉阀门YV3在10 ~ 35s时段以开3s、关2s为周期动作，在60 ~ 75s时段以开2s、关3s为周期动作；且在对应动作时段，中央喷泉红色投射灯HL3亮起。

内环喷泉阀门YV2在0 ~ 20s时段以开3s、关2s为周期动作，对应的内环喷泉绿色投光灯HL2亮起；在40 ~ 70s时段以开2s、关3s为周期动作，对应的内环喷泉绿色投光灯以1s为周期闪烁。

外环喷泉阀门YV1在15 ~ 40s时段以开2s、关3s为周期动作，在55 ~ 90s时段以开3s、关2s为周期动作，且在对应的动作时段，外环喷泉黄色投射灯HL1亮起。

2. PLC选型和I/O分配

根据以上控制要求分析可知，该花式喷泉控制系统的输入/输出元件共计8个，如表8-13所示。综合考虑后续扩展的裕量要求，选择继电器输出型FX_{3U}-32MR的PLC即可满足系统要求。

表 8-13 PLC 控制系统输入 / 输出元件及其分配地址

输入（I）		输出（O）	
输入元件	输入继电器	输出元件	输出继电器
起动按钮SB1	X000	中央喷泉控制电磁阀YV3	Y001
停止按钮SB2	X001	内环喷泉控制电磁阀YV2	Y002
		外环喷泉控制电磁阀YV1	Y003
		中央喷泉红色投射灯HL3	Y004
		内环喷泉绿色投射灯HL2	Y005
		外环喷泉黄色投射灯HL1	Y006

3. 画出PLC的外部接线图

花式喷泉的PLC控制外部接线图如图8-24所示。

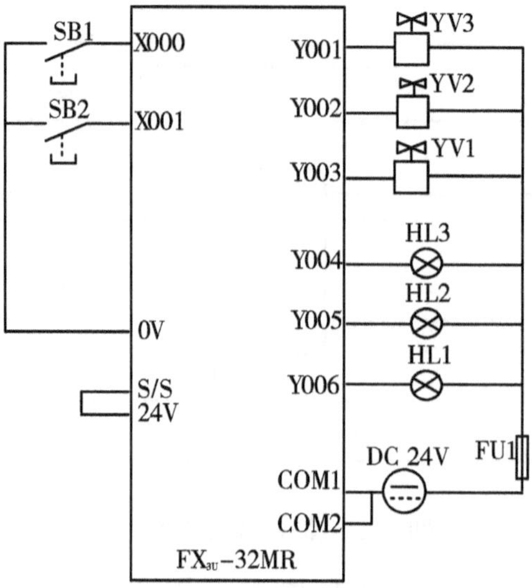

图8-24　花式喷泉的PLC控制外部接线图

4. PLC控制程序设计

由于该花式喷泉根据时间控制动作，故既可以采用多个定时器完成，也可以采用定时器结合触点比较指令和PWM指令完成。

花式喷泉的PLC控制程序如图8-25所示，由初始化程序、各喷泉阀门和投射灯的工作时间段确定、投射灯的显示和喷泉装置等控制程序组成。

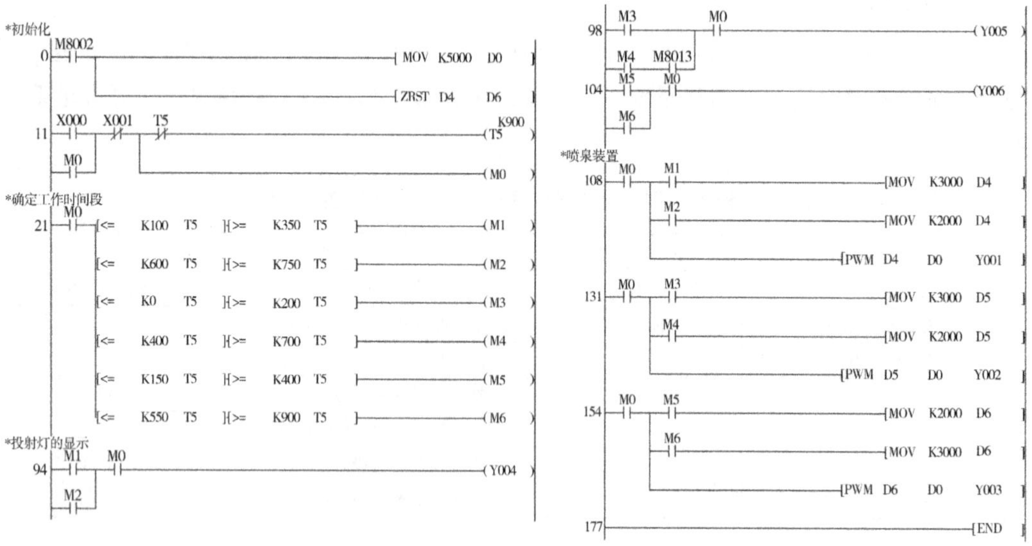

图8-25　花样喷泉的PLC控制程序

8.4.2 电镀流水线的PLC控制

电镀是利用电解作用使金属或其他材料制件的表面附着一层金属膜，从而起到防止金属氧化的一种生产工艺。电镀可以提高产品的耐磨性、导电性、反光性、抗腐蚀性，并具有增进美观等作用。

电镀流水线结构如图8-26所示，其生产过程如下：首先在原位，由操作人员将待镀工件装入吊篮内，在发出起动信号后，起吊设备便将待镀工件提升并逐段前进，按工艺要求，在需要停留的电镀槽、回收槽和清水槽等槽位上停止，自动下降，下降到位后停留一段时间（如进行电镀、清洗等）后，再自动提升。完成电镀工艺规定的每一道工序后，最后返回原起吊位置，卸下电镀好的工件，为下一次电镀加工做好准备。

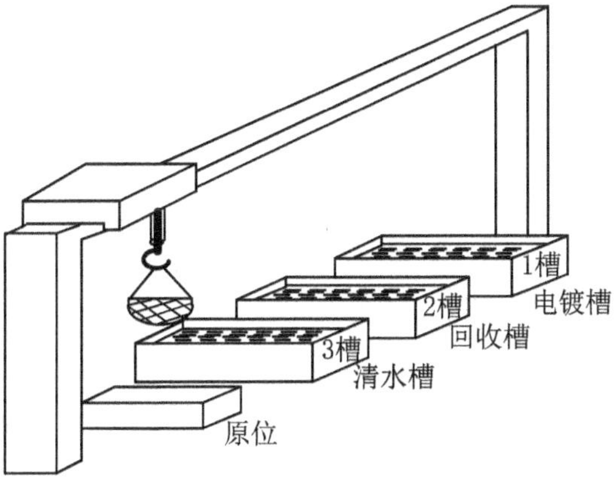

图8-26 电镀流水线结构

该电镀生产线共有三个槽，其工作过程如图8-27所示，从原始位置开始，行车停在原位，由操作人员将待镀工件装入吊篮，并用吊钩勾住吊篮，然后起动系统开始工作。起动后先将待镀工件放入电镀槽内280s，然后提起悬停30s，让电镀液从工件上流回电镀槽；随后放入回收槽内浸30s，提起悬停10s，再放入清水槽内浸25s，提起悬停10s后，行车返回原位，至此完成一个工件的电镀全过程，等待操作人员取下工件即可。

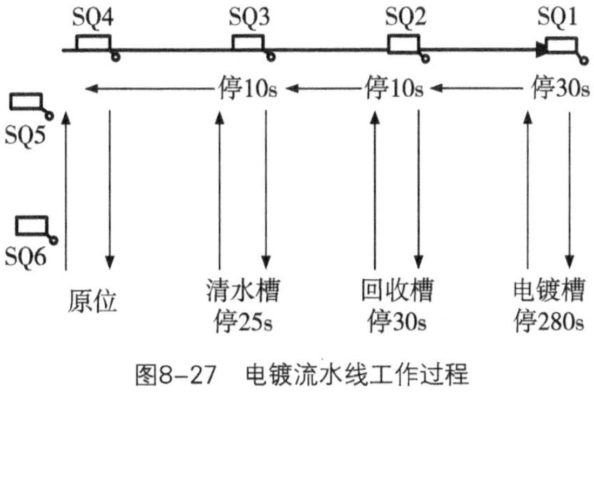

图8-27 电镀流水线工作过程

1.控制要求分析

电镀流水线的起吊位置为原位挂件处，在下行限位开关SQ6处。下行限位开关SQ6和原位限位开关SQ4同时动作。电镀槽、回收槽和清水槽的限位开关分别为SQ1 ～ SQ3。

该系统的动力配置有两台电动机。行车的左右移动由行车电动机M1控制，其功率为3kW；提升电动机M2控制吊钩的上行与下行，其功率为2kW，吊钩上行，提起待镀工件，其上行和下行高度由行程开关SQ5和SQ6控制。

为便于调试与检修，该电镀流水线需设置手动运行方式和自动运行方式。手动运行方式可以分别控制行车的左、右移动和吊钩的上、下移动；自动运行方式为按下自动起动按钮SB3后，自动按电镀流程完成一个工件的电镀过程。手/自动运行、行车和吊钩的运行都应有相应的指示。

考虑系统应有必要的保护环节和安全措施。如果按下停止按钮SB2，则停在当前位置，问题处理结束后再按按钮SB3，继续从当前流程往下工作；若按下急停按钮，则问题处理结束后，须手动回到初始位置，以便电镀下一工件。

2. 列出输入/输出元件地址表

根据以上控制要求分析，在该电镀生产线中，工件的电镀浸泡、电解液回收浸泡和清洗等都需要采用时间控制，故可采用PLC内部的定时器完成。输入信号有起动按钮、停止按钮、自动/手动切换按钮、电镀槽、回收槽、清水槽等位置检测等共13个，输出信号有指示灯控制、行车电机控制和上下行电机控制等共9个，总点数22个；PLC输出控制对象为接触器线圈及指示灯，额定电压分别为AC 220V和DC 24V；接触器及指示灯工作通断频率低，因此选择继电器输出型PLC即可。综合考虑后，该电镀流水线选择FX_{3U}-32MR的PLC即可以满足系统要求。

电镀流水线控制系统的输入/输出接口分配如表8-14所示，定时器分配如表8-15所示。

表 8-14　电镀流水线控制系统的输入 / 输出接口分配

输入（I）		输出（O）	
输入元件	输入继电器	输出元件	输出继电器
自动/手动切换按钮SB1	X000	吊钩上行接触器KM1	Y000
电镀槽限位开关SQ1	X001	吊钩下行接触器KM2	Y001
回收槽限位开关SQ2	X002	行车右行接触器KM3	Y002
清水槽限位开关SQ3	X003	行车左行接触器KM4	Y003
原位限位开关SQ4	X004	原位指示HL0	Y010
上行限位开关SQ5	X005	吊钩上行指示HL1	Y011
下行限位开关SQ6	X006	吊钩下行指示HL2	Y012
停止按钮SB2	X007	行车右行指示HL3	Y013
自动起动按钮SB3	X010	行车左行指示HL4	Y014
手动上行按钮SB4	X011		
手动下行按钮SB5	X012		
手动向右按钮SB6	X013		
手动向左按钮SB7	X014		

表 8-15 电镀流水线控制系统定时器分配

名称	内部元件编号	备注	名称	内部元件编号	备注
电镀定时器	T0	280s	电解液回收槽滤干定时器	T3	10s
电镀滤干定时器	T1	30s	第二电解液滤干定时器	T4	25s
电解液回收槽定时器	T2	30s	第三电解液回收槽定时器	T5	10s

3. 画出PLC的外部接线图

绘制电镀流水线PLC控制的外部接线图，如图8-28所示。输入采用汇点式接线方式，输出采用分组式接线方式，指示灯接DC 24V，行车电机和上下行电机的接触器需要接成互锁，避免同时通电造成电源短路事故。

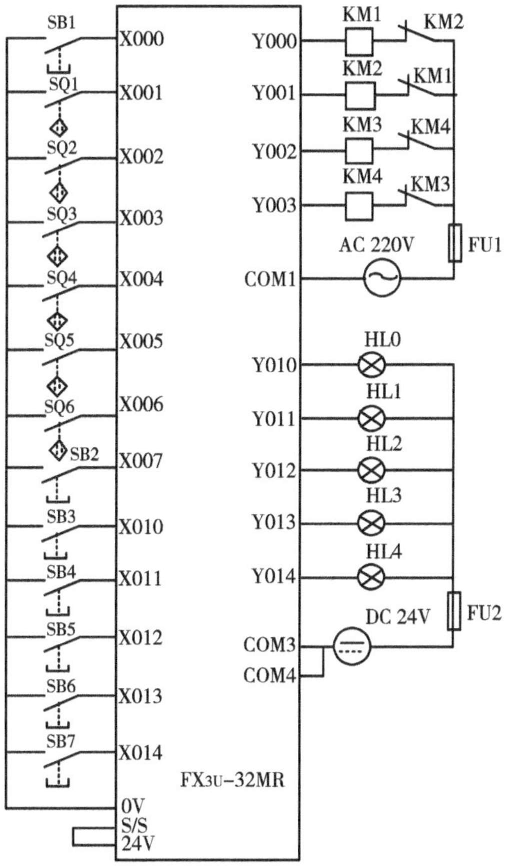

图8-28 电镀流水线的PLC控制外部接线图

4. PLC控制程序设计

根据控制要求，该电镀流水线既有用于调试与检修的手动控制方式，又有正常运行时的自动运行方式，可在两种运行模式中选其一。

在实际工程中，根据不同的运行条件要求在多种工作模式或控制方式中选其一的情况经常出现，可以运用PLC提供的程序流程类指令进行处理，如程序跳转指令、子程序、中断程序等。

由电镀的工艺流程可知，该电镀流水线以位置和时间为关键点进行顺序控制。对于顺序控制流程，编程方法较多，可以采用步进顺控指令、起-保-停电路、置位/复位指令和移位指令等进行编程。本次设计采用主程序和自动控制程序的状态转移图来完成动作。

（1）主程序的设计

主程序采用梯形图，如图8-29所示，主要用来实现电镀流水线一般状态S20 ～ S37的复位和初始状态的置位、行车的原位指示，以及在手动模式下行车的左、右行和吊钩的上、下行的动作及显示等功能。当手动/自动切换按钮X000接通时，对自动控制程序的初始状态S0进行置位，开启自动控制程序。

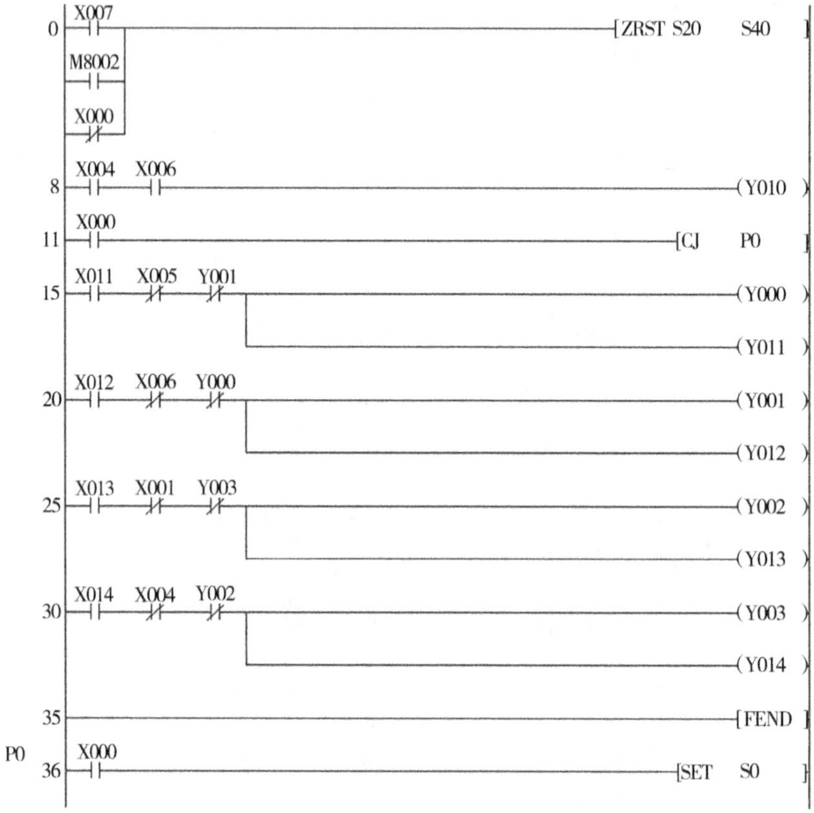

图8-29　电镀流水线的主程序

（2）自动控制程序的设计

根据前面控制要求的分析，电镀流水线的自动运行过程为顺序动作，采用单一流程的状态转移图实现，控制流程相对简单，转移条件多采用限位开关检测和定时器，状态输出多为线圈。电镀流水线的自动控制状态转移图如图8-30所示。

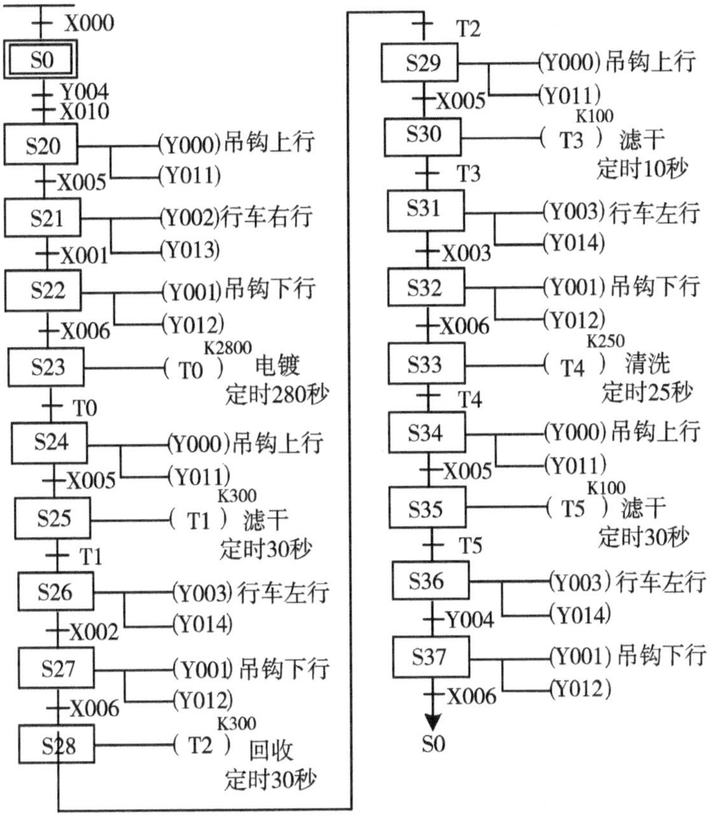

图8-30　电镀流水线自动控制状态转移图

电镀流水线的自动控制程序，也可以采用基于辅助继电器M的PLC步进顺控设计方法，采用如图8-31所示的顺序功能图实现，后续若要改成梯形图可以采用起-保-停电路编程、置位/复位指令编程、移位SFTR/SFTL指令编程等设计方法实现。

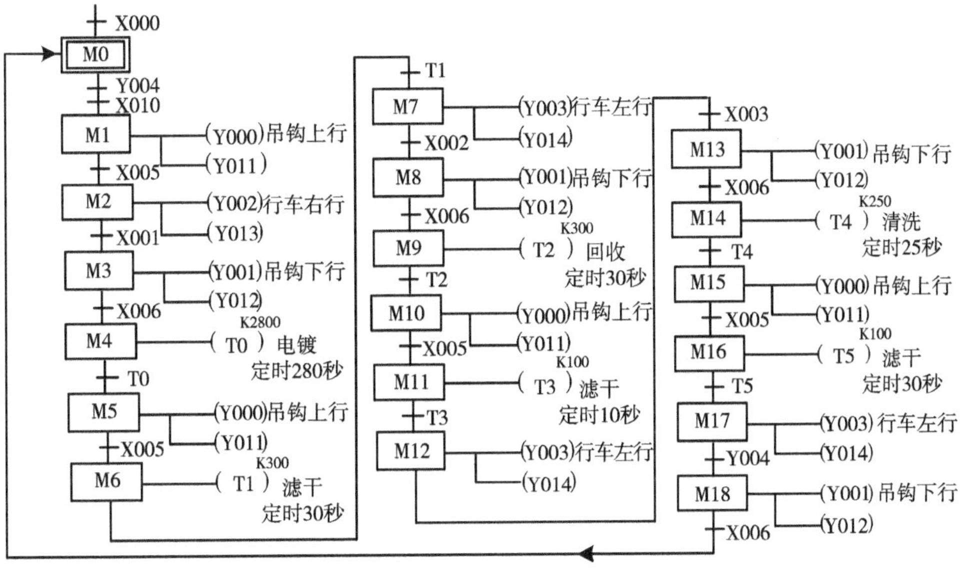

图8-31　电镀流水线自动控制顺序功能图

8.4.3 生产线中PLC与工业机器人的控制

随着我国智能制造的推进和发展，工业机器人作为一种在机械化和自动化生产过程中发展起来的多关节机械手或多自由度的新型装置，能依靠自身的动力能源和控制能力实现各种工业制造功能。由于工业机器人具有智能化水平高、适应性强、承载能力大、微动精度高、运动负荷小、生产效率及安全性高、易于管理、经济效益显著且能在高危环境下进行作业等特点，已广泛应用于机械制造、电子、物流、化工、医疗等各个工业生产领域中。

1.工业机器人的组成

工业机器人主要由基座、手臂、手腕和手部末端执行器等部件组成，有些工业机器人还有行走机构。目前大多数工业机器人有3 ～ 6个运动自由度，腕部有1 ～ 3个自由度；为保证精确定位，机械本体上还安装有各种传感器（如力觉传感器、超声波传感器、脉冲编码器等），以适应工作环境和生产工艺需求，完成复杂动作。

本生产线使用的是SCARA（Selective Compliance Assembly Robot Arm）工业机器人，如图8-32所示，其主要功能是从料盘中取出工件，放入到已经定位的带有底座的托盘上。该生产线的结构如图8-33所示，主要由SCARA工业机器人、整形机构、定位机构、真空吸附装置、输送带、控制器和示教器等组成。生产线中使用的检测装置有负压传感器、电感式接近开关、光电漫反射传感器、霍尔磁性开关等。

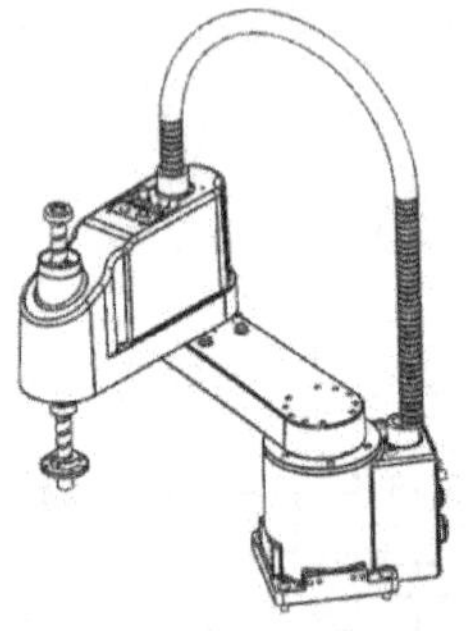

图8-32 SCARA工业机器人

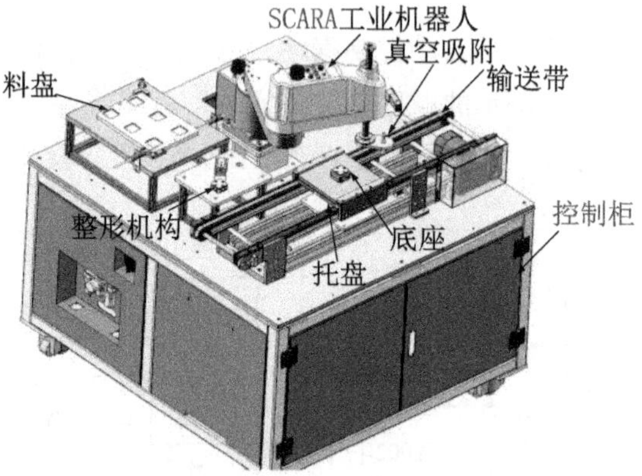

图8-33 装配生产系统结构

2.生产线工业机器人的工作过程

①按下起动按钮后，输送带开始工作，上料前检测开关检测到信号后，阻挡气缸工作，托盘被运送到指定位置后，接近开关检测到信号，上顶气缸工作将托盘定位，阻挡气缸释放回原位。

②托盘定位后，SCARA工业机器人末端的真空吸盘从料盘中吸附一个工件放到整形机构中。

③工业机器人放开工件，将此信号传递给整形气缸，整形气缸开始工作，对工件进行整形处理，处理完毕后，整形气缸复位。

④工件完成整形后，工业机器人再次吸附工件移动到托盘定位位置后，关闭真空吸附，工件装配到托盘上的工件底座上。

⑤放下工件后，工业机器人回到原位，等待托盘再一次进入。

⑥上顶气缸复位，将托盘送回至输送带，由输送带将其送出，当装配完成检测开关检测到托盘送出信号后，即可以进行下一个工件的装配工作。

3.列出输入/输出元件地址表

通过分析上述生产线和工业机器人的工作过程，输入元件有起动按钮、停止按钮、急停按钮、气缸位置检测等共12个，输出元件有指示灯控制、气缸和输送带控制、机器人控制等共9个，选择FX_{3U}–32MR的PLC。控制系统的输入/输出元件地址如表8–16所示。

表 8–16 生产线和工业机器人的输入 / 输出元件地址

输入（I）		输出（O）	
输入元件	输入继电器	输出元件	输出继电器
急停按钮SB1	X000	运行指示灯HL1	Y000
起动按钮SB2	X001	停止指示灯HL2	Y001
停止按钮SB3	X002	故障指示灯HL3	Y002
上料前检测开关SQ1	X003	上料阻挡气缸YV1	Y003
托盘接近开关SQ2	X004	上料上顶气缸YV2	Y004
阻挡气缸伸到位SQ3	X005	传输带运行KM	Y005
阻挡气缸缩到位SQ4	X006	机器人起动信号	Y010
上顶伸气缸到位SQ5	X007	机器人停止信号	Y011
上顶缩气缸到位SQ6	X010	工作完成信号	Y012
装配完成检测开关SQ7	X011		
工业机器人工作完成	X012		
吸盘控制信号	X013		

4.绘制外部接线图

生产线机器人的PLC控制外部接线图如图8–34所示。输入和输出均采用汇点式接线方式，指示灯和电磁阀均采用DC 24V，三个COM口直接连接，机器人与PLC之间的输入/输出关系如图8–34所示。

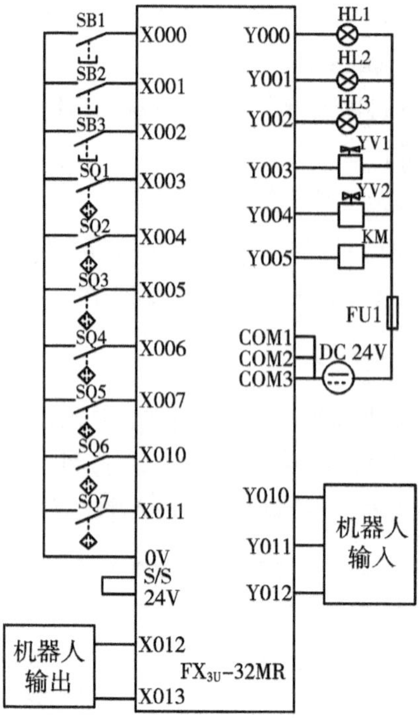

图8-34 生产线和工业机器人的PLC控制外部接线图

5. PLC控制程序的编写

(1) PLC控制程序

生产线和工业机器人系统中的PLC主要对输送带、托盘定位、信号显示、机器人信号交换等进行控制，控制程序如图8-35所示。

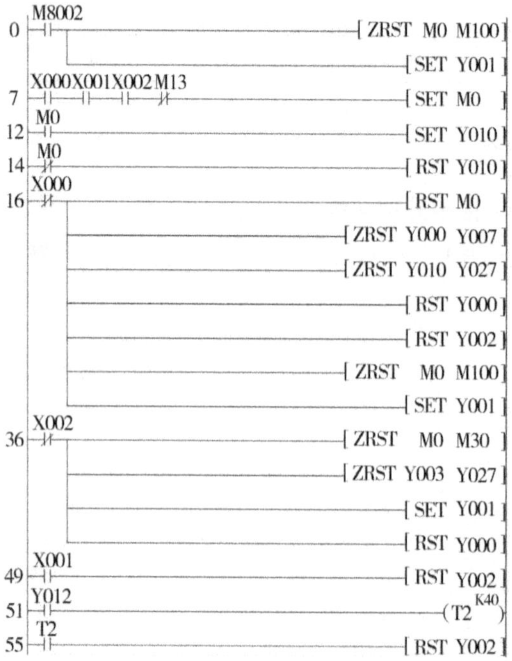

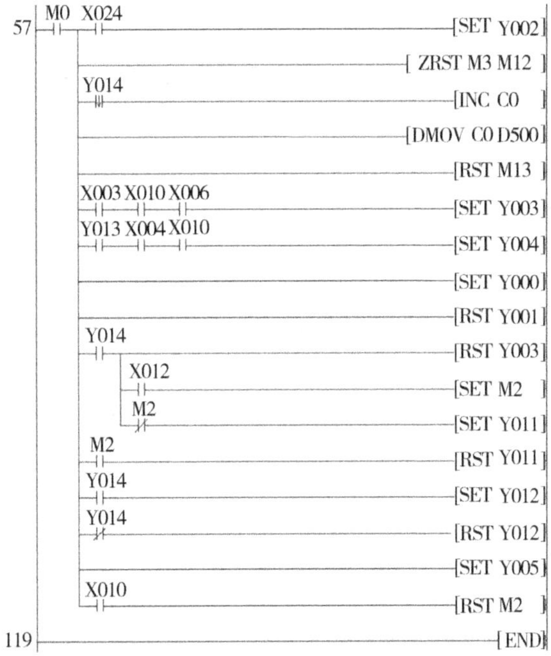

图8-35 工业机器人控制程序

（2）SCARA工业机器人主程序

相关程序如下：

```
FUNCTION MAIN
    SPEED VL=1000, VJ=100, VR=360
    SPEED ACC=100, LACC=100, RACC=100
    SPEED AACC=100, LAACC=100, RAACC=100

    CALL _Init_

    WHILE 1
        WAIT X0 == 1 && X6 == 1
        CALL QL1
        CALL ZX
        CALL FZ
        DELAY 2000
        CALL QL2
        CALL ZX
        WAIT X0 == 1
        CALL FZ
        DELAY 2000
        CALL QL3
        CALL ZX
        WAIT X0 == 1
        CALL FZ
```

SCARA 工业机器人控制程序

```
        DELAY 2000
        CALL QL4
        CALL ZX
        WAIT X0 == 1
        CALL FZ
        DELAY 2000
        CALL QL5
        CALL ZX
        WAIT X0 == 1
        CALL FZ
        DELAY 2000
        CALL QL6
        CALL ZX
        WAIT X0 == 1
        CALL FZ
    ENDWHILE

ENDFUNCTION
```

8.5 GX Works编程软件的使用

8.5.1 概 述

GX Works编程软件介绍

三菱PLC的编程软件主要有GX Developer、GX Works2和GX Works3等多种。其中GX Developer是三菱公司2005年发布的为PLC开发的编程软件，适用于三菱Q、FX等系列PLC，支持梯形图、指令表、SFC、ST、FB等编程语言，具有参数设定、在线编程、监控和打印等功能。在三菱PLC的普及过程中，GX Developer作为功能强大的PLC编程软件与GX Simulator结合，充分发挥了程序开放、监视、仿真调试及对PLC的CPU的读取和写入等功能；可将编写好的程序在电脑上虚拟运行，方便程序的查错修改；有利于缩短程序调试时间，提高编程效率。软件安装时需先安装GX Developer，再安装GX Simulator。安装好后，GX Simulator作为一个插件，被集成到GX Developer中。

为进一步提升编程软件的时效性，2011年，三菱公司推出了基于Windows运行的编程软件GX Works2。与传统的GX Developer相比，GX Works2提高了功能及操作性能，变得更加容易使用。GX Works2软件有简单工程和结构工程两种编程方式，支持梯形图、指令表、SFC、ST、结构化梯形图等编程语言，集成了程序仿真软件GX Simulator2，具备程序编辑、参数设定、网络设定、监控、仿真调试、在线更改、智能功能模块设置等功能，适用于三菱Q、FX系列PLC，可实现PLC与HMI、运动控制器的数据共享等。2018年，三菱公司又推出了GX

Works3，该软件向下兼容，支持FX_{5U}、IQ-R等新一代PLC的强大功能。接下来将介绍目前市场上最主流的GX Works2编程软件的使用。

8.5.2 GX Works2编程软件的安装

GX Works2编程软件的安装过程如下：首先在安装文件夹中找到安装文件；然后在安装文件夹中，进入Disc1文件夹，双击“setup”进行安装。

在安装过程中，选择安装路径并输入序列号。序列号可通过三菱自动化公司网站申请获得，申请网址为https://www.mitsubishielectric-fa.cn/。如果在安装过程中，出现“可能安装失败”的提示界面，则是由于系统检测到还有其他应用软件正在运行，此时应将其他能关闭的应用软件尽量关闭，然后点击“确定”，会出现“提示画面”。注意安装提示会再次提醒，在安装的时候，最好把其他的应用软件关闭，包括杀毒软件、防火墙、办公软件等。由于这些应用软件可能会调用需要用到的系统文件，影响安装的正常进行。

GX Works2编程软件安装完毕后，将在桌面上出现图标，双击后即可进入操作界面（见图8-36）。

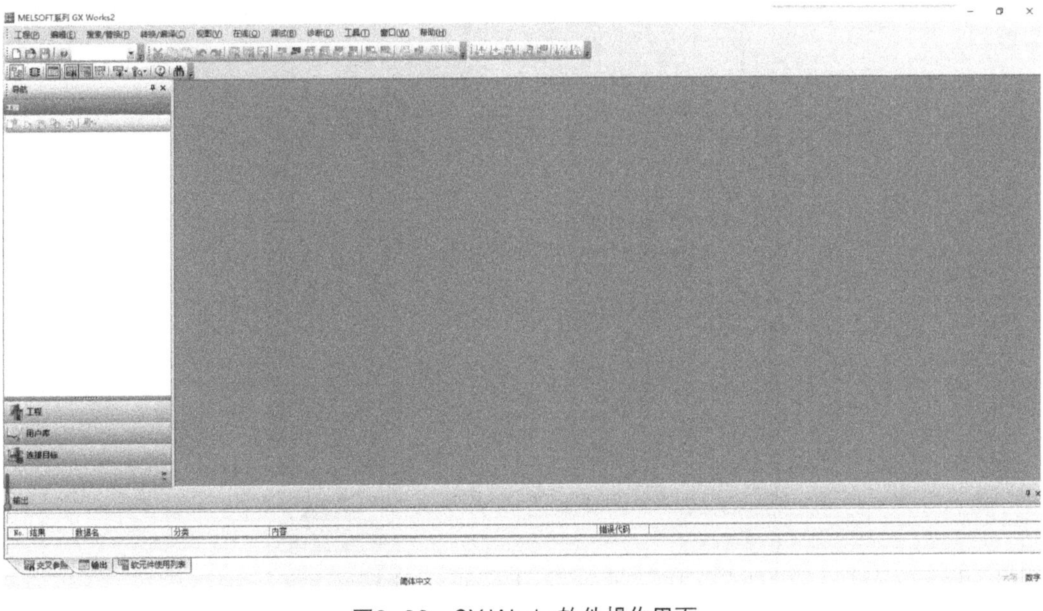

图8-36　GX Works软件操作界面

8.5.3 GX Works2编程软件的使用

1. GX Works2编程软件的编程方法

GX Works2编程软件能编程的工程类型有简单工程和结构化工程两种。简单工程用于三菱FX系列PLC时，支持梯形图和SFC两种程序语言方式，其中梯形图编程还支持使用标签。

简单工程用于三菱Q系列PLC时，支持梯形图、SFC和ST（勾选标签）三种编程语言方式。ST语言（结构化文本语言）与C语言等高级语言一样，由语句、运算符、函数/指令（功能、功能块）、软元件、标签等构成，通过条件语句进行选择分支、通过循环语句进行重复等，语句的最后必须加“；”。在程序中可加注释。因此，可以简洁、容易地进行程序编写。如：

Y10:=（LDP（TRUE，X0）OR Y10）AND NOT（TS0）;

OUT_T（Y10，TC0，10）;

MOVP（X1，10，VAR1）（VAR1是定义的标签）

结构化工程可以通过结构化编程创建程序，支持梯形图语言、结构化梯形图/FBD语言、SFC语言、ST语言（勾选标签）等多种方式。结构化梯形图语言由于直观且易于理解，因此常用于顺控程序。FBD语言是通过画线连接功能或功能块，显示梯形图的图形语言。支持FX系列和Q系列PLC使用结构化梯形图/FBD语言、ST语言（勾选标签）进行编程。

2. GX Works2编程软件的操作界面介绍

首先在“开始”菜单中找到“GX Works2”，如图8-37所示，或者双击桌面的图标打开GX Works2编程界面，如图8-38所示。图中显示的是“电动机单向运行”的控制程序。控制界面由标题栏、菜单栏、工具栏、状态栏、程序编辑窗口和导航窗口等组成。用户可根据自己的使用习惯，改变栏目、窗口的数量、排列方式、颜色、字体、显示方式、显示比例等。

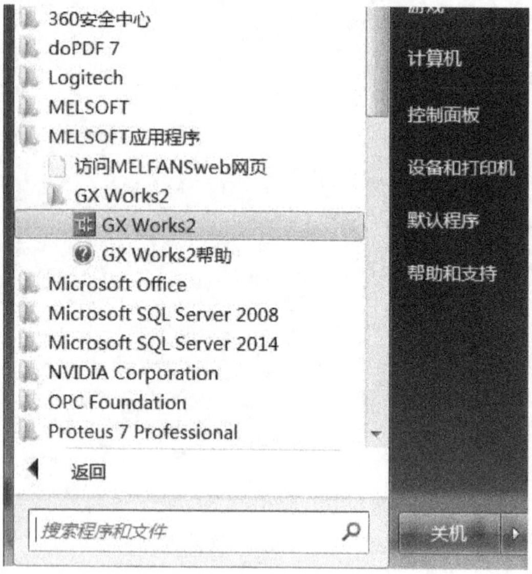

图8-37　通过“开始”界面起动GX Works

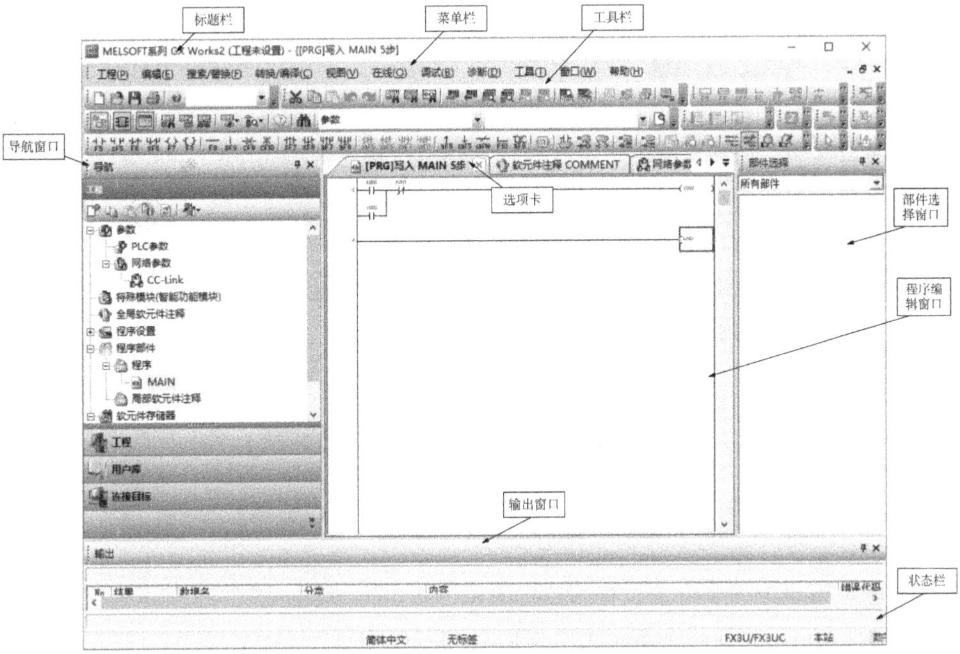

图8-38　GX Works2软件操作界面

（1）标题栏

标题栏的左侧用于显示GX Works的图标、程序的工程名称和程序步数；右侧用于显示窗口的最大/最小化和关闭图标。

（2）菜单栏

菜单栏在选择相应的菜单后会显示下拉列表，然后可根据需要选择所需的各项功能。菜单栏包括工程、编辑、搜索/替换、转换/编译、视图、在线、调试、诊断、工具、窗口和帮助等主菜单和相应的子菜单。

（3）工具栏

工具栏以按钮的形式显示其常用功能状态，可以实现简单快捷的操作。如果把鼠标放到工具按钮上，可以显示该工具按钮的用途，使用非常方便。包括如下功能的工具条：

①标准工具条：用于工程的新建、打开、关闭、保存、搜索等操作。

②程序通用工具条：用于进行梯形图的剪切、复制、粘贴、撤销、软元件搜索、指令搜索、触点线圈搜索、PLC程序的写入和读出、运行监视、模拟开始/停止等操作。

③梯形图工具条：用于编辑梯形图的常开和常闭触点、线圈、功能指令、画线、删除线、边沿触发触点等，还用于软元件注释、声明编辑、注解编辑、梯形图的放大和缩小，以及写入模式、监视模式和监视写入模式切换等操作。

④切换折叠窗口/工程数据工具条：用于导航、部件选择、输出、交叉参照、软元件使用列表和监视等窗口的打开和关闭操作。

⑤智能功能模块工具条：用于QD75/LD75型定位模块的波形跟踪和轨迹跟踪、

串行通信模块的跟踪等相关特殊功能模块的操作。

⑥SFC工具条：用于状态转移图的状态、转移条件等的编程。

⑦其他工具条：包括检验结果、程序存储器、结构化梯形图/FBD、标签、采样跟踪和ST工具条等。

（4）程序编辑窗口

程序编辑窗口用于绘制整个PLC程序，包括梯形图、SFC、ST、结构化梯形图等多种方式的编程，也可以进行参数的设置、注释、监视等。

（5）输出窗口

输出窗口用于显示编译操作的结果、出错信息及警告信息等。

（6）状态栏

状态栏用于显示CPU的类型、连接目标、显示光标所在编辑界面的位置、当前模式、数字文字的状态、CapsLock/NumLock状态等。

（7）部件选择窗口

部件选择窗口将程序创建的部件以列表的形式显示。

（8）选项卡

当同时打开多个工作窗口时，可以通过点击所需的选项卡，让选中的窗口显示在最前面进行操作。

（9）导航窗口

导航窗口有视窗内容显示区域，可以根据当前选择的视窗显示内容，如当前位置为工程数据列表，点击指定显示项目后可以打开绘制梯形图界面、对话框，并以列表的形式显示。此外，还有视窗选择区域，可以直接用鼠标单击选择想要显示的视窗，如用户库和连接目标等。

8.5.4 梯形图程序的创建与下载

梯形图的绘制与编辑

1.创建新工程

双击图标，或者从菜单“开始”处找到“MELSOFT”下的“GX Works2”并单击，打开GX Works2编程软件。

2.新建工程

在菜单里选择“工程”→“新建”，弹出新建对话框。

在新建对话框中，需要对工程类型、使用标签、系列、机型、程序语言等进行选择。其中，“系列”选择“FXCPU”，“机型”选择“FX3U/FX3UC”，“工程类型”选择“简单工程”，“程序语言”选择“梯形图”，如图8-39所示。根据是否在创建的程序中使用标签对“使用标签”进行设置。设置完毕后，点击“确定”按钮，进入如图8-40所示的编程界面。

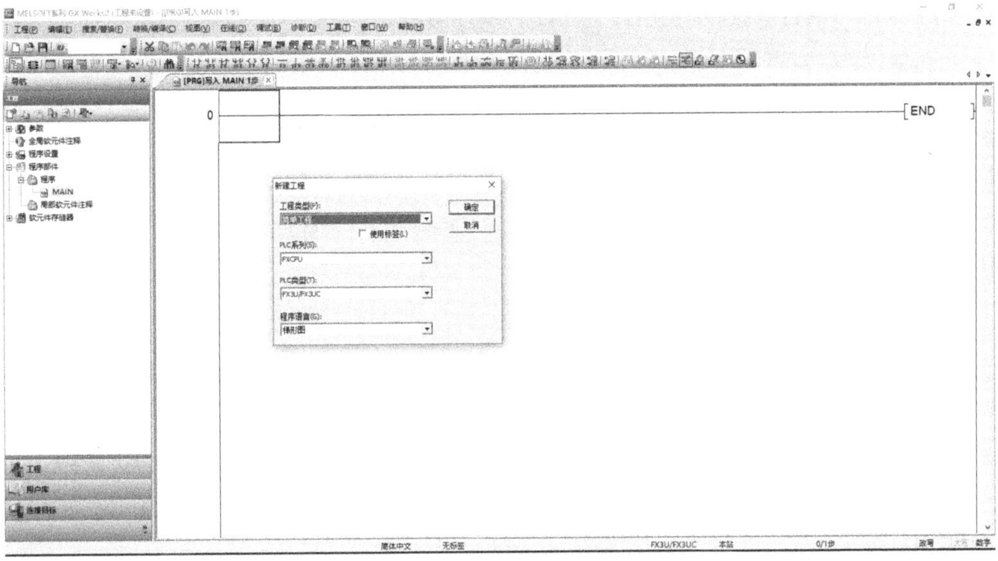

图8-39　新建工程窗口

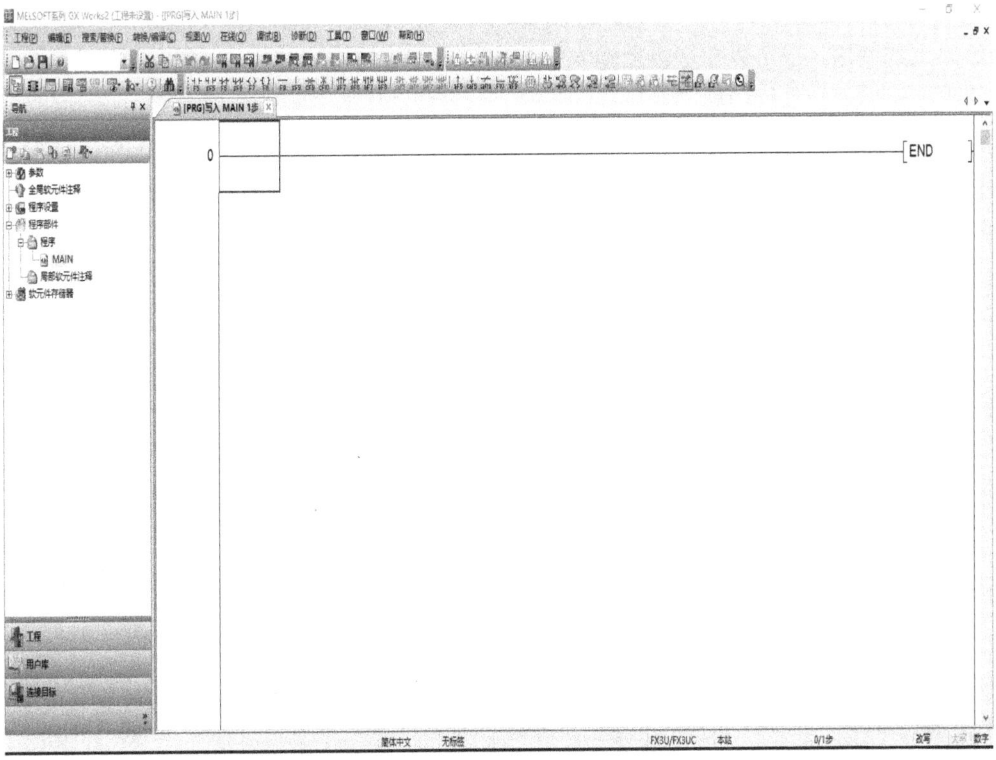

图8-40　GX Works软件编程界面

这里要说明的是，如果在新建工程时PLC“机型”选择错误，则编写好的程序下载到PLC后将无法运行，此时需要通过“工程”菜单中的“PLC类型更改”命令重新选择PLC的类型。

对于已有的程序，也可以直接选择菜单里“工程”→“打开”，选择相关文件打开即可。

如果选用ST语言编程，“使用标签”处必须打钩。

3.梯形图的输入与编辑

编辑梯形图时，必须先设置为“写入模式”，可以从如图8–41所示的工具条中进行选择，也可以通过菜单“编辑”→“梯形图编辑模式”→“写入模式（F2）”来选择写入模式。

对工程视窗的“程序部件”→“程序”→“MAIN”→“程序本体”进行双击，将显示程序编辑MAIN画面。

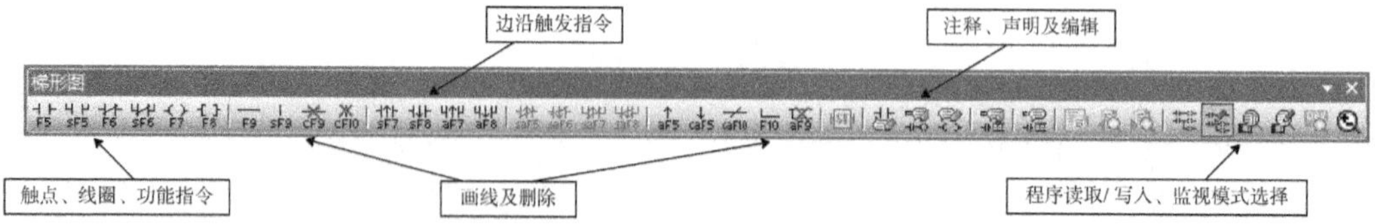

图8–41　梯形图工具条功能

输入梯形图时，需注意如图8–41所示的梯形图的指令和画线工具条的用法，该工具条主要包括触点、线圈、边沿触发触点、画线及删除、注释等指令。点击工具条上的按钮可以完成常开/常闭触点的串/并联、线的连接和删除、线圈的输出、应用指令的使用及上升沿/下降沿触点的使用，也可以在键盘上输入每个按钮下提示的快捷键和“Shift＋Fn”的组合键。如果点击梯形图工具栏的“常开触点（F5）”，将显示梯形图输入画面，直接输入软元件后，点击“确定”按钮后输入常开触点；如果点击梯形图工具条的（应用指令F8），将显示梯形图输入画面，直接输入对应的指令、操作数后，点击“确定”按钮，将显示该应用指令。其他梯形图符号的输入类似。

4.梯形图程序的编译

在编写梯形图程序时，会发现梯形图程序的背景有灰色的阴影，此时的程序无法直接写入PLC，只有通过编译/转换后才能写入PLC。在未使用标签的情况下，只需转换，不需编译。如图8–42所示，在菜单“转换/编译”中选择“转换（F4）”，或“转换+RUN中写入（Shift+F4）”，或“转换所有程序（Shift+Alt+F4）”，系统将对程序自动进行转换/编译，检查程序是否符合规范要求，如果出错将提示出错信息。编译全部完成后，梯形图程序背景的灰色阴影消失，梯形图左母线位置会显示每一行的程序步数，为程序写入PLC做好准备。

注意：程序修改完毕后务必进行编译，否则程序将无法写入PLC。

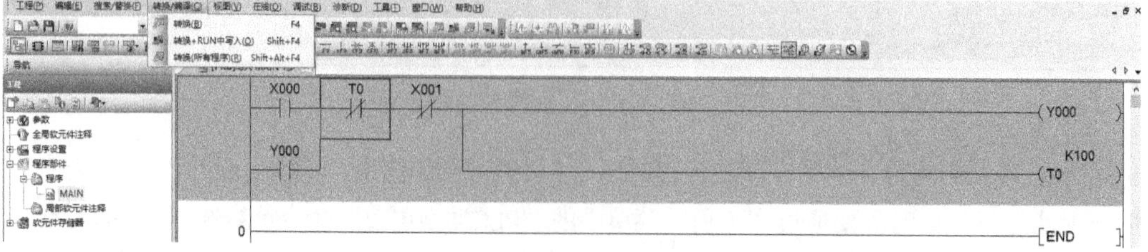

图8–42　转换/编译菜单

5.梯形图程序写入PLC

（1）将计算机与可编程控制器CPU相连接

三菱PLC的编程线（如型号为USB-SC09-FX）的一端接在PLC的编程口，另一端与计算机的USB口连接。

使用编程线进行连接时，需要先在计算机上安装驱动软件或安装驱动精灵，待安装完成后，在计算机的设备管理器中会自动显示端口号，该端口号就是计算机与PLC的通信端口。

（2）连接目标的设置

计算机与FXCPU连接后需进行路径设置。在GX Works2中的“导航窗口”处，点击“连接目标”，找到“Connection1”（见图8-43），进入“连接目标设置”界面（见图8-44）。对“计算机侧I/F”进行设置，点击后弹出“计算机侧I/F串行详细设置”对话框（见图8-45），设置对应的COM端口、传送速度后点击“确定”按钮。设置完毕后，点击“通信测试”（见图8-44）。

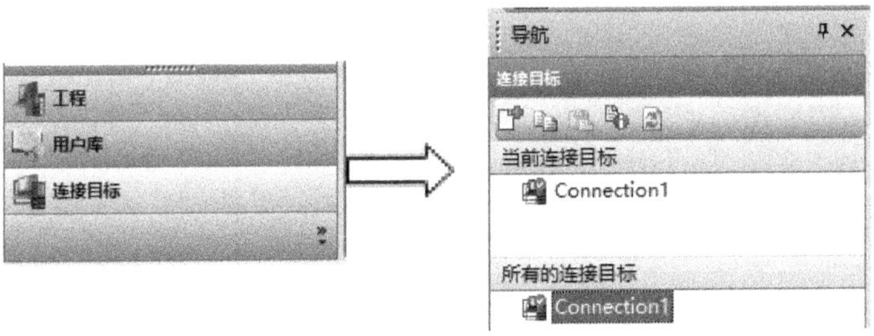

图8-43　连接目标窗口

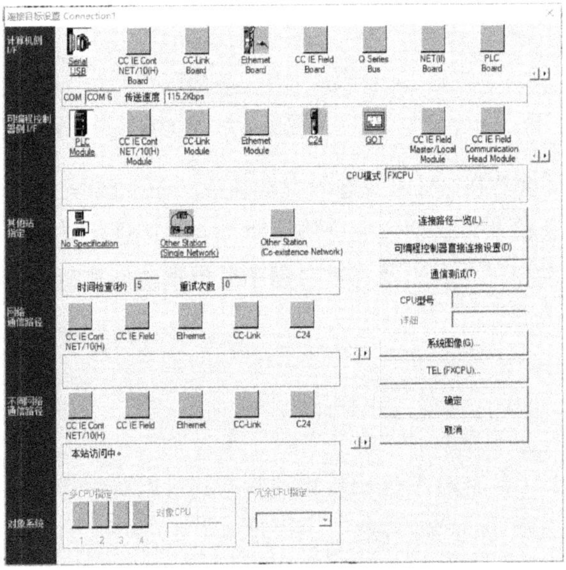

图8-44　连接目标设置

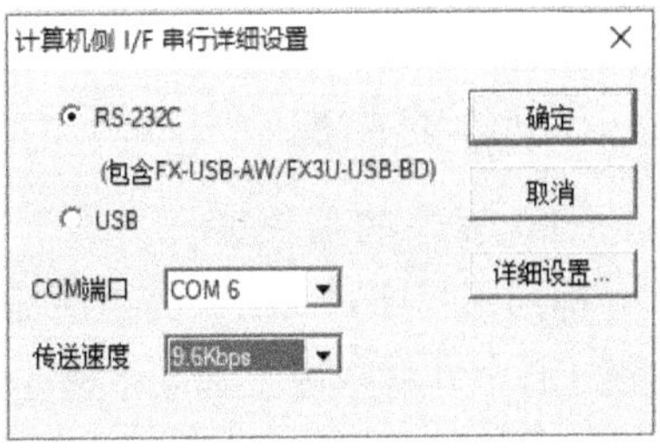

图8-45　计算机侧I/F侧串行详细设置

如果通信测试成功，在“CPU型号”栏中将显示可编程控制器CPU的型号。单击“确定”按钮后关闭“连接目标设置”窗口。

如果不能与可编程控制器CPU正常通信，将显示无法通信，需要对连接目标的设置、连接电缆等进行一一确认。

如果出现多个连接目标的情况，可以设置多个连接目标数据以进行切换。选择“连接目标”→“当前连接目标”→“Connection1”，再选择“新建数据”菜单，对“数据名”和“作为通常使用连接目标进行指定”进行设置后，即可建立新的连接目标。

（3）将程序写入可编程控制器CPU

在PLC与计算机连接通信完成后，最后进行梯形图程序的写入操作。单击菜单中的“在线”→“PLC写入”，或在程序通用工具条中直接找到（PLC写入）按钮，单击后弹出“在线数据操作”界面（见图8-46）。在“在线数据操作”界面中对对象模块、工程进行设置，在需写入的“对象”方框内打钩后，点击“执行”按钮，程序便写入PLC中。写入过程中将显示“PLC写入”界面（见图8-47），写入结束时将显示“写入：完成”。点击“确定”后关闭“PLC写入”界面。再点击“在线数据操作”界面的“关闭”按钮，将关闭此界面。

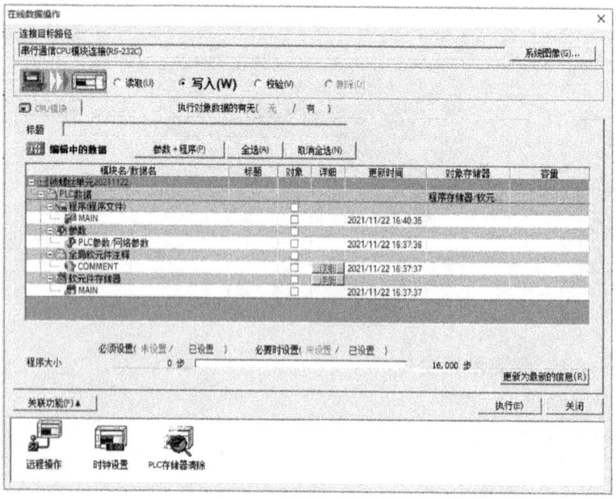

图8-46　在线数据操作

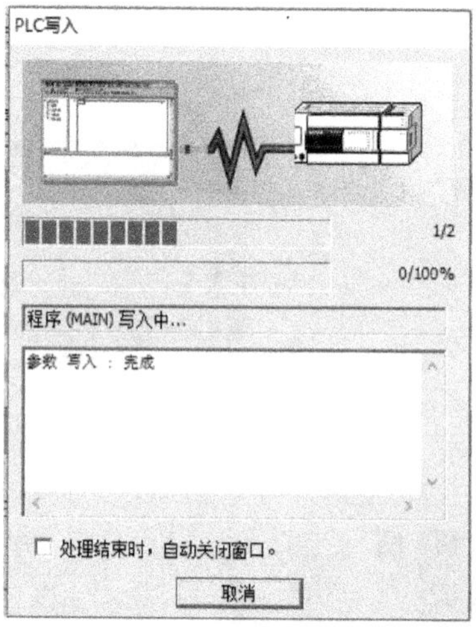

图8-47　PLC写入

由于PLC写入会覆盖原有程序，因此需要在PLC写入前进行安全确认。在下载程序后，或重启程序时，也需要执行远程RUN的安全确认。这两步完全确认对工业生产现场来说非常重要，可以防止程序因误删除出现机构动作异常，以及在重启程序后出现动作执行机构误动作。

6.动作的监视

（1）程序的监视

梯形图程序写入后，为更便捷地观察PLC各个输入/输出接口的状态，可以对程序进行监视工作。在梯形图工具条中选择或在菜单中选择“在线”→“监视（M）”→“监视模式”，如图8-48所示。监视可以有两种模式：一种是监视模式，只能看梯形图的运行过程，不可以实时修改程序；另一种是监视（写入模式），非常适合在调试过程中修改程序，修改后的程序只需要转换后便可再次写入，极大地节省了调试时间和步骤。

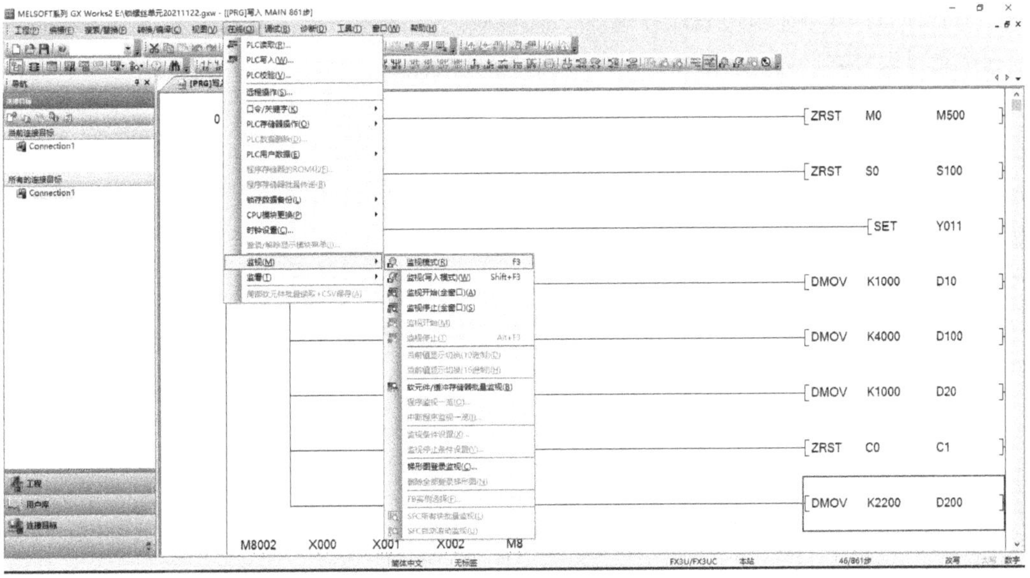

图8-48　监视模式的选择

在监视模式或监视（写入模式）下，监视执行中的ON/OFF状态如图8-49所示。若在触点或线圈处有蓝色阴影，则表示该状态为“1”或称为导通（ON）状态，反之为“0”即断开（OFF）状态。此外，还可以监视当前值的显示。

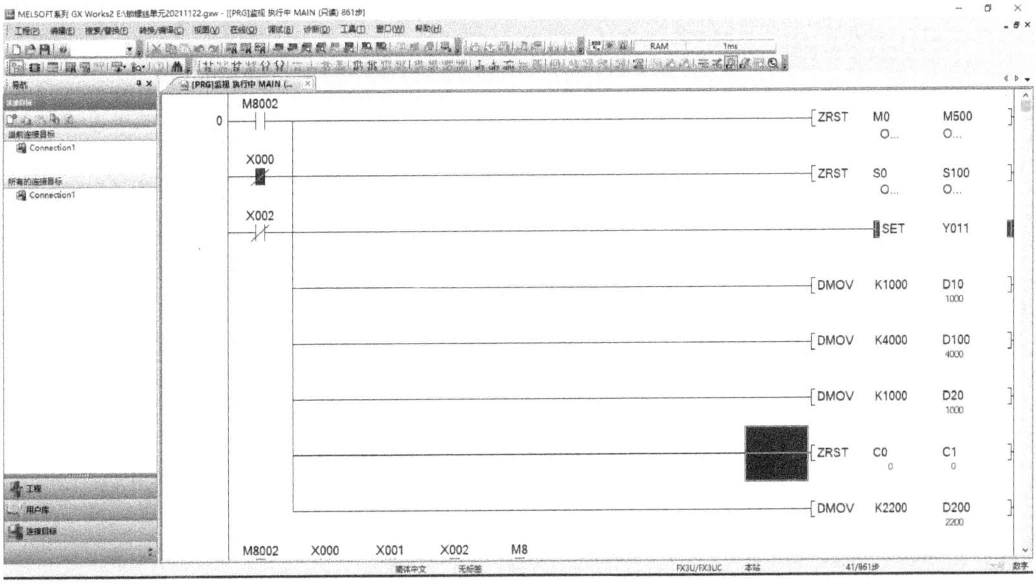

图8-49　监视程序执行过程

在监视模式中，触点的强制ON或OFF可以通过按下“Shift+双击Enter”来实现，则该触点的ON或OFF状态将被强制切换。如果要更改某字软元件的当前值，选中该字软元件并按下“Shift+双击Enter”，则将显示当前值更改画面。此外，在菜单中选择“调试”→“当前值更改”，也可以显示当前值更改画面。

需要监视停止时，可以选择或菜单“在线”→“监视”→“监视停止”，上述界面的监视状态将被解除。

（2）软元件值的批量监视

选择菜单“在线”→“监视”→“软元件/缓冲存储器批量监视”时，将显示“软元件/缓冲存储器批量监视”界面（见图8-50）。通过点击（软元件/缓冲存储器批量监视）也可显示“软元件/缓冲存储器批量监视”界面。

如果想要对监视的软元件进行设置，如对软元件T0进行设置，则点击“详细”将出现“显示格式”界面（见图8-51）。在此，可以对监视的软元件数据的监视格式、进制数等进行设置。

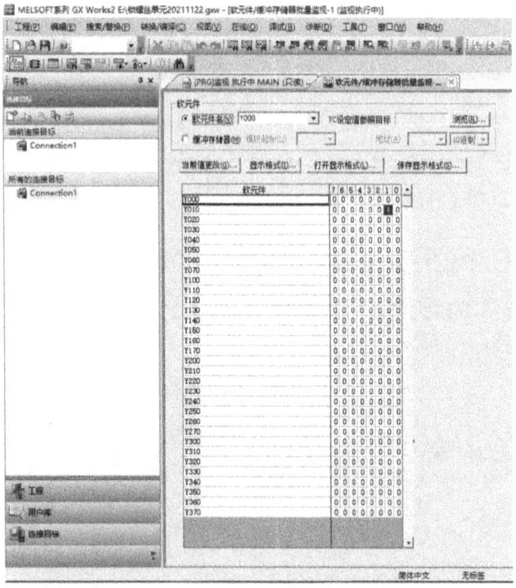

图8-50　软元件/缓冲存储器批量监视

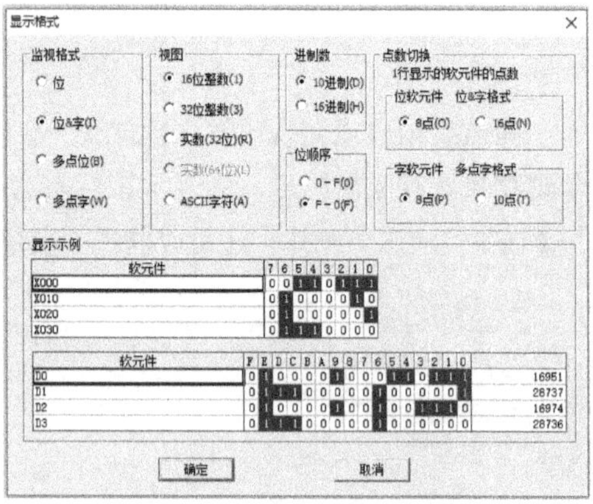

图8-51　显示格式

8.5.5　状态转移图的创建

状态转移图的编制

1.创建新工程

打开GX Works2编程软件，选择“工程”→“创建新工程”，在“程序语言”中选择“SFC”，如图8-52所示。在FXCPU中，SFC语言时不支持标签。如果进行了勾选，在“程序语言”中将无法选择SFC。

设置完毕后，点击“确定”后弹出“块信息设置”界面，如图8-53所示，设置初始块信息，“标题”可以输入初始块的名称，如“初始块”，也可以不输入，不输入名称则默认为“000:block”；“块类型”必须选择为“梯形图块”。点击“执行”即可进入初始状态的编程界面。

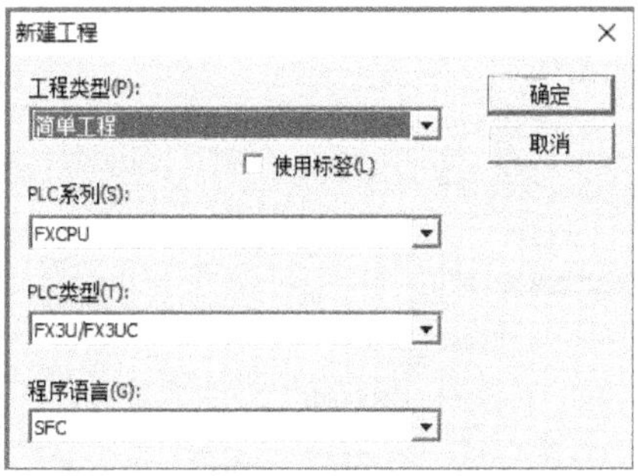

图8-52　新建工程

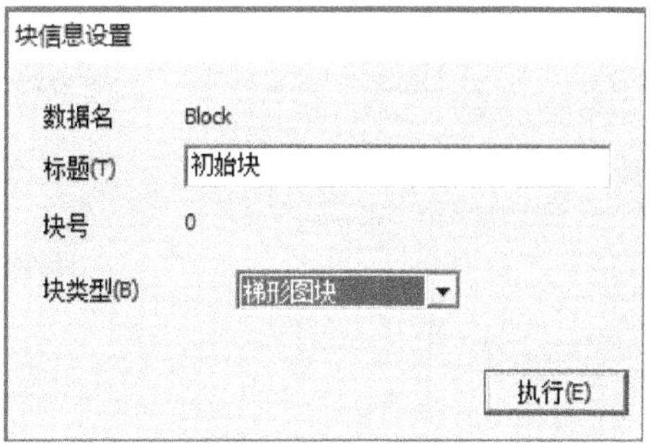

图8-53　块信息设置

2.初始块的设置

FXCPU需要在梯形图块中创建用于将SFC程序置为ON的梯形图。因此，初始块的驱动一般采用特殊辅助继电器M8002，使初始状态S0直接置为ON。初始状态的编程界面如图8-54所示。在右侧“ZOOM”输入梯形图 M8002 —| |—[SET S0] 后，在菜单“转换/编译”中选择“转换”或者按“F4”对梯形图进行转换。

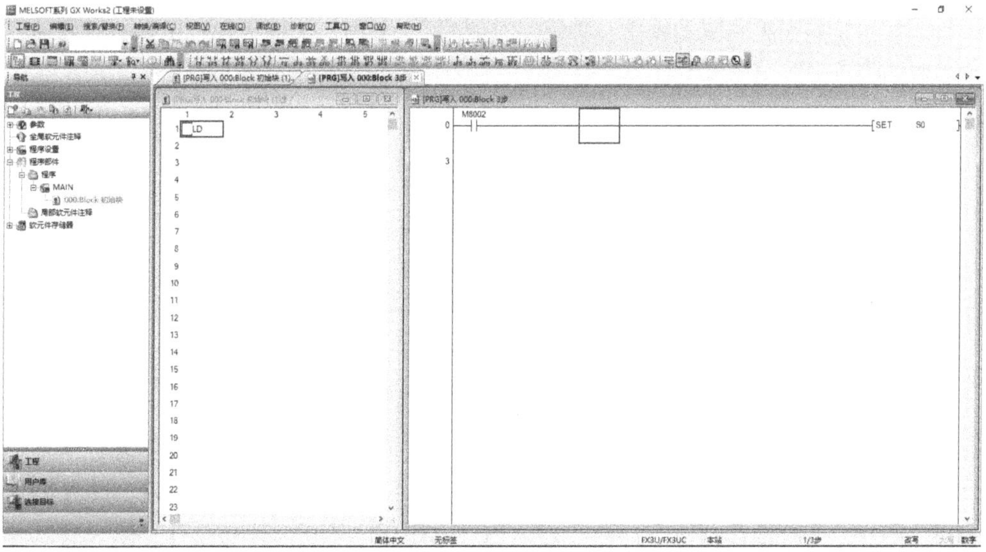

图8-54　初始块的设置

3. SFC图的创建

选择工程视窗的“程序部件”→“程序”→“MAIN”，如图8-55所示，点击鼠标右键，选择“新建数据”后弹出“新建数据”界面，如图8-56所示，需要对“数据类型”、“数据名”进行设置。“数据类型”为程序，“数据名”根据控制系统进行命名或保持初始设置“Block1”。“程序语言”只能选择“SFC”，设置完毕后，点击“确定”。随后进入“块信息设置”，如图8-57所示，输入“标题”，如正品与废品分拣系统，“块类型”选择“SFC块”。点击“执行”后进行SFC图块绘制界面。工程视窗中将添加“001：Block1正品与废品分拣系统”（SFC块）。

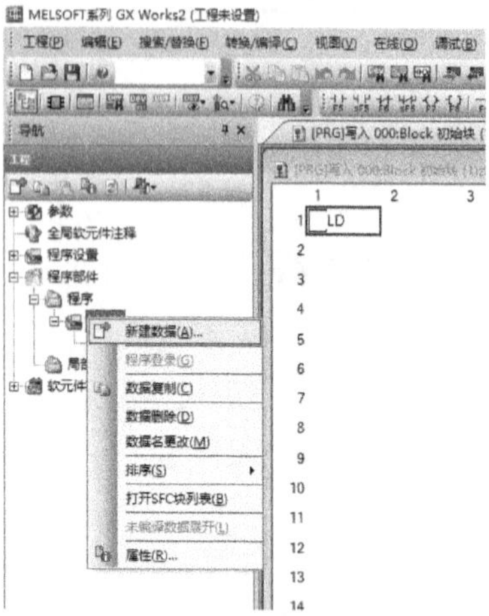

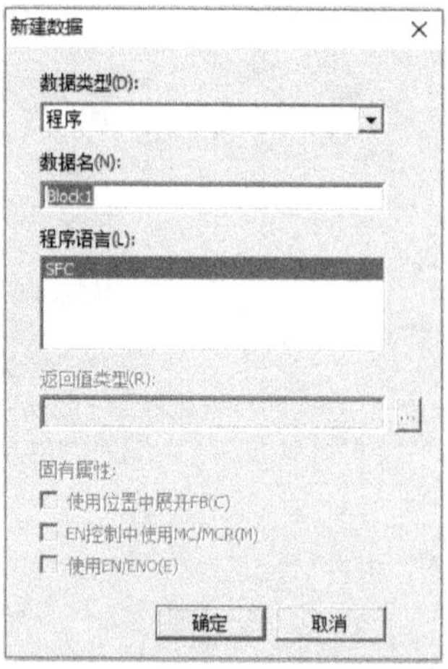

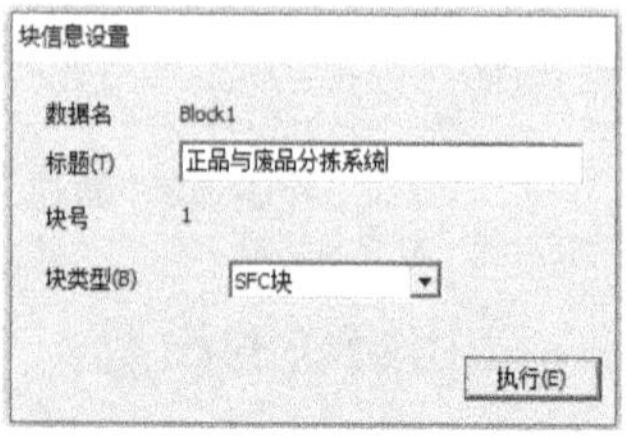

图8-55　新建数据　　图8-56　新建数据界面　　图8-57　块信息设置

①SFC图的创建（步0）。将光标对准画面的行数1、列数1处的双框（表示初始状态）并进行双击，将显示“SFC符号输入”界面，如图8-58所示。设置图形符号：STEP/0；步属性：无；注释：可以输入该步的名称，也可不输入。设置后点击“确定”按钮，光标将移动至下一行。初始状态如果有驱动输出，必须在右侧的“ZOOM”区输入梯形图并进行转换；如果没有驱动输出就不用输入。

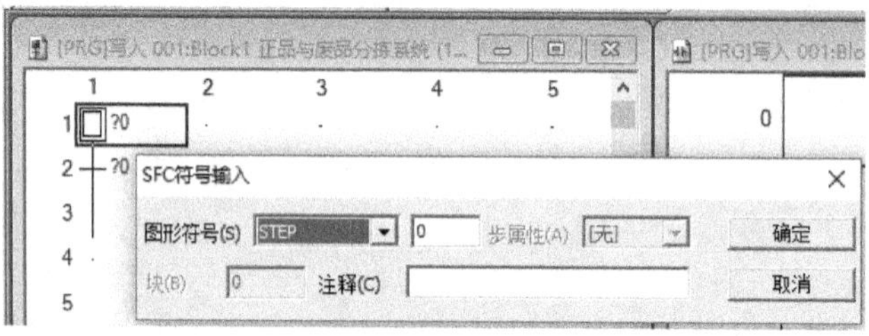

图8-58　步0的创建

②SFC图的创建（串联转移0）。将光标对准画面的行数2、列数1处并进行双击，显示“SFC符号输入”界面，如图8-59所示。设置图符号：TR/0；注释：无。设置后点击“确定”按钮，光标将移动至下一行。在右侧“ZOOM”区输入转移条件，输入转移条件X000后，再输入“TRAN”，即输入梯形图：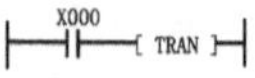，在菜单“转换编译”中选择“转换”或按“F4”对梯形图进行转换。其他转移条件的输入与此类似。

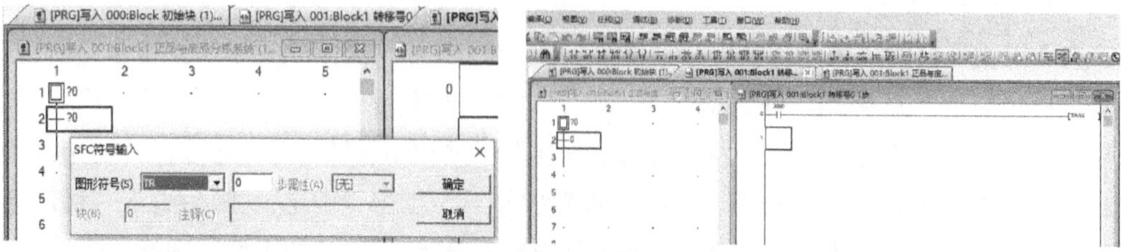

图8-59　转移的创建

③SFC图的创建（步1）。利用SFC工具条，

绘制出状态转移图的主体结构。将光标对准画面的行数4、列数1处并进行双击，将显示“SFC符号输入”界面。设置图形符号：STEP/1；步属性：无；注释：可以输入该步分名称，也可不输入。设置后点击“确定”按钮，光标将移动至下一行。该状态的驱动输出处理，可以直接在右侧的“ZOOM”区输入梯形图后并进行转换，如图8-60所示。其他一般步的创建与此类似。

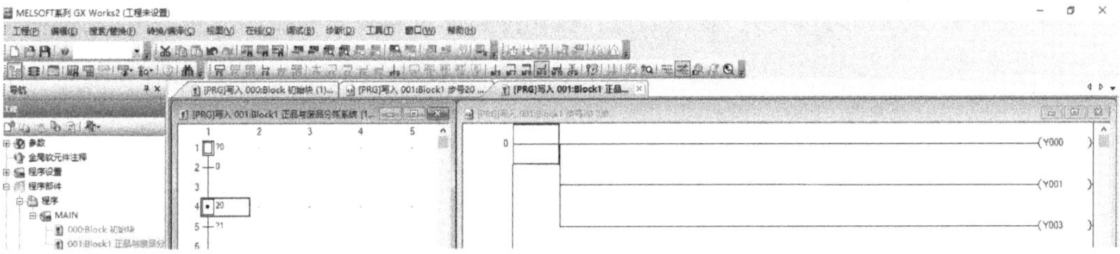

图8-60　步1的创建

④SFC图的创建（跳转至连续运行）。将光标对准需要跳转的位置并进行双击，将显示“SFC符号输入”界面，如图8-61所示。设置图形符号：JUMP/20（跳转到步的位置）；步属性：无；设置后点击“确定”按钮。如果跳转至单圈运行，需要设置图形符号：JUMP/0。

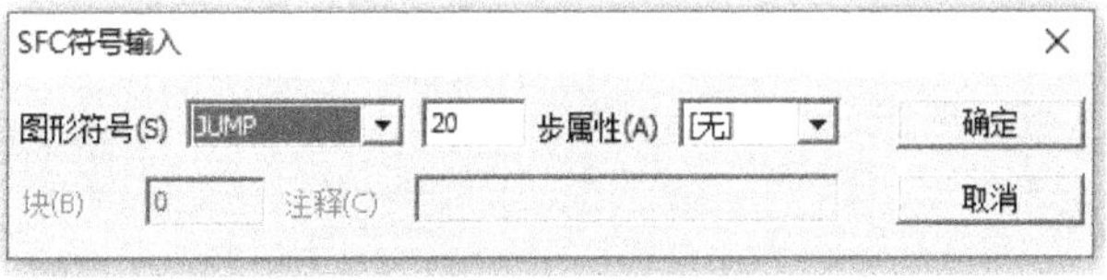

图8-61　跳转的创建

⑤SFC图的创建（串联转移）。将光标对准需要跳转的位置并进行双击，将显示“SFC符号输入”界面，如图8-62所示。设置图形符号：--D/1；步属性：无；设置后点击“确定”按钮。

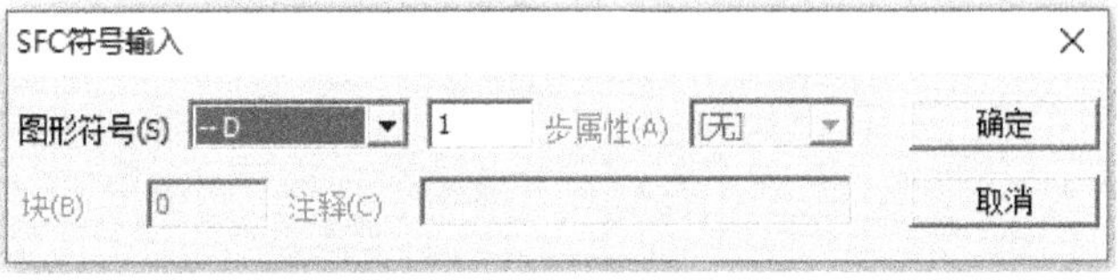

图8-62　串联转移的创建

⑥SFC图的创建（并联转移）。将光标对准需要跳转的位置并进行双击，将显示“SFC符号输入”界面，如图8-63所示。设置图形符号：==D/1；步属性：无；设置后点击“确定”按钮。

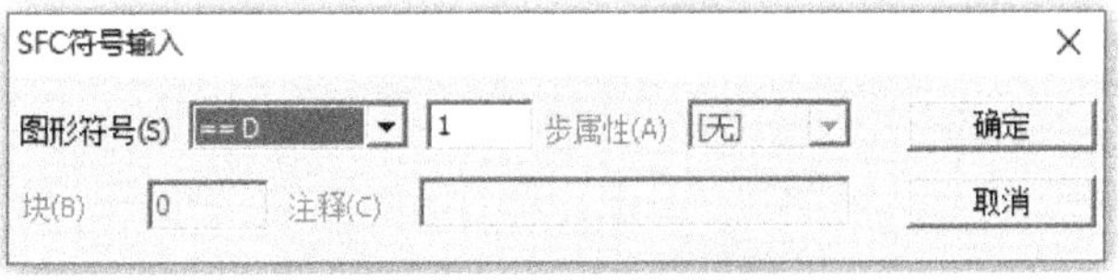

图8-63　并联转移的创建

SFC图的创建和ZOOM的创建可以分开进行，也可以同步进行。

4. SFC图的变换

在菜单中选择“变换/编译”→“变换”，或按“Shift+Alt+F4”，执行变换程序。

5.将工程写入PLC

将工程写入可编程控制器、监视运行、软元件的批量监视等的操作步骤与梯形图类似，这里不再赘述。

6. SFC图与步进梯形图的转换

在GX Works2编程软件中，SFC图与步进梯形图可以实现转换，从菜单“工程”中选择“工程类型更改”，弹出工程类型更改界面，如图8-64（a）所示。点击“确定”后，将弹出“从SFC语言改为梯形图语言。确定吗？”对话框进行再次确认，如图8-64（b）所示，点击“确定”后，将输出步进梯形图，如图8-65（a）所示。通过菜单“工具”→“程序编辑器”→“梯形图”，在显示格式中勾选“以触点形式显示步进梯形图（STL）指令”，可以得到如图8-65（b）所示的梯形图。

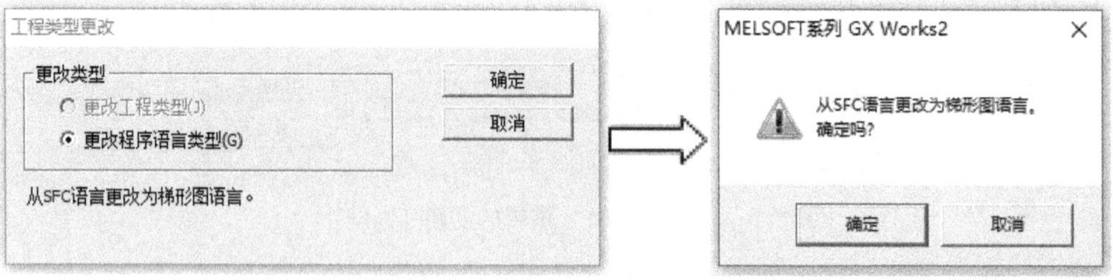

（a）　（b）

图8-64　工程类型更改

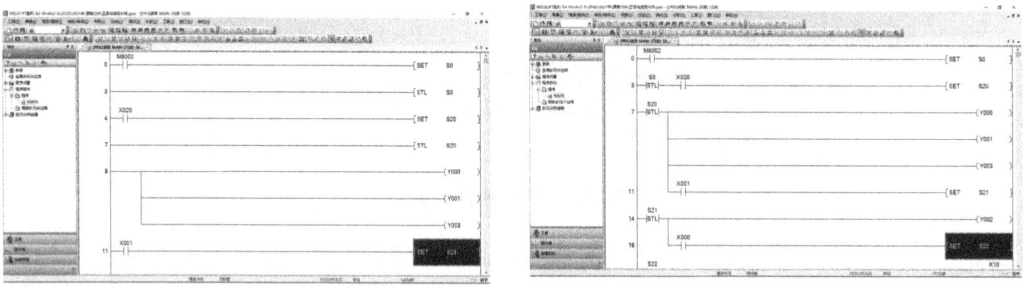

（a）　（b）

图8-65　步进梯形图

串行通信设定方法

8.5.6 程序的仿真与调试

梯形图的仿真与调试

下面介绍在不能与可编程控制器CPU相连接的状况下，通过虚拟可编程控制器对顺控程序进行调试的方法。

1.模拟开始/停止

在菜单中选择“调试”→“模拟开始/停止”。将显示“GX Simulator2”界面，如图8-66所示，POWER灯和RUN灯亮表示PLC正在运行。接着程序被模拟写入PLC，如图8-67所示。

图8-66 GX Simulator2模拟显示

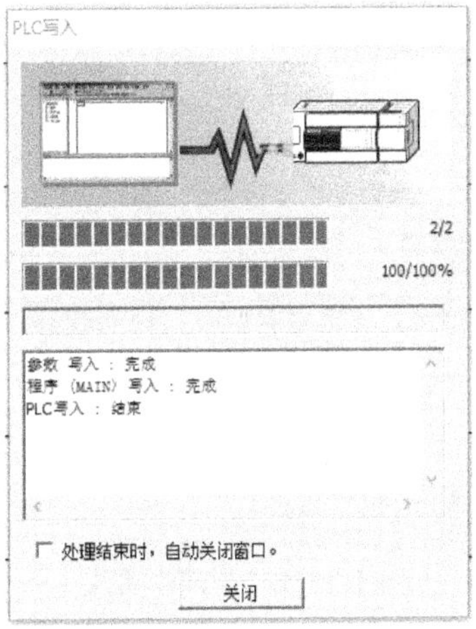

图8-67 PLC程序模拟写入

①GX Simulator2界面以最小化状态起动程序模拟。通过“选项”的设置，可以将GX Simulator2界面置为最小化状态，然后起动程序模拟。具体操作：在GX Simulator2界面中点击“选项”按钮，勾选“以最小化状态起动”。那么从下一次起动程序模拟开始，GX Simulator2界面将不再显示，变为任务图标状态。

②模拟停止时，软元件存储器/缓冲存储器的保存。通过“选项”的设置，可以在虚拟PLC停止时，对软元件存储器/缓冲存储器进行保存。具体操作：在GX Simulator2界面中点击“选项”按钮，勾选“停止时保存软元件存储器”。

③软元件存储器/缓冲存储器内容的读取与保存。将暂时保存的软元件存储器/缓冲存储器读取到虚拟PLC中。具体操作：在GX Simulator2界面中点击“工具”按钮，勾选“备份模拟中的软元件存储器的读取与保存”。

模拟结束时，应再次选择“调试”→“模拟开始/停止”。

2.当前值的更改

在梯形图、SFC（Zoom）中，对可编程控制器 CPU 的软元件当前值进行更改的方法是从监视画面，对其位软元件进行强制ON/OFF。此外，也可对字软元件/缓冲存储器的当前值进行强制更改，直接输入要更改的值即可。

在菜单中，选择“调试”→“更改当前值”，或点击鼠标右键后选择“调试”→“更改当前值”，均可以弹出当前值更改界面。如图8–68（a）所示，若要更改位软元件的状态，则在“软元件/标签（E）”栏中输入所需更改的位软元件编号，然后点击“ON”、“OFF”或“ON/OFF取反”即可；如图8–68（b）所示，若要更改字软元件的状态，则在输入所需更改的字软元件编号后，再输入十进制或十六进制数值，最后点击“设置”即可。可编程控制器CPU执行当前值更改，更改后的结果将被显示在“执行结果”中。

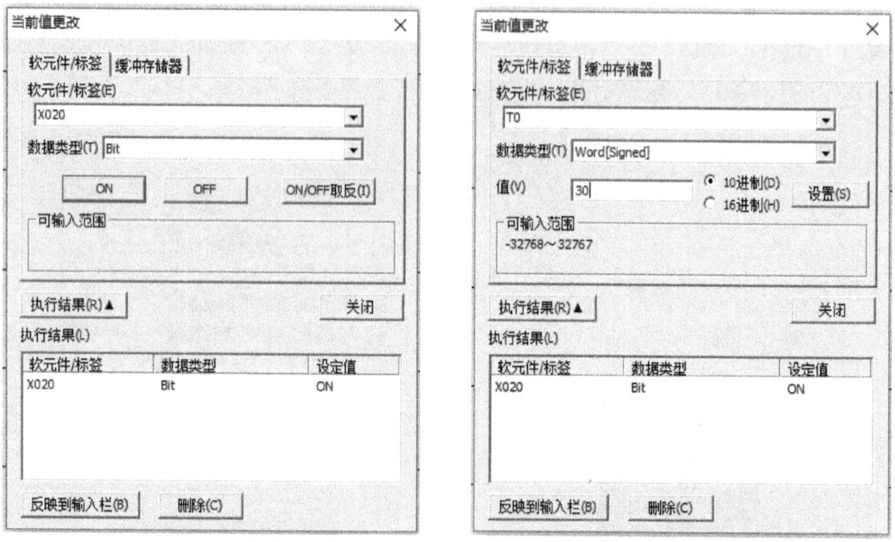

（a）位软元件当前值更改　　（b）字软元件当前值更改

图8–68　当前值更改界面

在执行监视的过程中，还可以通过“Shift+Enter”或“Shift+双击鼠标左键”的方法，强制切换位软元件的ON/OFF。

习题与思考

一、选择题

1.在PLC程序中，手动程序和自动程序需要（　　）。

A.自锁　B.互锁　C.保持　D.联动

2.FX_{3U}–4AD缓冲存储区数据的读出或者写入可以采用（　　）指令来实现。

A.FROM/TO　B.ZRST　C.CMP　D.PLSR

3.生产线的分布控制和集中管理等场合可以采用（　　）通信连接。

A.1:N　B.1:1　C.N:N　D.N:1

4.简单工程用于三菱FX系列PLC时，不能使用的编程语言是（　　）。

A.梯形图　　B.ST　　C.SFC　　D.三种都不是

5.FX_{3U}-4AD的缓冲存储区（BFM）的编号有（　　）个。

A.16　　B.32　　C.48　　D.6999

6.选择PLC时，输入/输出点数应该留有（　　）的裕量。

A.5%～10%　　B.10%～15%　　C.15%～20%　　D.30%

7. PLC与PLC之间使用RS-485通信用功能扩展板进行连接，通过程序最多可以连接（　　）台PLC。

A.2　　B.4　　C.8　　D.16

8. 用GX Works2编写梯形图程序时，在写入PLC前，需要按下（　　）键进行程序转换处理。

A.F1　　B. F4　　C. F8　　D.F10

9.在FX_{3U}系列PLC硬件系统中，基本单元右侧第一个为数字量扩展模块，第二个为模拟量功能模块FX_{3U}-4AD，则此功能模块的单元号是（　　）。

A.0　　B.1　　C.2　　D.3

10.在GX Works中编写程序时，需要保证其处于（　　）。

A.监视模式　　B.写入模式　　C.读出模式　　D.以上都可以

二、判断题

1.FX_{3U}-4DA缓冲存储区数据的读出可以采用缓冲存储区直接指定的方式。（　　）

2.FX_{3U}-4DA占用FX_{3U}扩展总线的8个接点，只能是输入点。（　　）

3.GX Works2如果选用ST语言编程，则使用标签处必须打钩。（　　）

4.由于EEPROM的允许写入次数有限，编写程序时不能每个运算周期都写入。（　　）

5.并行通信不适合近距离的数据通信。（　　）

三、思考题

1. PLC控制系统与继电器控制系统的设计过程相比，有何特点？

2. PLC控制系统中常用的节约输入/输出点的方法有哪些？

3.选择PLC的主要依据是什么？

4. PLC的开关量输入单元一般有哪几种输入方式？它们分别适用于什么场合？

5. PLC的开关量输出单元一般有哪几种输出方式？各有什么特点？

6. PLC基本单元与特殊功能模块是如何连接的？其地址编号如何确定？

7.模拟量输入/输出模块用于电压或电流输入/输出时，应如何接线？

8.特殊适配器FX_{3U}-4AD-ADP电流输入和电压输入时，输入端如何连接？

9.设计一个简易自动售货机控制系统，控制要求如下：

（1）某自动售货机内有三种饮料供选择，分别是汽水、花茶和矿泉水。设有1元、5元、10元三个投币口。

（2）如投币总额超过售货价格，按退币按钮可以找回余额。

（3）当投币值大于或等于3元时，汽水指示灯亮，表示可选择汽水。

（4）当投币值大于或等于7元时，汽水和花茶指示灯亮，表示可选择汽水和花茶。

（5）当投币值大于或等于9元时，汽水、花茶和矿泉水指示灯亮，表示三种饮料均可选择。

（6）按下相应的购买按钮，则相应指示灯开始闪烁，5s后自动停止，表示商品已经掉出。

（7）动作停止后按退币按钮，可以退回余额，退回余额如大于5元，则先退5元再退1元；如小于5元，则直接退1元。

10.设计一个专用钻床控制系统，其工作流程如习图8-1所示。

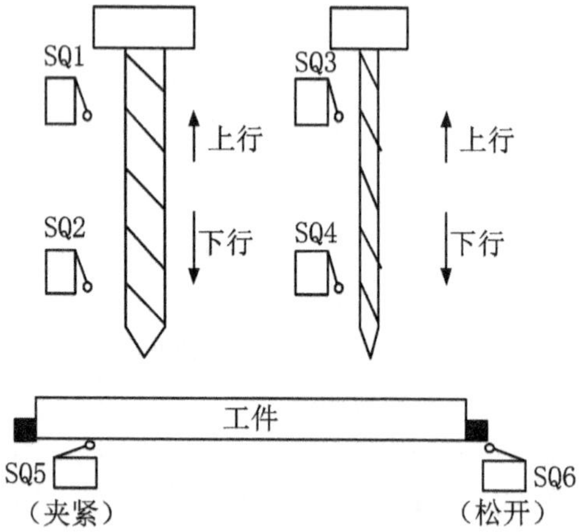

习图8-1

控制要求如下：此钻床用来加工某方形工件上的4个孔，开始自动运行时两个钻头在最上面的位置，限位开关SQ1和SQ3均为压下，操作人员放好工件后，按下起动按钮SB1，工件被夹紧装置夹紧定位，夹紧后压下限位开关SQ5工作，钻头1和钻头2同时运转开始工作，由电机M1和M2分别带动下行开始钻孔，分别钻到由限位开关SQ2和SQ4设定的深度时，M1和M2使两个钻头分别上行，升到由限位开关SQ1、SQ3设定的起始位置时，分别停止上行。两个钻头都上升到位后，输送带带动工件前移30mm后，开始钻第二对孔。两对孔都钻完后，夹紧装置将工件松开，松开到位时压下限位开关SQ6，系统返回初始状态。

参考文献

[1] 蔡晓霞，朱丹，徐伟峰. PLC技术与应用项目化教程[M]. 北京：电子工业出版社，2019.

[2] 常晓玲. 电气控制系统与可编程控制器[M]. 2版. 北京：机械工业出版社，2020.

[3] 方健，刘君义. 电气控制与PLC应用技术[M]. 北京：机械工业出版社，2013.

[4] 韩相争. 三菱FX系列PLC编程速成图解[M]. 北京：化学工业出版社，2016.

[5] 黄宋魏，邹金慧. 电气控制与PLC应用技术[M]. 2版. 北京：电子工业出版社，2015.

[6] 黄永红. 电气控制与PLC应用技术[M]. 2版. 北京：电子工业出版社，2018.

[7] 李方圆. 三菱FX/Q系列PLC从入门到精通[M]. 北京：电子工业出版社，2019.

[8] 李金城. 三菱FX_{2N} PLC功能指令应用详解[M]. 北京：电子工业出版社，2011.

[9] 廖常初. FX系列PLC编程及应用[M]. 2版. 北京：机械工业出版社，2017.

[10] 刘祖其，刘海，康桂花. 电气控制与PLC及应用：三菱FX系列[M]. 北京：电子工业出版社，2016.

[11] 漆汉宏. PLC电气控制技术[M]. 北京：机械工业出版社，2016.

[12] 钱厚亮，田会峰. 电气控制与PLC原理、应用实践：三菱电机FX_{3U}系列[M]. 北京：机械工业出版社，2017.

[13] 任胜杰. 电气控制与PLC系统[M]. 北京：机械工业出版社，2016.

[14] 任艳君，张娅. 电气控制与PLC技术项目教程（三菱）[M]. 北京：机械工业出版社，2020.

[15] 阮初忠. 常用机械电气控制手册[M]. 福州：福建科学技术出版社2004.

[16] 史国生，曹弋. 电气控制与可编程控制器技术[M]. 4版. 北京：化学工业出版社，2019.

[17] 侍寿永，史宜巧. FX_{3U}系列PLC技术及应用[M]. 北京：机械工业出版社，2021.

[18] 王仁祥. 现代电气控制与PLC应用教程[M]. 北京：机械工业出版社，2012.

[19] 温贻芳，李洪群，王月芹. PLC应用与实践（三菱）[M]. 北京：高等教育出版社，2017.

[20] 巫莉. 电气控制与PLC应用[M]. 北京：中国电力出版社，2011.

[21] 吴倩，金芬. 电气控制与PLC应用（三菱FX_{3U}系列）[M]. 北京：机械工业出版社，2020.

[22] 熊幸明. 电气控制与PLC[M]. 2版. 北京：机械工业出版社，2017.

[23] 许翏，王淑英. 电气控制与PLC应用[M]. 4版. 北京：机械工业出版社，2013.

[24] 薛士龙. 现代电气控制与可编程控制器[M]. 北京：电子工业出版社，2017.

[25] 杨杰忠. PLC应用技术（三菱）[M]. 北京：机械工业出版社，2013.

[26] 张振国. 工厂电气与PLC控制技术[M]. 5版. 北京：机械工业出版社，2016.

[27] 周建清，王金娟. 机床电气控制[M]. 北京：机械工业出版社，2018.

[28] 朱文杰. 三菱FX系列PLC编程与应用[M]. 北京：中国电力出版社，2013.